光电 & 仪器类专业教材

图像传感器应用技术
（第 4 版）

王庆有　张致强　编著

电子工业出版社
Publishing House of Electronics Industry
北京·BEIJING

内 容 简 介

本书不但讲述了CCD、CMOS的驱动与像感原理及特性,还讨论了图像传感器的计算机数据采集、数据传输、信息提取与处理技术。书中精选了19个典型应用实例,使读者能尽快解决实际应用中常遇到的选择光源、设计光学系统、提取信息、构建光电系统等困难,掌握应用技巧,以便在"为机器安装智慧眼睛"的过程中发挥作用。

本书可作为高等院校光信息科学与工程、测控技术与仪器、计量测试仪器、测绘工程、环境工程、机械电子工程、公安图像技术、光电检测仪器、光学技术与仪器、生物医学工程等专业本科生及研究生的教材,也可作为光电技术领域科技人员的技术参考书。

未经许可,不得以任何方式复制或抄袭本书部分或全部内容。
版权所有,侵权必究。

图书在版编目(CIP)数据

图像传感器应用技术 / 王庆有,张致强编著.
4版. -- 北京:电子工业出版社,2025.4. -- ISBN 978-7-121-21543-8

Ⅰ. TP212

中国国家版本馆 CIP 数据核字第 2025VT8936 号

责任编辑:韩同平
印　　刷:河北鑫兆源印刷有限公司
装　　订:河北鑫兆源印刷有限公司
出版发行:电子工业出版社
　　　　　北京市海淀区万寿路173信箱　邮编100036
开　　本:787×1092　1/16　印张:19.5　字数:624千字
版　　次:2003年9月第1版
　　　　　2025年4月第4版
印　　次:2025年4月第1次印刷
定　　价:79.90元

凡所购买电子工业出版社图书有缺损问题,请向购买书店调换。若书店售缺,请与本社发行部联系,联系及邮购电话:(010)88254888,88258888。
质量投诉请发邮件至 zlts@phei.com.cn,盗版侵权举报请发邮件至 dbqq@phei.com.cn。
本书咨询联系方式:88254525,hantp@phei.com.cn。

第 4 版前言

人们能够通过感官从自然界提取各种信息,其中以人眼视觉感知与提取的信息量最多,也最丰富多彩,最可靠。成语"百闻不如一见"说的就是这个道理。图像传感器帮助人们拓展人眼的视觉范围,能够看到肉眼无法看到的微观世界和宏观世界,看到人们暂时无法到达处所发生的事件,看到超出肉眼视觉范围的各种物理、化学变化过程,以及生命、生理、病变的发生、发展过程等。可见图像传感器在人们的文化、体育、生产、生活和科学研究中起到非常重要的作用,可以说现代人类活动已经无法离开图像传感器。

伴随网络技术的发展,人机交互、机器与机器之间的通信、控制与管理已经发展到互联网阶段。图像传感器采集信息能力强,速度快,对于人机之间、机器设备之间的信息沟通,以及物联网的实现起到至关重要的作用。

图像传感器能够将各种光学图像转换成一维时序信号并输出。尤其是进入 21 世纪以来,CCD (Charge coupled devices)、CMOS(Complementary Metal-Oxide Semiconductor Field Effect Transistor)等半导体集成图像传感器的分辨率与智能化得到快速发展。凭借其体积小、质量轻、互联网通信功能强的特点,使视觉通信发展到全球通阶段。"为机器安装智慧的眼睛"成为本书的宗旨。因此,本书力图培养能够从事图像传感器应用技术的科技人才,希望本书能在物联网建设中发挥更大作用。

本书共 10 章,主要内容包括:图像解析的基本理论,各种图像传感器的工作原理、特性、驱动方式、计算机数据采集与接口技术及典型应用等。通过对典型图像传感器结构与驱动的分析,使读者可以掌握各种半导体图像传感器的工作原理。通过不同驱动方式所表现出的输出特性,分析它的数据采集方法与特性。通过介绍图像传感器在非接触尺寸测量、图像传感、图像分析、光谱探测、天文观测和安全监控等领域的典型应用实例,达到帮助读者开拓思路、开发创新性产品的目的。书中还收集了许多典型图像传感器的特性参数、特性曲线、典型驱动电路和应用图像传感器的一些技巧。因此,本书不但是一本讲授图像传感器原理与应用的教材,也是从事光电工程和现代测试技术的科技人员的有益参考书。

本书第 1 版自 2003 年出版以来受到光电界工程技术人员与高校相关专业教师及学生的欢迎,很多高校将其选为技术基础课的必修教材;随着科技的发展,图像传感器应用技术在不断地进步,为适应技术层面的提高和高校教育改革的需要,分别于 2013 年、2019 年出版了第 2 版、第 3 版。2024 年本书入选"工信学术出版基金"项目,这驱使我们有动力、更有责任,推出第 4 版。

第 4 版由王庆有、张致强编著,由王庆有统编定稿。参加本书编写工作的还有尚可可、逯力红、本书在编写过程中得到了国内光电技术领域许多老师和朋友的支持和帮助,在此一并表示诚挚的谢意!

本书难免有疏漏,望读者批评指正。欢迎教学第一线的教师提出宝贵意见(wqy@tju.edu.cn)。

编著者

目 录

绪论 ·· (1)

第1章 图像解析与显示 ·· (4)
1.1 图像解析原理 ·· (4)
1.1.1 图像的解析方法 ·· (4)
1.1.2 图像传感器基本技术参数 ·· (6)
1.2 图像的显示与电视制式 ·· (7)
1.2.1 电视监视器的扫描 ·· (8)
1.2.2 电视制式 ·· (9)
1.3 图像显示器的分类 ·· (10)
1.4 典型图像显示器 ·· (11)
1.4.1 TFT-LCD 图像显示器简介 ·· (11)
1.4.2 TFT-LED 图像显示器简介 ·· (12)
1.4.3 LED 图像显示器 ·· (13)
1.5 本章小结 ·· (14)
思考题与习题 1 ·· (15)

第2章 电荷耦合摄像器件的基本工作原理 ·· (16)
2.1 电荷存储 ·· (16)
2.2 电荷耦合 ·· (17)
2.3 CCD 的电极结构 ·· (18)
2.4 电荷的输入和检测 ·· (21)
2.5 CCD 的特性参数 ·· (24)
2.6 电荷耦合摄像器件 ·· (25)
2.6.1 工作原理 ·· (25)
2.6.2 CCD 的基本特性参数 ·· (29)
2.6.3 动态范围 ·· (30)
2.6.4 暗电流 ·· (31)
2.6.5 分辨率 ·· (32)
2.7 本章小结 ·· (32)
思考题与习题 2 ·· (33)

第3章 典型线阵 CCD ·· (35)
3.1 典型单沟道线阵 CCD ·· (35)
3.1.1 TCD1209D 的基本结构 ·· (35)
3.1.2 TCD1209D 的基本工作原理 ·· (36)
3.1.3 TCD1209D 的特性参数 ·· (37)
3.1.4 TCD1209D 的驱动电路 ·· (38)
3.1.5 TCD1209D 的外形尺寸 ·· (39)

V

3.2 典型双沟道线阵 CCD ……………………………………………………………… (40)
3.3 具有积分时间调整功能的线阵 CCD …………………………………………… (44)
　3.3.1 TCD1205D ……………………………………………………………… (44)
　3.3.2 IL-P1 …………………………………………………………………… (47)
3.4 具有采样保持输出电路的线阵 CCD …………………………………………… (50)
3.5 并行输出线阵 CCD ……………………………………………………………… (52)
　3.5.1 并行输出的 TCD1703C ………………………………………………… (52)
　3.5.2 分段式并行输出线阵 CCD …………………………………………… (54)
3.6 用于光谱探测的线阵 CCD ……………………………………………………… (57)
　3.6.1 RL1024SB ……………………………………………………………… (57)
　3.6.2 RL2048DKQ …………………………………………………………… (60)
　3.6.3 TCD1208AP …………………………………………………………… (62)
3.7 彩色线阵 CCD …………………………………………………………………… (62)
　3.7.1 TCD2000P ……………………………………………………………… (63)
　3.7.2 TCD2558D ……………………………………………………………… (64)
　3.7.3 TCD2901D ……………………………………………………………… (66)
3.8 环形线阵 CCD …………………………………………………………………… (68)
3.9 本章小结 ………………………………………………………………………… (71)
　思考题与习题 3 …………………………………………………………………… (72)

第 4 章　典型面阵 CCD ………………………………………………………… (74)
4.1 DL32 ……………………………………………………………………………… (74)
　4.1.1 结构 ……………………………………………………………………… (74)
　4.1.2 工作原理 ………………………………………………………………… (75)
　4.1.3 DL32 的光电特性 ……………………………………………………… (76)
4.2 TCD5130AC ……………………………………………………………………… (77)
4.3 TCD5390AP ……………………………………………………………………… (81)
4.4 IA-D4 …………………………………………………………………………… (84)
　4.4.1 IA-D4 的结构 …………………………………………………………… (84)
　4.4.2 工作原理 ………………………………………………………………… (85)
　4.4.3 IA-D4 的基本特性 ……………………………………………………… (87)
4.5 特种 CCD ………………………………………………………………………… (88)
　4.5.1 IA-D9-2048 ……………………………………………………………… (88)
　4.5.2 IA-D9-5000 ……………………………………………………………… (90)
　4.5.3 2620 万像元 CCD ……………………………………………………… (91)
4.6 CCD 摄像器件的特性 …………………………………………………………… (92)
4.7 CCD 的电荷累积时间与电子快门 ……………………………………………… (95)
4.8 MTV-2821CB 摄像机 …………………………………………………………… (97)
　4.8.1 工作原理 ………………………………………………………………… (97)
　4.8.2 MTV-2821 系列的特性参数 …………………………………………… (98)
　4.8.3 MTV-2821CB 的主要功能及其设置 …………………………………… (99)
　4.8.4 帧累积功能 ……………………………………………………………… (101)
4.9 本章小结 ………………………………………………………………………… (103)
　思考题与习题 4 …………………………………………………………………… (104)

第5章 CCD 彩色电视摄像机概述 ……………………………………………(106)
5.1 三管 CCD 彩色电视摄像机 ………………………………………………(106)
5.1.1 三管 CCD 彩色电视摄像机的基本组成 …………………………………(106)
5.1.2 光学系统和 CCD 彩色电视摄像机中的重合调整 ………………………(107)
5.1.3 频谱混叠干扰在 R,G,B 信号之间相互抵消 ……………………………(108)
5.2 两管 CCD 彩色电视摄像机 ………………………………………………(109)
5.3 单管 CCD 彩色摄像机 ……………………………………………………(110)
5.4 典型单片彩色 CCD ………………………………………………………(113)
5.4.1 Bayer 滤色器单片彩色 CCD ……………………………………………(113)
5.4.2 复合滤色器(或补色滤光片)型的彩色 CCD ……………………………(114)
5.5 彩色数码相机简介 ………………………………………………………(117)
5.6 本章小结 …………………………………………………………………(119)
思考题与习题 5 ……………………………………………………………………(119)

第6章 CMOS 图像传感器 ………………………………………………………(120)
6.1 MOS 场效应管 …………………………………………………………(120)
6.1.1 MOS 场效应管的基本结构 ……………………………………………(120)
6.1.2 场效应管的主要性能参数 ……………………………………………(121)
6.2 CMOS 的原理结构 ………………………………………………………(124)
6.2.1 CMOS 的组成 ……………………………………………………………(124)
6.2.2 CMOS 的像元结构 ………………………………………………………(125)
6.2.3 CMOS 图像传感器的工作流程 …………………………………………(128)
6.2.4 CMOS 的辅助电路 ………………………………………………………(129)
6.3 CMOS 的性能指标 ………………………………………………………(133)
6.3.1 光谱响应与量子效率 ……………………………………………………(133)
6.3.2 填充因子 …………………………………………………………………(133)
6.3.3 输出特性与动态范围 ……………………………………………………(134)
6.3.4 噪声 ………………………………………………………………………(135)
6.3.5 空间传递函数 ……………………………………………………………(136)
6.3.6 CMOS 与 CCD 的比较 …………………………………………………(136)
6.4 典型 CMOS ………………………………………………………………(137)
6.4.1 IBIS4 SXGA ……………………………………………………………(137)
6.4.2 FUGA1000 ………………………………………………………………(141)
6.4.3 LUPA1300 ………………………………………………………………(142)
6.5 CMOS 摄像机 ……………………………………………………………(145)
6.5.1 IM26-SA …………………………………………………………………(145)
6.5.2 MC1300 …………………………………………………………………(148)
6.6 本章小结 …………………………………………………………………(149)
思考题与习题 6 ……………………………………………………………………(150)

第7章 视频信号处理与计算机数据采集 ………………………………………(151)
7.1 线阵 CCD 视频信号的二值化处理 ………………………………………(151)
7.1.1 二值化处理方法 …………………………………………………………(151)
7.1.2 二值化数据采集与计算机接口 …………………………………………(153)
7.2 线阵 CCD 视频信号的量化处理 …………………………………………(154)

7.3 线阵CCD视频信号的数据采集与计算机接口 ……………………………………… (157)
7.4 面阵CCD数据采集与计算机接口 ………………………………………………… (167)
    7.4.1 图像卡的基本工作原理 …………………………………………………… (168)
    7.4.2 图像卡的基本结构 ………………………………………………………… (168)
    7.4.3 典型图像数据采集卡 ……………………………………………………… (171)
7.5 本章小结 ……………………………………………………………………………… (180)
  思考题与习题7 ……………………………………………………………………… (181)

第8章 光学系统 ……………………………………………………………………………… (182)
8.1 光学成像系统的基本计算公式 …………………………………………………… (182)
    8.1.1 理想光学系统的基本参数 ………………………………………………… (182)
    8.1.2 理想光学系统的物像位置公式 …………………………………………… (183)
    8.1.3 理想光学系统的放大率 …………………………………………………… (184)
8.2 光学元件的成像特性 ……………………………………………………………… (185)
    8.2.1 球面光学元件的成像特性 ………………………………………………… (186)
    8.2.2 平面光学元件的成像特性 ………………………………………………… (187)
8.3 光学成像系统中的光阑 …………………………………………………………… (192)
    8.3.1 光学系统的孔径光阑、入射光瞳和出射光瞳 …………………………… (193)
    8.3.2 光学系统的视场光阑、入射窗和出射窗 ………………………………… (193)
    8.3.3 渐晕光阑 …………………………………………………………………… (194)
    8.3.4 消杂光光阑 ………………………………………………………………… (195)
8.4 常用光电图像转换系统的成像特性 ……………………………………………… (195)
    8.4.1 摄影系统及其物镜的光学成像特性 ……………………………………… (195)
    8.4.2 显微系统及其物镜的光学成像特性 ……………………………………… (197)
    8.4.3 望远系统及其物镜的光学成像特性 ……………………………………… (198)
8.5 面阵CCD摄像机光学镜头及参数 ………………………………………………… (199)
8.6 线阵CCD常用的物镜 ……………………………………………………………… (204)
8.7 照明光源系统 ……………………………………………………………………… (205)
    8.7.1 被测物的照明方式 ………………………………………………………… (205)
    8.7.2 照明系统设计的基本原则 ………………………………………………… (207)
    8.7.3 图像传感器应用系统中光源和照度的匹配 ……………………………… (207)
    8.7.4 特种光源 …………………………………………………………………… (209)
8.8 本章小结 …………………………………………………………………………… (210)
  思考题与习题8 ……………………………………………………………………… (211)

第9章 特种图像传感器 ……………………………………………………………………… (213)
9.1 微光图像传感器 …………………………………………………………………… (213)
    9.1.1 微光图像传感器的发展概况 ……………………………………………… (213)
    9.1.2 微光电视摄像系统 ………………………………………………………… (215)
    9.1.3 微光电视摄像系统视距的估算 …………………………………………… (217)
    9.1.4 微光CCD摄像器件 ………………………………………………………… (218)
9.2 红外CCD ……………………………………………………………………………… (226)
    9.2.1 主动红外电视摄像系统 …………………………………………………… (226)
    9.2.2 被动红外电视摄像系统 …………………………………………………… (227)
9.3 X光CCD ……………………………………………………………………………… (230)
    9.3.1 X光像增强器 ……………………………………………………………… (230)
    9.3.2 医用X光电视摄像系统 …………………………………………………… (232)

9.3.3 工业用X光光电检测系统 ……………………………………………………………… (233)
9.4 热成像技术 ……………………………………………………………………………… (234)
9.4.1 点扫描式热释电热像仪 ……………………………………………………………… (234)
9.4.2 热释电摄像管的结构 ………………………………………………………………… (234)
9.4.3 典型热像仪 …………………………………………………………………………… (235)
9.5 本章小结 ………………………………………………………………………………… (236)
思考题与习题9 ……………………………………………………………………………… (237)

第10章 图像传感器的典型应用实例 ……………………………………………………… (238)

10.1 图像传感器用于一维尺寸的测量 …………………………………………………… (238)
10.1.1 玻璃管外径尺寸测量控制仪器的技术要求 ……………………………………… (238)
10.1.2 仪器的工作原理 …………………………………………………………………… (238)
10.1.3 线阵CCD的选择 …………………………………………………………………… (239)
10.1.4 光学系统设计 ……………………………………………………………………… (239)
10.1.5 外径、壁厚的检测电路 …………………………………………………………… (242)
10.1.6 微机数据采集接口 ………………………………………………………………… (243)
10.1.7 系统的长线传输 …………………………………………………………………… (243)
10.2 线阵CCD的拼接技术在尺寸测量系统中的应用 …………………………………… (244)
10.2.1 线阵CCD的机械拼接技术在尺寸测量中的应用 ………………………………… (244)
10.2.2 线阵CCD的光学拼接 ……………………………………………………………… (246)
10.3 线阵CCD用于二维位置的测量 ……………………………………………………… (248)
10.3.1 高精度二维位置测量系统 ………………………………………………………… (248)
10.3.2 光学系统误差分析 ………………………………………………………………… (249)
10.4 CCD在BGA引脚三维尺寸测量中的应用 …………………………………………… (250)
10.4.1 测量原理 …………………………………………………………………………… (250)
10.4.2 数学模型 …………………………………………………………………………… (251)
10.4.3 系统的标定 ………………………………………………………………………… (251)
10.4.4 BGA芯片测量实验 ………………………………………………………………… (252)
10.5 线阵CCD用于平板位置的检测 ……………………………………………………… (253)
10.5.1 平板位置检测的基本原理 ………………………………………………………… (253)
10.5.2 平板位置检测系统 ………………………………………………………………… (253)
10.5.3 测量范围与测量精度 ……………………………………………………………… (254)
10.6 利用线阵CCD非接触测量材料变形量 ……………………………………………… (255)
10.6.1 材料变形量的测量原理 …………………………………………………………… (255)
10.6.2 测量范围与测量精度 ……………………………………………………………… (257)
10.6.3 现场测试结果 ……………………………………………………………………… (258)
10.6.4 讨论 ………………………………………………………………………………… (258)
10.7 利用线阵CCD非接触测量物体的振动 ……………………………………………… (258)
10.7.1 振动测量原理 ……………………………………………………………………… (258)
10.7.2 振动测量的硬件电路 ……………………………………………………………… (259)
10.7.3 软件设计 …………………………………………………………………………… (260)
10.7.4 振动台测试结果 …………………………………………………………………… (260)
10.8 线阵CCD用于高精度细丝直径的测量 ……………………………………………… (261)
10.8.1 测量原理 …………………………………………………………………………… (261)
10.8.2 测量系统 …………………………………………………………………………… (262)
10.8.3 数据处理系统 ……………………………………………………………………… (262)
10.8.4 测量系统的误差分析 ……………………………………………………………… (262)

IX

10.8.5 讨论 ……………………………………………………………………………… (263)
10.9 用线阵CCD自动测量透镜的曲率半径 ……………………………………………… (264)
　　10.9.1 测量原理和系统组成 ……………………………………………………… (264)
　　10.9.2 测量系统的硬件与软件 …………………………………………………… (265)
　　10.9.3 系统测量误差 ……………………………………………………………… (266)
10.10 成像物镜光学传递函数的检测 ……………………………………………………… (266)
　　10.10.1 检测原理 …………………………………………………………………… (267)
　　10.10.2 检测系统 …………………………………………………………………… (269)
10.11 线阵CCD在光谱仪中的应用 ………………………………………………………… (270)
　　10.11.1 ICP-AES的基本原理 ………………………………………………………… (270)
　　10.11.2 实验结果分析及结论 ……………………………………………………… (272)
10.12 用面阵CCD测量光学系统的像差 …………………………………………………… (273)
　　10.12.1 像差测量原理 ……………………………………………………………… (274)
　　10.12.2 哈特曼光电测量系统 ……………………………………………………… (275)
　　10.12.3 系统的测量方法 …………………………………………………………… (276)
　　10.12.4 米字形光斑坐标的测量 …………………………………………………… (276)
10.13 线阵CCD在扫描复印技术中的应用 ………………………………………………… (276)
　　10.13.1 线阵CCD用于彩色复印机 ………………………………………………… (276)
　　10.13.2 接触式图像传感器（CIS） ………………………………………………… (277)
10.14 面阵CCD用于钢板尺寸的测量 ……………………………………………………… (278)
　　10.14.1 测量原理与系统组成 ……………………………………………………… (278)
　　10.14.2 测量系统误差分析 ………………………………………………………… (280)
　　10.14.3 结论 ………………………………………………………………………… (280)
10.15 CCD天文图像观测系统 ……………………………………………………………… (281)
　　10.15.1 云台一号系统 ……………………………………………………………… (281)
　　10.15.2 北京天文台系统 …………………………………………………………… (282)
10.16 图像传感器用于光电显微分析仪 …………………………………………………… (282)
　　10.16.1 光电显微镜的基本构成 …………………………………………………… (283)
　　10.16.2 光电显微分析仪的基本工作原理 ………………………………………… (283)
　　10.16.3 光电显微分析仪的设计 …………………………………………………… (283)
　　10.16.4 结论 ………………………………………………………………………… (284)
10.17 图像传感器在内窥镜摄像系统中的应用 …………………………………………… (285)
　　10.17.1 工业内窥镜电视摄像系统 ………………………………………………… (285)
　　10.17.2 医用电子内窥镜摄像系统 ………………………………………………… (286)
　　10.17.3 侦察内窥镜摄像系统 ……………………………………………………… (287)
10.18 图像传感器用于数码照相机 ………………………………………………………… (287)
　　10.18.1 数码照相机的结构与工作原理 …………………………………………… (287)
　　10.18.2 典型数码照相机简介 ……………………………………………………… (291)
10.19 图像传感器在激光测距中的应用 …………………………………………………… (293)
　　10.19.1 激光三角测距原理 ………………………………………………………… (293)
　　10.19.2 激光三角测距仪结构 ……………………………………………………… (294)
　　10.19.3 线阵激光测距仪 …………………………………………………………… (295)
　　10.19.4 激光测距仪的应用 ………………………………………………………… (295)
10.20 本章小结 ……………………………………………………………………………… (297)
思考题与习题10 …………………………………………………………………………… (298)
参考文献 …………………………………………………………………………………… (300)

绪　论

1. 图像传感器发展史

早在第二次世界大战期间,利用无线电扫描发现敌机飞行方向与数量的雷达扫描成像技术就已经有了长足的发展。1938 年,英国在法国海岸线上布设能够观测敌方飞机的雷达链,成为图像传感器用于战争防御的最早实例。当时的雷达受限于电子管(真空管)技术,分辨率很低,只能够判断出敌机的数量与方向,不能获取更为详细的信息,满足不了人们对图像质量(分辨率与灰度)的要求。

1887 年外光电效应被发现,1897 年人们利用外光电效应研制出机械扫描电视系统,为早期的真空电子束摄像管奠定了基础。尽管这种笨重、分辨力低、不能分辨图像细节的装置所获得的图像还难以被人们接受,但是毕竟迈出了寻求图像信息的第一步。

1922 年美国的菲罗·法恩兹沃斯设计出第一幅电视传真原理图。1928 年美国的兹沃尔金发明了光电显像管,并与范瓦斯合作实现了扫描式电视的发送与传输,为通过电视远距离传输图像打下了基础。

1931 年,菲罗·法恩兹沃斯研制成功了第一只光电发射型摄像管(析像管)。1933 年美国的佐沃赖金利用电荷存储方式与光电发射原理研制出光电摄像管,提高了灵敏度与图像分辨率,使电视摄像管走向实用阶段。

1937 年美国无线电公司(RCA)研制成功灵敏度更高的超光电摄像管,并开始在电视系统中应用。

1939 年 RCA 公司又推出采用双靶面(光电成像与电子束扫描靶面)的低速电子扫描摄像管(正析像管),使灵敏度、成像质量和响应速度都有很大提高,但是仍然不能满足人们对视觉图像的要求。

1946 年 RCA 公司研制出超正析像管,它在正析像管基础上又增加了移像、反束和增强等措施,使灵敏度提高了 1000 倍,图像质量已经达到相当高的程度,使得它在电视摄像领域一直处于垄断地位。直到 20 世纪 60 年代中期,氧化铅视像管的出现才打破了它的垄断地位。

1963 年荷兰飞利浦公司推出氧化铅靶面光电导型摄像管(氧化铅视像管)。它在暗电流、惰性、灵敏度、分辨率等方面都表现优秀,也使电视摄像机走向快速发展阶段。后来又研制出性能更为优异的"硒靶视像管""硅靶视像管"等图像传感器。但是,它们都没有脱离真空封装和电子扫描系统,其体积、质量与功耗都无法减小,无法满足人们的需要。

1970 年美国贝尔电话实验室的 W. S. Boyle 与 G. E. Smith 提出了 CCD(Charge Coupled Devices,电荷耦合器件)概念,后来人们又研制出 CMOS(Complementary Metal-Oxide Semiconductor,金属氧化物半导体)集成图像传感器,使图像传感器发展到今天的程度。

半导体集成图像传感器的产生与发展使图像传感器进入了更为广阔的应用领域。真空视像管无法克服的"电子束扫描"体制限制了图像传感器的应用范围,扫描的非线性会造成图像畸变,产生难以克服的测量误差。而半导体集成图像传感器采用像元阵列方式摄取图像,以及驱动电荷顺序输出的方式,不存在图像畸变的问题,因此它的应用可扩展到生产、生活的各个领域,尤其是半导体集成电路、无线网络与手机通信技术的发展,使得亿万民众几乎每天都离不开图像传感器。图像传感器应用技术也在此基础上产生、发展起来。

2. 本书的主要内容

本书的前身是 1993 年编写出版的《CCD 应用技术》，2003 年根据图像传感器的发展而更名为《图像传感器应用技术》。

本书共 10 章。

第 1 章为图像解析与显示，介绍图像解析方法，图像摄取与显示共同遵守的制式。在电视制式的支持下，电视系统才能确保电视传输与显示的图像不扭曲，不变形，保持良好的图像还原特性。

第 2~5 章介绍 CCD 的原理、特性与典型器件。

第 2 章详尽讲解了 CCD 的原理，包括信号的存储、转移、输入与检测等几个关键环节，以及转移效率与驱动频率等 CCD 工作的基本技术参数。CCD 由线阵列与面阵列两大类型构成，它们在应用上各自发挥不同的作用，表现出不同的特点，同时又具有一定的共性。因此，该章分别介绍了构成线、面阵的不同结构、信号输出(驱动)与基本特性参数。

第 3 章介绍典型线阵 CCD 及其驱动器。因为线阵 CCD 种类很多，工作所需要的驱动脉冲又具有不同的方式，在不同驱动脉冲下线阵 CCD 又表现出不同的特性，在不同的应用中掌握它的驱动特性会获得不同的效果。因此，该章详细介绍具有代表性的典型线阵 CCD 及其驱动器，以及典型线阵 CCD 在不同应用中如何发挥作用。

第 4 章为典型面阵 CCD，重点介绍各类典型面阵 CCD 的特性及驱动器，既重视面阵 CCD 视频输出特性(与电视制式相匹配的驱动方式)，又重视超高分辨率面阵 CCD 提高输出信号频率的措施。为从所用面阵 CCD 的图像中快速提取有用信息，同时也为理解第 7 章要讲解的面阵 CCD 计算机数据采集技术奠定基础。

第 5 章以 CCD 彩色摄像机为例介绍 CCD 彩色摄像机的基本原理与发展历程，通过详细介绍三管 CCD 彩色摄像机的组成与工作原理，让读者了解彩色摄像机的基本结构，掌握彩色信号形成的过程和"全电视信号"的内涵，为理解图像采集卡中为什么要设置"行、场分离电路"和"同步锁相器"等奠定基础。通过学习三管摄像机装调工艺中的中心调整与倾斜调整工艺要求，理解为什么要对三管 CCD 提出必须采用同一种工艺下制成的芯片这样严格的要求，认识三管 CCD 彩色摄像机维修过程中必须注意的事项。

通过分析典型帧转移型与隔列转移型彩色面阵 CCD 的结构、驱动方式与输出特性，理解单管彩色 CCD 摄像机的彩色分辨率低于相同像元数的"黑白"摄像机分辨率的原因。

该章最后介绍彩色数码照相机的基本构成单元和各单元的发展。

第 6 章先介绍 CMOS 图像传感器的原理、图像信号输出特性、线性特性与图像动态范围的扩展方法等，然后通过对典型 CMOS 相机所具有的功能与特性分析，对 CMOS 与面阵 CCD 在信号输出方式、光电转换的线性、动态范围等性能进行比对，为我们在实际应用中正确选用提供必要的参考。

第 7 章介绍视频输出信号处理与计算机数据采集技术，帮助读者掌握图像传感器输出信号的处理方法和将其采集到计算机的技术，了解从 CCD 中提取有用信息的关键环节和主要参数。只有掌握各类信号的特点，采用相应的措施才能从 CCD 输出信号中提取出有效信号，完成各种应用任务。该章最后以典型图像采集卡为例介绍了图像传感器数据采集由板卡式发展成为自带 Wi-Fi 通信接口的图像传感器的过程，使读者掌握图像传感器的计算机数据采集技术。

第 8 章为图像传感器的光学成像系统，集中给出光学成像系统的基本计算公式，理想光学系统基本参数定义与基本概念，物像关系，尤其是对一些经常困扰设计者的有关光学系统 3 种放大倍率、像差与分辨率等技术参数给出明确的定义与计算方法，为光电检测系统设计提供参考。

光学元件的成像特性包括球面光学元件与平面光学元件的成像特性等，该内容会对构建光电系统起到开拓思路的作用。

了解光学系统中的光阑在光路中的作用,会对光电系统的设计与调试工作有指导意义。

常用光学系统(包括摄影、显微与望远系统)是指经常在光电检测系统中遇到的实用光学系统。掌握它们的成像特性有助于我们能够顺利完成相关检测系统的设计。

照明光源是光电系统设计的关键,良好的照明光源有助于光电系统的信息提取,从而顺利完成各种任务。但是如果没有注意到照明光源存在的问题,也会使光电系统设计遇到相当大的麻烦,使信息的提取遇到障碍。特别是照明光源的照度匹配问题值得关注。

远心光路包括远心照明与远心成像系统,它们在光电检测系统中均具有特殊的功效,在进行光电设计前应该掌握。

掌握一些线、面阵 CCD 常用物镜,对快速完成光电系统设计十分有利。

第 9 章为特种图像传感器,它适用于各种特殊环境下的应用。例如,在照度极低的条件下需要采用微光图像传感器才能获得可视的视频图像或图像信息。

在无辐射作用的条件下,需要利用红外光源进行主动式红外摄像或直接利用被测目标的自身红外辐射,然后利用红外 CCD 才能获取可见图像。

X 光具有穿透骨骼、织物与金属等特性,常用于医学诊断与工业压力容器质量的检测,采用 X 光 CCD 能够使 X 光检测系统更方便地获取 X 光图像。

第 10 章介绍图像传感器的典型应用实例。编著者希望能够尽可能多地介绍图像传感器在科技领域的各种典型应用,但是限于篇幅,只能精选 19 种典型应用进行介绍,希望读者能够从中得到启发,将图像传感器应用技术推广到我们生活的每一处。

3. 讲授与学习方法建议

希望主讲"图像传感器应用技术"的教师首先要精读本书,尤其对第 10 章的典型应用要求能够尽量掌握,在此基础上才能明确学习本书的意义。这样在向学生传授图像传感器知识时也能够将学习本书的意义与价值先交代给学生,让学生提高学习的兴趣。

了解各章节内容以及各章之间的内在关系,是学习好本课程的关键。例如,在学习第 1 章时会感觉有些不深入,但是,在学习第 4 章内容(面阵 CCD)时需要按照第 1 章所述的电视制式安排面阵 CCD 的驱动脉冲,才能使图像信息以视频信号输出。同样,第 3 章所介绍的典型线阵 CCD 可使第 2 章的内容更加充实。有了第 2、3、4 章的基础,在学习第 7 章的图像传感器数据采集与计算机接口技术时会感觉容易理解,便于掌握。第 10 章中的每一种典型应用都需要前些章内容的支持才更容易理解,才能对学习"图像传感器应用技术"的意义有更深入的理解。第 10 章所列内容并不需要教师在课堂上都向学生讲授,可选择一些典型应用让学生自己看,自己学习。有问题或困难再拿出来讨论,这样会收到更好的效果。

"图像传感器应用技术"是技术性较强的课程,学习这类课程需要配备适当学时的实验,让学生通过实验认识一些 CCD 的基本特性,尤其是信号积累(积分)、传输与输出等特性,才能更深入地掌握它的应用。为此需要实验课,实验课内容既要包含图像传感器的驱动特性、输出特性与时间特性等内容,也应包含一些应用较为广泛的内容,例如尺寸测量、振动测量、图像扫描与光谱探测等典型应用实验。通过对图像传感器驱动特性、输出特性的观测实验能够真正理解它的输出信号所表现的时间阶段特性(积分时间)与驱动频率间的关系;通过典型应用实验才能在实际系统设计过程中认识到影响测量范围与测量精度的因素,才能充分认识测量系统各环节的重要性,为应用图像传感器于各种设备中奠定基础。

"为机器安装智慧的眼睛"是本书的宗旨,将图像传感器应用于各种机器设备,使其更加聪颖是我们追求的目标。

第1章 图像解析与显示

图像扫描是产生图像视觉的关键技术,也是学习和掌握图像传感器,利用图像传感器完成机器视觉检测与识别的关键。本章主要介绍利用各种光电传感器完成对图像信息进行采集的方法,以及还原图像(图像显示)的技术,为学习图像传感器的基本工作原理奠定基础。

如何将场景图像分解(变换)成一维时序信号?如何将一维时序信号还原成图像画面是本章要解决的问题,包括图像扫描(分解)的基本原理,一维时序信号的特点,电视制式包含的内容,以及图像显示技术等。

1.1 图像解析原理

二维场景只有通过成像物镜(镜头)才能使感光底片感光,将场景图像留于感光胶片上。很多人已经熟知,如何将场景二维空间光强的分布(光学图像)传送出去,以便更方便地观察、分析与判断其中所需要的信息,以及如何将遥远的图像传送到人们的面前。但其中的工作原理却都不知道,包括图像解析(分解)、信号发送、接收与再现等过程。

图像解析是指将二维光强分布的光学图像转变成一维时序电信号的过程。完成图像解析过程的器件常被称为图像传感器,如 CCD。CCD 是如何将通过成像物镜获得的二维光强分布变换成一维时序信号输出的呢?要解决这个问题需要详细了解图像的解析方法与原理。

1.1.1 图像的解析方法

1. 光机扫描图像解析方法

光机扫描图像解析方法是借助于光电传感器完成的。光电传感器有分立的和集成的两类。集成的又分为线阵列的与面阵列的。为了便于学习,先讨论单元光电传感器光机扫描方式对图像的解析。

(1) 单元光电传感器光机扫描方式

采用单元光电传感器(包括各种独立光电传感器、热电传感器等)与机械扫描装置相配合可以将一幅完整的图像分解成按行与列方式排列的点元光信息,单元光电传感器将这些点元图像转换成电压信号 U_{xy} 输出,其中,x 为图像的行(x)坐标,y 为图像的列(y)坐标。当单元光电传感器以一定的速率做相对于光学图像的运动时(见图 1-1),则 U_{xy} 成为光学图像的解析信息(或信号),即 U_{xy} 解析了光学图像。为此,可以将具有机械扫描装置的单元光电传感器系统称为单元扫描图像传感器。

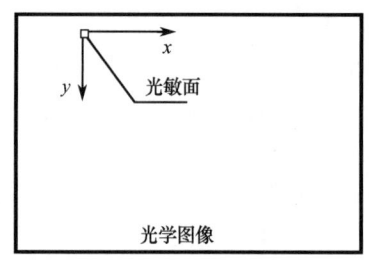

图 1-1 光机扫描方式

显然,单元扫描图像传感器必须具备以下条件。① 单元光电传感器的面积与被扫描图像的面积相比必须很小,才可以将图像分解为一个像元点;② 单元光电传感器必须对图像发出各种波长的光敏感;③ 单元光电传感器必须相对被分解图像做有规则的周期运动(扫描),且扫描速率应该较图像的变化速率快。

机械扫描机构带动单元光电传感器的光敏面在光学图像上做水平(x)方向高速往返运动的过程称为行扫描。行扫描中,自左向右运动速率较慢,扫描花费的时间(T_{xz})长,称其为行正程时间;自右向左的返回运动速率快,所用时间(T_{xr})短,称其为行逆程时间。在垂直(y)方向所做的扫描为场扫描,自上而下的扫描速率更慢,所用时间(T_{yz})更长,称为场正程扫描;返回的运动是自下而上的,且运动速率较快,所耗时间(T_{yr})较短,称为场逆程时间。上下往返的运动称为场扫描。通常场扫描周期远大于行扫描周期,即在一场扫描周期内要进行多次的行扫描。这样才能使图像在垂直方向上获取更高的分辨率。

规定行、场正程扫描过程中都有信号输出,而行、场逆程期间均没有信号输出,以确保图像的质量。在使用 CRT 显示器显示图像时,在行、场逆程期间采用对扫描电子束"消隐"的技术,不使逆程显现扫描亮线,因此,有时也称行逆程为行消隐,场逆程为场消隐。行、场扫描应满足下面两个条件:

① 行周期与场周期满足

$$T_y = nT_x \tag{1-1}$$

式中,T_y 为光敏单元扫描整幅图像的场周期。T_y 为场正程时间 T_{yz} 与场逆程时间 T_{yr} 之和。同样,T_x 为光敏单元扫描一行图像所用的时间,称为行周期。它也由行正程时间 T_{xz} 与行逆程时间 T_{xr} 之和构成,即 $T_x = T_{xz} + T_{xr}$。n 为一场图像扫描的行数。

② 行、场扫描的时间分配。为将图像分解得更清晰,光敏单元的轨迹将布满整个像面,光敏单元输出的信号是光学图像对应位置的光照强度信号。这常被称为光敏单元对光学图像的解析。为此将光敏单元称为像元(像素),它的输出信号是时间的一元函数(时序信号),因此该光机扫描机构能够将光学图像解析成一维的视频信号输出。

当然,光机扫描方式也可以采用停顿方式进行间断式工作。在 y 方向扫描到某行 y_i 时,暂停 y 方向的扫描,扫描完 x 方向的一行后再启动 y 扫描,光电传感器输出一行的信号后返回到 x 方向的起始位置,启动 y 方向的扫描,再前进一行,进入第 y_{i+1} 行的扫描,再进行一行的扫描与输出,如此往复,完成对整个像面的扫描输出。这种停顿式的扫描方式速度慢,只适用于静止图像的分解、转换,不能用于变化图像的转换和采集工作,但是,它很容易获得更清晰的扫描图像。

单元光电传感器的光机扫描方式的水平分辨率正比于光学图像水平方向的尺寸与光电传感器光敏面在水平方向的尺寸之比。对于尺寸较大的图像,一行之内(行正程时间内)输出的像元点数越多,水平分辨率自然也越高。同样,垂直分辨率也正比于光学图像垂直方向的尺寸与光电传感器光敏面在垂直方向的尺寸之比。因此,减小光电传感器的面积是提高光机扫描方式分辨率的有效方法。然而,光电传感器光敏面的减小,扫描点数的提高,使行正程的时间增长,或必须提高行扫描速度(当要求行正程时间不变的情况下),对光机扫描结构设计带来很大的难度。因此,单元光电传感器光机扫描方式的水平分辨率受到扫描速度的限制。提高光机扫描方式分辨率与扫描速度的方法是,采用多元光电自扫描传感器(例如线阵 CCD)构成多元光机扫描方式。

(2) 多元光机扫描方式

采用多个光电传感器,并将其排成一行,构成如图 1-2 所示的多元光机扫描方式。在该方式中,行扫描通过光电传感器的顺序输出完成。在行正程期间,按排列顺序将光电传感器的输出信号取出形成行视频信号。在这种情况下,机械扫描只需要进行 y 方向的一维扫描便可以将整幅图像转换成视频信号输出,弥补了机械扫描速度慢的缺点,同时减少了双向行扫描带来的繁杂机械扫描机构。

例如,由线阵 CCD 光电传感器构成的图像扫描仪是一

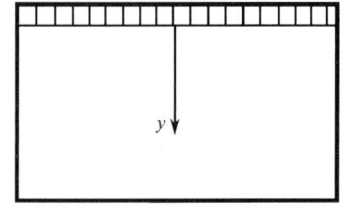

图 1-2 多元光机扫描方式

个典型的多元光机扫描系统,该系统中线阵 CCD 完成水平方向的自扫描,而 y 方向由步进电机带动光学成像系统完成对整幅图像的扫描运动,再由线阵 CCD 完成对整幅图像的转换与输出。

一些生产线上的质量检测也属于多元光机扫描方式成像的案例,例如玻璃表面瑕疵的检测、大米色选、纺织物品的质量检测等,它们都有一个共同的特点,都能够形成图像输出,都可以利用所成图像完成各种目的的检测。

2. 电子束扫描图像解析方法

电子束扫描成像方式的传感器是最早应用于图像传感器的,如早期的各种电真空摄像管、真空视像管,以及红外成像系统中的热释电摄像管等。在电子束扫描成像方式中,被摄景物图像通过成像物镜成像在摄像管(见图1-3)的靶面(光电导靶)上,以靶面的电位分布或以靶面的电阻分布形式将面元光强分布图像信号存于靶面,并通过电子束将其检取出来,形成视频信号。预热后的灯丝发出的电子束在摄像管偏转线圈与聚焦线圈的作用下,进行行扫描与场扫描,完成对整个图像的扫描(或分解)。当然,行扫描与场扫描要遵守一定的规则。电子束摄像管电子扫描系统遵循的规则称为电视制式。

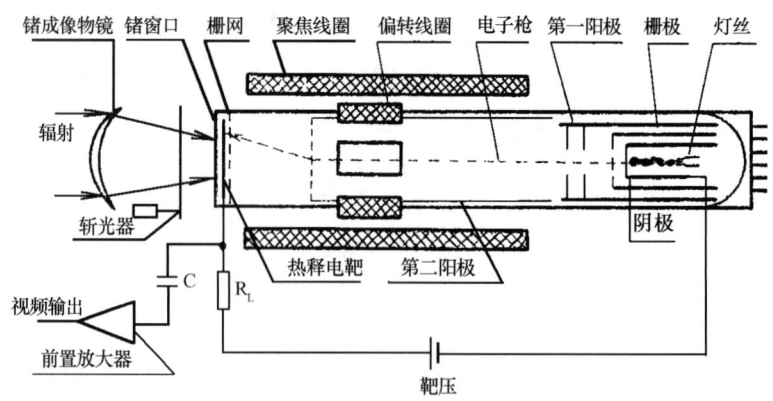

图 1-3 电子束摄像管的结构

电子束扫到靶面某点 (x,y),由于该点记录了图像光强分布的信息,而电子束带负电使之在负载电阻 R_L 上产生压降 U_{RL},经放大器输出成为视频信号。

3. 固体自扫描图像解析方法

固体自扫描图像传感器是 20 世纪 70 年代发展起来的新型图像传感器件,如面阵 CCD、CMOS 图像传感器件等,这类器件本身具有自扫描功能。例如,面阵 CCD 固体摄像器件的光敏面能够将成像于其上的光学图像转换成电荷密度分布的电荷图像,它可以在驱动脉冲的作用下按照一定的规则(如电视制式)一行行地输出,形成图像信号(或视频信号)。

上述三种扫描方式中,由于电子束摄像管逐渐被固体图像传感器所取代,电子束扫描方式已逐渐被淘汰。目前光机扫描方式与固体自扫描方式在光电图像传感器中占据主导地位。但是,在有些应用中通过将一些扫描方式组合起来,能够获得性能更为优越的图像传感器。例如,将几个线阵 CCD 或几个面阵图像传感器拼接起来,再利用机械扫描机构,形成一个视场更大、分辨率更高的图像传感器,以满足人们探索宇宙奥秘的需要。

1.1.2 图像传感器基本技术参数

图像传感器的基本技术参数一般有以下两种:

1. 与光学成像物镜有关的参数

（1）成像物镜的焦距 f

成像物镜的焦距决定了被摄景物与光电成像器件的距离，以及所成图像的大小。在物距相同的情况下，焦距越长的物镜所成的像越大。

（2）相对孔径 D/f

成像物镜的相对孔径为物镜入瞳的直径与其焦距之比。相对孔径的大小决定了物镜的分辨率、像面照度和成像物镜的成像质量。

（3）视场角 2ω

成像物镜的视场角决定了能在光电图像传感器上成像良好的空间范围。要求成像物镜所成的景物图像要大于图像传感器的有效面积。

以上三个参数是相互制约的，不可能同时提高，在实际应用中要根据情况适当选择。

2. 与光电成像器件有关的参数

（1）扫描速率

不同的扫描方式有不同的扫描速率要求。例如，单元光机扫描方式的扫描速率由扫描机构在水平和垂直两个方向的运动速率（转动角速率）决定。行扫描速率（行正程）v_{xz} 取决于光学图像在水平方向的尺寸 A 和行正程时间 T_{xz}，即

$$v_{xz}=A/T_{xz} \tag{1-2}$$

同样，垂直方向的场扫描速率（场正程）v_{yz} 取决于光学图像在垂直方向的尺寸 B 和场正程时间 T_{yz}，即

$$v_{yz}=B/T_{yz} \tag{1-3}$$

多元光机扫描方式光电传感器的行扫描速率 v_{xz} 取决于读取一行像元所需的时间 T_H 与一行内像元数 N，即

$$v_{xz}=N/T_H \tag{1-4}$$

对应于线阵 CCD，T_H 为行积分时间。

垂直方向的场扫描速率 v_{yz} 取决于光学图像在垂直方向的尺寸 B 和场正程时间 T_{yz}，即

$$v_{yz}=B/T_{yz} \tag{1-5}$$

固体自扫描光电传感器的水平扫描速率取决于其在水平行的像元数与行扫描时间之比；垂直方向的场扫描速率取决于其在垂直方向的像元行数与场扫描时间之比。

（2）分辨率

光机扫描方式光电传感器在水平方向的分辨率（水平分辨率，也叫解像率）δ 正比于尺寸 A 与该传感器在水平方向的尺寸 a 之比，即

$$\delta \propto A/a \tag{1-6}$$

显然，a 越小，δ 越高。当然 δ 还与成像物镜的水平分辨率有关。对于线阵 CCD 扫描方式，δ 与线阵 CCD 分解图像长度 A 及有效像元数量有关。显然，充分利用线阵 CCD 的像元数是获得最高水平分辨率的有效措施。

垂直分辨率也与该传感器在垂直方向的长度 b 有关，另外与垂直方向的扫描长度及扫描速率有关。显然，垂直方向扫描速率越低，获得的垂直分辨率越高。

固体自扫描图像传感器的水平与垂直分辨率分别与器件本身在两个方向上的分辨率有关。

1.2 图像的显示与电视制式

前面介绍了利用各种扫描方式将光学图像分解成一维视频信号的方法。本节介绍将一维视频

信号还原成光学图像的方法,即图像的显示问题。

图像的显示方法很多,采用计算机显示器可以显示各种数字图形与图像;也可以采用发光器件显示各种不同规则(制式)的数字或模拟图形与图像。本节首先介绍电视监视器的图像显示器及其相关的电视制式。

1.2.1 电视监视器的扫描

CRT 电视监视器与 CRT 电视接收机的显示部分原理是相同的,它们都是利用电子束激发具有余辉特性的荧光物质,使其发光来完成电光转换并显示光学图像的。CRT 电视监视器中的电子束在显像管的电磁偏转线圈作用下受洛伦兹力做水平方向和垂直方向的偏转(即行、场两个方向扫描荧光屏)。电子束扫描的同时,视频输出电压控制电子束的强度,使荧光屏的亮度被视频信号调制。

荧光屏的发光强度与视频信号具有如下的函数关系

$$L_v = L(U_o) \tag{1-7}$$

式中,L 为与 CRT 荧光材料有关的电光转换系数,U_o 为遵守电视制式的视频电压信号,在行、场扫描锯齿脉冲的作用下形成电视图像。

电视图像扫描的场扫描有逐行扫描与隔行扫描两种方式,通过这两种方式能将摄像机景物图像分解成一维全电视信号输出,CRT 电视接收机接收全电视信号,再将其解码出全电视信息,并分解出行、场同步控制扫描脉冲,最终,将一维全电视信号转换为图像,显示在荧光屏上。而且,摄像机与图像显示器必须遵守同一个扫描制式才能确保完整图像的解析与还原。

1. 逐行扫描

显像管的电子枪装有水平与垂直两个方向的偏转线圈,线圈中分别流过如图 1-4 所示的锯齿波电流,电子束在偏转线圈形成的磁场作用下同时进行水平方向和垂直方向的偏转,完成对显像管荧光屏的扫描。

场扫描电流的周期 T_{vt} 远大于行扫描电流的周期 T_{ht},即电子束从上向下的扫描时间远大于水平方向的扫描时间,在场扫描周期中可以有几百个行扫描周期。而且,场扫描周期中电子束由上向下的扫描为场正程,场正程时间 T_{vt} 远大于电子束从下面返回初始

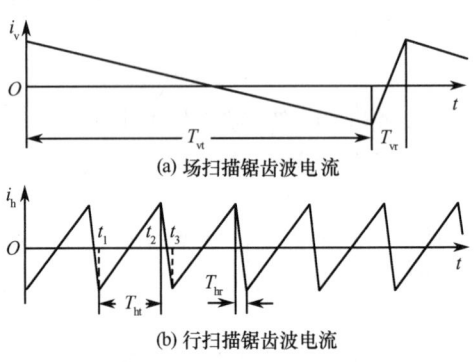

图 1-4 逐行扫描电流波形

位置的场逆程时间 T_{vr},即 $T_{vt} \gg T_{vr}$。电子束上下扫一个来回的时间称为场周期 T_v,$T_v = T_{vt} + T_{vr}$。场周期的倒数为场频,用 f_v 表示。

定义电子束自左向右的扫描为行正程,即 t_1 时刻到 t_2 时刻的扫描为行正程扫描时间 T_{ht}。电子束从右返回到左边初始位置的过程称为回扫,或称为行逆程。显然,行逆程时间 T_{hr} 为 t_2 到 t_3 的时间。$T_{ht} \gg T_{hr}$。电子束左右扫一个周期的时间称为行周期 T_h,$T_h = T_{ht} + T_{hr}$。行周期的倒数为行频,用 f_h 表示。

在行、场扫描电流的同时作用下,电子束受水平偏转力和垂直偏转力的合力作用,进行扫描。由于电子束在水平方向的运动速度远大于垂直方向的运动速度,所以,在屏幕上电子束的运动轨迹为如图 1-5 所示的稍微倾斜的"水平"直线。当然,电子束具有一定的动能,它将使荧光屏发出光点,它的轨迹成为一条条的光栅。逐行扫描的光栅也如图 1-5 所示。图 1-5 的一场中只有 8 行的"水平"光栅,因此光栅的水平度不高。但是当一场内有几百行水平光栅时,水平度自然提高。即一场图像由几百行扫描光栅构成。无论是行扫描的逆程,还是场扫描的逆程,都不希望电子束使荧

光屏发光,即在回扫时不让荧光屏发光,这就要加入行消隐与场消隐脉冲,使电子束在行逆程与场逆程期间截止。实际上,行消隐脉冲的宽度常常稍大于行逆程时间,场消隐脉冲的宽度也稍大于场逆程时间,以确保显示图像的质量。

逐行扫描方式中的每一场周期都为行扫描周期的整数倍,这样,重复的图像才能稳定地被显示。即要求 $T_v = NT_h$,或 $f_h = Nf_v$,其中 N 为正整数。逐行扫描的帧频与场频相等。当图像的重复频率高于48Hz时,人眼分辨不出图像的变化(人眼对高于48Hz的图像没有闪烁的感觉),因此要获得稳定的图像,图像的重复频率必须高于48Hz,即要求场频高于48Hz。

2. 隔行扫描

根据人眼对图像的分辨能力,扫描行数至少应大于600行,这对逐行扫描方式来说,行扫描频率必须大于29kHz才能保证人眼视觉对图像的最低要求。这样高的行扫描频率,无论对摄像系统还是对显示系统都提出了更高的要求。为了既降低行扫描频率,又能保证人眼视觉对图像分辨率及闪耀感的要求,早在20世纪初,人们就提出了隔行扫描分解图像和显示图像的方法。

隔行扫描采用如图1-6所示的扫描方式,由奇、偶两场构成一帧。奇数场由1,3,5,…奇数行组成,偶数场由2,4,6,…偶数行组成,奇、偶两场合成一帧图像。人眼看到的变化频率为场频 f_v,人眼分辨的图像是一帧,帧行数为场行数的2倍。这样,既提高了图像分辨率又降低了行扫描频率,是一种很有实用价值的扫描方式。因此,这种扫描方式一直为电视系统和监视系统所采用。

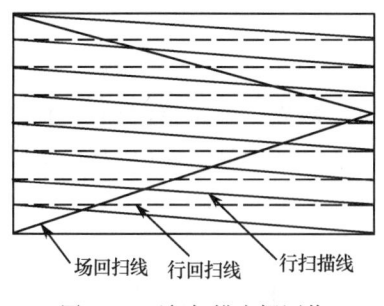

图 1-5 逐行扫描光栅图像

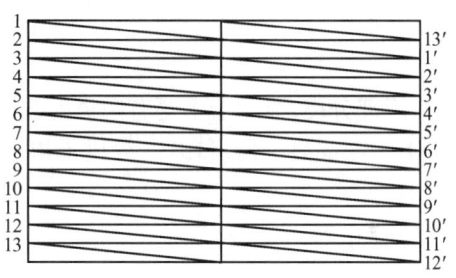

图 1-6 隔行扫描光栅图像

两场光栅均匀交错叠加是对隔行扫描的基本要求,否则图像的质量将大为降低。因此隔行扫描应满足下面两个条件:

第一,下一帧图像的扫描起始点应与上一帧的起始点相同,确保各帧扫描光栅重叠;

第二,相邻两场光栅必须均匀地镶嵌,确保获得最高的清晰度。

根据第一个条件,每帧扫描的行数应为整数。在各场扫描电流都一样的情况下,要满足第二个条件,每帧均应为奇数,那么每场的扫描行数就要出现半行的情况。我国现行的隔行扫描电视制式就是每帧扫描行数为625行,每场扫描行数为312.5行。

1.2.2 电视制式

图像传感器与显示器必须遵守同样的规则,才能使扫描(分解)的图像稳定地显示出来,使显示的图像与所分解的图像保持一致。这种规则广泛地应用于广播电视系统,并被称作电视制式。所谓电视制式是指用来实现电视图像或声音信号所采用的一种技术标准。电视制式要根据当时科技发展状况(技术条件),并考虑到电网对电视系统的干扰情况,以及人眼对图像的视觉感受等条件来制定。

世界上有13种黑白电视制式、3大彩色电视制式,兼容后组合成30多个不同的电视制式。但是,全球应用最多的是PAL(Phase Alternating Line)、NTSC(National Television Standards Committee)

和 SECAM(Sequential Coleur Avec Memoire)三种电视制式。

(1) PAL 制式

PAL 制式又称正交平衡调幅逐行倒相制式,简称 PAL 制。该制式于 20 世纪 60 年代由德国研制成功,主要用于我国及西欧各国的彩色电视系统。PAL 制规定每帧图像有 625 行,分为奇偶 2 场,场频为 50Hz,场周期为 20ms,场周期由正程(电子束由上向下扫描)与逆程(电子束由下返回到上端的过程)组成,场正程时间为 18.4ms,场逆程时间为 1.6ms;现在有隔行扫描与逐行扫描两种方式,隔行扫描每场包含 312.5 行,每行由行正程(电子束由左向右扫描)和行逆程(电子束由右返回左侧)构成,行正程时间为 52μs,行逆程时间为 12μs,伴音、图像载频带宽为 6.5MHz。

(2) NTSC 制式

NTSC 制式又称为正交平衡调幅制,简称 NTSC 制。该制式于 20 世纪 50 年代由美国研制成功,主要用于北美、日本及东南亚各国的彩色电视系统,该电视制式确定的场频为 60Hz,隔行扫描每帧扫描行数为 525 行,伴音、图像载频带宽为 4.5MHz。

(3) SECAM 制式

SECAM 制式又称为行轮换调频制,简称 SECAM 制。该制式于 20 世纪 60 年代由法国研制成功,主要用于法国和东欧各国。其场频为 50Hz,隔行扫描每帧扫描行数为 625 行。

为了接收和处理不同制式的电视信号,也就发展了不同制式的电视接收机和录像机。

1.3 图像显示器的分类

按工作原理分类,显示器主要有阴极射线管显示器(CRT)、场发射显示器(FED)、真空荧光管显示器(VFD)、液晶显示器(LCD)、等离子体显示器(PDP)、电致发光显示器(ELD)、发光二极管显示器(LED)等。

1. CRT 显示器

1897 年德国斯特拉斯堡大学的布来恩发明了 CRT 管,研制出采用 CRT 管的示波器。CRT 管利用气体放电现象产生自由电子,借助离子聚焦作用形成细长的电子束。"阴极射线管"能提供聚集在荧光屏上的一束电子,以便形成直径略小于 1mm 的光点。在电子束附近加上磁场或电场,电子束将会偏转,能显示出由电势差产生的静电场,或由电流产生的磁场。

从布来恩发明 CRT 管至今,已有 100 多年的历史,可以说 20 世纪属于 CRT 显示器时代。

- 其前 50 年几乎只用作观察电子波形,很少有其他实际应用的例子。
- 后 50 年发展到黑白、彩色电视显像管,尤其是电视的快速普及与发展,使它进入快速发展期。
- 最后的 20 多年,计算机与监控系统的发展使它进入突飞猛进的发展阶段。随着电子符号发生器的开发和 IC/LSI 技术的高速发展,CRT 显示器迅速普及,几乎应用到国民经济的各个领域。

CRT 最初在雷达显示器和电子示波器上使用,后来用于电视机和计算机显示终端。如果没有 CRT,就难以迎来目前的电视机、计算机时代,可以说 CRT 对信息化时代、多媒体时代起到了重要的推动作用。

CRT 显示器虽然具有很高的性价比,比如:可进行大画面高密度显示,可进行全色显示,采用电子束扫描方式,所需要的驱动电极数极少等。但是这类显示器也有很大的缺点,比如:体积大、笨重,驱动电压高,寻址方式不是采用矩阵寻址,导致图像会出现畸变等。因此,CRT 显示器逐渐被性能更好的平板显示器所取代,逐渐退出历史舞台。

2. LCD

LCD 的发展主要经历了以下几个阶段:

1968—1972 年,研制出液晶手表,属于靠液晶反射率的变化显示数码的阶段;

1971—1984 年,TN-LCD 逐渐成熟,因为显示容量小,只能用于笔段式数字显示及简单字符显示;

1985—1990 年,STN-LCD 的发明及 α-Si TFT-LCD 技术的突破,LCD 进入大容量显示的新阶段。笔记本电脑和液晶电视等新产品进入商品化阶段;

1990—1995 年,AM-LCD 获得飞速发展,开始进入高画质显示阶段;

1996 年以后,LCD 在笔记本电脑中普及,TFT-LCD 开始进入监视器市场,性价比得到大幅度提高(5 年降价 3/4)。

LCD 取得的进展主要表现在以下两个方面:一是实现了低工作电压和低功耗,使之与 COMS 集成电路的耦合成为可能;二是适应了时代的需求——薄型化,而且改进了对比度,通过使用彩色滤光片谋求实现特性优异的彩色显示。

被称为产业之纸的 LCD 与迄今被称为产业之米的集成电路的结合,使 LCD 在 21 世纪继续发展。不论在工业还是民用上,LCD 作为人机交互界面,在显示器中已占据重要地位。

3. LED 显示器

20 世纪 80 年代 LED 逐渐被人们认识,并在显示文字、数字和提示、指示器方面发挥着巨大的作用。进入 21 世纪以来,LED 在产品质量和工艺等方面都取得很大的进展,它的许多特点驱使人们将其应用到图像显示方面,它属于自身发光,又极易组件化的器件,能够构成各种特色化的显示器,因此广泛应用于大规模图形显示领域。2008 年奥运会上 LED 显示技术可以说是大放异彩,推动了 LED 显示技术与设备的快速发展。2010 年世博会突显其威力。

1.4 典型图像显示器

常用的数码照相机和数码摄像机的液晶显示器都是 TFT-LCD(Thin Film Tranistor Liguid Cristal Display)。下面着重介绍 TFT-LCD 器件的结构和工作原理。

1.4.1 TFT-LCD 图像显示器简介

1. TFT-LCD 的基本结构

如图 1-7 所示为典型 TFT-LCD 的基本结构。

① 前框。采用金属或塑胶材质,安装在液晶显示器的最前端,用来保护 TFT-LCD 的边缘,防止静电放电的冲击,增加 TFT-LCD 的牢固度。

② 水平偏光片。它是一种能将自然光转换成线偏振光的光学元件。在制作 TFT-LCD 时需要在彩色滤光片、液晶与 TFT 玻璃的上、下各安装一片偏光片,并使它们成一定的角度,主要用途是在有电场与无电场时使光源产生相位差而呈现敏感的状态,用以显示字幕或图案。

③ 彩色滤光片。即三基色滤光片。彩

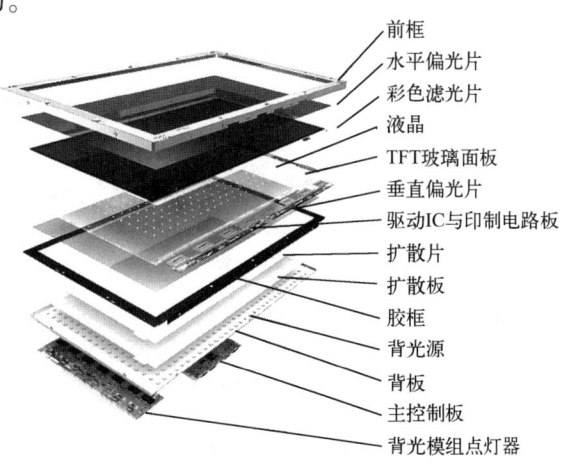

图 1-7 典型 TFT-LCD 的基本结构

色 LCD 的色彩信息是通过三基色滤光片实现的,在 IC 信号处理器输出信号的控制下,使得从背光源发射的白光经三基色滤光片获得彩色画面。三基色滤光片制作在玻璃基板上,将红、绿、蓝三原色的有机光导膜制作在每一个像元内构成三基色滤光片。

④ 液晶。它是一种特殊的工作物质,既具有单轴晶体的物理性质(各向异性),又具有液体的流动性。液晶分子的排列方向可以通过电场来控制。

⑤ TFT 玻璃面板。它拥有数百万个 TFT 单元。TFT 作为开关元件,其栅极与行(X)电极连接,源极与列(Y)电极相连,漏极与液晶层及补偿电容相连。

⑥ 垂直偏光片。它与上面的水平偏光片共同组成偏光系统,影响 LCD 显示的效果。

⑦ 驱动 IC 与印制电路板。它们为各个像元提供工作电压,以便控制液晶分子的扭曲角度,调整光通量,使 LCD 能够显示灰度信息。

⑧ 扩散片。其作用是将背光模组发出的光均匀地扩散到整个液晶板所影响的区域,为 LCD 提供较为均匀的亮度。

⑨ 扩散板。它和扩散片的功能类似,将背光源发出的光均匀地垂直投射到 LCD 面板上,并使光能均匀分布,为 LCD 提供一个理想的均匀面光源。

⑩ 胶框。它是用来固定整个背光模组的部件,若放置不当,以及碰撞和脏污等,都会影响背光模组的功效,或造成背光模组的损坏及质量的下降。

⑪ 背光源。它是均匀的发光光源,因为液晶本身不发光,所以必须依靠外界光源才能使其显示图像,光源一般位于 LCD 面板后方,故称为背光源。常见的 LCD 背光源有冷阴极荧光灯(CCFL)和发光二极管(LED)等。

⑫ 背板。它是将背光源、LCD 和电路板等部件固定在外框结构架上的装置,用于 LCD 的最终组装。

⑬ 主控制板。即 LCD 的驱动控制电路板,将影像输入的信号转为 LCD 的显示信号。

⑭ 背光模组点灯器。它是将直流电压转换为高频高压脉冲电压的部件,能够持续点亮背光模组中的冷阴极灯管。

2. TFT-LCD 的工作原理

冷阴极灯管发出的光,经过扩散板与扩散片形成均匀的照明光,它先通过下偏光片向上发射,再通过液晶层向上传导。TFT-LCD 的电极包括 FET 电极和公共电极,控制 FET 电极的导通状态,液晶分子也产生不同表现,如 TN-LCD 的排列状态一样会发生改变,也通过遮光和透光来达到各种显示的目的。但不同的是,由于 FET 具有电容效应,能够保持电位的状态,先前透光的液晶分子会一直保持透光,直到 FET 电极再一次加电改变其排列方式为止。相对而言,TN-LCD 就没有这种特性,电场一旦消失,液晶分子立刻就返回原始状态,这是 TFT-LCD 和 TN-LCD 的最大区别,也是 TFT-LCD 的优越之处。

TFT-LCD 通过 DVI 接口接收来自计算机显示卡的数字信号,这些信号通过数据线传输到控制电路,控制电路调节 TFT-LCD 的薄膜晶体管和 ITO 透明电极,实现液晶的透光与不透光的特性。这样,背景光源通过偏光片和滤光层,最终实现灰度图像的显示。

彩色液晶显示器输出色彩的原理:在其面板中,每一个像元都是由三个液晶单元格构成的,其中每一个单元格前面都分别有红色、绿色或蓝色的滤光片。光线经过滤光片照射到每个像元,不同色彩的液晶单元格均由 TFT 控制,然后根据三基色原理,合成不同的色彩。

1.4.2 TFT-LED 图像显示器简介

TFT-LCD 图像显示器的背光光源是冷阴极灯管发出的白光。冷阴极灯管在高频高压电场激发真空玻璃管内的荧光物质,能够发出白光或各种颜色的单色光,显然,它是高频的闪烁光,其亮度、寿命与老化性能等均不如LED,因此,正在被LED背光板取代。目前,有很多TFT-LCD图像显示器已经逐渐被TFT-LED图像显示器所取代,尤其是计算机显示屏基本采用TFT-LED显示器了。TFT-LCD与TFT-LED二者的主要区别在于背光板及其驱动电路板。采用LED背光板以后,驱动电压彻底降低,显示屏的厚度减薄,明亮度增加,寿命延长,色泽更加鲜艳。为此,手机、平板电脑、触摸屏等终端显示器均纷纷采用TFT-LED图像显示器,使这类产品质量提高到新水平,促进现代IT产品与技术的同步发展。

1.4.3 LED 图像显示器

LED图像显示器又称LED显示屏(LED display 或 LED Screen),因为它一般都以较大的屏幕存在,因此也称为LED大屏幕。目前世界上到底有多大的LED屏幕无法评论,记录在不断地被刷新。2010年上海世博会场馆外的屏幕(9500平方米)堪称世界第一大屏。

LED显示屏主要有单色、双色和三色(或称真彩色)3种,单色与双色常用于文字、数据的显示,三色LED显示屏用于各种彩色图像或视频图像的显示。真彩色图像显示屏又有室内与室外之分,它们都是由基本显示板拼接而成的。图1-8所示为P5型LED显示板实物图。显然,它是由三色LED阵列构成的。

图1-8 P5型显示板实物图

LED显示屏由于具有工作电压低、功耗小、亮度高、寿命长、耐冲击、性能稳定和易于拼接组装成各种不同形状与尺寸的显示器而得到广泛的应用,占据广阔的市场。

(1) LED显示板主要技术指标

① LED发光亮度:室内显示板单只LED发光亮度为0.5~50mcd,室外显示板单只LED发光亮度为100~1000mcd,最高可超过10000mcd。

② 像元尺寸:室内通常为$\Phi3$、$\Phi3.75$(直径3mm或3.75mm),而室外显示板所用LED直径通常为5mm或8mm;

③ 像元的间距:LED显示板像元的间距也有很多种,一般室内的比室外的要密很多,间距与型号相关,如室内有P4、P5和P6等型号,它们的间距分别是3.75mm、5mm和6mm;室外有P10、P12、P16、P20和P25等型号,间距分别是10mm、12mm、16mm、20mm和25mm。

④ 像元数:不同类型、不同尺寸、不同要求的像元数几乎都有,要具体查各个生产企业的产品手册。例如,图1-8所示的P5型LED显示板有32×32个像元,构成方形显示板。

⑤ 图像分辨率:LED显示板自身分辨率的考量不是很确切,它与所显示的图像大小有关,另外与屏幕拼接数量有关,拼接数量越大,分辨率越高。

⑥ 显示板灰度:灰度通常指像元发光亮度变化的阶数,它与图像采集卡的A/D转换器的分辨率有关,16位A/D采集卡的基色灰度一般有0~65535级。另外,它还与控制系统的能力与驱动芯片的承载或反应率有关。

⑦ 信息容量:显示板的信息容量取决于板上像元数、灰度、色彩度、间距等参数。

⑧ 显示屏的平整度:平整度与制造厂的装配工艺有关,一般要求保证平整度误差在±1mm范围内。

⑨ 色彩的还原性:是指显示屏对色彩图像的还原质量,即显示屏显示的色彩要与播放源的色

彩保持一致,这样才能保证图像的真实感。

⑩ 瑕疵点比率:瑕疵包括单色点、黑点和高亮点等,会影响图像质量。质量好的显示板应该做到无瑕疵点。瑕疵点通常与该 LED 及其驱动单元电路质量有关,具有良好质量保障体系的企业生产出来的显示板应该能够保证瑕疵点在 1% 以下。

(2) 显示屏的拼接技术

将若干块显示板拼接成能够在室内、外显示图像的显示屏所涉及的技术称为显示屏拼接技术。它包括下面几个方面的内容:

① 总体设计:显示屏拼接的首要任务是总体设计。根据屏幕的用途、安装环境、显示平均距离、背景光的变化情况和场景自然气候条件(室内可以不考虑此项)做出总体方案设计,确定显示板的型号、数量与整体安装方案。

② 根据显示板型号与数量设计驱动电源的功率,设计电源系统,注意散热与允余量问题。室外应用必须考虑极端天气变化对电源系统的影响和必要的防护系统。

③ 目前市场上出售的各种显示板都采用了便于组装(拼接)的结构设计,拼接组装主要是结构设计和现场安装问题。

④ 信号传输与控制:目前,很多型号的显示板上配置了方式不同、容量不等的存储器、千兆网通信系统和微机处理系统。因此,可以采取不同的信号传输方式和自播放方式显示图像信息。

⑤ 实际 LED 大屏幕显示屏常常是用户提出需求,一些专业设计、制造大屏幕的企业以项目承包的方式完成设计、施工、调试与后期服务(含软件升级等)。

1.5 本章小结

实现对景物图像的传输、存储与再现的途径是,将光学图像解析成一维时序信号,再通过传输手段(有线与无线)将一维时序信号传输或发送至远方。这是电视系统的基本思路。现阶段,人们将一维时序信号转换成数据,借助于计算机与网络发送、传输到远方,然后再将数据还原成二维图像。可见将图像解析为一维时序信号成为电视、手机图像通信的关键。

(1) 图像解析方法

图像解析方法主要有:①光机扫描图像解析;②电子束扫描图像解析;③固体自扫描图像解析等。

(2) 解析与还原图像共同遵守的电视制式

为不失真地传输图像而建立起来的电视制式是模拟电视系统必须遵守的约束。要注意理解它们是限于当时技术条件下的产物,在现在的数字化阶段具有一定的意义,对于我们理解 CCD 电视摄像机有一定的价值。

彩色电视制式主要有:①PAL 制;②NTSC 制;③SECAM 制。

(3) 图像显示器

① CRT 显像管已经退出历史舞台。

② LCD 近些年有很大发展,尤其在数码照相机和手机显示屏等方面发展很快。

③ LED 显示器,在大屏幕显示方面优势突出,发展很快。

(4) 典型图像显示器

本章介绍的 TFT-LCD、TFT-LED 和 LED 图像显示器在结构与显示原理上均有所差异,应用也不同,前两者用于数码照相机、数码摄像机、平板电脑、笔记本电脑等设备中,后者主要用于室内、外大屏幕的图像显示。

思考题与习题 1

1.1 为什么要把场景图像转换成一维时序信号？其方法有哪些？各有什么特点？

1.2 为确保单元光电传感器扫描出来的场景图像能够在显示器上还原显示出不失真的图像，需要采用怎样的措施？

1.3 电视制式的意义是什么？你所掌握的电视制式有哪些？我国为什么采用 PAL 制？怎样理解 PAL 制能够克服工频电场的干扰？

1.4 比较隔行扫描与逐行扫描的优缺点，试说明为什么 20 世纪初的电视机与视频监视器均采用隔行扫描制式？现在的手机与平板显示屏还采用 PAL 制吗？

1.5 如果某图像采集卡具有只采集一场图像的功能，试问采集隔行扫描制式的一场图像与人眼看到的图像一致吗？为什么？如果采集的是逐行扫描制式的一场图像又会怎样？

1.6 现有一只光敏面为 2mm×2mm 的光电二极管，你能否用它来采集面积为 800mm(H)×400mm(V) 的场景图像？如果不能，应该添加什么器材才能完成对上述场景图像进行采集？

1.7 上题条件下如果采用 1:1 的成像物镜对场景进行扫描，扫描正程速度为 8m/s，逆程为 80m/s，在图像不发生形变的情况下垂直扫描的速度应该是多少？

1.8 今有一台 256 像元的线阵 CCD（例如 ILX521），如果配用 PAL 制的显示器显示它所扫描出来的图像，需要采用怎样的技术与之配合？

1.9 如何理解"环保的绿色电视"？图像显示器采用何种技术才能实现显示 100Hz 的场频？

1.10 TFT-LCD 与 TFT-LED 图像显示器的主要区别是什么？你能否画出 TFT-LED 图像显示器的原理方框图？

1.11 请从网络上查找 P3、P4、P5、P6 型等 LED 显示板，它们的间距各为多少？显示板还有哪些其他型号？

1.12 为什么室内显示屏采用 P3、P4、P5、P6 型等显示板拼装而成？而室外显示屏则采用 P10、P12、P16、P20、P25 型等显示板拼装而成？

1.13 设 P5 型显示板，其外形尺寸为 160mm×80mm，点间距为 5mm，若驱动每只 LED 的发光电流为 20mA，电压为 5V。欲设计显示屏幕的尺寸为 1600mm×800mm，试问如何选用电源？需要多少块该型号的显示板？

第2章 电荷耦合摄像器件的基本工作原理

不同于大多数以电流或电压为信号载体的器件,电荷耦合摄像器件(CCD)的突出特点是以电荷为信号的载体。CCD 的基本功能是电荷的存储和电荷的转移。因此,CCD 的基本工作过程主要是信号电荷的产生、存储、转移和检测。

CCD 有两种基本类型:一种是电荷包存储在半导体与绝缘体之间的界面,并沿界面转移,这类器件称为表面沟道 CCD(简称为 SCCD);另一种是电荷包存储在离半导体表面一定深度的体内,并在半导体体内沿一定方向转移,这类器件称为体沟道或埋沟道 CCD(简称为 BCCD)。下面以 SCCD 为例,讨论 CCD 的基本工作原理。

2.1 电荷存储

构成 CCD 的基本单元是 MOS(金属-氧化物-半导体)结构。如图 2-1(a)所示,在栅极(G)施加电压 U_G 之前 P 型半导体中空穴(多数载流子)的分布是均匀的。当栅极施加正电压 U_G(此时 U_G 小于等于 P 型半导体的阈值电压 U_{th})时,P 型半导体中的空穴将开始被排斥,并在半导体中产生如图 2-1(b)所示的耗尽区。电压继续增加,耗尽区将继续向半导体体内延伸,如图 2-1(c)所示。U_G 大于 U_{th} 后,耗尽区的深度与 U_G 成正比。若将半导体与绝缘体界面上的电势记为表面势,且用 Φ_s 表示,Φ_s 将随 U_G 的增高而增高。图 2-2 描述了在掺杂为 10^{21}cm^{-3},氧化层的厚度 d_{ox} 为 0.1μm、0.3μm、0.4μm 和 0.6μm 情况下,不存在反型层电荷时,Φ_s 与 U_G 的关系曲线。从曲线可以看出:氧化层的厚度越薄,曲线的直线性越好。在同样的 U_G 作用下,不同厚度的氧化层有着不同的 Φ_s。Φ_s 表征了耗尽区的深度。

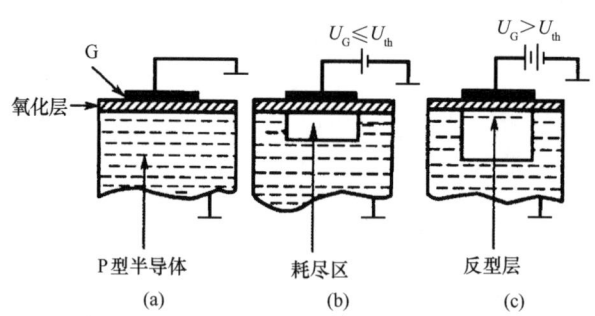

图 2-1 CCD 栅极电压变化对耗尽区的影响

图 2-3 为 U_G 不变的情况下,Φ_s 与反型层电荷密度 Q_{inv} 的关系曲线。由图 2-3 可以看出,Φ_s 随 Q_{inv} 的增大而线性减小。依据图 2-2 与图 2-3 的关系曲线,很容易用半导体物理中的"势阱"概念来解释。电子所以被加有栅极电压的 MOS 结构吸引到半导体与氧化层的交界面处,是因为那里的势能最低。在没有反型层电荷时,势阱的"深度"与 U_G 的关系恰如 Φ_s 与 U_G 的关系,如图 2-4(a)所示的空势阱的情况。

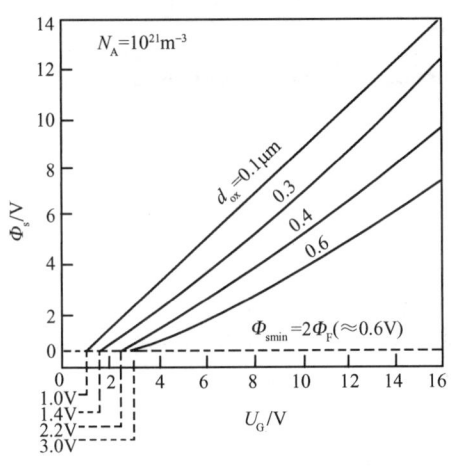

图 2-2 Φ_s 与 U_G 的关系曲线

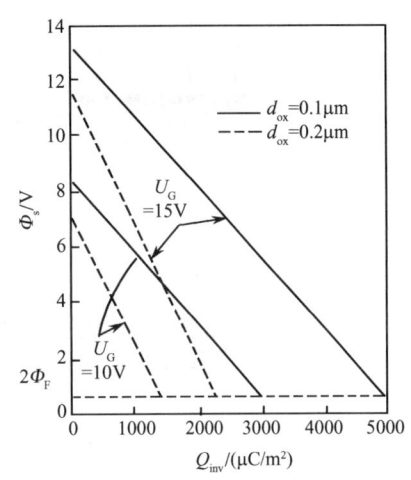

图 2-3 Φ_s 与 Q_{inv} 的关系曲线

图 2-4(b)为反型层电荷填充 1/3 势阱时表面势收缩的情况。当反型层电荷继续增加时，Φ_s 将逐渐减小；当反型层电荷足够多时，Φ_s 减小到最低值 $2\Phi_F$，如图 2-4(c)所示。此时，表面势不再束缚多余的电子，电子将产生"溢出"现象。这样，表面势可作为势阱深度的量度，而表面势又与栅极电压、氧化层厚度 d_{ox} 有关，即与 MOS 电容的容量 C_{ox} 和 U_G 的乘积有关。

势阱的横截面积取决于栅极电压的面积 A。MOS 电容存储信号电荷的容量为

$$Q = C_{ox} U_G \tag{2-1}$$

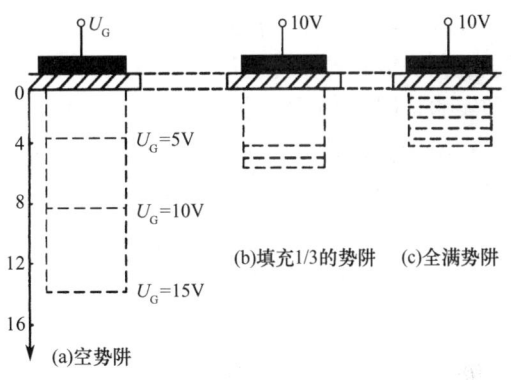

图 2-4 势阱

2.2 电荷耦合

为了理解 CCD 中势阱及电荷如何从一个位置转移到另一个位置，可观察图 2-5 所示的四个彼此靠得很近的电极在加上不同电压的情况下，势阱与电荷的运动规律。假定开始时有一些电荷存储在栅极电压为 10V 的第 1 个电极下面的深势阱里，其他电极上均加有大于阈值的低电压（例如 2V）。若图 2-5(a)所示为 0 时刻（初始时刻），经过 t_1 时刻后，各电极上的电压如图 2-5(b)所示，第 1 个电极仍保持为 10V，第 2 个电极上的电压由 2V 变到 10V。因这两个电极靠得很近（间隔小于 3μm），它们各自的势阱将合并在一起，原来第 1 个电极下的电荷变为这两个电极下联合势阱所共有，如图 2-5(b)和图 2-5(c)所示。若此后各电极上的电压变为如图 2-5(d)所示，第 1 个电极上的电压由 10V 变为 2V，第 2 个电极上的电压仍为 10V，则共有的电荷转移到第 2 个电极下面的势阱中，如图 2-5(e)所示。由此可见，深势阱及电荷包向右移动了一个位置。

通过将按一定规律变化的电压加到 CCD 各电极上，电极下的电荷包就能沿半导体表面按一定方向转移。通常把 CCD 的电极分为几组，每一组称为一相，并施加同样的时钟驱动脉冲。CCD 正常工作所需要的相数由其内部结构决定。图 2-5 所示的结构需要三相时钟脉冲，其驱动脉冲的波形如图 2-5(f)所示，这样的 CCD 称为三相 CCD。三相 CCD 的电荷必须在三相交叠驱动脉冲的作用下，才能以一定的方向逐单元地转移。另外，必须强调指出，CCD 电极间隙必须很小，电荷才能

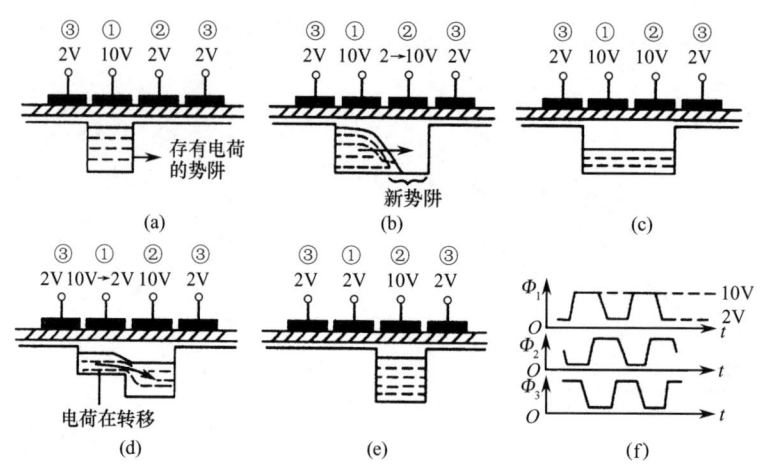

图 2-5 三相 CCD 中电荷的转移过程

不受阻碍地从一个电极下转移到相邻电极下。如果电极间隙比较大,两电极间的势阱将被势垒隔开,不能合并,电荷也不能从一个电极向另一个电极完全转移,CCD 便不能在外部驱动脉冲作用下转移电荷。能够产生完全转移的最大间隙一般由具体电极结构、表面态密度等因素决定。理论计算和实验证明,为不使电极间隙下方界面处出现阻碍电荷转移的势垒,间隙的长度应小于 3μm。这大致是同样条件下半导体表面深耗尽区宽度的尺寸。当然,如果氧化层厚度、表面态密度不同,结果也会不同。但对于绝大多数的 CCD,1μm 的间隙长度是足够小的。

以电子为信号电荷的 CCD 称为 N 型沟道 CCD,简称为 N 型 CCD。而以空穴为信号电荷的 CCD 称为 P 型沟道 CCD,简称为 P 型 CCD。由于电子的迁移率(单位场强下电子的运动速度)远大于空穴的迁移率,因此 N 型 CCD 比 P 型 CCD 的工作频率高很多。

2.3 CCD 的电极结构

CCD 电极的基本结构应包括转移电极结构、转移沟道结构、信号输入单元结构和信号检测单元结构。这里主要讨论转移电极结构。最早的 CCD 转移电极是用金属(一般用铝)制成的,如图 2-1 所示。由于 CCD 技术发展很快,到目前为止,常见的 CCD 转移电极结构不下 20 种,但是,它们都必须满足使电荷定向转移和相邻势阱耦合的基本要求。

1. 三相 CCD 的电极结构

(1)三相单层铝电极结构

CCD 衬底一般采用轻掺杂的硅,电阻率 ρ 为 $10^3 \Omega \cdot cm^{-1}$ 左右,氧化层厚度通常为 0.1μm 左右。三相单层金属(铝)电极结构如图 2-6 所示。它的特点是工艺简单且存储密度较高。存储 1 "位"信息的一个单元只有三个紧密排列的电极,其面积可以做得很小。在常规工艺条件下,CCD 移位寄存器的存储单元面积可以做得比 MOS 移位寄存器的单元面积小。但是,要在金属氧化层上刻出宽度仅为 2~3μm、总长度以厘米计的间隙,在光刻工艺上有相当的难度。

为解决这个问题,可采用"照相刻蚀技术"。该技术能够在单层铝电极系统中开出亚微米量级的间隙,成品率相当高。该技术利用有控制的横向刻蚀和以光刻胶做掩模的定域金属沉积的方法。第一层金属被刻蚀后,有控制地进行过渡刻蚀,使光刻胶覆盖区域边缘受到横向刻蚀,如图 2-6(a)所示。第一层金属未被刻蚀的部分形成了每隔一个的第一层电极,垂直沉积的第二层金属形成了其余的电极。光刻胶的"阴影"产生间隙,其长度就是横向刻蚀深度,如图 2-6(b)所示。

在这层金属上刻出总线和焊点之后,去除光刻胶,这时上面的金属也被一起"掀掉"。

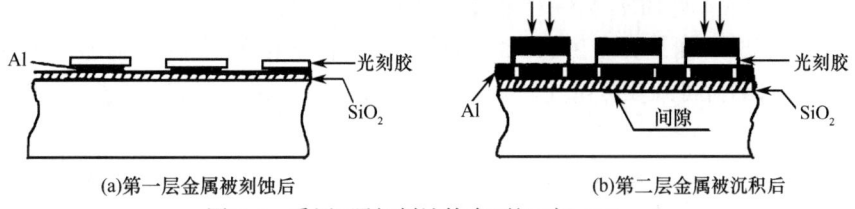

图 2-6 采用"照相刻蚀技术"的三相 CCD

不管用什么工艺制造,这种结构有一个明显的缺点,即电极间隙处氧化物直接裸露在周围气氛中,使得下方表面势变得不稳定,影响转移效率。正是由于这个缺点,这种结构很少在实用器件中采用。

(2) 三相电阻海结构

为了避免上述结构成品率较低和电极间隙氧化物裸露的问题,并保持结构简单的特点,在多晶硅沉积和扩散工艺成熟的条件下,引进了一种简单的硅栅结构:在氧化层上沉积一层连续的高阻多晶硅,然后对电极区域进行选择掺杂,形成如图 2-7 所示的低阻区(转移电极)被高阻区所间隔电阻海结构(整个转移电极与绝缘机构都采用多晶硅制造,可比喻为电阻的海洋)。引线

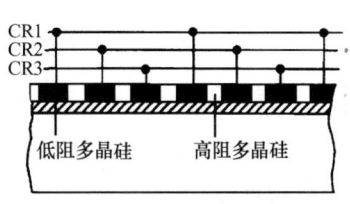

图 2-7 三相电阻海结构

(包括交叉天桥)和区焊点都在附加的一层铝上形成。这种电极结构的成品率高,性能稳定,不易受环境因素影响。它的缺点是每个单元的尺寸较大。这是因为每个单元沿电荷转移沟道的长度包括三个电极和三个电极间隙,它们受光刻和多晶硅局部掺杂工艺的限制而无法做得很窄。因此,三相电阻海结构不适宜于用来制造大型器件。

此外,还必须注意掌握掺杂多晶硅的电阻值。电阻率必须足够低,以便能够跟得上外时钟波形的变化,但是也不能太低,以免功率损耗太大。

(3) 三相交叠栅结构

制造电极间隙极窄、转移沟道封闭的 CCD 的方法之一是采用交叠栅结构。对于三相器件来说,最常见的三层多晶硅的三相交叠栅结构如图 2-8 所示。首先生长栅氧,接着沉积氧化硅和一层多晶硅,然后在多晶硅层刻出第一组电极。用热氧化在这些电极表面形成一层氧化物,以便与接着沉积的第二层多晶硅绝缘。第二层用同样方法刻出第二组电极后进行氧化。重复上述工艺步骤,以形成第三层电极。这种结构的电极间隙仅为电极间氧化层的厚度,只有零点几微米,单元尺寸也小,沟道是封闭形成的,因而成为被广泛采用的三相结构。它的主要问题是高温工序较多,而且,必须防止层间短路。

上述工艺过程中,氮化硅的作用是在刻蚀多晶硅电极图形时,保护下面的氧化层。同样的电极结构也可以通过不采用氮化硅的工艺流程得到,可在每组电极下面重新生长氧化层。

2. 二相 CCD 的电极结构

单层金属化电极结构确保电荷定向转移至少需要三相驱动脉冲。当信号电荷自第 2 个电极向第 3 个电极转移时,在第 1 个电极下面形成势垒,以阻止电荷倒流。如果想用二相脉冲驱动,就必须在电极结构中设计并制造出某种不对称性,即由电极结构本身保证电荷转移的定向性。产生这种不对称性最常用的方法是利用绝缘层厚度不同的台阶以及离子输入产生的势垒。

(1) 二相硅-铝交叠栅结构

结构的第一层电极采用低电阻率多晶硅。在这些电极上热生长绝缘氧化物的过程中,没有被多晶硅覆盖的栅氧区厚度也将增长。第二层电极采用铝栅下绝缘物厚度与硅栅下不同,因而在相

同栅压下形成势垒,如图2-9所示。相邻的一个铝栅(表面电极)和一个硅栅(SiO_2中的电极)并联构成一相电极,加时钟脉冲CR1,另一相电极加时钟脉冲CR2。

相对于硅栅、铝栅下面是势垒。它的作用是将各个信号电荷包隔离并且限定电荷转移的方向。图2-9所示的情形,电荷将处在势阱比较深的右半部内,厚氧化区下方势垒阻挡住电荷,使电荷只能向右转移。

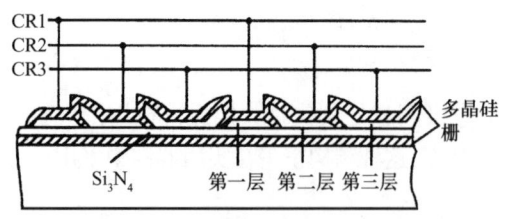

图2-8 三层多晶硅的三相交叠栅结构

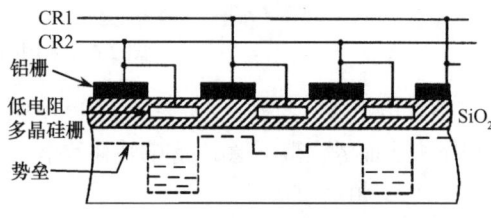

图2-9 二相硅-铝交叠栅结构

(2) 阶梯状氧化物结构

阶梯状氧化物结构是用一次金属化过程形成不对称势阱,实现二相CCD电极结构。其实现的工艺有两种。

第一种工艺的电极结构如图2-10(a)所示。在400nm的厚栅氧(SiO_2)上面覆盖100nm的Al_2O_3,Al_2O_3刻出图形后被当作掩模将未遮掩的厚栅氧区刻蚀至约1000nm。在这个过程中,被氧化铝掩模的区域边缘出现横向铝蚀,形成氧化铝突出部,如图2-10(a)所示。当金属沉积时在突出部分会出现断条,从而使相邻电极隔离。

第二种工艺的电极结构如图2-10(b)所示,也能得到与上面基本相同的结构。这种工艺从5μm厚度的厚栅氧层开始,以光刻胶做掩模将暴露的厚栅氧层刻蚀至厚度为0.1μm,从而形成阶梯状氧化物结构。进行刻蚀时必须尽可能使厚氧区与薄氧区之间台阶的边缘保持垂直、整齐。然后从一定的斜角方向蒸发一层金属,金属在厚氧区一侧覆盖住台阶,而在另一侧完全断条。

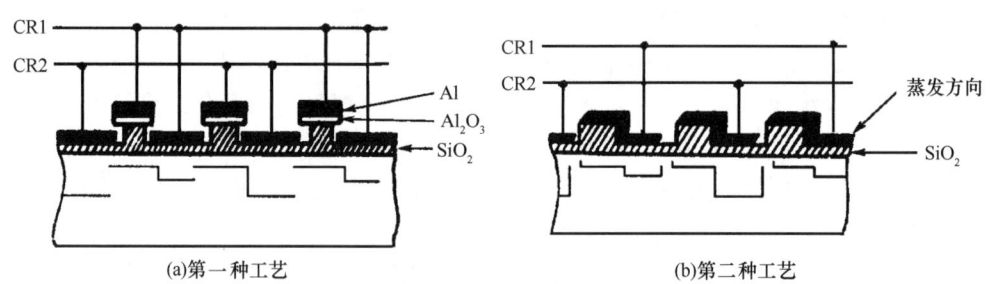

图2-10 具有阶梯状氧化物的二相结构

(3) 注入势垒二相结构

采用离子注入技术可以在电极下面的不对称位置上设置注入(势垒)区,如图2-11所示。与上述阶梯状氧化物结构相比,离子注入技术容易制成较高的电势台阶,而且如果注入的离子就集中在界面附近,则势垒高度受电极电势的影响比较小。当然,注入势垒二相结构同样有损失电极存储面积的问题。

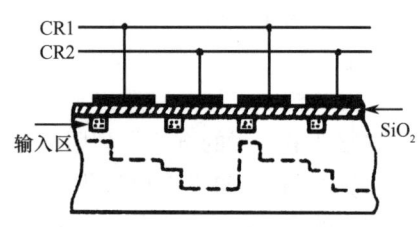

图2-11 输入势叠二相结构

3. 四相 CCD 的电极结构

图 2-12 是三种四相 CCD 电极结构。图 2-12(a) 的结构是在两层金属(例如铝)制作的电极中间沉积 100nm 厚的二氧化硅(SiO_2)做绝缘。图 2-12(b) 所示的结构与多晶硅-铝交叠栅的结构相类似，只是现在各电极下的绝缘层厚度是一样的，各电极的面积都相同。也可以采用两层铝电极的结构，可以用阳极氧化方法获得 SiO_2 绝缘层，如图 2-12(c) 所示。

图 2-13 所示为四相器件在转移过程中某一时刻的表面势分布。四相器件与三相、二相器件相比，其操作方式较为适应很高的时钟频率(例如 100MHz)，波形接近正弦波的驱动脉冲。

虽然四相 CCD 的时钟驱动电路比较复杂，但是也有优点。与三相 CCD 相比，四相 CCD 中连接的两个电荷包之间有双重势垒相隔，这有助于提高转移效率。另外，电荷在转移过程中由于表面势分布(见图 2-13)呈台阶状，不会产生二相及三相转移过程中出现的"过冲现象"。

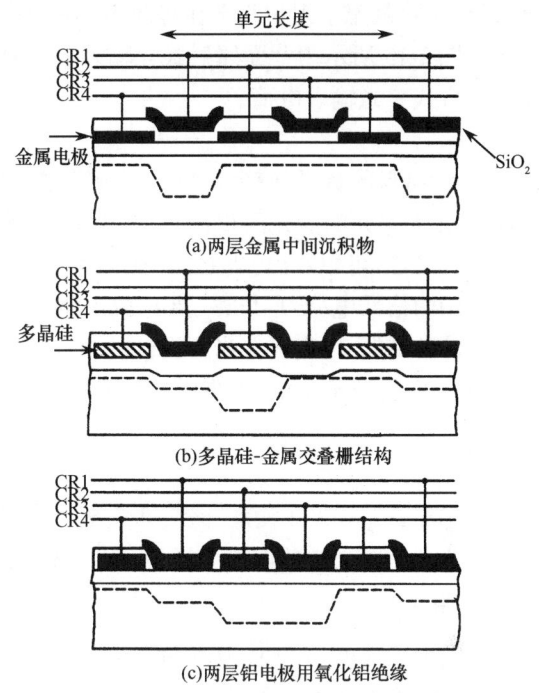

图 2-12 四相 CCD 电极结构

4. 体沟道 CCD 的电极结构

上面介绍的 CCD 中，信号电荷只在贴近界面的极薄衬底内运动。由于界面处存在陷阱，信号电荷在转移过程中将受到影响，从而降低了器件的工作速度和转移效率。为了减轻或避免上述问题，可在半导体体内设置信号的转移沟道。这类器件称为体沟道或埋沟道 CCD(BCCD)。

BCCD 的纵向剖面如图 2-14 所示。由于转移沟道进行了离子输入，势能的极小值离开了界面。体内沟道原则上可以用外延生长法形成，不过在控制薄外延层的掺杂浓度和降低缺陷密度方面有一定困难。

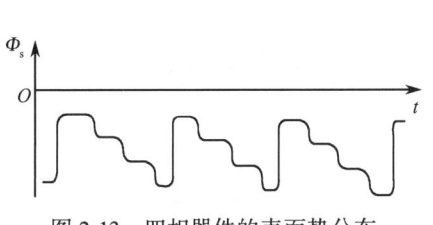

图 2-13 四相器件的表面势分布

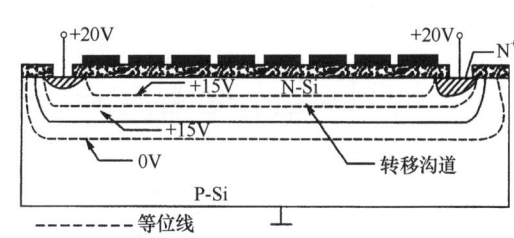

图 2-14 BCCD 的纵向剖面

2.4 电荷的输入和检测

在 CCD 中，电荷输入的方法有很多，归纳起来，可分为光输入和电输入两类。

1. 光输入

当光照射到 CCD 硅片上时，在栅极附近的半导体体内产生电子-空穴对，多数载流子被栅极电压排斥,少数载流子则被收集在势阱中形成信号电荷。光输入方式又可分为正面照射式与背面照射式。图 2-15 所示为背面照射式光输入。CCD 摄像器件的像元为光输入方式。光输入电荷

$$Q_{in} = \eta q N_{eo} A t_c \tag{2-2}$$

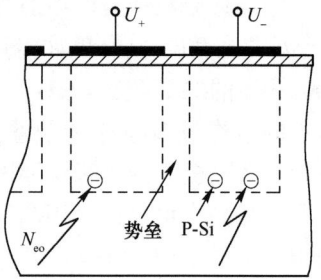

式中,η 为材料的量子效率;q 为电子电荷量;N_{eo} 为入射光的光子流速率;A 为像元的受光面积;t_c 为光的输入(积分)时间。

由式(2-2)可以看出,当 CCD 确定以后,η,q,A 均为常数,输入到势阱中的信号电荷 Q_{in} 与 N_{eo} 及 t_c 成正比。t_c 由 CCD 的驱动器的转移脉冲的周期 T_{sh} 决定。当所设计的驱动器能够保证其输入时间稳定不变时,输入到 CCD 势阱中的信号电荷只与 N_{eo} 成正比。在单

图 2-15 背面照射式光输入

色入射辐射时,N_{eo} 与入射辐通量 $\Phi_{e,\lambda}$ 的关系为 $N_{eo} = \dfrac{\Phi_{e,\lambda}}{h\nu}$,式中,$h$,$\nu$,$\lambda$ 均为常数。因此,在这种情况下,N_{eo} 与 $\Phi_{e,\lambda}$ 呈线性关系,该线性关系是应用 CCD 检测光谱强度和进行多通道光谱分析的理论基础。原子发射光谱的实测分析验证了光输入的线性关系。

2. 电输入

所谓电输入就是 CCD 通过输入结构对信号电压或电流进行采样,然后将信号电压或电流转换为信号电荷输入到相应的势阱中。电输入的方法很多,这里仅介绍常用的电流输入法和电压输入法。

(1)电流输入法

如图 2-16(a)所示,由 N^+ 扩散区和 P 型衬底构成输入二极管。IG 为 CCD 的输入栅,其上加适当的正偏压,以保持开启并作为基准电压。模拟输入信号 U_{in} 加在输入二极管 ID 上。当 CR2 为高电平时,可将 N^+ 区(ID 极)看作 MOS 晶体管的源极,IG 为栅极,而 CR2 为漏极。当它工作在饱和区时,输入栅下沟道电流 I_s 为

$$I_s = \mu \dfrac{W}{L_g} \cdot \dfrac{C_{ox}}{2} (U_{in} - U_{ig} - U_{th})^2 \tag{2-3}$$

式中,W 为信号沟道宽度;L_g 为输入栅 IG 的长度;U_{ig} 为输入栅的偏置电压;U_{th} 为硅材料的阈值电压;μ 为载流子的迁移率;C_{ox} 为 IG 的电容。

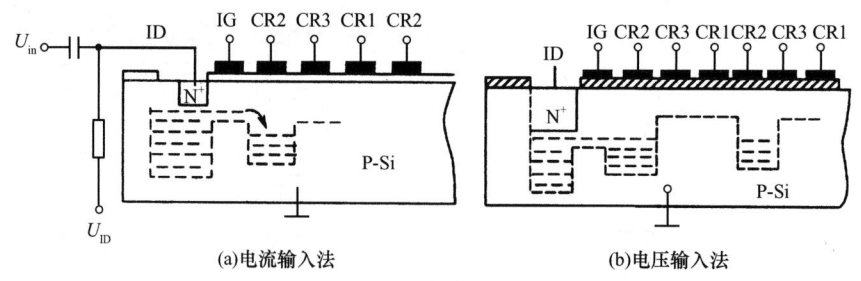

图 2-16 电输入方式

经过 T_c 时间的输入后,CR2 下势阱的信号电荷量为

$$Q_s = \mu \dfrac{W}{L_g} \cdot \dfrac{C_{ox}}{2} (U_{in} - U_{ig} - U_{th})^2 \tag{2-4}$$

可见这种输入方式的 Q_s 不仅依赖于 U_{in} 和 T_c,而且与输入二极管所加偏压的大小有关。因此,Q_s 与 U_{in} 没有线性关系。

（2）电压输入法

如图 2-16(b) 所示，电压输入法与电流输入法类似，也是把信号加到源极扩散区上，所不同的是输入电极上加有与 CR2 同位相的选通脉冲，但其宽度小于 CR2 的脉宽。在选通脉冲的作用下，电荷被输入到第一个转移栅 CR2 下的势阱里，直到势阱的电位与 N^+ 区的电位相等时，输入电荷才停止。CR2 下势阱中的电荷向下一级转移之前，由于选通脉冲已经终止，输入栅下的势垒开始把 CR2 下和 N^+ 的势阱分开，同时，留在输入电极下的电荷被挤到 CR2 和 N^+ 的势阱中。由此而引起的起伏不仅会产生输入噪声，而且使 Q_s 与 U_{in} 的线性关系变坏。这种起伏可以通过减小输入电极的面积来克服。另外，选通脉冲的截止速度减慢也能减小这种起伏。电压输入法的 Q_s 与时钟脉冲频率无关。

3. 电荷的检测（电流输出方式）

在 CCD 中，有效地收集和检测电荷是一个重要问题。CCD 的重要特性之一是信号电荷在转移过程中与时钟脉冲没有任何电容耦合，而在输出端则不可避免。因此，选择适当的输出电路，尽可能地减小时钟脉冲对输出信号的容性干扰。目前 CCD 输出信号电荷的方式为电流输出方式。

电荷检测电路如图 2-17 所示，它由检测二极管、二极管的偏置电阻 R、源极输出放大器和复位场效应管 V_R 等构成。信号电荷在转移脉冲 CR1、CR2 的驱动下向右转移到最末一级（图中 CR2）下的势阱中，当 CR2 上的电压由高变低时，由于势阱的提高，信号电荷将通过输出栅（加有恒定的电压）下的势阱进入反向偏置的二极管（图中 N^+ 区）中。由电源 U_D、电阻 R、衬底 P 和 N^+ 区构成的输出二极管反向偏置电路，它对于电子来说相当于一个很深的势阱。进入反向偏置的二极管中的电荷（电子），将产生电流 I_d，且 I_d 的大小与输入二极管中的信号电荷量 Q_s 成正比，而与 R 成反比。电阻 R 是制作在 CCD 器件内部的固定电阻，阻值为常数。所以，I_d 与 Q_s 呈线性关系，且

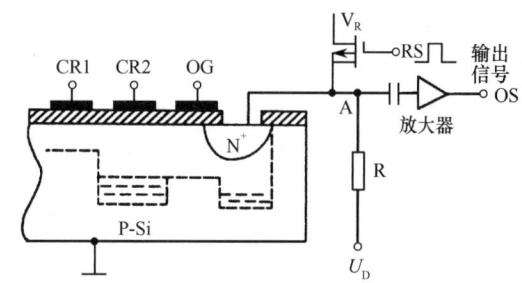

图 2-17 电荷检测电路

$$Q_s = I_d \mathrm{d}t \tag{2-5}$$

由于 I_d 的存在，使得 A 点的电位发生变化。Q_s 越大，I_d 也越大，A 点电位下降得越低。所以，可以用 A 点的电位来检测 Q_s。隔直电容只将 A 点的电位变化取出，使其通过场效应管放大器的 OS 端输出。在实际的器件中，常常用绝缘栅场效应管取代隔直电容，并兼有放大器的功能，它由开路的源极输出。

图 2-17 中 V_R 用于对检测二极管的深势阱进行复位。它的主要作用是在一个读出周期中，让输出二极管深势阱中的信号电荷通过偏置电阻 R 放电。若偏置电阻太小，信号电荷很容易被放掉，输出信号的持续时间很短，不利于检测。增大偏置电阻，可以使输出信号获得较长的持续时间，在转移脉冲 CR1 的周期内，信号电荷被卸放掉的数量不大，有利于对信号的检测。但是，在下一个信号到来时，没有卸放掉的信号电荷势必与新转移来的信号电荷叠加，破坏后面的信号。为此，引入 V_R，使没有来得及被卸放掉的信号电荷通过 V_R 卸放掉。在复位脉冲 RS 的作用下 V_R 导通，它导通的动态电阻远远小于偏置电阻，以便使输出二极管中的剩余电荷通过 V_R 流入电源，使 A 点的电位恢复到起始的高电平，为接收新的信号电荷做好准备。

2.5 CCD 的特性参数

1. 电荷转移效率和电荷转移损失率

电荷转移效率是表征 CCD 性能好坏的重要参数。一次转移后到达下一个势阱中的电荷量与原来势阱中的电荷量之比称为转移效率 η。如果在起始时输入某电极下的电荷为 $Q(0)$，在时间 t 时，大多数电荷在电场作用下向下一个电极转移，但总有一小部分电荷由于某种原因留在该电极下。若被留下来的电荷为 $Q(t)$，则

$$\eta = \frac{Q(0)-Q(t)}{Q(0)} = 1-\frac{Q(t)}{Q(0)} \tag{2-6}$$

如果电荷转移损失率定义为

$$\varepsilon = Q(t)/Q(0) \tag{2-7}$$

则

$$\eta = 1-\varepsilon \tag{2-8}$$

理想情况下 η 等于 1，但实际上电荷在转移过程中总有损失，所以 η 总是小于 1 的（常为 0.999 9 以上）。一个电荷为 $Q(0)$ 的电荷包，经过 n 次转移后，所剩下的电荷

$$Q(n) = Q(0)\eta^n \tag{2-9}$$

这样，n 次转移前后电荷量之间的关系为

$$\frac{Q(n)}{Q(0)} = \eta^n \approx e^{-n\varepsilon} \tag{2-10}$$

如果 $\eta = 0.99$，经 24 次转移后，$Q(n)/Q(0) = 79\%$；而经过 192 次转移后，$Q(n)/Q(0) = 15\%$。由此可见，提高 η 是电荷耦合器件是否实用的关键。

影响 η 的主要因素是界面态对电荷的俘获。为此，常采用"胖 0"工作模式，即让"0"信号也有一定的电荷。图 2-18 为 P 沟道线阵 CCD 在两种不同驱动频率下的电荷转移损失率 ε 与"胖 0"电荷 $Q(0)$ 之间的关系。

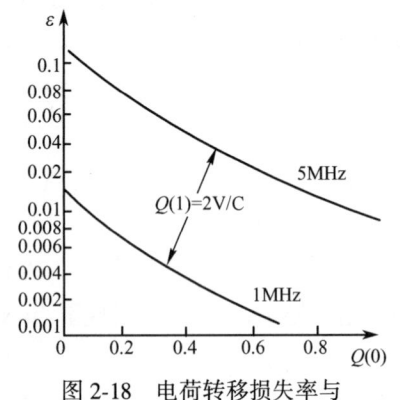

图 2-18 电荷转移损失率与"胖 0"电荷之间的关系

图 2-18 中，Q 为转移电极的有效电容量，$Q(1)$ 代表"1"信号电荷，$Q(0)$ 代表"0"信号电荷。从图中可以看出，增大"0"信号的电荷量，可以减少每次转移过程中信号电荷的损失。在 CCD 中常采用电输入的方式在转移沟道中输入"胖 0"电荷，以降低电荷转移损失率，提高转移效率。但是，由于"胖 0"电荷的引入，CCD 器件的输出信号中多了"胖 0"电荷分量，表现为暗电流的增大，而且，该暗电流是不能通过降低器件的温度来减小的。

2. 驱动频率

CCD 器件必须在驱动脉冲的作用下完成信号电荷的转移，输出信号电荷。驱动频率一般泛指加在转移栅上的脉冲 CR1 或 CR2 的频率。

（1）驱动频率的下限

在信号电荷的转移过程中，为了避免由于热激发少数载流子而对输入信号电荷的干扰，输入信号电荷从一个电极转移到另一个电极所用的时间 t 必须小于少数载流子的平均寿命 τ_i，即使 $t < \tau_i$。在正常工作条件下，对于三相 CCD 而言，$t = T/3 = 1/(3f)$，故得到

$$f \geq 1/(3\tau_i) \tag{2-11}$$

可见，CCD 驱动频率的下限与少数载流子的平均寿命有关，而载流子的平均寿命与器件的工作温

度有关,工作温度越高,热激发少数载流子的平均寿命越短,驱动频率的下限越高。

（2）驱动频率的上限

当驱动频率升高时,驱动脉冲驱使电荷从一个电极转移到另一个电极的时间 t 应大于电荷从一个电极转移到另一个电极的固有时间 τ_g,才能保证电荷的完全转移,否则,信号电荷跟不上驱动脉冲的变化,会使电荷转移效率大大下降。即要求转移时间 $t=T/3 \geqslant \tau_g$,得到

$$f \leqslant 1/(3\tau_g) \tag{2-12}$$

这就是电荷自身的转移时间对驱动频率上限的限制。由于电荷转移的快慢与载流子迁移率、电极长度、衬底杂质的浓度和温度等因素有关,因此,对于相同的结构设计,N 沟道 CCD 比 P 沟道 CCD 的工作频率高。在不同衬底电荷情况下,P 沟道 CCD 的驱动频率与电荷转移损失率 ε 的关系如图 2-19 所示。

图 2-20 所示为三相多晶硅 N 型表面沟道(SCCD)的实测驱动频率 f 与电荷转移损失率 ε 的关系。可以看出,驱动频率的上限为 10MHz,高于 10MHz 以后,电荷转移损失率将急剧增加。一般体沟道或埋沟道 CCD 的驱动频率要高于表面沟道 CCD 的驱动频率。随着半导体材料科学与制造工艺的发展,更高速度的体沟道线阵 CCD 的最高驱动频率已经超过了几百兆赫兹。驱动频率上限的提高为 CCD 在高速成像系统中的应用打下了基础。

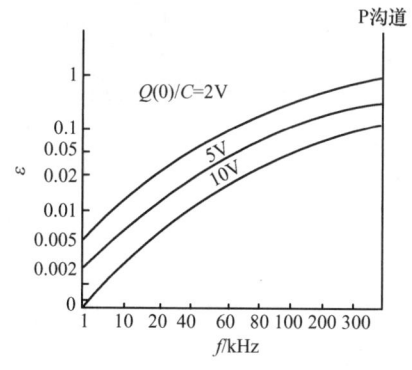

图 2-19 驱动频率与电荷转移损失率的关系　　图 2-20 实测驱动频率与电荷转移损失率的关系

2.6 电荷耦合摄像器件

电荷耦合器件一经问世,人们就对它在摄像领域中的应用产生了浓厚的兴趣,于是精心设计出各种 CCD 线阵摄像器件和 CCD 面阵摄像器件。CCD 摄像器件不但具有体积小、质量轻、功耗小、工作电压低和抗烧毁等优点,而且在分辨率、动态范围、灵敏度、实时传输和自扫描等方面的优越性,也是其他摄像器件所无法比拟的。

目前,无论在文件复印、传真、零件尺寸的自动测量和文字识别等民用领域,还是在空间遥感遥测、卫星侦察及水下扫描摄像机等军事侦察系统中,CCD 摄像器件都发挥着重要作用。由于在摄像方面的应用是 CCD 应用的一个重要方面,因此本节将详细讨论线、面阵 CCD 摄像器件的工作原理、结构及特性参数。

2.6.1 工作原理

电荷耦合摄像器件就是用于摄像或像敏(或光敏)的 CCD,简称为 ICCD,它的功能是把二维光学图像信号转变成一维以时间为自变量的视频输出信号。

ICCD 有线型和面型两大类。两者都需要用光学成像系统将景物图像成像在 CCD 的像面上。

像面将入射到每个像元上的光照度分布信号 $E_{x,y}$ 转变为少数载流子密度分布信号 $N_{x,y}$,存储在像元(MOS 电容)中。然后,再通过驱动脉冲的驱动,使其从 CCD 的移位寄存器中转移出来,形成时序的视频信号。

对于线型器件,它可以直接将接收到的一维光信号转换成时序的电信号输出,获得一维的图像信号。若想用线阵 CCD 获得二维图像信号,必须使线阵 CCD 与二维图像做相对的扫描运动,所以用线阵 CCD 对匀速运动物体进行扫描成像是非常方便的。现代的扫描仪、传真机、高档复印机和航空图像扫描系统等都采用线阵 CCD 为图像传感器。

面阵 CCD 是二维的图像传感器,它可以直接将二维图像转变为视频信号输出。但是,要弄清楚面阵 CCD 是如何将二维图像转变为视频信号输出的问题,就必须掌握面阵 CCD 的基本工作原理。

1. 线型 CCD 摄像器件的结构

(1) 单沟道线阵 CCD

图 2-21 所示为三相单沟道线阵 CCD 的结构图,可见其由光栅控制的像元阵列、转移栅、CCD 移位寄存器和输出放大器等单元构成。像元阵列一般由能够进行积分的 MOS 电容或 PN 结光电二极管阵列构成,它与 CCD 移位寄存器之间通过转移栅相连,转移栅既可以将像元阵列与 CCD 移位寄存器分隔开来,又可以将像元阵列与 CCD 移位寄存器沟通,使像元阵列积累的电荷信号转移到 CCD

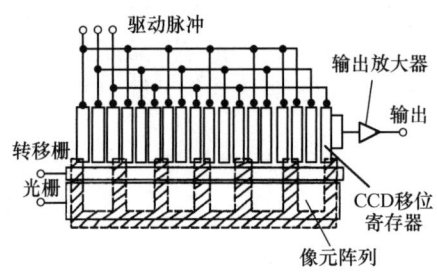

图 2-21 三相单沟道线阵 CCD 的结构图

移位寄存器中。通过加在转移栅上的控制脉冲完成像元阵列与 CCD 移位寄存器的隔离与沟通,当转移栅上的电位为高电平时,二者沟通,而转移栅上的电位为低电平时,二者隔离。二者隔离时像元阵列在进行光电输入,像元在不断地积累电荷,有时将像元积累电荷的这段时间称为积分时间。转移栅电极电压为高电平时,像元阵列所积累的信号电荷将通过转移栅转移到 CCD 移位寄存器中。通常转移栅电极为高电平的时间很短,为低电平的时间很长,因而积分时间要远远超过转移时间。在积分时间里 CCD 移位寄存器在三相交叠脉冲的作用下一位位地将像元信号移出器件,经输出放大器形成时序信号(或称视频信号)输出。

这种结构的线阵 CCD 的转移次数多、效率低、调制传递函数 MTF 较差,只适用于像元数较少的摄像器件。

(2) 双沟道线阵 CCD

图 2-22 所示为双沟道线阵 CCD 的结构。它具有两列 CCD 模拟移位寄存器 A 与 B,分列在像元阵列的两边。当转移栅 A 与 B 为高电位(对于 N 沟道器件)时,像元阵列势阱里积存的信号电荷包将同时按箭头指定的方向分别转移到对应的模拟移位寄存器内;然后在驱动脉冲的作用下分别向右转移;最后经输出放大器以视频信号的方式输出。显然,对同样的像元来说,双沟道线阵 CCD 要比单沟道线阵 CCD 的转移次数少一半,转移时间缩短一半,它的总转移效率大大提高。因此,在要求提高 CCD 的工作速度和转移效

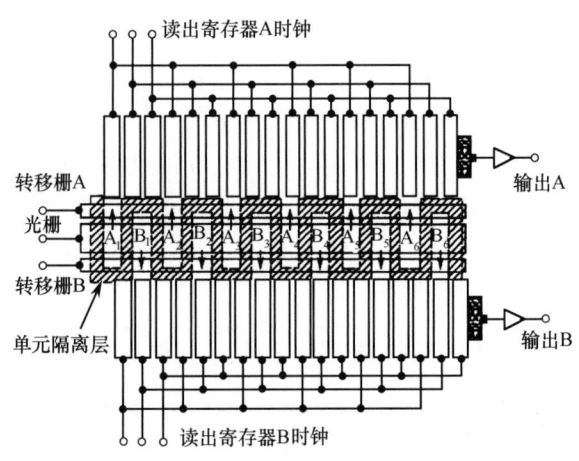

图 2-22 双沟道线阵 CCD 的结构

率的情况下,常采用双沟道的方式。双沟道器件的奇、偶信号电荷分别通过 A、B 两个模拟移位寄存器和两个输出放大器输出。由于两个模拟移位寄存器和两个输出放大器的参数不可能完全一致,必然造成奇、偶输出信号的不均匀性。所以,有时为了确保像元的一致关系特性好,在较多像元的情况下也采用单沟道的结构。

2. 面阵 CCD

按照一定的方式将一维线型 CCD 的像元及模拟移位寄存器排列成二维阵列,即可以构成二维面阵 CCD。由于排列方式不同,面阵 CCD 常有帧转移方式、隔列转移方式、线转移方式和全帧转移方式等。

(1) 帧转移面阵 CCD

图 2-23 所示为帧转移三相面阵 CCD 的结构。它由成像区、暂存区和行读出寄存器等三部分构成。成像区由并行排列的若干个电荷耦合沟道组成(图中的虚线方框),各沟道之间用沟阻隔开,水平电极横贯各沟道。假定成像区有 M 个转移沟道,每个沟道有 N 个像元,整个成像区共有 $M×N$ 个像元。暂存区的结构和单元数都与成像区相同。暂存区与行读出寄存器均被金属铝遮蔽(如图中的斜线部分)。

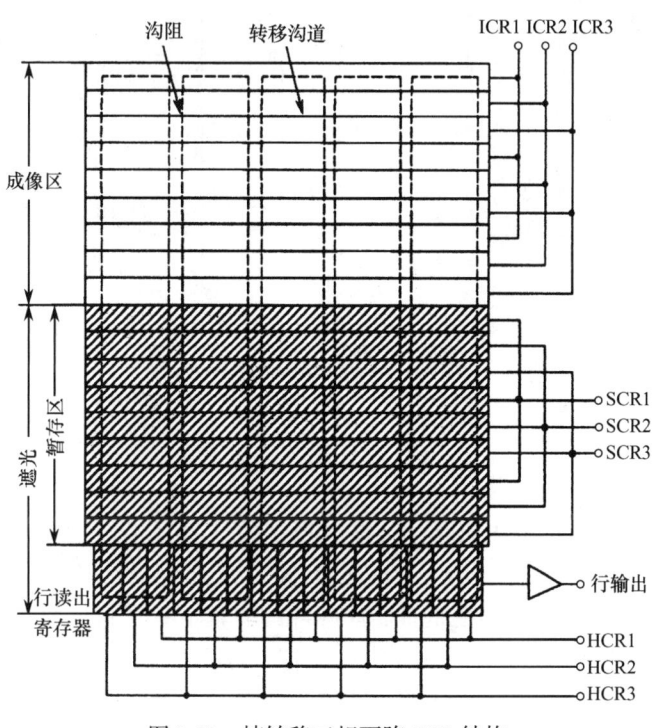

图 2-23　帧转移三相面阵 CCD 结构

其工作过程如下:图像经物镜成像到成像区,在场正程期间(为积分时间),成像区的某一相电极(如 ICR1)加有适当的偏压(高电平),光生电荷将被收集到这些电极下方的势阱里,这样就将被摄光学图像变成了积分电极下的电荷包图像,存储于成像区。

积分周期结束,进入场逆程。在场逆程期间,加到成像区和暂存区电极上的时钟脉冲将成像区所积累的信号电荷迅速转移到暂存区。场逆程结束又进入下一场的场正程时间,在场正程期间,成像区又进入积分状态。暂存区与行读出寄存器在场正程期间按行周期工作。在行逆程期间,暂存区的驱动脉冲使暂存区的信号电荷产生一行的平行移动,图 2-23 最下边一行的信号电荷转移到行移位寄存器中,第 N 行的信号移到第 $N-1$ 行中。在行正程期间,暂存区的电位不变,行读出寄存器在行读出脉冲的作用下输出一行视频信号。这样,在场正程期间,行读出寄存器输出一场图像信号。当第一场的信息被读出的同时,第二场的信息通过积分又收集到成像区的势阱中。一旦第一场的信号被全部读出,第二场的信号马上就传送给暂存区,使之连续地读出。

这种面阵CCD的特点是结构简单,像元的尺寸可以很小,模传递函数(MTF)较高,但成像面积占总面积的比例小。

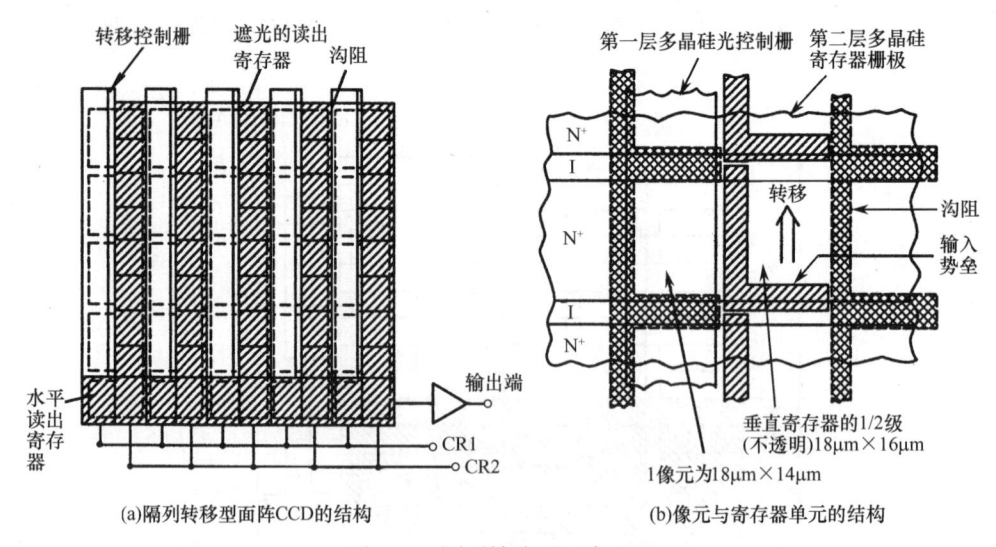

(2) 隔列转移型面阵CCD

隔列转移型面阵CCD的结构如图2-24(a)所示。它的像元(图中虚线方块)呈二维排列,每列像元被遮光的读出寄存器及沟阻隔开,像元与读出寄存器之间又有转移控制栅。由图可见,每一像元对应于两个遮光的读出寄存器单元(图中斜线表示被遮蔽,斜线部位的方块为读出寄存器单元)。读出寄存器与像元的另一侧被沟阻隔开。由于每列像元均被读出寄存器所隔,因此,这种面阵CCD称为隔列转移型面阵CCD。图中最下面的部分是二相时钟脉冲CR1、CR2驱动的水平读出寄存器和输出放大器。

图2-24 隔列转移型面阵CCD

隔列转移型面阵CCD工作在PAL制下,按电视制式的时序工作。在场正程期间成像区进行积分,这个期间转移栅为低电位,转移栅下的势垒将像元的势阱与读出寄存器的变化势阱隔开。成像区在进行积分的同时,移位寄存器在垂直驱动脉冲的驱动下一行行地将每一列的信号电荷向水平移位寄存器转移。场正程结束(积分时间结束),进入场逆程。场逆程期间转移栅上产生一个正脉冲,在转移控制脉冲的作用下将成像区的信号电荷并行地转移到垂直寄存器中。转移过程结束后,像元与读出寄存器又被隔开,转移到读出寄存器的光生电荷在读出脉冲的作用下一行行地向水平读出寄存器中转移,水平读出寄存器快速地将其经输出放大器输出。在输出端得到与光学图像对应的一行行的视频信号。

图2-24(b)是隔列转移型面阵CCD的二相输入势垒器件的像元和寄存器单元的结构。该结构为两层多晶硅结构,第一层提供像元上的MOS电容器电极,又称多晶硅光控制电极;第二层基本上是连续的多晶硅,它经过选择掺杂构成二相转移电极系统,称为多晶硅寄存器栅极系统。转移方向用离子输入势垒方法完成,使电荷只能按规定的方向转移,沟阻常用来阻止电荷向外扩散。

(3) 线转移型面阵 CCD

如图 2-25 所示，与前面两种转移方式相比，线转移型面阵 CCD 取消了存储区，多了一个线寻址电路(图中 1 所示)。它的像元一行行地紧密排列，很类似于帧转移型面阵 CCD 的像敏区，但是它的每一行都有确定的地址；它没有水平读出寄存器，只有一个垂直放置的输出寄存器(图中 3)。当线寻址电路选中某一行像元时，驱动脉冲将使该行的光生电荷包一位位地按箭头方向转移，并移入输出寄存器。输出寄存器在驱动脉冲(图中 2)的作用下使信号电荷包经输出放大器输出。根据不同的使用要求，线寻址电路发出不同的数码，就可以方便地选择扫描方式，实现逐行扫描或隔行扫描。也可以只选择其中的一行输出，使其工作在线阵 CCD 的状态。因此，线转移型面阵 CCD 具有有效成像面积大，转移速度快，转移效率高等特点，但电路比较复杂是它的缺点，使它的应用范围受到限制。

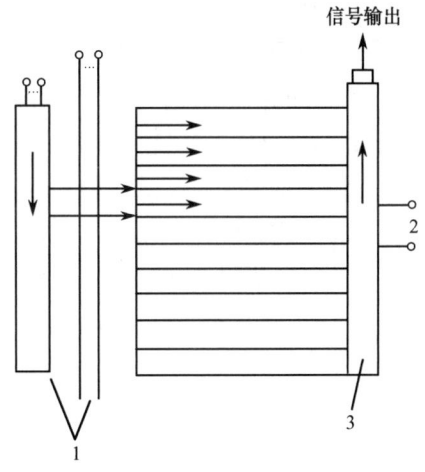

图 2-25 线转移面阵 CCD 结构

2.6.2 CCD 的基本特性参数

1. 光电转换特性

存储于 CCD 像元中的信号电荷包是由入射光子被硅衬底材料吸收，并被转换成少数载流子(反型层电荷)形成的，因此，它具有良好的光电转换特性。它的光电转换因子 γ 可达到 99.7%以上。

由式(2-2)可以推出
$$Q_{in} = t_c \frac{\eta qA}{h\nu} \Phi_{e,\lambda} \tag{2-13}$$

式中，t_c 为 CCD 的积分时间，可以设为常数；η 为量子效率，也称 CCD 器件的光电转换效率，当材料确定以后它是常数；q 为电子电荷量，是常数；h 为普朗克常数；ν 为入射辐射频率，对于某单色光 ν 亦为常数。由此可以看出，CCD 的光电转换特性为线性的。

2. 光谱响应

CCD 接收光的方式有正面光照与背面光照两种。由于 CCD 的正面布置着很多电极，电极的反射和散射作用使得正面照射的光谱灵敏度比背面照射时低。即使是透明的多晶硅电极，也会因为电极的吸收以及在整个硅-二氧化硅界面上的多次反射而引起某些波长的光产生干涉现象，出现若干个明暗条纹，从而使光谱响应曲线出现若干个峰与谷，即发生起伏。为此，ICCD 常采用背面照射的方法。由图 2-26 可见，背面光照比正面光照的光谱响应要好得多。

采用硅衬底的 ICCD，它的光谱响应范围为 0.3~1.1μm，平均量子效率为 25%，绝对响应 K 为 0.1~0.2A/W。另外，读出结构也可使量子效率再降低一半。例如，在垂直隔列传输结构中，转移沟道必须遮光，以免产生拖影，使量子效率降低。

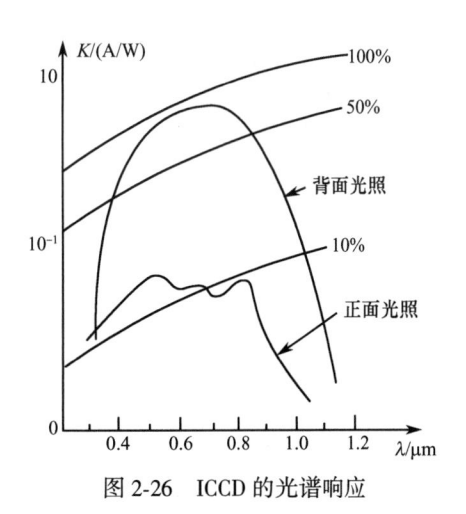

图 2-26 ICCD 的光谱响应

2.6.3 动态范围

CCD 图像传感器的动态范围定义为像元的势阱中可存储的最大电荷量和噪声决定的最小电荷量之比。下面分别介绍势阱可存储的最大信号电荷量与噪声。

1. 势阱可存储的最大信号电荷量

CCD 势阱可容纳的最大信号电荷量取决于 CCD 的电极面积及器件结构(表面沟道 SCCD 或体沟道 BCCD)、时钟驱动方式及驱动脉冲电压的幅度等因素。

设表面沟道 SCCD 的电极有效面积为 A,Si 材料的杂质浓度 N_A 为 $10^{15}\mathrm{cm}^{-3}$,二氧化硅膜的厚度为 $0.1\mu\mathrm{m}$,电极面积为 $10\times20\mu\mathrm{m}^2$,栅极电压为 10V,则 SCCD 势阱所存储的电荷量 Q 为 $0.6\mathrm{pC}$ 或等效于 3.7×10^6 个电子。Q 可近似地表示为

$$Q = C_{ox}U_G A \tag{2-14}$$

式中,C_{ox} 是氧化膜单位面积的电容量;U_G 为栅极电压。

在 BCCD 中,电荷存储容量的计算比较复杂,随着沟道深度的增加,势阱中可以容纳的电荷量减少。对于与上述表面沟道 SCCD 条件相同的体沟道 BCCD,若氧化膜的厚度为 $0.1\mu\mathrm{m}$,相当于沟道深度的外延层厚度为 $21\mu\mathrm{m}$,则 $Q_{SCCD}/Q_{BCCD} \approx 4.5$。

对于二相驱动情况,由图 2-9 可以看到,实际能容纳电荷的电极面积是整个电极面积的一半。为此,在二相驱动阶梯转移电极结构的情况下,势阱中存储的电荷量要比三相交叠栅转移电极结构的 CCD 存储的电荷容量减小一半。

2. 噪声

在 CCD 图像传感器中有以下几种噪声源:①电荷输入器件时由电荷量的起伏引起的噪声;②电荷在转移过程中电荷量的变化引起的噪声;③检测电荷时常常需要对检测二极管进行复位操作,因此复位脉冲将导致信号的检测噪声。

当将噪声的度量采用等效电子数的方式时,CCD 转移单元的平均噪声如表 2-1 所示。与 CCD 有关的噪声如表 2-2 所示。

表 2-1 CCD 转移单元的平均噪声

噪声的种类	噪声电平(电子数)
输出噪声	400
	1000
	100
转移噪声 SCCD	400
总均方根载流子变化	
SCCD	1150
BCCD	570

表 2-2 与 CCD 传感器有关的噪声

噪声源	大 小	代表值(均方根载流子数)
光子噪声	N_S	$100, N_S = 10^4$
		$1000, N_S = 10^6$
暗电流噪声	N_{DC}	$100, N_{DC} = 1\% N_{smax}$
光学胖 0 噪声	N_{FZ}	$300, N_{FZ} = 10\% N_{smax}$
电子胖 0 噪声	$400 C_{IN}$	$100, C_{IN} = 0.1\mathrm{pF}(N_{smax} = 10^6)$
俘获噪声	$400\sqrt{C_{out}}$	10^3, SCCD
输出噪声		10^2, BCCD 均为 2000 次转移
		$200, C_{out} = 0.25\mathrm{pF}$

(1) 光子噪声

光子发射是随机过程,因而势阱中收集的光电荷也是随机的,这就成为噪声源。由于这种噪声源与 CCD 传感器无关,取决于光子的性质,因而成为摄像器件的基本限制因素。这种噪声主要对低光强下的摄像有影响。

(2) 电流噪声

与光子发射一样,暗电流也是一个随机过程,因而也成为噪声源。而且,若每个 CCD 单元的暗

电流不一样,就会产生图形噪声。

(3) "胖 0"噪声

"胖 0"噪声包括光学"胖 0"噪声和电子"胖 0"噪声。光学"胖 0"噪声由使用时的偏置光的大小决定,电子"胖 0"噪声由电子输入"胖 0"机构决定。

(4) 俘获噪声

由于 SCCD 中存在界面缺陷或界面能态,BCCD 中存在体缺陷或体内能态,这些能态会俘获传输过程中的电荷,然后还会随机地释放它们,因而会产生俘获噪声。由于半导体体内能态总是小于界面能态,所以 BCCD 的俘获噪声小于 SCCD 的俘获噪声。

(5) 输出噪声

这种噪声起因于输出电路复位过程中产生的热噪声。该噪声若换算成均方根值就可以与 CCD 的噪声相比较。

此外,器件的单元尺寸不同或间隔不同也会成为噪声源,但这种噪声源可以通过改进光刻技术而减小。

2.6.4 暗电流

在正常工作的情况下,MOS 电容处于未饱和的非平衡态。随着时间的推移,由于热激发而产生的少数载流子使系统趋向平衡。因此,即使在没有光照或其他方式对器件进行电荷输入的情况下,也会存在不希望有的暗电流。众所周知,暗电流是大多数摄像器件所共有的特性,是判断一个摄像器件好坏的重要标准,尤其是暗电流在整个摄像区域不均匀时更是如此。产生暗电流的主要原因有以下几点。

1. 耗尽的硅衬底中电子自价带至导带的本征跃迁

暗电流密度的大小由下式决定

$$I_i = q \frac{n_i}{\tau_i} \chi_d \tag{2-15}$$

式中,q 为电子电荷量;n_i 为载流子浓度;τ_i 为载流子寿命;χ_d 为耗尽区宽度。

若 $n_i = 1.6 \times 10^{10} \text{cm}^{-3}$,$\tau_i = 25 \times 10^{-3} \text{s}$,则 $I_i = 0.1 \chi_d (\text{nA} \cdot \text{cm}^{-2})$($\chi_d$ 以 μm 为单位)。由上式可见,I_i 随 χ_d 的增加而增加,而 χ_d 依衬底掺杂、时钟电压和信号电荷的不同而不同,一般在 $1 \sim 5 \mu\text{m}$ 范围内变化。

2. 少数载流子在中性体内的扩散

在 P 型材料中,每单位面积内由于扩散而产生的电流为

$$I_i = \frac{qn_i^2}{N_A \tau_n} L_n = 6.6 \left[\frac{\mu}{N_A}\left(\frac{1}{\tau_n}\right)\right]^{1/2} (\text{A} \cdot \text{cm}^2) \tag{2-16}$$

式中,N_A 为空穴浓度;L_n 为扩散长度;μ 为电子迁移率;n_i 为本征载流子浓度。若 $\mu = 1\,200 \text{cm}^2 \text{s}^{-1}$,$N_A = 5 \times 10^{14} \text{cm}^{-3}$,$\tau_i = 1 \times 10^{-4} \text{s}$,则 $I_i = 0.5 (\text{nA} \cdot \text{cm}^{-2})$。暗电流分量受硅中缺陷和杂质浓度的影响很大,很难预测其大小。

3. Si-SiO$_2$ 界面引起的暗电流

Si-SiO$_2$ 界面引起的暗电流为 $\qquad I_n = 10^{-3} \delta_s N_{ss} \tag{2-17}$

式中,δ_s 为界面态的俘获截面面积;N_{ss} 为界面态密度。假定 $\delta_s = 1 \times 10^{-15} \text{cm}^2$,$N_{ss} = 1 \times 10^{10} \text{cm}^{-2} \text{eV}^{-1}$,则 $I_n = 10 \text{nA} \cdot \text{cm}^{-2}$。

上面介绍了暗电流产生的原因,给出了决定该暗电流分量大小的公式,并给出了这些暗电流分量的典型值。在大多数情况下,以第三种原因产生的暗电流为主,从而得到在室温下的暗电流密度近似为 $5nA/cm^2$。但是,在许多器件中,有许多单元每平方厘米可能有几百纳安的局部暗电流。这个暗电流的来源是半导体体内存在一定的杂质,产生引起暗电流的能带间复合中心。这些杂质在原始材料中就有,在制造器件时也可能引入。为了减小暗电流,应采用缺陷尽可能少的晶体并尽量减少沾污。

另外,暗电流还与温度有关。温度越高,热激发产生的载流子越多,暗电流就越大。据计算,温度每降低 10℃,暗电流可降低 1 半。

2.6.5 分辨率

分辨率是图像传感器的重要特性。常用模传递函数(MTF)来评价。图 2-27 所示为宽带光源与窄带光源照明下某线阵 CCD 的 MTF 曲线。

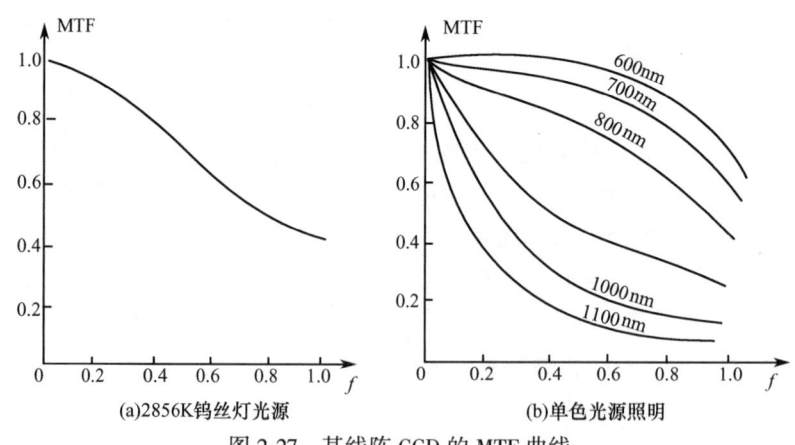

图 2-27 某线阵 CCD 的 MTF 曲线

线阵 CCD 向更多位像元发展,现在已有 256×1、1024×1、2048×1、2160×1、2700×1、5000×1、5340×1、7500×1、2700×3、5340×3、10 550×3 等多种。像元位数越高的器件具有更高的分辨率。尤其是用于物体尺寸测量时,采用高位数像元的线阵 CCD 可以获得更高的测量精度。另外,当采用机械扫描装置时,亦可以用线阵 CCD 得到二维图像的视频信号。扫描所获得的二维信号的分辨率取决于扫描速度与 CCD 像元的高度等因素。

二维面阵 CCD 的输出信号一般遵守电视系统的扫描制式。它在水平方向和垂直方向上的分辨率是不同的,水平分辨率要高于垂直分辨率。在评价面阵 CCD 的分辨率时,只评价它的水平分辨率,且利用电视系统对图像分辨率的评价方法——电视线评价方法。电视线评价方法表明,在一幅图像上,在水平方向能够分辨出的黑白条数为其分辨率。水平分辨率与水平方向上 CCD 像元的数量有关,像元数越多,分辨率越高。现有的面阵 CCD 的像元数已发展到 512×500、795×596、1024×1024、2048×2048、4096×4096、5000×5000 等多种,分辨率越来越高。

2.7 本章小结

电荷耦合器件的基本工作原理在于掌握电荷的存储、转移、输入与检测(输出)等关键环节。

(1) 电荷存储

电荷存储的关键是理解势阱、表面电势与氧化层厚度及反型层电荷量的关系。理解式(2-1)的意义。

信号电荷的存储量受势阱深度的限制,势阱深度由表面势 Φ_s 度量,它与材料的性质、氧化层厚度与栅极电压有关。

（2）电荷转移

3相交叠栅结构的CCD是靠3相交叠脉冲形成的变化势阱驱使信号电荷定向转移的。2相电极结构的CCD是靠氧化层不同厚度所形成的不对称势阱在2相脉冲作用下运动的势阱,来驱使信号电荷定向转移的。4相结构的CCD是在4相驱动脉冲所形成的阶梯动态势阱驱动下完成定向转移的。

电荷从一个势阱下面转移到另一个势阱下面都存在着转移效率 η,它与材料的性质、驱动频率和结构等参数有关。提高转移效率的有效方法是采用"胖0"工作模式。

电荷转移速率(驱动频率)受电子的平均寿命与固有电荷转移时间的限制,因此有最低驱动频率与最高驱动频率的限制。

（3）电荷输入

电荷输入方式有2种,光输入与电输入。光输入是电荷耦合器件能够成为图像传感器的关键,在形成势阱的情况下光子能量激发电子跃迁入导带形成自由载流子并被势阱所俘获,是电荷输入的关键。输入到势阱中的电荷与光子能量呈线性关系,因此,光输入是线性的。

线性光输入如式(2-2)所示,确保线阵与面阵CCD对光响应呈线性关系的关键是,积分时间必须保持恒定;如果积分时间不稳定,线性关系将遭到破坏。

现在没有发现哪种方法能够获得线性电输入,即电输入是非线性的,因此它只能用于"胖0"电荷的输入。

（4）电荷检测

常用的电荷检测电路如图2-17所示,值得关注的是其中的"复位场效应管" V_R 在电路中所起的作用,即RS脉冲的作用。理解为什么每输出一个信号电荷之前要安排一个RS脉冲。如果不安排一个RS脉冲,输出信号会产生什么问题？另外,输出电路中电阻R的作用是什么？能否用场效应管来替代？

（5）线阵CCD的基本结构

如图2-21所示的单沟道线阵CCD基本结构中转移栅的作用值得关注,它将光栅与移位寄存器控制起来,完成分时隔离与沟通,这样会得到积分与并行转移操作,使得线阵CCD完成每次输出的信号是前一段积分时间积累的信号电荷。

图2-22所示的双沟道线阵CCD结构与图2-21相比有何差异？与单沟道线阵CCD相比,双沟道线阵CCD的特性在哪些方面有所提高？又会带来哪些缺陷？

（6）面阵CCD的基本结构

面阵CCD的基本结构共有3种类型:帧转移型、隔列转移型与线转移型。它们的驱动方式各不相同,但是,都能够与电视制式相匹配。

（7）CCD的基本特性参数

CCD的基本特性由光电转换特性、光谱响应特性、动态范围、暗电流与分辨率等5项参数构成,应用时应全面考虑。

思考题与习题2

2.1 在图2-1所示的MOS(金属-氧化物-半导体)结构的金属电极上加比衬底高的电位后会形成怎样的电场？该电场为什么能够将多数载流子(空穴)排开？排开空穴后半导体将形成"耗尽区",能够理解吗？

2.2 为什么图2-1(c)所示的势阱里画的载流子是电子？为什么它属于少数载流子？为什么称电子为N型载

流子?

2.3 表面势 Φ_s 的物理意义是什么?它与外加电压 U_G 存在着怎样的关系?同一个电压 U_G 作用下不同厚度氧化层下面形成的表面势 Φ_s 有何差异?为什么?

2.4 在相同栅极电压 U_G 作用下氧化层厚度越薄,形成的表面势 Φ_s 越高,而氧化层越厚,下面的表面势 Φ_s 越低吗?表面势 Φ_s 越高,势阱深度也越深,故可以用 Φ_s 表述势阱深度吗?

2.5 利用在相同 U_G 下不同厚度的氧化层形成不同深度的势阱现象能制造不对称的势阱(阶梯势阱)吗?制造阶梯势阱的目的是什么?

2.6 N 型沟道 CCD 工作速度高于 P 型沟道 CCD 工作速度的原因是什么?埋沟道 CCD 工作速度高于表面沟道 CCD 工作速度的原因又是什么?

2.7 为什么说在栅极电压面积相同的情况下,氧化层厚度越薄的 MOS 结构下形成的势阱里存储的电荷量越多?而氧化层厚度较厚部分存储的电荷量较少?

2.8 为什么二相线阵 CCD 电极结构中的信号电荷能在二相驱动脉冲的驱动下进行定向转移,而三相线阵 CCD 必须在三相交叠脉冲的作用下才能进行定向转移?

2.9 试说明电流输出方式中复位脉冲 RS 的作用。你能想象到当 RS 没有加到 CCD 上时,它的输出信号将会发生怎样的变化吗?

2.10 为什么要引入"胖 0"电荷?"胖 0"电荷属于暗电流吗?能通过对 CCD 制冷消除"胖 0"电荷的影响吗?

2.11 试说明线阵 CCD 的驱动频率上限和下限的制约因素。对线阵 CCD 进行制冷为什么能够降低线阵 CCD 的驱动频率下限?

2.12 为什么在线阵 CCD 结构设计中需要在像元阵列与移位寄存器之间用转移栅隔开?这样设计会对器件带来哪些好处?

2.13 TCD1206UD 为 2160 个像元的二相线阵 CCD,若器件的总转移效率为 0.92,试计算它每次转移一个单元的最低转移效率是多少?

2.14 帧转移型面阵 CCD 成像区的单元数为什么要与存储区的单元数相同?信号电荷是在哪段时间从成像区转移到存储区的?存储区的图像信号又是在哪段时间转移到水平移位寄存器的?又是在哪段时间从水平移位寄存器将信号电荷转移出来形成视频信号的?

2.15 隔列转移型面阵 CCD 的信号电荷是在哪段时间转移到读出寄存器的?又是如何从读出寄存器转移到水平移位寄存器形成视频信号输出的?

2.16 怎样理解面阵 CCD 的分辨率?像元数越多,分辨率越高吗?

第3章 典型线阵CCD

目前,线阵CCD的种类很多,分类方法也很多。可以根据其某些特性进行分类,如根据驱动频率(或工作速度)分为高、中、低速的;也可以根据灵敏度、动态范围等特性,分成高灵敏度的与超高灵敏度的。不同类型的线阵CCD具有不同的特点,适于不同的应用场合。为使读者能够很快地掌握线阵CCD的基本特性,并能够在应用中正确地选用CCD,本章将从应用的角度介绍各种典型线阵CCD的基本特性、特性参数、驱动方式和应用。

3.1 典型单沟道线阵CCD

本节以TCD1209D为例讨论典型单沟道线阵CCD的基本结构、工作原理、驱动电路及特性参数,重点掌握TCD1209D的应用。

3.1.1 TCD1209D的基本结构

TCD1209D为典型的二相单沟道型线阵CCD,其基本结构、工作原理及驱动电路等都具有典型性。该器件为2048像元的器件,采用单沟道结构形式,目的是提高器件的像元不均匀度和动态范围等特性。TCD1209D的原理结构如图3-1所示。可以看出,TCD1209D是只有一个转移栅和一个模拟移位寄存器的单沟道型线阵CCD。

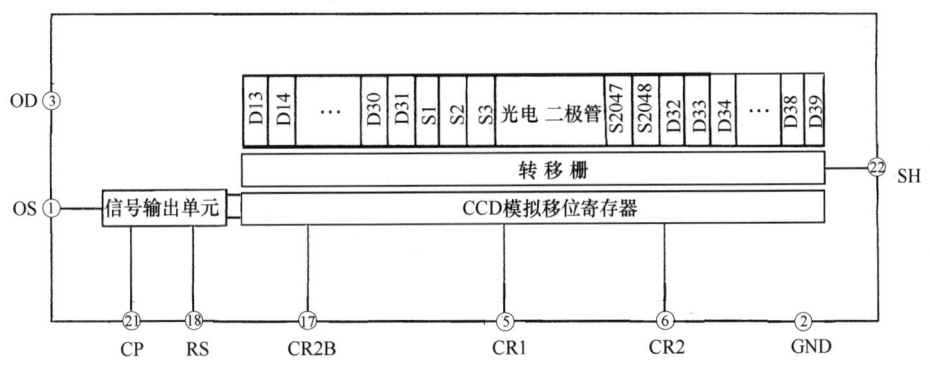

图3-1 TCD1209D的原理结构

TCD1209D的像元阵列共有2075个光电二极管,其中有27个光电二极管被遮蔽(前边的$D_{13} \sim D_{31}$和后边的$D_{32} \sim D_{39}$),中间的2048个光电二极管为有效的像元。每个像元的尺寸为14μm×14μm,相邻两个像元的中心距为14μm。像元的总长度为28.672mm。转移栅与像元阵列及模拟移位寄存器构成如图3-2中所示的交叠结构。这种结构可以使转移栅完成将成像区的信号电荷向模拟移位寄存器中转移的工作,又能在模拟移位寄存器转移信号电荷期间将其与成像

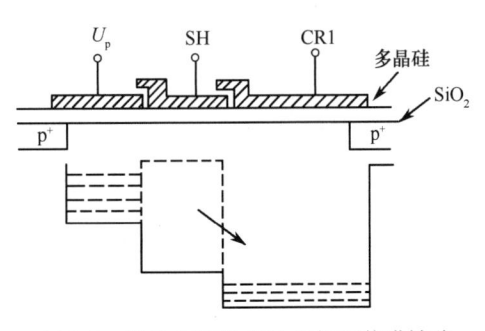

图3-2 光生电荷向CR1电极下势阱转移

区隔离,使成像区进行积分的同时,模拟移位寄存器进行信号电荷的转移。转移栅上加转移脉冲 SH,SH 为低电平时,转移栅电极下的势阱为浅势阱,对于成像区 U_P 下的深势阱来说起到隔离的势垒作用,不会使成像区 U_P 下积累的信号电荷向 CR1 电极下深势阱中转移。当 SH 的电位为高电平时,转移栅电极下的势阱为如图 3-2 所示的深势阱,深势阱使成像区 U_P 下的深势阱与 CR1 电极下的深势阱沟通。成像区 U_P 下积累的信号电荷将通过转移栅 SH 向 CR1 电极的深势阱中转移。

转移到 CR1 电极势阱中的信号电荷将在驱动脉冲 CR1 和 CR2 的作用下做定向转移(向左转移),最靠近输出端的为 CR2B 电极。当 CR2B 电极上的电位由高变低时,信号电荷将从 CR2B 电极下的势阱通过输出栅转移到输出端的检测二极管中(参见图 2-17)。

信号输出单元包括检测二极管、复位场效应管与输出放大器等电路。复位场效应管控制栅上的脉冲为复位脉冲 RS,它的作用已在 2.4 节中讨论,这里不再赘述。信号经缓冲控制(CP 电极)后由输出放大器场效应管的开路源极 OS 端输出。

3.1.2 TCD1209D 的基本工作原理

TCD1209D 的驱动脉冲波形如图 3-3 所示。它由转移脉冲 SH、驱动脉冲 CR1 和 CR2、复位脉冲 RS 和缓冲控制脉冲 CP 等 5 路脉冲构成。SH 高电平期间,CR1 必须也为高电平,而且必须保证 SH 的下降沿落在 CR1 的高电平上,这样才能保证成像区的信号电荷并行地向模拟移位寄存器的 CR1 电极转移。完成信号电荷的并行转移后,SH 变为低电平,成像区与模拟移位寄存器被隔离。在成像区进行光积累的同时,模拟移位寄存器在驱动脉冲 CR1 和 CR2 的作用下,将转移到模拟移位寄存器的 CR1 电极里的信号电荷向左转移,在输出端得到被光强调制的序列脉冲输出,如图 3-3 中所示的 OS 信号。

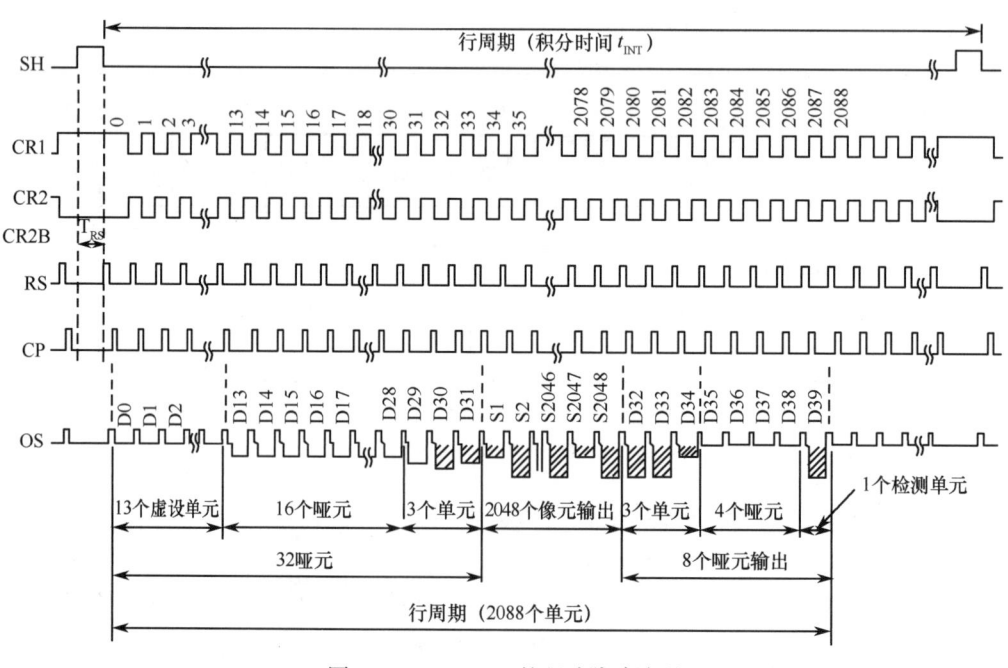

图 3-3 TCD1209D 的驱动脉冲波形

SH 的周期称为行周期,行周期应大于等于 2088 个转移脉冲 CR1 的周期 T_{CR1}。只有行周期大于 $2088T_{CR1}$,才能保证 SH 在转移第 2 行信号时第 1 行信号能全部转移出器件。当 SH 由高变低时,OS 输出端便开始进行输出。如图 3-3 所示,OS 端首先输出 13 个虚设单元的信号(所谓虚设单元是没有光电二极管与之对应的 CCD 模拟寄存器的部分),然后输出 16 个哑元信号(哑元是指被遮蔽的光电二极管与之对应的 CCD 模拟寄存器的部分产生的信号),再输出 3 个信号(这 3 个信号可因光的斜射而产生电荷信号的输出,但这 3 个信号不能被作为信号处理)后才能输出 2048 个有效像元信号。有效像元信号输出后,再输出 8 个哑元信号(其中包括 1 个用于检测 1 个周期结束的检测信号)。这样,1 个行周期总共包含 2088 个单元,行周期应该大于等于这些单元输出的时间(即 $2088T_{CR1}$)。

3.1.3 TCD1209D 的特性参数

TCD1209D 是一种性能优良的线阵 CCD。它具有速度快,灵敏度高,动态范围宽,像元不均匀性好,功耗低,光谱响应范围宽等优点。

1. 光谱响应特性

TCD1209D 的光谱响应特性曲线如图 3-4 所示。光谱响应的峰值波长为 550nm,短波响应在 400nm 处大于 70%(实践证明该器件在 300nm 处仍有较好的响应),光谱响应的长波限在 1100nm 处。响应范围远远超出人眼的视觉范围。

2. 像元不均匀性

该器件像元不均匀性的典型值为 3%,是双沟道线阵 CCD 所无法达到的。像元不均匀性的定义有两种:一种定义为在 50% 饱和曝光量的情况下各个像元之间输出信号电压的差值 ΔU 与各个像元输出电压均值 $\overline{U}$ 之比的百分数,即

$$PRNU = \frac{\Delta U}{\overline{U}}\% \tag{3-1}$$

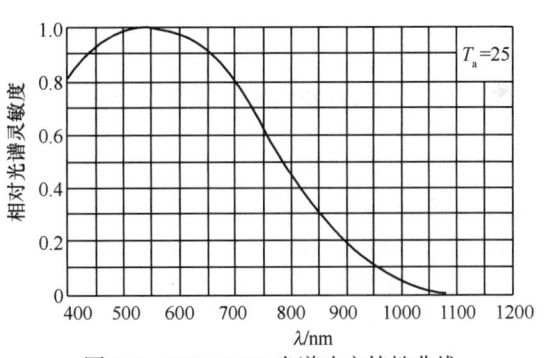

图 3-4 TCD1209D 光谱响应特性曲线

另一种用 PRNU(V) 表示,定义为 50% 饱和曝光量情况下的相邻像元输出电压的最大差值。

3. 灵敏度

线阵 CCD 的灵敏度定义为单位曝光量作用下器件的输出信号电压,即

$$R = U_0/H_V \tag{3-2}$$

式中,U_0 为线阵 CCD 输出的信号电压,H_V 为成像面上的曝光量。

当然,器件灵敏度还常用器件输出信号电压饱和时成像面上的曝光量表示,称为饱和曝光量,记为 SE。SE 越小的器件,其灵敏度越高。TCD1209D 的 SE 仅为 0.06 lx·s。

4. 动态范围

动态范围 D_R 定义为饱和曝光量与信噪比等于 1 时的曝光量之比。但是,这种定义方式不容易计量,为此常采用饱和输出电压 U_{SAT} 与暗信号电压 U_{DARK} 之比表示,即

$$D_R = U_{SAT}/U_{DARK} \tag{3-3}$$

暗信号电压是 CCD 没有光照射时的输出电压。显然,降低 U_{DARK} 是提高动态范围的最好方法。动态范围越大的器件品质越高。

TCD1209D 的其他特性参数如表 3-1 所示。由表中可以看出,它是一种性能优良的线阵 CCD。

表 3-1　TCD1209D 的特性参数

特性参数	参数符号	最小值	典型值	最大值	单 位	备 注
灵敏度	R	25	31	37	V/(lx·s)	
像元的不均匀性	PRNU		3	10	%	
	PRNU(V)		4	10	mV	
饱和输出电压	U_{SAT}	1.5	2.0		V	
饱和曝光量	E_{SAT}	0.04	0.06		lx·s	
暗信号电压	U_{DARK}		1.0	2.5	mV	
暗信号电压不均匀性	D_{SNU}		1.0	2.5	mV	
直流功率损耗	P_D		160	400	mW	
总转移效率	TTE	92	98		%	
输出阻抗	Z_O		0.2	1	kΩ	
动态范围	D_R		2 000			
输出信号的直流电位	U_{OS}	4.0	5.5	7.0	V	
噪声	N_{DO}		0.6		mV	
驱动频率	f	1		20	MHz	$f_1=f_R$

测试条件:环境温度为25℃,$U_{OD}=12V$,驱动频率为1MHz,积分时间为10ms,负载电阻为100kΩ时在2856K标准白炽钨丝灯光源情况下的特性参数。

3.1.4　TCD1209D 的驱动电路

由图 3-3 中可以看出,TCD1209D 的驱动器应产生 SH、CR1、CR2、RS、CP 等 5 路脉冲,其中转移脉冲的周期远远大于其他 4 路脉冲的周期。按照图 3-3 所示驱动脉冲波形的要求,驱动脉冲产生电路可用现场可编程逻辑器件(FPGA)实现,FPGA 的内部逻辑电路如图 3-5 所示。图中由 R_1、R_2、G_1、G_2 和石英晶体 Z 构成的振荡器产生主时钟脉冲,经分频器整形后输出所需频率 f,送入 74LS393 的输入端。74LS393 的输出端 Q_1、Q_2、Q_3 分别经 G_3、G_4、G_5、G_6 和 G_7 组成的逻辑电路产生 RS、CP、CR1 和 CR2 脉冲信号。将 RS 送入 N 位二进制计数器的输入端。利用 N 位二进制计数器的第 j 与第 p 位输出端 Q_j 与 Q_p 相与,当计数器所计的数大于 2088 个 RS 后,使与门 G_8 的输出 SHA 为高电平,之后再与 RS 相与(G_9)后生成转移脉冲 SH。N 位二进制计数器的复位脉冲 R 是由 74LS393 的 Q_1 端与转移脉冲 SH 相与(G_{10})产生的,使 N 位二进制计数器复位。

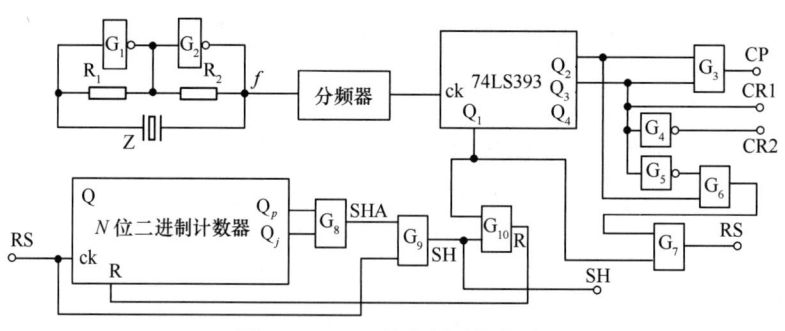

图 3-5　FPGA 的内部逻辑电路

将转移脉冲 $\overline{SH}$,驱动脉冲 $\overline{CR1}$、$\overline{CR2}$、$\overline{RS}$ 与 $\overline{CP}$ 脉冲送给如图 3-6 所示的 TCD1209D 的驱动电路,TCD1209D 即可输出如图 3-3 所示的 OS 视频信号。

显然,转移脉冲 SH 的周期是靠 Q_j 与 Q_p 在 N 位二进制计数器中的位置改变的,即驱动器积分时间可由选取不同的 Q_j 与 Q_p 值进行改变。但是,对于 TCD1209D 来说,最短的积分时间必须大于 $2088T_{RS}$。

从图 3-6 中可以看出,TCD1209D 器件是用 5V 的脉冲驱动的(采用 74HC04 为驱动器),OS 输出信号经 PNP 型三极管构成的射极电路输出,因此,该电路的输出阻抗很低。

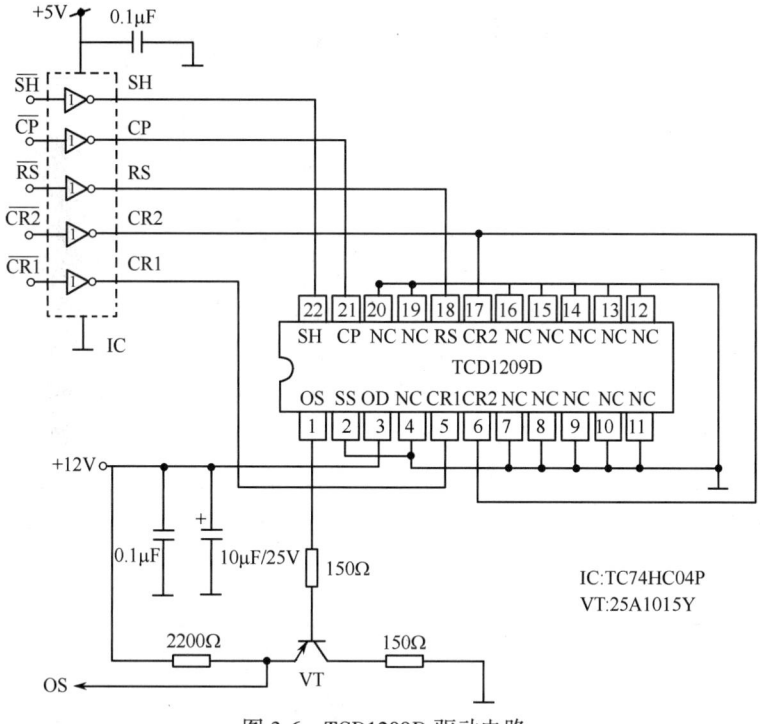

图 3-6 TCD1209D 驱动电路

3.1.5　TCD1209D 的外形尺寸

TCD1209D 为 DIP22 封装形式的双列直插型器件,外形尺寸如图 3-7 所示。器件的外形总长为 41.6mm,宽 10.16mm,高 7.7mm;器件的像元总长为 28.672mm;像元(像面)距离器件表面玻璃的距离为 1.72mm,表面玻璃的厚度为(0.7±0.1)mm。这些参数在图 3-7 中都可以找到,对于实际应用都是很重要的。而且,对于同系列器件,器件的外形尺寸与封装尺寸关系等基本相同。

了解了器件的外形尺寸后,在应用中必须要将被测的图像成像在它的像面上而不是前面的保护玻璃上。

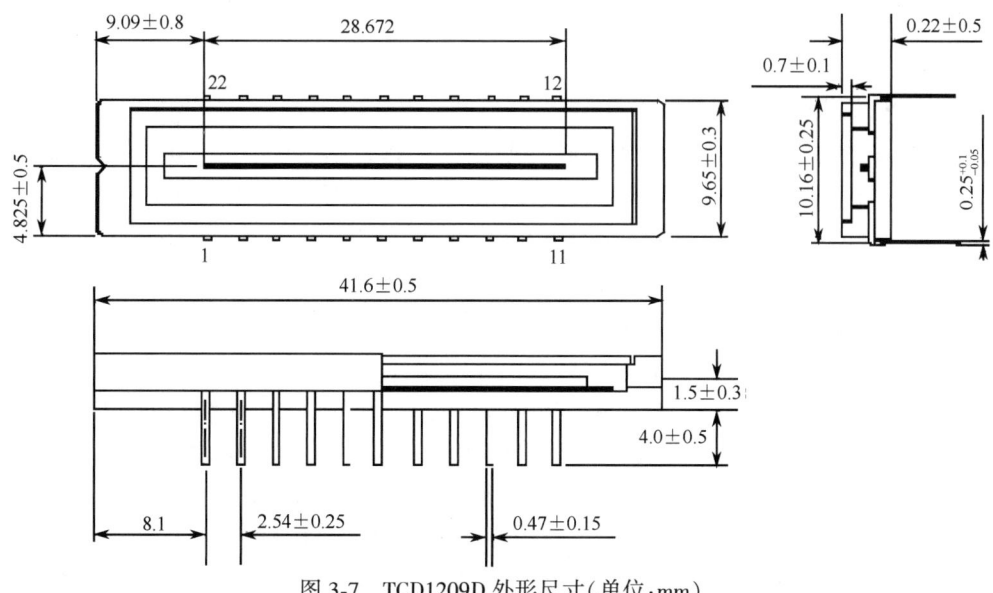

图 3-7 TCD1209D 外形尺寸(单位:mm)

3.2 典型双沟道线阵 CCD

目前最具有典型性的双沟道线阵 CCD 为 TCD1206SUP,该器件广泛应用于物体外形尺寸的非接触自动测量领域,是一种较为理想的一维光电探测器件。

1. TCD1206SUP 的基本结构

图 3-8 为 TCD1206SUP 的原理结构图。它由 2236 个 PN 结光电二极管构成像元阵列,其中前 64 个和后 12 个是用作暗电流检测而被遮蔽的,图中用符号 $Di(i=0,1,2,\cdots)$ 表示;中间的 2160 个光电二极管是感光像元,图中用 $Si(i=0,1,2,\cdots)$ 表示。每个像元的尺寸为 14μm 长、14μm 高,中心距亦为 14μm,像元阵列总长为 30.24mm。像元阵列的两侧是用作存储光生电荷的 MOS 电容存储栅。MOS 电容存储栅的两侧是转移栅电极 SH,转移栅电极 SH 的两侧为 CCD 模拟移位寄存器,其信号由信号输出单元的 OS 端输出,并在补偿输出单元的 DOS 端输出补偿信号。

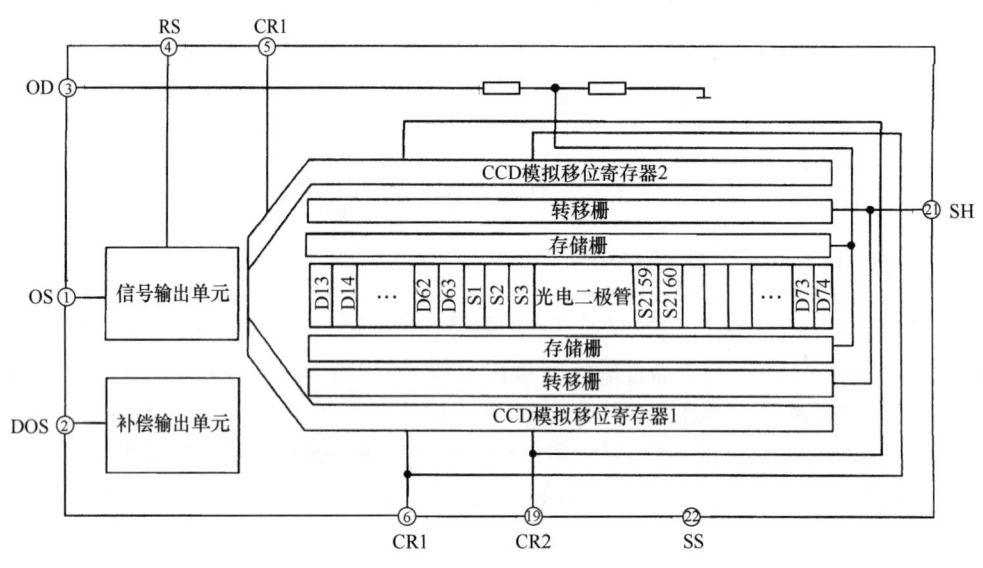

图 3-8 TCD1206SUP 原理结构图

2. TCD1206SUP 的工作原理

TCD1206SUP 在如图 3-9 所示的驱动脉冲作用下工作。图 3-9 中,当 SH 脉冲为高电平时,CR1 脉冲亦为高电平,其下均形成深势阱。这样,SH 的深势阱使 CR1 电极下的深势阱与 MOS 电容存储势阱沟通,MOS 电容存储栅中的信号电荷将通过转移栅转移到模拟移位寄存器 CR1 电极下的势阱中。当 SH 由高变低时,SH 低电平形成的浅势阱(也可以称为势垒)将存储栅下的势阱与 CR1 电极下的势阱隔离开。存储栅下的势阱进入积分状态,而模拟移位寄存器将在 CR1 与 CR2 脉冲的作用下驱动信号电荷进行定向转移。最初由存储栅转移到 CR1 电极下势阱中的信号电荷将向左转移进入 CR2 电极下势阱中,而后再转移至 CR1 电极下势阱中,一位位地向左转移,最后经过输出电路由 OS 端输出哑元信号和 2160 个有效像元信号,而由 DOS 端输出补偿信号(或参考信号)。由于结构上的安排,OS 端首先输出 13 个虚设单元信号;再输出 51 个暗信号;最后才连续输出 S1~S2160 的有效像元信号。S2160 信号输出后,又输出 9 个暗信号,再输出 2 个奇偶检测信号,之后便是没有信号的空驱动信号。空驱动信号数目可以是任意的,但必须大于 0,否则会影响下一行信号的输出。由于该器件是两列并行分奇、偶传输的,所以在一个 SH 周期中至少要有 1118 个 CR1 脉冲,即 $T_{SH} > 1118T_1$,T_1 为驱动脉冲 CR1 的周期。图 3-9 中的 RS 为加在复位场效应管栅极上的复位脉冲,其复位原理参见第 2 章。每复位一次便输出一个像元的信号,在器件的输出端输出 OS 信号。

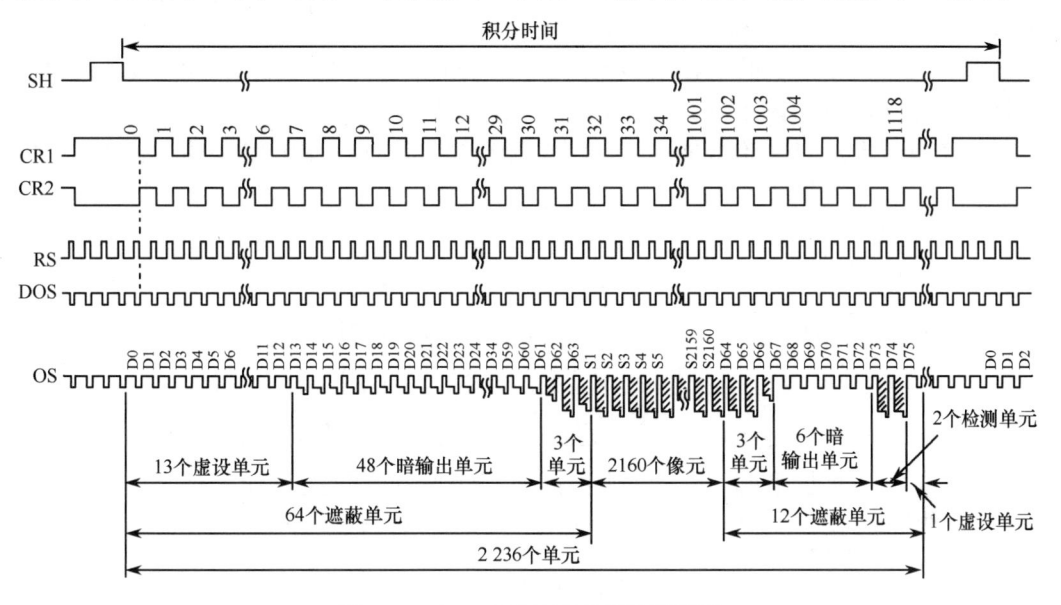

图 3-9 TCD1206SUP 驱动脉冲波形图

3. TCD1206SUP 的驱动电路

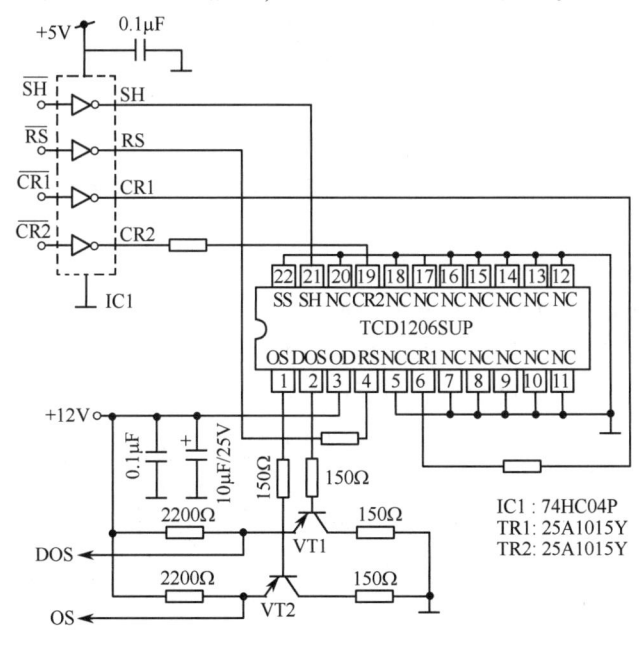

TCD1206SUP 的驱动电路如图3-10所示。转移脉冲$\overline{SH}$、驱动脉冲$\overline{CR1}$与$\overline{CR2}$、复位脉冲$\overline{RS}$这四路驱动脉冲可以由类似于如图 3-5 所示的驱动脉冲发生器产生,经反相驱动器 74HC04P 反相后加到 TCD1206SUP 的相应引脚上。在这四路驱动脉冲的作用下,该器件将输出 OS 信号及 DOS 信号。其中 OS 信号含有经过积分的有效光电信号,DOS 输出的是补偿信号。从图 3-9 可以看出,DOS 信

图 3-10 TCD1206SUP 的驱动电路

号反映了CCD的暗电流特性,也反映了CCD在复位脉冲的作用下信号传输沟道产生的容性干扰。比较OS信号与DOS信号的输出波形,不难看出,OS信号与DOS信号被RS容性干扰的相位是相同的。可以利用差分大器将它们之间的共模干扰抑制掉。因而,可以采用高速视频差分放大器LF357来完成信号的放大与共模干扰的抑制。经过放大的输出信号U_O如图3-11所示。

图3-11中还引入了两个很有用的同步脉冲HC及SP,其中HC为与转移脉冲SH同周期的行同步脉冲,SP为与CCD的像元同步的像元采样脉冲,常用作采样控制信号。HC的上升沿对应于CCD的第一个有效像元S1的有效期间,因而用它做行同步脉冲要比用SH做同步脉冲具有更好的同步特性。

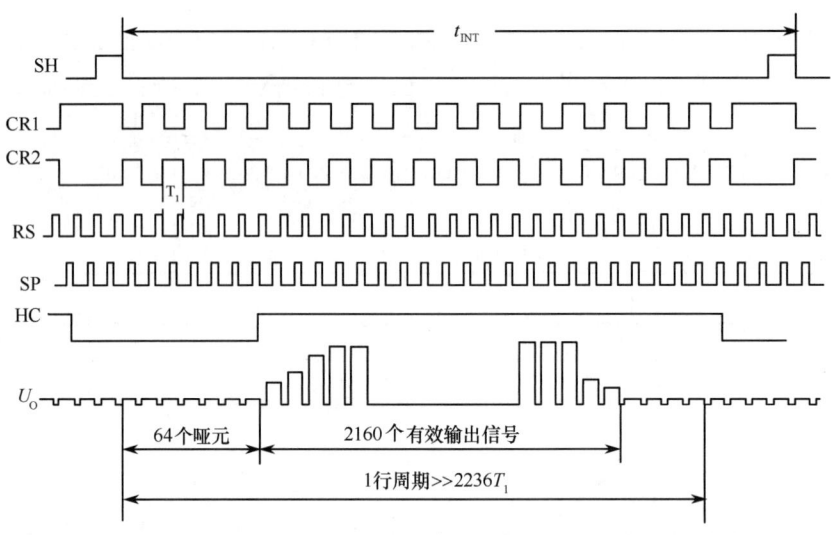

图3-11 具有放大与同步控制功能的TCD1206SUP驱动器驱动脉冲波形图

4. TCD1206SUP的特点

(1) 驱动简便

TCD1206SUP的四路驱动脉冲均可由CMOS逻辑器件HC7404提供0.3~5V的脉冲,这是因为在CCD芯片的内部已经设置了电平转换驱动电路,极大地方便了用户。

(2) 灵敏度高

TCD1206SUP的光电灵敏度为45V/(lx·s),它的饱和曝光量为0.037 lx·s,虽然低于TCD1208AP(110V/(lx·s)),但是它的动态范围为1700,比TCD1208AP(400)高很多。因而它被广泛地应用于各种尺寸的测量领域。

(3) 光谱响应

TCD1206SUP的光谱响应曲线如图3-12所示。其峰值响应波长λ_m为550nm,与人眼的光谱响应峰值波长很接近;长波截止波长为1100nm,在近红外区有较好的响应;短波截止波长可延长到紫外区。它的前代产品TCD1200D的紫外波长响应可延长至250nm,响应范围宽。可见该器件在整个可见光区的响应是比较理想的,可用于可见光区的光谱探测和尺寸检测的探测器。

(4) 温度特性

TCD1206SUP的温度特性如图3-13所示。当环

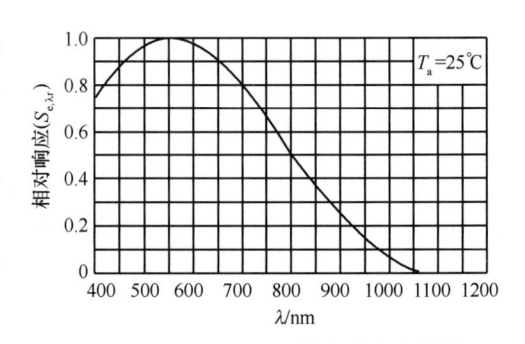

图3-12 TCD1206SUP的光谱响应曲线

境温度由 0℃提高到 60℃时,由于它能够分别从 OS 和 DOS 端输出像元信号和暗电流信号,而且尽管这两个信号都随温度变化,但是它们随温度变化的规律是相同的,又相当于在同温槽内,因此,差分放大器能够抑制信号对温度变化的影响。

（5）积分时间与暗电压的变化关系

各种线阵 CCD 的暗电压(或暗电流)都与积分时间有关,这是由于 CCD 属于积分类型的光电器件,它对暗电流引起的热激发载流子也进行积累,使得器件的暗电压随累积时间的增长而增大。TCD1206SUP 的输出暗信号电压与积分时间的关系曲线如图 3-14 所示。

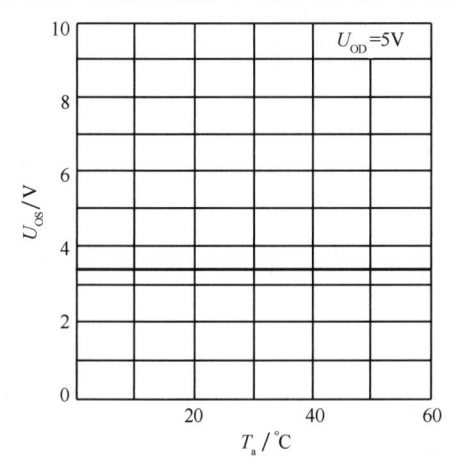

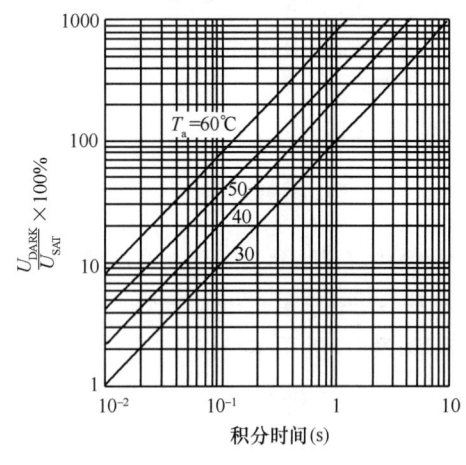

图 3-13　TCD1206SUP 的温度特性　　图 3-14　TCD1206SUP 的输出暗信号电压与积分时间的关系曲线

5. TCD1206SUP 的特性参数

TCD1206SUP 的特性参数如表 3-2 所示。由表中可以看出,TCD1206SUP 为具有高灵敏度、较高动态范围的线阵 CCD。它的像元不均匀性参数不如单沟道器件 TCD1209D,因为双沟道器件的信号分别通过两个移位寄存器沟道输出,这两个沟道的转移特性的差异会造成输出信号的奇偶性,必然影响器件像元的不均匀性参数。

表 3-2　TCD1206SUP 的特性参数

参数名称	符号	最小值	典型值	最大值	计量单位	备注
灵敏度	R	33	45	56	V/(lx·s)	对于发光二极管(660nm)光源的响应为 600 V/(lx·s)
像元不均匀性	PRNU			10	%	
饱和输出电压	U_{SAT}	1.5	1.7		V	
饱和曝光量	E_{SAT}		0.037		lx·s	U_{SAT}/R
暗信号电压	U_{DARK}		1	2	mV	所有有效像元单元暗信号的最大值
暗信号不均匀性	D_{SNU}		2	3	mV	
直流功率损耗	P_D		140	180	mW	
总传输效率	TTE	92			%	
输出阻抗	Z_O		1		kΩ	
动态范围	D_R		1700			U_{SAT}/U_{DARK}
直流信号输出电压	U_{OS}	4.5	5.5	7	V	
直流参考输出电压	U_{DOS}	4.5	5.5	7	V	
直流失调电压	$\|U_{OS}-U_{DOS}\|$		20		mV	

3.3 具有积分时间调整功能的线阵CCD

TCD1205D为具有积分时间调整功能的线阵CCD。线阵CCD光照灵敏度的定义是单位曝光量的输出电压。在要求输出信号电压一定的情况下,若有较长的积分时间,成像面上的光照度可以很低。也就是说,在光照度较低的情况下,可以通过增长积分时间的方式使输出信号达到所希望的幅度;或者,当光照较强时,可以通过缩短积分时间的方式使输出信号达到所希望的幅度。因此,可以认为能够通过调整积分时间来调整CCD的光照灵敏度。显然,积分时间的调整功能对于CCD的应用是非常重要的。本节将通过对TCD1205D的讨论,进一步掌握线阵CCD积分时间的调整方法以及调整积分时间的意义。

3.3.1 TCD1205D

TCD1205D为日本东芝公司生产的线阵CCD,它具有灵敏度高,积分时间可调等特点,广泛应用在条码扫描识别系统中作为光电输入设备。

1. TCD1205D的基本结构

TCD1205D为双沟道型线阵CCD,封装形式为22脚的双列直插式。图3-15为TCD1205D的俯视图。图中,OS与DOS为TCD1205D的有效信号输出端与补偿信号输出端;OD为直流5V电源输入端;SS为公共地端;ICG为积分(或称电子快门)栅;SH、RS、CR1、CR2分别为转移脉冲、复位脉冲、驱动脉冲;BT为增强信号电压的脉冲,记为增压脉冲;凡标注NC的均为空脚。

TCD1205D的像元尺寸为14μm长,200μm高,中心距为14μm,共有2048个有效像元。TCD1205D的原理结构图如图3-16所示。图中像元阵列的上下两行为积分栅,这里的积分栅与3.2节TCD1206SUP原理结构图中的存储栅是相同的,不同的是这里的积分栅引出器件,外加控制脉冲称为积分控制脉冲,并以ICG符号表示。

图3-15 TCD1205D的俯视图

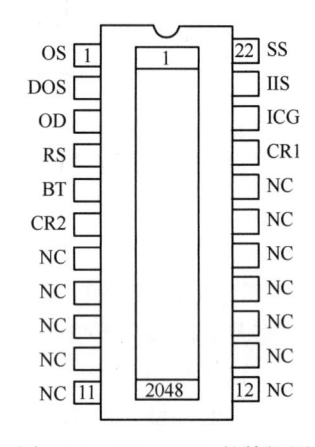

当ICG为低电平时,积分栅失去积分作用;只有ICG为高电平时,积分栅才能使光电二极管阵列产生

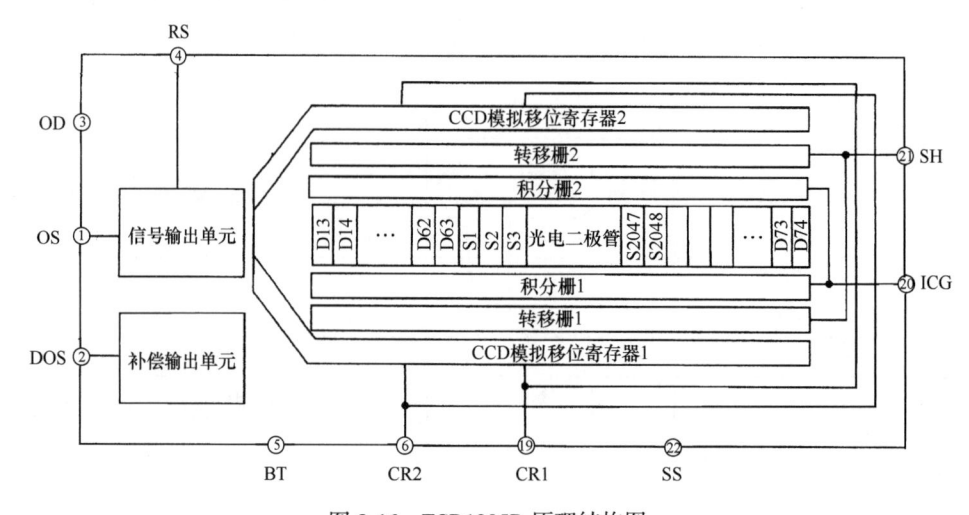

图3-16 TCD1205D原理结构图

的光电流在积分栅形成的存储电容阵列中积累,产生光生电荷积累效应。为此,合理地控制 ICG 电平,就可以控制器件的曝光时间。相当于给器件加了个"快门",并将该"快门"称为电子快门。

2. TCD1205D 的基本工作原理

TCD1205D 的基本工作原理与 TCD1206SUP 基本相同,不同的是 TCD1205D 引入了电子快门功能,比 TCD1206SUP 多一个积分电极 ICG,多一个积分控制脉冲。图 3-17 为 TCD1205D 的驱动脉冲波形图,在转移脉冲 SH 的一个周期中,只有在 ICG 为高电平期间积分栅下才能建立起深势阱,才能进行积分。因此,图 3-17 所示的波形中,积分时间要短于转移脉冲 SH 的周期(行周期)。适当地调整积分时间,可以使 CCD 的输出信号稳定在某个范围内。这个功能在采用线阵 CCD 作为条码扫描识别系统的光电输入传感器应用中是非常重要的。图 3-17 所示波形中的 BT 脉冲为加速脉冲。

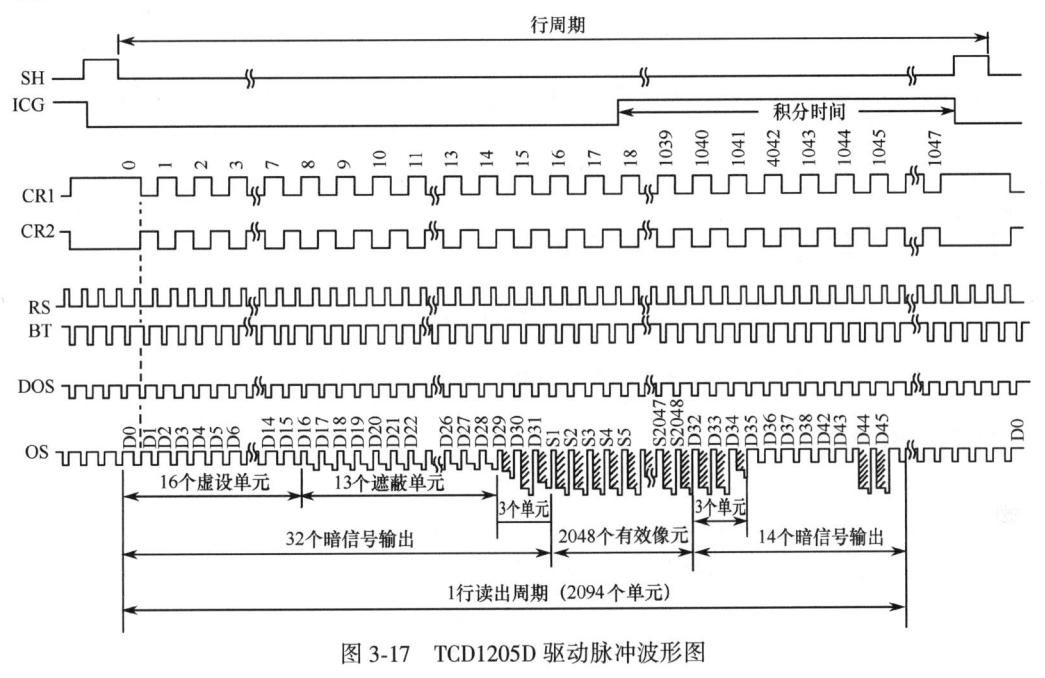

图 3-17 TCD1205D 驱动脉冲波形图

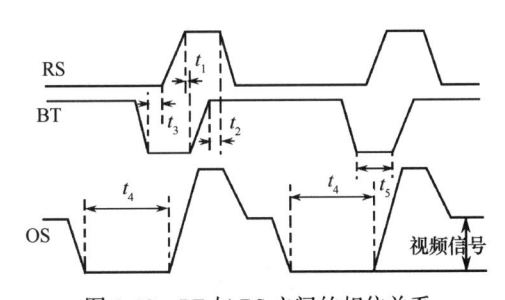

BT 的引入使 OS 视频输出信号的有效信号输出时间增长。图 3-18 所示为 BT 与 RS 之间的相位关系。图中,t_1 为 RS 使复位场效应管有效复位到 BT 开始上升的时间,它的最小值为 20ns;t_2 为 BT 由高电平到 RS 开始下降的时间,该时间的最小值为 40ns;t_3 为 BT 由低电平到 RS 开始上升的时间,这个时间一般为 100ns,最小为 50ns;t_4 为视频输出信号的有效输出信号时间;t_5 为 BT 的持续时间,一般为 200ns,最小为 70ns。由于 BT 脉冲的引入使输出信号的有效时间增长,也使信号的输出幅度稳定。

图 3-18 BT 与 RS 之间的相位关系

图 3-19 为利用 SH 进行两次转移的方法。如图 3-19 中所示,在一个行读出周期中插入两个 SH,其中第 1 个 SH 的高电平对应于 CR1 的低电平,CR1 不形成深势阱,前面积累的信号电荷无法倒入 CR1。在第 2 个 SH 到来之前积分栅所积累的信号电荷被白白地倒掉。只有在第 2 个 SH 到来后,SH 的高电平只有对应于 CR1 的高电平时,才能将积分栅所积累的信号电荷倒入 CR1 下的势阱中(才能将信号电荷转移到移位寄存器中),而后被 CR1 与 CR2 移出器件,形成视频信号 OS。因此

在如图 3-19 所示的情况下,积分时间仅为后面两个 SH 之间的时间,为行读出周期的很小部分。积分时间的缩短使器件的光电灵敏度下降,器件对环境光的抗干扰能力增强,可以使 CCD 用于日光下测量较强辐射的光信号,如发光二极管光源、激光辐射光源下强光信号的探测。

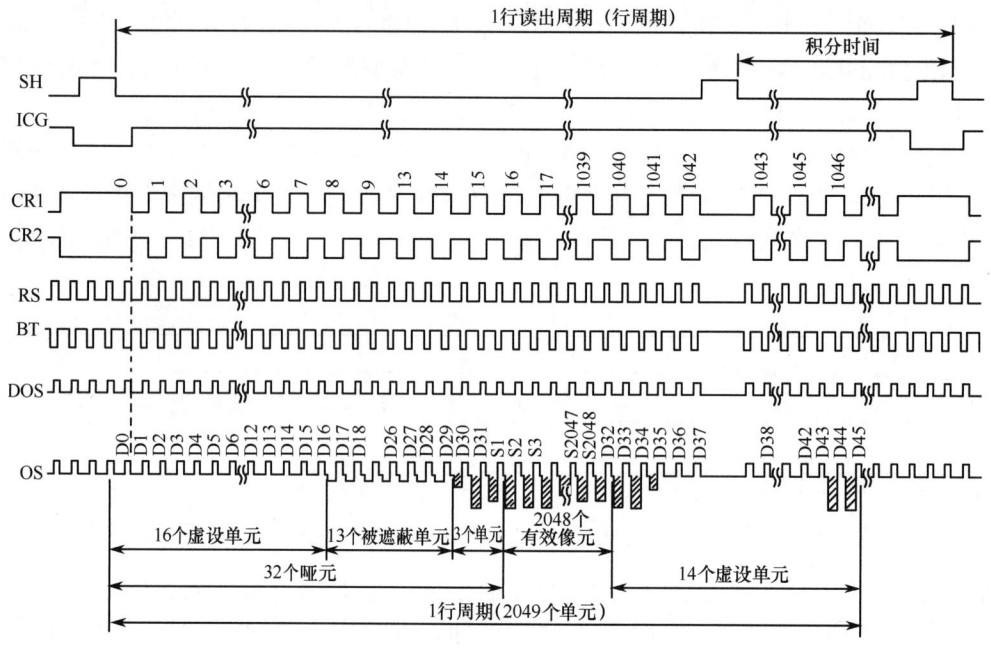

图 3-19　具有积分时间调整功能的驱动脉冲波形图

3. TCD1205D 的特性参数

TCD1205D 的光谱响应特性与积分特性等均与 TCD1206SUP 相似,这里不再赘述。它的特性参数如表 3-3 所示。由表 3-3 可以看出 TCD1205D 的光电灵敏度是比较高的,但是它的动态范围比较小,仅为 400。因此,该器件一般只适用于光电数字扫描输入,不适用于分辨率要求较高的图像扫描输入。

表 3-3　TCD1205D 的特性参数

参数名称	符号	最小值	典型值	最大值	计量单位	备注
灵敏度	R	64	80		V/(lx·s)	对于发光二极管(660nm),光源的响应为 600 V/(lx·s)
像元不均匀性	PRNU		10		%	$\frac{\Delta x}{\bar{x}} \times 100\%$
饱和输出电压	U_{SAT}	0.55	0.8		V	
饱和曝光量	E_{SAT}	0.006	0.01		lx·s	U_{SAT}/R
暗信号电压	U_{DARK}		2	5	mV	所有有效像元单元暗信号的最大值
直流功率损耗	P_D			25	mW	
总传输效率	TTL	92	95		%	
输出阻抗	Z_O		0.5	1	kΩ	
动态范围	D_R		400			U_{SAT}/U_{DARK}
直流信号输出电压	U_{OS}	1.5	3.0	4.5	V	
直流参考输出电压	U_{DOS}	1.5	3.0	4.5	V	
直流失调电压	$|U_{OS}-U_{DOS}|$		200		mV	

3.3.2 IL-P1

IL-P1 是加拿大 DALSA 公司的线阵 CCD 产品,它具有速度快,信噪比高,积分时间可调等优点,广泛应用在高速运动图像扫描成像与计算机图像数据采集系统中。

1. IL-P1 的基本结构

IL-P1 的外形图如图 3-20 所示,为 DIP 封装的双列直插式器件。图 3-20 中所示的为 4096 像元的 IL-P1,除此之外,还有 2048,1024,512 等像元的器件。其像元尺寸均为 $10\mu m \times 10\mu m$,像元总长度为 40.96mm,20.48mm,10.24mm,5.12mm。IL-P1 的引脚定义如图 3-21 所示。图中 CR1S,CR2S,CR1B,CR2B 为移位寄存器的 2 相驱动脉冲;SH 为转移脉冲;RS 为复位脉冲;PR 为积分控制脉冲;CRLAST 为 CCD 模拟移位寄存器最靠近输出端的转移单元,简称驱动末级,CRLAST 脉冲与 CR1 脉冲同相;VL、VH、VPR、VSET、VSTOR、VBB 等均为偏置电压。VDD 与 VOD 为供给器件转移沟道与输出电路的电源电压,VDD 常为 14V,VOD 为 11V,VSS 为公共地端。

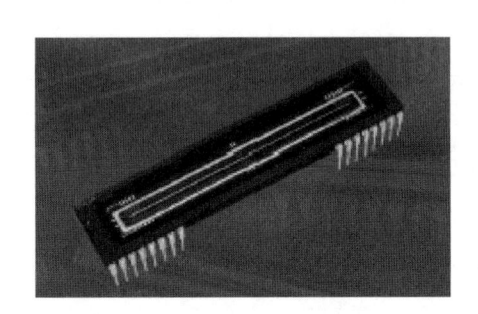

图 3-20 IL-P1 的外形图

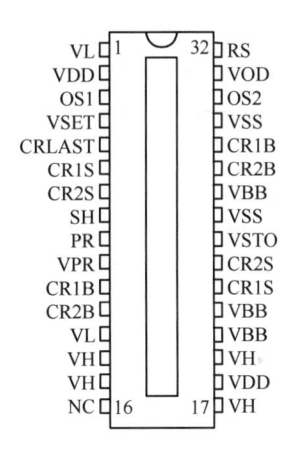

图 3-21 IL-P1 的引脚定义

图 3-22 为 IL-P1 的原理结构图,由图中可以看出,IL-P1 器件配置了许多直流偏置电极,其中 VPR 为积分场效应管的漏极电源电压,一般将其设置为 14V;VSTOR 为存储势阱电压,一般为 1.4V 左右;VSET 为输出栅上的偏置电压,常为 -0.8V 左右;VBB 为输出检测二极管的 P 区偏置电压,常为 -2V 左右;VOD 为输出复位场效应管的漏极电源电压。在使用 IL-P1 器件时,要适当地调整这些偏置电压使其工作在最佳状态。

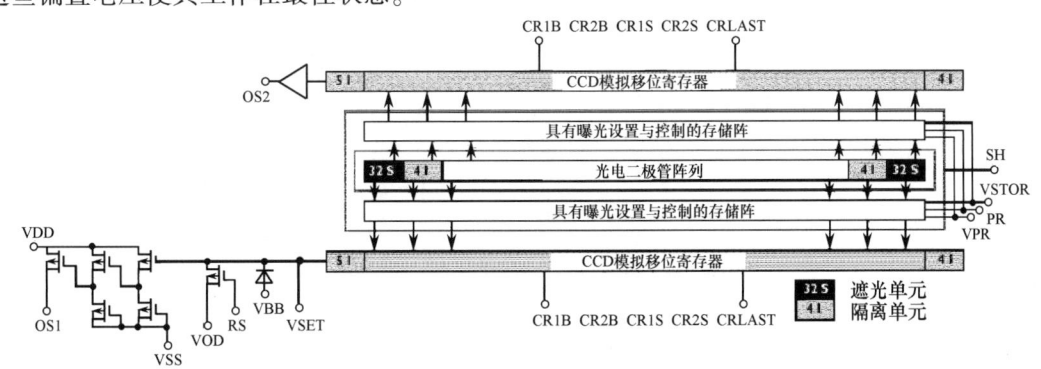

图 3-22 IL-P1 原理结构图

2. IL-P1 积分时间的调整

IL-P1 的驱动脉冲波形图如图 3-23 所示。在一个积分周期(SH 周期)内,PR 为低电平的时间为积分时间,即图 3-23 中的 t_2。由图 3-23 可看出,PR 的变化较为缓慢,这是因为 PR 的变化会影响输出信号 OS。显然,IL-P1 的最长积分时间为 SH 周期,此时 PR 一直处于低电平。调整 t_2 时间的长短可以使 IL-P1 器件适应不同照度的图像信号。积分时间的另一个概念为曝光时间,对于运动图像扫描输入的情况,曝光时间越短,越能适应更高运动图像的采集。当然,由于曝光时间变短,图像的亮度应相应地提高。因此用线阵 CCD 采集高速运动物体图像时,常需要外加照明光源进行补光。

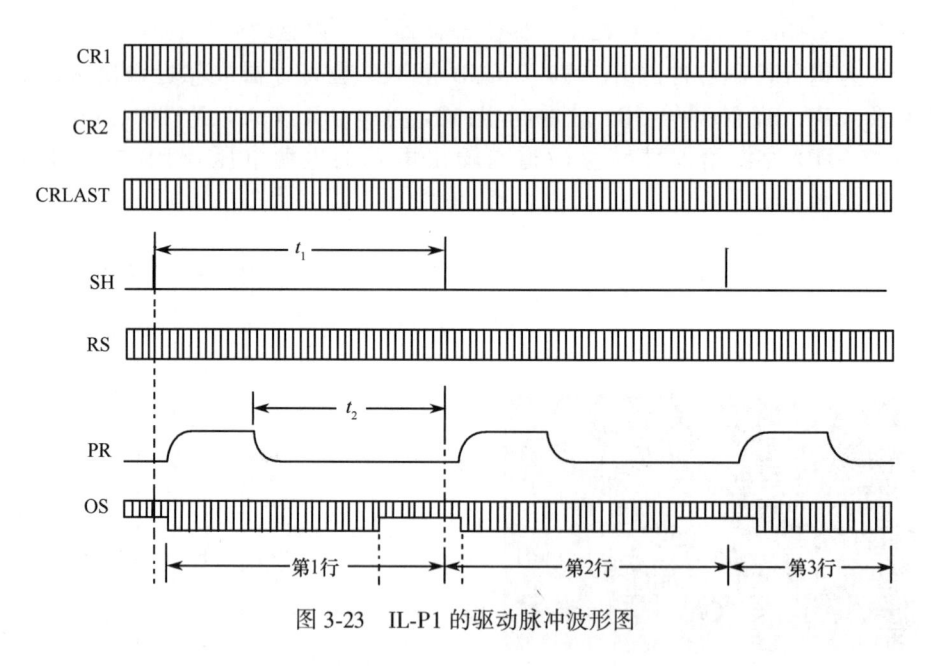

图 3-23 IL-P1 的驱动脉冲波形图

CR1,CR2,CRLAST,RS,SH 的相位关系如图 3-24 所示。图中,t_1 为保证在 SH 的作用下积分区的信号电荷能够完全转移到模拟移位寄存器 CR1S 下面的势阱中所必需的时间,一般为 2ns;t_2 为 CR 的周期;t_3 为驱动末级上升沿至 RS 上升沿的时间,它最小可为 0ns。RS 的持续时间 t_4 常为 5ns。RS 下降沿至 CRB 下降沿的延迟时间 t_5 只要大于 0ns 即可。CRB 的上升沿 t_6 与下降沿 t_7 只

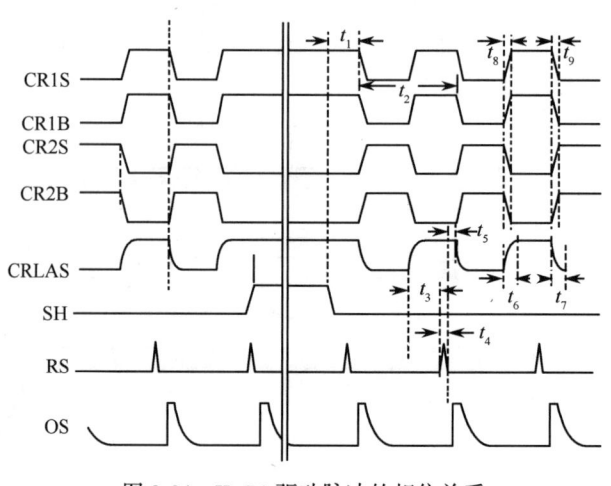

图 3-24 IL-P1 驱动脉冲的相位关系

要分别大于 CR 的上升沿 t_8 与下降沿 t_9 即可。

IL-P1 的输出信号波形如图 3-25 所示。由图可以看出,IL-P1 在 SH 由高变低后,输出端 OS1 与 OS2 首先输出 7 个隔离信号和 16 个暗信号,而后才输出有效像元信号。有效像元信号输出时,OS1 与 OS2 是同时并行输出的,这对高速运动图像的数据采集非常有利。再考虑积分时间的调整因素。可以看出 IL-P1 器件很适于用作高速图像的光电传感器。

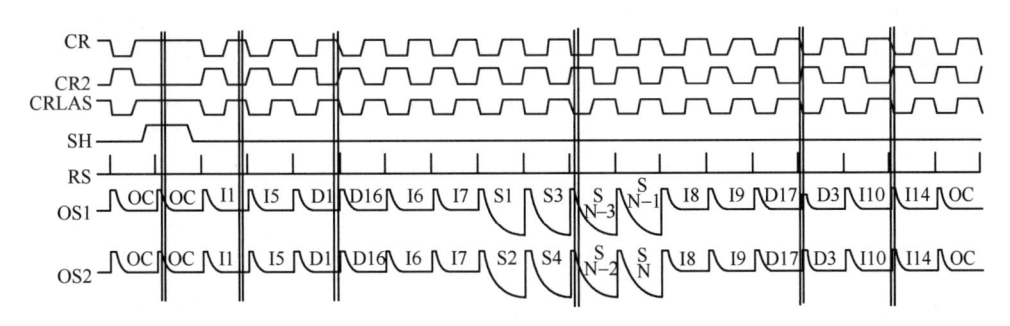

图 3-25 IL-P1 的输出信号波形

3. IL-P1 的特性参数

(1) 光谱响应

IL-P1 的光谱响应特性曲线如图 3-26 所示。光谱响应的峰值波长为 660nm,比 TCD 系列器件的峰值波长要长些。IL-P1 器件的光谱响应的长波段较好,短波段较差。

(2) 积分特性

IL-P1 的积分特性曲线如图 3-27 所示。由图可以看出,当积分时间较短时(例如 0.2ms),输出信号达到饱和所需要的辐射照度很高($400\mu W/cm^2$);而积分时间较长时,输出信号达到饱和所需要的辐射照度就很低。在积分时间为 0.8ms 时,饱和输出的辐射照度仅为 $100\mu W/cm^2$。积分时间的改变可以改变器件的光照灵敏度。

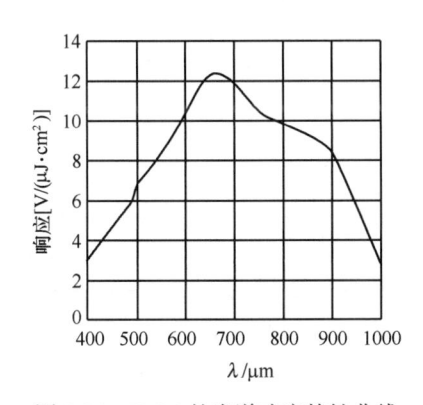

图 3-26 IL-P1 的光谱响应特性曲线 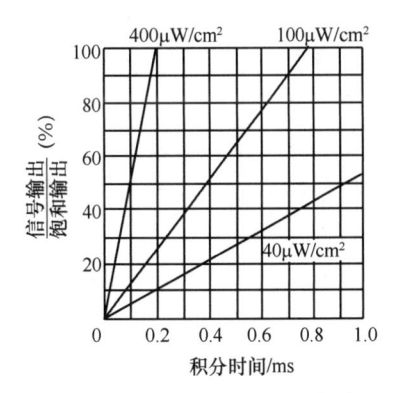　　图 3-27 IL-P1 的积分特性曲线

(3) 动态范围及其他特性参数

IL-P1 的动态范围较大,一般大于 2600 倍。器件像元的不均匀性与器件的有效像元的数量有关,对于 2048 像元的 IL-P1 器件,其像元的不均匀性也不大于 7%。IL-P1 的特性参数如表 3-4 所示。

表 3-4　IL-P1 的特性参数

参　数	符　号	最小值	典型值	最大值	单位	备　注
饱和输出电压	U_{SAT}	750	900	1 100	mV	1. 环境温度 35℃ 2. 数据率 f_{RS} = 25MHz 3. 采用 3200K 钨丝灯照明，并采用 750nm 红外截止波长滤光片
噪声（均方根）电压	U_N		0.28	0.31	mV	
峰值波长	λ_m		680		nm	
动态范围	D_R	2400	3200	3900		
噪声等效曝光量	N_{EE}	21	23	28	pJ/cm²	
饱和曝光量	E_{SAT}		55	75		nJ/cm²	
无曝光控制时像元的不均匀性	PEUN		2.5	4.0		512,1024,2048
	PEUN		3.7	6.1		4096 像元
曝光控制时像元的不均匀性	PEUN		5.1	6.6		512,1024,2048
	PEUN		6.4	8.4		4096 像元
电荷转移效率	CTE	0.999 99	0.999 999			
暗信号电压	U_D		0.15	0.5	mV	积分时间为 84μs

3.4　具有采样保持输出电路的线阵 CCD

具有采样保持输出电路的线阵 CCD 种类很多。TCD1500C 是一种典型的具有采样保持输出电路的 5340 像元线阵 CCD，它的像元尺寸为 7μm 长、7μm 高，中心距亦为 7μm，像元总长度为 37.38mm。该器件常被用作非接触尺寸测量系统中的光电传感器。

1. TCD1500C 的基本结构

TCD1500C 的原理结构图如图 3-28 所示。它比 TCD1206SUP 多一个片内驱动器和采样保持输出电路。片内驱动器使送入线阵 CCD 的驱动脉冲简化，它只需要外部驱动电路提供一路驱动脉冲 CR1，片内驱动器便可生成 CR1 与 CR2。这样，TCD1500C 由 SH、RS、SP 与 CR1 等四路脉冲构成。其中，SP 为采样保持电路的采样控制脉冲。引入采样保持电路后，OS 端输出的信号将变为如图 3-29 中所示的那样平滑（采样保持电路去掉了输出信号的脉冲成分）。图 3-28 中的 WS 电极为末级（模拟移位寄存器的最后一个转移电极）选择电极，一般接地。WS 接地时，它的输出信号 OS 与 DOS 如图 3-29 所示。

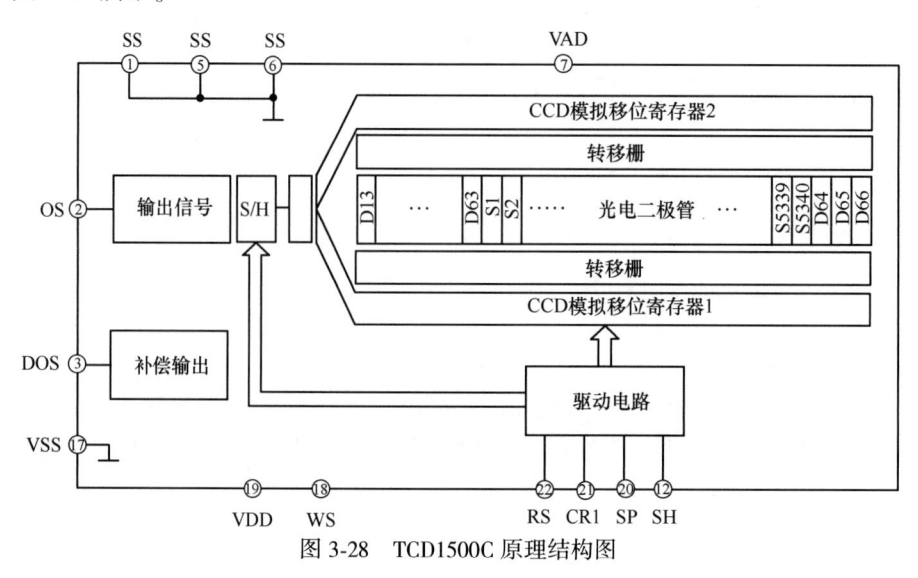

图 3-28　TCD1500C 原理结构图

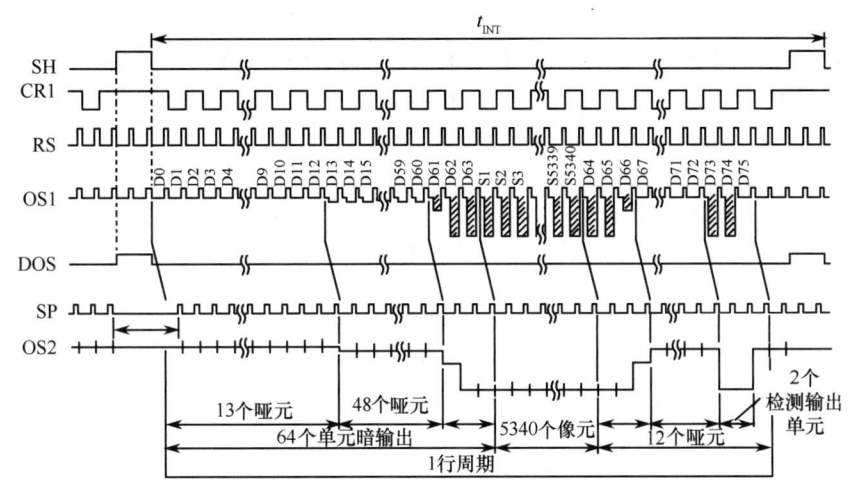

图 3-29 TCD1500C 驱动脉冲波形图

2. TCD1500C 驱动器

图 3-29 为 TCD1500C 的驱动脉冲波形图。图中 OS1 为在没有加 SP 情况下的输出波形,此时采样保持电路不起作用,输出仍为调幅脉冲信号。OS2 为在加有 SP 情况下的输出波形。

TCD1500C 驱动电路如图 3-30 所示。图中由晶体 Z(8MHz) 与反相器 G_1、G_2 及电阻 R_1、R_2 构成的晶体振荡器产生主时钟脉冲 f_M,经分频电路(二进制计数器)分频输出 2 分频 f_1(4MHz)、4 分频 f_2(2MHz) 与 8 分频 f_3(1MHz)。将 f_2 与 f_3 通过与非门 G_3 得到 1MHz 的 $\overline{RS}$;而经与非门 G_4、G_5 得到 $\overline{SP}$;将 RS 脉冲送入 N 位二进制计数器的输入端,在其输出端 Q_0 获得驱动脉冲 $\overline{CR1}$;将 Q_j 与 Q_p 相与,得到转移脉冲 SH;将 SH 和 RS 相与所得的

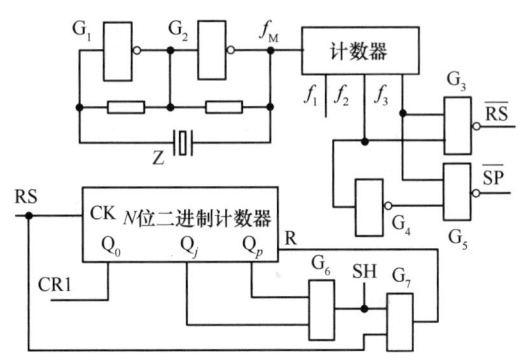

图 3-30 TCD1500C 驱动电路

尖脉冲送入 N 位二进制计数器的复位端,对 N 位二进制计数器进行复位,完成一个行周期的工作。将以上四路脉冲经反相或同相处理后加到 TCD1500C 的相应电极上,便可以使 TCD1500C 输出如图 3-29 所示的 OS_1 与 DOS 信号。由图 3-29 可以看出,在加有 SP 后,TCD1500C 的输出信号去掉了调幅脉冲成分,OS 端输出波形如图 3-29 中的 OS2 所示,其幅度直接反映了每个像元上的光照度。SP 的引入对一些测量应用的信号处理是十分有利的。

3. TCD1500C 的特性参数

(1) 光谱响应

TCD1500C 的光谱响应特性曲线与 TCD1206SUP 的光谱响应特性曲线(如图 3-12 所示)基本相同,光谱响应的峰值波长为 550nm,短波截止波长为 300nm,长波限为 1000nm。

(2) 光电特性

TCD1500C 的光电特性为线性,它与 TCD1206SUP 的光电特性相似,也具有积分特性。当积分时间增长时它的暗电压将(如图 3-14 所示)增高。当然,在一定的光照下,TCD1500C 的输出电压将随积分时间的增长而增高。

（3）分辨率

衡量线阵 CCD 空间分辨本领的参数用分辨率描述，分辨率又分为极限分辨率与光学传递函数。极限分辨率定义为每毫米分辨的线对数，TCD1500C 的像元长为 7μm，它的极限分辨率为 77 对线。TCD1500C 在 X 与 Y 方向的模调制传递函数如图 3-31 所示。从图 3-31 可以看出，它在 X 与 Y 方向的极限空间频率接近于 77（pl/mm）。

（4）其他特性

TCD1500C 的特性参数如表 3-5 所示。

表 3-5 TCD1500C 特性参数

特性	符号	最小值	典型值	最大值	单位
灵敏度	R	3.8	4.8	5.8	V/(lx·s)
像元的不均匀性	PRNU	—	—	10	%
	PRNU(3)	—	3	8	mV
寄存器不平衡性	RI	—	—	3	%
饱和输出电压	U_{SAT}	1.0	1.5	—	V
饱和曝光量	E_{SAT}	0.17	0.3	—	lx·s
暗信号电压	U_{DARK}	—	—	2	mV
暗信号不均匀性	D_{SNU}	—	—	3	mV
驱动电流	I_{DD}	—	—	10	mA
总转移效率	TTE	92	—	—	%
输出阻抗	Z_O	—	0.5	1	kΩ
动态范围	D_R	—	1500	—	

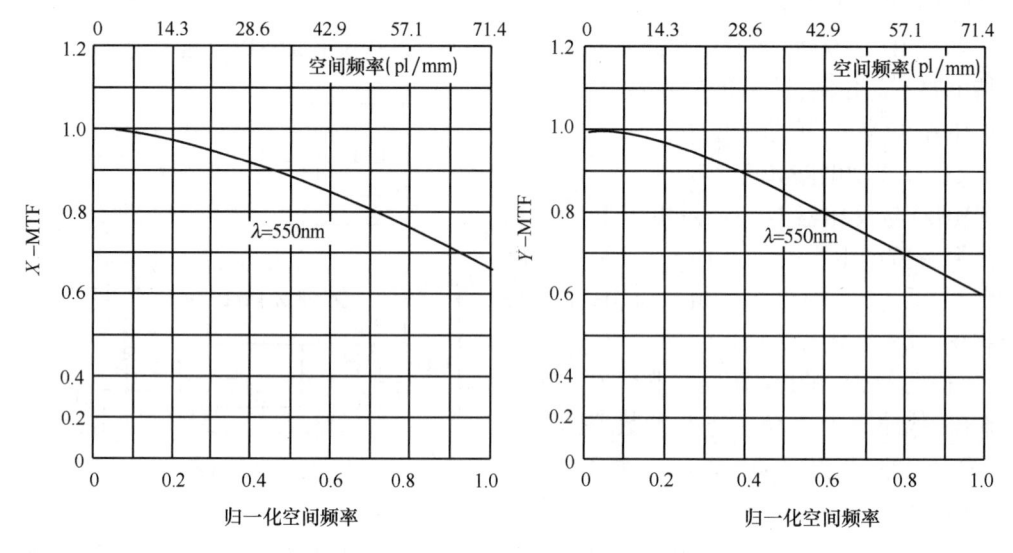

图 3-31 TCD1500C 的模调制传递函数

3.5 并行输出线阵 CCD

并行输出线阵 CCD 在相同频率驱动脉冲的作用下可以获得更高的信号输出速率，这在用线阵 CCD 检测高速运动物体图像的应用中具有非常重要的作用。并行输出线阵 CCD 种类很多，本节主要介绍几种典型并行输出线阵 CCD 的工作原理、输出特性和并行驱动的有关问题。关于光谱特性与积分特性等其他参数在前几节已经讨论过，这里不再重复。

3.5.1 并行输出的 TCD1703C

TCD1703C 为 7500 像元的并行输出线阵 CCD，其像元尺寸为 7μm 长、7μm 高，中心距亦为 7μm，像元总长为 52.5mm。

TCD1703C 的原理结构图如图 3-32 所示，为典型的双沟道并行输出的二相线阵 CCD。它的有效像元(7500 像元)分奇、偶两列并行转移,分别由 OS1 和 OS2 端口并行输出。从图 3-32 可以看出,像元所产生的 7500 个积分电荷信号在转移栅的作用下并行地转移到奇、偶列 CCD 模拟移位寄存器中,CCD 模拟移位寄存器在 CR1 与 CR2 的驱动下经奇、偶输出电路输出。输出电路中除了我们熟悉的复位脉冲,还增加了一个钳位脉冲 CP,该脉冲使输出信号钳制在 0 信号电平上,使信号的输出更为稳定。该器件具有片内电平转换驱动器,因而,它的驱动脉冲幅度亦可用 CMOS 逻辑电路 0~5V 驱动。

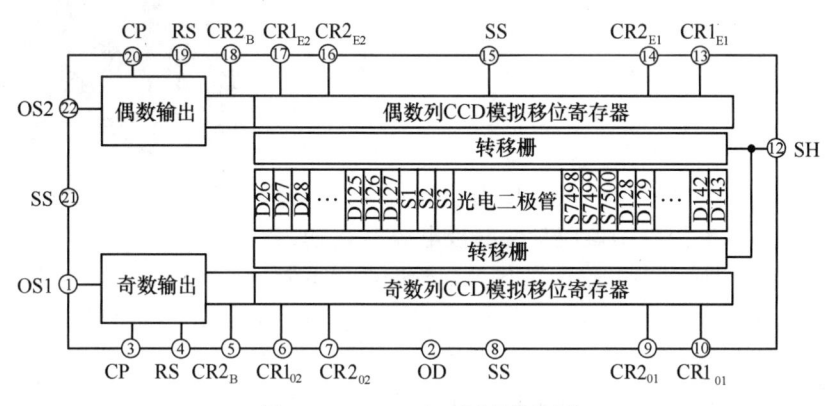

图 3-32 TCD1703C 原理结构图

图 3-33 所示为 TCD1703C 的驱动脉冲波形图。它的驱动由 5 路脉冲构成,分别为 SH、CR1、CR2、RS 和 CP。从图 3-33 可以看出 TCD1703C 的两个输出信号 OS1 与 OS2 并行输出,且其频率与 CR 及 RS 的频率相同,OS1 输出奇数像元的信号,OS2 输出偶数像元的信号。它的最高驱动频率可达 20MHz,等效数据率为 40MHz。

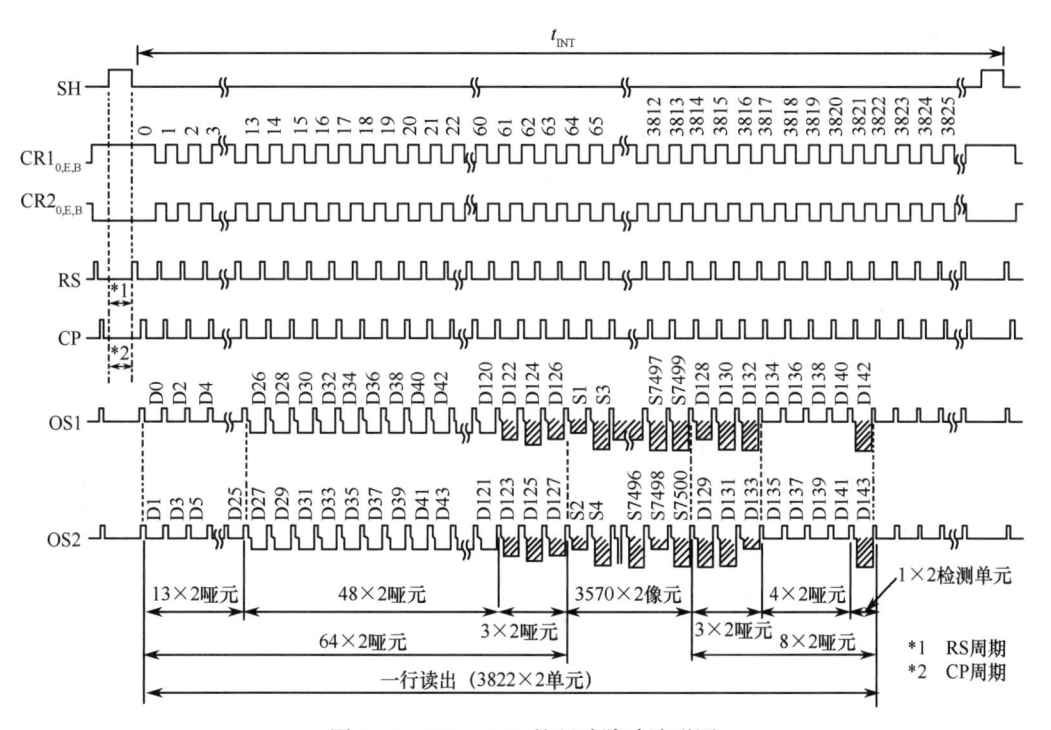

图 3-33 TCD1703C 的驱动脉冲波形图

3.5.2 分段式并行输出线阵 CCD

1. IT-C5 型线阵 CCD

IT-C5 型线阵 CCD 是 4 相驱动的线阵 CCD。它具有 4 个并行的输出端口,有效数据率提高至 4 倍。

IT-C5 的外形如图 3-34 所示,它的像元有 2048 和 4096 两种,图中所示为 4096 像元的器件,为 40 脚的双列直插式封装。它的像元尺寸为 10μm 长、10μm 高、中心距 10μm。像元总长为 20.48mm 或 40.96mm。

图 3-35 为 IT-C5 的引脚定义。图中 CR1~CR4 为四相驱动脉冲,SH 为转移脉冲,RS 为复位脉冲,PR 为积分时间控制脉冲。直流偏置电平由积分控制场效应管的漏极电源 V_{PR},输出栅偏置电极 V_{SET},器件衬底电平 V_{BB},复位场效应管的漏极电源 V_{CR},供电电源 V_{DD} 与公共地 V_{SS}。IT-C5 的视频信号分为 4 段,分别由 OS1~OS4 4 个端口并行输出。

图 3-36 为 IT-C5 的结构图,由图可以看出 IT-C5 的光电二极管阵列由 n 个有效光电二极管与 16 个被遮蔽光电二极管构成;其中 4 个置于器件前端,被遮蔽的光电二极管输出暗信号,图中用符号 D 表示;图中以字母 I 表示用作隔离的被遮蔽的光电二极管。光电二极管阵列的两侧为曝光控制栅 PR,控制光电二极管阵列是否工作在积分状态。曝光控制栅与 CCD 模拟移位寄存器之间由转移栅 SH 所隔。SH 可以将像元所积累的信号电荷并行地转移到 4 个 CCD 模拟移位寄存器中,这些信号电荷在 CR1~CR4 的驱动下,分别由 OS1~OS4 输出。由图可见,OS1 输出前一半像元的奇数像元信号,OS2 输出前一半像元的偶数像元信号,OS3 输出后一半像元的奇数像元信号,OS4 输出后一半像元的偶数像元信号,这 4 路信号并行输出。

图 3-34 IT-C5 外形

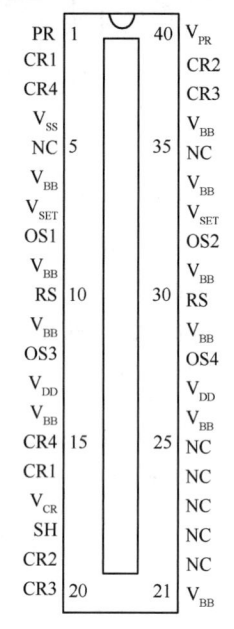

图 3-35 IT-C5 引脚定义

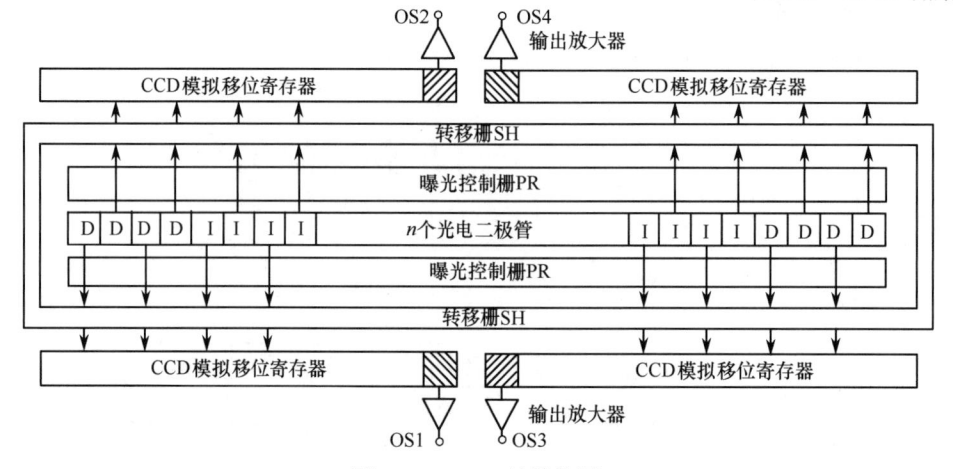

图 3-36 IT-C5 的结构图

图 3-37 所示为 IT-C5 的驱动脉冲波形图,图中 SH 为低电平期间 n 位光电二极管在曝光控制栅 PR 的控制下进行积分,当 SH 由低电平变为高电平时,转移栅使积分区与 CCD 模拟移位寄存器沟通。当 SH 由高变低时信号电荷从成像区转移到 CCD 模拟移位寄存器;然后,CCD 模拟移位寄存器在 4 相驱动脉冲的驱动下从 OS1~OS4 输出。

t_1：SH上升沿与CR3下降沿的时间差大于等于5ns
t_2：SH下降沿与CR3上升沿的时间差大于等于5ns

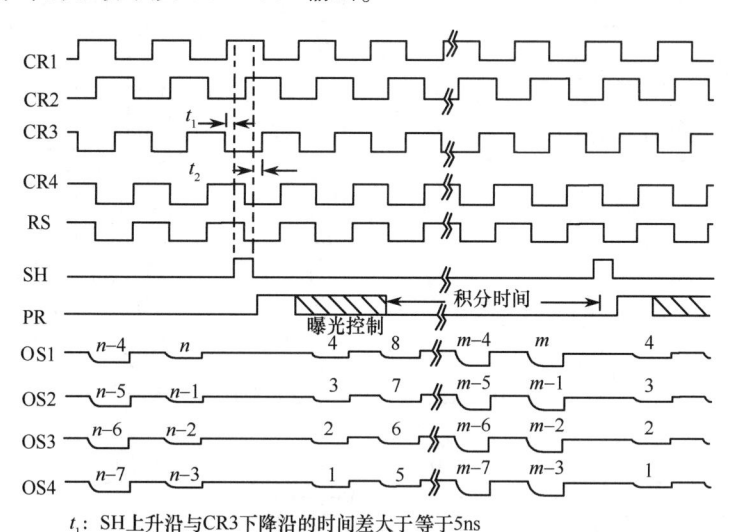

图 3-37　IT-C5 驱动脉冲波形图

OS4 首先输出第一个像元信号,OS3 输出第二个像元信号,OS1 输出第四个像元信号。图中,n 表示 n 个被遮蔽的光电二极管,m 为有效光电二极管。

曝光量控制由脉冲 PR 完成。当 PR 为高电平时光电二极管阵列不产生光生电荷,只有在 PR 为低电平时光电二极管阵列才能产生光生电荷进行积分。因而积分时间如图 3-37 中所示。

2. 分段式多路并行输出高速线阵 CCD

RL1282D,RL1284D,RL1288D 为分段式多路并行输出高速线阵 CCD,具有 256,512 或 1024 像元。像元尺寸为 18μm 长、18μm 宽,中心距为 18μm。其为双沟道器件。该器件将每 128 个像元分为一段,每段又分奇、偶两个沟道并行输出。这样,整个器件的输出时间可以大大缩短,以提高器件的工作速度。

图 3-38 所示为三种分段式多路并行输出高速线阵 CCD 的引脚图。图中中间条为像元,两侧的长方条表示 CCD 模拟移位寄存器。RL1282D 为 256 像元的线阵 CCD,它的 256 个像元的信号分别经 4 个模拟移位寄存器,在驱动脉冲和复位脉冲的作用下从 4 个输出端并行输出;RL1284D 为 512 像元的线阵 CCD,分别由 8 个输出端并行输出;RL1288D 为 1024 像元的线阵 CCD,分别由 16 个输出端并行输出。即每个输出端口只输出 64 个像元的信号,因此器件的等效数据率很高。图 3-39 所示为 RL1288D 的等效电路图。从图中可以看出,这种线阵 CCD 在转移脉冲 SH 的作用下,将奇、偶像元的光电信号分段分别转移到两侧的 CCD 模拟移位寄存器中。SH 变为低电平后,CCD 模拟移位寄存器在 CR1、CR2 二相时钟脉冲的作用下,并行地从各段的输出端口输出。图 3-40 所示为 RL1288D 的驱动脉冲波形图,图中的 RSO 和 RSE 为控制奇偶输出管的复位脉冲。RL1288D 为 1024 像元的线阵 CCD,它有 16 个输出端,因此,它的转移脉冲的周期缩小为原来的 1/16。这样,用 15MHz 的驱动频率驱动,可以获得 240MHz 的等效数据率。若对 RL1288D 的输出信号进行 A/D 数据采集,根据视频输出信号的波形,它的奇数输出信号与偶数输出信号的相位差为 180°,因此可以采用高速模拟开关将奇、偶两个输出信号合起来,再送到 A/D 转换器的输入端。这样,完成 16 路并行输出信号的 A/D 数据采集需要 8 个 A/D 转换器和相应的存储器。

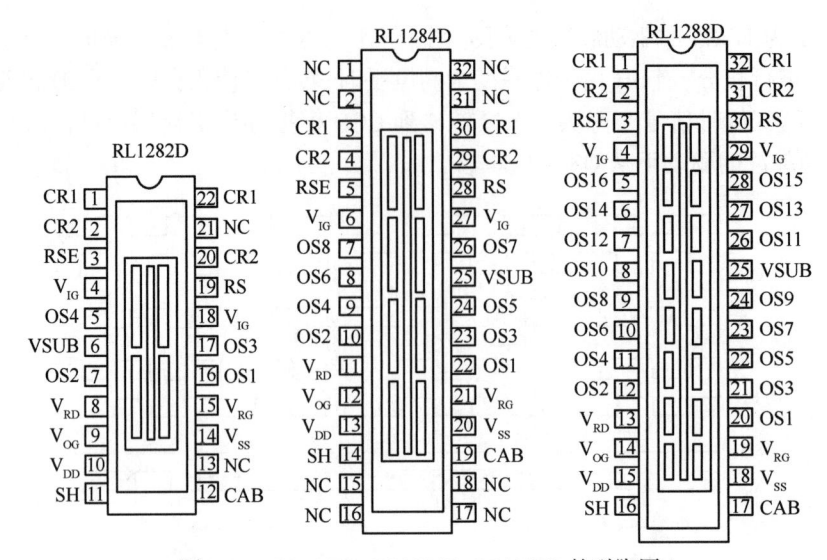

图 3-38 RL1282D,RL1284D,RL1288D 的引脚图

图 3-39 RL1288D 的等效电路图

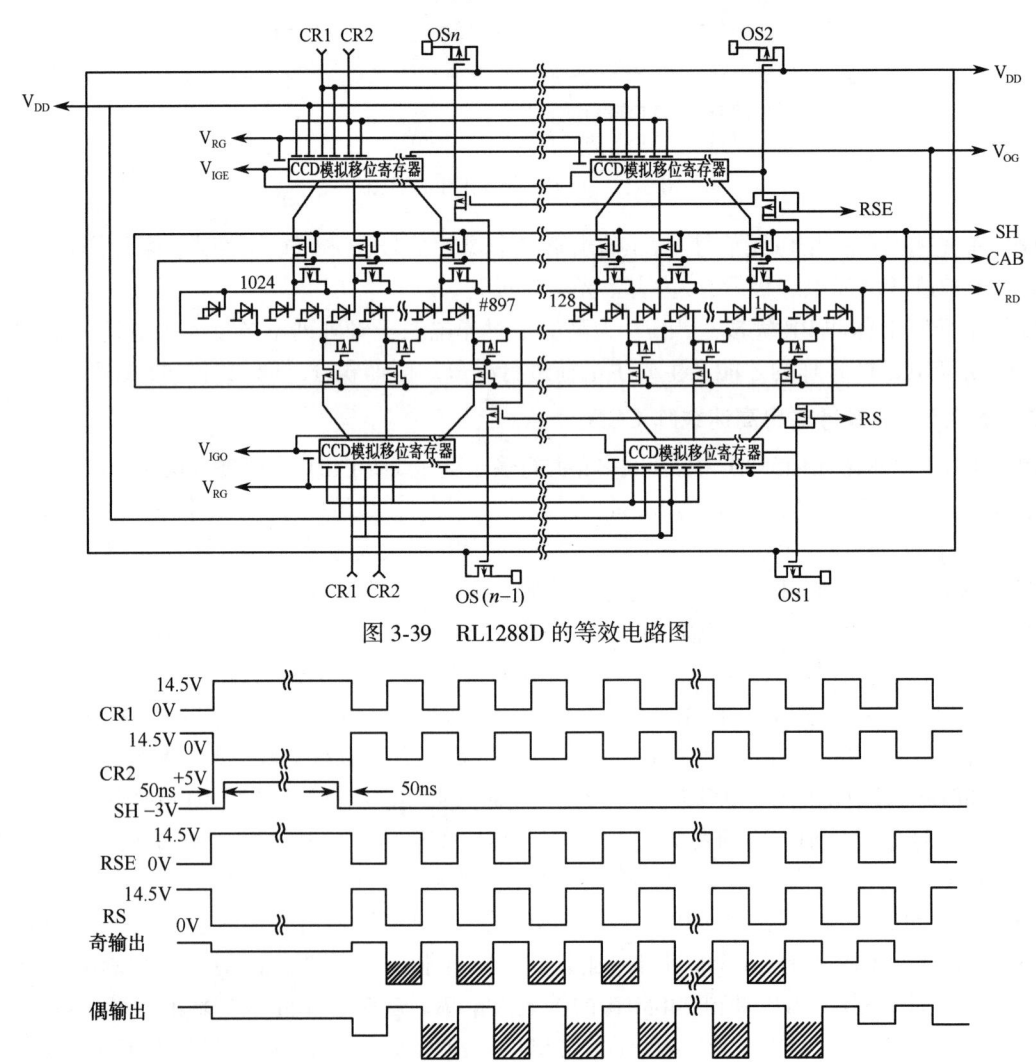

图 3-40 RL1288D 的驱动脉冲波形图

· 56 ·

RL1288D 的光谱响应特性曲线如图 3-41 所示。窗口材料为石英玻璃,光谱响应的短波截止波长可延长到 200nm,长波长达到 1100nm,峰值波长为 750nm。

RL1288D 系列器件的光电转换特性为线性,随积分时间的增长光照灵敏度提高。但是,RL1288D 常用于高速运动物体的瞬态测量,要求积分时间很短,灵敏度下降很多,常需要外加光源照明。

RL1288D 的特性参数如表 3-6 所示。

表 3-6 RL1288D 的特性参数

名 称	符号	最小值	典型值	最大值	单 位
峰值噪声动态范围	DREFPN	240	1500		
均值噪声动态范围	DRTN	1 200	7 500		
峰-峰值动态范围	E_{NE}	–	0.0004		$\mu J \cdot cm^{-2}$
饱和曝光量	E_{SAT}	0.45	0.7		$\mu J \cdot cm^{-2}$
光谱响应	R	– 2.0	0.2~1.1 2.4		μm $V/(\mu J \cdot cm^{-2})$
像元不均匀性	PRNU		5	10	%
暗信号均值电压	U_{DARK}		0.5	4	mV
像元噪声	FPN		1	5	mV
饱和输出电压	U_{SAT}	1.2	1.5		V
直流功耗	P		600		mW
输出阻抗	Z_O		1.5		$k\Omega$
峰值噪声	N_{PP}		1	5	mV
直流暗电平	U_{DR}		150	400	mV
暗电位	U_D		8.0		V
电荷转移效率	CTE		0.999 95		

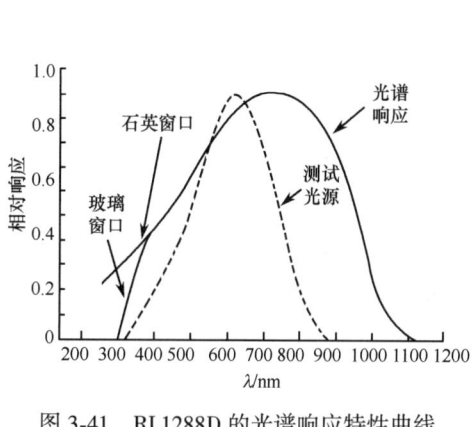

图 3-41 RL1288D 的光谱响应特性曲线

3.6 用于光谱探测的线阵 CCD

用于光谱探测的线阵 CCD 应具有光谱响应范围宽、动态范围大、噪声低、暗电流小、灵敏度高和像元均匀性好等特点。本节介绍几种具有这些特点的线阵 CCD。

3.6.1 RL1024SB

RL1024SB 为自扫描光电二极管阵列式的线阵 CCD,下面从几个方面进行讨论。

1. RL1024SB 的结构与工作原理

RL1024SB 为 1024 像元的线阵 CCD,它的像元由较大面积的光电二极管构成,光电二极管的受光面长 25μm、高 2.5mm,1024 像元的总长度为 25.6mm。

RL1024SB 的引脚定义如图 3-42 所示。由图可见 RL1024SB 引脚中除了我们已经熟悉的 2 相驱动脉冲 CR1 与 CR2、转移脉冲 SH、复位脉冲 RS 外,增加了抗晕栅 ABS、抗晕漏 ABD、行输出结束信号 EOS、温敏二极管 TD1 与 TD2 等引脚。供电电源系统由 V_{DD} 提供+5V 电压,V_{SS} 为器件的地,V_{sub} 为器件的衬底偏压,复位场效应管的漏极 RD 电压为 V_{DD} 的 1/2,OS 为有效像元信号的输出端,DOS 为补偿信号的输出端。

RL1024SB 的等效电路图如图 3-43 所示。图中有两列光电二极管阵列,上面为被遮蔽的光电二极管阵列,输出补偿信号 DOS;下面为有效光电二极管阵列,每一个光电二极管都对应着一个MOS 场效应管(相当于存储栅的功能),用来存储光电二极管所产生的信号电荷,并兼有模拟开关或转移栅的功能。有效光电二极管下面为抗晕用的场效应管,它们的栅极由 ABS 控制,当场效应管累积的信号电荷量大于某值时,ABS 控制的抗晕场效应管导通,多余的信号电荷将通过抗晕场效应管排出去而不会影响临近的像元信号。图 3-43 最上面为移位寄存器,它在驱动脉冲 CR1 和 CR2 的作用下将顺序地打开场效应管构成的模拟开关,使有效光电信号和补偿信号分别经 OS 与 DOS 端输出。

图 3-42 RL1024SB 引脚定义

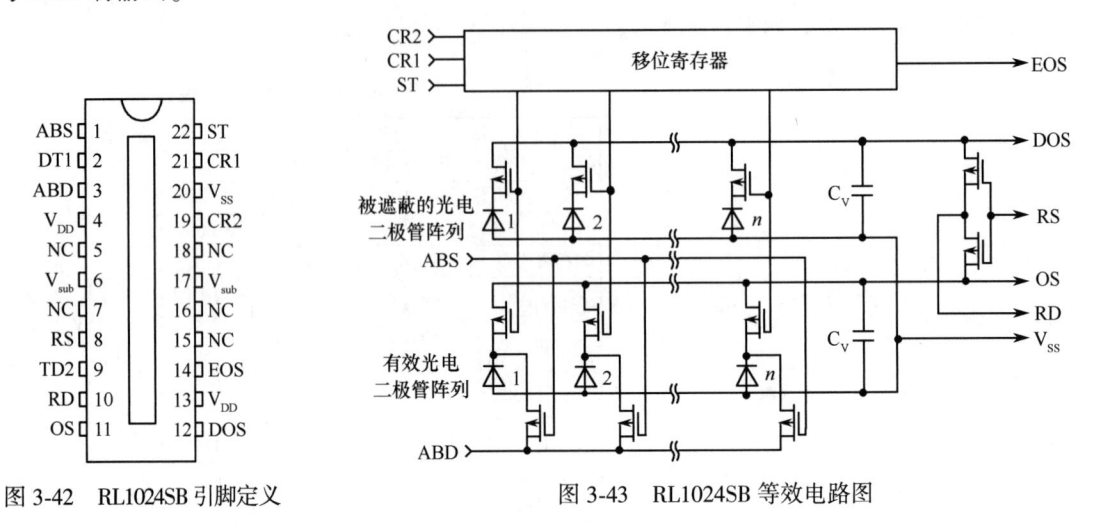

图 3-43 RL1024SB 等效电路图

2. RL1024SB 的驱动器

RL1024SB 的驱动脉冲波形图如图 3-44 所示。从图中可以看出,它只需要三路驱动脉冲,即 ST、CR1 和 CR2,且幅度要求为 5V,便于驱动。其输出结束脉冲为 EOS,ST 可以作为 A/D 转换器的行同步信号。

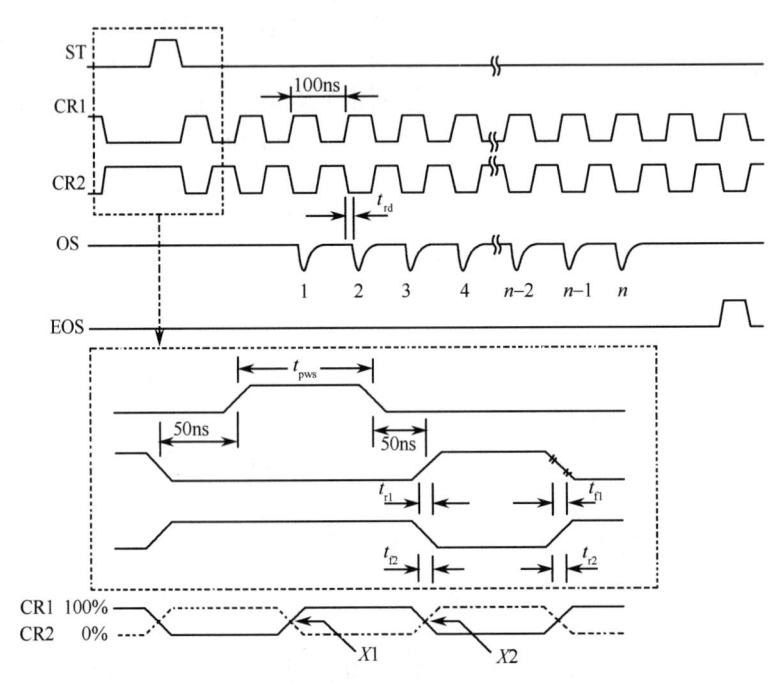

图 3-44 RL1024SB 的驱动脉冲波形图

RL1024SB 的驱动电路如图 3-45 所示,它由 3 个同步二进制计数器(74HC161)构成的可预置计数器(由四位开关的状态预置)、D 触发器和逻辑电路组成,产生 ST、CR1 与 CR2 脉冲。

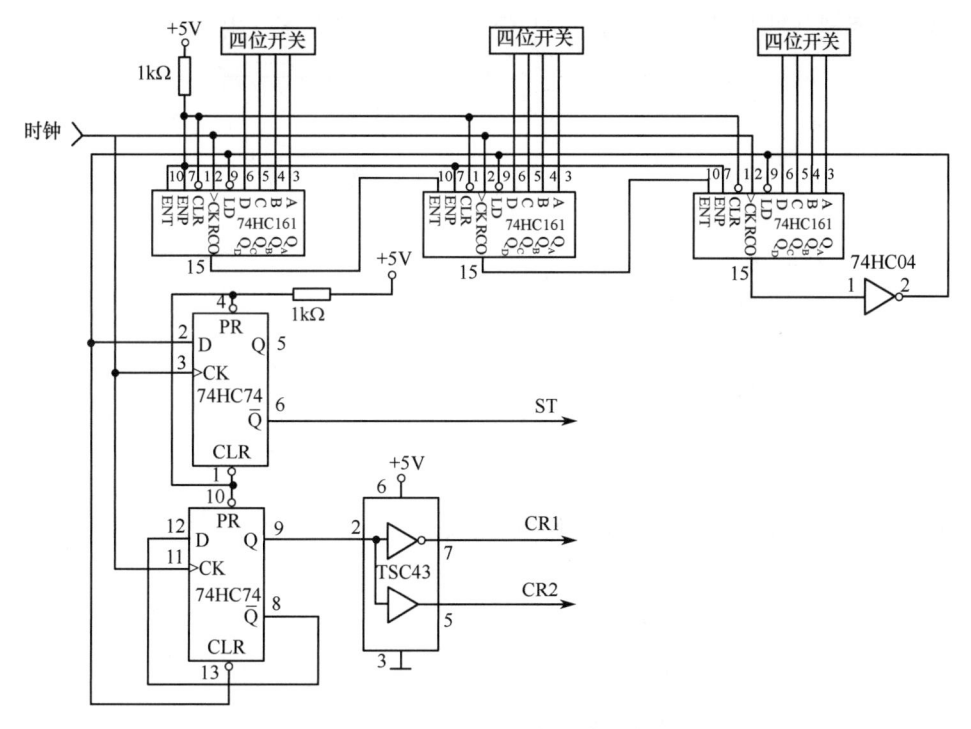

图 3-45　RL1024SB 的驱动电路

RL1024SB 的输出信号放大电路如图 3-46 所示。由于有效信号 OS 与补偿信号 DOS 的输出是同步的,因此需要将其送入差分放大器进行差分放大。差分放大器不但能抑制共模噪声,而且还能够消除温度漂移的影响。该电路同时兼有将信号电荷转换成模拟电压输出的功能。

该放大电路初看起来比较简单,但是,电荷信号经 R_1 向 C_1 充电,R_3 既作为 C_1 的放电电阻,又为放大器的反馈电阻,调整起来比较麻烦。

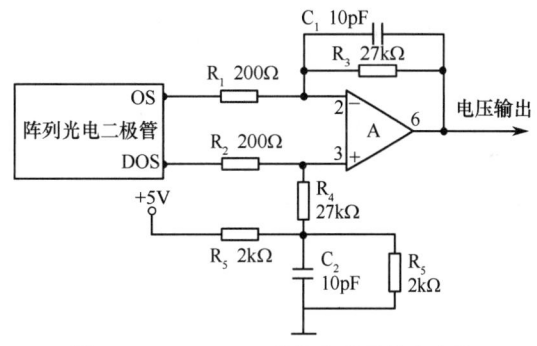

图 3-46　RL1024SB 的输出信号放大电路

3. RL1024SB 的特点

（1）光谱响应

图 3-47 所示为 RL1024SB 的光谱响应特性曲线。普通光学玻璃在紫外波段对光的吸收较大,使得用普通光学玻璃为窗口的器件,其光谱响应曲线截止于 350nm;以石英玻璃为窗口的器件在紫外波段对光的吸收很小,它的光谱响应曲线可延长至 200nm 的紫外区。因此,在要求探测紫外波段的光谱时,要选用石英玻璃窗口的器件。区别其窗口玻璃的方法是在器件型号的尾部以 Q 符号表示石英玻璃窗口的器件,而以 G 表示普通光学玻璃窗口的器件。选用时一定要注意观察器件的型号,RL1024SBQ—011 即为石英玻璃窗口的器件,而 RL1024SBG—011 为普通光学玻璃窗口的器件。

（2）动态范围

RL1024SB 的输出信号电荷与曝光量的关系曲线如图 3-48 所示。图中横坐标为曝光量 H（nJ/cm^2）,纵坐标为 CCD 的输出电荷量 Q_{out}（pC）。可以看出,在曝光量较低（低于饱和曝光量）时曲线的线性很好。曲线的直线段描述了它的动态范围。当曝光量接近饱和曝光量时,曲线才出现弯曲,线性关系变坏。因此,应用时要控制曝光时间,使它工作在线性范围之内。

图 3-47 RL1024SB 的光谱响应特性曲线

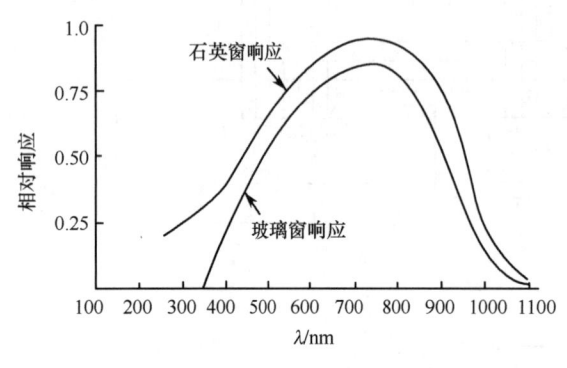

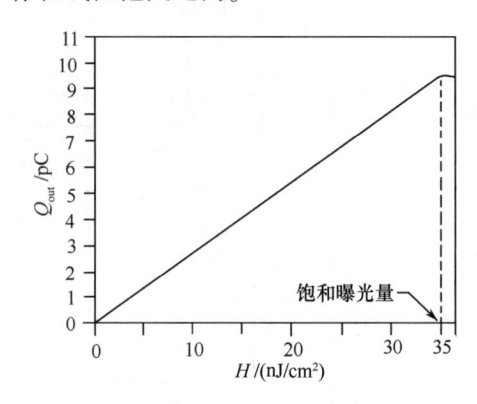

图 3-48 RL1024SB 的输出信号电荷与曝光量的关系曲线

在 2.4 节中讨论了 CCD 像元的光输入特性,输出的信号电荷 Q_{out} 与入射辐射的量子流速率 N_{eo} 及积分时间 t_c 成正比,并给出

$$Q_{out} = \eta q A N_{eo} t_c = \frac{\eta q A \lambda}{hc} t_c \Phi_{e,\lambda} \quad (3-4)$$

式中,$\Phi_{e,\lambda}$ 为入射辐通量。显然,调整 t_c 即可调整输出信号电荷与入射辐通量的关系。

(3) RL1024SB 的其他特性

RL1024SB 的特性参数如表 3-7 所示。从表中不难看出 RL1024SB 具有动态范围宽,灵敏度高,像元的均匀性好等特点,是一种性能优良的器件。这些特点源于它的像面积大和以电荷为信号。它的像元面积为 25×2500μm², 比其他线阵 CCD 的面积大千倍之多。

表 3-7 RL1024SB 的特性参数

特　　性	典型值	最大值	单　位
像元中心距	25		μm
像元高度	2.5		mm
灵敏度	2.9×10⁻⁴		C/(J·cm⁻²)
像元不均匀性	5	10	±%
饱和曝光量	35		nJ/cm²
饱和电荷	10		pC
动态范围	31 250		
暗电流(均方根值)	0.20	0.50	pA
峰值波长	750		nm
光谱响应范围	200~1000		nm

3.6.2 RL2048DKQ

RL2048DKQ 是美国 Reticon 公司 D 系列线阵 CCD。它具有 2048 个有效像元,每个像元尺寸为长 13μm、高 26μm、中心距 13μm,属于高速(数据率高达 30MHz)低功耗器件。

1. RL2048DKQ 的基本工作原理

图 3-49 为 RL1048DKQ 的等效电路图,图中二极管为有效像元,它产生的光生电流分别被两侧的 MOS 电容所收集。当 SH 为高电平时,场效应管导通,将存储在 MOS 电容中的电荷转移到上下两个 2 相 CCD 模拟移位寄存器的 CR2 电极的势阱中。当 SH 为低电平时,场效应管关断,存储区和 CCD 模拟移位寄存器分别工作。CCD 模拟移位寄存器在 CR1 和 CR2 的作用下向右转移,分别从 OS1 和 OS2 端输出。

图中 V_{AB} 为抗开花(Antiblooming)偏置电压。所谓"开花"是指像元所存储的电荷超出了势阱容纳电荷的容量而溢出势阱,扩散到邻近势阱的现象。若某个势阱中的信号电荷太多,它可通过 V_{AB} 进入衬底,不会扩散到邻近单元。

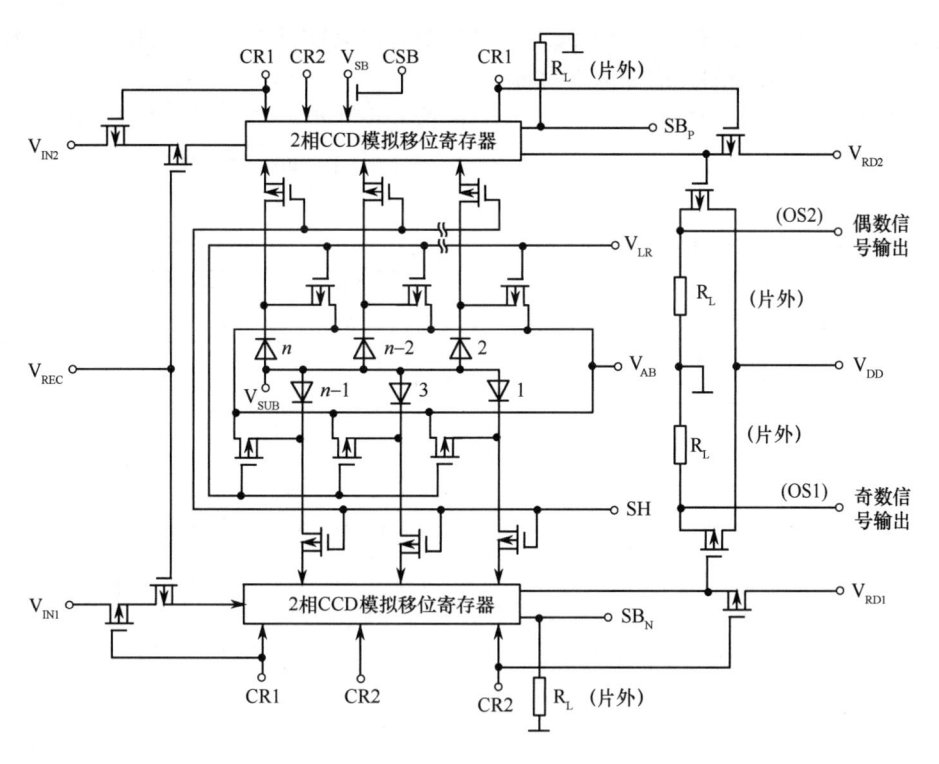

图 3-49 RL2048D 的等效电路图

2. 驱动电路

RL2048DKQ 驱动脉冲波形图如图 3-50 所示。它由 SH,CR1,CR2,CSB 4 路脉冲构成,CSB 为缓冲输出的附加转移脉冲。从 OS1 和 OS2 输出波形上可以看出,它先输出 10 个哑元信号,然后再输出 2048 个有效信号 S1~S2048。它的奇偶两列信号是分时输出的,分时输出可以通过模拟开关将奇偶信号合成一列输出。

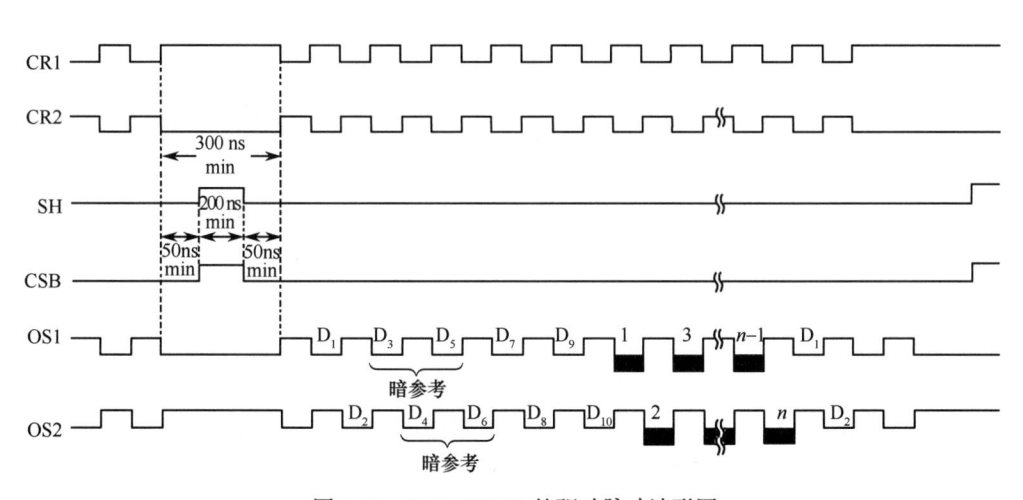

图 3-50 RL2048DKQ 的驱动脉冲波形图

3. RL2048DKQ 的特性参数

（1）光谱响应

RL2048DKQ 的光谱响应特性曲线如图 3-51 所示。它的光谱响应范围为 200~1100nm,峰值响应波长为 750nm。该器件在中紫外至近红外波段的光谱响应较好,常用于该波段的光谱探测和光谱分析,尤其是对紫外波段的光谱探测更为重要。

虽然它的光谱灵敏度不如 SB 系列的高,但它的像元尺寸小,像元数多,光谱分辨率要比 SB 系列高得多,因此主要应用在对光谱灵敏度要求不太高的情况下,如吸收光谱的应用中。

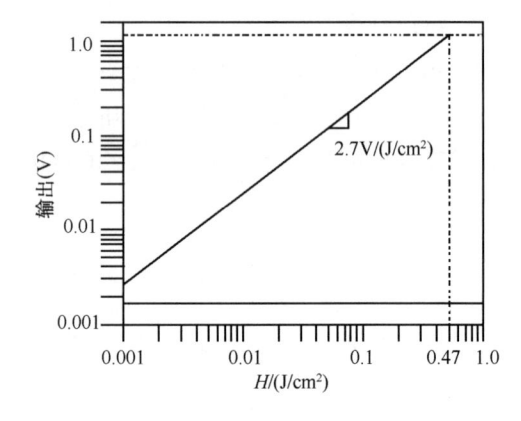

(2) 线性

RL2048DKQ 的光电转换特性曲线如图 3-52 所示。可以看出,曲线在 0.001~0.47 (J/cm^2) 的曝光量范围内的线性很好,即 RL2048DKQ 在 4700 倍的曝光量范围内具有近似于直线的光电转换特性。

曲线的斜率为器件的响应。从图 3-52 中可以看出 RL2048DKQ 的响应为 $2.7V/(J·cm^{-2})$,属于有较高响应的器件。

(3) 动态范围等特性

RL2048DKQ 的动态范围大,峰值动态范围为 2600,而均方根值动态范围为 13 000。它的像元的不均匀性、暗电流特性和噪声特性等参数也很好。

RL2048DKQ 的特性参数如表 3-8 所示。

表 3-8 RL2048DKQ 的特性参数

特 性	最小值	典型值	最大值	单 位
动态范围(峰值)		2 600		
动态范围(均方根值)		13 000		
灵敏度	4.0	5.4	6.6	$V/(μJ·cm^{-2})$
饱和曝光量	0.15	0.24	0.32	$μJ·cm^{-2}$
噪声等效曝光量(峰-峰值)		0.09		$nJ·cm^{-2}$
像元不均匀性		5	12	±%
等效暗信号不均匀性		0.03	0.25	±%
饱和输出电压	0.8	1.3	1.6	V
直流功耗		126		mW
噪声(峰-峰值)		0.5		mV
输出阻抗		2		kΩ
输出电路温漂		10		mV/℃
最大输出数据率		20		MHz

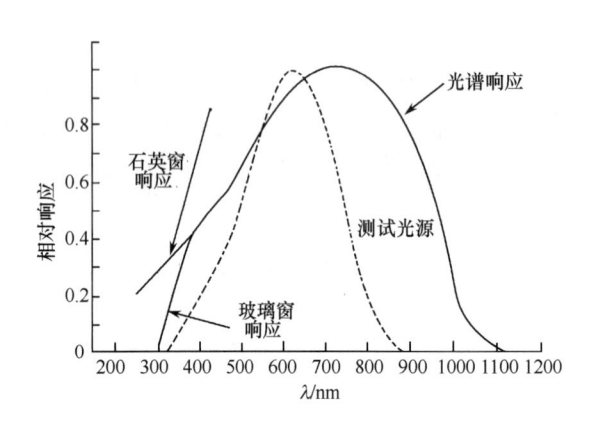

图 3-51 RL2048DKQ 的光谱响应特性曲线

图 3-52 RL2048DKQ 的光电转换特性曲线

3.6.3 TCD1208AP

TCD1208AP 为超高灵敏度的线阵 CCD。尽管它的动态范围仅为 750,但是它的灵敏度却很高,使它在荧光光谱的探测中占有一席之地。TCD1208AP 与 TCD1206SUP 在结构、工作原理、光谱响应,以及驱动脉冲等方面的特性基本相同,不再赘述。

3.7 彩色线阵 CCD

在彩色印刷行业中常需要进行几种单一颜色的分段印刷(例如 R,G,B 三基色印刷),并将多次印刷的单色图案叠加起来才能印出栩栩如生的彩色图案。在这种印刷工艺中,能否正确地套色是关键。在套色印刷生产线中常用"电眼"进行跟踪套色。所谓的"电眼"实际上是一套彩色线阵 CCD 图像识别器,它能够对彩色图像进行颜色与图案的采集,并根据所采集的信号进行图样的测量和印刷机运行速度的测量,控制后面单色图像的印刷工作,确保所印出的彩色图像色彩真实。

彩色线阵 CCD 能够方便地对运动着的彩色图像进行分色采集。彩色线阵 CCD 有单行串行与 3 行并行两种输出方式。本节将分别讨论这两种输出方式的彩色线阵 CCD 的基本结构及基本工作原理。

3.7.1 TCD2000P

TCD2000P 为串行方式彩色线阵 CCD,引脚定义如图 3-53 所示。它也是 2 相时钟驱动的器件。它由 480 个有效光电二极管构成像元阵列,每个像元尺寸为长 $11\mu m$、高 $33\mu m$、中心距为 $11\mu m$。它的像元 3 个为一组,每一组含 G,B,R 三色(由其上面的滤色片颜色决定)像元,颜色的顺序为 G,B,R。像元总长为 5.28mm。

TCD2000P 的原理结构图如图 3-54 所示。由图可见,它为单沟道型线阵 CCD,在器件内部设置有脉冲发生器、驱动器、采样保持器和补偿输出单元等。

TCD2000P 的驱动脉冲波形图如图 3-55 所示。它由转移脉冲 SH、驱动脉冲 CR1、CR2 和主时钟 CRM 构成,输出信号波形为 OS。由于 CCD 像元对 G,B,R 三色光的响应不同,在同样照度情况下,输出信号的幅度高低不同。这是串行方式彩色线阵 CCD 的缺点。它的优点是结构简单,彩色信号输出速度快。因此这种器件一般应用在对色彩分辨率要求不高,而要求快速检索某种颜色的情况。

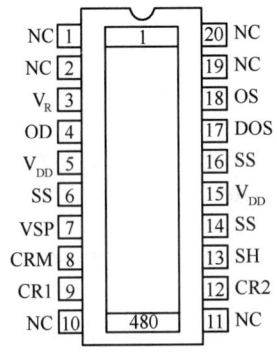

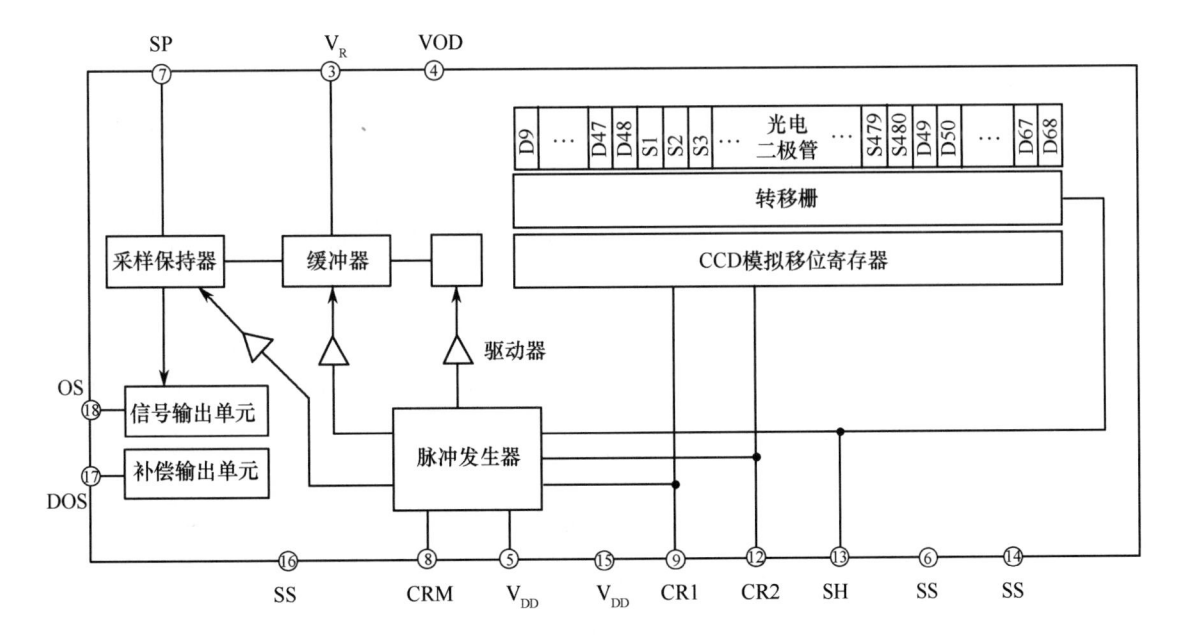

图 3-53 TCD2000 引脚定义

图 3-54 TCD2000P 的原理结构图

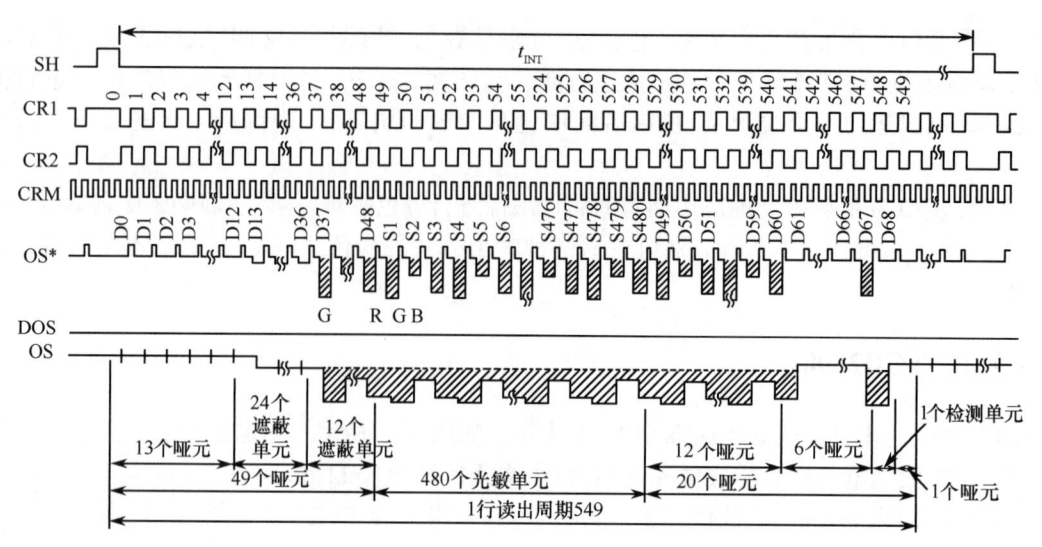

图 3-55 TCD2000P 的驱动脉冲波形图

TCD2000P 的特性参数如表 3-9 所示。

3.7.2 TCD2558D

TCD2558D 为高灵敏度、低暗电流的彩色线阵 CCD。它的三条 5340 像元阵列如图 3-56 所示并行排列，每列之间的间距为 28μm（间隔 4 行）。像元的尺寸为：长 7μm，高 7μm，中心距 7μm；像元阵列总长度为 37.38mm。其引脚定义如图 3-56 所示。

器件的原理结构图如图 3-57 所示。R，G，B 三列像元并行排列，间隔 64μm。每单色列由 5340 个像元构成，每列的转移栅单独

表 3-9 TCD2000P 的特性参数

名称	符号	最小值	典型值	最大值	单位
灵敏度	R_B	3.7	5.3	6.9	V/(lx·s)
	R_G	8.4	12.0	15.6	
	R_R	4.6	6.6	8.7	
像元不均匀性	PRNU		10	20	%
饱和输出电压	U_{SAT}	1.2	2.0		V
饱和曝光量	E_{SAT}		0.17		lx·s
暗信号电压	U_{DARK}		12	25	mV
暗信号电压不均匀性	D_{SNU}		5	10	mV
总转移率	TTE		92		%
输出阻抗	Z_O		0.5	1.0	kΩ
直流信号电平	U_{OS}	4.5	6.0	7.5	V

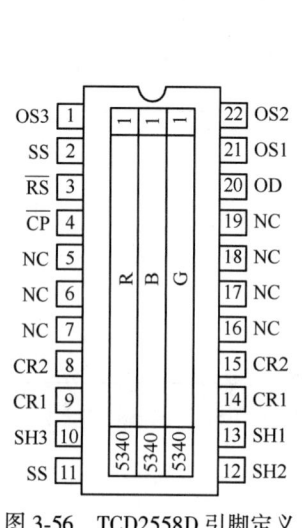

图 3-56 TCD2558D 引脚定义

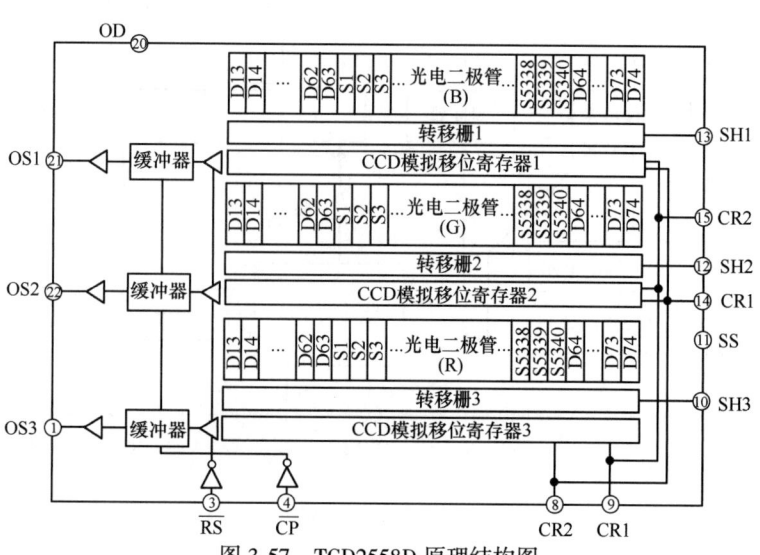

图 3-57 TCD2558D 原理结构图

引出到相应引脚。CCD 模拟移位寄存器由 2 相 CR1 与 CR2 驱动。器件的输出端加有 $\overline{RS}$ 和 $\overline{CP}$；模拟电荷信号经输出二极管、缓冲器到输出放大器，并由放大器的源极输出 OS1，OS2，OS3 信号。

TCD2558D 的驱动脉冲及输出信号波形图如图 3-58 所示。图中仅画出其中 1 列像元阵列的驱动脉冲波形和输出信号 OS 的波形。由波形图可以看出它与 3.1 节讲述的单沟道器件 TCD1209D 的驱动脉冲基本相同。三色信号 R，G，B 并行地从 OS1，OS2，OS3 端口分别输出。容易将其输出的信号合成真彩色图像，这对于彩色图像进行彩色扫描的应用是非常重要的。

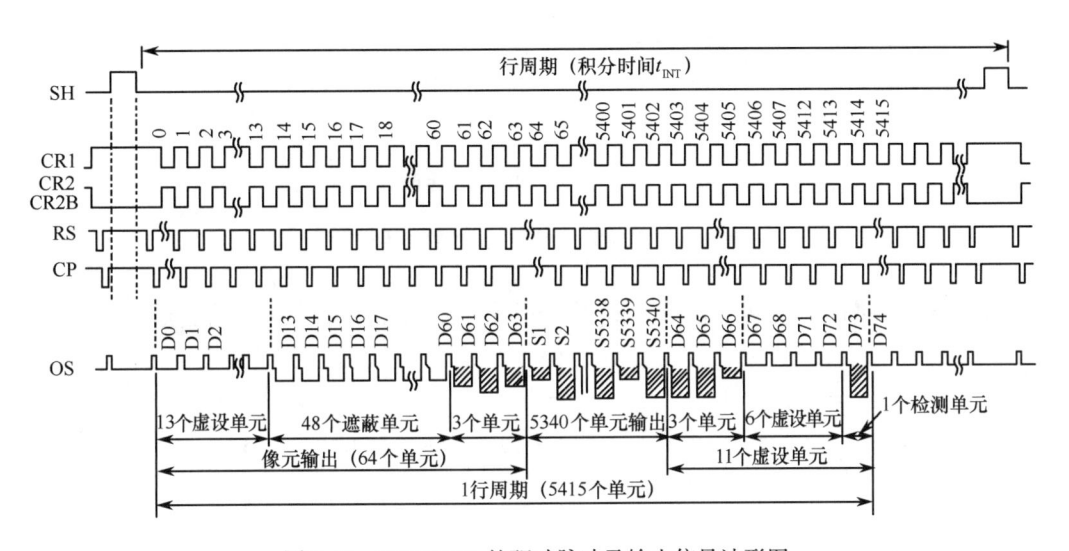

图 3-58 TCD2558D 的驱动脉冲及输出信号波形图

利用 TCD2558D 做彩色扫描仪探头。常采用 3 路并行 A/D 转换器进行模数转换，可以获得分辨率为 400DPI 的彩色图像。关于 3 路并行 A/D 转换器的问题将在第 7 章中讨论。

TCD2558D 的驱动电路与 TCD1209D 的驱动电路类似，都是 2 相驱动的单沟道器件，也都是内部具有电平转换的器件，驱动脉冲的幅度都要求 5V 的 CMOS 电平。

TCD2558D 的光谱响应特性曲线如图 3-59 所示，由 3 条曲线 B，G，R 构成，分

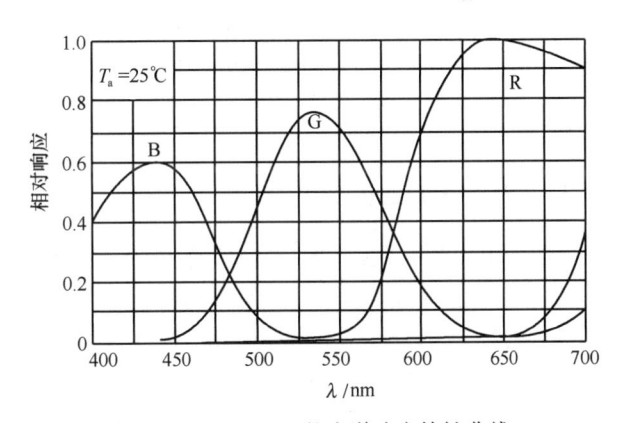

图 3-59 TCD2558D 的光谱响应特性曲线

别取决于各自的滤色片和 CCD 对各种光谱的响应。显然，红光（R）的光谱响应高于绿光（G）的光谱响应，蓝光（B）的光谱响应最低。

红光的光谱响应范围较宽，它对红外光谱有一定的响应，应用时要注意这个问题。

TCD2558D 的分辨率特性常用光学传递函数的方法描述，它在 X 方向（平行于像元排列方向）和 Y 方向的模调制传递函数如图 3-60 所示。

几种彩色线阵 CCD 的特性参数见表 3-10。

图 3-60 TCD2558D 的传递函数

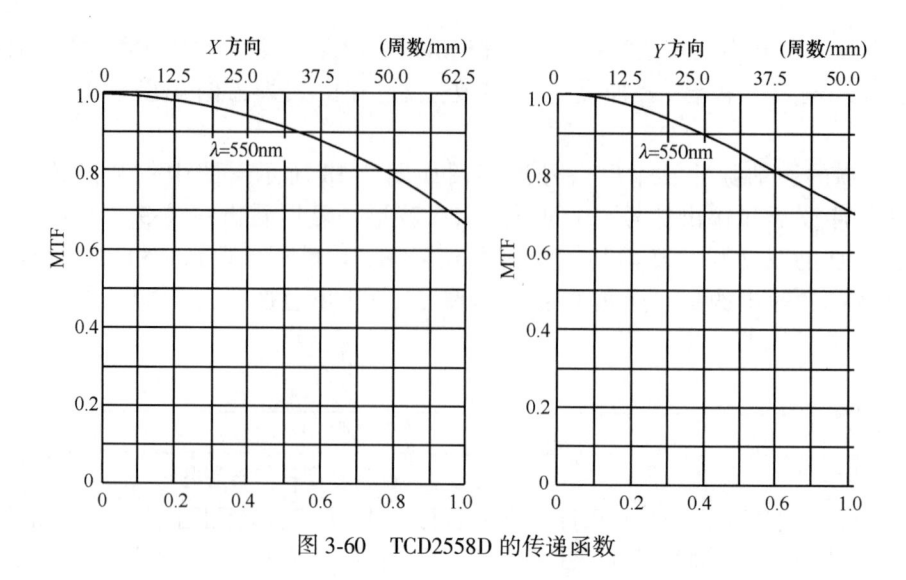

表 3-10 几种彩色线阵 CCD 的特性参数

名 称 特 性		TCD2557D			TCD2558D			TCD2901D			单 位
		最小值	典型值	最大值	最小值	典型值	最大值	最小值	典型值	最大值	
像元数			5340×3			5340×3			10550×3		
像元尺寸			7×7			7×7			4×4		μm^2
行间距			28			28			48		μm
灵敏度	R	6.5	9.3	12.1	6.5	9.3	12.1	1.7	2.5	3.3	V/(lx·s)
	G	6.9	9.9	12.9	6.9	9.9	12.9	1.6	2.4	3.2	
	B	3.8	5.4	7.0	3.8	5.4	7.0	0.9	1.4	1.9	
饱和曝光量			0.23			0.35		0.91	1.46		lx·s
像元不均匀性			10	20		10	20		15	20	%
饱和输出电压		2	2.5		3.2	3.5		2.9	3.5		V
暗信号电压			0.5	2.0		0.5	2.0		0.5	2.0	mV
直流功耗			300	400		430	600		260	450	mW
输出阻抗			0.5	1.0		0.1	1.0		0.3	1.0	kΩ
总转移效率		92				92		92	98		%

3.7.3 TCD2901D

TCD2901D 为并联输出的彩色线阵 CCD。它由 3 个 10 550 像元的线阵 CCD 并行排列构成,每一行像元的窗口上镀有单色滤色片,分别为 B,G,R。2 相驱动的线阵 CCD 像元尺寸为长 $4\mu m$,高 $4\mu m$,中心距亦为 $4\mu m$。像元总长度为 42.2mm。像元阵列的间距为 $48\mu m$。封装在标准 22 脚陶瓷封装的 DIP 管座中,其引脚定义如图 3-61 所示。

图 3-61 TCD2901D 引脚定义

TCD2901D 的原理结构图如图 3-62 所示。它的 3 个线阵 CCD 均由 CR1 与 CR2 驱动,3 个转移栅 SH1、SH2 与 SH3 分别引出,这样可以使 CCD 的工作更为灵活。可将 SH1、SH2 与 SH3 并联起来,使 CCD 工作在并联工作状态,3 个输出端 OS1、OS2 与 OS3 的输出信号并行输出。当然,也可将转移脉冲分别加到 SH1、SH2 与 SH3 端,使 R、G、B 阵列像元信号分时转移到各自的 CCD 模拟移位寄存器中,使其分时输出(此时要注意信号的转移问题,必须要重新安排驱动脉冲的时序)。由图可以看出,

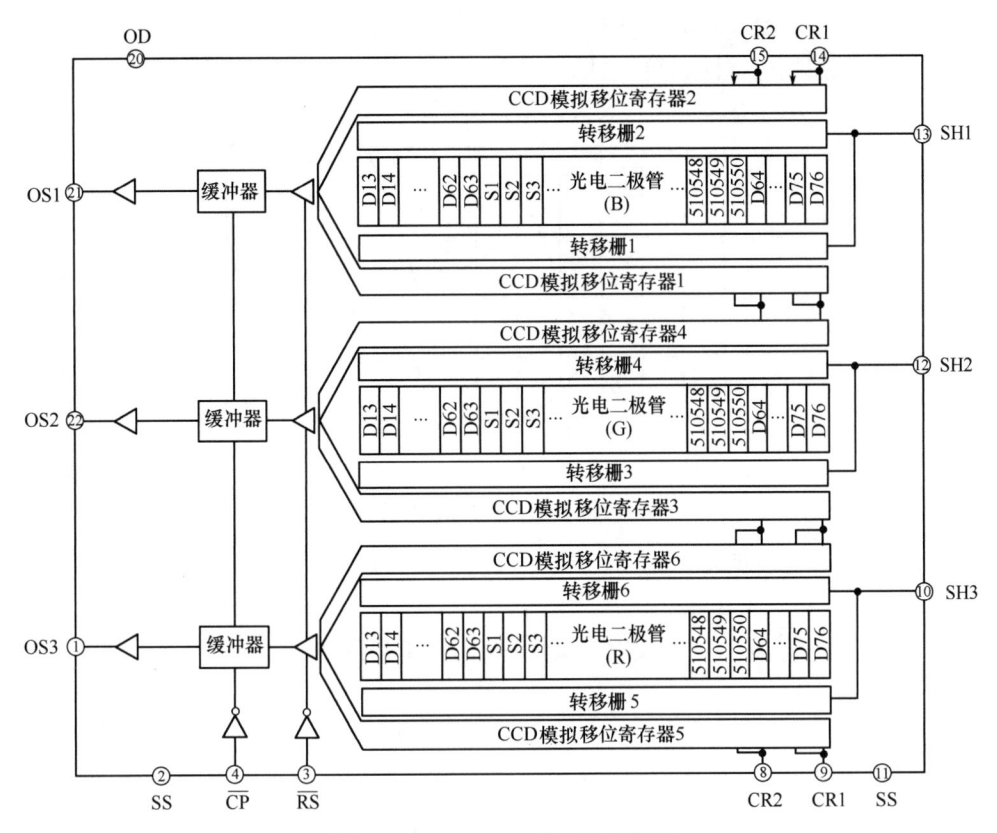

图 3-62 TCD2901D 的原理结构图

TCD2901D 为 3 个双沟道 2 相驱动的线阵 CCD 并行制作在一块硅片上的器件,它的每个输出端都要经过 RS 与 CP,由 OS1(B)、OS2(G)和 OS3(R)输出。

TCD2901D 的驱动脉冲波形图如图 3-63 所示,它在 SH1、SH2 与 SH3 和 CR1、CR2 的作用下,将带有 3 种颜色信息的像元的电荷包从 CCD 模拟移位寄存器中转移出来,并经 RS 和 CP 后,分别经各自的源极放大器的 OS1、OS2 和 OS3 输出调幅脉冲信号。

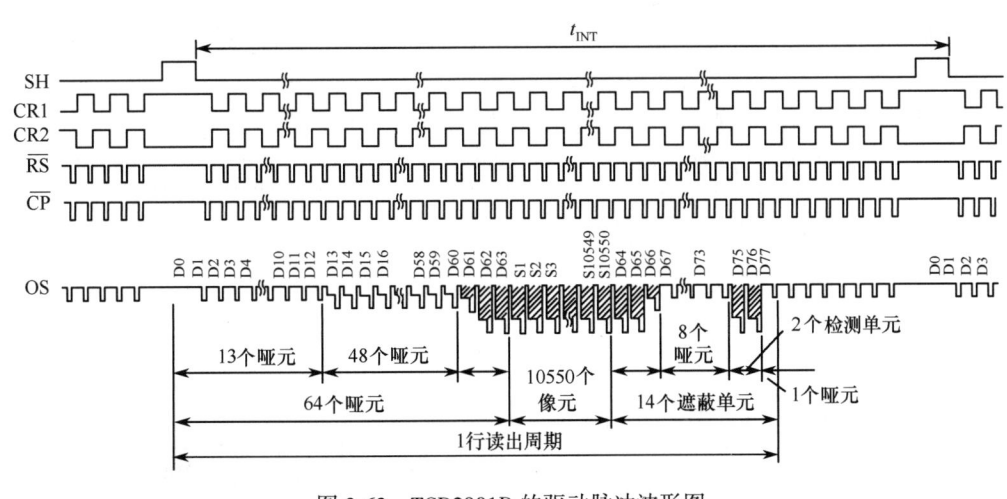

图 3-63 TCD2901D 的驱动脉冲波形图

由于 3 路并行线阵 CCD 的滤色片对光的吸收情况不同,其对不同光谱的响应也不相同,因此,

TCD2901D 的光谱响应随滤光片的颜色而变。

TCD2901D 的光谱响应特性曲线如图 3-64 所示。

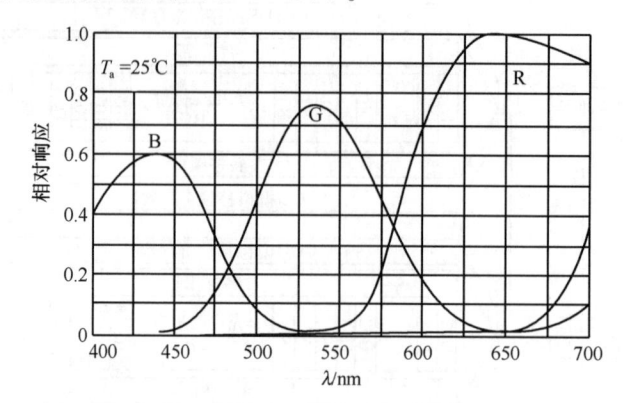

图 3-64 TCD2901D 的光谱响应特性曲线

TCD2901D 的特性参数见表 3-10。

3.8 环形线阵 CCD

RO0720B 为具有 720 个像元的环形线阵 CCD。图 3-65 所示为该器件的外形图和引脚定义。它实际上属于"自扫描光电二极管方式的器件",即它的像元为光电二极管而不是 MOS 电容结构,驱动方式也有自己的特色。下面分别介绍。

图 3-66(a)为该器件的像元分布图。可以看出,它由 720 个光电二极管(图中标有序号的单元)和 720 个被遮蔽的光电二极管(图中没有序号的单元)构成一个圆环像元阵列。被遮蔽的光电二极管用作光电二极管的间隔,使得 720 个光电二极管均匀地分布在 360° 的圆周上,每个像元所占的角度为 0.5°。圆环的外径尺寸为 r_2,内径尺寸为 r_1。每个像元的尺寸用如图 3-66(b)中所标注的 a、b 和 c 表示。

RO0720B 的驱动方式为自扫描光电二极管的输出方式。它由启动脉冲 ST、二相驱动脉冲 CR1 与 CR2,以及 CR_A 与 CR_B 等构成。图 3-67 所示为 RO0720B 的等效电路图。

图 3-65 RO0720B 外形图和引脚定义

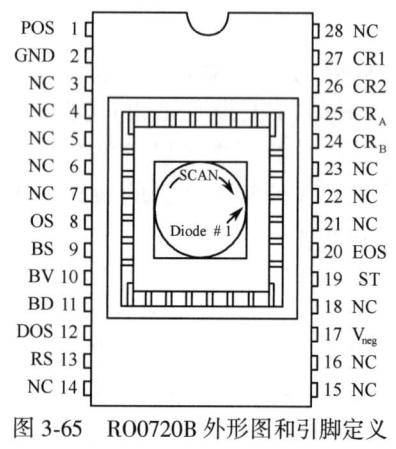

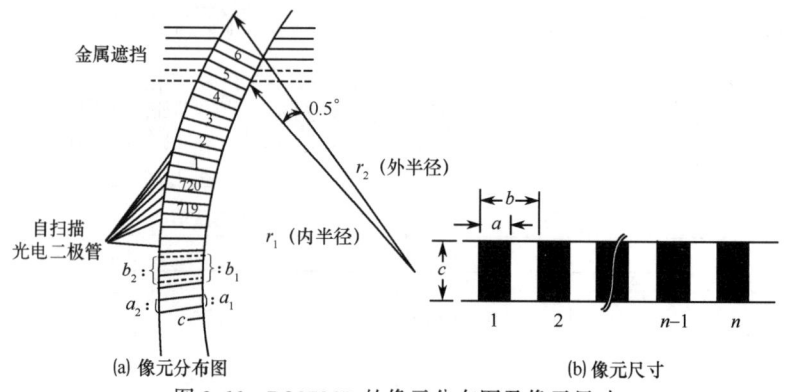

(a) 像元分布图　　(b) 像元尺寸

图 3-66 RO0720B 的像元分布图及像元尺寸

RO0720B 的驱动脉冲波形图如图 3-68 所示。从图中可见，CR_A 与 CR_B 是非对称的方波脉冲，它的周期为方波脉冲 CR1 与 CR2 的一半。当 ST 由高电平变为低电平时，扫描输出开始。光电二极管的输出信号是在 CR1 或 CR2 刚刚变为低电平时输出的，如图 3-68 中 RV 的输出信号 1 是 CR_A 由高变低 100ns 后，CR2 由高变低时的输出。信号 2 则是 CR_B 由高变低时的输出（此时 CR2 已是低电平）。信号 3 为 CR_A 由高变低后 100ns，CR2 由高变低时的输出。信号 4 则为 CR_B 由高变低时的输出……一直将 720 个信号都输出完时才产生扫描结束脉冲 EOS（EOS 由高变低）。

图 3-67 RO072B 的等效电路图

图 3-68 RO0720B 的驱动脉冲与输出信号的波形图

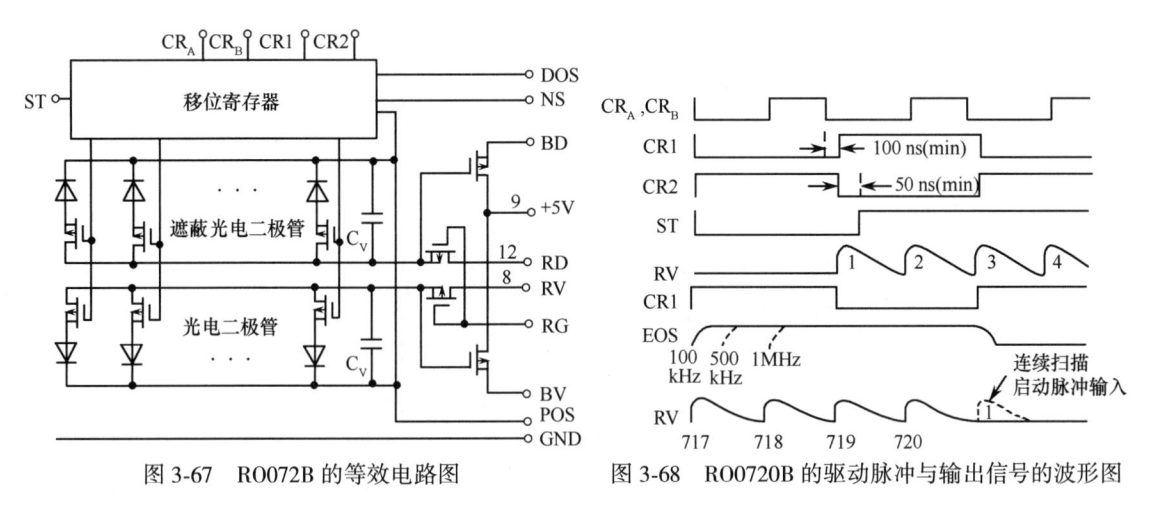

RO0720B 的驱动电路如图 3-69 所示。石英晶体振荡器产生的方波脉冲经逻辑电路处理，产生如图 3-68 中所示不对称的 TTL 方波脉冲，送到由 D 触发器构成的逻辑电路并经 MH0026（或其他能够完成电平转换的集成电路）进行功率驱动及电平变换，然后送给 CR1，CR2，CR_A，CR_B 进行驱动。

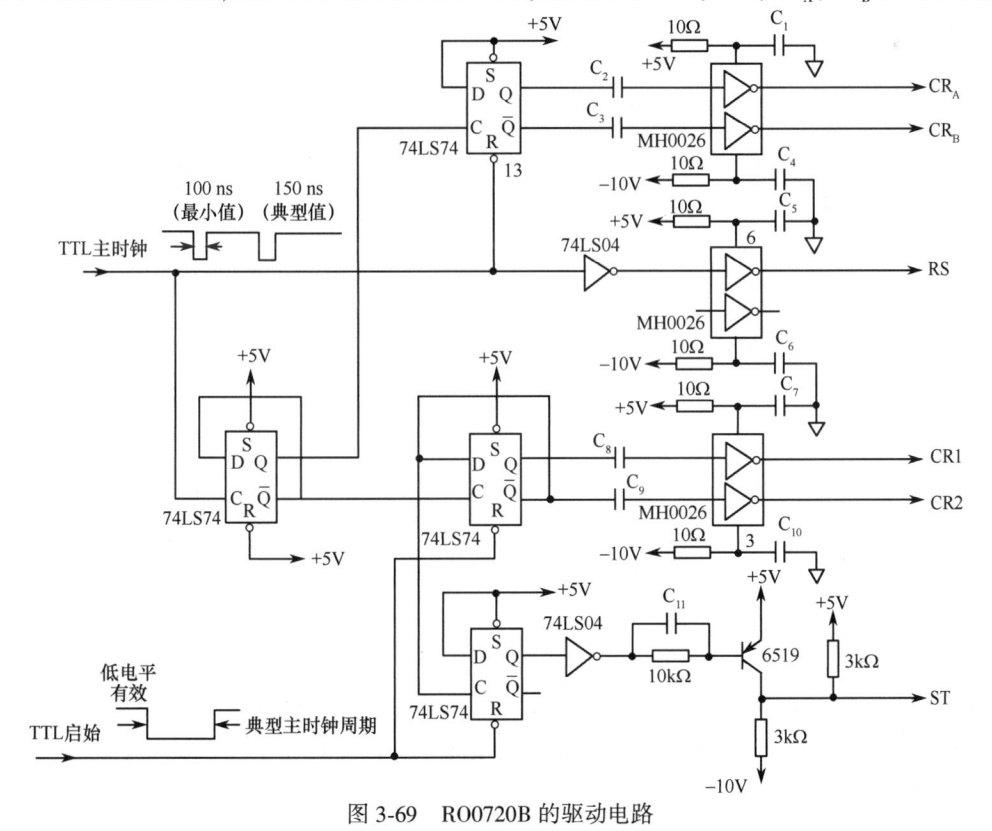

图 3-69 RO0720B 的驱动电路

图 3-70 所示为 RO0720B 的输出信号放大电路。它由差分放大器构成，采用高输入阻抗低噪声的放大器 CA3100(或其他集成差分放大器)，差分放大器的两个输入端分别经 5.1kΩ 电阻接到光电二极管的输出端 RV 和被遮蔽光电二极管的输出端 RD 上。这样的差分结果消除掉了共模干扰，放大了信号。扫描结束信号 EOS 经 741 放大电路输出。

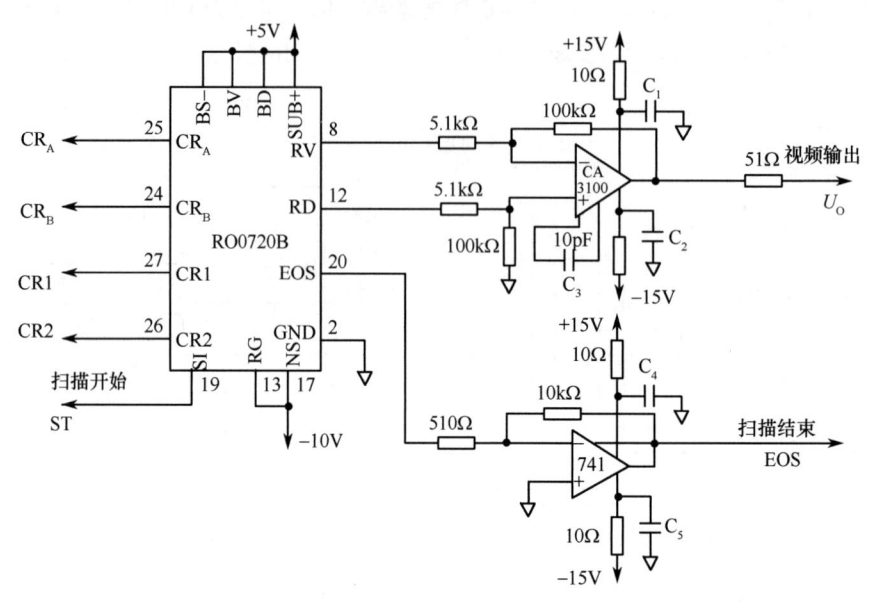

图 3-70 RO0720B 的输出信号放大电路

图 3-71 为 RO0720B 的光谱响应曲线。该曲线的短波响应与玻璃窗口材料有关。石英窗的短波响应可达 200nm，玻璃窗的为 300nm，长波长可延伸至红外(1100nm)。图 3-71 中虚线所示为测试光源的光谱响应曲线。

图 3-72 为 RO0720B 的动态响应曲线。因像面积的不同，两个型号的环形 CCD 的灵敏度和动态范围也不相同。RO0720BJG 的像面积大于 RO0720BAG 的，因此，前者的辐射照度与输出电荷量的关系曲线较陡，灵敏度较大。

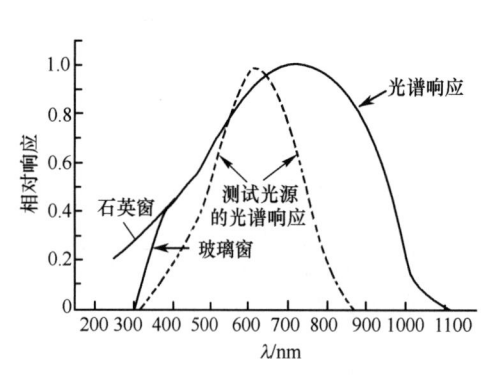

图 3-71 RO0720B 的光谱响应曲线

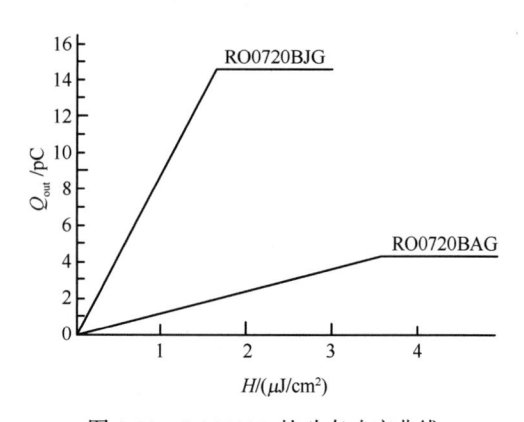

图 3-72 RO0720B 的动态响应曲线

RO0720B 的外形尺寸与特性参数见表 3-11。环形线阵 CCD 被广泛地用于测角位移及跟踪、定位系统等应用领域。然而，它所处理的像元数少，每位像元都赋予了角度信息，所以定位的速度很快。

表 3-11 RO0720B 的外形尺寸与特性参数

参数名称	RO0720BJG			RO0720BAG			
中心距 b_1	15.3			30.1			
中心距 b_2	31.9			31.9			
内径 r_1	1.75mm			3.45mm			
外径 r_2	3.65mm			3.65mm			
r_2-r_1	1.9mm			0.2mm			
内环长 a_1	0.5			20			
外环长 a_2	20			20			
参数名称	最小值	典型值	最大值	最小值	典型值	最大值	单位
灵敏度		91			11		pC/(μJ·cm^{-2})
像元不均匀性		10	15		10	15	%
饱和曝光量		0.16			0.35		μJ·cm^{-2}
饱和电荷量		14.6			3.9		pC
动态范围(均方根值)		2000			2 000		
动态范围(峰-峰值)	100	200		100	200		

3.9 本章小结

典型线阵 CCD 包括：

(1) 单沟道线阵 CCD TCD1209D

通过典型单沟道线阵 CCD 工作波形分析,掌握线阵 CCD"分时操作"的特点,体会"现在输出的信号是前一积分时间段检测的图像信息"的原因。

单沟道线阵 CCD 的优点在于其像元均匀性高于双沟道器件,缺陷是相同驱动频率下的输出速率低于双沟道器件。TCD1209D 的最高驱动频率可达 20MHz,可以用作物体振动的测量。

(2) 双沟道线阵 CCD TCD1206SUP

典型双沟道器件,常用于尺寸测量系统的传感器。

(3) 具有积分时间调整功能的线阵 CCD TCD1205D

在景物照度有较大变化的情况下,需要适当调整 CCD 的积分时间,调整光电响应灵敏度,使测量系统实用性更强。

本节重要的是理解积分时间调整原理,掌握积分时间的调整方法。

(4) 具有采样保持功能的线阵 CCD TCD1500C

在线阵 CCD 的输出端引入"采样保持"电路,使得输出的调幅脉冲变成如图 3-29 所示的比较平滑的波形。使有用信号的提取更为简便。

(5) 并行输出的线阵 CCD

介绍了 TCD1703C、IT-C5、RL1282D、RL1288D 等,它们的共同特点是并行输出,为使器件能够采集快速变化的图像,采取了分段并行输出方式,使等效信号输出速率大幅度提高。但是,出现了奇、偶效应,使用时需要注意。

(6) 用于光谱探测的线阵 CCD

要求动态响应范围宽、噪声低、暗电流小和像元均匀性好。RL1024SB、RL2048DKQ 等在动态范围、噪声与暗电流等方面具有很大优势,TCD1208AP 在高灵敏度方面有较大优势。在输出速率方面,由于对光谱探测并不重要,可以忽视。

(7) 彩色线阵 CCD

从简单的 TCD2000P 单行彩色线阵 CCD 的工作原理与输出波形开始,学习彩色线阵 CCD,重点掌握 R、G、B 并行输出的真彩色线阵 CCD 的工作原理与各种特性,为获取彩色图像等应用做准备。掌握 TCD2558D 与 TCD2901D 的结构、工作原理与特性参数,它们的分辨率较高,速度较快,可用于运动景物图像(如卫星对地面扫描成像)的彩色图像传感器。

(8) 环形线阵 CCD

掌握典型环形线阵 CCD(RO0720B)的结构、原理、驱动与输出特性,并应用于快速目标的定位。按圆周分布的像元含有强烈的圆周角度信息,能够快速获取目标的方位角,用于定量获取目标的方位。

思考题与习题 3

3.1　设 TCD1209D 的驱动频率为 2MHz,试计算 TCD1209D 的最短积分时间为多少? 当从表 3-1 中查到其光照灵敏度为 31V/(lx·s)时,试求使其饱和所需要的最低照度。

3.2　在上题条件下,又知 TCD1209D 的动态范围为 2000,它的最小探测照度为多少? 像元上的最低可探测的光通量为多少?

3.3　试说明 TCD1209D 的驱动器中的 SH、RS 与 CP 的作用,并分析若 RS 脉冲由于故障而丢失,TCD1209D 的输出将会怎样? SH 脉冲丢失又会怎样?

3.4　TCD1206SUP 的 SH 的下降沿落在 CR1 还是 CR2 的高电平上? 这说明了什么? 如果将 CR1 和 CR2 的相位颠倒会出现怎样的情况?

3.5　TCD1209D 与 TCD1206SUP 的主要区别是什么? TCD1209D 与 TCD1206SUP 相比有哪些优点?

3.6　TCD1205D 与 TCD1206SUP 相比有哪些特点? 怎样增加 TCD1206SUP 的积分时间?

3.7　TCD1206UD 为双沟道的线阵 CCD,试分析它的输出电路是怎样将奇、偶像元的信号排成时序输出,形成如图 3-9 所示的 OS 信号的?

3.8　为什么 TCD1206UD 的积分时间必须大于 2236 个 T_{RS}(T_{RS} 为复位脉冲 RS 的周期)? 若积分时间小于 2236 个 T_{RS},输出信号将会如何?

3.9　若 TCD1206UD 的驱动频率 f_R = 1MHz,试计算 TCD1206UD 的最短积分时间。由表 3-2 查到 TCD1206UD 的光照灵敏度为 45V/(lx·s),问此时照度为多少能使器件饱和?

3.10　TCD1206UD 的输出信号 OS 与 DOS 的区别是什么? 引入 DOS 的意义是什么?

3.11　何谓线阵 CCD 的饱和现象? 当线阵 CCD 发生饱和后,其输出信号会如何变化(试用线阵 CCD 的驱动波形与输出波形说明)?

3.12　何为线阵 CCD 的开花(blooming)现象? RL2048DKQ 线阵 CCD 是如何抗开花(antibloomimg)的?

3.13　为什么 TCD1206UD 的 RS 的下降沿必须落在 CR1 或 CR2 的下降沿之前? 如果 RS 的下降沿落在 CR1 或 CR2 的下降沿之后,会出现怎样的情况?

3.14　你能找出将 RL2048DKQ 线阵 CCD 的输出信号 U_{O1} 与 U_{O2} 合成为一个顺序时序信号 U_O 的方法吗?

3.15　为什么高速线阵 CCD 都具有多个输出端? 试分析 RL1288D 的驱动频率 f_1 与其等效输出数据率之间的关系。

3.16　试分析表 3-10 所示的 3 种彩色线阵 CCD 的特性参数,指出其 R、G、B 光照灵敏度不同的原因。

3.17　试说明 RO0720B 器件的主要特点与应用。

3.18 已知 TCD1500C 有 5340 个有效像元,并有 76 个虚设单元,求:

(1) 它在最高驱动频率(f_{RS}=8MHz)工作时的最短积分时间为多少？如果它的饱和曝光量为 0.3 lx·s,动态范围为 1500。

(2) 它在最高的驱动频率下的饱和照度为多少？

(3) 它所能分辨的理想照度为多少？

3.19 将线阵 CCD 放置在光谱仪的谱面上,测得 3 条谱线的峰值波长分别处于 48、282 和 1285 像元上。若光谱仪已被 2 条已知谱线校准,波长为 350nm 的谱线峰值在 28 像元上,而波长 420nm 的谱线峰值在 2028 像元上,问 3 条谱线的峰值波长各为多少？

3.20 已知 TCD1209D 的最高驱动频率为 20MHz,有效像元数为 2048,虚设单元数为 40,它的饱和曝光量为 0.06 lx·s,动态范围为 2000。问使输出信号的幅度高于饱和输出幅度的一半,像面的照度应不低于多少？

第4章 典型面阵CCD

面阵CCD广泛应用于安保监控、道路交通管理、非接触图像测量、图像摄取与图像信息处理等领域，已经成为人类生活不可缺少的一种工具。

本章主要讨论几种典型的面阵CCD的结构、工作原理、主要特性及参数。

4.1 DL32

4.1.1 结构

DL32为N型表面沟道、三相三层多晶硅电极、帧转移型面阵CCD。该器件主要由成像区、存储区、水平移位寄存器和输出电路等四部分构成，如图4-1所示。成像区和存储区均由256×320个三相CCD单元构成，水平移位寄存器由325个三相交叠的CCD单元构成，输出电路由输出栅OG、补偿放大器和信号通道放大器构成。

成像区和存储区的CCD单元结构相同，其单元尺寸如图4-2所示，其沟道区长为20μm，沟阻区长为4μm。在垂直方向上，它由三层交叠的多晶硅电极构成，每层电极的宽度为8μm，一个CCD单元的垂直尺寸为24μm，成像区总面积为7.7mm×6.1mm，对角线的长度为9.82mm。

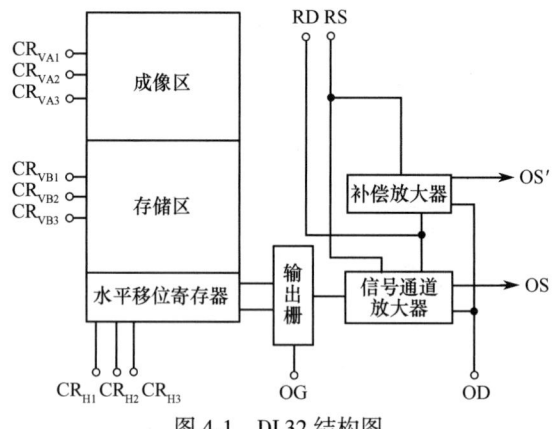

图4-1 DL32结构图

水平移位寄存器的CCD单元结构和尺寸如图4-3所示，水平方向长为18μm，沟道宽度为36μm，每个电极处理电荷的实际区域为6μm×36μm。

CCD的输出电路如图4-4所示，由1个双栅（直流栅电压U_{RD}和复位栅脉冲RS）复位（场效应）管和1个用作源极跟随放大的场效应管构成，前者的沟道长为30μm、宽为20μm，后者的沟道长为10μm、宽为60μm，复位与放大场效应管的跨导分别为180μS和600μS。

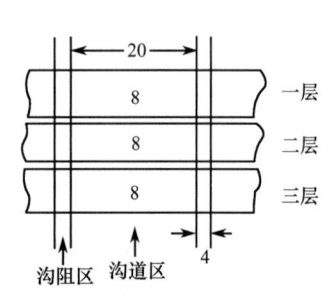

图4-2 成像区、存储区单元结构和尺寸（单位：μm）

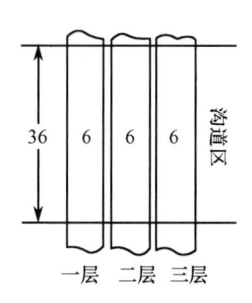

图4-3 水平移位寄存器的CCD单元结构和尺寸（单位：μm）

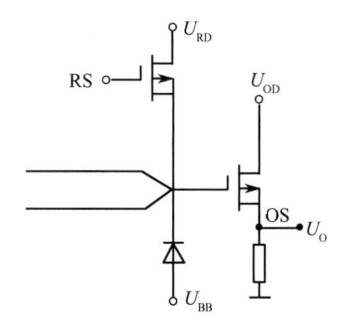

图4-4 输出电路

4.1.2 工作原理

DL32 工作时需要 11 路驱动脉冲和 6 路直流偏置电压。11 路驱动脉冲包括成像区的三相交叠脉冲 CR_{VA1},CR_{VA2},CR_{VA3};存储区的三相交叠驱动脉冲 CR_{VB1},CR_{VB2},CR_{VB3};水平移位寄存器的三相驱动交叠脉冲 CR_{H1},CR_{H2},CR_{H3};胖 0 输入脉冲 CR_{IS} 和复位脉冲 RS。6 路直流偏置电压为复位管及放大管的漏极电压 U_{OD},直流复位栅电压 U_{RD},输入直流栅电压 U_{G1} 与 U_{G2},输出直流栅电压 U_{OG} 和衬底电压 U_{BB}。这些直流偏置电压对于不同的器件,要求亦不相同,要做适当的调整。各路驱动脉冲波形图如图 4-5 所示。

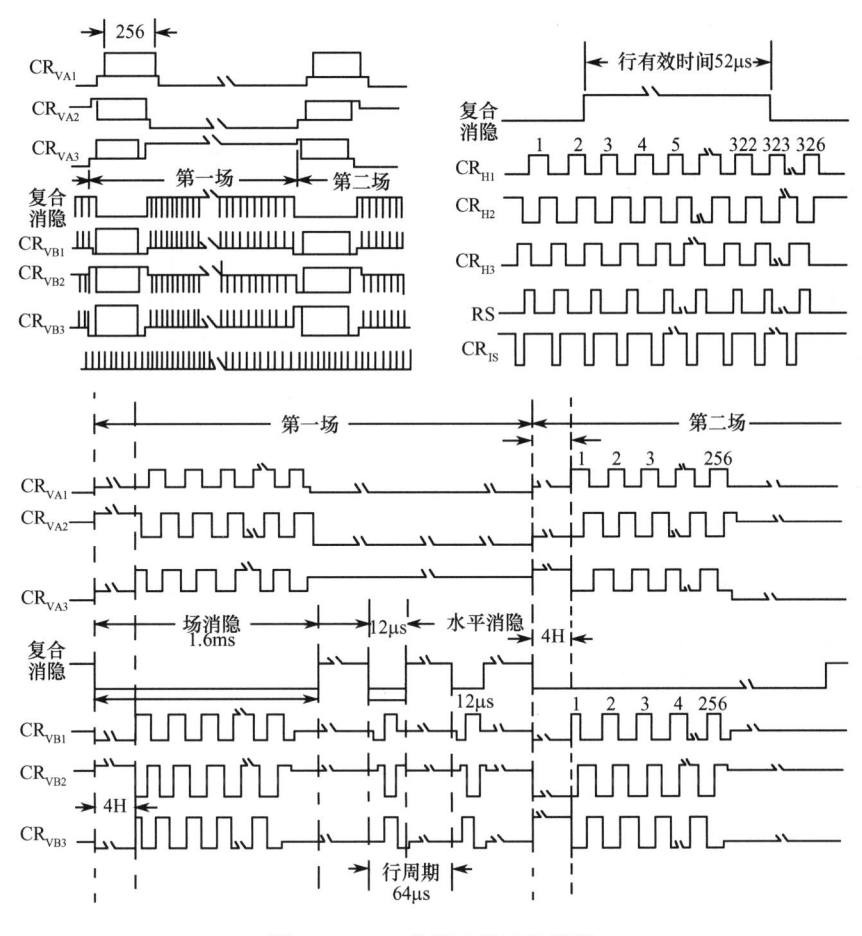

图 4-5 DL32 的驱动脉冲波形图

当成像区工作时,三相电极中有一相为高电平,处于积分状态,其余二相为低电平,起到沟阻隔离作用。水平方向上有沟阻区,使各个像元成为一个个独立的区域,各区域之间在水平方向无电荷交换。这样,各个像元光电转换所产生的信号电荷(电子)存储在像元的势阱里,完成积分过程。从图 4-5 中看出,第一场场正程(场扫描)期间 CR_{VA2} 处于高电平时,CR_{VA1} 和 CR_{VA3} 处于低电平(左侧虚线的左边),CR_{VA2} 电极下的 256×320 个单元均处于积分时间。当第一场正程结束后,进入场逆程(场消隐)期间(图中 256 所指的时间段),成像区和存储区均处于转移脉冲的作用下,将成像区的 256×320 个单元所存的信号电荷转移到存储区,在存储区的 256×320 个单元中暂存起来。帧转移完成后,场逆程结束,进入第二场正程期间,成像区也进入第二场积分时间。CR_{VA3} 电极处于高电平,CR_{VA2} 与 CR_{VA1} 电极处于低电平。故 CR_{VA3} 的 256×320 个电极均处于第二场积分时间。当成

· 75 ·

像区处于第二场积分时(第二场正程期间),存储区的驱动脉冲处于行转移过程。在整个场正程期间,存储区进行256次行转移,行转移发生在行逆程(行消隐)期间(如图4-5中所示的12μs期间)。每次行转移,驱动脉冲将存储区各单元所存的信号电荷向水平移位寄存器方向平移一行。第一个行转移脉冲将第256行的信号移入第255行中,而第一行所存的信号移入水平移位寄存器的 CR_{H2} 下的势阱中。水平移位寄存器上的三相交叠脉冲在行正程期间(52μs)快速地将一行的320个信号经输出电路输出,此刻存储区的驱动脉冲处于暂停状态,靠近水平移位寄存器的 CR_{VB1} 电极为低电平,所形成的浅势阱将水平移位寄存器的变化势阱与存储区的深势阱隔开。当一行的信号全部输出后,进入行逆程;在行逆程期间,存储区又在行驱动脉冲的作用下进行转移,各行信号又步进一行,又向水平移位寄存器传送一行信号,水平驱动脉冲再使之输出。这样,在成像区进行第二场积分期间,存储区和水平移位寄存器在各自的驱动脉冲作用下,将第一场的信号逐行输出。第二场积分结束,第一场的信号也输出完毕,再将第二场的信号送入存储区暂存。在第三场积分的同时输出第二场的信号电荷。显然,在奇数场积分的同时,输出偶数场的信号;若奇数场是 CR_{VA2} 电极下的势阱在积分,则偶数场是 CR_{VA3} 电极下的势阱在积分。一帧图像由奇、偶两场组成,实现隔行扫描模式。

4.1.3 DL32的光电特性

DL32的引脚图如图4-6所示。成像区和存储区的驱动脉冲 CR_{VA1},CR_{VA2},CR_{VA3},CR_{VB1},CR_{VB2},CR_{VB3} 分别接到管子两侧的对应管脚上。衬底 V_{BB} 应接0电位,OD、OD′、RG、RD引脚均可并接起来接到直流高电平+12V电源上。输出栅OG接可调电平。不同的管子输出栅电平的值不相同,可根据输出情况适当调整。其他引脚与线阵CCD类似,不再赘述。

DL32的光谱响应曲线如图4-7所示。光谱响应范围为 0.40~1.1μm,其短波长受窗口材料和P型硅片对光的吸收特性的限制,长波长受材料的禁带宽度的限制。光谱响应的峰值在近红外0.86μm处。其特性参数如表4-1所示。其动态范围在100~500之间,饱和曝光量为0.025lx·s,像元的暗信号不均匀性小于16%,为一般水平的面阵CCD。

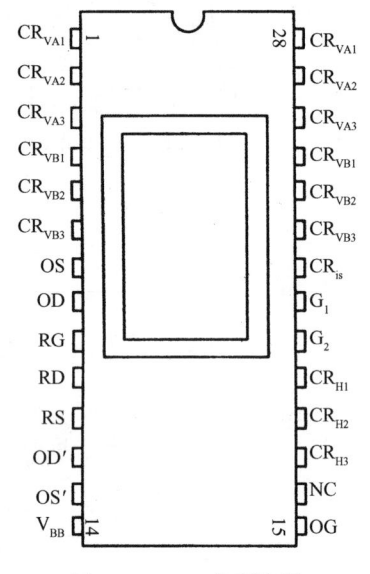

图4-6 DL32的引脚图

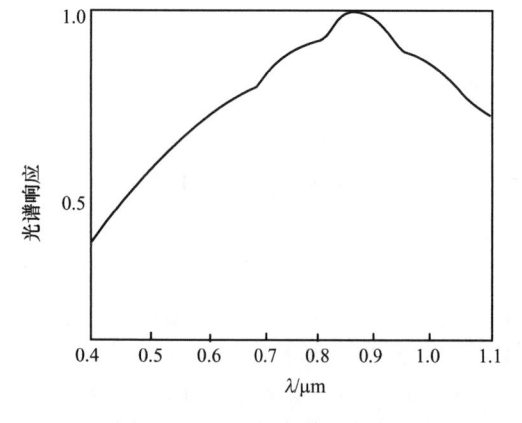

图4-7 DL32的光谱响应曲线

表4-1 DL32的特性参数

名　　称	符号	单　位	典型值	备　注
动态范围	D_R		100~500	
饱和曝光量	E_{SAT}	lx·s	2.5×10⁻²	2856K 白炽灯
灵敏度	R	mV/(lx·s)	140	2856K 白炽灯
峰-峰信号电压	U_{P-P}	mV	20~300	
暗信号不均匀性		%	<16	
光谱响应范围	SR	μm	0.45~1.1	
电荷转移范围	η		<99.99%	
水平极限分辨率	HLR	TVL	200~240	电视线
水平驱动频率	f_M	MHz	6.1	

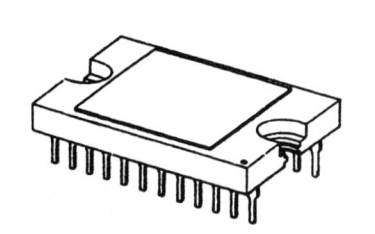

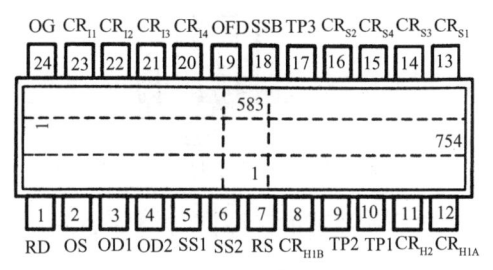

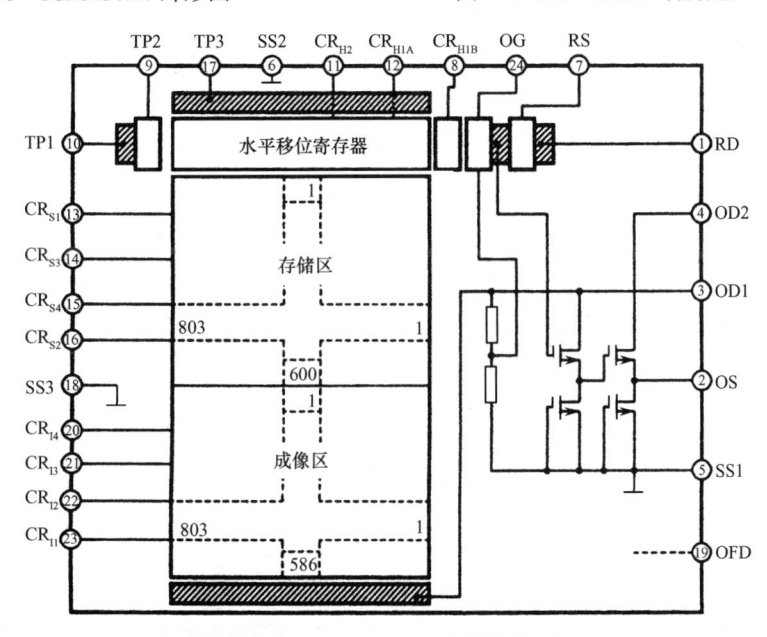

4.2 TCD5130AC

TCD5130AC 是一种帧转移型面阵 CCD。它常被用于三管彩色 CCD 电视摄像机中。它的有效像元数为 754(H)×583(V);像元尺寸(长×高)为 12.0μm×11.5μm;成像面积为 9.05mm×6.70mm,一般将它封装在如图 4-8 所示的 24 脚扁平陶瓷管座中。图 4-9 为 TCD5130AC 的引脚定义。图 4-10 为 TCD5130AC 的内部结构图。由图 4-10 可以看到,TCD5130AC 由成像区、存储区、水平移位寄存器和输出部分等构成。它的成像区的结构和存储区的结构相似。成像区曝光,而存储区被遮蔽。成像区和存储区均为四相结构,分别由 CR_{I1},CR_{I2},CR_{I3},CR_{I4}(成像区的驱动脉冲)和 CR_{S1},CR_{S2},CR_{S3},CR_{S4}(存储区的驱动脉冲)驱动。水平移位寄存器由二相时钟脉冲 CR_{H1} 和 CR_{H2} 驱动。水平移位寄存器的最末端的电极为 CR_{H1B},其后是输出栅 OG,输出栅与复位栅 RS 之间为输出二极管,信号由输出二极管经输出放大器在 OS 端输出。第 5,6,18 脚为地,第 3,4 脚为输出放大器提供的 OD 电源,第 1 脚为复位管提供的电源 RD,RS 加在第 7 脚上。RS 在每个像元信号到来之前使输出二极管复位,确保每个像元信号不受前面输出信号的干扰。

图 4-8 TCD5130AC 外形图　　　图 4-9 TCD5130AC 引脚定义

图 4-10 TCD5130AC 内部结构图

图 4-11 所示为 TCD5130AC 的成像区的原理结构图。成像区由光电信号产生区(图中用符号 S 表示)和被遮蔽的光电二极管虚设单元区(图中用斜线表示)构成。因此,虽然它的总像元数为 803(H)×586(V)个,但是有效像元数仅为 754(H)×583(V)个。引入被遮蔽的光电二极管虚设单元的目的是,保证有效像元信号的输出质量。

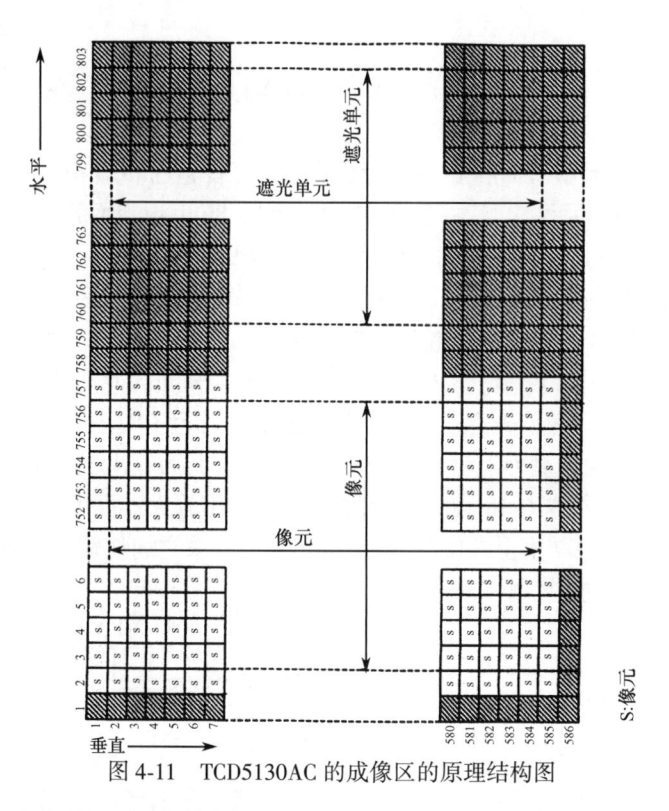

图 4-11 TCD5130AC 的成像区的原理结构图

存储区为被金属遮蔽的区域,存储区的面积与结构和成像区的面积与结构完全相同,在图 4-11 中也用斜线表示。

图 4-12 所示为 TCD5130AC 奇数场的驱动脉冲波形图。图 4-13 为其偶数场的驱动脉冲波形图。图 4-14 所示为图 4-12 和图 4-13 的 A 段波形展开图,该波形图描述了场正程期间的某行消隐时间段($12\mu s$)的信号电荷在驱动脉冲作用下完成一行信号的转移过程。

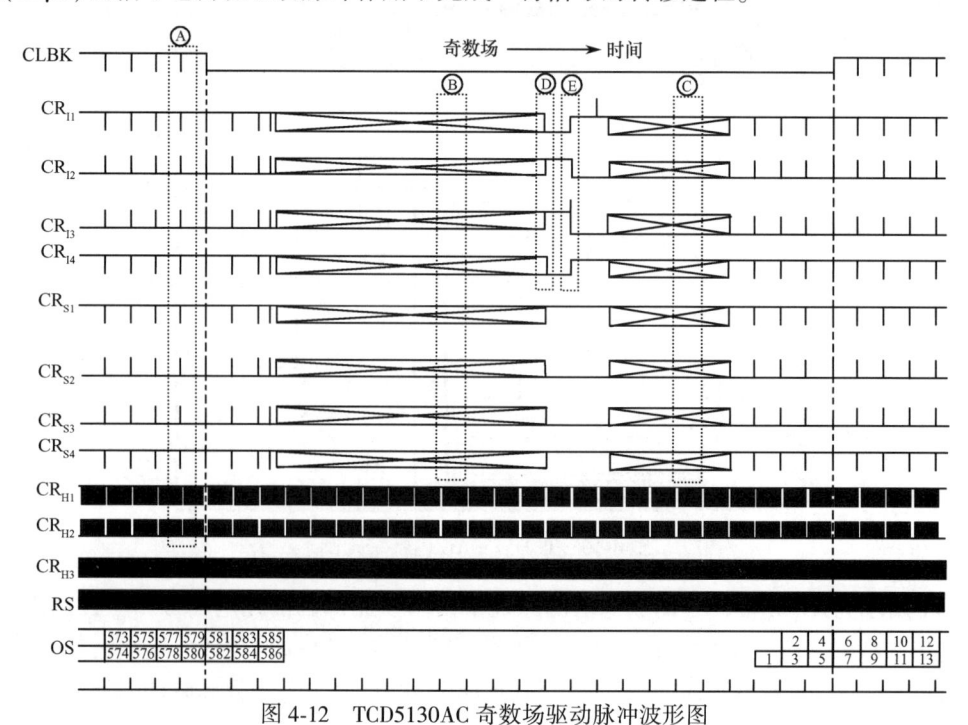

图 4-12 TCD5130AC 奇数场驱动脉冲波形图

图 4-13　TCD5130AC 偶数场驱动脉冲波形图

图 4-14　A 段波形展开图

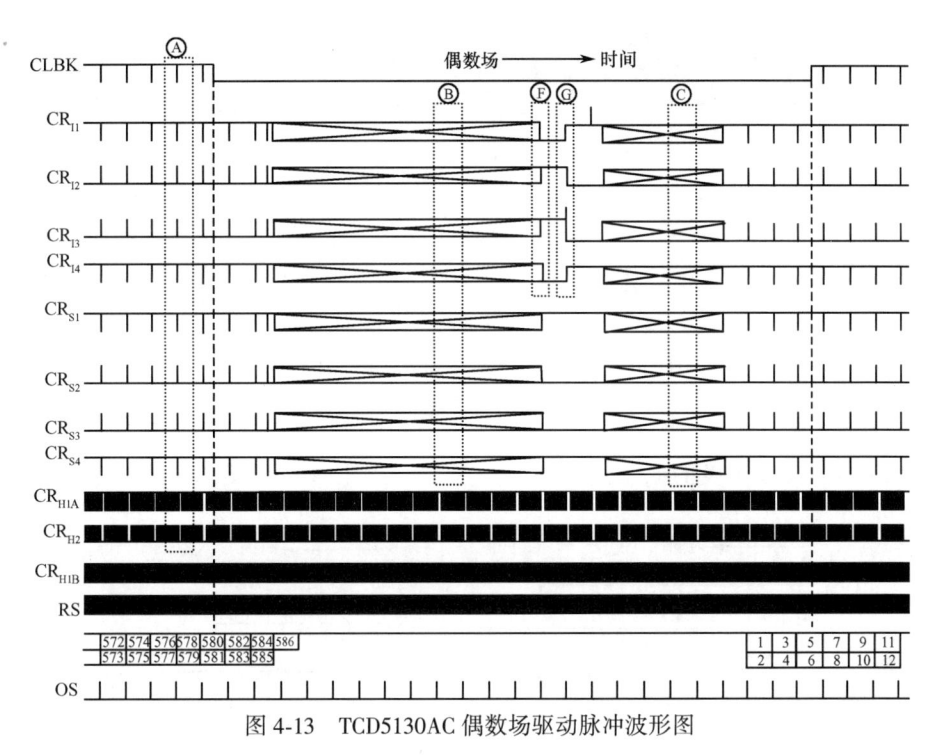

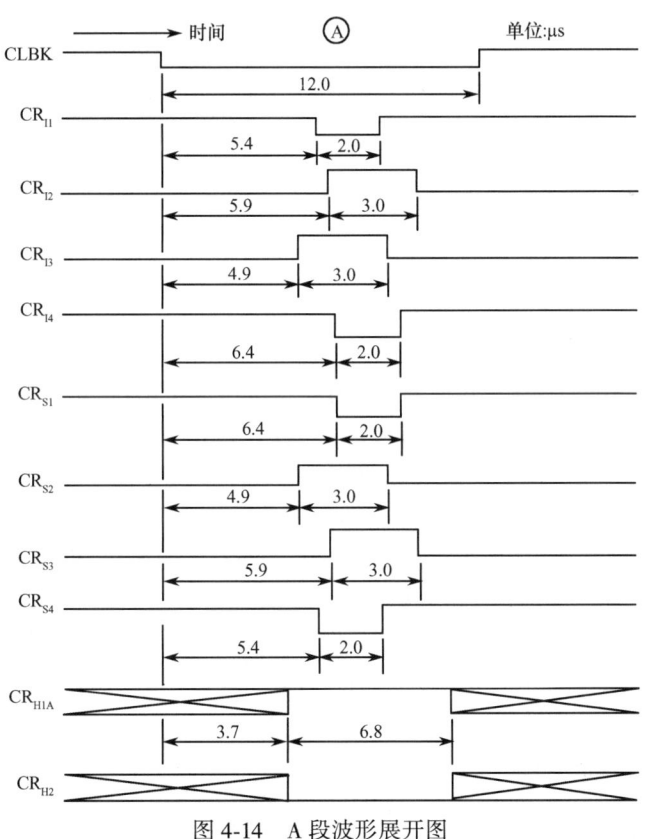

图 4-15、图 4-16 分别是 B 至 G 段波形展开图,该波形图描述了场逆程期间,信号电荷在驱动脉冲的作用下从成像区向存储区的转移过程。

图 4-17 所示为 D、E、F、G 段波形展开图,即为场逆程期间奇、偶两场的信号电荷在成像区的

· 79 ·

图 4-15 B 段波形展开图

图 4-16 C 段波形展开图

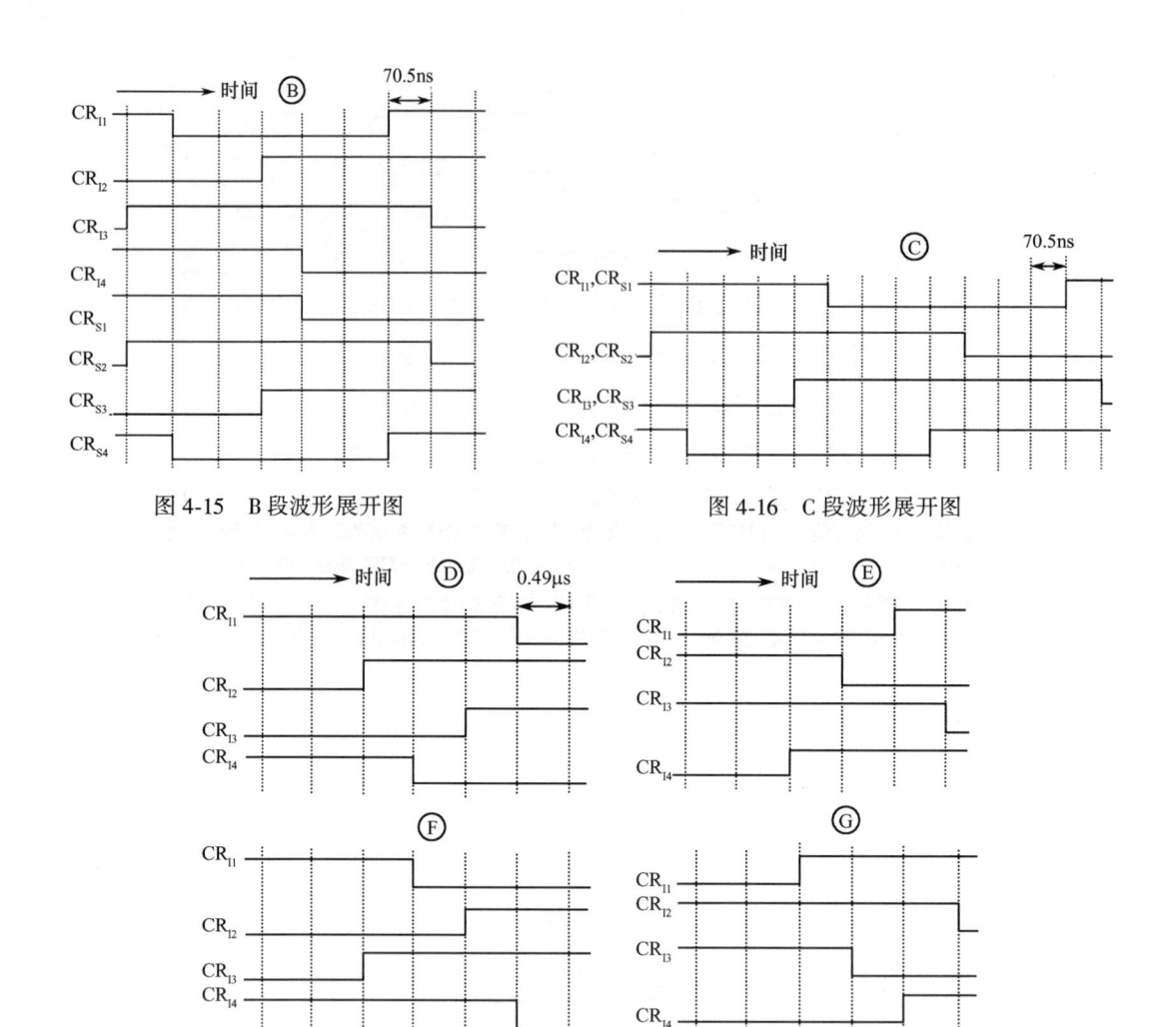

图 4-17 D~G 段波形的展开图

驱动脉冲作用下的转移过程。

下面简述 TCD5130AC 的基本工作原理。在介绍前应明确指出,它是在 PAL 电视制式下工作的。从图 4-12 中可以看出,奇数场右侧虚线对应于一整行(见 CR_{H1A} 或 CR_{H2} 的波形),表明自扫描输出一整行,即从 6,8,10,…行进行输出。而偶数场(图 4-13)右侧虚线对应于第 5 行的一半,表明它从半行开始输出,实现隔行扫描。A 段展开图(图 4-14)表明了存储区向水平移位寄存器中的转移过程。在 12μs 的行消隐时间内,存储区中的信号并行地向水平移位寄存器的 CR_{H1A} 中转移一行信号;而后,成像区中 CR_{I1} 和 CR_{I4} 为高电平,产生光电信号的累积。当一场积分结束(左边虚线向右),在 B 段时间(图 4-15)成像区和存储区在相同频率的脉冲作用下,完成将一场光累积信号由积分区向存储区的转移(场消隐期间);然后,由奇数场过渡到偶数场输出。

TCD5130AC 的驱动电路如图 4-18 所示。驱动脉冲由专用芯片 TC6134AF 产生。由 28.375MHz 的晶体振荡器产生主时钟,经过电压功率驱动与电平转换后,驱动 TCD5130AC 使之输出视频信号,经射极输出器输出。

TCD5130AC 的特性参数如表 4-2 所示。

表 4-2 TCD5130AC 的特性参数

特性参数	符 号	最小值	典型值	最大值	单 位
灵敏度	R	65	80		mV/lx
饱和输出电压	U_{SAT}	600	900		mV
暗信号电压	U_{DARK}		1	2	mV
图像像晕	SMR		−120	−110	dB
输出电流	I_{OD}			10	mA
失落电压	LAGD		0.1	1	mV
输出阻抗	Z_O		250	300	Ω

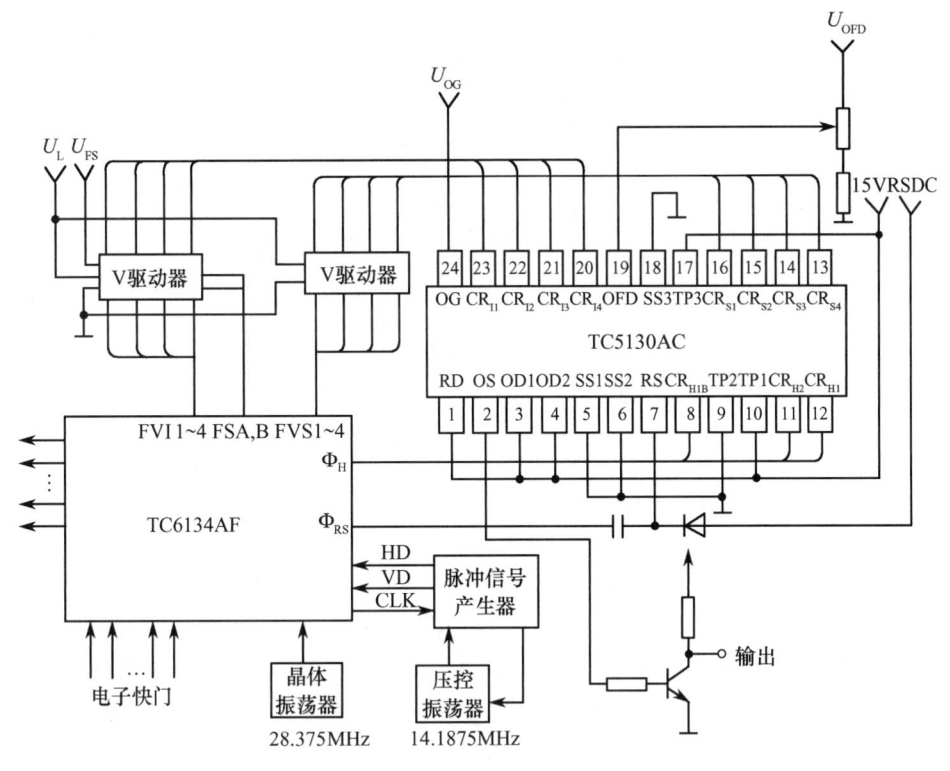

图 4-18 TCD5130AC 驱动电路

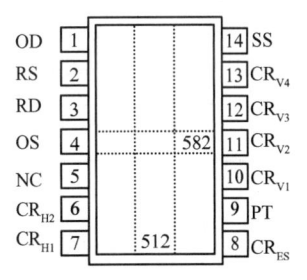

4.3 TCD5390AP

TCD5390AP 是隔列转移型面阵 CCD。可用于 PAL 电视制式黑白电视摄像系统。它的总像元数为 542(H)×587(V),有效像元数为 512(H)×582(V),像元尺寸为 7.2μm(H)×4.7μm(V),成像区的总面积为 3.6mm(H)×2.7mm(V),封装在 14 引脚的双列直插封装(DIP)标准陶瓷管座上。其外形如图 4-19 所示,引脚定义如图 4-20 所示,其中 OD 与 RD 为电源输入端;SS 为地端;CR_{V1}、CR_{V2}、CR_{V3} 和 CR_{V4} 为垂直驱动脉冲;CR_{H1}、CR_{H2} 为水平驱动脉冲;CR_{ES} 为曝光控制;OS 为信号输出端。TCD5390AP 的原理图如图 4-21 所示,它由光电二极管及 MOS 电容构成垂直排列的像元列阵、垂直 CCD 模拟移位寄存器及水平 CCD 模拟移位寄存器三部分构成。垂直 CCD 模拟移位寄存器将它的成像区(光电二极管列阵)隔开,故取名为隔列转移型面阵 CCD。

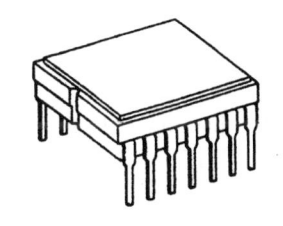

图 4-19 TCD5390AP 外形

它的水平 CCD 模拟移位寄存器由水平驱动脉冲 CR_{H1}、CR_{H2} 与复位脉冲 RS 驱动。其工作原理与二相线阵 CCD 类似。信号由场效应管构成的源极输出器输出。

图 4-22 所示为 TCD5390AP 的驱动脉冲波形图。从图中可以看出,在场消隐期间(V-BLK 段),垂直驱动脉冲 CR_{V1}、CR_{V2}、CR_{V3}、CR_{V4} 及水平驱动脉冲 CR_{H1}、CR_{H2} 上所加的脉冲均属于均衡脉冲。在场消隐期间,CR_{V3} 和 CR_{V4} 脉冲完成信号由积分区向垂直 CCD 模拟移位寄存器的转移。转移完成后经过两个行周期的

图 4-20 TCD5390AP 引脚定义

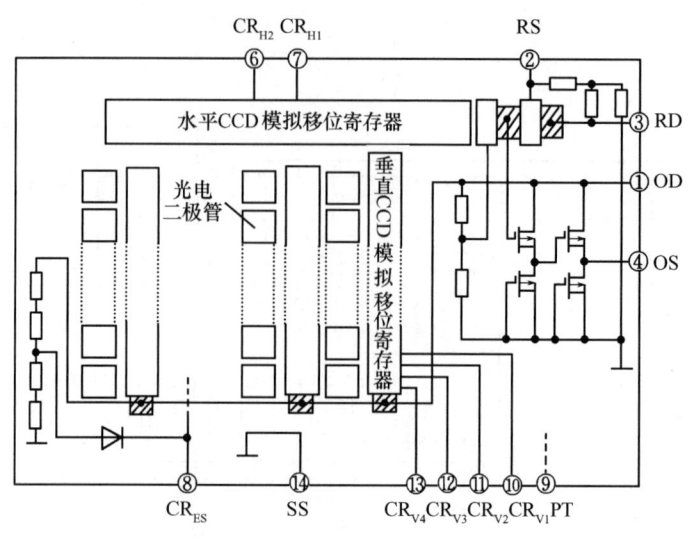

图 4-21 TCD5390AP 原理图

空转移后,进入有效像元信号的转移输出段(虚线右侧),输出有效像元的信号。即在场正程期间,输出一行行的视频信号。图 4-23 所示为图 4-22 中 A 段的波形展开图。在行消隐期间,CR_{V1} 中的信号电荷在 CR_{V1} 下降沿倒入 CR_{V2} 势阱中,而在 CR_{V2} 的下降沿时将 CR_{V2} 势阱中的信号电荷倒入 CR_{V3} 势阱中,CR_{V3} 的下降沿将 CR_{V3} 势阱中的信号电荷倒入 CR_{V4} 势阱中,CR_{V4} 的下降沿将 CR_{V4} 势阱中的信号电荷倒入下一行的 CR_{V1} 势阱中⋯⋯

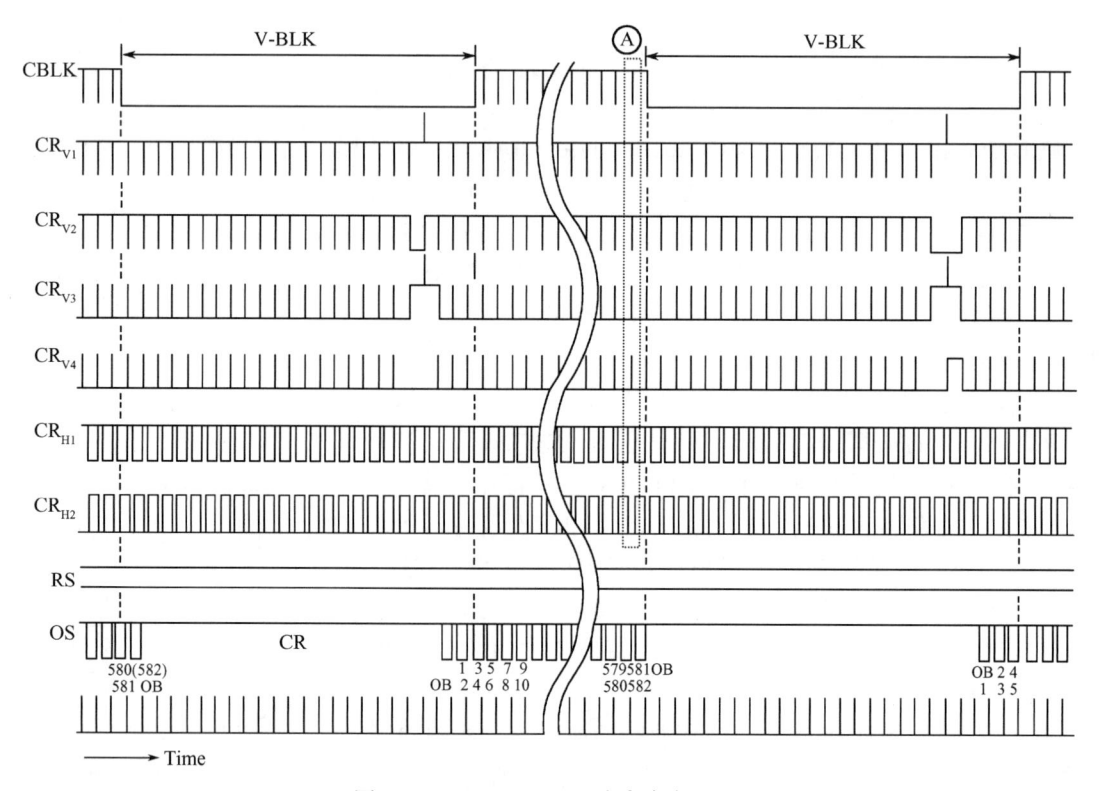

图 4-22 TCD5390AP 驱动脉冲波形图

在行正程期间，CR_{V1}，CR_{V2}，CR_{V3}，CR_{V4} 保持不变。倒入到水平 CCD 模拟移位寄存器中的信号在水平脉冲的作用下，逐个从 OS 端输出。

TCD5390AP 的驱动电路如图 4-24 所示。它由 17.73447MHz 晶阵提供的同步发生器产生多路脉冲，由 19.3125MHz 晶阵提供的时序发生器产生 TCD5390AP 所需的各路时钟脉冲信号，再经垂直脉冲驱动器驱动 TCD5390AP。图 4-24 中的 CR_{VES} 为电子快门控制脉冲输入端，它可以根据所检测到的输出信号的幅度，自动地调节积分时间，使它处于较为合适的情况。TCD5390AP 的外形尺寸如图 4-25 所示。表 4-3 列出了 TCD5390AP 的特性参数。

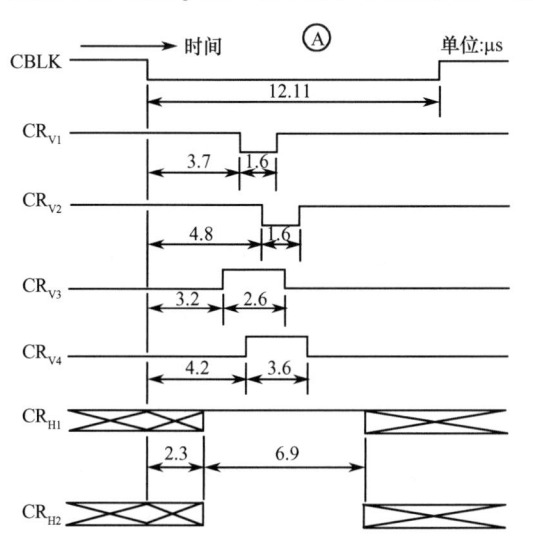

表 4-3 TCD5390AP 的特性参数

特性参数	符 号	最小值	典型值	最大值	单 位
灵敏度	R		35		mV/lx
饱和输出电压	U_{SAT}		500		mV
暗信号电压	U_{DARK}		1.5	3.0	mV
图像像晕	SMR		0.01	0.03	%
输出电流	I_{OD}		5.0	10	mA
失落电压	LAGD		0	1.0	mV
边缘开花	BLM		500		倍

图 4-23 A 段的波形展开图

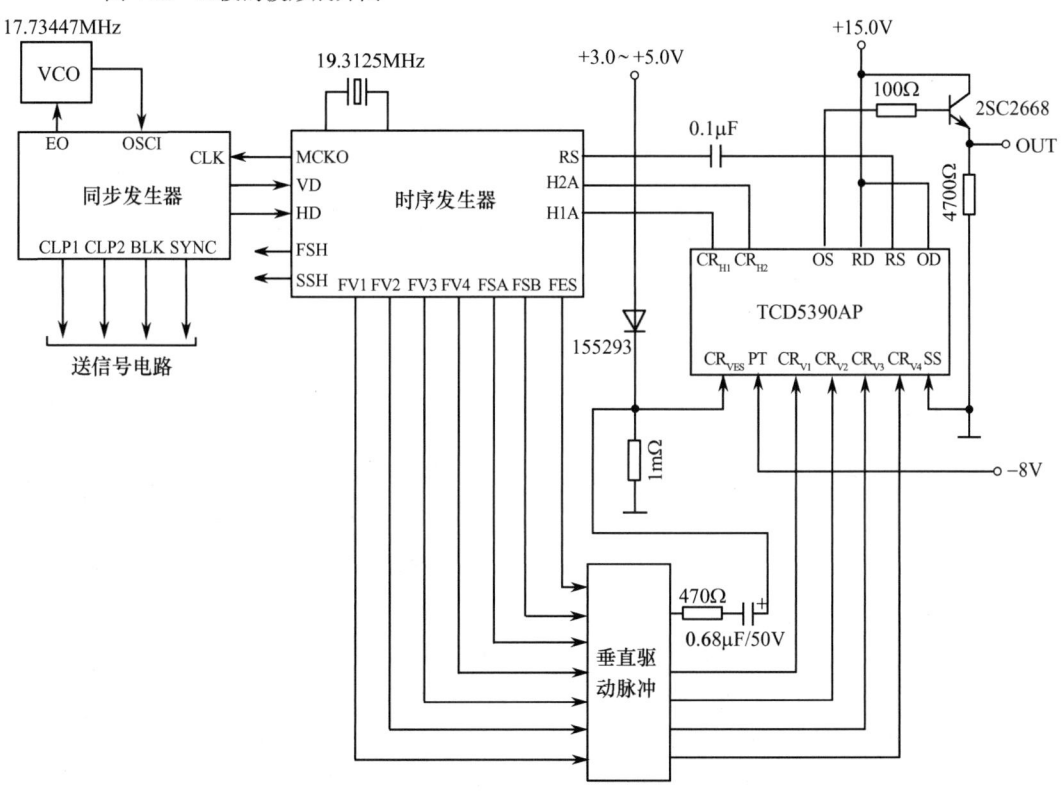

图 4-24 TCD5390AP 驱动电路

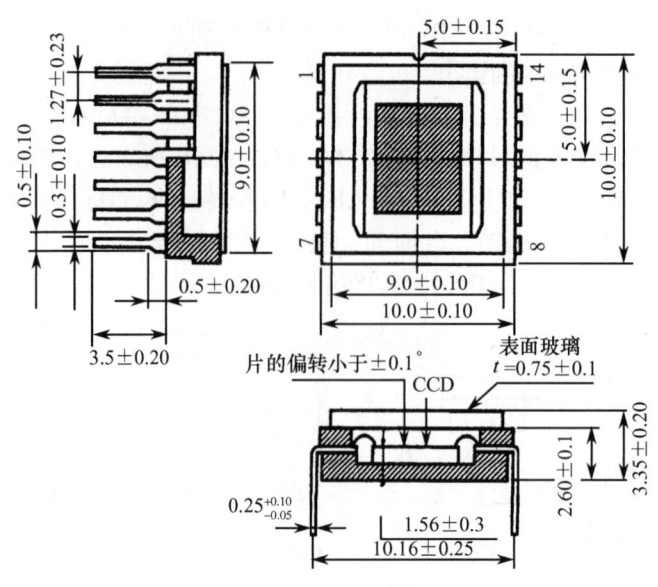

图 4-25 TCD5390AP 外形尺寸

4.4 IA-D4

IA-D4 为帧转移型高帧频面阵 CCD,它的最高帧频达每秒 40 帧。它的像元总数为 1024×1024个,像元尺寸为 12μm(H)×12μm(V)。它为四相脉冲驱动型面阵 CCD,其驱动频率高达 50MHz,并具有较高的动态范围,是一种性能优良的高分辨率、高速面阵 CCD。

4.4.1 IA-D4 的结构

IA-D4 的外形如图 4-26 所示。其引脚定义如图 4-27 所示,其中:
A4,A6,A11,A13,E2,E15,M2,M15,Q5,Q12,R3,R14 均为 N 型偏置电压 VNS;
Q2,Q15,A3,A14 为 N 型偏置电压 VPS;
P3,P14 为输出端电源电压 VSET;
R4,R14 为放大器电流源 VCS;
A5,A8,A9,A12,Q3,Q14 为放大器供电电压 VDD;
Q6,Q11 为输出漏极偏置电压 VOD;
R5,R12 为器件的公共地 VSS;
A7,A10 为 VCS 的 VCST;
D15 为成像区的右侧驱动脉冲 CI1R;
A15 为成像区的右侧驱动脉冲 CI2R;
C15 为成像区的右侧驱动脉冲 CI3R;
B15 为成像区的右侧驱动脉冲 CI4R;
D2 为成像区的左侧驱动脉冲 CI1L;
A2 为成像区的左侧驱动脉冲 CI2L;
C2 为成像区的左侧驱动脉冲 CI3L;
B2 为成像区的左侧驱动脉冲 CI4L;
M14 为存储区的右侧驱动脉冲 CS1R;

图 4-26 IA-D4 的外形

P15 为存储区的右侧驱动脉冲 CS2R；
N15 为存储区的右侧驱动脉冲 CS3R；
N14 为存储区的右侧驱动脉冲 CS4R；
M3 为存储区的左侧驱动脉冲 CS1L；
N2 为存储区的左侧驱动脉冲 CS3L；
R10 为水平 CCD 的右侧驱动脉冲 CR1R；
Q9 为水平 CCD 的右侧驱动脉冲 CR2R；
R9 为水平 CCD 的右侧驱动脉冲 CR3R；
Q13 为右侧输出信号 OS2；
Q10 为右侧输出复位脉冲 RSTR；
R11 为右侧控制脉冲 SGR；
P2 为存储区的左侧驱动脉冲 CS2L；
N3 为存储区的左侧驱动脉冲 CS4L；
R7 为成像区的左侧驱动脉冲 CR1L；
Q8 为成像区的左侧驱动脉冲 CR2L；
R8 为成像区的左侧驱动脉冲 CR3L；
Q4 为左侧输出信号 OS1；
Q7 为左侧输出复位脉冲 RSTL；
R6 为左侧控制脉冲 SGL；

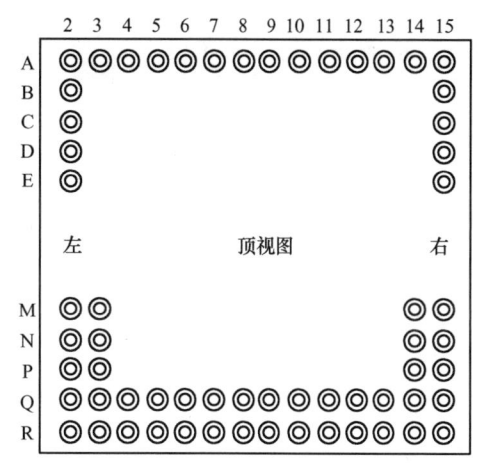

图 4-27 IA-D4 引脚定义

IA-D4 的外形尺寸如图 4-28 所示,尺寸单位均为 mm。

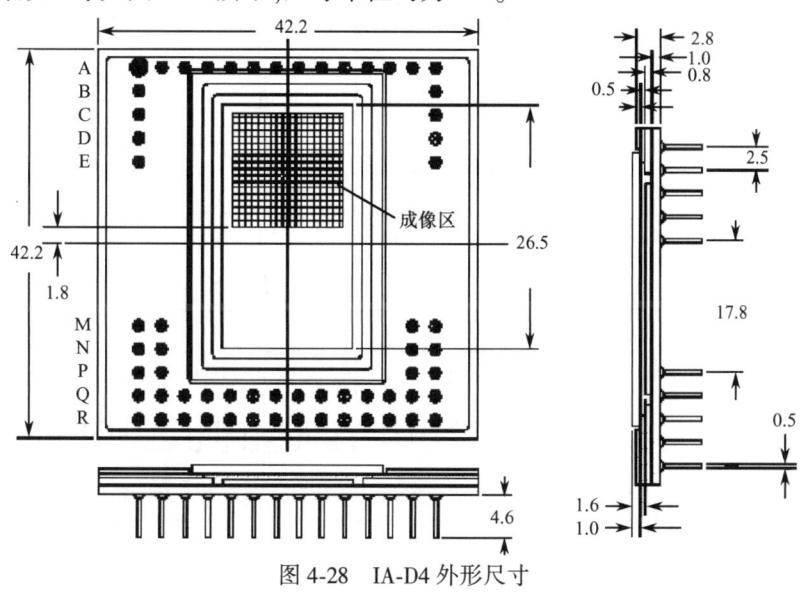

图 4-28 IA-D4 外形尺寸

4.4.2 工作原理

IA-D4 的原理结构图如图 4-29 所示,它的成像区和存储区都具有 1024×1024 个有效单元,这些单元在水平方向上分成左右两部分(如图中的虚线所示)。图中成像区左侧的驱动脉冲为 CI1L,CI2L,CI3L,CI4L,而右侧的驱动脉冲为 CI1R,CI2R,CI3R,CI4R。存储区左侧的驱动脉冲为 CS1L,CS2L,CS3L,CS4L,而右侧的驱动脉冲为 CS1R,CS2R,CS3R,CS4R。水平 CCD 移位寄存器也分为左、右两部分,分别为 CR1L,CR2L,CR3L,以及 CR1R,CR2R,CR3R 驱动,并分别从左右两端 OS1

与 OS2 输出。

IA-D4 的驱动脉冲波形图如图 4-30 所示。从图中可以看出它分为两个阶段。第一阶段(虚线

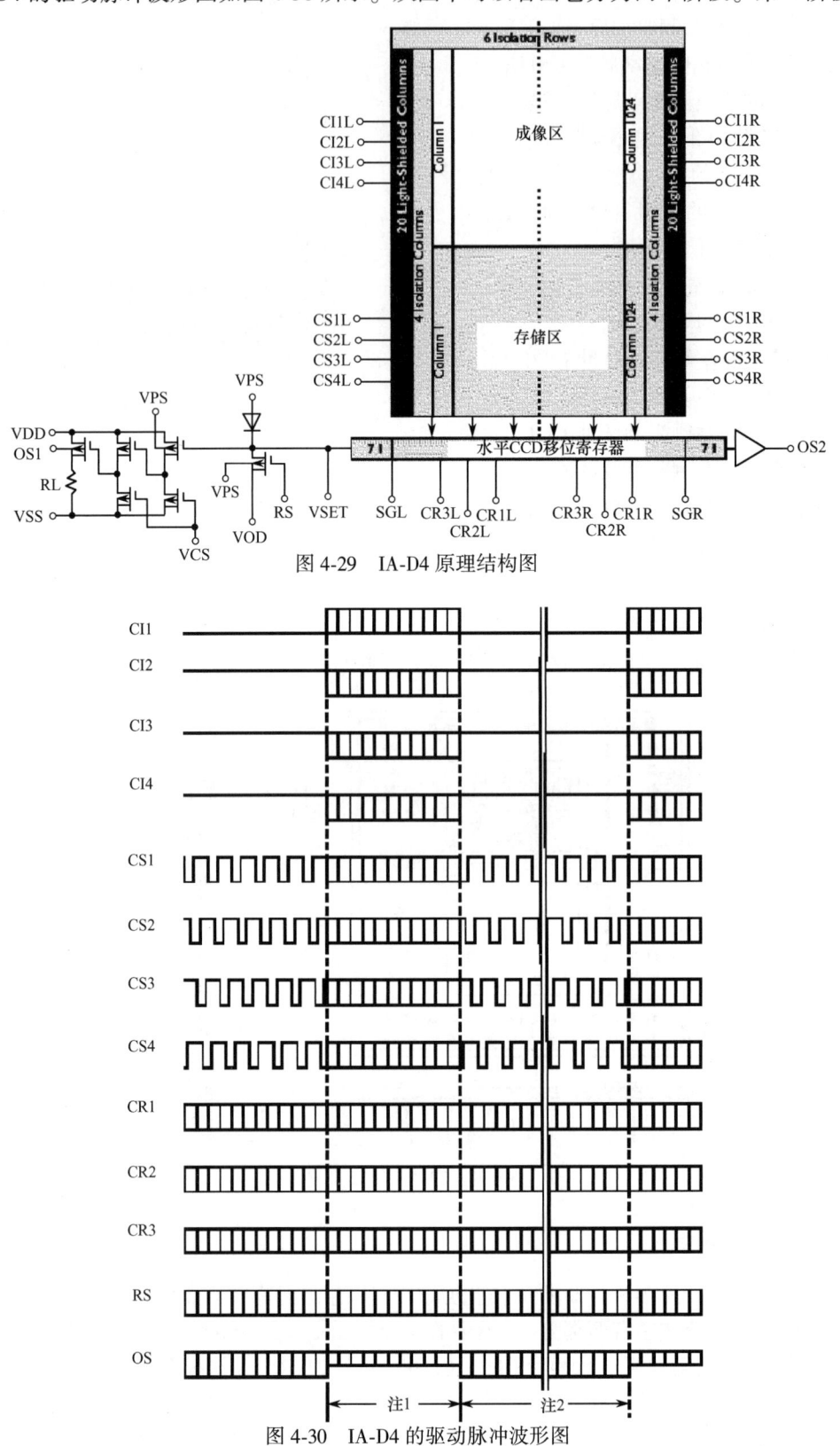

图 4-29　IA-D4 原理结构图

图 4-30　IA-D4 的驱动脉冲波形图

的左边)为积分阶段(场正程期间),场正程期间成像区的像元进行积分,存储区进行信号的转移;第二阶段(虚线的右边注1)为信号由成像区向存储区转移的阶段(场逆程期间),成像区与存储区在四相驱动脉冲的作用下将成像区所积累的信号电荷转移到存储区。场逆程结束,进入第二场正程阶段(图中注2),存储区中的信号电荷在每一行的逆程期间向水平CCD移位寄存器方向转移。在行正程期间水平CCD移位寄存器在CR1,CR2,CR3的作用下,将信号电荷分别向左右两边转移,并经左右两侧的输出放大器输出,形成OS1与OS2视频输出信号。

4.4.3 IA-D4的基本特性

IA-D4的基本特性包括光谱响应特性、光电响应特性、信号输出特性、动态范围与像元的不均匀性等。本节主要介绍IA-D4的光谱响应特性和光电响应特性。

(1) 光谱响应特性

IA-D4的光谱响应特性曲线如图4-31所示,光谱响应范围为400~1000nm,峰值波长为560nm,峰值波长灵敏度为$10[V/(\mu J/cm^2)]$。

(2) 光电响应特性

IA-D4的光电响应特性(积分时间与输出信号电压的关系)曲线如图4-32所示。曲线的横坐标为每个周期中的曝光时间(积分时间),纵坐标为输出信号电压与饱和输出电压的百分比。由图可以看出,IA-D4的光电响应特性是线性的。在辐照度确定的情况下,积分时间越长,CCD所接收的入射光的能量越大,它输出的信号电压幅度就越高;在一定的积分时间下,输出信号电压的幅度与入射辐照度成正比。

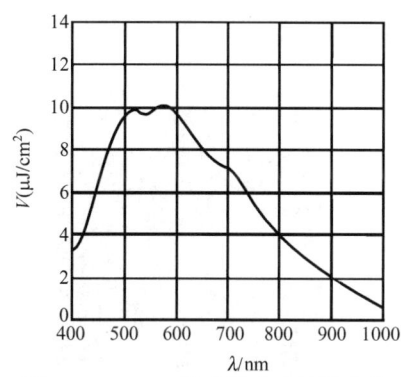

图 4-31 IA-D4 的光谱响应特性曲线 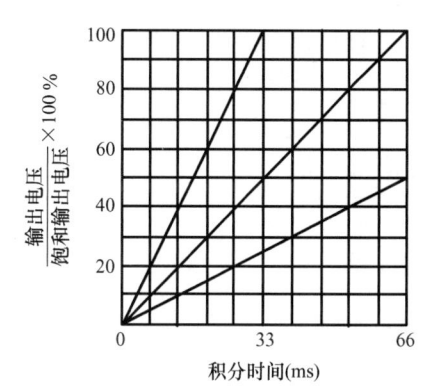　　图 4-32 IA-D4 的光电响应特性曲线

IA-D4的特性参数如表4-4所示。

表 4-4　IA-D4 的特性参数

特 性 参 数	符 号	最小值	典型值	最大值	单 位
灵敏度	R	8.5	10		$V/(\mu J/cm^2)$
饱和输出电压	U_{SAT}	900	1000		mV
暗信号电压	U_{DARK}		4	5.25	mV
噪声均方根值	RMSN		0.35	0.39	mV
动态范围 1MHz	D_R	2300:1	2850:1		
动态范围 0.5MHz	D_R			8300:1	
噪声等效曝光量	NEE		35	39	pJ/cm^2
饱和等效曝光量			95	100	nJ/cm^2
像元响应不均匀性	%OS(rms)		1.8	4	%
转移效率	η		0.999 995		
满势阱容量	LAGD		105	120	ke

4.5 特种 CCD

4.5.1 IA-D9-2048

1. IA-D9-2048 的结构

IA-D9-2048 为每秒 14 帧的全帧转移型面阵 CCD。它具有以下特点:

① 像元数多,为 2056×2056 个;

② 具有多个输出端口 OS1,OS2,OS3,OS4;

③ 像元尺寸大,像元尺寸为 12μm(H)×12μm(V),成像区的总面积为 24.672mm(H)×24.672mm(V);

④ 输出数据速率高,可达 60MHz;

⑤ 动态范围宽,为 3000。

图 4-33 为 IA-D9-2048 的外形图。图 4-34 为 IA-D9-2048 的引脚定义。可以看出,它的 2048×2048 个像元分为四部分,分别由四个信号输出端 OS1,OS2,OS3,OS4 输出,每个输出端各输出 512×2048 个像元的信号。

图 4-33 IA-D9-2048 的外形图

引脚序号	引脚定义
B1,C1,D1,E1,F1	BB
A20,B20,C20,D20,E20,F20	
A2,E2,F2,E3,E8,E9,A19,D12	ISO
E12,D14,E14,D18,E18,F18	
C3,C4,C5,C6,C7,C8,C9,C10	C12
A11,A12,A13,A14,A15	
A16,A17,A18	
A3,A4,A5,A6,A7,A8,A9,A10	
C11,C12,C13,C14,C15	C11
C16,C17,C18	
B3,B4,B5,B6,B7,B8,B9,B10	C13
B11,B12,B13,B14,B15,B16	UID
B2,B17,B18,B19	
D5,E5	UDD
F5,E13,D16,E16,E17	UDR
D13	CR2
F13	CR1
F17	CR3
D10	UOD
F15	RST
D9	USET
D3,E4,F6,E7,E11,E12,E15,E1	UISO
C2,C19	UI1
F3,D17	SH
D6,E6,D8	USS

引脚序号	引脚定义
D4	OS1
D7	OS2
D11	OS3
D15	OS4

图 4-34 IA-D9-2048 引脚定义

IA-D9-2048 是三相驱动的全帧转移型面阵 CCD。它的驱动脉冲由垂直驱动脉冲 C11,C12,C13 和水平驱动脉冲 CR1,CR2,CR3 两组三相驱动脉冲构成。另外,每个水平输出端都有复位电路,由水平复位脉冲对输出进行复位。SH 为行转移脉冲,用于将垂直单元的信号向水平移位寄存器中并行转移。

图中的 BB,UDD,UID,UDR,UOD,USET,UISO,UI1,USS 等均为直流偏置电平。

图 4-35 为 IA-D9-2048 的原理结构图。它的 2048×2048 个有效像元置于前后各四列(3 列暗单元与 1 列隔离单元),为虚设列;上下各 1 行,为隔离带,并由 CI1,CI2,CI3 脉冲驱动。水平移位寄存器分为四段,均由 CR1,CR2,CR3 驱动,并经输出放大器由 OS1,OS2,OS3,OS4 端并行输出,以便提高整个 CCD 的输出速度。

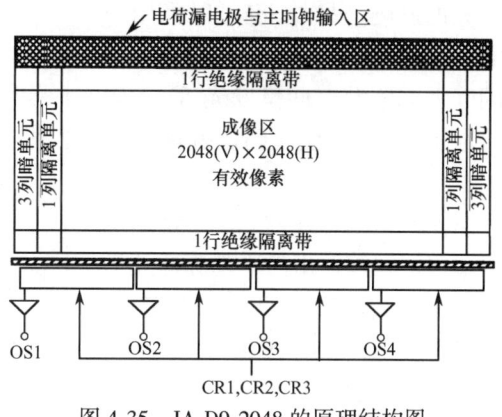

图 4-35 IA-D9-2048 的原理结构图

2. IA-D9-2048 的基本工作原理

图 4-36 所示为 IA-D9-2048 的驱动脉冲波形图。由图可以看出,它的工作分为两个阶段,第一个阶段为快门开曝光阶段,在这个阶段,CCD 驱动脉冲 CI1,CI2,CI3 的电平不变,其中 CI2 为高电平,CI1 与 CI3 为低电平,CI2 电极下的势阱处于积分状态,这段时间也称为积分时间。第二个阶段为快门关的闭光阶段,在这个阶段积分所产生的信号电荷将快速地转移出来,也称为转移阶段。转移阶段的驱动脉冲如图 4-36 所示的快门关阶段,这时成像区的 CI1,CI2,CI3 只在一行周期中变化,并与转移脉冲 SH 一起完成信号电荷在垂直方向的转移。移入水平移位寄存器的信号电荷在 CR1,CR2,CR3 的作用下,将一行信号分 OS1,OS2,OS3,OS4 四路输出。然后,CI1,CI2,CI3 再与 SH 一起完成一行信号在垂直方向的转移,水平移位寄存器在 CR1,CR2,CR3 的作用下再输出一行信号……直到一帧的信号全部输出。

控制曝光的快门可以采用机械快门,但是机械快门的开关动作速度要求很快,而且必须使快门的动作与驱动脉冲同步,显然这是很难实现的。采用快速读出的方法可以使问题简化,设置积分的时间比信号转移的时间长很多。例如,积分时间与信号转移时间的比为 100:1,就可以省掉控制曝光的快门。也就是说,由于转移时间很短,转移时间里曝光所产生的电荷积累不会对图像的质量产

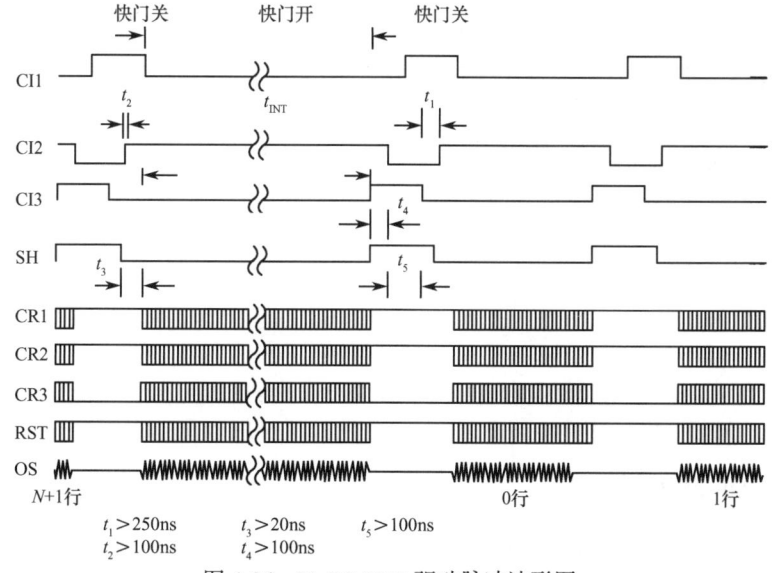

$t_1 > 250\text{ns}$ $t_3 > 20\text{ns}$ $t_5 > 100\text{ns}$
$t_2 > 100\text{ns}$ $t_4 > 100\text{ns}$

图 4-36 IA-D9-2048 驱动脉冲波形图

生太大的影响。另外,也可以采用与CCD的积分时间同步的频闪光源,让频闪光源在积分时间里发光,而在转移阶段不发光,以便起到机械快门对光的控制作用。

图 4-37 所示为一行信号分别从四个输出端转移输出的驱动脉冲波形图。图中 CI1,CI2,CI3,SH 均不变化,而水平驱动脉冲 CR1,CR2,CR3 与复位脉冲 RS 驱使信号电荷分别从 OS1,OS2,OS3,OS4 端输出。

IA-D9-2048 的特性参数如表 4-5 所示。

表 4-5　IA-D9-2048 的特性参数

特性参数	符号	最小值	典型值	最大值	单 位
灵敏度	R		2.5		$V/(\mu J/cm^2)$
饱和输出电压	U_{SAT}		500		mV
噪声电压峰峰值	U_{dp-p}		0.5		mV
噪声电压有效值	U_{dNR}		0.1		mV
动态范围	D_R		3 000∶1		
噪声等效电子数			43		电子数
饱和等效电子数			200 000		电子数
像元响应不均匀性	rms		8		%
水平转移效率	η		0.999 999		
垂直转移效率	η		0.999 999		
存储温度		−60		+100	℃
工作温度		−60		+70	℃

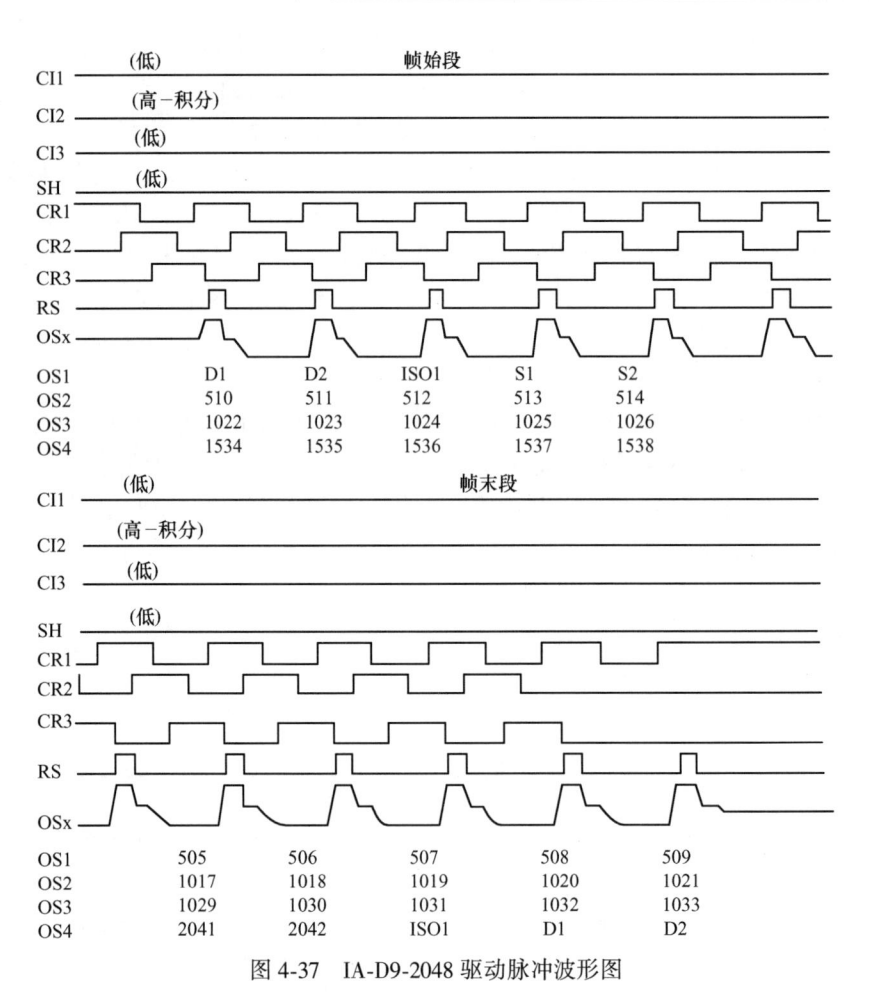

图 4-37　IA-D9-2048 驱动脉冲波形图

4.5.2　IA-D9-5000

图 4-38 所示为 IA-D9-5000 面阵 CCD 的外形和管脚分布图。它具有以下特点:
① 它的像元数为 5000×5000 个;

② 像元尺寸为 12μm(H)×12μm(V)，成像面积为 60mm(H)×60mm(V)；
③ 驱动频率高，数据速率高达 60MHz；
④ 分区域输出，分为 4 个输出端并行输出；
⑤ 动态范围大，为 2000。

它的基本工作原理与驱动脉冲的波形图与 IA-D9-2048 相似，不再赘述。

表 4-6 列出了 IA-D9-5000 的特性参数。

表 4-6 IA-D9-5000 的特性参数

特性参数	符号	最小值	典型值	最大值	单位
灵敏度	R		2.0		$V/(\mu J/cm^2)$
饱和输出电压	U_{SAT}		500		mV
噪声电压峰峰值	U_{dp-p}		0.5		mV
噪声电压有效值	U_{dNR}		0.1		mV
动态范围	D_R		2000∶1		
噪声等效电子数			60		电子数
饱和等效电子数			120 000		电子数
像元响应不均匀性	rms		8		%
水平转移效率	η		0.999 995		
垂直转移效率	η		0.999 995		
存储温度		-60		+100	℃
工作温度		-60		+70	℃

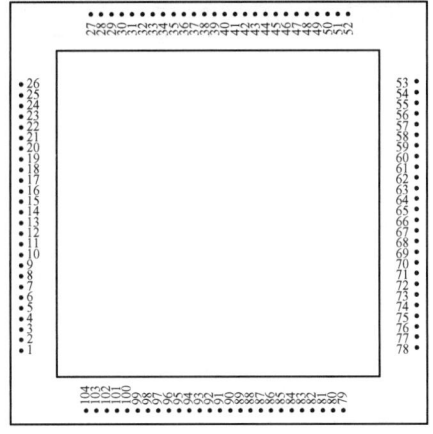

图 4-38 IA-D9-5000 的外形和引脚分布图

4.5.3 2620 万像元 CCD

加拿大 DALSA 公司研制出了 5120(H)×5120(V) 2620 万个像元的 CCD，其外形如图 4-39 所示，比美圆硬币大得多。它的像元尺寸为 12μm(H)×12μm(V)，成像面积为 6.144cm(H)×6.144cm(V)。

该器件的结构如图 4-40 所示。由图可见，它的成像区等分为 4 个部分，每部分都有 1 个水平移位寄存器和 1 个输出端，它们在驱动脉冲 CI1,CI2,CI3 与 SH 的作用下控制成像区进行积分与信号的转移。四个水平移位寄存器均在 CR1,CR2,CR3 的驱动下，使信号电荷经 OS1,OS2,OS3,OS4 输出端并行输出，提高了整个器件的输出速度。它的 4 个成像区的基本工作原理与 IA-D9-2048 的工作原理相似，不再赘述。

图 4-39 2620 万像元 CCD 的外形

2620万像元CCD的特性参数如表4-7所示。

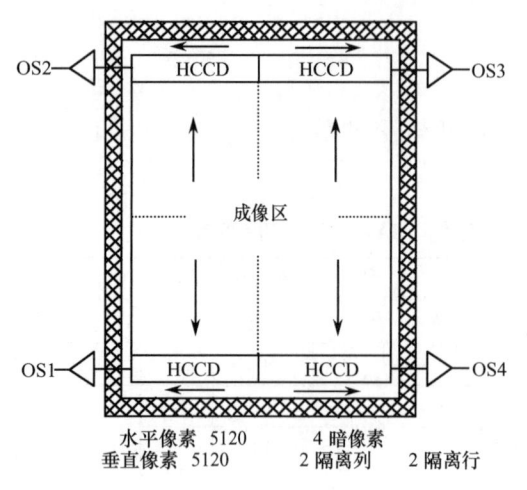

图4-40 5120(H)×5120(V)像元CCD结构

表4-7 2620万像元CCD的特性参数

名　　称	典　型　值
像元数	5120(V)×5120(H)
像元面积	12μm×12μm
输出端数	4
输出频率	1.8帧/秒(48MHz输出数据率)
水平输出转移效率	>0.999 99
垂直输出转移效率	>0.999 99
满势阱容量	>130k电子
暗电流(电流密度)	约60pA/cm²
读出噪声	80电子(均方根值)
散粒噪声动态范围	51dB(360∶1)

4.6　CCD摄像器件的特性

1. 分辨率

CCD摄像器件的每个像元都是分隔开的。它属于空间上分立的像元对光学图像进行的采样。假设要摄取的光学图像沿水平方向的亮度分布为正弦条状图案,经CCD的像元进行转换后,得到一个时间轴方向的正弦信号。根据奈奎斯特采样定理,CCD的极限分辨率是空间采样频率的一半。因此,CCD的分辨率主要取决于CCD芯片的像元数,其次还受到转移传输效率的影响。分辨率通常用电视线(TVL)表示。高集成度的像元可获得高分辨率,但像元尺寸的减小会导致灵敏度的降低。因此,必须采用一些新的工艺结构,如双层结构,将光电转换层和电荷转移层分开,从而提高灵敏度和饱和信号的电荷量。

从频谱分析的角度看,CCD摄像器件在垂直和水平两个方向都采用离散采样方式。根据采样定理,CCD输出信号的频谱如图4-41所示。采样后的信号频谱幅度如下:

$$\sin(n\pi\tau_s/T_s)/(n\pi\tau_s/T_s) = \sin(n\pi f_s\tau_s)/(n\pi f_s\tau_s) \tag{4-1}$$

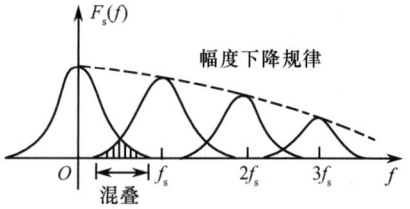

图4-41 CCD输出信号的频谱

式中,τ_s为采样脉冲宽度,即一个有效像元的宽度;T_s为采样周期,即一个像元的宽度(含两侧的不感光部分)。当$n=T_s/\tau_s$时,谱线包络达到第一个0点,是孔径光阑限制了高频信号,使幅度下降。适当选择τ_s,使接近$f_s/2$的频谱幅度下降得不多,但又使频谱混叠(见图中的阴影部分)部分减小。可见,在CCD中有效像元的宽度和像元总宽度有最佳比例。像元的尺寸和像元的密度,以及像元数量都是决定CCD分辨率的主要因素。

频谱混叠会引起低频干涉条纹,也称为混叠干扰。这将对CCD摄像机所拍摄图像的水平清晰度有很大影响。例如,在水平方向有700个像元的CCD的水平分辨率达不到700电视线,需要乘一个小于1的系数。

为提高CCD的水平分辨率,可采用以下两项措施:

① 增加像元数量,提高采样频率,减小频谱混叠部分;
② 采用前置滤波,即采用光学低通滤波器(OLPF)来降低 CCD 上光学图像的频带宽度,以减小频谱混叠,如图 4-42 所示。图 4-42(a)所示是一个由三片晶体组成的光学低通滤波器,三片晶体的光轴依次顺时针旋转 45°,光线通过晶片时散开的距离分别为 Δd_1,Δd_2,Δd_3,适当设计三片晶体的厚度、光轴方向和折射率 n,可以得到预期的滤波特性。

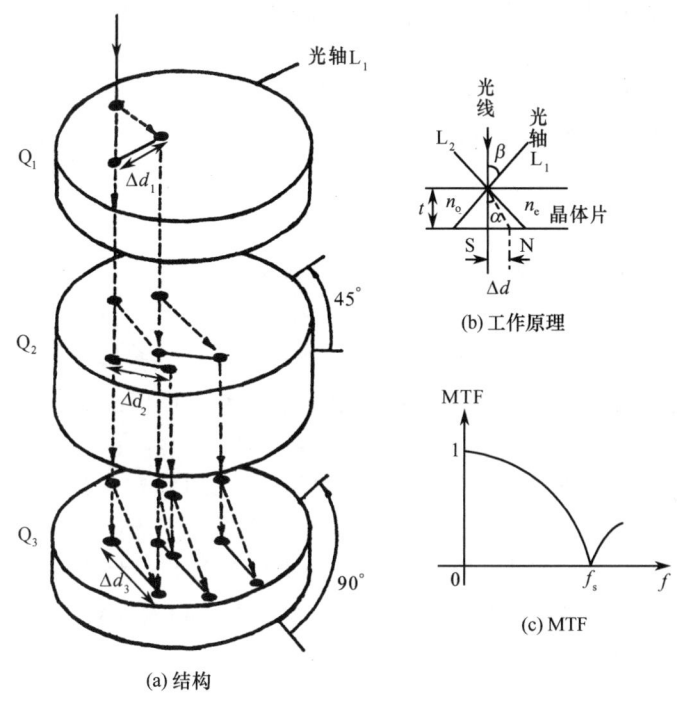

图 4-42 光学低通滤波器

图 4-42(b)所示为光学低通滤波器的工作原理。晶体的光轴为 L_1。光沿光轴方向射入晶体时,折射率为 n_o。光沿垂直于光轴方向入射时,折射率为 n_e。当光线垂直入射到晶体表面时,被分成两束光。正常光束沿原方向通过晶体,非正常光束在晶体内产生折射,折射角为 α,到达晶体下表面时与正常光束偏离距离为 Δd。当入射角为 β 时,折射角可用下式表示

$$\tan\alpha = \frac{(n_o^2 - n_e^2)\tan\beta}{n_o^2 \tan^2\beta + n_e^2} \tag{4-2}$$

两束光在晶体表面偏离的距离为

$$\Delta d = t \cdot \tan\alpha \tag{4-3}$$

式中,t 为晶体的厚度。显然,Δd 与晶体的厚度、光的折射率及折射角有关。

若 CCD 上两个像元之间的距离为 x,两光束之间的距离 $\Delta d = x/2$。光亮度在水平方向变化的频率为 CCD 的采样频率时,则光在 CCD 表面上的调制度(MTF)下降到 0,如图 4-42(c)所示。采用图 4-42(a)所示的结构可得到水平和垂直方向的二维光学滤波特性。

2. 灵敏度

灵敏度是面阵 CCD 摄像器件的重要性能参数。灵敏度与很多因素有关,计算和测试都比较复杂。但可由它的单位直接得出其物理意义,这就是单位光功率所产生的信号电流(单位为 mA/W)。光辐射的能流密度常以辐出射度 W/m^2 表示。对于标准钨丝灯而言,辐出射度与光出度的关系为 $1W/m^2 = 17$ lx。因此,对于给定芯片尺寸的 CCD 来说,灵敏度单位可用 mA/lx 表示。在有的文献中也用 mV/(lx·s) 表示 CCD 的灵敏度,这是考虑了 CCD 的积分效应。也可以称其为 CCD 的

灵敏度,指单位曝光量CCD像元输出的信号电压,它反映了CCD摄像器件对可见光的灵敏度。

CCD的灵敏度还与以下因素有关:

① 开口率为有效像元面积与像元总面积之比,对灵敏度影响很大。开口率大小与CCD的类型有关;帧转移方式面阵CCD的开口率最大。

② 像元的电极形式和材料对进入CCD势阱内的光能量的吸收必然影响其灵敏度,如多晶硅电极对蓝光的吸收较强,电极数量多或电极面积大都会影响蓝光的透过率。

③ CCD内的噪声也影响灵敏度。

现在的CCD摄像器件通过对以上三方面的改进,以及采用在每个像元的前面增加微透镜等措施,使灵敏度得到很大的提高。当光圈为F8、景物照度为0.02lx的情况下,若白色反射率为89.9%,便能使摄像机输出信号电压达到$0.7U_{p-p}$,信噪比达到60dB(PAL制式)。

3. 噪声和动态范围

CCD摄像器件的动态范围由它的信号处理能力和噪声电平的大小决定。它反映了器件的工作范围。它的数值可以用输出信号的峰值电压与均方根噪声电压之比表示,一般为60~80dB。高分辨率要求CCD的像元数增多,但导致势阱可能存储的最大电荷量减少,因而动态范围变小。因此,在要求高分辨率的情况下,提高器件的动态范围将是高清晰度摄像机的一项关键技术。

CCD摄像器件的噪声主要为半导体的热噪声和CCD芯片上的放大器噪声。另外,放大器的输入电容也使CCD的信噪比降低。现代的CCD通过减小分布电容和优化芯片上放大器的MOS晶体管尺寸及偏置电流等措施,有效地降低了等效噪声电压,减小了噪声。

CCD摄像器件的动态范围取决于势阱收集的最大电荷量与受噪声限制的最小电荷量之差。势阱收集的最大电荷量与CCD的结构、电极上所加电压大小,以及时钟脉冲的驱动方式等因素有关。由于CCD的噪声不断减小,动态范围已超过1000。

4. 暗电流

CCD的暗电流由热激发载流子产生(电子-空穴对)。CCD内的暗电流是不均匀的,在半导体中有缺陷的地方会出现暗电流峰值,因而在图像上产生一固定干扰图形,称为固定图形噪声(FPN)。

精心选择半导体内的掺杂物,减小像元内特殊部分的电场,以及改进CCD内部结构,可有效减小固定图形噪声,使一般亮度的图像看不出固定图形噪声。

5. CCD的光谱灵敏度

CCD的光谱灵敏度经过改进,现在已经很接近传统的氧化铅(PbO)摄像管的光谱响应。当然,必须用红外滤光片来截止近红外光进入CCD像面。如图4-43所示,图(a)为一种新的FIT(帧

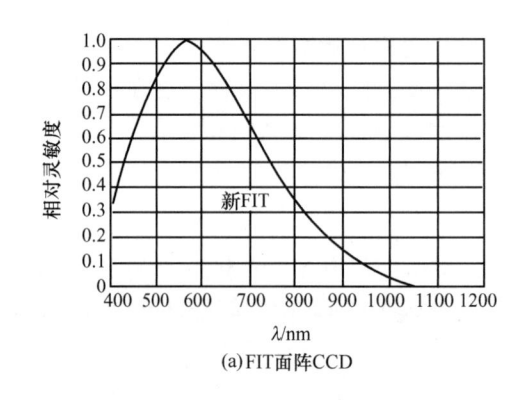

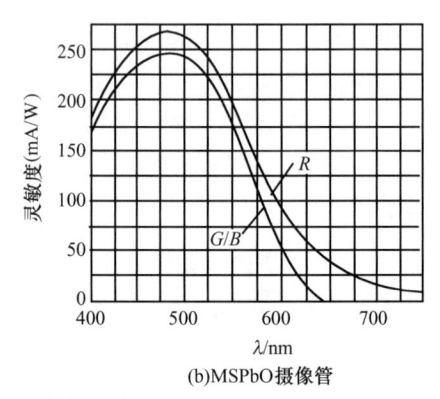

(a) FIT面阵CCD

(b) MSPbO摄像管

图4-43 光谱响应特性曲线比较

转移型)面阵 CCD 的光谱响应特性曲线;图(b)为一种典型的 MSPbO 摄像管的光谱响应特性曲线。比较这两种器件的光谱响应曲线,可以看出前者的红色响应较强,蓝色响应稍弱,它的光谱响应特性曲线与人眼的明视觉响应特性曲线相近。因而有的摄像机不必采用色温校正滤色片,这样就减少了光能量的损失。

6. 高亮度特性

前面已经介绍过,CCD 摄像器件成像面上出现高亮点时,会产生垂直拖影现象(smear 效应)。现在的 FIT 面阵 CCD 可将垂直拖影减小到-125dB 以下(0.7V 为 0dB)。

采用"排洪"技术,在 CCD 电荷存储单元旁设置"排洪"场效应管,适当地调整场效应管的栅极电位,可以将高亮度点的多余电荷排出存储势阱,以便消除"开花"或"拖彗尾"现象。即高亮度静止图像不会出现开花现象,活动图像也不会产生拖彗尾现象。新型 FIT 面阵 CCD 的纵向排洪(抗开花)的工作原理如图 4-44 所示。图中沿水平方向画出了一个像元纵深方向的势阱深度变化。由于新型 FIT CCD 在硅衬底下又加一层 N 型硅衬底,并对 N 型硅衬底加一正向电压,形成纵向溢出漏沟道。例如,图 4-44 中的像元表面下,绝缘体和半导体界面处曲线凹下处,表示电子势能降低的势阱,图像电荷就存储在这里。

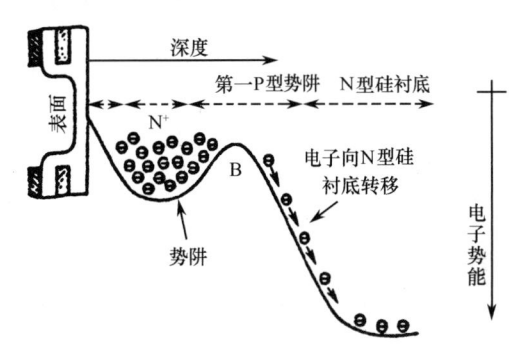

图 4-44 纵向排洪的工作原理

在 N 型硅衬底处曲线达到最低点,表示这里的势阱最深。而在图 4-44 中的第一 P 型势阱处形成一个势垒(B 点),它阻挡电子进入 N 型硅衬底。当光照强时,产生的过多电子可以越过势垒 B 点溢出到 N 型硅衬底中,即被排出存储势阱,避免了多余电子流散到相邻像元的存储势阱中,因此能够消除高亮度处的开花和拖彗尾现象。这里的 N 型硅衬底因此得名为纵向排洪漏。

7. 拖影(smear 效应)

在 FIT 面阵 CCD 中,由成像区向存储区转移电荷时,成像区在场逆程期间将积分电荷带到下一场,或者硅片深处的光生载流子向邻近势阱扩散,致使图像模糊,这种现象称为拖影。拖影使图像对比度下降。在行转移型 CCD 中,像元被转移单元(垂直移位寄存器)所隔开。在场消隐期间,像元的电荷移到转移单元。当图像以水平速率移位时,过载像元的剩余量可能泄漏到寄存器中,形成的拖影也会使图像模糊,被称之为 smear 效应。拖影效应在摄取黑色背景中的明亮目标时最为明显。因此,可用带有一小矩形白窗口的黑色测试卡作为测试图来检测 CCD 摄像器件的拖影。拖影通常用拖影信号电荷与图像信号电荷之比表示,单位为 dB 或百分数。

4.7 CCD 的电荷累积时间与电子快门

1. CCD 的电荷积累时间

(1) 场积累方式

CCD 摄像器件的电荷积累时间分为场积累时间(20ms)和帧积累时间(40ms)两种。每个感光单元只在一场的场正程期间对信号电荷积累的时间为 18.4ms(PAL 制式),这就是场积累方式的

CCD摄像器件。一般拍摄活动图像时用场积累方式工作,以提高活动图像的清晰度。

(2) 帧积累方式

如果一个 CCD 摄像机用于拍摄静止的文字图像,若希望提高垂直分辨率,可采用帧积累方式工作。以这种方式工作时,奇数场时只有奇数行像元的电荷在场逆程时转移到垂直移位寄存器中;偶数场时只有偶数行像元的电荷转移,每场输出的电荷就不是由两行相邻的像元的电荷组合起来作为一行信号,而是每场隔行输出像元的信号电荷,因而每个像元积累电荷的时间是 40ms。显然,帧积累方式工作时,拍摄静止图像的垂直分辨率高。但是,拍摄活动图像时惯性增大,两场之间的图像会出现滞后现象,导致图像模糊。

为减小惯性,常用 1/50s 的电子快门,这样既可减小惰性,又可提高垂直分辨率,因此称为增强的垂直分辨率。相反,场积累方式 CCD 的垂直分辨率因相邻两行像元电荷的组合而降低。当然,加上 1/50s 的电子快门后,会使帧积累方式的灵敏度降低一半,必须注意光照强度要足够,或适当增大光圈。

2. 电子快门工作原理

CCD 摄像机在拍摄快速运动的物体时,如赛跑、跳水、球赛等场面,图像容易模糊,这就要求摄像机要缩短曝光时间。对于连续扫描像面的电视摄像机,由于在镜头上安装速度可变的机械快门有困难,因此在 CCD 摄像机中可以通过控制每个像元的电荷积累时间,进而控制入射光在 CCD 芯片上的作用时间来实现电子快门的功能。即在每一场正程期间内只将某一段时间产生的电荷作为图像信号输出,而其余时间产生的电荷被排放掉。这样,就等效于缩短了存储电荷的时间,相当于缩短了光线照射在 CCD 芯片上的时间,如同加了快门一样。这就是电子快门的工作原理。

在空穴积累二极管传感器中,电子快门工作时,快门脉冲加到 N 型衬底,脉冲到来时 N 型衬底的电位升高,电子势能降低,势阱下降,使存储在 N^+ 部分的电子全部泄放到 N 型衬底中,如图 4-45 所示。快门脉冲过后,N 型衬底电位降低,势阱上升,在第一 P 型势阱内出现势垒(势阱抬高处),电子又开始积累在 N^+ 部分,并作为输出到外电路的信号电荷。

图 4-46 所示的是电子快门的控制方法。当电子快门开关打开时,快门控制脉冲加到 CCD 的 N 型衬底上,行频快门脉冲使感光单元的电荷一行一行地泄放掉,直到快门控制脉冲停止,电荷才停止泄放,快门关闭。快门开启时间的长短,由每场出现的行频脉冲数决定。而这个脉冲数由快门速度选择开关控制,快门速度快,脉冲数少。

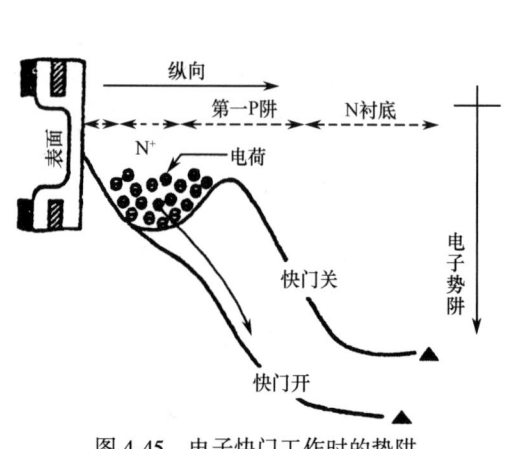

图 4-45 电子快门工作时的势阱

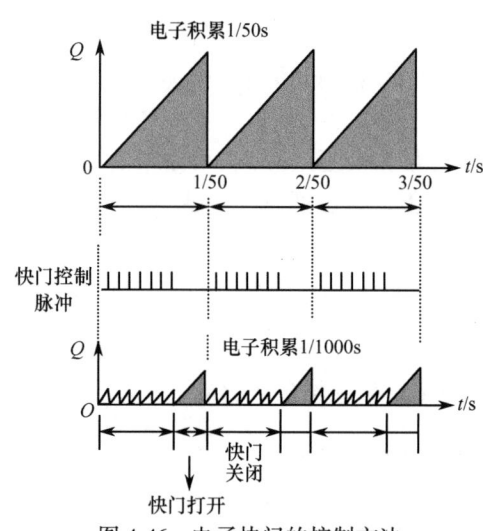

图 4-46 电子快门的控制方法

3. 电子快门的设定

电子快门的作用是提高运动图像的清晰度。CCD 摄像机电子快门设置的速度挡位有：关（off），1/60，1/100，1/250，1/500，1/1000，1/2000（单位为 s）；近期的工业摄像机也可设定为 1/4000，1/10 000，1/50000。自动电子快门可连续变化，一般为 1/50~1/100 000s。

为了拍摄计算机显示屏上的图像，在广播电视摄像机中还设有电子快门微调机构，使快门速度为 50.3~101.1Hz，共分 157 挡。由于不同计算机的场频差异很大，所以用摄像机对计算机显示屏拍摄影像时，重现的图像会在垂直方向上出现滚动的黑条，常称为场不同步。通过微调快门的速度使摄像机快门速度与显示器的显示频率相等（同步），就会获得稳定的图像。称其为摄像机的清晰扫描技术。

使用电子快门时，被利用的有效曝光量减小，光圈会自动加大。当光照不够强时，使用电子快门后图像会变暗，故应注意拍摄条件。只有在拍摄快速运动的物体时，才可应用电子快门，以便能使运动物体清楚地显示出运动过程。这在拍摄体育竞技比赛图像或公路上行驶车辆的场景监控等方面是很有意义的。但是，拍摄时必须有足够的照明。例如，快门速度为 1/2000s 时，信号电平将降低到快门关时的 1/40 倍，故光圈要加大 5 挡，或将光照度提高到 40 倍。

4.8 MTV-2821CB 摄像机

黑白 CCD 摄像机种类很多，按像面面积的光学格式可分为 1，1/2，1/3，1/4，1/5，1/6 英寸等。这里以 MTV-2821CB 为例介绍典型 CCD 摄像机的性能参数。它适用于低照度、高分辨率的工业测量，属工业级摄像机。由于它具有帧累积特性，故广泛地应用于低光照条件下的图像采集。

4.8.1 工作原理

如图 4-47 所示，目标物经过光学物镜成像于 CCIR039DLA 的像面上，产生电荷包强度分布的

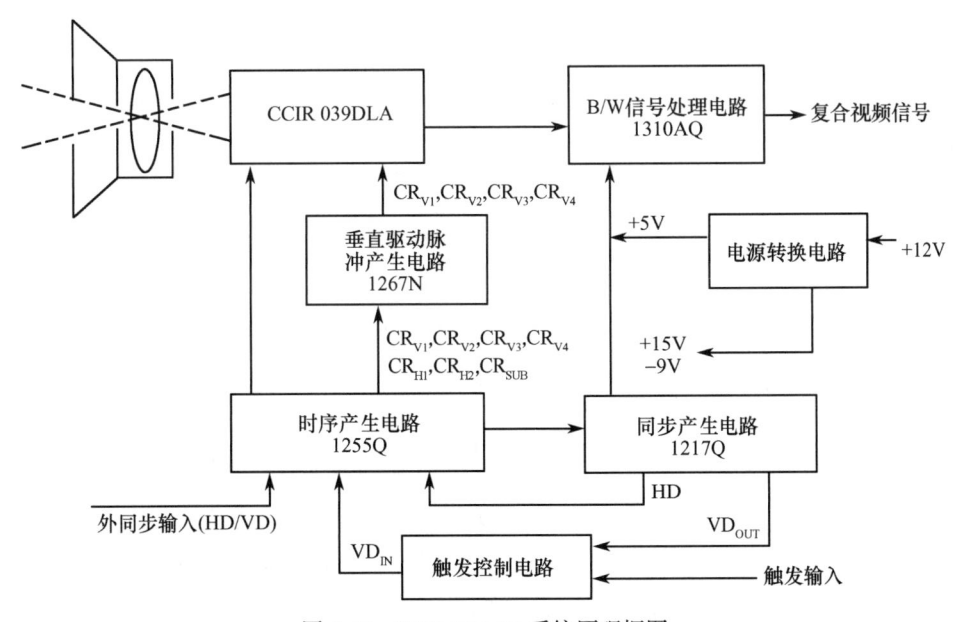

图 4-47 MTV-2821CB 系统原理框图

图像。CCIR039DLA 为隔列转移面阵 CCD，在时序产生电路、垂直驱动电路所产生的 CR_{V1}，CR_{V2}，CR_{V3}，CR_{V4}，以及水平 CR_{H1}，CR_{H2} 的驱动下，按 PAL 制式从 OS 端输出的信号经白平衡电路(B/W 信号处理电路)获得全电视信号输出。由图 4-47 可以看出，它具有水平和垂直同步控制的输入与输出功能，便于对 CCD 进行同步控制。另外，它还具有外同步触发输入端，外部的同步触发信号通过触发控制电路和时序产生电路进行同步驱动。同步产生电路输出的行同步脉冲 HD 直接同步时序产生电路，而场同步信号 VD_{OUT} 回送给触发控制电路，再通过 VD_{IN} 送入时序产生电路，完成外触发功能。表 4-8 为 MTV-2821CB 所用 CCD 的引脚定义。

图 4-48 为 CCIR039DLA 的结构图。从图中可以看出，该器件为垂直四相驱动、水平二相驱动的隔列转移型面阵 CCD。它的垂直驱动脉冲为 CR_{V1}，CR_{V2}，CR_{V3}，CR_{V4}；水平脉冲驱动为 CR_{H1}，CR_{H2}。RS 为水平移位寄存器输出二极管的复位脉冲(功能见 2.4 节)。

表 4-8 CCD 引脚定义

引脚定义	符号	功能	引脚定义	符号	功能
1	CR_{V4}	垂直驱动脉冲 4	11	V_{GG}	输出电路门偏压
2	CR_{V3}	垂直驱动脉冲 3	12	V_{DSUB}	基底偏置电压
3	CR_{V2}	垂直驱动脉冲 2	13	V_{SS}	输出电路电源地
4	CR_{SUB}	衬底电压时钟	14	GND	公共地
5	GND	公共地	15	GND	公共地
6	CR_{V1}	垂直驱动脉冲 1	16	RD	复位管漏极
7	VL	保护偏转电压	17	RS	复位脉冲
8	GND	公共地	18	NC	空脚
9	V_{DD}	输出电路电源电压	19	CR_{H1}	水平驱动脉冲 1
10	OS	输出信号	20	CR_{H2}	水平驱动脉冲 2

4.8.2 MTV-2821 系列的特性参数

MTV-2821 系列的特性参数如表 4-9 所示。从表中可以看出，MTV-2821CB 属于低照度(0.02lx)、高分辨率，并且有快门控制等多种功能的 CCD 摄像机。它的突出特点是具有帧累积功能。

表 4-9 MTV-2821 系列的特性参数

	MTV-2821CB	MTV-2821CA		MTV-2821CB	MTV-2821CA
TV 系统	CCIR(PAL)	EIA	扫描方式	隔行扫描/非隔行扫描	
图像像元数	795(H)×596(V)	811(H)×508(V)	同步系统	HD 水平驱动，VD 垂直驱动，快门触发，重复触发	
传感器类型	1/2 英寸隔行扫描方式		分辨率	600TVL	
传感器面积	7.95mm×6.45mm		最低照度	0.02lx(F1.2)	
水平驱动频率(H)	15.625kHz	15.750kHz	信噪比	大于 50dB	
垂直工作频率(V)	50Hz	60Hz	电子快门连续变化的开启时间(s)	1/50~1/10 000	1/60~1/10 000
分挡快门时间(s)	1/25,1/250,1/500,1/1000,1/2000,1/4000,1/10 000		时钟输出	CCD 驱动时钟、水平驱动时钟、垂直驱动时钟	
γ 值	0.45 或 1		累积方式	场/帧选择	
增益控制	自动增益/手动增益		像元尺寸	8.6μm×8.3μm	
视频输出信号	视频信号 $1U_{P-P}$，75Ω 负载		辅助连接	12 针圆形连接插座(像元时钟输出，水平/垂直驱动，输入/输出，指示输出，电源输入，视频输出)	
工作温度	−20℃~60℃		电源输入连接器	直流插座	
工作湿度	相对湿度 85%		视频输出插座	视频 Q9 插座	
供电电源	12V DC±10%		质量	400g	
电源消耗	2.5W		尺寸(mm)	42(W)×48(H)×95(D)	
透镜接口	标准 C 接口				

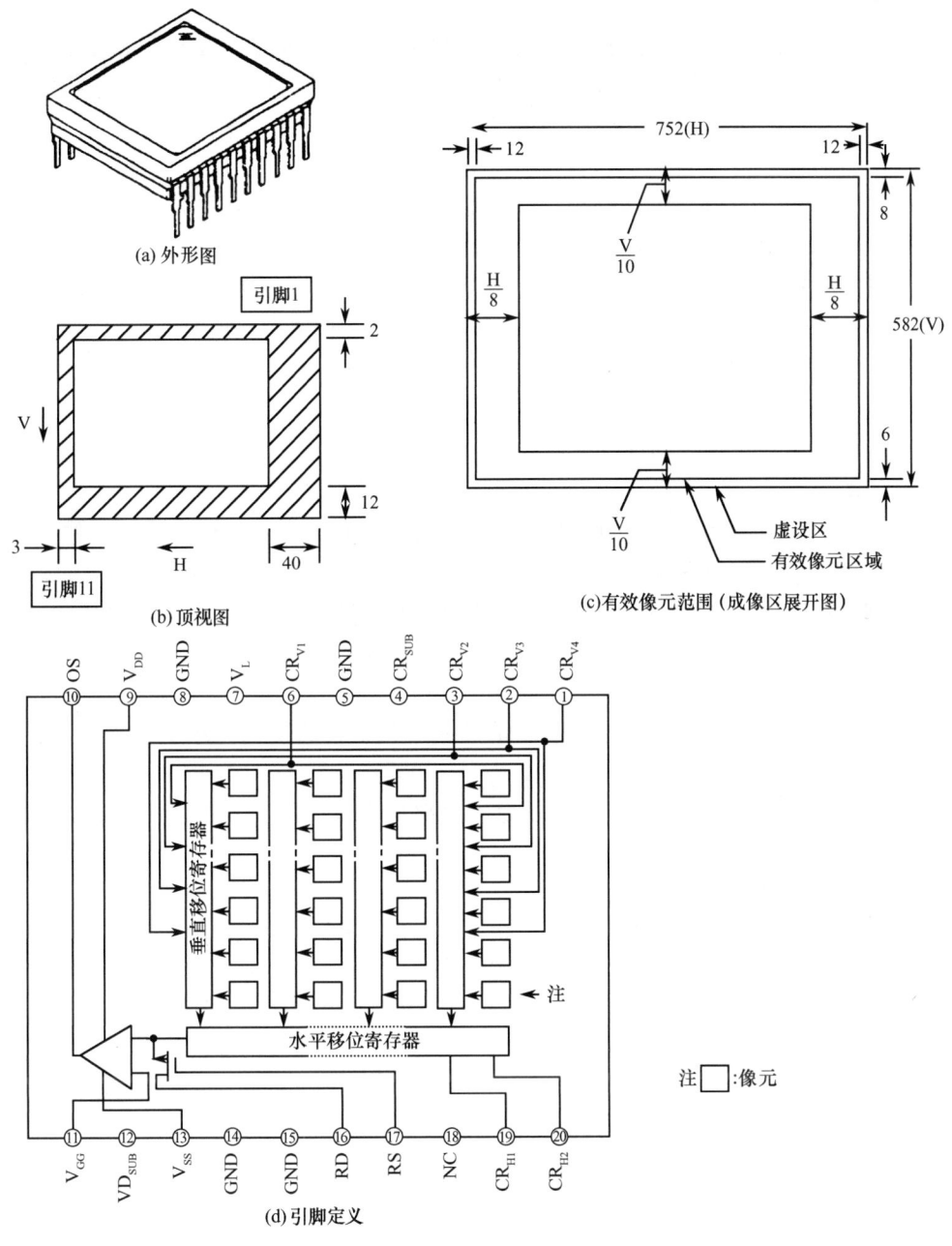

图 4-48 CCIR039DLA 的结构图

4.8.3 MTV-2821CB 的主要功能及其设置

(1) 高成像质量

MTV-2821CB 采用了 44 万个有效像元的 1/2 英寸面阵 CCD,其水平分辨率高达 600 条电视线,垂直分辨率也达到 350 条电视线。这么高的成像质量,使细微线条也可以清楚地显示出来。

(2) 多样式的时钟输出

摄像机内部具有 HD 输出和 VD 输出,以及 14.31818/14.1875MHz 输出、FIELD INDEX 输出、VIDEO INDEX 输出等时钟输出功能。

(3) 电子快门

摄像机具有可以根据目标物的亮度情况进行自动调整曝光时间的电子快门和分挡设置快门曝光时间的快门,可以根据被拍摄物体的运动速度来确定快门的曝光时间;最快的电子快门速度可以设定为 1/10 000s,使高速运动或高速变化的被摄物能被清晰地拍摄出来。

(4) γ 值切换开关

摄像机内部具有 γ 值切换开关,设置 γ 值为 0.45 或 1。设置 γ 值切换开关的目的是满足用户的不同需要。当用户需要用监视器观看摄像机所摄图像时,希望所看到的图像层次丰富,图像逼真,可选 γ 值为 0.45。这时摄像机所摄图像与显示器荧光屏的电光转换 γ 值相匹配,可以获得理想的图像。若选用 γ 值为 1,所显示的图像将是对比度非常强、层次感很差的图像。但是,在用摄像机进行图像的光度测量时,希望图像的灰度变化是线性的,而图像的视觉效果是次要的,就可以选用 γ 值为 1。此时摄像机输出的视频信号的灰度变化是线性的,便于用图像采集卡进行数字化处理,用计算机显示器可以观测到理想的图像。

(5) 增益切换开关

摄像机内部设有手动/自动增益切换开关。当开关置于手动增益位置时,可通过后面板的手动增益调整旋钮使增益调整为 0~20dB,并被锁定。这一功能也是为了方便用户利用摄像机进行图像的光度测量。在手动增益情况下,图像的亮度能跟随景物的亮度变化,测量是真实的;而自动增益情况下图像的亮度不能跟随景物的亮度变化,总保持较好的视觉状态。

(6) 累积方式切换

摄像机的场累积方式或帧累积方式可以通过内部切换开关的设置进行选择。

(7) HD/VD/TRIGGER 信号输入阻抗匹配

摄像机与外界负载的阻抗匹配关系可以通过内部切换开关进行选择,输出阻抗可以调整为 75Ω 或 10kΩ。

(8) 多种 RESTART 和 RESET 设置功能

摄像机具有 RESTART 和 RESET 设置功能,通过内部开关切换进行以下多种方式的设定。

① 在 RESTART,RESET 触发功能有效时,具有以下各种功能:

a. HD 输入,帧累积隔行方式;

b. HD 输入,场累积隔行方式;

c. HD 输入,非隔行方式。

② 在触发输入同步设置功能有效时,有以下各种功能:

● 图 4-49 所示为 MTV-2821CB 的功能设置开关与接口图。图中:

1 为 FIX MANUAL GAIN 的切换开关,开关切至右边为 MANUAL GAIN(手动增益),切至左边则为 FIX GAIN(固定增益);

2 为 MANUAL GAIN(手动增益)调整旋钮;

3 为电源指示灯;

4 为电源输入的 2 mm DC 插座,DC12V±10%,240 mA;

5 为视频输出(通称 Q_9 插头),输出全电视视频信号,可直接连接到监示器上观看;

6 为控制用 12 脚连接插座。

● 如图 4-50 所示,在摄像机的背后设有一个 12 孔的连接插座。插座各引脚的定义如下:1,3,5,8,10,12 均为公共地端;2 为直流+12V 电源输入端;4 为摄像机视频信号输出端;6 为水平驱动信号的输入/输出端,由 S_1 开关设定(IN/OUT);7 为垂直驱动脉冲信号输入/输出端,

也由开关 S_1 设定(IN/OUT);9 为时钟输出端,它受 SW_{2-6} 和 SW_{2-7} 的状态控制(见表 4-10);11 为外触发输入端。

图 4-49 MTV-2821CB 的功能设置开关与接口图

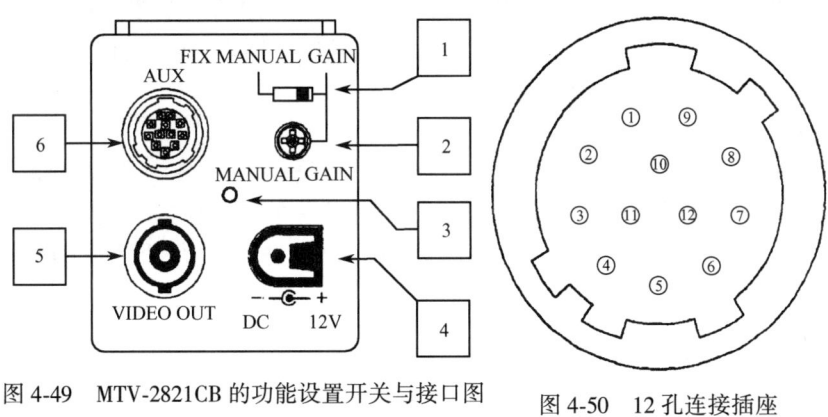

图 4-50 12 孔连接插座

表 4-10 输出时钟的设置

SW_{2-6}	SW_{2-7}	时钟输出
OFF	OFF	14.31818/14.1875MHz
ON	OFF	场指示
OFF	ON	视频指示

4.8.4 帧累积功能

CCD 摄像机作为光电探测、图像采集的前端传感器早已被业界所采用,近十年来其应用的广度和深度,都是其他各类光电探测器所不能比拟的。这是由 CCD 摄像机具有的许多特性所决定的。但是,从光谱响应和目标光照度两方面分析,它都是在照度为 10^{-1}lx 或 10^{-2}lx 以上的可见光(0.4~0.78μm)和近红外光(0.78~1.1μm)波段的范围内工作的。MTV-2821CB 采用机内设定和外触发模式,通过帧叠加的方式可实现对静态目标的光累积探测。

1. MTV-2821CB 在帧累积下的隔行扫描方式

MTV-2821CB 是一种具有高灵敏度(0.02lx)、高分辨率(600TVL)的黑白摄像机。它除了具有通常使用的黑白 CCD 摄像机的各项功能,还增加了场累积和帧累积的功能。

如图 4-51 所示,触发器产生 4 个以上的序列脉冲,且要求第 1 个脉冲所获取的图像信号在第 3 个脉冲到来时输出;第 2 个脉冲所获取的图像信号在第 4 个脉冲到来时输出。设触发脉冲宽度 T_a 大于 3 个行周期而小于 9 个行周期;触发脉冲间隔 T_b 应等于 $(n+0.5)$ 倍的行周期,这里 n 为大于 244 的常数;帧累积间隔 T_c 应大于 4 倍的 T_b。

帧累积波形图中,如果能产生出 $T_c>4T_b$ 的时间间隔的序列脉冲,则将得到多帧累积后被输出的视频信号,如 3 场和 4 场。随着累积帧数的增加,由于奇偶场累积电荷的转移,3、4 两场信号经叠加后同时在奇场输出。经过累积后的输出视频信号 U_{P-P} 的值远远高于在正常帧频下输出的 1、2 两场视频信号,从而达到可在极微弱光照度下取出目标图像信号的目的。从信噪比计算公式分析可知(对静态目标):

$$\left(\frac{S}{N}\right)_M = \frac{\sum_{i=1}^{n} S_i}{\sqrt{\sum_{i=1}^{n} N_i^2}} = \left(\frac{nS}{\sqrt{n}N}\right) = \sqrt{n}\left(\frac{S}{N}\right)_D \quad (4-4)$$

图 4-51 帧累积工作波形图

式中,S 为有效信号;N 为噪声信号;n 为帧累积次数;$\left(\frac{S}{N}\right)_M$ 为多帧累积后的信噪比;$\left(\frac{S}{N}\right)_D$ 为单帧的信噪比。

在帧累积方式下,目标图像信号按照 CCD 自身扫描方式,仍以每秒 25 帧被采集。当通过外触发器设定累积帧数以后,如 2,4,8,16,32,…,256 帧才被触发输出一次,相当于目标图像经过 CCD 摄像机物镜在 CCD 成像面上不断叠加,所需要的图像信号在被输出以前累积 n 次。如果信号被叠加了 n 次,那么与单帧采集输出时相比,系统的信噪比提高到 $\sqrt{n}$ 倍。这是因为多帧累积信号是线性相加的,而噪声则是平方和再开方。假定每一帧图像信号都具有相同的性能,则输出信噪比为

$$\sqrt{n}\left(\frac{S}{N}\right)_D \tag{4-5}$$

式(4-5)表明,如果静态被观测目标图像的光照非常微弱,可采用增加累积帧数的方法,提高 CCD 摄像机对微光的响应。这样,图像信号随不断增加的累积帧数而增强;在增加累积帧数的过程中,由于噪声的随机性,有一部分噪声相互抵消而被平滑掉,所以总体图像的信噪比增大,图像质量明显改善。

2. 帧累积实验装置

帧累积实验装置如图 4-52 所示,被探测目标为由计算机绘制成的 250~620 电视线分组的分辨率图案 RST,并将宽量程微光照度计的探头表面和 RST 目标图案(如图 4-53 所示)置于 CCD 摄像机镜头光轴的垂直平面内,使得目标表面的照度严格准确地被测定。MTV-2821CB 摄像机及其配套测试设备被设置在一个光屏蔽暗室内。整套实验装置在没有其他发散光的环境中工作。

选择镜头焦距 $f'=50\text{mm}$、相对孔径 $F=1.8$ 和 C 接口的 CCD 摄像镜头,将 RST 目标图案成像在 CCD 靶面上。由多帧累积触发器按照所要求的目标照明条件,调整照明调节器和设定累积帧数,并与 CCD 外触发端连接。将 PC586(主频 166MHz,32MB 内存,2MB 显存)配上图像采集卡(OK100),并通过程序设定和外触发采集或序列采集,由监视器或显示器观察在外触发下累积输出的图像,使之在显示器上获得较好的对比度,并在各种不同光照度条件下测出目标图像可分辨的电视线数。

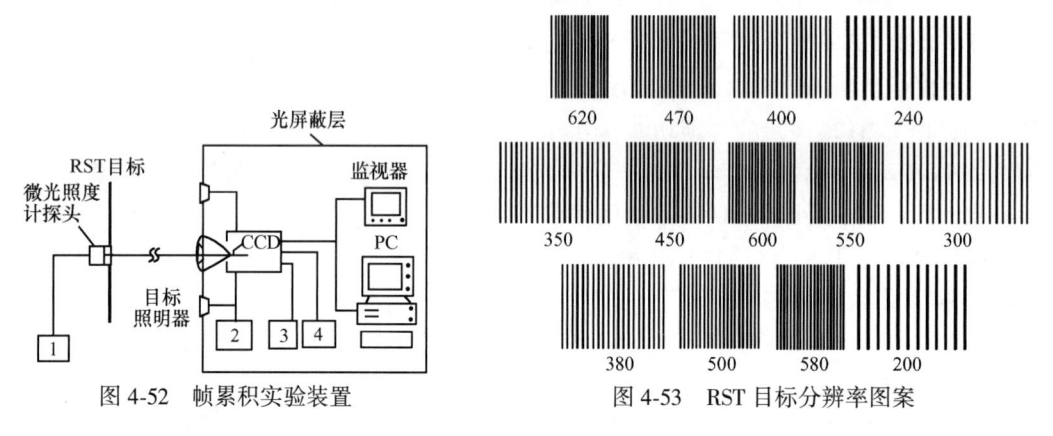

图 4-52 帧累积实验装置

图 4-53 RST 目标分辨率图案

通过计算机将图像采集下来,采用目视方法或图像处理软件分析采集的图像。

3. 实验结果与讨论

利用上述实验装置和测量方法,当采集的图像的分辨率设定为 500TVL 和 300TVL 两种情况下,通过改变帧累积的帧数,测定出目标图案的照度值,可以获得如图 4-54 所示的两条曲线。图 4-54 中的曲线只画到 128 帧(只进行 128 帧的累积)。但是,从图中已经看出多帧累积对提高面阵 CCD 光电灵敏度的效果。

在一般的 CCD 摄像机说明书中所给出的最小照度参数,均指 CCD 像面的照度 E_v。常用的经验公式为

$$E_v = kE'_v \tag{4-6}$$

图 4-54 不同帧累积的帧数与照度测量的变化曲线

式中，E_v 为 CCD 靶面照度；E'_v 为 CCD 摄像机所探测的目标物图像的照度；k 为比例系数，一般 k 取 10^{-1}。

当 CCD 累积帧数在触发器中设定为 256 帧、可分辨目标为 500TVL 时，靶面照度为 $4.9×10^{-4}$ lx。这时所需累积时间 $t=nH$，其中 n 为帧数，H 为每帧的时间。当取 $n=256$，$H=40$ms 时，一帧输出图像所需的时间为 10.24s。

表 4-11 与表 4-12 分别为 500TVL 与 300TVL 分辨率情况下的实验结果。

表 4-11　500TVL 分辨率情况下的实验结果

累积帧数	目标照度（lx）	CCD 靶面照度（lx）	输出信号电压（mV）
2	$1.7×10^1$	1.7	120
4	9.93	$9.93×10^{-1}$	130
8	3.11	$3.11×10^{-1}$	130
16	1.51	$1.51×10^{-1}$	130
32	$4.98×10^{-1}$	$4.98×10^{-2}$	135
64	$1.83×10^{-1}$	$1.83×10^{-2}$	120
128	$5.61×10^{-2}$	$5.61×10^{-3}$	120
256	$4.91×10^{-3}$	$4.91×10^{-4}$	130

表 4-12　300TVL 分辨率情况下的实验结果

累积帧数	目标照度（lx）	CCD 靶面照度（lx）	输出信号电压（mV）
2	2.39	$2.39×10^{-1}$	60
4	$6.8×10^{-1}$	$6.8×10^{-2}$	60
8	$1.88×10^{-1}$	$1.88×10^{-2}$	60
16	$5.7×10^{-2}$	$5.7×10^{-3}$	60
32	$5.1×10^{-2}$	$5.1×10^{-3}$	60
64	$1.7×10^{-2}$	$1.7×10^{-3}$	60
128	$8.4×10^{-3}$	$8.4×10^{-4}$	60
256	$3.7×10^{-4}$	$3.7×10^{-5}$	60

图 4-54 中的曲线仅画出累积了 128 帧的照度值，在实际实验中已做出累积了 256 帧的照度值。当累积 256 帧时，CCD 摄像机靶面上照度为 $3.7×10^{-5}$ lx。

若目标是静态被观测物，可以继续改变累积的帧数为 512 或 1024 帧，这可对更低照度目标进行探测，得到可应用的图像。当然，随着累积帧数的增加，在达到可分辨 500TVL 和 300TVL 的情况下，照度变化并不呈线性。原因如下：一是实验中采用的照明目标光源在降低照度时光源的色温向长波偏移。由 MTV-2821CB 的光谱响应曲线可知（图 4-55），当波长偏离中心波长 0.5μm 时，

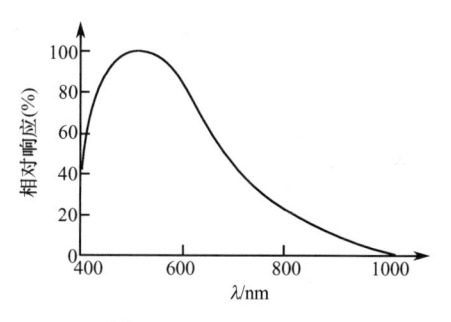

图 4-55　MTX-2821CB 的光谱响应曲线

CCD 的光谱响应会急剧下降，所以在实验中改变目标照度的同时也改变了被照明目标的反射波长。二是当采用中性滤光片限定照明光波长时，将大大地减弱 CCD 在探测微弱光图像时的能力。实验中借助于计算机软件，采用多帧累积的方式，将累积后的图像输出并实时显示。这种帧累积方式可以实现长时间弱光图像信号的累积。提高 CCD 的光电探测灵敏度，便于计算机进行数据采集和图像分析。

4.9　本章小结

(1) DL32

一款早期的全 3 相帧转移面阵 CCD，借用它可以理解与掌握面阵 CCD 与电视制式相匹配的工作原理。理解面阵 CCD 工作的几个过程。场正程期间完成积分工作，场逆程期间完成 1 场信号的转移，行正程期间完成 1 行信号的输出，行逆程期间完成 1 行信号由存储区向水平移位寄存器的

转移。

（2）TCD5130AC

一款分辨率较高的 4 相帧转移型面阵 CCD，通过对其驱动波形的分析，进一步掌握面阵 CCD 在电视制式下的工作过程。

（3）TCD5390AD

一款较高分辨率的隔列转移型面阵 CCD，通过分析其驱动波形观察它在电视制式下是如何工作的，理解有关隔列转移型面阵 CCD 的基本工作原理。

（4）IA-D4

一款高分辨率的典型 4 相驱动帧转移型面阵 CCD，掌握其工作模式、驱动方式与输出信号的特点。

（5）特种 CCD

介绍两款典型超高分辨率的 CCD 的结构、驱动方式与信号输出方式。理解在超高分辨率情况下提高帧频的有效方法。

（6）CCD 摄像器件的特性

用于摄像的 CCD 的主要特性参数包括：

① 分辨率，描述 CCD 采集图像的空间分辨率；

② 灵敏度，CCD 的光照灵敏度与多种外部条件有关；

③ 噪声与动态范围，降低摄像 CCD 的噪声有利于动态范围的提高，现在已经可以使动态范围提高 1000 倍；

④ 暗电流，降低温度可以降低暗电流量级；

⑤ 光谱灵敏度，一般 CCD 对红光的光谱响应较高，一般峰值在 600nm 附近；

⑥ 高亮度特性，光照强度太高容易溢出势阱造成"开花"现象，常采用"排洪"措施；

⑦ 拖影(smear 效应)，主要是帧积分时间较长的影响。

（7）CCD 的电荷累积时间与电子快门

CCD 电荷累积时间可分为"场累积时间"与"帧累积时间"。

为在不同景物亮度情况下拍摄出更高质量的图片，必须控制 CCD 的积分时间而设置了电子快门，这样可以控制 CCD 的积分时间在 1/60～1/5000s 范围内。

（8）MTV-2821 摄像机

引入典型视频监控用的摄像机，以便深入学习摄像系统的结构、工作原理、特性参数和主要功能的设置方法。MTV-2821 摄像机具有的"多帧累积"功能使得它能够实现特别低照度图像的采集，有利于刑侦工作中对指纹的识别。

同时，引入用 RST 目标分辨率图案检测 CCD 摄像机分辨率的方法。

思考题与习题 4

4.1　为什么面阵 CCD 要按电视制式工作？PAL 电视制式中的场周期为多少？场正程时间为多少？行周期为多少？行正程与行逆程时间各为多少？

4.2　在如图 4-5 所示波形中，观察 CR_{VA1}、CR_{VA2} 与 CR_{VA3} 在 256 后面（场正程期间）的波形，分析它们的电位，指出第一场正程期间成像区的哪一行在进行积分？第二场正程期间又是哪一行在进行积分？

4.3　分析图 4-5，指出数字 256 所对应的时间段代表场周期的哪段时间（正程还是逆程）？在这段时间存储区与成像区各完成怎样的工作？需要多长时间？数字 256 代表什么？

4.4　DL32 面阵 CCD 在行逆程（消隐）期间存储区的 CR_{VB1}、CR_{VB2} 和 CR_{VB3} 有什么特点？它们是怎样将一行信号电荷转移到下一行的？是所有行都在移动吗？在一个行逆程结束后，信号电荷存储于 CR_{H1}、CR_{H2} 和 CR_{H3} 中的哪个电极下的势阱中？

4.5 DL32 面阵 CCD 在行正程期间有哪些驱动脉冲在工作？有哪些驱动脉冲处于直流状态？

4.6 你能从如图 4-5 所示的波形图中找出该三相面阵 CCD 的缺陷吗？该缺陷对采集的图像会造成怎样的影响？

4.7 一般的面阵 CCD 的最长积分时间为多少？CCD 的积分应在电视制式中的哪个时间段中进行？为什么？

4.8 能否用面阵 CCD 完成对物体的外形尺寸进行非接触测量？若能，应该配备哪些配件？怎样考虑它的测量范围和测量精度问题？试比较用面阵 CCD 对物体的外形尺寸进行非接触测量和用线阵 CCD 对物体的外形尺寸进行测量的优缺点。

4.9 当选用面阵 CCD(TCD5390AD) 对物体的外形尺寸进行非接触测量时，若其视场范围为 10mm，理论上的最高测量精度能达到多少？

4.10 适用于 PAL 电视制式的摄像机，其面阵 CCD 的有效像元为 768(H)×576(V)。试问它的水平驱动脉冲工作频率应不低于多少？

4.11 从电视屏幕上看到时钟的秒针指示误差至少为多少毫秒？是提前还是滞后？试根据面阵 CCD 的工作原理找出产生误差的原因。

4.12 依据帧转移型面阵 CCD 的工作原理，当忽略电磁波传播时间时，从电视屏幕上看到的秒针指示误差至少有多少 ms？

4.13 采用什么方法能够提高 2048×2048 像元面阵 CCD 的视频信号的输出频率？分区并行输出能否提高面阵 CCD 的帧频？

4.14 能否只将面阵 CCD 中的某几行信号驱动出来，而不输出与之无关的其他行信号？为什么？

4.15 提高面阵 CCD 视频信号输出频率的最有效的方法是什么？书中介绍了哪种典型器件采用了该方法？

4.16 为什么说采用多帧累积方法不但能够提高面阵 CCD 摄像机的弱光特性而且能够提高所摄图像的信噪比？

4.17 多帧累积方法提高了面阵 CCD 摄像机对低照度图像的采集本领，但是带来的缺点是什么？如何克服？

4.18 MTV-2821CB 摄像头的 γ 切换开关的意义何在？为什么 γ 值要在 0.45~1 间进行调整？

4.19 何谓自动电子快门？它实际上是改变 CCD 的哪个参数实现的？引入自动电子快门后，对面阵 CCD 的图像光强分布测量会带来什么影响吗？

4.20 影响图像采集分辨率的因素有哪些？为什么要采用 RST 目标分辨率图案来检测成像系统的分辨率？

第 5 章　CCD 彩色电视摄像机概述

由于 CCD 彩色电视摄像机具有寿命长、能够经受强光照射而不易毁坏、工作电压低、抗震动、体积小、质量轻、使用方便等优点，所以发展很快，应用范围也很广，目前在许多领域已取代了电子束扫描摄像管摄像机，成为主流彩色摄像机。

本章主要介绍几种 CCD 彩色电视摄像机的基本结构、原理与其特殊问题。至于彩色摄像机的工作原理及同步、彩色图像信号的频谱、信号处理等问题，已在有关的书籍中讲解，这里不再赘述。

5.1　三管 CCD 彩色电视摄像机

CCD 彩色电视摄像机主要包括光学成像系统、同步控制系统、CCD 驱动器、信号处理和图像的重合调整等。若与电子束管彩色电视摄像机做相同的考虑，则 CCD 彩色电视摄像机分为三管式、两管式和单管式等三类。其中两管式 CCD 彩色电视摄像机为三管 CCD 彩色电视摄像机向单管 CCD 彩色电视摄像机的一种过渡机型，它还没有来得及定型发展就被单管 CCD 彩色电视摄像机取代了。

5.1.1　三管 CCD 彩色电视摄像机的基本组成

三管 CCD 彩色电视摄像机的原理方框图如图 5-1 所示。图中由自动光圈成像物镜所摄取的图像经分光棱镜分成 R,G,B 三色图像分别成像在三片 CCD 上，三片 CCD 在驱动脉冲作用下输出红(R)、绿(G)、蓝(B)三色图像信号。

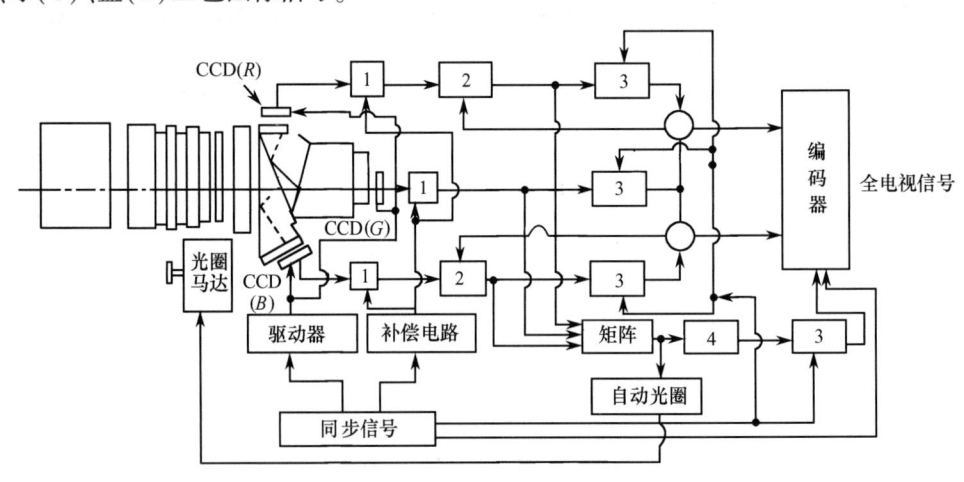

图 5-1　三管 CCD 彩色摄像机的原理方框图

这三路图像信号分别经采样保持电路(图中的 1)、自动白电平平衡电路(图中的 2)和信号处理电路(图中的 3)进行彩色处理后，送至编码器进行彩色编码使之输出全电视信号。上述各种电路均在同步控制电路的控制下同步工作。为使摄像机能在较宽的光照范围内工作，将 R,G,B 三色图像信号经矩阵电路分出光强信号送至自动光圈电路，以控制光圈调整马达，实现光圈的自动调整。另外，矩阵电路输出的图像信号经轮廓校正电路(图中 4)送至信号处理电路，获得亮度 Y 信号后送给编码器。

CCD彩色电视摄像机内的驱动器、采样保持电路、自动白电平平衡电路、信号处理电路、补偿电路、矩阵电路、同步控制电路及彩色编码电路等均由体积很小的集成电路构成。所以,CCD彩色摄像机的体积和质量基本取决于光学系统的体积和质量,这是电子束管电视摄像机无法比拟的。

在CCD彩色电视摄像机中采用的面阵CCD常为二相或三相(也有采用四相)驱动的。第4章所列举的CCD均可以用作CCD彩色电视摄像机。

CCD输出信号是离散的脉冲调幅信号,还需要变成连续的模拟信号。在CCD彩色电视摄像机中完成离散—模拟转换的最简单的方法,是使离散信号经过一个低通滤波器(例如四阶的Butter Worth滤波器),而应用更多的则是采用采样保持电路(S/H),后者性能比前者要好。"采样保持"一词源于数据传输技术,一般的含义是指对信号采样和对采样所得的信号保持一段时间这两个过程。而在CCD彩色电视摄像机中,由于采样过程已在CCD摄像管中完成,所以采样保持电路仅仅用来将离散信号保持一段时间。保持时间等于两个采样点的间距。图5-2所示为采样保持电路的输入/输出波形。显然,信号经采样保持电路后再经过两个简单的低通滤波器,就可以得到比较平滑的连续信号。

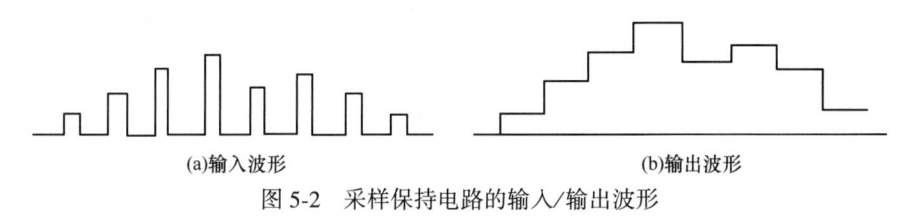

(a)输入波形　　　　　　　　　　(b)输出波形

图5-2　采样保持电路的输入/输出波形

5.1.2　光学系统和CCD彩色电视摄像机中的重合调整

1. 光学系统

在一般的三管CCD彩色电视摄像机的光学系统中,经过摄像物镜和分光系统形成的红、绿、蓝三幅单色图像的大小并不是完全一致的。在使用电子束管的摄像机中,这种不一致性可以在摄像机图像的重合调整中通过使三只摄像管之间的行、场偏转电流幅度的不同予以补偿。而在CCD彩色电视摄像机中,要用电的方法对图像尺寸的不同进行校正,只能对三路图像信号在时间坐标轴上进行不同的压缩或者扩张,即对频率进行调整。这在原理上是可以实现的,但复杂的调整电路使摄像机复杂化,也就不能保证重合后的稳定性。从这个意义上讲,在CCD彩色电视摄像机中,光学系统所引入的重合误差实际上是不可校正的。要保证摄像机的重合指标,只有对光学系统提出更高的要求。在CCD彩色电视摄像机的光学系统中,三幅图像尺寸的偏差不得大于0.15%。光学系统的几何形状失真,一般都能够小到允许的范围之内。

摄像机中使用的分光系统大体上可分为两类:一类是分光棱镜;另一类是具有中继透镜的反光镜。从减小图像尺寸误差、摄像机镜头尺寸与质量等方面考虑,一般不选用后者。

此外,CCD摄像管与电子束摄像管不同。后者通过连续的电子束扫描对图像进行分解和信号的拾取,因而摄像管输出的信号是连续的。而CCD摄像管则是通过相互离散的像元对图像进行采样的,虽然落在各个CCD摄像管像面上的单色图像是均匀的,但是从CCD摄像管输出的信号却是不连续的,或者说是脉冲调幅信号。根据采样定理,为避免采样后的信号产生频谱混叠,被采样信号的带宽(在现在的情况下指上限频率f_M)应不高于采样频率f_s的1/2。在这里,采样频率等于像元的重复周期L的倒数,即$1/L$。因此,应在图像落到像面上之前,利用光学低通滤波器将输入的光学图像信号的空间频率限制在指定的范围内。

2. CCD 彩色电视摄像机的重合调整

在制造过程中,三只型号相同的 CCD 是采用一个底片进行光刻曝光处理的,三者的几何尺寸、形状、对应像元的相互位置都是一致的;另外,三个 CCD 是用时间上完全同步的时钟脉冲驱动的。因此在 CCD 彩色电视摄像机中,图像的几何失真可以小到无需考虑的程度。重合调整的内容只有两项:一是成像面的倾斜调整,二是图像的中心调整。调整的方法如下:先将 CCD 夹在一个重合调整器上,该调整器能够使 CCD 在一定范围内上、下、左、右移动,沿顺时针或逆时针方向旋转,将成像面向不同的方向倾斜。当 CCD 调整到满意的位置之后,以适当的方式用黏合剂将 CCD 固定到分光镜相应的面上,然后把重合调整器取走。

图像中心重合调整精度可以达到 $\pm 2\mu m$。利用像元在成像面上有规律分布的特点,用激光产生 Bragg 干涉的方法可将倾斜调整的精度保持在 $0.1°$ 以内。

5.1.3 频谱混叠干扰在 R, G, B 信号之间相互抵消

当 CCD 的采样频率 f_s(由 CCD 在水平方向上的采样单元的数目确定)给定以后,为了确保采样后的信号不出现频谱的混叠,输入信号(其频谱如图 5-3(a)所示)的上限频率 f_M 应限制在 $f_s/2$ 之内,如图 5-3(b)所示。假如将 f_M 展宽至等于 f_s,如图 5-3(c)所示,则采样后的频谱将 100%地混叠在一起。后一种情况从原理上讲是不允许出现的。

假设输入信号的上限频率 $f_M = f_s$,那么采样后的 R, G, B 信号具有如图 5-3(c)所示的混叠频谱分布。为了减弱频谱混叠在图像上所引起的干扰,在进行图像中心重合调整时,如图 5-4 所示的那样,需使产生绿色信号的 G-CCD 与 R-CCD、B-CCD 在水平方向上错开 $L/2$(L 是像元的重复周期)。这样,对 G 信号采样的基波与对 R, B 信号采样的基波在相位上相差 $180°$。因而,采样后的 R, B 信号与 G 信号调制在基波 f_s 的上边带,信号中的各对应频率分量都是相互反相的。如果采用下面与传统方式略有不同的亮度方程

$$Y = 0.33R + 0.5G + 0.17B \tag{5-1}$$

那么,对于黑白景物($R = G = B$)来说,存在如下关系

$$0.33R + 0.17B = 0.5G \tag{5-2}$$

因而在形成亮度 Y 信号时(图 5-5 所示),三路信号的基带部分按式(5-1)相加组成 Y 信号,而混叠在基带的干扰(即调制在基波上的下边带信号)则由于 R, B, G 分量的幅度相同、相位相反而相互抵消。

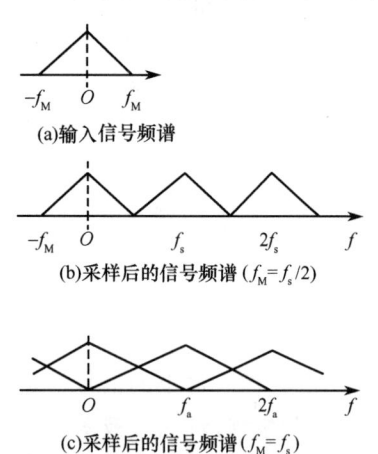

(a)输入信号频谱

(b)采样后的信号频谱 $(f_M = f_s/2)$

(c)采样后的信号频谱 $(f_M = f_s)$

图 5-3 采样频率相同,被采样带宽不同的两种采样信号频率分布

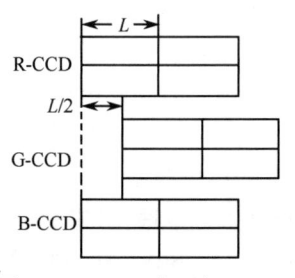

图 5-4 G-CCD 像元与 R-CCD 像元、B-CCD 像元的相对位置

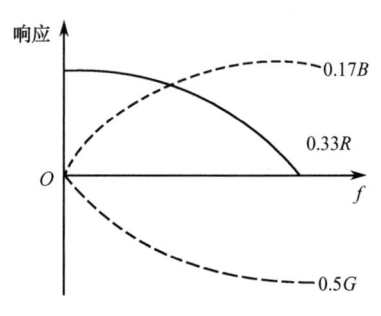

图 5-5 频谱混叠干扰的抵消

当然,上述干扰抵消的效果对于彩色图像[这时式(5-2)不再成立]要差一些。实验证明:①多数彩色景物的饱和度比较低,R,G,B 信号幅度与式(5-2)的偏离不大;②即使出现少数高饱和度的彩色图像,混叠频谱中不能全部抵消的残存干扰也主要集中在高频部分,在图像的边缘及轮廓上出现干扰的能见度并不很高。所以,这项措施是可取的。

采用干扰频率相互抵消措施后,可将摄像机输出的视频带宽从 $f_M=f_s/2$ 提高到 $f_M=f_s$。

5.2 两管 CCD 彩色电视摄像机

三管 CCD 彩色电视摄像机是一种分辨率最高的固体彩色电视摄像机。但是它存在两个问题,一是体积大,质量也重;二是需要对 R,G,B 信号做重合调整,而且重合调整工艺复杂、产品成本高。为满足日益发展的需要,提出了用一片 CCD 产生 R,G,B 三基色的单管 CCD 彩色电视摄像机。

在发展单管 CCD 彩色电视摄像机过程中,由于当时面阵 CCD 像元数量还不能满足电视对分辨率的要求,因此采用了由两片面阵 CCD 构成的两管 CCD 彩色电视摄像机。

以前的 CCD 受噪声和暗电流等因素的影响,灵敏度不够高(尤其是在蓝色光谱范围内的响应更低),所以在两管 CCD 彩色电视摄像机产品中,一般用一只 CCD 产生 G 信号,用另一只产生 R 和 B 信号。即输入光信号中的红光和蓝光分量全部用来产生 R 和 B 信号,而不需要像电子束管机那样,将输入红光和蓝光的一部分加到 Y 管中去产生 Y 信号,这样有利于改善灵敏度指标;另外,用一只 CCD 产生两种基色信号与用它同时产生三种基色信号相比,在像元数目有限的情况下也是一定的折中。

图 5-6 所示是两管 CCD 彩色电视摄像机的原理方框图。图中输入光信号中绿光分量由分光棱镜分离出来以后,均匀地投射到 G-CCD 上,产生 G 图像信号。余下的红光与蓝光之和(紫色)经过滤色器落到 R/B-CCD 上,形成 R 和 B 图像信号。

从原理上讲,要使红光和蓝光分开,需要用红色和蓝色滤色条(分别只透红光和蓝光)组成的条状滤色器。现在选用黄色滤色条和全透明滤色条相间的条状滤色器,是为了在从电信号解调出 B 图像信号的过程中将红外光等因素的影响抵消掉。该条状滤色器与 CCD 像元之间的相对位置如图 5-7 所示。

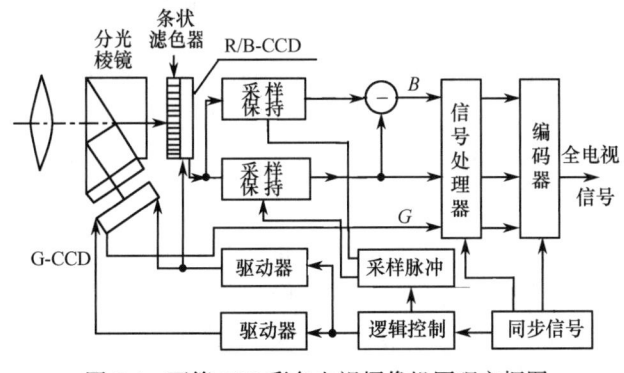

图 5-6 两管 CCD 彩色电视摄像机原理方框图

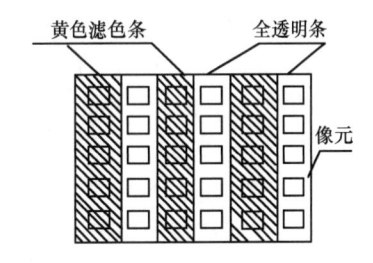

图 5-7 条状滤色器与 CCD 像元间的相对位置

假如 R,B 分别表示真正的红色和蓝色图像信号,从对应于全透明滤色条的像元上读出的信号为

$$M = R+B+N \tag{5-3}$$

式中,N 代表红外光等因素的影响。

黄色滤色条滤掉蓝色分量,在与之对应的像元上读出有干扰信号 N 的红色信号

$$R' = R+N \tag{5-4}$$

在图 5-6 中所示的减法器中，M 与 R' 进行减法运算，得到

$$M - R' = B \tag{5-5}$$

实际的 CCD 对于红光的灵敏度要比对蓝光的灵敏度高几倍，即 B 信号比较弱。因此，以上设计对 B 信号信噪比的改善有显著的效果。而 R 信号比较强，所以直接将 R' 作为 R 送入摄像机的信号处理单元。因为从 R/B-CCD 管中读出的 M 信号是由时钟脉冲控制的，所以只需要一个与时钟脉冲同步的模拟开关电路，就可以准确无误地将 M 和 R' 分离开来。

图 5-6 中的其他部分在原理上与三管 CCD 彩色电视摄像机的相同。信号频谱分析与一般的相位分离式单管摄像机的情况类似，这里不再重复。

5.3 单管 CCD 彩色摄像机

由于 CCD 摄像管的制造工艺和制作技术迅速提高，单管 CCD 彩色摄像机的发展速度要比电子束管彩色摄像机的发展速度快得多。

1978 年单管 CCD 彩色摄像机所产生的彩色图像还只是隐约可辨的，而在两年之后，从家庭等非广播电视使用领域的角度来讲，图像清晰度已达到能够被人们接受的程度。之后，单管 CCD 彩色摄像机便广泛地用于电视监控与图像处理等方面。

已提出的多种单管 CCD 彩色摄像机的设计方案，与使用电子束单管彩色摄像机类似。各种方案的实质性特征都取决于滤色器的结构。

1. 滤色器结构

从原理上讲，R,G,B 垂直条重复间置的栅状滤色器，完全适用于单管 CCD 彩色摄像机，也确有使用这种滤色器的 CCD 单管摄像机。使用这种滤色器时，CCD 摄像管可对光信号的 R,G,B 分量使用完全相同的采样频率进行采样，因而被采样的三种基色光的上限频率必须限制在 $f_s/2$ 以下。如果考虑到在一般的彩色电视接收机设计中，多是基于人眼对红色和蓝色分辨率低的特点，将 R 和 B 信号限制在 0.5MHz 左右，那么在 CCD 摄像管的水平分辨率还不太高的条件下，对三种基色光使用相同的采样频率显然是不合适的。因此，在近几年提出的单管 CCD 彩色摄像机中，采用了基本结构如图 5-8 所示的棋盘格式滤色器。

将滤色器设计成棋盘格式结构的基本想法是：增加 G 光的采样点的数目，减少 R,B 光的采样点的数目，以提高 G 信号的上限频率，同时又能保持图像的彩色均匀性。

可以按照透过不同色光的滤色单元的排列方式，将棋盘格式滤色器分成三种。图 5-9 所示是其中的两种，第三种将在下一节的方案二中介绍。

图 5-9(a) 所示为 Bayer 滤色器，在这种滤色器的每一行上只有两种滤色单元，或者是 G,R，或者是 G,B。因此，在整个滤色器上 G 光的采样单元数是 B 光或 R 光的两倍。在图 5-9(b) 所示的滤色器中，每一行上都有 R,G,B 三种滤色单元，但 G 单元隔列重复，而 R,B 单元则隔三列重复。这种滤色器按照 G 的重复方式称为隔列滤色器。在隔列滤色器中，G 滤色单元的数目也是 R 单元或 B 单元的两倍。

在 CCD 摄像管的像元比较少时(例如 100×100)，使用 Bayer 滤色器会出现 30Hz(每秒 60 场的电视标准)的黄色—青色闪烁。而在像元数目较多的情况下，闪烁现象则不再是明显的。考虑到摄像管应具备足够多的像元数目才有用于广播电视的可能，因此在本节所涉及的使用范围中 Bayer 滤色器有更多的优点。

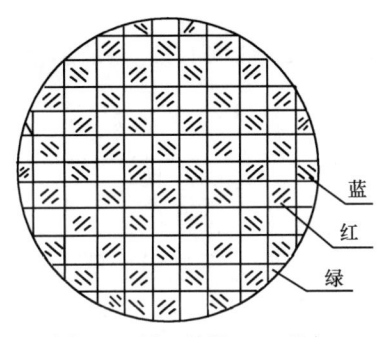

图 5-8 用于单管 CCD 彩色摄像机的一种滤色器结构

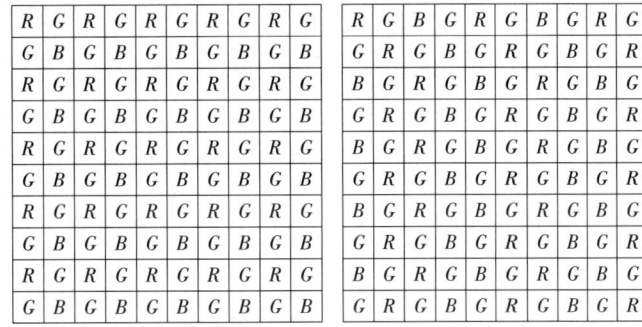

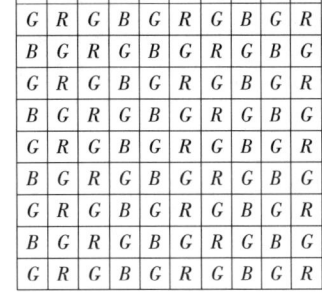

(a) Bayer 滤色器　　　　(b) 三色滤色器

图 5-9　两种棋盘格式滤色器的基本结构

2. 两种基本方案

（1）仅利用基带色信号的单管机方案

图 5-10 所示是一个具有一定代表性的单管 CCD 彩色摄像机的简化原理方框图。为突出原理部分，图中省略了 CCD 驱动器。

该方案中使用的滤色器单元与 CCD 像元的相对位置如图 5-11 所示。图中用空白和带有向左、向右倾斜的阴影线方块分别表示 G,R,B 滤色器单元，用虚线表示的小方块代表像元。在水平方向上，每一个滤色器单元仅对应于一个像元，而在垂直方向上则对应于两个像元。上下两个像元分别属于奇数场和偶数场。

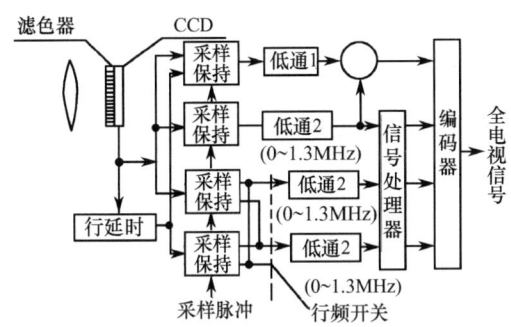

图 5-10　单管 CCD 彩色摄像机的简化原理方框图

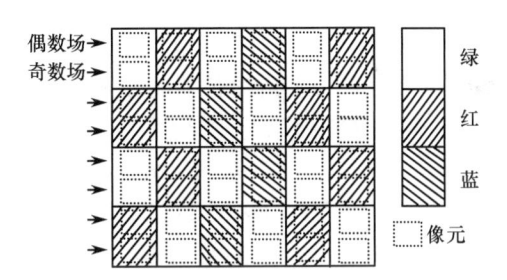

图 5-11　滤色器单元与 CCD 像元的相对位置

如 5.2 节所述，从 CCD 读出的信号在时间上与时钟脉冲保持着严格的对应关系。因此，只需要使用与时钟脉冲同步动作的门电路，即可将基色的 R,G,B 信号分离开来。考虑到使用 Bayer 滤色器的 CCD 摄像管每一行只输出两种基色信号，因而送到每一个基色分离器的信号有两路。一路直接来自 CCD 摄像管，另一路则是经过延时一行以后的信号。

对应图 5-9(a) 的滤色器，设第 n 行的输出信号 u（如图 5-12(a) 的第 1 行所示）以 $R,G,R,G,\cdots$ 的顺序排列，那么经过一行延时到达分离器的则是同一场的前一行信号 u'。基色信号出现的时间顺序是 $G',B',G',B',\cdots$ 如图 5-12(a) 的第 2 行所示，这里的撇号"'"用来标记延时一行的结果。

在 R 信号分离器的门电路中，只需从 u 中取出 u_R，如图 5-12(a) 第 3 行所示；在 G 信号分离器中沿着图 5-12(a) 中的 1~2 之间的箭头所指出的时间顺序，将 u 和 u' 中的 G 信号取出并相加，就得到如图 5-12(a) 所示的 u_G；如图 5-12(a) 中脉冲序列 5 所示，u_B 信号则是从经过一行延时的信号 u' 中取出的。

不难想象，如果第 n 行上的信号按图 5-12(a) 中第 1 行脉冲序列所示的关系出现时，第 $(n+1)$

行上必然出现按 $G,B,G,B,\cdots$ 顺序重复的脉冲序列 u。与此对应的,与 $(n+1)$ 行上的信号同时到达分离器的 u' 则按 $R',G',R',G',\cdots$ 的顺序重复。u,u' 及分离出来的 u_R,u_G,u_B 如图 5-12(b) 所示,信号的分离过程与在第 n 行上的情况类似。

由图 5-12 所示的分离结构可以看出,在这样的设计方案中,CCD 摄像管的像元数目越多,组成 u_G 信号的每两个相邻的信号单元 G 与 G' 之间的差别越小,G 与 G' 叠加在一起时越接近于被采样的信号。这就意味着,当绿色光信号的上限频率 f_M 高于 $f_s/2$ 时,存于被采样的 G 和 G' 信号频谱中的混叠干扰相互抵消得就越充分。因此,在使用具有 384(H)×490(V) 个成像单元的 CCD 摄像管的摄像机中,当 G 信号的视频带宽保持为 3.5MHz 时,在电视图像上看不出明显的频谱混叠干扰。实际应用的面阵 CCD 的像元数已经远远地超过了 384×490 像元,因此,单管彩色 CCD 摄像机已经能够满足电视摄像的需要。

此设计方案中,R,B 信号的带宽取 1.3MHz。当按亮度方程式组成 Y 信号(0~1.3MHz)以后,根据混合高频的原理,可以从 G 信号中取出高于 1.3MHz 的频率成分,叠加到 Y 信号中。

在本方案的视频信号中,只保留了经过 CCD 摄像管采样后留在基带内的信号能量。因此,单管电子束彩色摄像机的信号频谱分析方法,对单管 CCD 彩色摄像机也完全适用。只需注意,前者是以滤色器重复周期 L 和宽度 τ 为基本采样参数的,而后者则是以 CCD 摄像管水平采样单元的重复周期 L 和势阱宽度 d 为基本采样参数的。

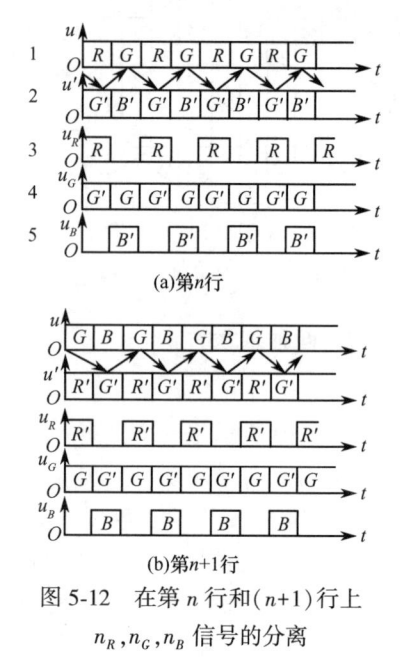

图 5-12 在第 n 行和 $(n+1)$ 行上 n_R,n_G,n_B 信号的分离

(2) 频率分离型 CCD 单管摄像机

用来实现频谱交错的滤色器的原理结构图如图 5-13 所示。图中 W,G,Y,C 分别表示全透射、透射绿光、透射红光和绿光,以及透射蓝光与绿光的滤色器。即

$$W=R+G+B \qquad Y=R+G \qquad C=G+B$$

滤色器单元在每一场的奇数行上以 $W,G,W,G,\cdots$ 的顺序排列,而在偶数行上则以 $Y,C,Y,C,\cdots$ 的顺序排列。CCD 摄像管的像元与滤色器单元是一一对应的。因此,对照滤色器的排列结构,可以画出如图 5-14(a) 和 (b) 所示的 CCD 摄像管在奇数行和偶数行上读出的信号波形。

由图 5-14(a) 和 (b) 可以看出,不管是在偶数行上还是在奇数行上,被采样的 R 信号的相位都是相同的;而被采样的 B 信号逐行倒相 180°。假设采样信号的基波频率为 f_c,根据脉冲调幅信号频谱的基本理论,可立即得到以下结论:

① 调制在采样脉冲基波分量 f_c(色载频)上的 R 信号和 B 信号的频谱是以半行频($f_r/2$)为间距交错间置的,若将采样后的 R 和 B 与 PAL 制系统中的色差信号 u 和 v 相比较时,则可以看出二者之间的频谱方式完全相同。

② R 和 B 各有 1/2 的能量留在基带内;G 信号未经采样,100% 为基带信号。因此基带信号 Y(严格地讲应为 Y_b)为

$$Y=\frac{1}{2}R+G+\frac{1}{2}B \tag{5-6}$$

如果用 f_M 表示 Y 信号的上限频率,那么这一设计方案中,CCD 摄像管读出的信号频谱分布如图 5-15 所示。

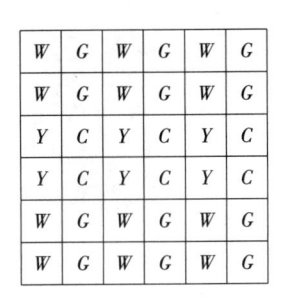

图 5-13 实现频谱交错的滤色器的原理结构图

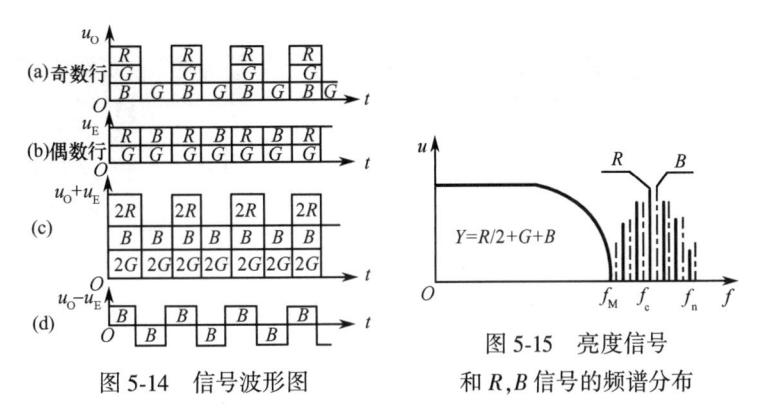

图 5-14 信号波形图

图 5-15 亮度信号和 R,B 信号的频谱分布

假定 CCD 摄像管在水平方向上有 N 个像元,则色载频 f_c 与 N 之间的关系为

$$f_c = \frac{N}{2t_n} \tag{5-7}$$

出于与使用电子束单管频率分离型摄像机完全相同的设计考虑,在采用频率分离方式的 CCD 单管摄像机中所选取的色载频 f_c 的数值,与在编码器中用以对色差信号进行调制的载频 f_c 的数值是相同的。

图 5-16 所示是应用频谱交错原理的 CCD 单管彩色摄像机的原理方框图。图中 Y 信号由低通滤波器取出,R 和 B 信号用带通滤波器取出调制在 f_c 上,并由梳状滤波器将它们分离开来。

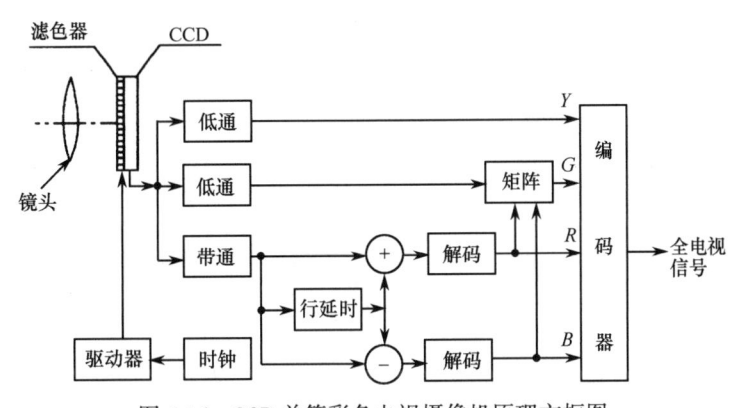

图 5-16 CCD 单管彩色电视摄像机原理方框图

5.4 典型单片彩色 CCD

5.4.1 Bayer 滤色器单片彩色 CCD

TCD5243D 为 Bayer 滤色器的彩色面阵 CCD,其外形图与引脚定义如图 5-17 所示。它由 545(H)×497(V) 个像元构成,有效信号单元为 514(H)×490(V),像元尺寸为 9.6μm(H)×7.5μm(V),整个成像面尺寸为 4.9mm(H)×3.7mm(V)。

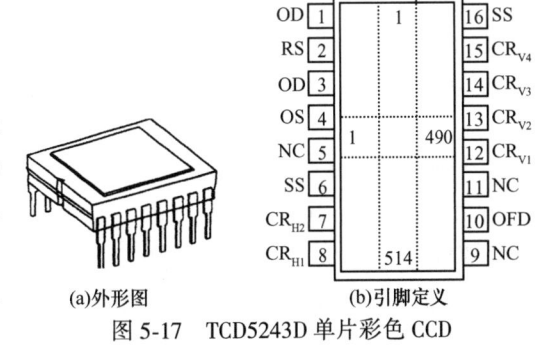

图 5-18 所示为 TCD5243D 像元阵列图。从图中看出,它的滤色器为 Bayer 排列方式。

图 5-17 TCD5243D 单片彩色 CCD

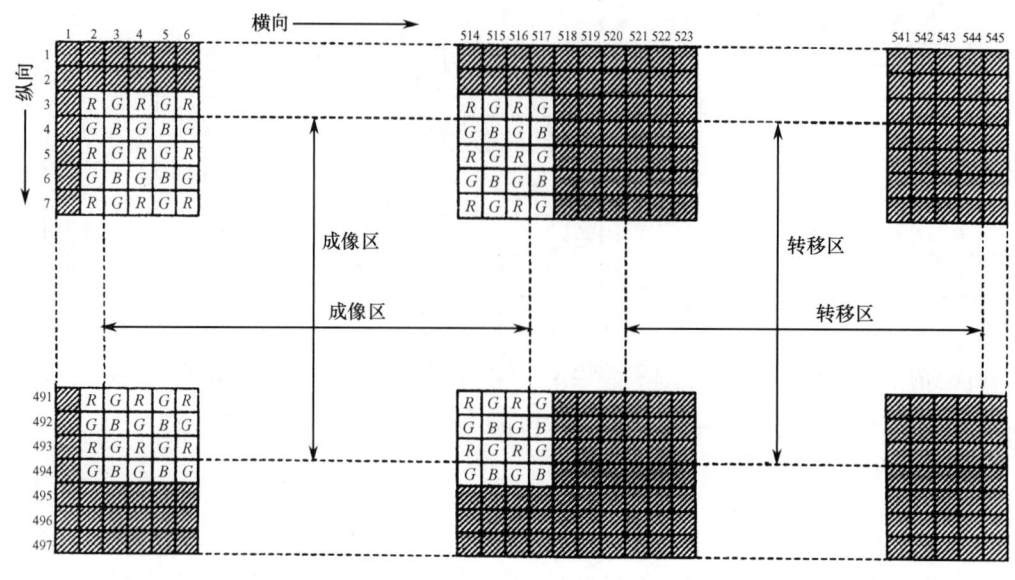

图 5-18 TCD5243D 像元阵列图

表 5-1 列出了 TCD5243D 的特性参数。从表中可以看出,蓝色滤光片下的像元响应最低,相当于绿色滤光片下像元的 1/6;红色像元的响应为蓝色的 3 倍。这样,CCD 输出的信号起伏很大,表现出了这种滤色方式的缺点。

表 5-1 TCD5243D 的特性参数

特性参数	符 号	测试条件	最小值	典型值	最大值	单 位
光电灵敏度(R)	$R(R)$	F1.4,27.5cd/m²	95	157		mV
光电灵敏度(G)	$R(G)$	F1.4,27.5cd/m²	180	260		mV
光电灵敏度(B)	$R(B)$	F1.4,27.5cd/m²	30	65		mV
饱和电压	U_{SAT}	绿像元输出	300			mV
暗信号电压	U_{DARK}	环境温度 $T_e=60℃$		1.5	3.0	mV
图像弥散度	SMR	F5.6		0.015	0.03	%
输出阻抗	Z_O				500	Ω
输出电流	I_{OD}			6.0	10	mA
弥散容限	BLM	绿像元输出	1000			倍

5.4.2 复合滤色器(或补色滤光片)型的彩色 CCD

TCD5511AD 为典型带通滤色片型的彩色 CCD,适用于 PAL/SECAM 电视制式的单管彩色 CCD 摄像机。它具有 598(H)×679(V)有效像元,成像区相当于 1/3 英寸典型光学系统。其基本特征如下:

① 总像元为 637(H)×688(V)个;
② 有效像元为 598(H)×679(V)个;
③ 像元尺寸为 5.2μm(H)×4.7μm(V);
④ 成像区尺寸为 4.3mm(H)×3.2mm(V);
⑤ 封装形式为 16 引脚 DIP 封装;

⑥ 滤色片为 Y_e, C_y, M_g, G 等；
⑦ 具有电子快门功能。

图 5-19 所示为 TCD5511AD 的外形与引脚定义。它属于隔列转移型的面阵 CCD。CR_{H1} 与 CR_{H2} 为水平模拟移位寄存器的驱动脉冲，RS 为水平输出的复位脉冲，水平驱动脉冲与复位脉冲的频率相同，均为 11.266MHz；CR_{V1}, CR_{V2}, CR_{V3}, CR_{V4} 为四相垂直模拟移位寄存器（垂直 CCD）的驱动脉冲，驱动频率为 15.625kHz；OS 为 CCD 的视频信号输出端。其他引脚分别为电源和各偏置输入端。它的基本工作原理与第 4 章中所介绍的隔列转移型面阵 CCD 类同，这里不再赘述。

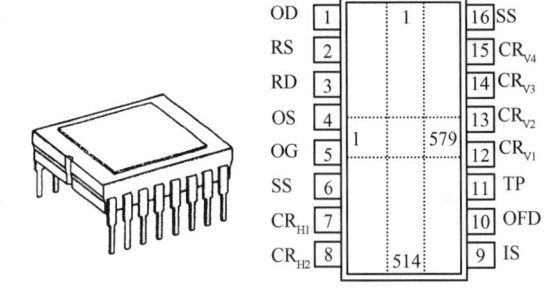

图 5-19　TCD5511AD 的外形与引脚定义

TCD5511AD 的彩色滤色器是直接做在每个像元表面的保护玻璃面上的，这样可减小它的弥散。图 5-20 所示为 TCD5511AD 成像与转移单元阵列图。图中符号 C_y 为青色滤光像元，该像元只能接收入射光的 B 和 G 光，而不能接收其中的 R 光；Y_G 为黄色滤光像元，该像元只能接收到 G 和 R 光。Y_e 滤光器阻止 B 光通过；M_g 为紫色滤光像元，紫色滤光器允许 B, R 光通过，而阻止 G 光通过，该像元只对 B, R 光敏感；G 为绿色滤光像元。可以用下式表示各滤光器的色元

$$C_y = B+G \qquad Y_e = G+R \qquad M_g = R+B$$

由于 CCD 像元对 R, G, B 光的敏感程度不同，Bayer 滤色片的输出信号的幅度起伏很大，而这种复合式滤色器的 CCD 输出信号起伏很小。

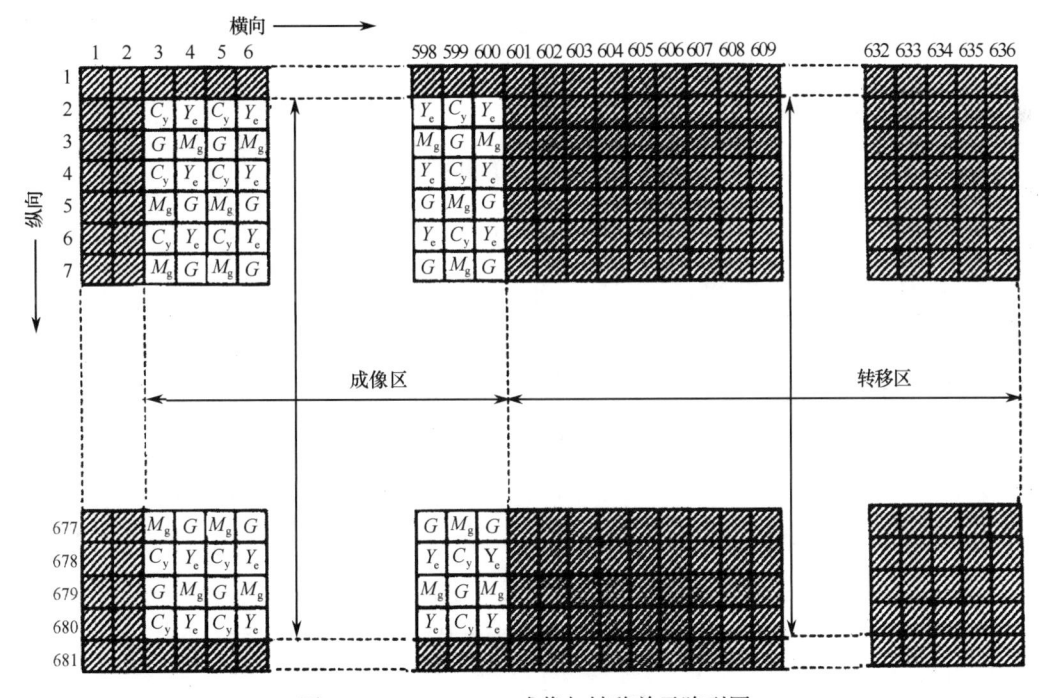

图 5-20　TCD5511AD 成像与转移单元阵列图

表 5-2 所示为 TCD5511AD 的特性参数。从表中可见，其光电灵敏度一致性好，为此表中列出的为平均值。

表 5-2 TCD5511AD 的特性参数

特性参数	符号	测试条件	最小值	典型值	最大值	单位
光电灵敏度	R			35		mV/lx
饱和电压	U_{SAT}		500			mV
暗信号电压	U_{DARK}	环境温度（60℃）		1.5	3.0	mV
图像弥散度	SMR	F5.6		0.015	0.03	%
输出阻抗	Z_O			200		Ω
输出电流	I_{OD}			6.0	10	mA
滞后	L_{AGD}	$U_{sig}=20mV$		0	1.0	mA
弥散容限	BLM	绿像元输出		500		倍

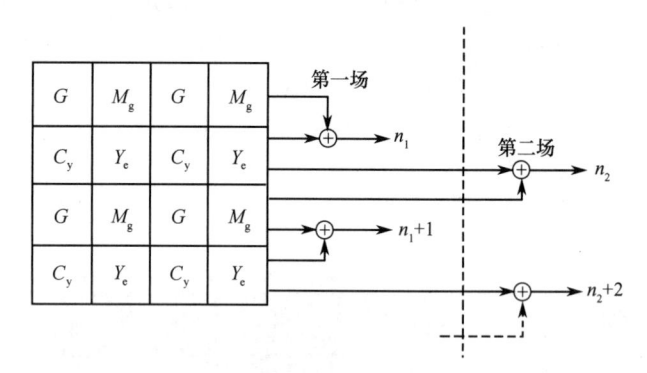

复合式滤色器面阵 CCD 的彩色信号获取方法如图 5-21 及图 5-22 所示。图 5-21 为奇、偶二输出信号相邻两行相加处理,获得新的第 n_1 行和 n_1+1 行的信号;偶数场相邻两行相加获得第 n_2 行与第 n_2+2 行的信号。图 5-22 所示为奇数场产生的第 n_1 行和第 n_1+1 行彩色信号分离的原理图。图中用了一个带通滤波器(BPF)得到 $G,2R$ 信号,用低通滤波器(LPF)得到亮度信号 $Y_n = 2R+3G+2B$。

图 5-21 奇、偶场的相邻行相加

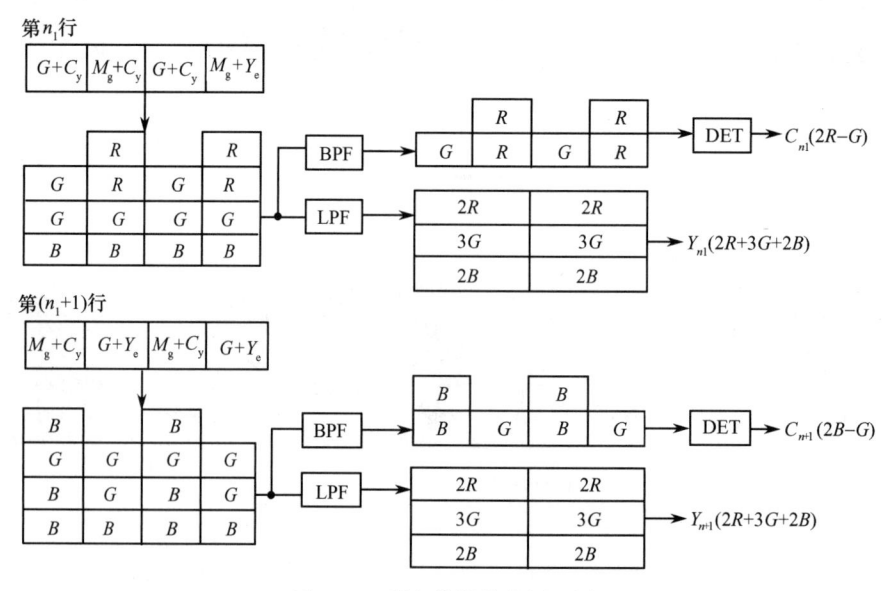

图 5-22 彩色信号分离原理图

5.5 彩色数码相机简介

彩色数码相机又称数字相机,是20世纪90年代发展起来的具有很强生命力的CCD产品。它的诞生打破了传统的摄影常规,使摄影变得更加方便,更加具有艺术情趣。因为它既具有摄录机那样的即拍即演的可视功能,又能像傻瓜相机那样操作简便,容易对图像进行任意的删除和修改,甚至于做局部的增减、合成及背景亮度与颜色的改变等处理,这样很容易达到各种艺术效果。

数码相机与胶片相机的区别在于,图像的传感和存储的方式不同。数码相机的图像由镜头产生的光学图像经过面阵CCD转换成电荷包图像;再经A/D转换器转换成数字信息存储在电子存储器中。而胶片相机是通过感光胶片上的卤化银的光化学反应记录彩色图像的,它是一次性的,不可修改的。

数码相机的另一个特点是图像的即拍即放特性。它可以将刚刚拍到的图像调出来,观看所拍图像的效果,并将所拍图像通过计算机网络发到各地去。这一功能是胶片相机无法办到的。胶片相机的图像只有在拍完后将胶卷取出,并只有经过冲印后才能观看到拍摄效果,异地观看更是无法办到的。

数码相机的最大特点是,它以一系列的二进制数字和标准的图像存储方式把所摄图像存放在机内存储器中,并可以通过专用接口与各种通用计算机联机,实现图像传输和计算机处理的功能。

当然,数码相机的发展历史不长,尚有许多方面需要改进和提高。例如,作为永久保留的图片显示方式,需要将屏幕上的图像打印出来,这就需要有良好的彩色喷墨打印机和与之相对应的墨水和纸,这必然会增加数码相机使用者的成本。然而,从商业方面考虑,如果数码相机的用户增加,专业打印彩色图像的行业会应运而生,就像彩色照片的冲印一样。

数码相机的分辨率或解像力尚不如胶片的分辨率高,还有待于高分辨率面阵CCD的进一步发展。目前,常用的数码相机的面阵CCD像元数已达2036×3060。更高分辨率的5000×5000像元的CCD尚未用于数码相机,重要原因是成本太高。

数码相机成本的降低有待于新型CMOS图像传感器的发展。CMOS光电传感器的成本比CCD的低,目前其特性,尤其是动态范围和色饱和度等参数尚不能满足高档数码相机的要求,有待于CMOS技术的进一步提高与改进。目前,CMOS图像传感器已被广泛应用于手机,使图像分辨率和色彩还原度得到很大提高,满足了手机图像采集的需要。

1. 数码相机的基本组成原理

数码相机的基本组成原理方框图如图5-23所示。成像物镜将被摄景物成像在面阵CCD的像面上,面阵CCD在驱动器产生的驱动脉冲的作用下,将光学图像转换成电荷包图像,并以自扫描的方式形成视频信号。

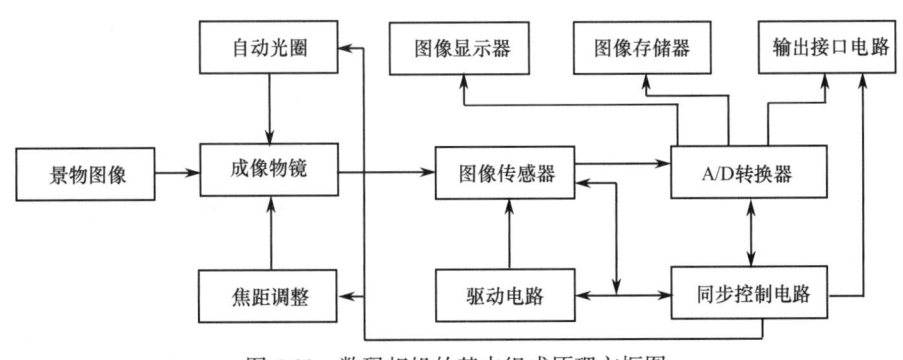

图5-23 数码相机的基本组成原理方框图

视频信号经视频放大器放大后,送 A/D 转换器转换成数字信号,并在同步控制器的作用下将数字信号以一定的排列方式存入存储器,形成数字图像。数字图像可以经过输出接口电路写入硬盘,也可以经 D/A 转换成模拟信号,再由液晶显示屏观看所摄图像是否满意,进行取舍。数字图像信号可以通过计算软件计算出各种信息,并回送给同步控制器,同步控制器可根据图像的质量决定对光圈进行调整或对焦距进行调整,以便获得最佳的图像信号。

2. 数码相机的主要性能

数码相机的主要性能分别由它的五个主要部件确定,即成像物镜、图像传感器、A/D 转换器、存储器和接口方式。

(1) 数码相机的分辨率或解像力

数码相机的分辨率与一般胶片相机的分辨率不同。一般胶片相机的分辨率取决于相机的成像物镜的分辨率,而数码相机的分辨率取决于所用 CCD 的像元数。另外,对于同一个数码相机,可以得到不同分辨率的输出图像,以便满足不同的使用要求。例如,尼康 Coolpix P950 的分辨率有 1600×1200,1024×768 和 640×480 等 3 种图像输出模式。这样,在机内内存不变的条件下,不同分辨率的图像存储模式所存储图像的张数不同。

(2) 色彩深度

色彩深度取决于数码相机中所用面阵 CCD 的动态范围与 A/D 转换器的位数,即 A/D 转换器的分辨率。目前专业型真彩色数码相机的色彩深度达 36 位或 24 位。色彩越深,色彩越真实,色彩的层次感越好。

(3) 焦距

大多数的数码相机采用变焦距镜头,可变范围一般为 3~6 倍。例如,富士 MX-1700ZOOM 数码相机的镜头为 38~114mm 的 3 倍光学变焦镜头。当然一些廉价的数码相机仍采用焦距在 50mm 左右的定焦距镜头。例如,柯达 DC25 数码相机的镜头焦距为 47mm,拍摄范围为 0.5m 至无限远。目前,高质量的非线性光学镜头已经深入到手机、平板电脑等数码成像设备,满足人们对设备的需要。

(4) 光圈与快门

光圈与快门的功能与一般胶片相机类似,快门的曝光时间为 1/500~16s,有手动设置。广角镜头的光圈在 $f/2.5 \sim f/16$ 范围内可调,长焦镜头的光圈在 $f/3.8 \sim f/24$ 范围内可调。

(5) 图像存储

目前,数码相机存储图像的功能发展非常迅速,很多数码相机的机内内存容量已达到数百 GB,同时,增加了 USB 总线接口,基本满足各类用户对图像存储和转移的需求。另外,一些相机还附加了无线通信功能,能够通过网络将所存储的图像信息传送到所需之处,或存储容量更大的设备,满足人们对图像存储的需要。

(6) 取景器

取景器也是较胶片相机有重大发展的部件,胶片相机的取影器只能在拍照前观看所摄景物是否合适,不能观看拍摄后的效果。而数码相机的取景器兼有观看拍摄前与拍摄后效果的功能,另外它还能够对所摄图像进行编辑与修改,并将编辑、修改后的图像显示出来。取景器的显示屏充分利用了现代 LED、LCD 与 OLED 技术显示更大的图像,不断满足人们日益增长的取景观看需求。

(7) 接口功能

数码相机与计算机的通信接口技术与半导体集成电路及网络技术密切相关。它经历了由 RS-232(或 485)到 USB 串行通信的发展过程,随着大规模集成电路与 4G、5G 通信技术的发展,数码相机的通信接口功能必将随之更新换代。

（8）其他功能

数码相机同样具有胶片相机的自动测光、自动调焦、自动闪光和自拍等功能。由于数码相机中应用了微处理器，所以程序化的工作是很方便的，尤其是数码相机已将图像转换成数字图像，很容易实现一般胶片相机难以实现的测光及控光功能。

5.6 本章小结

CCD 彩色摄像机经历了由复杂到简单的发展过程，三管彩色电视摄像机是最先问世的，然后经历了两管、单管的过程，反映了 CCD 芯片制造技术与工艺的提高及滤光片的发展。

(1) 三管 CCD 彩色电视摄像机

它的基本组成原理如图 5-1 所示，三片面阵 CCD 分别安装在分光镜的像面上，获取 R、G、B 三色图像信号，经各自的信号处理电路处理后得到轮廓与强度信号，最后经编码器输出全电视信号。

三管 CCD 彩色电视摄像机的关键技术在于：①光学成像系统的调整；②三个芯片的调整（包括中心重合调整与倾斜调整）；③克服 R、G、B 信号间的频谱混叠干扰问题。

(2) 两管 CCD 彩色电视摄像机

它在简化分光系统的基础上引入了滤色器，为单管 CCD 彩色摄像机探索了发展思路。

(3) 单管 CCD 彩色摄像机

在面阵 CCD 像元数足够的情况下，利用滤色器获得 R、G、B 图像信息，进而获得彩色图像电视信号。关键技术有：①滤色器的结构，与像元匹配的 Bayer 滤色器与三色滤色器；②利用复合滤色器分色的方案完成频率分离型分色，能够克服 CCD 对 R、G、B 灵敏度差异大的缺陷，是很好的方案。

(4) 典型单片彩色 CCD

① Bayer 滤色器单片彩色 CCD 结构与特性参数；②复合滤色器单片彩色 CCD 结构与特性参数。

(5) 彩色数码相机简介

①彩色数码相机的基本组成原理；②彩色数码相机的主要性能。

思考题与习题 5

5.1 为什么三管彩色 CCD 电视摄像机中的三片面阵 CCD 要求采用在同一块硅片中按同样工艺制成的三片芯片？

5.2 为什么要有意使输出绿色信号的 G-CCD 的像元与蓝色 B-CCD 及红色 R-CCD 的像元在水平方向上错开 1/2 像元长度？

5.3 为什么采用同样型号的面阵 CCD 做成三管彩色 CCD 摄像机的分辨率要高于做成单管彩色 CCD 摄像机的分辨率？

5.4 复合滤色器（补色滤光片）单片彩色 CCD 与 Bayer 滤色器单片彩色 CCD 相比有什么优点？

5.5 构成彩色数码相机的主要部件有哪些？其主要功能是什么？

5.6 试说明彩色数码相机的分辨率或解像力参数主要取决于哪个部件？

5.7 评价彩色数码相机质量的主要参数有哪些？目前的发展趋势如何？

5.8 试利用互联网查找 3 款不同分辨率指标的彩色数码相机，分别说明它们如何将所摄图像传送给电脑完成信息存储的。

第6章 CMOS 图像传感器

CMOS 图像传感器出现于1969 年,它是一种用传统的芯片工艺方法将光敏元件、放大器、A/D 转换器、存储器、数字信号处理器和计算机接口电路等集成在一块硅片上的图像传感器件,这种器件的结构简单、处理功能多、成品率高和价格低廉,有着广泛的应用前景。

CMOS 图像传感器虽然比 CCD 的出现还早一年,但在相当长的时间内,由于它存在成像质量差、像元尺寸小、填充率(有效像元与总面积之比)低(10%~20%)、响应速度慢等缺点,因此只能用于图像质量要求较低、尺寸较小的数码照相机中,如早期工业机器人视觉应用的场合。早期的 CMOS 器件采用"被动像元"(无源)结构,每个像元主要由一个光敏元件和一个像元寻址开关构成,无信号放大和处理电路,性能较差。1989 年以后,出现了"主动像元"(有源)结构。它不仅有光敏元件和像元寻址开关,而且还有信号放大和处理等电路,提高了光电灵敏度,减小了噪声,扩大了动态范围,使它的一些性能参数与 CCD 相接近,而在功能、功耗、尺寸和价格等方面要优于 CCD,所以应用越来越广泛。

CMOS 图像传感器主要由光电二极管、MOS 场效应管、MOS 放大器与 MOS 开关等电路集成。本章首先介绍 MOS 场效应管的基本原理和主要性能参数;讲述 CMOS 成像器件的结构和工作原理;讨论 CMOS 图像传感器的主要性能参数及其提高的方法;最后介绍一些典型 CMOS 图像传感器与典型 CMOS 数码照相机等产品。

6.1 MOS 场效应管

6.1.1 MOS 场效应管的基本结构

MOS(Metal Oxide Semiconductor)场效应管(MOSFET)是一种具有表面场效应作用的单极型半导体器件。这种器件主要由衬底、源极 S、漏极 D 和栅极 G 组成。它的半导体工艺结构如图 6-1 所示,采用轻渗杂的 P 型硅为衬底,在其上用扩散或离子注入的工艺生成 N^+ 型源区 S 和 N^+ 型漏区 D;再用氧化或淀积的方法,在源漏极之间生成一簿层 SiO_2 绝缘层(图中斜线所示),在氧化硅上面蒸镀金属[铝(Al)]电极作为栅极 G;最后,在 S,D 上用蒸发或用合金工艺制成 S,D 电极,制成场效应三极管。在两个 N^+ 型区间的部分称为沟道,沟道的长度为 L,宽度为 W,因此,这种场效应管又称为 N 沟道场效应管。

MOS 场效应管的结构如图 6-2 所示,图中在源极 S 与漏极 D 之间加电压 U_{ds},在栅极 G 加控制电压 U_g。当 $U_g=0$ 时,由于两个 N^+P 结成相反方向排列,所以无论 U_{ds} 的极性如何,都不可能有电流流过;而当 $U_g>0$ 时,在栅层中将出现由上向下的电场,从而在基片的表面会感应出负电荷,空穴也会减少;随着 U_g 的增大,感应电荷会不断地增多,而空穴却不断减少,直至耗尽,使其成为反型层;当 $U_g>U_{th}$(阈值电压)时,如图 6-3 所示,形成了强反型层,漏极下面形成耗尽层。由于源、漏极之间已加有电压 U_{ds},所以在源、漏极间会有电流通过。而且,随着 U_g 进一步增大,反型层的厚度增大,沟道的导电能力增强。这种情况说明, U_g 可以控制源、漏极间的电流,即 MOS 场效应管具有双极型晶体管中基极电流控制集电极电流的特点。在 MOS 场效应管中漏极电流被 U_g 控制。

图 6-4 所示为 MOS 场效应管导电机构的立体剖面示意图,由图可以清楚地看出反型层沟道与耗尽层的分布情况。图中栅极下面紧贴氧化层的一层是反型层,其中电子密度很大;再下一层是耗

尽层,而且在两个 N⁺ 区的下面也形成耗尽层,使它们彼此连接在一起,形成导电沟道。导电沟道的深度受 U_g 控制。

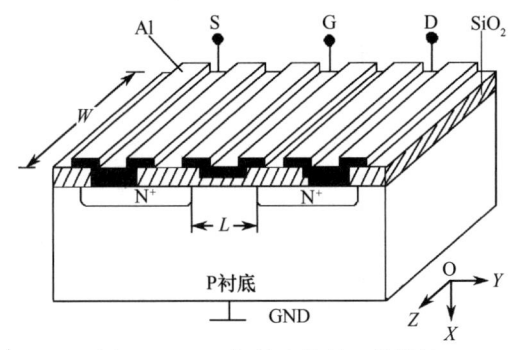

图 6-1 MOS 场效应管的工艺结构

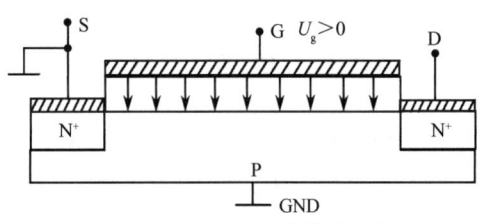

图 6-2 MOS 场效应管的结构

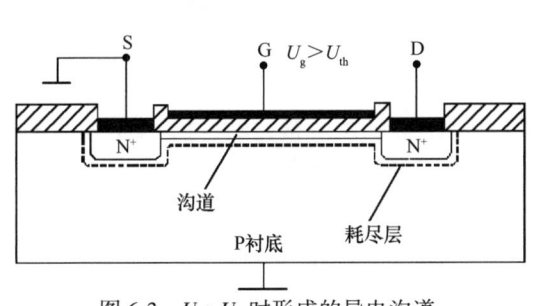

图 6-3 $U_g > U_{th}$ 时形成的导电沟道

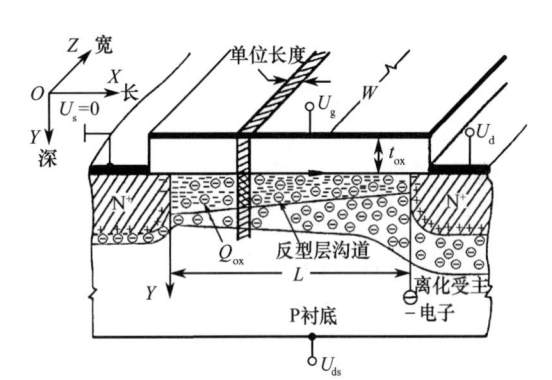

图 6-4 MOS 场效应管导电机构立体剖面图

6.1.2 场效应管的主要性能参数

1. 阈值电压 U_{th}

阈值电压 U_{th} 由三部分组成,即

$$U_{th} = U_s + U_{ox} + U_{fb} \tag{6-1}$$

式中,U_s 为表面势;U_{ox} 为氧化层上的电压降,阈值的一部分降落在绝缘氧化层上,其值为 $U_{ox} = Q_{ox}/C_{oc}$,Q_{ox} 是绝缘栅势阱中的电荷量,C_{ox} 是绝缘栅电容;U_{fb} 为平带电压,是为了补偿金属电极与半导体间功函数的差和表面能带需要增加的电压,其值为

$$U_{fb} = -U_{ms} - \frac{Q_{ox}}{C_{ox}} \tag{6-2}$$

式中,U_{ms} 是功函数。

2. 伏安特性

MOS 场效应管的伏安特性是指漏极电流 I_d 与源漏之间电压 U_{ds} 的特性关系,它取决于栅源间的电压 U_{gs},阈值电压 U_{th},以及器件的结构和材料的性质。显然,U_{gs} 越大,U_{th} 越小,沟道越宽,绝缘栅电容 C_{ox} 越大和反型层中电子迁移率越大,则 I_d 也越大。经过推导有

$$I_d = WM_nC_{ox}\int_0^L [U_{gs} - U_{th} - u(y)]du(y) \tag{6-3}$$

式中,$u(y)$ 是沟道中沿 Y 轴方向的电压降,当 $y = L$ 时,$U(L) = U_{ds}$;M_n 为场效应管的增益。

式(6-3)的积分结果是 I_d 与 $u(y = L) = U_{ds}$ 的关系曲线,如图 6-5 所示,曲线为一条由 3 部分组

成的非线性曲线。

(1) 线性区

当 $u(y) \ll (U_{gs}-U_{th})$ 时,式(6-3)可以简化为

$$I_d = \beta(U_{gs}-U_{th})U_{ds} \qquad (6-4)$$

其中,$\beta = WM_nC_{ox}/L$。

式(6-4)表明,I_d 与 U_{ds} 呈线性关系。如图6-5所示,曲线的①~②段 I_d 与 U_{ds} 呈线性关系。I_d 随 U_{ds} 的增大而线性增大。

(2) 非饱和区

随着 U_{ds} 逐渐增大,沟道压降 $u(y)$ 也逐渐上升,这使得绝缘层上的压降沿源极到漏极的方向逐渐减小,致使反型层沟道逐渐变薄,如图6-4所示。这样,式(6-3)变成

$$I_d = \beta\left[(U_{gs}-U_{th})U_{ds}-\frac{1}{2}U_{ds}^2\right] \qquad (6-5)$$

上式说明,$(-U_{ds}^2/2)$ 的出现,使 I_d 随 U_{ds} 增大的趋势逐渐变慢,于是出现了图6-5中的饱和过渡段(A 点左侧)。

(3) 饱和区

当 $U_{ds} = U_{gs}-U_{th}$ 时,反型层沟道中的导电电荷密度会减小至0,沟道被截断,其长度 L 不再随 U_{ds} 的增大而增大,进入了饱和状态,如图6-5中的第③段。此时的饱和电流为

$$I_{dsat} = \frac{\beta}{2}(U_{gs}-U_{th})^2 \qquad (6-6)$$

(4) 雪崩区

当 U_{ds} 增大到足够大时,源漏极之间将出现雪崩电流,如图6-5中的 I_d 快速上升段(④段)。

图6-5的曲线是在 U_{gs} 为常数的情况下获得的。如果改变 U_{gs},则可以得到一簇曲线,如图6-6所示。该图表明,随着 U_{gs} 增大,$I_d(U_{ds})$ 曲线也会向上移动。当 U_{ds} 和 U_{gs} 等参数确定后,可以从这簇曲线中确定MOS场效应管的工作状态。此外,曲线还表明,随着 U_{gs} 增大,饱和电压 U_{dsat} 和击穿电压均会增大,这都是因 I_d 随 U_{gs} 增大带来的效果。

3. 频率特性

MOS场效应管的频率特性主要取决于沟道中载流子的迁移速度、沟道的长度和寄生电容的容量。为了说明场效应管的频率特性,需要在图6-2的基础上,将所有寄生电容都表示出来。图6-7所示为栅源之间的分布电容 C_{gs} 及栅漏之间的分布电容 C_{gd};衬底与漏极间的电容 C_{bd} 和衬底与源极间的电容 C_{bs}。

图6-5 场效应管的伏安特性曲线

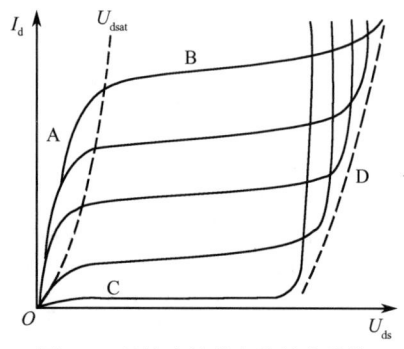

图6-6 场效应管伏安特性曲线族

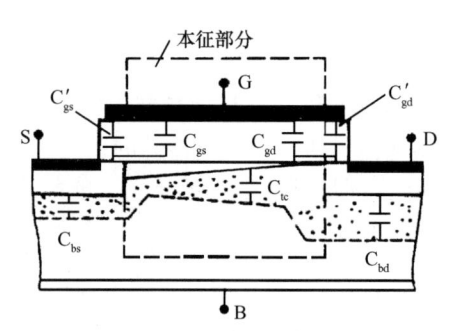

图6-7 MOS管的电容分布

从图 6-7 中可以看出,当栅极电压随输入的交流信号 U_{gs} 变化时,表面反型层电荷的厚度将随之变化,沟道的导电能力也跟着改变,由此产生的漏电流为 $I_d = g_m U_{gs}$,式中 g_m 是栅漏间的跨导,它会随频率变化,以至于影响 MOS 场效应管的高频特性。

从图 6-7 还可以看出:由于器件的输入端存在栅源电容 C_{gs},而且还存在沟道等效电阻 R_{gs},二者属于串联关系。在低频段,C_{gs} 的阻抗很大,U_{gs} 主要降落在 C_{gs} 上,它能控制沟道中的电流,使输出信号跟随输入信号变化;但在高频段,随输入信号频率的增高,C_{gs} 的阻抗会不断下降,沟道电流随之减小,输出信号也就跟着变弱。输出/输入特性的这种变化即是场效应管的频率特性。从 R_{gs}、C_{gs} 的电子电路特性,可以得到输出/输入的频率特性为

$$g_m(\omega) = \frac{I_d(\omega)}{U_{gs}(\omega)} = 1 + \frac{k}{1 + j\omega R_{gs} C_{gs}} \tag{6-7}$$

式中,k 为不随角频率 ω 变化的常数。

截止频率 f_T 是 MOS 场效应管频率特性的重要参数。其定义为:当频率升高时,流过栅源电容 C_{gs} 的电流也增大,当流过它的电流正好等于交流电路的短路输出电流时所对应的频率 ω_T。经分析有

$$\omega_T = g_m(0)/C_{gs} = 2\pi f_T \tag{6-8}$$

4. 开关特性

在 CMOS 中采用了大量的 MOS 开关管,用作寻址控制和读出控制。其基本电路如图 6-8 所示。当输入为高电平时,MOS 管导通,电源电压主要降在 R_L 上,输出电压接近于 0;当输入为低电平时,MOS 管截止,输出高电平。在实际集成电路中,R_L 用 MOS 场效应管取代,如图 6-9 所示,其中 V_2 的栅极 G 与漏极 D 短接,工作在饱和状态,等效于一个阻值确定的电阻。

由于输出端存在对地的电容 C_g,上述的开关作用不可能是突变的,输入和输出波形如图 6-10 所示,即当输入信号由低电平突升至高电平时,输入电压不会立即由低电平上升到高电平,要通过 V_2 管充电才能升至高电平。因此输出端电位如图 6-10 所示。经过 t_{off} 时间由高电平降至 0。延迟时间 t_{off} 与 C_g 成正比,而与有效电源电压 $|U_{DD} - U_{th}|$ 成反比,即

$$I_1 = k_1 \frac{C_g}{|U_{DD} - U_{th}|} \tag{6-9}$$

式中,U_{th} 是 V_2 管的阈值,k_1 是常数。

与输入电压上升的情况相似,当输入电压突然由高降低时,电容 C_g 上的电荷要通过 V_1 管放电,在放电过程中 V_1 管的工作状态由饱和逐渐变为截止,使电容 C_g 上的电荷放电速度变缓,输出电压由低变高的过程变缓,输出如图 6-10 所示的上升沿。

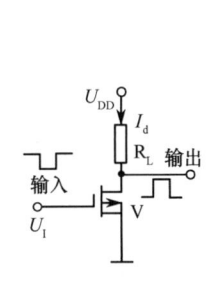

图 6-8 MOS 开关电路 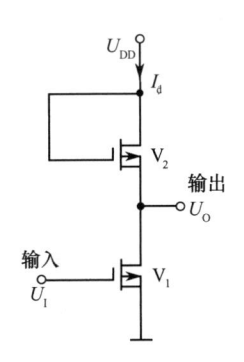 图 6-9 MOS 负载电阻 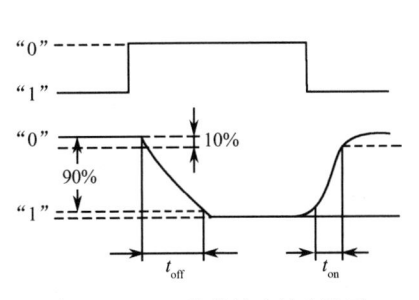 图 6-10 MOS 管的输入输出波形

综上所述,输出的延迟时间与 C_g 成正比,但与 U_{DD},U_{th},U_g 之间存在着较为复杂的关系。V_1 管的放电电流为

$$I_{on} = k_2 \frac{C_g}{(U_{DD}-U_{th})} \left\{ \frac{2[0.9(U_{DD}-U_{th})-(U_{gs}-U_{th})]}{(U_{gs}-U_{th})} + i_N \left[\frac{2(U_{gs}-U_{th})}{0.1(U_{DD}-U_{th})} - 0.1 \right] \right\} \quad (6\text{-}10)$$

经 V_2 管的充电电流为

$$I_{off} = \frac{C_g}{\beta |U_{DD}-U_{th}|} \quad (6\text{-}11)$$

根据以上二式,便可计算出 MOS 场效应管的上升时间和下降时间。

5. 场效应管中的主要噪声

(1) 热噪声

场效应管中的热噪声是由导电沟道电阻产生的。电子在热运动过程中会引起沟道电势出现起伏,致使栅极电压产生波动,导致漏极电流的涨落,形成热噪声。热噪声电流的均方值为

$$i_{th}^2 = 4kTg \cdot \frac{2}{3} F(\eta) \Delta f \quad (6\text{-}12)$$

式中,k 为玻尔兹曼常数;T 为器件的温度;g 为沟道跨导;$F(\eta)$ 为

$$F(\eta) = \frac{1-(1-\eta)^2}{U_{gs}-U_{th}}, \quad \eta = \frac{U_{ds}}{U_{gs}-U_{th}}$$

U_{th} 为阈值电压:对于增强型器件,U_{th} 是开启电压;对于耗尽型器件,U_{th} 为夹断电压。

(2) 诱生栅极噪声

电子在导电沟道中做热运动。它形成的沟道电势分布的起伏会通过栅极电容耦合到栅极上,从而产生栅极噪声,并通过漏极或源极传输出去。该噪声是由栅电容耦合得来的,称为诱生栅极噪声。它的电流均方值为

$$i_{th}^2 = 0.12 \times \frac{\omega^2 C_{th}^2}{g_{ms}} \times 4kT \Delta f = 0.12 \frac{\omega^2 C_{th}^2}{g_{ms}} \quad (6\text{-}13)$$

式中,C_{th}^2 是单位沟道宽度上的栅极沟道电容,g_{ms} 是饱和时的栅极跨导。上式表明,这种噪声会随工作频率的增高而明显增大。

(3) 电流噪声

这种噪声主要与场效应管的表面状态有关。载流子在沟道中运动时,会被界面时而俘获,时而又被释放,结果形成电流噪声。它的特点是,噪声电流与 $1/f$ 成正比,还与界面电荷密度成正比。

6.2 CMOS 的原理结构

本节将介绍 CMOS 成像器件(简称 CMOS)的组成、像元结构、工作流程和辅助电路,从中可以了解这种器件的结构与工作原理。

6.2.1 CMOS 的组成

CMOS 的原理框图如图 6-11 所示,它的主要组成部分是像元阵列和 MOS 场效应管集成电路,而且这两部分是集成在同一硅片上的。像元阵列实际上是光电二极管阵列。

图中所示的像元阵列按 X 和 Y 方向排列成方阵,方阵中的每一个像元都有它在 X,Y 各方向上的地址,并可分别由两个方向的地址译码器进行选择;每一列像元都对应于一个列放大器,列放大器的输出信号分别接到由 X 方向地址译码器进行选择的模拟多路开关,并输出至输出放大器;输

出放大器的输出信号送 A/D 转换器进行模数转换,经预处理电路处理后通过接口电路输出。图中的时序脉冲电路与同步控制电路为整个 CMOS 图像传感器提供各种工作脉冲,这些脉冲均可受控于接口电路发来的同步控制信号。

图像信号的输出可由图 6-12 所示的信号输出原理图说明。在 Y 方向地址译码器(可以采用移位寄存器)的控制下,依次序接通每行像元上的模拟开关(图中标志的 $S_{i,j}$),信号将通过行开关传送到列线上,再通过 X 方向地址译码器(可以采用移位寄存器)的控制,传送到放大器。当然,由于设置了行与列开关,而它们的选通是由两个方向的地址译码器上所加的数码控制的,因此,可以采用 X,Y 两个方向以移位寄存器的形式工作,实现逐行扫描或隔行扫描的输出方式。也可以只输出某一行或某一列的信号,使其按照与线阵 CCD 相类似的方式工作。还可以选中你所希望观测的某些点的信号,如图 6-12 中所示的第 i 行、第 j 列的信号。

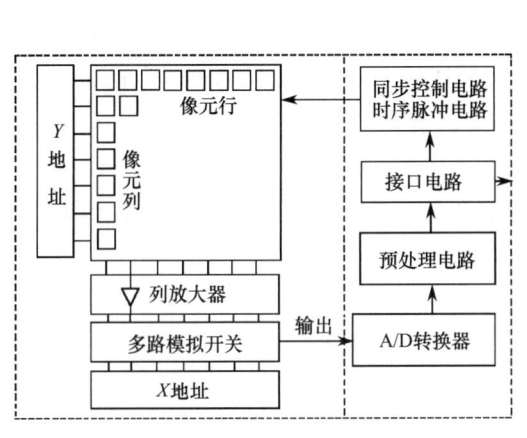

图 6-11 CMOS 原理框图　　　　图 6-12 信号输出原理图

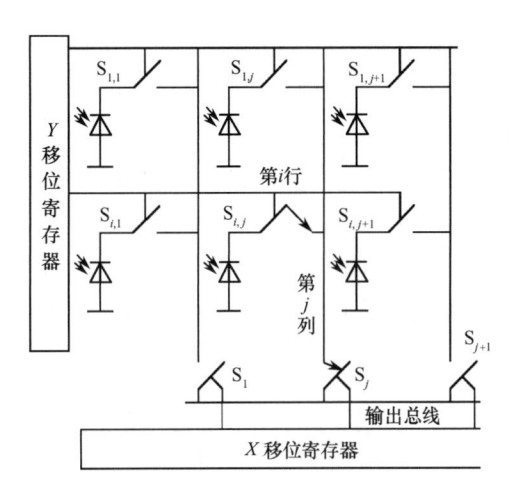

在 CMOS 的同一芯片中,还可以设置其他数字处理电路。例如,可以进行自动曝光、非均匀性补偿、白平衡、γ 校正、黑电平控制等处理。甚至于将具有运算和可编程功能的 DSP 器件制作在一起,形成具有多种功能的器件。

为了改善 CMOS 的性能,在许多实际的器件结构中,像元常与放大器制作成一体,以提高灵敏度和信噪比。后面介绍的像元就是采用光电二极管与放大器构成一个像元的复合结构。

6.2.2　CMOS 的像元结构

像元结构实际上是指每个像元的电路结构,它是 CMOS 的核心组件。

这种器件的像元结构有两种类型,即被动像元结构和主动像元结构。前者只包含光电二极管和地址选通开关(MOS 开关)两部分,如图 6-13 所示。其中像元图像信号的读出时序如图 6-14 所示。首先,复位脉冲启动复位操作,光电二极管的输出电压被置 0;接着光电二极管开始光信号的积分。当积分工作结束时,行、列选通线选通 MOS 开关,光电二极管中的信号便传输到列总线上;然后经过公共放大器放大后输出。

被动像元结构的缺点是:固定图案噪声(FPN)大、图像信号的信噪比低。前者是由各像元的选址模拟开关的压降有差异引起的;后者则是由选址模拟开关的暗电流噪声带来的。因此,这种结构已经被淘汰。

主动像元结构是当前得到实际应用的结构。它与被动像元结构的最主要区别是,在每个像元都经过放大后,才通过选址模拟开关传输,所以固定图案噪声大大降低,图像信号的信噪比却显著提高。

图 6-13　CMOS 像元结构

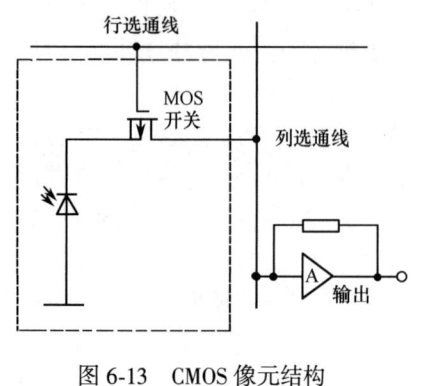

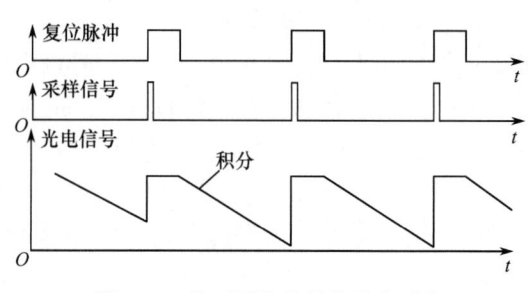

图 6-14　像元图像信号的读出时序

主动式像元结构的基本电路如图 6-15 所示。从图中可以看出，V_1 构成光电二极管的负载，它的栅极接在复位信号线上，当复位脉冲出现时，V_1 导通，光电二极管被瞬时复位；而当复位脉冲消失后，V_1 截止，光电二极管开始积分光信号。V_2 是一个源极跟随放大器，它将光电二极管的高阻输出信号进行电流放大。V_3 用作选址模拟开关，当选通脉冲引入时，V_3 导通，使得被放大的光电信号输送到列总线上。

图 6-16 所示为上述过程的时序，其中，复位脉冲首先来到，V_1 导通，光电二极管复位；复位脉冲消失后，光电二极管进行积分；积分结束时，V_3 导通，信号输出。

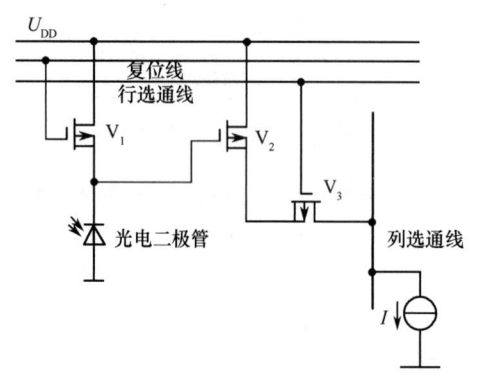

图 6-15　主动式像元结构的基本电路

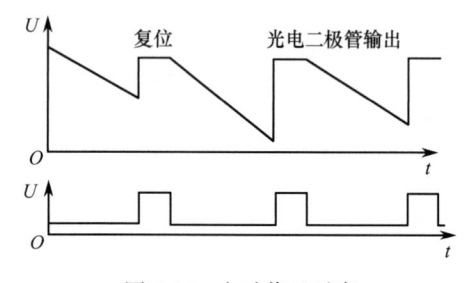

图 6-16　主动像元时序

实际的主动像元结构形式很多，其主要差别是应用 MOS 场效应管的数量或像元放大器的形式不同。

按照应用 MOS 场效应管数量的不同，有 3 管、4 管、5 管等形式。在上面已经介绍的 3 管式基础上再增加一个起存储开关作用的场效应管，便构成了如图 6-17 所示的 4 管式主动像元结构，它比 3 管式多了一个存储开关管，能将光电二极管的信号迅速存储在电容中，以便光电二极管能立即积分新的光信号。这种形式的主要缺点是，没有给光电二极管提供偏置电压，也没有复位作用，导致帧与帧之间的信号存在相互影响。图 6-18 所示的是 5 管式主动像元结构，它比 4 管式多了一个用作复位的开关管，从而克服了 4 管式无法复位的缺点；同时，两个复位开关与一个存储开关的配合，可以实现更完善的曝光控制。

实际的主动像元结构是多种多样的。其主要区分方法是光电二极管的偏置方法不同和采用的放大电路不同。图 6-19 所示为 6 种常用的各具特点的主动像元结构。

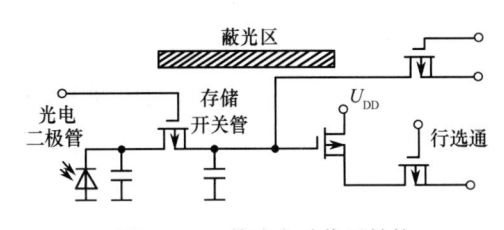

图 6-17　4 管式主动像元结构 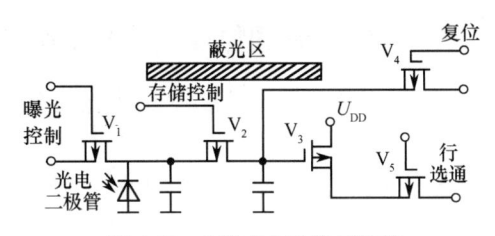　　　　　　图 6-18　5 管式主动像元结构

图 6-19(a)中的光电二极管没有设置偏置电压,采用的放大器为具有负反馈的直流放大器。电路虽然简单,但响应速度会降低。图中的电容 C 除了起交流负反馈作用外,还会在光电信号输入后使放大了的信号充电,并将信号保存下来。此信号被读出后,应该将其复位,以免影响下一帧的信号。图中的场效应管跨接在电容 C 两端,当复位信号到来后,场效应管导通,C 中的电荷便被短路放掉,这样就可以不影响下一帧的积分工作。

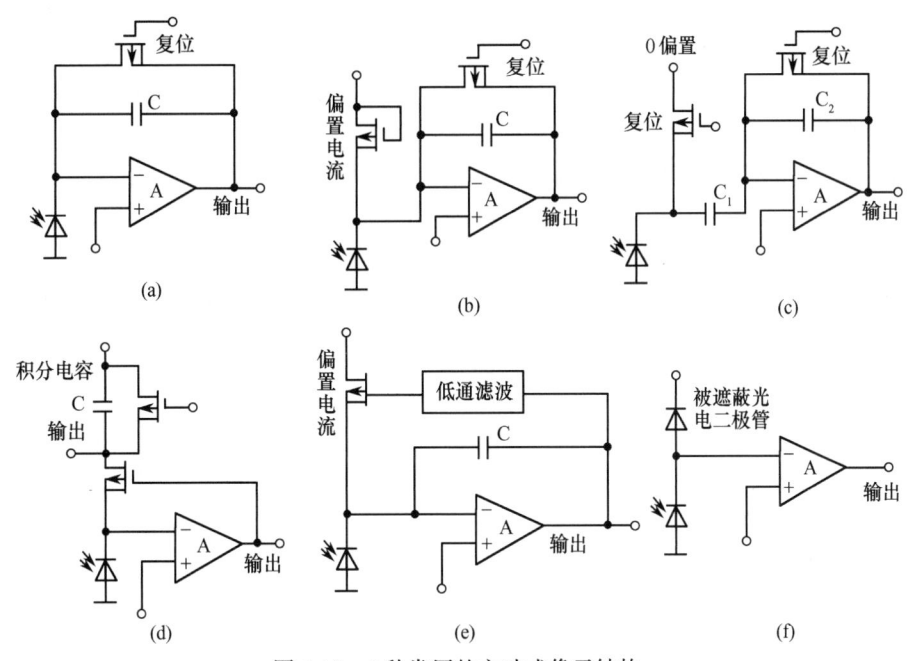

图 6-19　6 种常用的主动式像元结构

图 6-19(b)与图(a)的不同之处是光电二极管带有偏置,使它的响应速度加快。

图 6-19(c)的光电二极管带有偏置电源,当复位信号来到后,可以将其复位至 0 电位;隔直流电容 C_1 进一步消除了直流漂移的影响。

图 6-19(d)为另一种带有充电作用的像元结构,其中的光电二极管信号先由运算放大器放大,再经场效应管放大;然后才对电容 C 充电,C 保存了信号电荷。复位脉冲到来时,才能将 C 中的电荷放掉。

图 6-19(e)中光电二极管的偏置方法不同。光电二极管的偏置电流由放大后的光电信号控制,而且控制信号通过低通滤波器滤掉高次谐波,所以偏置电流不会有交流起伏。随着光电二极管信号的增强,它的偏置电流也增大,这有利于光电二极管的工作。

图 6-19(f)中有两个配对连接的光电二极管,其中一个为像元,而另一个被屏蔽起来。这种结构的主要特点是,可以抵消温度变化对光电二极管工作状态的影响,使其工作更稳定。

6.2.3 CMOS 图像传感器的工作流程

CMOS 图像传感器的功能很多,组成也很复杂。例如,6.2.1 节的图 6-11,它具有由许多部分组成的较为复杂的结构,这就需要使诸多的组成部分按一定的程序工作,以便协调各组成部分的工作。为了实施工作流程,还要设置时序脉冲,利用它的时序关系去控制各部分的运行次序;而用它的电平或前后沿信号去适应各组成部分的电气性能。

CMOS 图像传感器的典型工作流程图如图 6-20 所示。

(1) 初始化

初始化时要确定器件的工作模式,如输出偏压、放大器的增益、取景器是否开通,并设定积分时间。

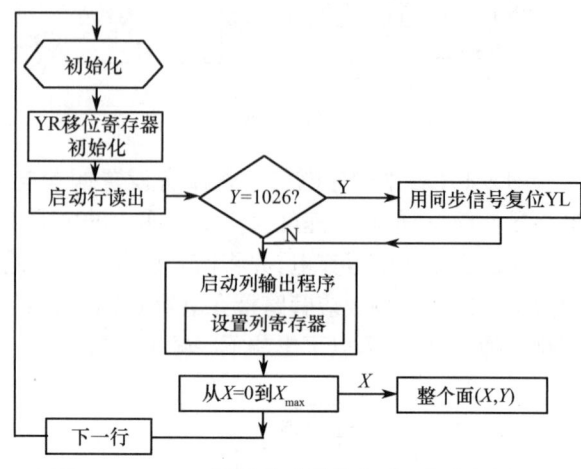

图 6-20 CMOS 图像传感器的典型工作流程图

(2) 帧读出(YR)移位寄存器初始化

利用同步脉冲 SYNC-YR,可以使 YR 移位寄存器初始化。SYNC-YR 为行启动脉冲序列,不过在它的第一行启动脉冲到来之前,有一消隐期间,在此期间内要发送一个帧启动脉冲。

(3) 启动行读出

SYNC-YR 指令可以启动行读出,从第一行($Y=0$)开始,直至 $Y=Y_{max}$ 止;Y_{max} 等于行的像元减去积分时间所占用的像元。

(4) 启动 X 移位寄存器

利用同步信号 SYNC-X,启动 X 移位寄存器开始读数,从 $X=0$ 起,至 $X=X_{max}$ 止;X 移位寄存器存一幅图像信号。

(5) 信号采集

A/D 转换器对一幅图像信号进行 A/D 数据采集。

(6) 启动下行读数

读完一行后,发出指令,接着进行下一行读数。

(7) 复位

帧复位是用同步信号 SYNC-YL 控制的,从 SYNC-YL 开始至 SYNC-YR 出现的时间间隔便是曝光时间。为了不引起混乱,在读出信号之前应当确定曝光时间。

(8) 输出放大器复位

用于消除前一个像元信号的影响,由脉冲信号 SIN 控制对输出放大器的复位。

(9) 信号采样/保持

为适应 A/D 转换器的工作,设置采样/保持脉冲,该脉冲由脉冲信号 SHY 控制。

实现上述工作流程需要一些同步脉冲信号,这些同步脉冲信号按时序利用脉冲的前沿(或后沿)触发,确保 CMOS 图像传感器按事先设定的程序工作。

图 6-21 为 CMOS 图像传感器时序脉冲波形图,它的工作过程如下。

① 3 个同步脉冲 SYNC-YL,SYNC-YR,SYNC-X 分别对器件中的 3 个移位寄存器进行初始化。其中 SYNC-YL,SYNC-YR 为分时操作的,由 L/R 信号的高、低电平控制。这些同步信号都是低电平有效。

② 时钟信号 CLCK-Y 用于启动下一行,该信号为下降沿有效。

③ 时钟信号 SIN 用于使输出放大器复位,它是高电平有效的,在读数结束时起作用,将输出放大器复位。

④ 复位以后,信号存储在输出放大器中;然后,SIN 又重新回到低电平。

⑤ 利用第一个复位脉冲使像元复位。

⑥ SYNC-X 启动,读出信号与时钟信号分别控制每个像元信号的读出;读出结束后,SHY 重新回到高电平。

⑦ 时钟信号 SHY 控制信号的采样与保持,此信号为低电平时对信号进行采集。

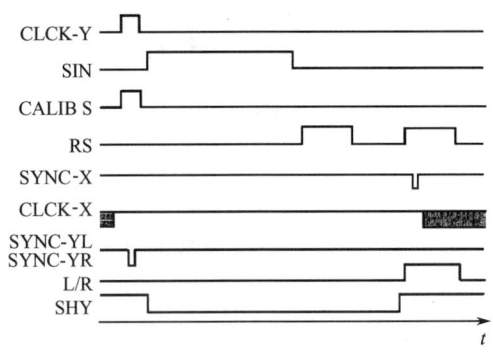

图 6-21 CMOS 图像传感器时序脉冲波形图

⑧ 若要进行曝光控制,则需要在行信号读出期间对像元进行复位,采用第二个复位脉冲,帧初始至第二个复位脉冲的时间间隔便是曝光时间(积分时间)。

6.2.4 CMOS 的辅助电路

CMOS 的重要优点是,在同一芯片中可以集成很多电路,使得这种器件的功能多,但结构却很简单。下面介绍一些常用的辅助电路。

(1) 偏置非均匀性校正电路

在 CMOS 中,各像元的偏置电压是不均匀的,可以在芯片中设置非均匀性校正电路进行校正,这对于弱信号场合特别有意义。例如,具有对数输出特性的器件,输出的每一数量级的电压仅为 50mV 左右,这与像元的偏置非均匀度在同一范围内,所以必须对其进行校正;而对于线性度要求高的场合,也要求校正非均匀性。

校正成像器件非均匀性的方法有两种:软件方法和硬件方法。前者的灵活性很高,但校正速度慢,后者需要设置电路。图 6-22 所示为采用硬件方法校正非均匀性的电路。图中设置了 EPROM,在其中存储了 CMOS 图像传感器的偏压非均匀性数据,它经过 D/A 转换后输送到差分放大器中。CMOS 图像传感器的输出信号减去 EPROM 中存储的信号,便消除了像元偏置信号非均匀的影响。让外同步 X/Y 信号同时送入 CMOS 和 EPROM 中,就能保证消除非均匀性的作用不出现错位。

(2) 随机选址电路

在光学检测、机器人等许多应用中,都可能只需要采集部分图像数据,以节省时间和减少数据处理量,因而要求能够对图像进行随机采样。例如,成像器件的像元为 1024×1024,而有用图像仅仅是其中随机分布的 200×200 小区,若能随机采样出该小区图像,则有效数据量就只有总数据量的 1/25,而帧频却可提高至 25 倍。可见此方法意义重大。

随机采样的原理图如图 6-23 所示。其中的微处理器(或 DSP)用于控制随机采样,它内部还包含有存储器,用于存储成像器件的地址和输出的图像数据;图中设有三个加法器,其中两个用于混合选址信号,一个经混合用于启动 A/D 转换器的信号,以便用地址总线或微处理器来控制选址和读出图像数据。当要随机采样(采集所感兴趣的局部图像)时,微处理器输出要采样像元区域的地址,并同时进行采集,然后经过 A/D 转换器,便可以采集到随机区域的图像信号。

(3) 相关双采样电路

KTC 噪声是一种频率较低的噪声,它在一个像元信号的读出过程中变化很小,这为消除该噪声提供了条件。消除 KTC 噪声的常用方法是相关双采样(CDS),它的工作原理如图 6-24 所示。由于光电二极管的输出信号中既包含有光电信号,也包含有复位脉冲电压(U_R)信号,若在光电信号

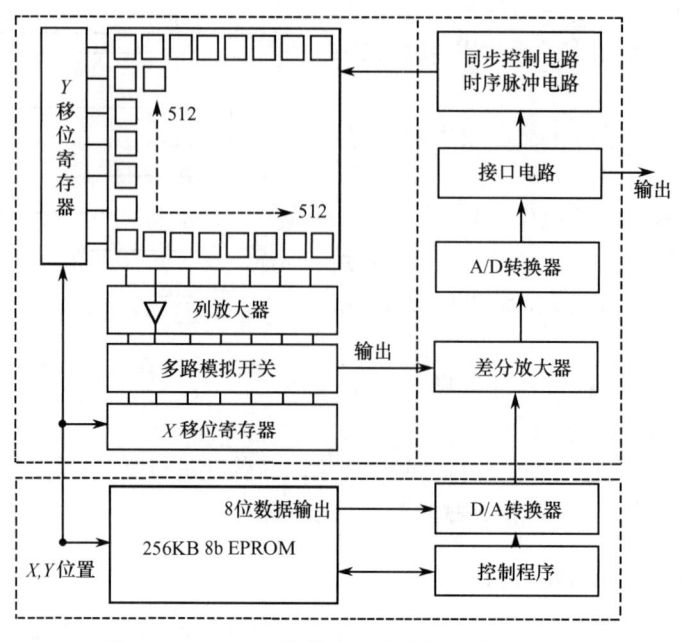

图 6-22 CMOS 图像传感器非均匀性校正电路

的积分开始时刻 t_1 和积分结束时刻 t_2,分别对输出信号进行采样(在一个信号输出周期中,产生两个采样脉冲,分别采样输出信号的两个点),并只提取二者的信号差

$$\Delta U = U(t_2) - U(t_1)$$

且在 $t_1 \sim t_2$ 期间复位电压不变,则 ΔU 中就不再包含有复位电压,这就意味着消除了复位电压引起的噪声。

下面给出这种电路的频率特性,以便清晰地表明 CDS 有抑制低频信号的作用。$U(t)$ 被采样和保持后,其差值信号为

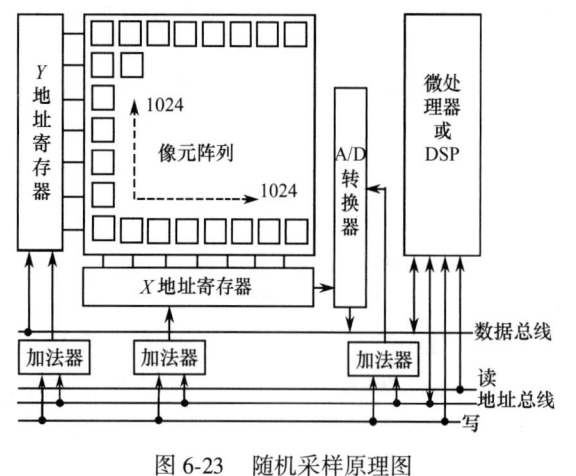

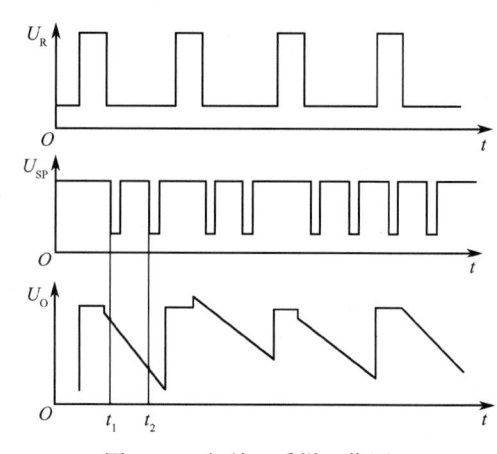

图 6-23 随机采样原理图　　　　图 6-24 相关双采样工作原理

$$\Delta U(t) = \left\{ \sum_n \left[U(t) - U(t-\tau) \right] \delta(t-nT) \cdot \text{rect}\left(\frac{t}{T}\right) \right\} \quad (6\text{-}14)$$

式中,$\tau = t_2 - t_1$,T 为采样信号的周期。对 $U(t)$ 进行傅里叶(Fourier)变换,即得 $\Delta U(t)$ 的频谱为

$$F_{\Delta U}(f) = \sum_n F_U(f - 2nf_N)\left[1 - \exp(-j2\pi\tau(f - 2nf_N)) \right] \cdot \text{sinc}(fT) \quad (6\text{-}15)$$

式中，f_N 是奈奎斯特频率。上式说明，几项频谱叠加的结果会造成频谱混淆现象，需要用一个矩形滤波器将 $n=1$ 以上的频谱滤掉。这样 CDS 的传递函数 $T(f)$ 为

$$T(f) = [1 - \exp(-j2\pi f\tau)] \cdot \text{sinc}(fT) \quad (6-16)$$

$T(f)$ 的曲线如图 6-25 所示，可见 CDS 对低频适用。在 τ 期间内，复位信号基本上不变，可视为频率为 0 的直流信号，因此便会被 CDS 消除掉。此外，对于其他低频噪声，如后面介绍的 $1/f$ 噪声，也有抑制作用。

在 CMOS 中，要实现 CDS 是很容易的。只要对它做以下改变即可：

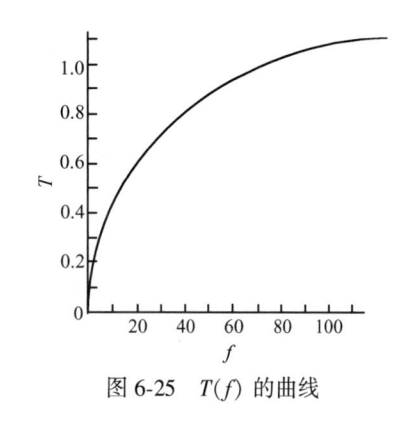

① 将图 6-21 中的采样脉冲 SHY 的频率增大一倍，即可进行双采样；
② 控制好 SHY 的相位，使采样时刻对应于图 6-24 所示的 t_1 和 t_2 时刻；
③ 增加一个减法电路，实现 $U(t_1) - U(t_2)$ 运算。在 CMOS 图像传感器中经常用到减法电路。

图 6-25 $T(f)$ 的曲线

(4) 对数特性电路

当信号光强变化很大时，可以采用具有对数特性的电路，以便满足动态范围的要求。但是这种结构对器件参数的变化很敏感，会因各像元的偏置电流不同而增减固定图案噪声(EPN)。为了清除这种 EPN，需要采用校正电路。前述的相关双采样电路，虽然可以消除一般的 EPN，但不适用于具有对数特性的电路。其原因是，在对数特性的电路中，光电二极管的电容一直在积分光电荷，它不存在复位电平，因此无法应用 CDS。已经有一些方法可以解决这一问题。其中效果较好的是在器件芯片中加入校正电路。下面详细介绍这一方法。

图 6-26 所示为一种具有对数运算功能的输出电路，它除具有一般主动像元结构外，还有校正电流电路(由校正开关场效应管 V_4 和复位场效应管 V_5 构成)与选通开关电路。其中，光电二极管 VD、复位开关场效应管 V_1 和源极跟随器 V_2 等器件构成主动像元结构，选通开关管 V_3、复位开关管 V_4 和开关管 V_5 构成对数运算电路的控制电路。这样，当选通脉冲 LE 加到 V_3 的栅极时，V_3 导通，这个像元便与列总线连通；而此时的脉冲 RC 处于低电位，则 V_4 截止，而 V_6 在 $\overline{RC}$ 脉冲作用下向电容 C 充电，RC 脉冲为高电平时为 V_4 供电。由于 V_4 截止，只有光电流 I_P 输出到总线上。因为光电流很微弱，所以 V_1 的电流 I 可近似为

$$I = I_0 \exp\{U_g - U_s - U_{V1}/nU_t\} \quad (6-17)$$

式中，U_g 和 U_s 分别是 V_1 的栅极和源极电压，U_{V1} 是 V_1 的阈值电压，$U_t = KT/q$ 是热电压，I_0 是截止电流，而 n 是常数。

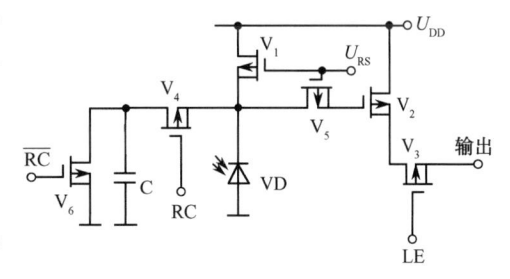

图 6-26 具有对数运算功能的输出电路

设 I_p 为光电二极管的光电流，I_r 是其反向电流，则光电二极管的输出电压为

$$U_{p1} = U_{b1} - U_{V2} - nU_t \ln\left(\frac{I_p + I_r}{I_0}\right) - \sqrt{\frac{2I_b}{g}} - U_{V2} \quad (6-18)$$

式中，U_{V2} 是 V_2 的阈值电压，g 为其跨导，I_b 为光电二极管的偏置电流。上式说明：U_{p1} 与 I_p 成对数关系，如图 6-27 所示。当 U_{p1} 采样/保持后，用窄脉冲 RC 使 V_4 暂短导通，产生校正电流 I_{cal}，并形成新的电压 U_{p2}。因为 $I_{cal} > I_p$，因此 V_1 处于强反偏状态，有

$$U_{p2} = U_{b1} - U_{V1} - \sqrt{\frac{2I_{cal}}{g_1}} - \sqrt{\frac{2I_b}{g_2}} - U_{V2} \tag{6-19}$$

式中，g_1 是 V_1 的跨导。

若 U_{p2} 也得到采样与保持，则

$$U_{p1} - U_{p2} = nU_t \ln\left(\frac{I_p + I_c}{I_0}\right) + \sqrt{\frac{2I_{cal}}{g_1}} \tag{6-20}$$

上式表明，差值电压仍与 I_p 成对数关系，但是 U_{V1} 与 U_{V2} 却消失了。因为阈值电压是偏压的主要组成部分，所以将差值电压($U_{p1}-U_{p2}$)当作输出信号电压，就基本上消除了因偏压变动而引起的固定图案噪声。

为了获得差值电压($U_{p1}-U_{p2}$)，需要在图 6-26 所示的电路后面设置如图 6-28 所示的列放大器。列放大器由采样/保持电路、场效应管模拟开关电路($V_1 \sim V_4$)和电子开关($S_1 \sim S_5$)等构成。其中，采样/保持电路由电子开关 S_{SH}(由 SH 脉冲控制)与 S_1、采样电容 C_1、放大器 A 与分压电容 C_2 及 C_3 等器件构成。其中，S_1 的作用是改变采样/保持放大器的增益。当 S_1 为高电平时开关闭合，C_2 被短路，增益为 1；而 S_1 为低电平时开关断开，放大器 A 的负输入端接到 C_2 与 C_3 的接点上，使放大器 A 的增益为 3。$S_2 \sim S_5$ 的开关状态由其上所加的电平决定，高电平时开关闭合。它的工作原理可以结合图 6-29 所示的波形图和表 6-1 所示的列放大器状态表，分为两个阶段来分析。

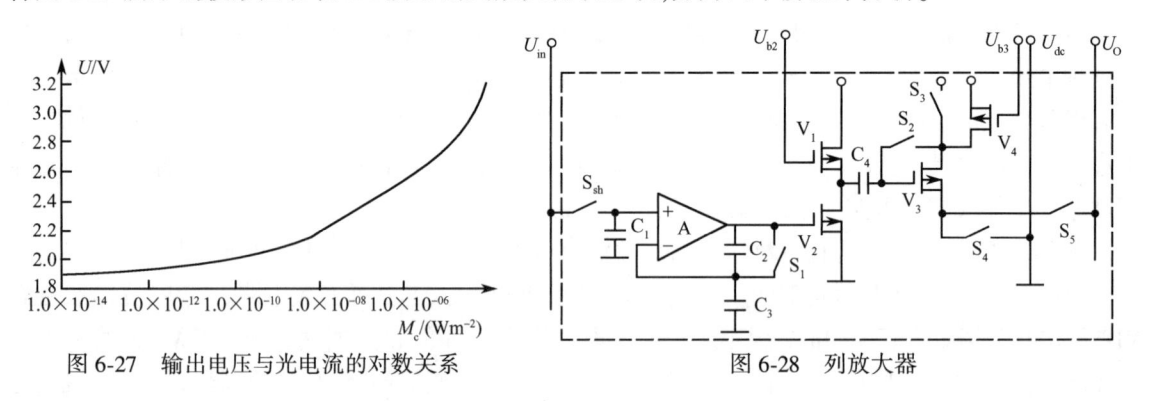

图 6-27 输出电压与光电流的对数关系

图 6-28 列放大器

表 6-1 列出这两个阶段的脉冲状态、开关状态、放大器增益、信号的采样和列放大器的输出信号情况。表明，在第一阶段中可以采集和保持 U_{p1} 信号，并在该阶段快结束时采集到 U_{p2} 信号；在第二阶段中，电容 C_4 中保持的信号是 $U_{p1}-U_{p2}$，并且在输出端输出 $U_{p1}-U_{p2}$ 信号。

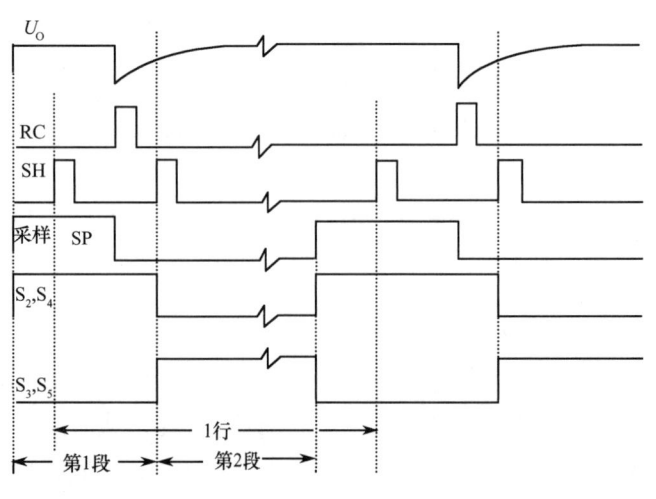

图 6-29 列放大器的波形图

表 6-1 列放大器的状态

	第一阶段		第二阶段	
脉冲 RC 状态	低电平	高电平		低电平
脉冲 SH 状态	低电平	高电平	高电平	低电平
脉冲 S_1 状态	高电平	低电平	低电平	
S_2, S_4	高电平		低电平	
S_3, S_5	低电平		高电平	
开关 S_2, S_4	闭合		断开	
开关 S_3, S_5	断开		闭合	
放大器增益	1	3	3	
校正信号	U_{p2} 采样			
C_4 上的信号	保持 U_{p1}		保持 $U_{p1}-U_{p2}$	
输出信号			$U_{p1}-U_{p2}$	

6.3 CMOS 的性能指标

表征 CMOS 的性能指标参数与表征 CCD 的性能指标参数基本上是一致的;而且近年来,CMOS 取得重大进展,其性能指标已与 CCD 接近。

6.3.1 光谱响应与量子效率

CMOS 的光谱响应和量子效率取决于它的像元(光电二极管)。图 6-30 所示为 CMOS 的光谱响应特性曲线。由图可见,其光谱范围为 350~1100nm,峰值响应波长在 700nm 附近,峰值波长响应度达到 0.4A/W。

CMOS 的光谱响应特性与量子效率受器件表面光反射、光干涉、光透过表面层的透过率的差异和光电子复合等因素影响,量子效率总是低于 100%。此外,由于上述影响会随波长而变,所以量子效率也是随波长而变化的。图 6-30 中不平行的斜线即表示量子效率的这种变化关系。例如,波长在 400nm 处的量子效率约为 50%;700nm 处达到峰值时的量子效率约为 70%;而 1000nm 处的量子效率仅为 8%左右。

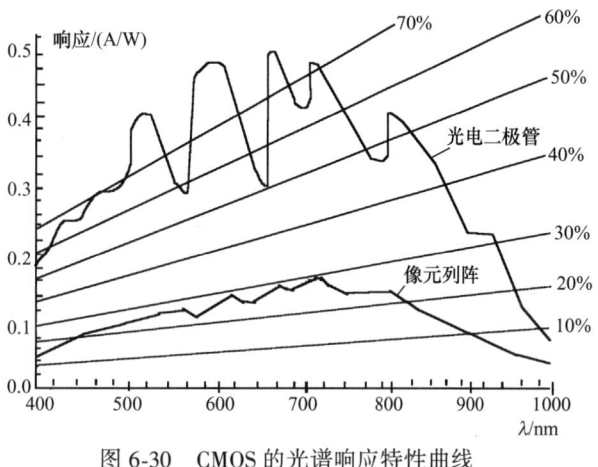

图 6-30 CMOS 的光谱响应特性曲线

6.3.2 填充因子

填充因子是像元受光面积与全部面积之比,它对器件的有效灵敏度、噪声、时间响应、模传递函数 MTF 等的影响很大。

因为 CMOS 图像传感器包含有驱动、放大和处理电路,它会占据一定的表面面积,因而降低了器件的填充因子。被动像元结构的器件具有的附加电路少,它的填充因子会大些;大面积的图像传感器结构,受光面积所占比例会大一些。提高填充因子,使受光面积占据更大的表面面积,是充分利用半导体制造大成像面图像传感器的关键。一般而言,提高填充因子的方法有以下两种。

(1) 采用微透镜法

如图 6-31 所示,在 CMOS 的上方安装有一层矩形的面阵微透镜,它将入射到像元的全部光线都会聚到各个面积很小的像元上,所以填充因子可以提高到 90%。此外,由于像元面积减小,提高了灵敏度,降低了噪声,减小了结电容,提高了器件的响应速度,所以这是一种很好的提高填充因子的方法,它在 CCD 上已得到成功应用。

(2) 采用特殊的像元结构

图 6-32 所示为一种填充率较高的 CMOS 的像元结构,它的表面有光电二极管和其他电路,二者是隔离的。在光电二极管的 N^+ 区下面增加了 N 区,用于接收扩散的光电子;而在电路 N^+ 的下面设置一个 P^+ 静电阻挡层,用于阻挡光电子进入其他电路中。

图 6-33 所示为像元两个截面的电位分布。两个截面电位分布的差别主要在 A 截面的 P^+ 区和 B 截面对应的 N 区,前者的电位很低,将阻挡光电子进入,而后者的电位很高,对光电子有吸引作用。

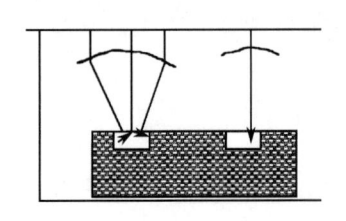

图 6-31 面阵微透镜的作用

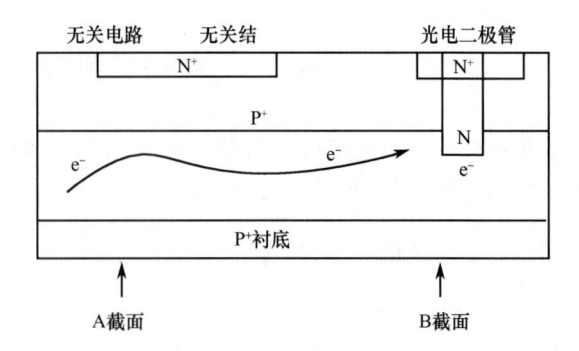

图 6-32 一种填充率较高的 CMOS 的像元结构

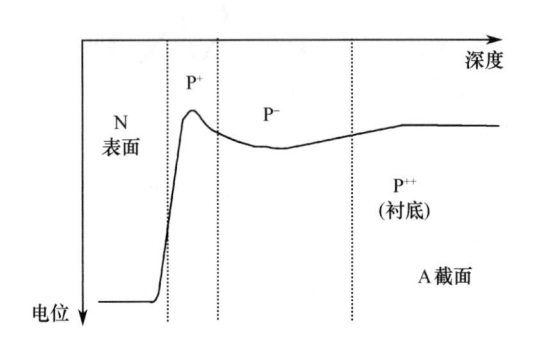

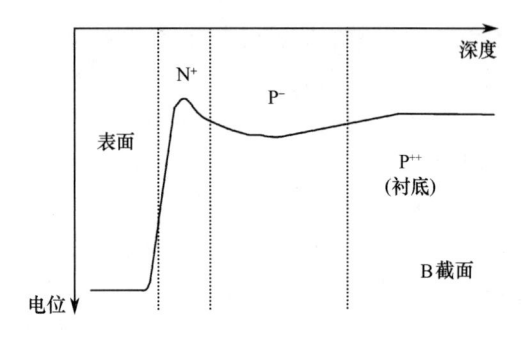

图 6-33 像元两个截面的电位分布

在像元结构中,表层的光电二极管、电路及其阻挡层均很薄,且是透明的,入射光透过后到达外延的光敏层,所产生的光电子几乎可以全部扩散到光电二极管中。尽管光电二极管的表面积不大,但光敏表面积却是整个像元的表面积,所以等效填充因子接近于 100%。填充因子不可能达到 100% 的原因为:①在电路层中有光陷阱,限制了光的透过率,对于短波长光线,影响更大些;②表层有反射作用;③存在光电子复合现象。这种结构也有缺点,即存在窜音现象。因为有阻挡层,光电子也会较容易地扩散到相邻的像元中,从而使图像变得模糊。

在高填充率的像元结构中,光电二极管的尺寸很小,结果提高了灵敏度,降低了噪声并提高了器件的工作速度。

6.3.3 输出特性与动态范围

CMOS 成像器件可以有 4 种输出模式:线性输出模式、双斜率输出模式、对数输出模式和 γ 校正输出模式。它们的动态范围相差很大,特性也有较大的区别。图 6-34 所示为 4 种输出模式的曲线。

(1) 线性输出模式

线性输出模式的输出与光强成正比,适用于要求进行连续测量的场合。它的动态范围最小,而且在线性范围的最高端信噪比最大。在小信号时,因噪声的影响增大,信噪比很低。

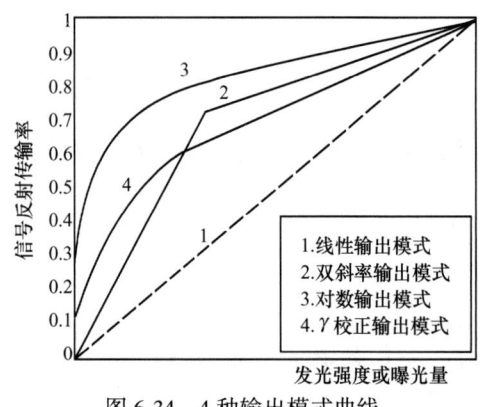

图 6-34 4 种输出模式曲线

（2）双斜率输出模式

双斜率输出模式是一种扩大动态范围的方法。它采用两种曝光时间,当信号很弱时采用长时间曝光,输出信号曲线的斜率很大;而当信号很强后,改用短时间曝光,曲线斜率便会降低,从而可以扩大动态范围。为了改善输出曲线的平滑性,还可以采用多种曝光时间。这样,输出曲线是由多段直线拟合的,必然会平滑得多。

（3）对数输出模式

对数输出模式的动态范围非常大,可达几个数量级,使得无需对照相机的曝光时间进行控制,也无需对其镜头的光圈进行调节。此外,在CMOS成像器件中,可以方便地设计出具有对数响应的电路,实现起来也很容易。还应说明的是,人眼对光的响应也接近对数规律,因此,这种输出模式具有良好的使用性能。

（4）γ校正输出模式

γ校正输出模式的输出规律如下:

$$U = k e^{\gamma E} \tag{6-21}$$

式中,U为信号输出电压,E是输入光强,k为常数,而γ便是校正因子,γ为小于1的系数。可见这种模式也使输出信号的增长速度逐渐减缓。

6.3.4 噪声

CMOS图像传感器的噪声来源于像元的光电二极管、用于放大器的场效应管和行、列选择等开关的场效应管。这些噪声既有相似之处也有很大差别。此外,由光电二极管阵列和场效管电路构成CMOS图像传感器时,还可能产生新的噪声,下面分别讨论。

（1）光电二极管的噪声

① 热噪声。热噪声为电子在光电二极管中的热随机运动而产生的噪声,是一种白噪声。噪声电压均方值为:

$$U_{RMS}^2 = 4KT\Delta f \tag{6-22}$$

式中,K为玻尔兹曼常数,T为光电二极管工作的热力学温度,Δf是工作频率的带宽。降低T是减小热噪声的有效方法。

② 散粒噪声。光电二极管工作需要加入偏置电流。当电荷运动时,会因与晶格碰撞而改变方向,电子的速度便出现了涨落,引起偏置电流起伏,由此而产生的噪声称为散粒噪声,它也是一种白噪声。噪声电流均方值为

$$i^2 = 2qI_0\Delta f \tag{6-23}$$

式中,q为电子电荷量,I_0为光电二极管的偏置电流。减小偏置电流,可以减小散粒噪声,但有可能降低光电灵敏度,也可能增大非线性。

③ 产生复合噪声。这是由于光生载流子的寿命不同,引起电流的起伏而产生的噪声,它是光电器件所特有的。噪声电流均方值为

$$i^2 = 4I_0^2 \frac{\rho_0 \tau^2}{1+\omega^2\tau^2}\Delta f \tag{6-24}$$

式中,ρ_0为载流子产生率,τ是载流子寿命,ω为器件的工作频率。可见这种噪声不是白噪声,提高工作频率有利于降低这种噪声。

④ 电流噪声。电流噪声是由于材料缺陷、结构损伤和工艺缺陷等引起的。当电子在带有缺陷

的器件中运动时,就会出现电流变化,从而引起电流噪声。因为它与$1/f$成比例,故也称$1/f$噪声。电流噪声均方值为

$$i_{nf}^2 = \frac{kI^\alpha}{f^\beta}\Delta f \tag{6-25}$$

式中,α,β,k均为常数,一般$\alpha=2,\beta=1,I$为流过器件的电流。由式(6-25)可以看出,电流噪声不但与器件工作电流的平方成正比,而且与器件的工作频率成反比,选择较高的工作频率,有利于减小电流噪声。但是,因为CMOS图像传感器的帧频较低,电流噪声常常是不可忽略的。

(2) MOS 场效应管中的噪声

MOS场效应管所引起的噪声,在6.1节中已经做了介绍。

(3) CMOS 中的工作噪声

CMOS在工作过程中,除去上述噪声外,还要产生一些新的噪声。例如,复位开关工作时会带来复位噪声,即KTC噪声;而由许多个像元组成CMOS时,又会因为各个像元的特性不一致而出现空间噪声;此外,还存在电磁干扰和多个时钟脉冲变化而引起的时间跳变干扰。

① 复位噪声。复位开关与低阻电源断开时,信号储存在电容上的残存电荷是不确定的,这就引起了复位噪声。复位噪声电荷的均方根值为

$$Q_n = \sqrt{KTC} \tag{6-26}$$

式中,K为玻尔兹曼常数,T为绝对温度,C为电路电容。当$C=10\text{pF}$时,$\sqrt{KTC}=40$个电子;而当$C=1\text{pF}$时,$\sqrt{KTC}=400$个电子。

虽然复位噪声是随机的,但是可以用相关双采样的方法消除掉,详见6.2节。

② 空间噪声。空间噪声包括暗电流不均匀直接引起的固定图案噪声(FPN)、暗电流的产生与复合不均匀引起的噪声,像元缺陷带来的响应不均匀引起的噪声和成像器件中存在温度梯度引起的热图案噪声等。这些空间噪声是由成像器件材料的不均匀或工艺方法缺陷带来的,有的(如FPN)是可以用相关双采样方法消除的。

6.3.5 空间传递函数

利用像元尺寸b和像元间隔S等参数,很容易推导出CMOS成像器件的理论空间传递函数,即

$$T(f) = \text{sinc}(bf) \tag{6-27}$$

式中,f是空间频率。$T(f)=0$的空间频率称为奈奎斯特(Nyquist)频率f_N。从上式中可求得

$$f_N = \frac{1}{2b} \tag{6-28}$$

上式的曲线如图6-35所示。由于CMOS成像器件中存在空间噪声和窜音,实际的空间传递函数特性要差一些。

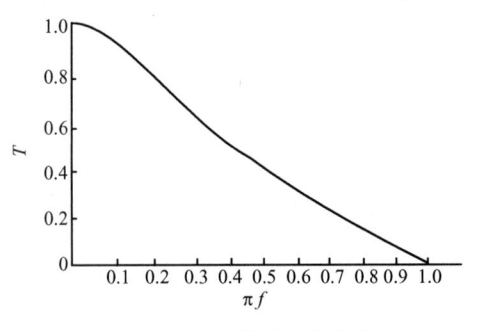

图6-35 空间传递函数曲线

6.3.6 CMOS 与 CCD 的比较

这两种器件采用同样的硅材料制作,它们的光谱响应特性和量子效率等基本相同;两者的像元尺寸和电荷的存储容量也是相近的。但是,由于两者的结构和所采用的工艺方法不同,其他性能有所差别,其性能比较如表6-2所示。

表 6-2 CMOS 与 CCD 的性能比较

		CMOS	CCD
1	填充率	接近 100%	
2	暗电流(PA/M2)	10~100	10
3	噪声电子数	≤20	≤50
4	FPN(%)	可在逻辑电路中校正	<1
5	DRNU(%)	<10	1~10
6	工艺难度	小	大
7	光探测技术		可优化
8	像元放大器	有	无
9	信号输出	行、列开关控制,可随机采样	CCD 为逐个像元输出,只能按规定的程序输出
10	ADC	在同一芯片中可设置 ADC	只能在器件外部设置 ADC
11	逻辑电路	芯片内可设置若干逻辑电路	只能在器件外设置
12	接口电路	芯片内可以设有接口电路	只能在器件外设置
13	驱动电路	同一芯片内设有驱动电路	只能在器件外设置,很复杂

上表说明,CMOS 的功能多,工艺方法简单,成像质量也与 CCD 接近。因此,CMOS 将获得愈来愈广泛的应用。

6.4 典型 CMOS

本节以 FillFactorg 公司的 CMOS 产品为例,介绍典型的 CMOS 图像传感器。

6.4.1 IBIS4 SXGA

这是彩色 CMOS 图像传感器,但也可以用作黑白图像传感器。它的特点是:像元尺寸小、填充因子大、光谱响应范围宽、量子效率高、噪声等效光电流小、无模糊(Smear)现象、有抗晕能力和可做取景控制等。详细性能参数见表 6-3。

1. 原理结构

该器件的原理结构图如图 6-36 所示,它是 CMOS 图像传感器的主要部分。从结构形式上看,

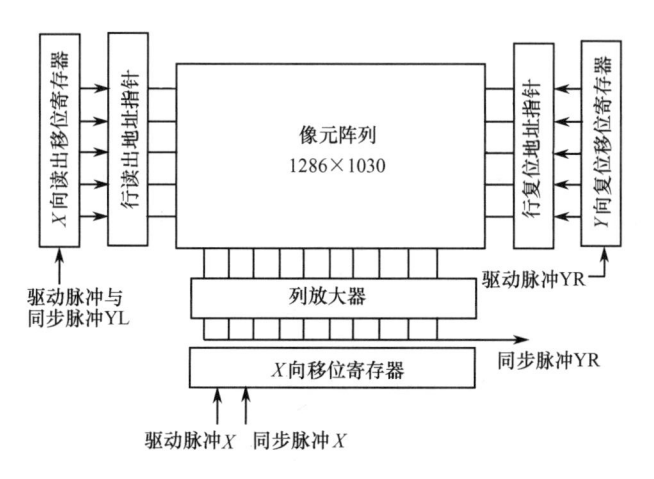

图 6-36 IBIS4 SXGA 的原理结构图

它与图 6-11 所示的 CMOS 图像传感器的结构基本相同,只是在移位寄存器与像元阵列之间,添加了 Y 向复位移位寄存器、复位和读出的行地址指示器(地址指针)。Y 向复位移位寄存器用于对各像元进行复位,以清除帧与帧之间信号的影响。此外,还可用于曝光控制,各像元被复位时即开始积分光信号,而当 Y 向移位寄存器启动时就迅速读出信号。从复位开始至读出开始的时间间隔即为曝光时间。复位和读出的行地址指示器用于准确控制行的位置,避免出现错位空行的现象。

该器件成像区结构如图 6-37 所示,它与图 6-11 的结构是相同的,工作原理也是相同的。

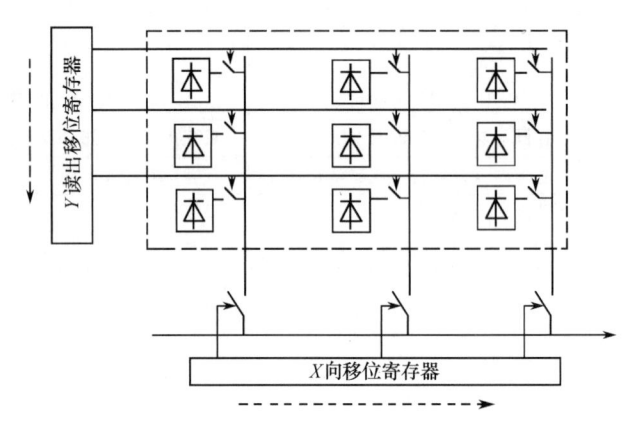

图 6-37 IBIS4 SXGA 的成像区结构

该器件的像元总数是 1286×1030 个,其中在每行和每列的起始及末尾各有 3 个虚设单元。

该器件属于主动像元结构,每个像元都带有 3 个场效应管放大器。

在像元阵列的上部贴附 R,G,B 色滤光片,便成为彩色 CMOS 图像传感器件。若无需彩色成像,也可以不要这种滤光片。

该器件的光谱响应特性曲线如图 6-38 所示。图中最上部的曲线为黑白器件的光谱响应曲线,而左下角的 3 条曲线则为具有 R,G,B 滤光片的光谱响应曲线。可见加入彩色滤光片后,光谱响应特性普遍降低。此外,3 条单色光谱响应曲线有一些差异,可以通过白平衡校正电路进行校正。

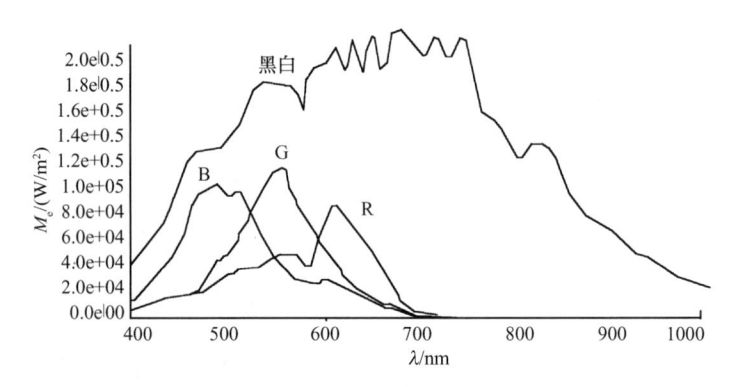

图 6-38 IBIS4 SXGA 的光谱响应特性曲线

其输出特性曲线如图 6-39 所示。曲线的线性段的动态范围仅为 66dB。若采用对数放大器,动态范围可达到 100dB。曲线的横坐标为 CMOS 像面上的照度,纵坐标为 CMOS 图像传感器输出的信号电压。

2. 输出放大器

图 6-40 所示为其输出放大器电路原理图,它主要由三部分组成:增益可调放大器 A_1、钳位器和偏压调节电路。输入信号有 2 个,即像元信号和外部信号,后者用于调节偏压的大小。增益可调放大器 A_1 将信号放大,然后经过钳位,以防止输出信号过大。偏压调节电路用于消除固定图案的噪声,同时也可以使输出信号的幅度更好地满足 D/A 转换器的动态范围要求。末级是增益为 1 的负反馈放大器 A_2,是一个缓冲器,用于改善输出特性,便于与负载匹配。

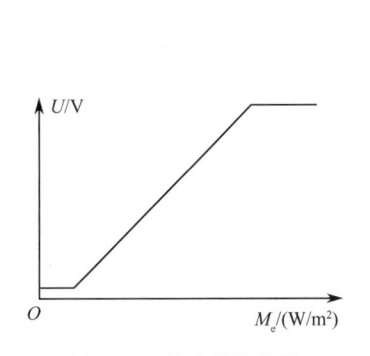

图 6-39 输出特性曲线

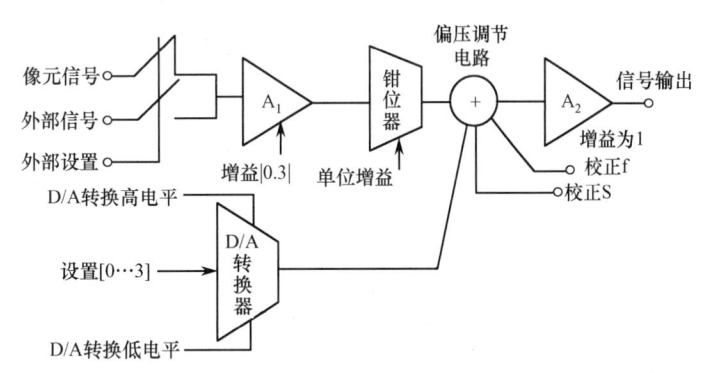

图 6-40 输出放大器电路原理图

增益可调放大器 A_1 可按指数规律控制,如图 6-41 所示。控制增益的信号为 4 位编码信号,即可选择的增益有 8 种,增益在 5.33~17.53 之间可调。改变增益对放大器的带宽有些影响,如图 6-42 所示,低增益段频带宽度要宽一些。

钳位器的钳位电压也可以调节,调节信号也同样是 4 位的,钳位电压的数值也有 8 种。当信号小于 $(U_C - U_T)$ 时,信号不会受到影响,此处 U_C 为钳位电压, U_T 为阈值电压。但若信号超过这一电压,信号便被钳位成 $(U_C - U_T)$。

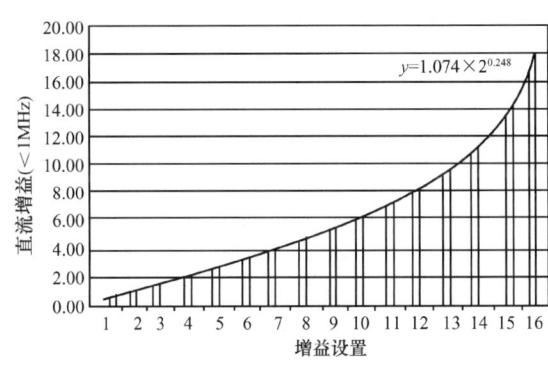

图 6-41 增益调节规律

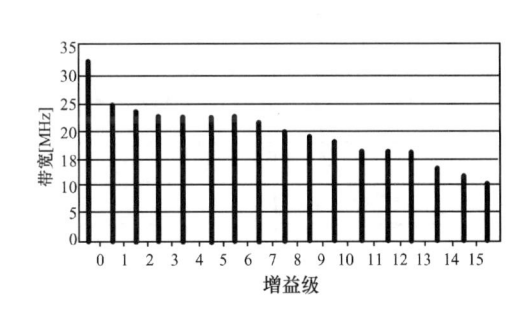

图 6-42 增益对带宽的影响

偏压调节电路也是用 4 位信号控制的,即有 8 种偏压选择。偏压调节是在行信号完全读出后,在进入消隐期间完成的,此时像元会输出一个暗参考信号,用它作为 0 信号基准,或者应用外部信号做基准。调节时暗信号应当稳定,而放大器的增益应为 1。

偏压调节可以为快速模式或慢速模式。快速模式的调节过程如图 6-43 所示,一个脉宽最小为 500ns 的快速调节脉冲 f 控制偏压调节过程,它的前沿启动调节,而后沿则结束调节。另一个与 f 相似的脉冲则控制放大器的增益为 1。在调节过程中,暗信号变化不大,基本上是稳定的。这种快速调节模式适用于快速读出图像信号过程,每帧进行一次调节即可。

当需要慢速读出图像信号时,需要采用慢速模式。为防止偏压漂移,每行都要进行偏压调节,调节过程如图 6-44 所示,它与图 6-43 的主要区别在于调节过程的时间较长。

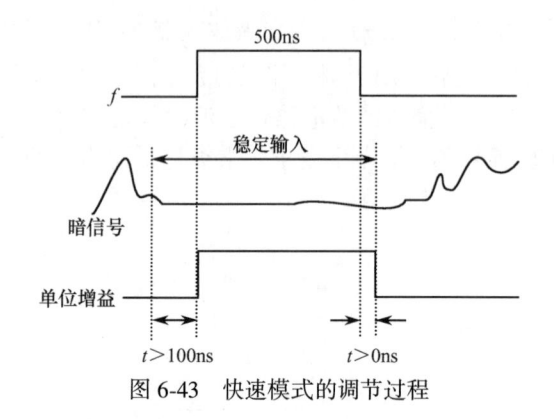

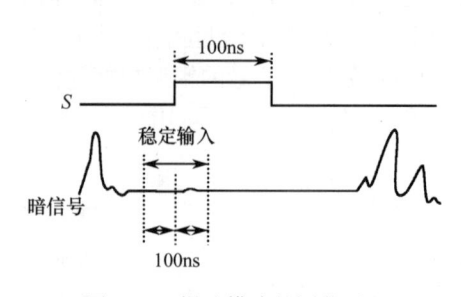

图 6-43　快速模式的调节过程　　　　图 6-44　慢速模式的调节过程

输出放大器的输出/输入特性曲线如图 6-45 所示。它的工作条件是:偏压为 2V,这是 A/D 转换器的最低限;钳位电路未起作用;输入信号电压在 0~5V 间;暗输入为 1.2V,它对应的输出电压是 2V。图中 3 条曲线对应放大器的不同增益,其中增益 3 的曲线是典型的输出/输入曲线。

3. A/D 转换器

其 A/D 除具有一般的线性模数转换功能外,还具有非线性模数转换功能。它在做线性模数转换时,特性参数为:

① 输入电压范围:2~4V;
② 量化精度:10b;
③ 数据速率:10~20MHz;
④ 转换时间:<50ns。

A/D 转换器的输出/输入特性曲线如图 6-46 所示。

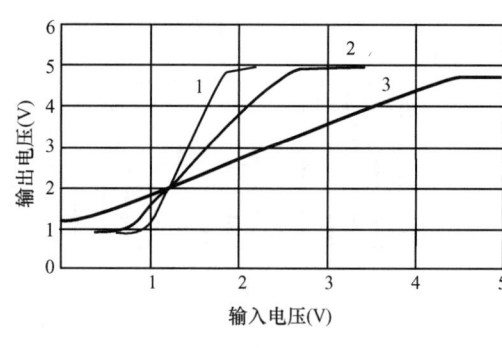

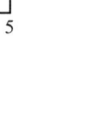

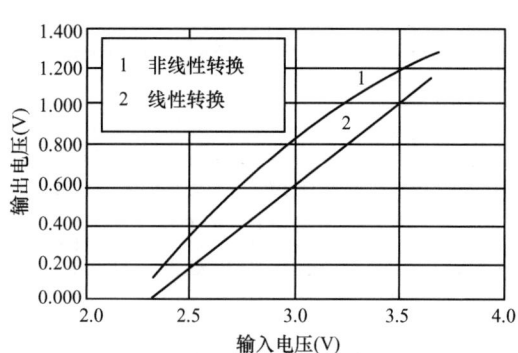

图 6-45　输出放大器的输出/输入特性曲线　　　　图 6-46　A/D 转换器的输出/输入特性曲线

该 A/D 转换器在非线性模数转换方式工作时,需要外部输入控制信号选定为非线性模数变换。非线性输出 y 与线性输出 x 之间存在如下关系

$$y = 1024 \frac{1-\exp(-x/713)}{1-\exp(1024/713)} = 1343.5[1-\exp(-x/713)] \tag{6-29}$$

或

$$x = -713\ln(1-y/1343.5) \tag{6-30}$$

式(6-30)为 γ 校正关系式。也就是说,当应用非线性模数转换时,可实现 γ 校正。此时,暗区的对比度得到提高,而亮区的对比度则会下降。

当 x 较小时，式(6-29)可近似为 $\quad y=1343.5\dfrac{x}{713}\approx 2x$ （6-31）

可见非线性输出比线性输出几乎大一倍，即 A/D 转换器的量化值由 10b 提高到 11b。

6.4.2 FUGA1000

该图像传感器的主要特点是，具有随机采样和对数响应的能力，能够满足机器人视觉的要求。

FUGA1000 可以用作彩色或黑白图像传感器，它的光谱响应特性曲线如图 6-47 所示，它在近红外波段有很高的灵敏度，能满足工业应用的特殊需要。

表 6-3 列出几种典型 FillFactorg 公司生产的 CMOS 图像传感器性能参数。

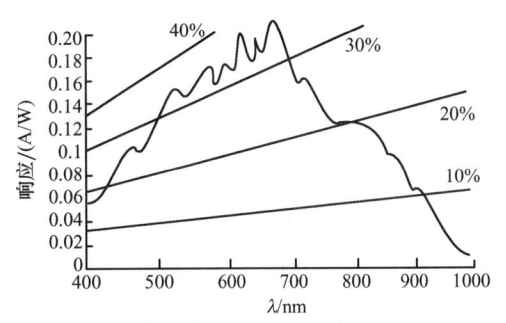

图 6-47 FUGA1000 的光谱响应特性曲线

表 6-3 CMOS 图像传感器的性能参数

	IBIS4 SXGA	FUGA1000	LUPA1300
像元数	1286×1030	1024×1024	1280×1024
像元尺寸	7×7	8×8	14×14
填充因子(%)	60	70	50
光谱范围(nm)	400~1000(彩色或黑白)	400~1000(彩色或黑白)	
量子效率(%)	60	>30	15(700nm)
光谱灵敏度(V/W)	0.165(700nm)		
速率(MHz)	10	30	40(帧频 450 帧/秒)
噪声等效光流	4 lx 75W/m^2	<10^{-4}W/m^2	
灵敏度:V/(lx·s) V·m^2/J	7 1260		
MTF(Nyquist 频率)	(0.4~0.5)(450nm) (0.25~0.35)(650nm)		
光学窜音(至第 1 邻元) (至第 2 邻元)	100% 2%		15%
电荷转换效率(μV/e)	18		16
满势阱电荷数(个)	70 000		60 000
暗噪声:(电子数 μV) (RMS)	20 500		45
动态范围	60dB 2000:1	120dB(对数响应)	62dB,1330:1
暗电流(mV/s)	19		
暗电流非均匀性(%)	15		10
固定图形噪声(mV) 响应非均匀性(%)	9.6 10		
输出信号电压(V)	1.2		1
数字输出(b)	10	10	
抗光晕(Smear)	>10^5		
电子快门	无	有	有
γ 校正	数字方式		
输出端数	1	1	16

当用作彩色图像传感器时,需要在像面上覆盖 R,G,B 三色滤光片,这种滤光片的光谱响应特性曲线如图 6-48 所示。

图 6-49 所示为 FUGA1000 的对数输出特性曲线。由于它具有这种特性,在它的驱动器中没有必要设置积分时间控制和光圈控制,因此特别适合野外工作。

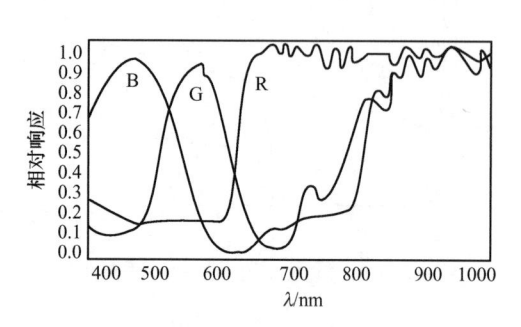

图 6-48　彩色滤光片的光谱响应特性曲线　　　　图 6-49　对数输出特性曲线

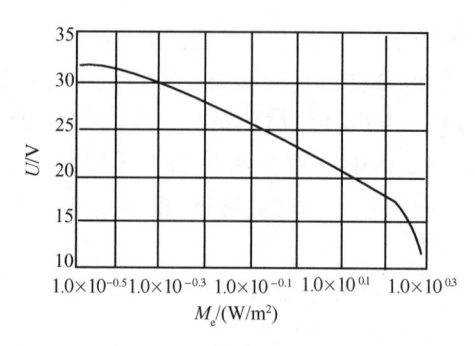

FUGA1000 通过随机寻址读取像元信号。图 6-50 所示为随机寻址电路组成。有两个随机寻址电路可以分别对行(X)和列(Y)进行寻址。随机寻址电路由 4 个锁存器、2 个与非门、1 个非门和 1 个加法器构成。输入信号 LOAD-S 用于控制 X 或 Y 的起始地址,而输入信号 LOAD-I 则用于控制 X 或 Y 的地址增量;同步信号 SYNC 用于启动选定地址的工作;INCR 信号用于将地址增量赋予锁存器;INPUT 用于输入地址,它可以是起始地址,也可以是增量地址;地址输出则是上述输入信号的联合控制结果。表 6-4 给出了输出地址的控制逻辑表,表中的 0 代表低电平,1 代表高电平,1-0-1 代表信号的高低电平的变化过程。

表 6-4　输出地址的控制逻辑表

序号	SYNC	INCR	LOAD-S	LOAD-I	INPUT	OUTPUT	说　明
1	1-0-1	1	1	1	地址	地址	典型随机选址
2	1	1	1-0-1	1	地址	地址不变	将起始地址馈送给寄存器
3	1	1	1	1-0-1	增量地址	地址不变	将增量地址馈送给寄存器
4	1	1-0-1	1	1		前一地址加增量地址	增加输出地址

注:1. 若只做某像元的地址选择,则只要按序号 1 安排逻辑关系即可;
　　2. 若要在原地址的基础上选择一定的地址范围,则要按序号 2,3,4 的步骤安排逻辑关系,才能达到预定选址要求。

采用 X,Y 两个随机寻址寄存器,并按表 6-4 所示的逻辑关系,就能够从全帧图像中随机地取出某行、某列或某局部的图像。

6.4.3　LUPA1300

LUPA1300 为帧频高达每秒 450 帧的高速 CMOS 图像传感器,它有 16 路并行输出端,每路的数据率均为 40MHz,因此,它是一个高速率的图像传感器。它的光谱响应与图 6-38 相似,其他性能参数见表 6-3。

（1）LUPA1300 的结构

LUPA1300 的结构如图 6-51 所示,它除包含有像元阵列、Y 和 X 移位寄存器,以及列放大器外,还有 16 路并行输出的放大器、Y 和 X 的起始点定位器、像元驱动电路和逻辑电路等。

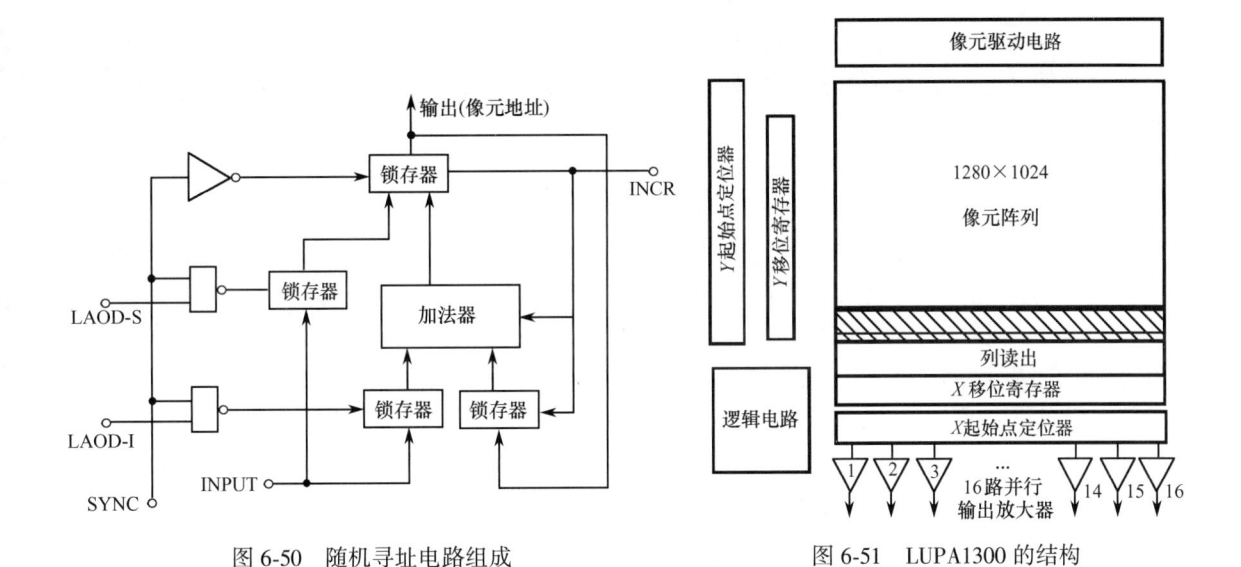

图 6-50 随机寻址电路组成

图 6-51 LUPA1300 的结构

LUPA1300 的像元结构如图 6-52 所示,为主动式像元结构。它的主要特点在于增加了预存储器,用它储存像元信号,以便曝光结束时能立即将像元信号存下来,这样就可以将像元迅速复位,开始下一周期的积分工作。为了消除在预存储器中储存的上一帧像元信号,需要对其进行复位,即预充电的工作。

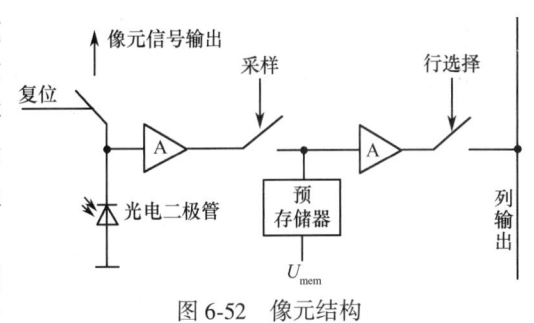

像元输出信号要经过列放大器放大,列放大器同时还起着像元与输出放大器之间的接口作用。为了提高工作速度,列放大器必须尽量简化,减少放大级数。它采用如图 6-28 所示的典型列放大器,它由两部分组成:第一部分是降低消隐时间的组件;第二部分是校正输出电平和提供多路输出的组件。

图 6-52 像元结构

（2）输出电路

像元的尺寸很小,而列总线却很长,寄生电容必然会很大,二者不能很好地匹配,无效时间便会很长,影响了该器件的工作速度。为此,在该器件中采用了妥善方法,解决了这一问题。

从列放大器输出的信号还要经过输出放大器放大,才能向外读出。图 6-53 所示是输出放大电路的原理框图,总共有 16 个这种放大器,以便得到 16 路并行输出;负载电容（20pF）很小,以保证器件高速运行。为了消除电源电压波动的影响,采用专用稳压电源,而且引入稳定的参考电源。

输出放大电路的输出特性曲线如图 6-54 所示,其中暗信号对应于高电平,而饱和信号则对应于 0 电平。这一特性曲线基本上是线性的。

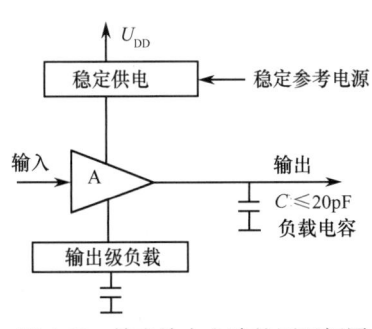

图 6-53 输出放大电路的原理框图

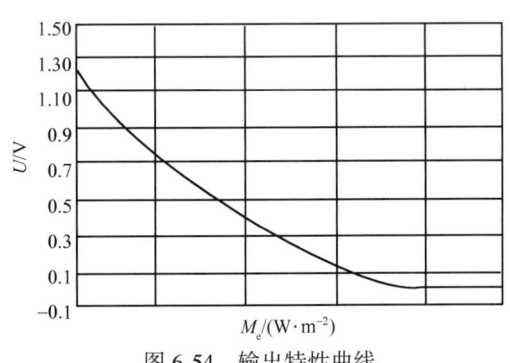

图 6-54 输出特性曲线

为了消除温度变化的影响,在 LUPA1300 中还设有校正温度影响的电路。

上述各部件在一定的时序脉冲控制下工作,包括两部分:像元阵列的工作时序和行像元信号的读出时序。

图 6-55 所示为像元阵列的工作时序,它确定了积分时间、像元信号采样、预充电和复位的时序。当 U_{mem} 达到低电平时,开始对预存储器进行充电,使预存储器的电压等于参考电压;采样脉冲下降沿来到后,像元信号便存储在预存储器中;预充电和像元信号的采样是在 U_{mem} 维持低电平的时间内完成的,这段时间便是帧消隐时间。当 U_{mem} 重新回到高电平时,开始读出像元信号;与此同时,对像元复位,从复位信号的下降沿起,新一帧积分光信号便开始了。复位脉冲 R 的下降沿至采样脉冲下降沿的宽度为积分时间。显然,调整 R 脉冲的宽度可改变积分时间。RS 的作用是使输出/输入曲线呈现双斜率(图 6-34)。即当不采用 RS 且复位脉冲 R 宽度最窄时,积分时间最长,输出/输入曲线的斜率最大;而当采用 RS 脉冲后,R 的下降沿至 RS 脉冲的下降沿间的时间间隔为积分时间;它可以缩短积分时间,从而降低了输出/输入曲线的斜率。因此,输出/输入曲线便出现了双斜率。

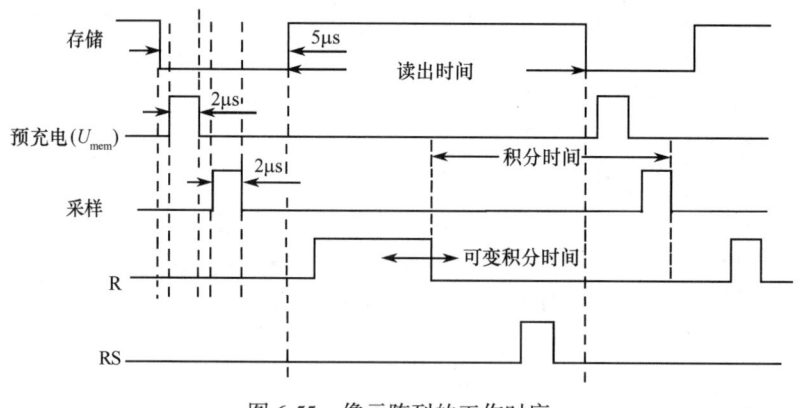

图 6-55 像元阵列的工作时序

在上述读出时间内要完成行选择和像元信号读出的工作,就需要有一定的时序控制脉冲。行选择过程的时序如图 6-56 所示,它是由同步脉冲 SYNC-Y 和时钟脉冲 CLCK-Y 共同控制完成的。SYNC-Y 从地址移位寄存器下载行地址,并馈送给 Y 移位寄存器。CLCK-Y 依次触发各所选行脉冲 ROW,使其依次选出各行信号。SYNC-Y 与 CLCK-Y 都是上升沿触发的,而且为了使 CLCK-Y 能正常工作,SYNC-Y 的高电平应覆盖 CLCK-Y 的上升沿。各 ROW 均高电平有效,且高电平的宽度等于 CLCK-Y 的周期。选通脉冲将各行图像信号依次送入 X 移位寄存器中,以便等待从 16 个端口同时读出信号。

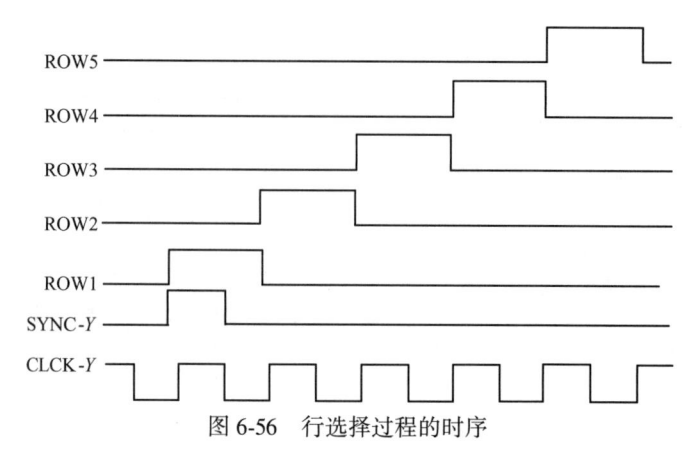

图 6-56 行选择过程的时序

当行选出后,便需要对该行的像元信号进行读出。首先应让该信号稳定下来,所需时间为消隐时间,如图 6-57 所示,剩下的时间才是真正的行读出时间。图 6-57 表明,同步信号 SYNC-X 首先出现,它的作用是从地址移位寄存器中下载出地址,馈送给 X 移位寄存器,再将 16 个列组与 16 个输出端相连。然后时钟脉冲 CLCK-X(行驱动脉冲)便驱动 X 移位寄存器,使得 16 个放大器同时输出 16 个并行的图像信号。

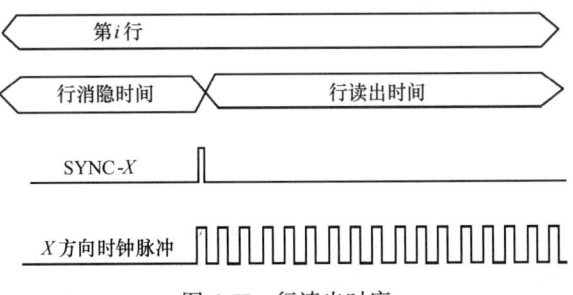

图 6-57 行读出时序

如果对 Y 移位寄存器输入起始行和终点行的地址,对 X 移位寄存器输入起始列和终点列的地址,就可以取出所需要的局部图像。这种部分取景的方法可以获得很高的帧输出频率,可以获取高速运动物体的图像。这是 CMOS 图像传感器独具的特点。但并不是所有 CMOS 图像传感器都具有此特点。

6.5 CMOS 摄像机

随着 CMOS 成像器件性能的提高,CMOS 摄像机的性能也有很大程度的提高,现在有些技术指标已经基本上达到了与 CCD 摄像机相当的水平。由于它的尺寸小和价格低,并且具有多种读出方式等特点,能够更方便地获得任意局部取景范围的图像,并将图像以更高的速度读取出来,实现了用 CCD 无法做到的图像采集与处理工作,使得 CMOS 图像传感器获得了更加广泛的应用。本节将介绍两种性能优异的 CMOS 摄像机的工作原理与特性参数。

6.5.1 IM26-SA

IM26-SA 是加拿大 DALSA 公司生产的 CMOS 摄像机产品,它具有速度快、能够实现整体曝光、快速拍照和局部取景等功能。其光谱响应与 CCD 的光谱响应相差不多,具有高达 120dB 的动态范围。但是,它的光谱响应特性曲线与 CCD 的光谱响应特性曲线在平滑度方面相差很多,限制了其在光谱探测领域的应用。

表 6-5 列举了三种 CMOS 摄像机的性能参数,从表中可以看出,只有 IM26-SA 具有小范围取景的功能。

表 6-5 CMOS 摄像机的性能参数

参　数	IM26-SA	IM75-SA	MC1300
像元数	1024×1024	1024×1024	1080×1024
像元尺寸(μm)	10.6×10.6	10.6×10.6	12×12
填充率(%)	35	35	40
光谱响应范围(nm)	380~1100	380~1100	400~1000

续表

参　　数	IM26-SA	IM75-SA	MC1300
量子效率(%)	25	25	
灵敏度(Vm²/W)	0.7~11.2		1000(LSB/(lx·s))
数据率(MHz)	内同步28.4;外同步20~28.4	内同步40;外同步10~20	
数据位数(b)	8和10	10	16
帧频(f/s)	27	75	47
动态范围(dB)	线性48,非线性128		59
噪声(RMS)	<1LSB	<1LSB	
取景幅度	>2行×128列		
电源电压(V)	5	5	内部电源8~35

该摄像机包括硬件和软件两部分。其中硬件部分由CMOS、处理电路和接口电路组成;软件部分主要由读出帧速控制、曝光时间控制、放大器增益控制和取景范围控制等部分组成。

IM26-SA的光谱响应特性曲线如图6-58所示,由图中可知,该产品在可见光波段有很均匀的响应,比CCD性能要好。但是,它在400~500nm的响应不如CCD。

该器件有两种光电响应模式:线性模式和线性-对数(Lin-log)模式。线性模式的动态范围只有40~60dB;为了扩大动态范围,采用线性-对数模式。它的光电(输出)特性曲线如图6-59所示。当图像亮度很弱时,它的光电特性曲线为线性的;随着图像亮度的增强,特性曲线线性增高;当亮度信号超过某给定阈值后,特性曲线发生变化,成为对数响应。这样的响应模式使图像传感器的动态范围可高达120dB。光电响应模式的变换可以通过软件实现自动控制。采用线性-对数模式,既可以防止图像的滞后现象,又可以克服图像的重影现象。

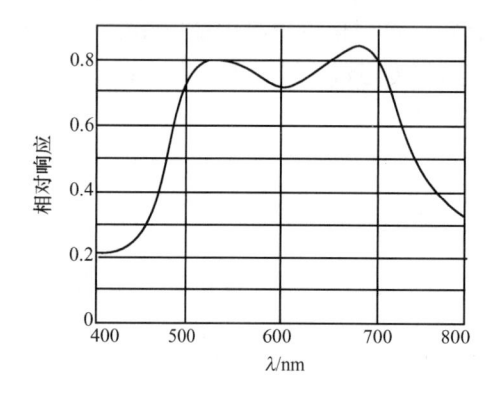

图6-58　IM26-SA的光谱响应特性曲线

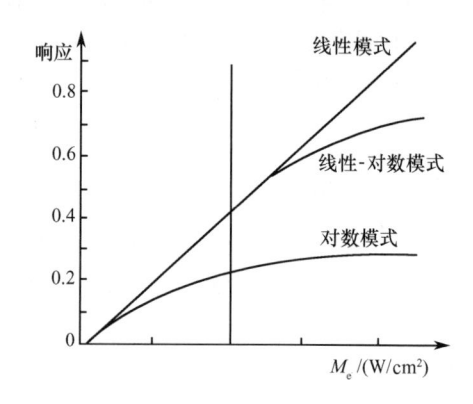

图6-59　IM26-SA的光电特性曲线

IM26-SA的图像信号放大器的增益可有两种方式:非略读增益方式(NO Skimming)和略读增益方式(Skimming)。对于非略读增益方式,放大器增益可选为1或4;而对于略读增益方式,放大器的增益要与像元器件的线性-对数响应配合工作,而且要仔细确定参数,以防止信号消失。略读增益方式会稍稍增大器件的时间常数,帧周期不能太短。此外,还会显著增大固定图案噪声,应对其进行校正。图6-60所示为两种增益的输出特性曲线。

IM26-SA还可以局部取景,但对取景的范围有一些限制,即景物图像的行数最小为2,列数最小为64。

IM26-SA 的运行模式和功能的设置都要事先存储在 E^2PROM 中,运行时再将其通过软件调出,存于移位寄存器。这种移位寄存器总共有 32 个,它们的功能如表 6-6 所示。

表 6-6 IM26-SA 移位寄存器的功能

移位寄存器序号	功能说明
0~3	与 E^2PROM 进行通信
4,5	包含成像器件的控制信息
6,7	包含摄像机的基本功能信息
8,9	用于存取 DAC 数据和调整摄像机的数据
10,11	未用
12~14	包含扩展摄像机调整功能的信息
15~17	用于曝光控制
18~20	用于控制成像器件的输出模式
21~23	用于设置帧时间
24~31	用于取景控制
32	用于存储行的暂停数据

图 6-60 IM26-SA 两种增益的输出特性曲线

表 6-6 中各个移位寄存器的功能都是在软件的操作下实现的,操作要按一定的时序进行,下面列举出部分时序。

全部像元同时曝光的时序如图 6-61 所示。首先,快门将所有像元同时复位,像元便开始积分光信号;积分结束时将光信号存储下来,最后在帧读出脉冲作用下读出全部图像信号。这种曝光方法能获得亮度均匀的清晰图像。

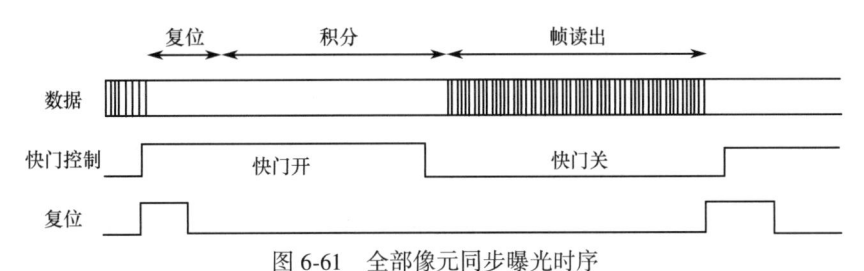

图 6-61 全部像元同步曝光时序

摄像机的运行模式分为自由运行与触发运行。

自由运行模式的时序如图 6-62 所示。这种模式的帧频是固定的,外同步被忽略而不起作用。在帧周期中,场脉冲低电平期间,像元开始积分光信号,变为高电平后,在行脉冲的控制下读出信号;读出信号结束后就对像元进行复位,以便进行下一帧循环操作。帧与帧之间或行与行之间信号的读出都有暂停时间,以便缓冲整机运行工作。但是这两个暂停时间都可以进行调节,暂停时间最低可以调节为 0。

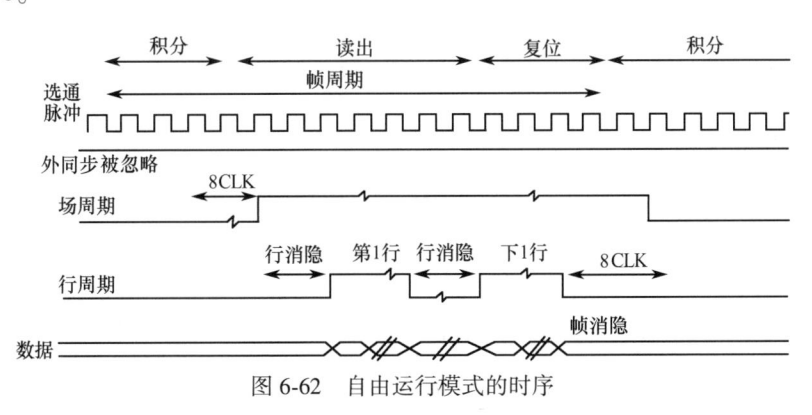

图 6-62 自由运行模式的时序

图 6-63 所示为触发运行模式的时序。触发运行模式与自由运行模式不同之处在于它有外同步信号 EXSYC,由它控制帧的启动时间和帧周期,由此可以获得更高的帧频。若设定的帧周期大于 EXSYC 的周期,则会自动去掉一个 EXSYC 脉冲。

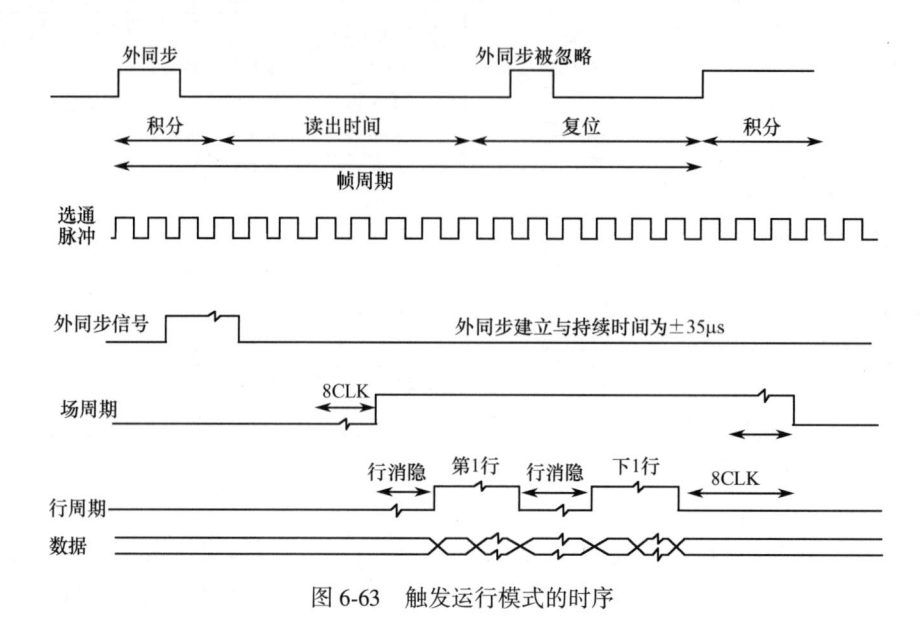

图 6-63 触发运行模式的时序

6.5.2 MC1300

这是德国 MIKROTRON 公司的产品。它的数据率高达 130MB/s,为高速 CMOS 摄像机,适用于摄取运动目标的图像。此外,其在近红外(835nm 处)仍有较高的光谱灵敏度,快门为电子自动快门,可确保图像的照度适中,保证图像清晰。另外,还可以随机取景。它的性能参数也列于表 6-5。

这种摄像机的硬件采用高性能 CMOS、数据存储器、移位寄存器和串行接口等电路,可以实现多种控制功能和运行模式。

在存储器中有 6 个简表,其中 1 个简表存储了摄像机运行的部分模式,如图像亮度、对比度和灰度等,这些数据都可以根据需要改变,而且可由外部控制实施更改;另 1 个简表也存储了摄像机运行的部分模式,这些模式由厂家设定,是不能更改的;其他 4 个简表则是用户简表,内部存储了用户设定的摄像机运行的各种模式,并且可以和第 1 个简表进行交换。也可从厂家简表中取得模式。

从上述存储器中取得运行模式数据后,要输入到移位寄存器,以便实施模式控制。在该摄像机中共有 15 个移位寄存器,能实施的运行模式有:

(1) 行长度控制

用于取景控制,可以将图像的每行长度控制为 1/8,1/4,1/2 行长和全行长等 4 种长度。但选择行长度时,要考虑像元合并对图像的影响。

(2) 曝光形式控制

曝光形式包含快门的有无与同步控制的有无。采用快门可以控制曝光时间,采用同步控制可以定时摄取图像。

(3) 帧频控制

依据取景大小来改变帧的周期。可按表 6-7 所示的时间参数设定帧周期。显然,模式 0 的分辨率最低,速度最快;模式 3 的分辨率最高,但速度最慢。应用时要根据具体情况适当选择帧频控制模式。

（4）像元合并

像元合并可以增强信号，适用于光线很弱的场合；此外，由于像元的减少，帧频可以提高。

表 6-7 时间参数

帧频控制模式	0	1	2	3
取景尺寸（像元数）	120×100	260×260	640×480	1280×1024
时钟频率（MHz）	66	33	13.2	6.6
行周期（μs）	2.47	4.12	10.3	20.6
帧周期（s）	1/4852	1/933	1/202	1/47

（5）增益控制

数字信号也可以放大，增益分 4 级：1，2，4，8 级。

（6）摄像计数

摄像机内有 1 个 16b 的图像计数器，可以对所摄图像打印出图号标记等。

（7）图像闪烁曝光

其作用是，缩小图像取景范围，并且自动检查所需取景范围内图像的灰度；当上述灰度超过给定阈值时，就可以进行闪烁曝光。因为闪烁曝光时间很短，适用于摄取快速运动目标的图像。

6.6 本章小结

（1）MOS 场效应管

只有在掌握 MOS 场效应管的基础上才能更好地理解 CMOS 图像传感器。本章首先学习场效应管的结构，然后将重点放在场效应管的主要性能参数上。主要性能参数有：①阈值电压；②伏安特性；③频率特性；④开关特性；⑤噪声特性。

（2）CMOS 的原理结构

① CMOS 的组成。重点放在 X、Y 地址译码器上，理解 CMOS 像元的输出是通过地址译码器及相应的模拟开关实现的。

② CMOS 的像元结构。引入主动式像元结构需要更多的场效应管，这在半导体集成电路制造中是很容易实现的。

③ CMOS 的工作流程。CMOS 需要按一定的工作流程图工作，当然不同的器件流程图也各不相同，它们是内部设置的。

④ CMOS 的辅助电路。辅助电路是提高 CMOS 性能不可或缺的，主要有：①偏置非均匀性校正电路；②随机选址电路；③相关双采样电路；④对数特性电路。

（3）CMOS 图像传感器的性能指标

① 光谱响应与量子效率。基本与硅光电器件的光谱响应相似。

② 填充因子。填充因子可以采取一些措施加以改善，如采用"微透镜"，设置特殊的像元结构等措施。

③ 输出范围与动态范围。CMOS 图像传感器采用非线性处理技术使动态范围大幅度提高，如采用双斜率输出、对数输出与 γ 校正等模式。

④ 噪声。除器件本身的白噪声外，还含有复位噪声与空间噪声，其中空间噪声应设法克服。

⑤ 空间传递函数。空间传递函数与其他图像传感器差异不大。

⑥ CMOS 与 CCD 的比较。如表 6-2 所示。两者最大的不同是：CMOS 图像传感器内部设有 A/D 转换器，是以数字方式输出的器件；而面阵 CCD 没有设置 A/D 转换器，需要单独给它提供 A/D 转换器，才能获得数字图像信息。

（4）典型 CMOS 图像传感器

① IBIS4 SXGA 的结构与特性；

② FUGA1000 的结构与输出特性；

③ 高速 CMOS 图像传感器的结构及 16 路并行输出，实现高帧频输出的特性；

（5）CMOS 摄像机

① 具有小范围取景特点的 IM28-SA，其光电转换特性可以通过"非线性化"扩展动态范围。

② MC1300 通过 16 路并行输出的模式使数据率高达 130MB/s。

思考题与习题 6

6.1 在 CMOS 图像传感器中的像元信号是通过哪些环节，以何种方式从器件输出的？CMOS 图像传感器的地址译码器在信息输出时所起的作用是什么？

6.2 CMOS 图像传感器能够像线阵 CCD 那样只输出一行的信号吗？若能，试说明应采用怎样的措施？

6.3 何谓被动像元结构与主动像元结构？二者有哪些相同点？又有哪些不同点？主动像元结构是如何克服被动像元结构缺陷的？

6.4 何谓填充因子？提高填充因子的方法有哪几种？CMOS 图像传感器采用哪种措施提高填充因子？

6.5 在图像传感器的像元前端设置微透镜的目的是什么？会带来哪些优点？同时带来的缺点是什么？

6.6 CMOS 与 CCD 在驱动方式方面有哪些区别？为什么说 CCD 的驱动器要远比 CMOS 的复杂得多？

6.7 提高 LUPA1300 信号输出频率的主要措施是什么？

6.8 为什么 CMOS 图像传感器要采用线性-对数输出方式？这种方式会带来哪些好处？同时也会带来哪些缺点？

6.9 CMOS 图像传感器的光谱响应特性与 CCD 的光谱响应特性相比有哪些相同之处？又存在哪些差别？

6.10 试利用互联网查找构成 CMOS 数码照相机的主要部件有哪些？为什么能够用 CMOS 图像传感器构成"全画幅"数码照相机而没有用面阵 CCD 构成的？数码照相机图像分辨率通常是采用什么方式描述的？

第7章 视频信号处理与计算机数据采集

在图像传感器中,目前应用最为广泛的是CCD。CCD又分为线阵与面阵两种,它们输出的信号虽然都是时序信号,但不尽相同。线阵CCD输出每行同步时序信号,面阵CCD与热释电成像器件输出的均为全电视视频信号。本章将以线阵CCD为例,讨论各种图像传感器输出信号的处理与计算机数据采集问题。

线阵CCD在许多领域里得到广泛的应用。被检测对象的光信息通过光学成像系统成像于线阵CCD的像面上,将光强度转换成电荷量,存于器件的相应位置。线阵CCD在一定频率的时钟脉冲驱动下,将所存信号以一定的方式输出,便在线阵CCD的输出端获得被测图像的视频信号。视频信号中的每一个离散的电压信号对应于该像元上图像的光强度。即视频信号任意时刻的输出电压均对应于线阵CCD像面上的一个空间位置,从而可以用线阵CCD的自扫描方式完成信息从空间域到时间域的变换。线阵CCD作为图像传感器使用时,为了保证图像的细节,必须确定分辨率。根据采样定理的要求,采样频率应高于所采图像最高空间频率(每毫米线对数)的2倍。例如,设图像的最高空间频率为每毫米40条线,则采样频率应大于或等于每毫米80条线,对应的采样尺寸为1/80mm,即12.5μm。应该根据所求得的采样尺寸去选择线阵CCD;此外还要确保图像的亮度值处于线阵CCD光电转换特性允许的动态范围之内,以保证转换后的图像信息不失真。如果光学图像的亮度在时间坐标轴上还有变化,则图像亮度对时间的变化上有一个最高截止频率。按照采样定理,线阵CCD在时间坐标轴上对光学图像的采样频率应保证大于或等于2倍的图像最高截止频率,由此可以确定线阵CCD的积分时间和计算机对信息采集的时间。

依据对线阵CCD视频信号用途的不同,对线阵CCD视频信号有两种处理方法:一是对视频信号进行二值化处理后,再进行数据采集;二是对视频信号采样、量化编码后,再采集到计算机系统。下面简单介绍这两种处理方法。

7.1 线阵CCD视频信号的二值化处理

在对图像灰度没有要求的系统中,为提高处理速度和降低成本,应尽可能采用二值化图像处理方法。实际上许多检测对象在本质上也表现为二值情况,如图纸、文件的输入,物体尺寸、位置的检测等,在对这些信息进行处理时采用二值化处理是恰当的。二值化处理是把图像和背景作为分离的二值(0,1)对待。光学系统把被测物体成像在线阵CCD的像面上。由于被测物体与背景在光强分布上的变化反映在线阵CCD输出的视频信号中,则所对应的输出电压将会产生较大的变化,即图像尺寸在边界处会有明显的电平变化。通过二值化处理方法把线阵CCD视频信号中的图像尺寸信息与背景分离成二值电平。实现线阵CCD视频信号二值化处理的方法很多,一般采用硬件电路实现,也可以采用软件方法实现。本节介绍硬件二值化处理方法和几种常用的二值化处理电路。

7.1.1 二值化处理方法

二值化处理方法很多,常用的有固定阈值法和浮动阈值法。

1. 固定阈值法

固定阈值法是一种最简便的二值化处理方法。将线阵CCD输出的视频信号送入电压比较器的同相输入端,比较器的反相输入端加可调电位器就构成了如图7-1(a)所示的固定阈值二值化处理电路。线阵CCD视频信号经电压比较器后输出的是如图7-1(b)所示的二值化方波脉冲信号。调节阈值电压,脉冲的前、后沿将发生移动,脉冲的宽度发生变化。当线阵CCD输出的视频信号含有被测物体直径的信息时,可以通过适当地调节阈值电压,获得方波的脉冲宽度与被测物体直径的精确关系。这种方法常用在线阵CCD测量物体外形尺寸的应用中。

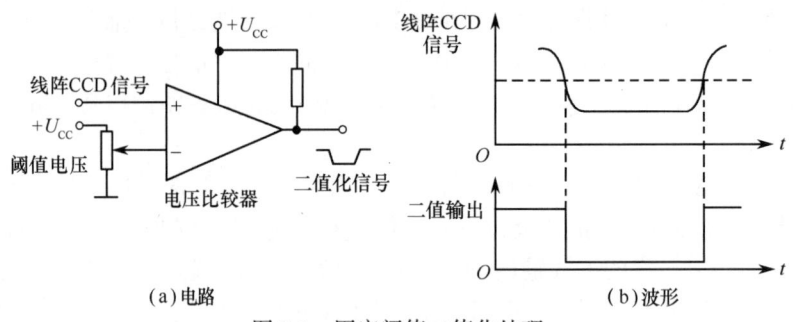

图7-1 固定阈值二值化处理

本书10.1节所采用的二值化处理方法就是这种固定阈值法。当采用固定阈值法时,对测量系统有较高的要求。首先要求系统提供给电压比较器的阈值电压 U_{th} 要稳定;其次线阵CCD输出的视频信号只与被测物的直径有关,而与时间 t 无关,即要求它的时间稳定性要高。显然,这就要求测量系统的光源及线阵CCD驱动脉冲,主要是转移脉冲的周期 t_{sh} 要稳定。因此,采用固定阈值法的测量系统,应提供由恒流源供电的稳定光源。可以采用由晶体振荡器构成的线阵CCD驱动器,以确保所提供的 t_{sh} 稳定。

有些在线检测的应用中,不稳定的背景辐射无法克服,即在不能保证入射到线阵CCD像面上的光稳定的情况下,固定阈值法受到因光源变化而引起线阵CCD视频信号幅度的变化,从而导致测量误差。当误差大到不能允许时,就应该采用其他的二值化处理方法。

2. 浮动阈值法

浮动阈值法是使电压比较器的阈值电压随测量系统的光源或随线阵CCD输出视频信号的幅值浮动。这样,当光源强度变化引起线阵CCD的视频信号起伏变化时,可以通过电路将光源的起伏或线阵CCD视频信号的起伏变化反馈到阈值上,使阈值电压也跟着变化,从而使二值化方波脉冲的宽度基本不变。图7-2所示为浮动阈值二值化电路的原理图,采样/保持器采得线阵CCD在该周期中输出的背景信号,并将其保持到这个周期;跟随器输出信号通过电位器RP送到电压比较器,提供浮动的阈值电压 U_{th}。

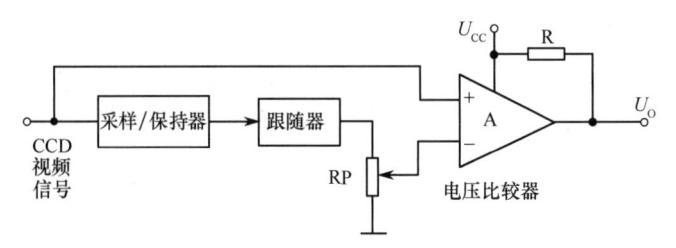

图7-2 浮动阈值二值化电路原理图

浮动阈值二值化电路的浮动量需要根据光源及背景光的影响进行适当调整,但理想的、完全能够消除光源不稳定因素所带来的测量误差是很困难的。想办法找到线阵CCD视频信号中被测物体像的边界特征进行二值化,是较为理想的二值化方法。

7.1.2 二值化数据采集与计算机接口

线阵 CCD 用于尺寸测量系统时常采用二值化数据采集。在这类采集系统中,常采用在二值化方波脉冲中填入与线阵 CCD 像元尺寸有关的高频时钟脉冲。计数所填脉冲数与脉冲当量相乘,便可以获得被测物体尺寸。下面介绍几种二值化数据采集方法与计算机接口电路。

1. 硬件二值化数据采集方法

硬件二值化数据采集原理图如图 7-3 所示。它由与门电路、计数器、锁存器和显示器等构成。线阵 CCD 的驱动器除产生线阵 CCD 各种驱动脉冲以外,还要产生与 SH 同步的控制脉冲 F_c 和用作二值化计数的输入脉冲 CR_t。要求 F_c 的上升沿对应于线阵 CCD 输出信号的第一个有效像元,而 CR_t 脉冲的频率是复位脉冲 RS 频率的整数倍。线阵 CCD 视频信号经二值化处理后,所产生的二值化信号加到与门的输入端,控制与门的开关,与门的另一个输入端为 CR_t。用 F_c 的低电平作为计数器的复位脉冲,计数器的数据输出端与锁存器的输入端相接。锁存器的触发输入端 CK 接二值化信号后沿触发的送数脉冲电路(延时电路)的输出端,锁存器的输出数据送至显示器,显示所测数据的值。

硬件二值化数据采集电路工作波形如图 7-4 所示。图中 F_c 的低电平使计数器清 0,变为高电平后可以计数。计数器的输入脉冲 CR_t 只有在二值化脉冲的高电平期间才能通过与门输送到计数器的输入端。因此,计数器在一个行周期内只能计得二值化脉冲为高电平期间通过与门的 CR_t 脉冲数。二值化脉冲的下降沿经延时产生存数脉冲 CK,将计数器的值存入锁存器。锁存器锁存的数值经译码驱动显示器,可以显示与二值化脉冲宽度有关的值。

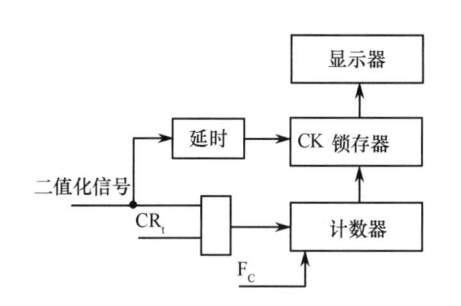

图 7-3 硬件二值化数据采集原理图

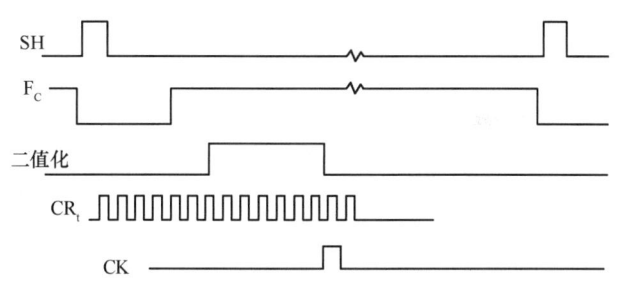

图 7-4 硬件二值化数据采集电路工作波形

CR_t 脉冲的频率是复位脉冲 RS 频率的 N 倍(整数),而一个 RS 脉冲代表一个像元的长度量,一个 CR_t 脉冲应为像元尺寸的 $1/N$。计数器在一个周期内所计得的数实际上为二值化脉冲高电平所代表的被测物体的外径值。

这种硬件二值化数据采集电路适用于对物体外形尺寸的测量,且只适用于在一个行周期内只有一个二值化脉冲的情况。同时这种方法只能采集二值化脉冲的宽度或被测物体的尺寸,而无法检测被测物体的位置。

2. 边沿送数法二值化数据采集接口电路

图 7-5 所示为边沿送数法二值化数据采集接口电路的原理图。由 F_c 控制的二进制计数器计得每行的标准脉冲(可以是 RS 或 SP)数,当标准脉冲为 RS 或 SP 时,计数器某时刻的计数值为线阵 CCD 在该时刻输出像元的位置序号,若将此刻计数器所存的数值用锁存器锁存,那么锁存器就能够将线阵 CCD 某特征像元的位置输出,并储存起来。

这种方式的工作波形如图 7-6 所示。在这种方式下计数器周期性地输出像元的位置序号。另外,线阵 CCD 输出的载有被测物体直径图像的视频信号经过二值化处理电路产生被测信号的方波脉冲,其前、后边沿分别对应于线阵 CCD 上的两个位置。将该方波脉冲分别送给两个边沿信号产生电路,产生两个上升沿,分别对应于方波脉冲的前、后边沿,即线阵 CCD 上的两个位置。用这两个边沿脉冲信号使两个存储器分别锁存二进制计数器在上升沿时刻所计得的数值 N_1 和下降时刻所计得的数值 N_2,则 N_1 为二值化方波前沿时刻所对应的位置值,N_2 为后沿时刻所对应的位置值。在行周期(F_C)结束时,计算机软件分别将 N_1 和 N_2 的值通过数据总线 DB 存入计算机内存,便可以获得二值化方波脉冲的宽度信息与被测图像在线阵 CCD 像面上的位置信息。

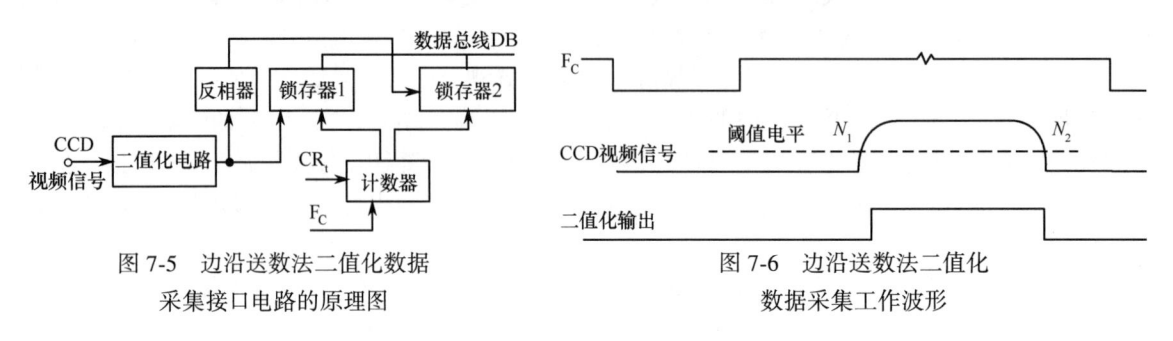

图 7-5 边沿送数法二值化数据采集接口电路的原理图

图 7-6 边沿送数法二值化数据采集工作波形

7.2 线阵 CCD 视频信号的量化处理

线阵 CCD 作为光电传感器,在进行光谱探测、光学图像测量与光强分布测量时,需要测出每个像元的光照强度值,既光强分布 $I(x,y)$ 或 $I(x)$ 的值。线阵 CCD 的输出为周期时序电压信号,在这种情况下需要进行视频信号的量化处理与 A/D 转换,并将转换后的数字信号送入计算机进行后续处理。

1. 线阵 CCD 视频信号的量化过程

线阵 CCD 视频信号的量化过程如图 7-7 所示。视频信号经过低通滤波器滤波后,变成在时间上连续的模拟信号。按照对图像分辨率的要求,采样/保持电路对连续的视频信号在时间上进行间隔采样,变成离散的模拟信号;再由 A/D 转换器(量化编码器)将其转换成数字量,送入计算机。

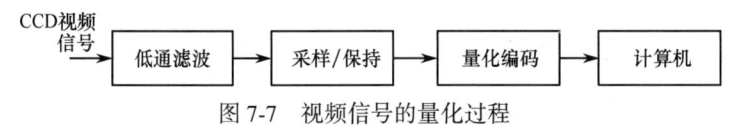

图 7-7 视频信号的量化过程

2. 量化过程所用的器件

视频信号量化过程中经常用到采样/保持电路和 A/D 转换器,下面简单叙述这两种电路的基本工作原理。

(1) 采样/保持电路

采样/保持电路主要由电子模拟开关、存储介质(电容器)和输入、输出放大器构成,电路如图 7-8 所示。该电路在采样期间,由逻辑控制脉冲(在线阵 CCD 中常用 SP)使电子模拟开关 S 闭合或断开。当 S 闭合时,输入的视频信号通过放大器 A_1 及 S 快速地向电容 C_H 充放电,A_2 为跟随放大器,使得输出信号跟随输入信号的变化。当 S 断开时,电路处于保持状态,外部输入信号不能通过 S,C_H 上的电压要通过 A_2 的输入电路放电。由于 A_2 的输入阻抗很高,放电很慢,因此输出电压

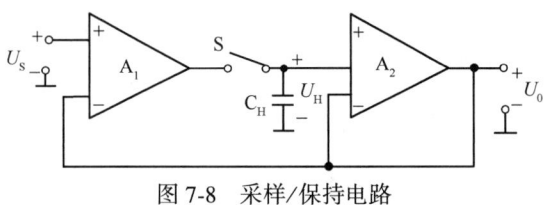

图 7-8 采样/保持电路

基本保持了 S 断开时的输入电压值。由于 A_1 的输出阻抗很低（一般为 $1\sim5\Omega$）并能提供较大的输出电流，使采样期间 C_H 的充放电过程很快，能快速地跟随上输入信号电压的变化。A_2 的输入阻抗可高达 $10\sim10^5 M\Omega$，可以阻止 C_H 上的电荷在保持期间的放电，而维持输出电压基本不变。采样/保持电路中的存储介质（电容器）应选用漏电小的电容器，建议使用聚苯乙烯或聚碳酸酯电容器做存储介质，它们的漏阻抗高达数百至数千兆欧。

图 7-9 所示为采样/保持操作的时域特性。图中 T_0 时刻之前电路处于保持状态，控制逻辑电平为高电平。在 T_0 时刻，控制逻辑电平变为低电平，S 闭合，电路进入采样期间，C_H 开始充放电，电路的输出将追踪输入而变化。T_{AC} 就是电路输出跟踪到输入所需要的时间，称为捕捉时间。该时间被定义为在规定的采样精度内存储电容器充电到采样模拟电压 U_s 的值所需要的时间。

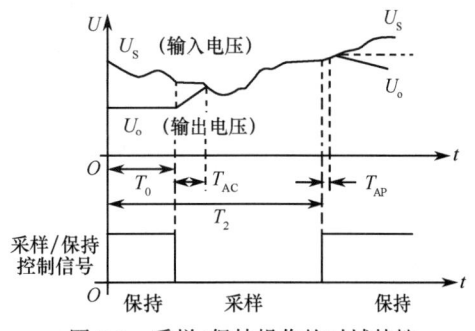

图 7-9 采样/保持操作的时域特性

例如，确定采样精度为 0.01，则表示 T_{AC} 对应电容器充电到 U_s 值的 99% 的时间。可见捕捉时间的长短与电容器的电容值和采样精度密切相关。图中所示的 T_2 时间段，控制逻辑电平变成高电平，电路进入保持状态。由于电路的延迟，使电子模拟开关延迟一段时间才真正切断电路，并且，将由保持信号发生时刻到电路实际进入保持状态之间的延迟时间定义为孔径时间 T_{AP}。值得注意的是，孔径时间是不稳定的，它有一个变化范围，称之为孔径时间不定性，用 ΔT_{AP} 表示。在高速数据采集时，采样/保持电路的 ΔT_{AP} 会影响到采样精度。典型值：如采样/保持电路的 $T_{AC}=5\mu s$，$T_{AP}=0.05\mu s$，$\Delta T_{AP}=0.01\mu s$。采样/保持电路进入保持期间，由于电容器电荷的泄漏，造成电路输出电平呈线性下降，即

$$\frac{du}{dt}=\frac{I}{C} \tag{7-1}$$

式中，$\frac{du}{dt}$ 为电压下降率；I 为保持期间电容器的漏电流；C 为保持电容器的电容量。

增大电容器的电容量可以减小电压的下降率，但又会带来电路捕捉时间增加，使采样频率降低。上述的电压下降率会引入数据采集的误差。因此，在考虑选用电容器的容量大小时，应综合考虑采样精度、电压下降率引入的误差和系统采样频率等技术指标。

在实际应用中，采样/保持电路中的保持电路不一定是必需的。如果被采样的模拟信号变化相当缓慢或采用了足够快的 A/D 转换器，在完成一次量化过程中均能保证模拟信号的变化小于一个量化单位，就可省略采样/保持电路。

例如，输入的模拟信号是正弦信号 $x(t)=E\sin\omega t$。在 $t=0$ 时刻，输入信号的变化率最大，$E_0=E2\pi f$。采样系统中使用的 A/D 转换器的转换时间为 t_c。该器件的量化单位为

$$q=2E/2^n \tag{7-2}$$

式中，$2E$ 为模拟输入信号的峰-峰值；n 为 A/D 转换器的位数。

要求在 t_c 时间间隔里，模拟信号的变化小于一个量化单位，即

$$\Delta E=E2\pi ft \tag{7-3}$$
$$\Delta E<q$$

由上式可以求出，允许输入模拟信号的最高频率

$$f_{max}=\frac{q}{E2^n\pi}=\frac{1}{2^n t_c \pi} \tag{7-4}$$

如果 $n=8, t_c=1\text{ms}$，得 $f_{\max}=1.243\text{Hz}$。

另外，如果已知 $f_{\max}$ 及 A/D 转换器的位数 n，可以求出不用采样/保持电路时 A/D 转换器允许的最大转换时间

$$t_c = \frac{1}{f_{\max} 2^n \pi} \tag{7-5}$$

如果 $f_{\max}=1\text{kHz}, n=8$，用上述公式计算，$t_c=1.244\mu\text{s}$。

(2) A/D 转换器及其特性

A/D 转换器是实现模拟量转换成数字量的电子器件。它完成的传递函数可表示成

$$E = U_B\left(\frac{a_1}{2} + \frac{a_2}{2^2} + \cdots + \frac{a_n}{2^n}\right) \tag{7-6}$$

式中，U_B 为参考电压源；$a_1, a_2, \cdots, a_n$ 为系数（1 或 0）；n 为数字量的位数；E 为数字信号的电压。

输入的模拟信号电压 U_s 与 E 之间的差值小于或等于 $\pm\frac{1}{2}\cdot\frac{U_B}{2^n}$。

A/D 转换器的输出特性曲线如图 7-10(a) 所示。与理论的输入值相对应的输出二进制数字量应在虚线上。实际曲线是由宽度为 $U_B/2^n$ 的若干个台阶组成的，每个台阶的中间点与转换信号的电压值相对应。理想曲线与中间点相交，该特性是一条直线。实际台阶形的曲线在 $E+\frac{1}{2}\cdot\frac{U_B}{2^n}$ 处发生跳变。E 是与理想曲线的二进制数相对应的模拟量。实际输入的模拟量 $A(U_s)$ 与二进制数对应的理论值 E 之间有误差。该误差的范围为 $+\frac{1}{2}\cdot\frac{U_B}{2^n} \sim -\frac{1}{2}\cdot\frac{U_B}{2^n}$。这是由于用有限位数的二进制数字量去逼近而代替实际的模拟量所带来的

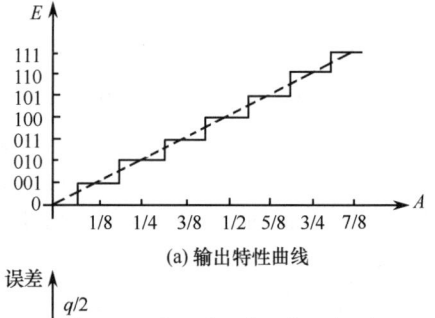

图 7-10 A/D 转换器输出特性曲线及误差曲线

原理误差。这个误差称之为量化误差。A/D 转换器的误差曲线如图 7-10(b) 所示，q 为量化单位，$q = U_B/2^n$。

A/D 转换器的主要特性之一是分辨率。分辨率被表示成该器件的量化单位与满量程电压之比。亦可用该器件的位数来表示。分辨率$= q/U_B = 1/2^n$。显而易见，器件的分辨率越高，量化误差就越小。在使用 A/D 转换器时应注意充分利用其精度。

A/D 转换器特性之二是器件具有的转换时间。由于器件的结构及工作原理不同，对于某些器件而言，转换时间与输入信号值的大小有关，故器件的转换时间是变化的。对于某些器件，如逐次逼近型的 A/D 转换器，转换时间固定不变，其值与输入信号的值无关，只取决于器件的工作时钟和转换器的位数。一般 8 位逐次逼近型 A/D 转换器的转换时间为几个微秒到 $100\mu\text{s}$。这种器件的转换速率在 10 万次/秒以上。目前，还有并行比较型的 A/D 转换器，它的转换速度更快。由于采用了比较器和组合逻辑电路，故转换时间很短，在 2ns～100ns。所以数据转换的速率高达 10～500MHz。应根据需要合理选择 A/D 转换器，充分发挥其应有的速率。

A/D 转换器的特性之三是转换精度。该精度定义成输入模拟信号的实际电压值与被转换成数字量的理论电压值 E 之间的差值，称之为器件的绝对误差。器件精度还有用相对误差表示的，它是指在去掉偏移误差和增益误差之后，输入模拟信号的电压值与被转换成数字量的理论电压 E 之间的差值。所谓偏移误差是指器件最低有效位为"1"时输入的电压值与理论值之差，

在特性曲线上它表现为第一个代码点不在 0.5LSB 处。增益误差表示器件的增益不等于1,在特性曲线上表现为台阶变宽或变窄而使误差增加。以上两种误差均可以在器件上进行补偿。此外,还有一种表达误差的方式,即用非线性误差表示。它的定义是在消除偏移误差和增益误差以后,输出的数字量所对应的理论输入值与实际特性各水平段中点值之间的差值。因为线性误差是由 A/D 转换器特性随输入信号幅度变化而引起的,因此,线性误差是不能补偿的。

7.3 线阵 CCD 视频信号的数据采集与计算机接口

在定量分析线阵 CCD 视频信号的幅值(例如用线阵 CCD 检测光强的分布、图像的扫描输入、多通道光谱分析等应用领域)时,需要对线阵 CCD 视频信号进行数据采集,并将采集的数据送到计算机进行处理。

线阵 CCD 视频信号是以转移脉冲为周期的时序调幅脉冲信号。这样,在采集每个像元的数据时,往往采用具有内部静态存储器的数据采集卡,通过计算机扩充插槽与计算机总线操作来完成数据采集与计算机接口功能。

1. 数据采集与计算机接口原理

线阵 CCD 视频信号的数据采集与计算机接口的方式很多,常用的有并行接口、串行接口和总线接口方式。每种接口方式中,根据不同的应用分为许多类型。这里只介绍最常用的线阵 CCD 视频信号的数据采集接口方式,即总线接口方式。这种方式是将线阵 CCD 的数据采集电路做在接口卡上,将卡插在计算机总线的扩展槽内,通过各种总线信号直接与计算机的 CPU、内存等部件进行操作,完成信号的采集与接口功能。线阵 CCD 的数据采集常采用 PC 总线或 ISA 总线接口方式。由于该方式直接调用计算机的内存等资源,而且具有数据传输速度快等优点,将成为线阵 CCD 视频数据采集的主流。

PC 总线接口方式的线阵 CCD 视频信号数据采集原理框图如图 7-11 所示。线阵 CCD 在驱动脉冲作用下输出模拟视频信号,送到 A/D 转换器的模拟信号输入端;驱动器输出的行同步脉冲 F_C 和像元同步脉冲 SP 分别送给同步控制器的控制输入端,使同步控制器与线阵 CCD 视频信号同步。同时,同步控制器也要接受计算机软件通过地址译码器发来的各种控制命令。同步控制器接受这些控制信号后,发送 A/D 转换器所需要的启动信号,使 A/D 转换器进入自动转换状态;A/D 转换器完成转换后,输出转换完成信号;同步控制器接收转换完成信号后,发出写命令信号,将 A/D 转换器输出的数据写入存储器,并在写操作完成后将存储器的地址计数器的计数值加1。当将整个线阵 CCD 一行像元的信号转换完成后(地址计数器计满一行像元值),地址计数器向同步控制器回送计满信号,同步控制器向接口电路发送完成状态信号。计算机软件通过接口电路查询到完成状态信号后,通过 AB 地址总线发出读信号,将存储器中存储的数据通过接口电路与数据总线 DB 传送给计算机的内存。

为学习和掌握线阵 CCD 视频信号的 A/D 转换和计算机数据采集的基本技术,下面将具体介绍一种典型的 PC 总线线阵 CCD 视频信号数据采集卡。

2. 典型 PC 总线线阵 CCD 输出信号数据采集卡

(1) AD16-2K 型线阵 CCD 数据采集卡

AD16-2K 型线阵 CCD 数据采集卡是适用于各种 2048 像元的 16 位 A/D 数据采集的 PC 总线接口卡,其原理框图如图 7-12 所示。

它由 ADC700(16 位 A/D 转换器)、SRAM6264(8 位静态存储器)、二进制计数器(地址计数器）、HC245（三态数据缓冲接口电路）、现场可编程器件（用作同步控制器）、HC138（3-8 译码器）等组成。

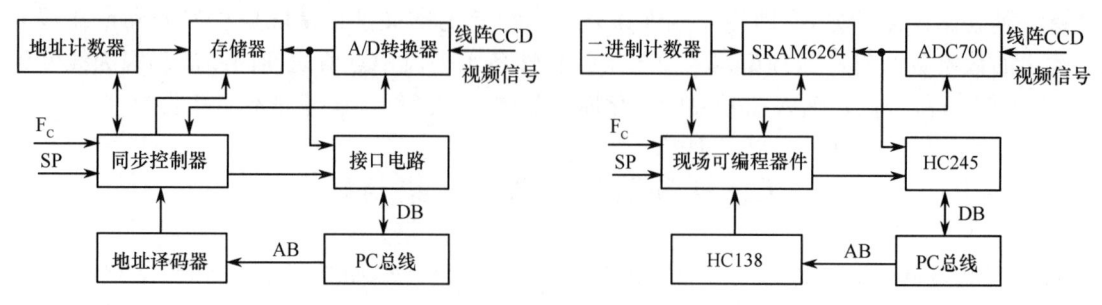

图 7-11 线阵 CCD 视频信号数据采集原理框图

图 7-12 AD16-2K 型线阵 CCD 数据采集卡原理框图

现场可编程器件是采集卡的核心器件，可采用 Altera7032 等芯片通过编程完成，它在数据采集卡中承担下面几项工作：

① 接收 F_c 及 SP 脉冲，使 A/D 转换器的操作与线阵 CCD 输出像元信号同步，为 ADC700 的各种操作（如启动、读、写等）提供操作脉冲；

② 完成对地址计数器的各项操作；

③ 控制 SRAM6264 存储器的读、写操作；

④ 为 HC245 提供开关指令，使其完成由存储器向计算机数据总线（DB）传送数据的工作；

⑤ 接收由 HC138 译出的各种指令，配合计算机软件完成启动 A/D 转换器、读写数据等工作。

ADC700 为 16 位高精度的逐次逼近型 A/D 转换器件。它具有转换精度高（非线性误差不大于 ± 0.006FSR）、转换速度快（转换时间不大于 17μs）的特点，并具有内部采样/保持器、数据存储器、三态输出电路等单元，可用作线阵 CCD 进行光谱探测等性能优良的 A/D 转换器件。

它的 16 位数据由 8 个端口分时输出，由 $\overline{HBEN}$ 信号控制，既可以先送高 8 位，再送低 8 位，又可以先送低 8 位，再送高 8 位。

ADC700 的内部结构及引脚定义如图 7-13 所示。它可以有串行输出和并行输出两种方式。当然，在线阵 CCD 的数据采集中常采用并行输出方式。在并行输出方式下，ADC700 的工作分为启动 A/D 转换器和数据锁存输出两个阶段。

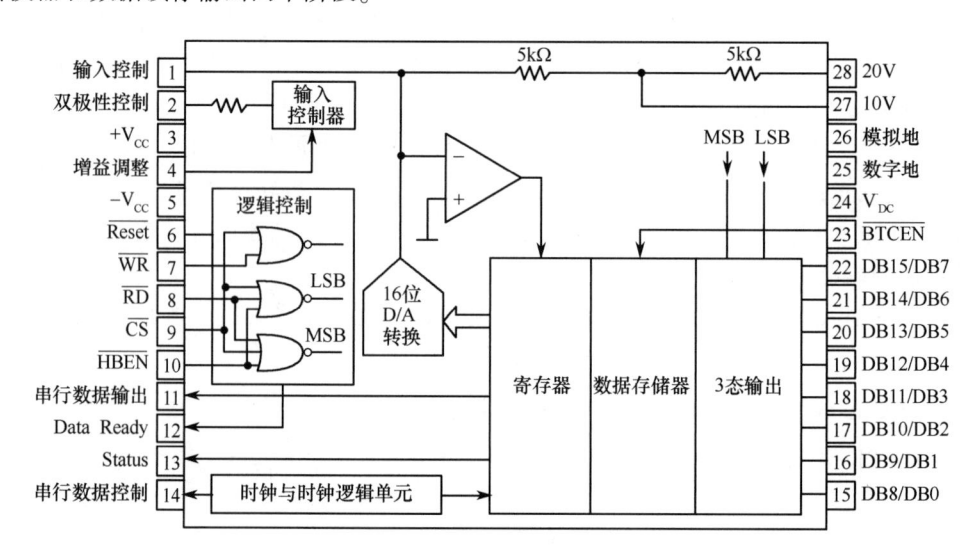

图 7-13 ADC700 的内部结构及引脚定义

在启动 A/D 转换器阶段,片选信号$\overline{CS}$及写信号$\overline{WR}$同时有效,A/D 转换器被启动,它输出的状态信号(Status)由低变高。ADC700 的启动时序如图 7-14 所示。

当 A/D 转换器将模拟量转换成数字量以后,A/D 转换器的 Status(状态)信号由高电平变为低电平(见图 7-15),表明转换已经完成。A/D 完成后,利用 Status(也可以通过 Data Ready 的上升沿)发送$\overline{CS}$,$\overline{CS}$有效期间发送$\overline{RD}$,读取 A/D 转换器内部寄存器送到数据线上的数据。

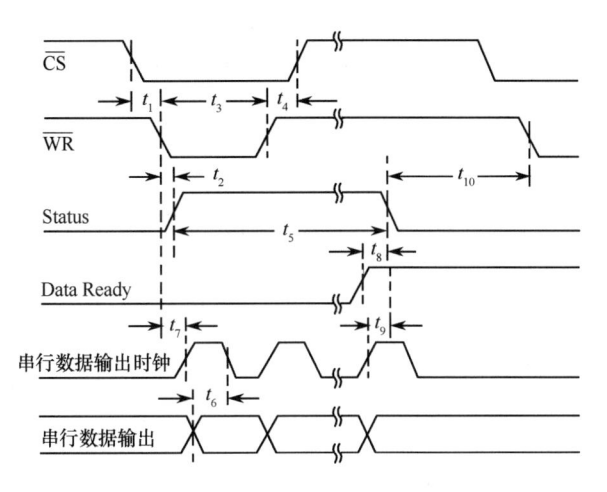

图 7-14 ADC700 启动时序

当$\overline{HBEN}$为低电平时读得高 8 位数据,而$\overline{HBEN}$为高电平时读得低 8 位数据。每读一位数据,地址计数器的计数值加 1。一般情况下,$\overline{HBEN}$接在地址计数器的最低位地址线上。这样,存储器的偶数地址中存储高字节(高 8 位),奇数地址中存储低字节(低 8 位)。

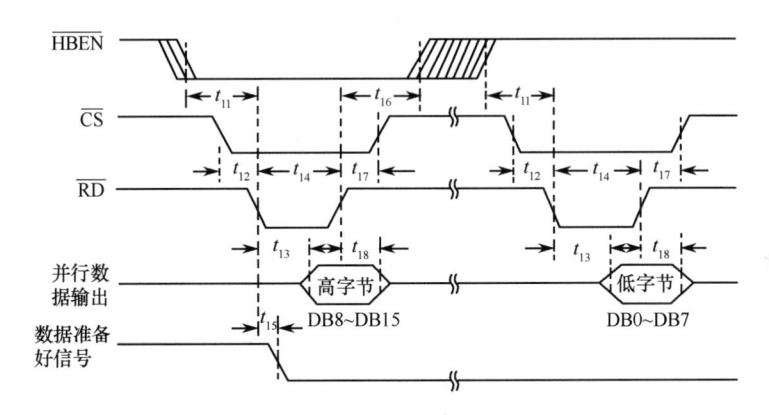

图 7-15 ADC700 并行输出时序

如果要对 2K 像元的线阵 CCD 进行 16 位 A/D 数据采集,往往要利用行同步脉冲 F_c,利用它的上升沿使 A/D 转换器进入工作状态(F_c 为低电平时,A/D 转换器无法启动)。利用与像元输出信号同步的像元同步脉冲启动 ADC700 进行 A/D 转换,即用 SP 的前沿使$\overline{CS}$和$\overline{WR}$有效,A/D 转换器进入转换状态,一般要使转换时间小于 CCD 输出像元信号的持续时间。当 Status 变为低电平,或数据准备好信号有效(低电平)后,同步控制器发出双脉冲信号,读出高 8 位数据和低 8 位数据,并分别送到地址计数器所指定的存储器中。其工作时序如图 7-16 所示。利用 SP 的上升沿启动 A/D 转换器。A/D 转换完成后,发出 Data Ready 信号,利用 Data Ready 的上升沿将 A/D 转换器寄存器中的数据通过 3 态输出端口分时存入 SRAM6264 存储器(分时操作由 RAM 的$\overline{CS}$-$\overline{WD}$控制)。每转换一个像元的输出信号(U_{out}),存储器就写入两个地址空间的字节数。当 2160 个像元都转换完成时,存储器共占用了 4320 个地址空间。当地址计数器计满 4320 后,产生转换完成信号,通过同步控制器通知计算机 A/D 转换已经完成。计算机查询到完成信号后,便在软件的控制下将采集卡上存储器的数据读到计算机内存(读数据由$\overline{CS}$-$\overline{RD}$脉冲操作),这样就完成了 1 行线阵 CCD 的 16 位 A/D 数据采集工作。

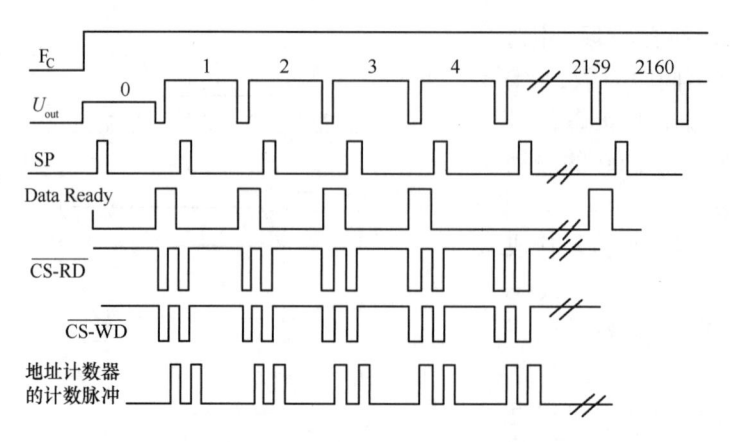

图 7-16　线阵 CCD 的 16 位 A/D 数据采集的时序

AD16-2K 型线阵 CCD 数据采集卡与其他类型的线阵 CCD 及驱动器的连接是很方便的。例如，与美国 Reticon 公司生产的 RL2048 系列器件相连，只需要 RL2048 系列器件的驱动器提供 F_C 和 SP，就能够对 RL2048 的视频信号进行 16 位 A/D 数据采集工作；并且，可为驱动器提供 12V 的电源，以及提供 5 位二进制数的积分时间控制功能，使用户获得 32 挡积分时间的软件选择方式。

AD16-2K 型线阵 CCD 数据采集卡设置了 8KB 内存，可以一次采集两行信号。这两行信号同存于卡上存储器中，这对于分析光源等外界因素对测量的影响是十分有利的。卡上存储器还可以扩展到更多容量，存储更多行的数据。例如，AD16-2K-1M 型数据采集卡的内存为 1MB，能够存 50 行视频信号的数据。若每行的积分时间为 40ms，则该卡可以采集 10s 期间线阵 CCD 像面上光照信号的变化情况。这对于在镀膜的过程中，测量膜层的厚度及其他物理、化学变化是十分有利的。多行测量后再取平均值，对于消除噪声的影响也是很重要的。

（2）AD8-H 型高速线阵 CCD 数据采集卡

AD8-H 型高速线阵 CCD 数据采集卡采用 8 位高速 A/D 转换器（CA3318CE），其转换速度很快，转换时间不大于 67ns。它的最高工作频率可达到 15MHz。利用 CA3318CE 和卡上设置的大容量内存，可以方便地设计出各种线阵 CCD 的高速数据采集卡。

AD8-H 型高速线阵 CCD 数据采集卡的基本性能参数为：分辨率为 8 位；适用 512～7500 像元的各种线阵 CCD 的数据采集；数据率为 500kHz～2MHz；卡上内存容量为 32KB～2MB；为 PC 总线接口方式。

AD8-H 型高速线阵 CCD 数据采集卡原理框图如图 7-17 所示。它与前述的 AD16-2K 卡的基本工作原理相似；区别是，为了满足不同像元线阵 CCD 数据采集的需要，增设了两个选择开关，并扩大了存储容量和存储地址空间。可以存储上千行的数据，在检测高速运动物体的运动状况（如探测飞行物体的飞行姿态）等方面起到了重要的作用。

图 7-17　AD8-H 型高速线阵 CCD 数据采集卡原理框图

（3）多个线阵 CCD 的并行数据采集卡

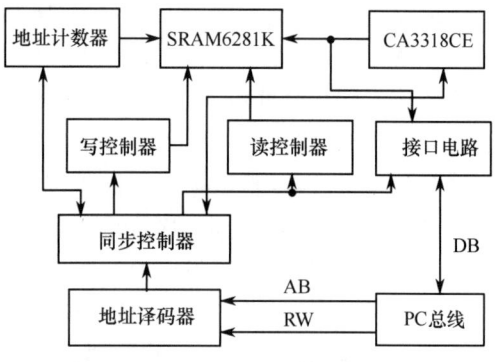

多个线阵 CCD 的并行数据采集卡能够采集到同一积分时间内多个线阵 CCD 像面上光强的一维分布。若将多个线阵 CCD 放置在被测样品的不同位置，便可以得到同一积分时间内不同位置

(角度)的光强分布。这在许多非接触检测技术领域是非常重要的。例如,在检测汽车轮胎的动平衡时,需要测出轮胎在一定转速下的平衡状况,将四个线阵CCD分布在轮胎周围空间的四个方位,便可以测得轮胎在某一瞬间的位置及一段时间内位置的变化。在多个线阵CCD拼接应用领域中,如大尺寸测量应用,以及宽光谱范围的光谱测量应用中,需要同时读出拼接在一起的线阵CCD的光强分布,也需要对多个线阵CCD进行并行数据采集。另外,在高速线阵CCD中,常采用将线阵CCD的像元分为多路并行输出,以便获得更高的行频。例如,RL1288D器件将1024个像元分为16路并行输出,可使等效的行频高出行驱动频率的16倍,即用15MHz的驱动频率来实现240MHz的数据采集效果。它的数据采集可等效为多个线阵CCD的同步并行数据采集。

多个线阵CCD的同步驱动原理框图如图7-18所示。它由驱动脉冲产生器、脉冲分配器和驱动器等构成。由晶体振荡器产生的主脉冲经逻辑电路后,产生符合各种线阵CCD所需要的驱动脉冲,经脉冲分配器或长线传输驱动发送器输出,分别送给各个线阵CCD;到达终端线阵CCD后,再经本地驱动器驱动线阵CCD。脉冲分配器还要提供F_C和SP,使A/D转换与线阵CCD输出的像元信号同步。

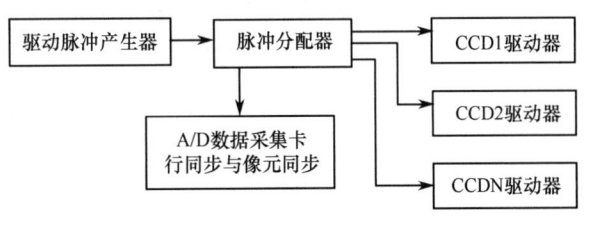

图7-18 同步驱动原理框图

(4) 同步并行数据采集卡

由四个A/D转换器构成的四路并行数据采集卡原理框图如图7-19所示。它由同步驱动器分别驱动四个线阵CCD输出的信号$U_1 \sim U_4$,送到四个12位A/D转换器(AD1674)的模拟信号输入端。A/D转换器在F_C和SP脉冲的控制下完成启动和转换的过程。A/D转换完成后,将12位数据并行地送到四个SRAM中暂存起来;而后,经延迟的A/D转换完的状态信号使地址计数器地址加1,指向新的地址。A/D转换器再接收另一个像元的SP,再对CCD输出信号进行一次采样并转换,送存储器暂存,地址计数器地址加1……如此下去,直到2160个像元全部输出并被转换。当地址计数器计满时,状态译码器输出"转换完成"信号,该信号使计算机产生中断。计算机响应中断后(或采用软件查询方式,计算机查到该信号),便逐一将四个存储器中的数据读到计算机内存中,并在软件的支持下,将内存的数据以文本文件的方式打印出来,或以图形的方式在计算机显示屏上以四种颜色分别显示每个线阵CCD的像元照度分布曲线。

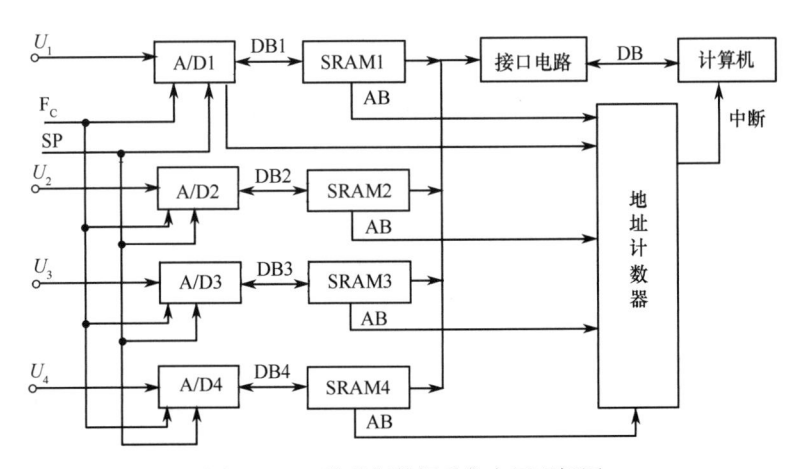

图7-19 四路并行数据采集卡原理框图

图 7-20 所示为四个线阵 CCD(TCD1501C5000 像元)的 12 位并行数据采集的一行信号的光强度(像元照度)分布曲线。

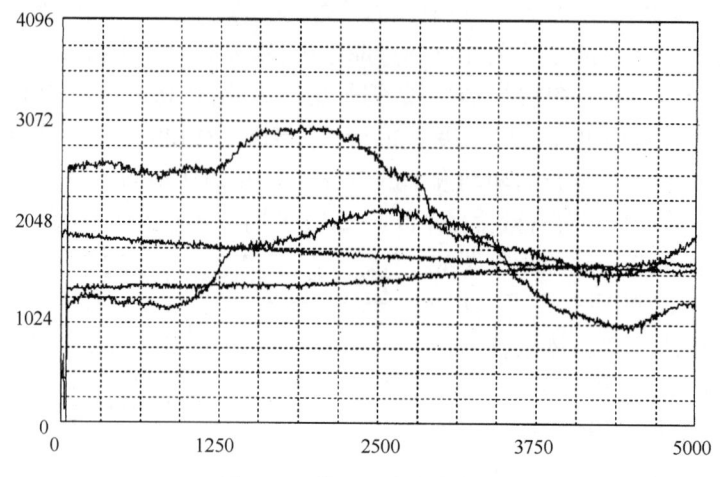

图 7-20　像元照度分布曲线

由此得出结论,多路并行同步数据采集过程中,A/D 转换器的启动和转换均采用硬件逻辑控制。硬件逻辑同步性能强,可适用于较高速度的采集工作。虽然采集完成后,线阵 CCD 的照度分布数据是存于卡上存储器中的,从卡上存储器到计算机内存的数据仍需一个个地传送,但那时,测量已经完成,传送所用的时间可以长一些。在需要采样多行数据的情况下,只需要增加卡上存储器的容量即可。

3. PCI 总线连接器

PCI 总线规范中定义了 4 种 PCI 总线接口连接器(插入卡),如图 7-21 所示。

5V 连接器和 3.3V 连接器并无本质的区别。在目前使用的大多数计算机系统中,以 5V 32 位的插槽最为常见。

5V 32 位 PCI 总线连接器就是采用这种方式设计的,它总共定义了 120 个引脚,如图 7-22 所示。下面将分别介绍其主要信号。

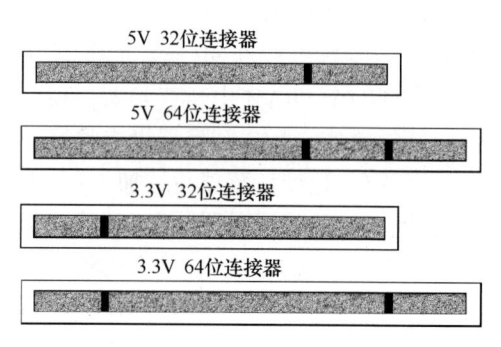

图 7-21　4 种 PCI 总线接口连接器

(1) 时钟信号(CLK)

时钟信号对驻留在 PCI 总线中的所有设备来说都是输入信号,它为所有交易,包括总线仲裁提供时序。在时钟信号的上升沿采样 PCI 设备的所有输入信号,所以,PCI 时序参数依据时钟信号的上升沿确定。

在 PCI 总线上的所有操作必须与时钟信号同步。时钟信号的频率范围是 0~33MHz。2.X 版的 PCI 规范规定,所有的 PCI 设备(只有一项例外)必须支持在 0~33MHz 的 PCI 操作。作为一个例外,集成在主板上的器件设计成以固定频率(最高到 33MHz)操作,并且只能在那个频率工作。

(2) AD 总线(AD[0~31])

AD 总线是 PCI 地址和数据复用的地址总线,它的基本功能是加载操作起始地址,同时传输数据。

(3) 命令或字节使能总线(C/BE[0~3])

该总线定义了 PCI 操作的交易类型,由 PCI 主控设备驱动,指明了当前寻址的双字中所传送的字节和用于传输数据的数据通道。

（4）奇偶校验信号（PAR）

在地址段完成后的一个时钟周期，或者在写交易的每个数据段中 IRDY#有效之后的一个时钟周期，主设备驱动奇偶校验信号 PAR；在读交易的每个数据段中 TRDY#有效后的一个时钟周期，当前寻址目标也驱动 PAR。该信号必须完整地通过整个 AD 总线和 C/BE 总线，以确保传输地址和数据的准确。

（5）周期帧信号（FRAME#）

由当前主控设备驱动，指明诸如数据读写交易的起始时刻和交易持续的时间。

（6）目标准备信号（TRDY#）

由当前寻址目标驱动，当目标准备完成当前数据传送时，此信号有效。在读交易中，有效的 TRDY#表明目标正在数据总线上驱动有效数据；在写交易中，有效的 TRDY#信号表明目标正准备接收来自主设备的数据。

（7）启动方准备信号（IRDY#）

由当前总线主设备驱动（交易的启动方）。在写交易中，有效的 IRDY#信号表明主设备正准备接收来自当前寻址目标的数据。

（8）设备选择信号（DEVSEL#）

当目标设备译出它的地址时，该信号有效。如果一个主设备启动一个交易并且在 6 个 CLK 周期内没有检测到该信号有效，它必须假定目标没有反应或地址不存在，导致交易失败。

（9）总线仲裁信号（GNT#）

当总线仲裁器确定主设备使用总线时，它使主设备的 GNT#有效。仲裁器可以在任意 PCI 时钟期间使主设备的 GNT#无效。主设备必须保证在它希望启动一次交易的时钟上升沿使 GNT#有效。

（10）中断输入信号（INTA#～INTD#）

PCI 总线接口的中断输入信号。

4. 基于 PCI 总线的 A/D 数据采集卡

基于 PCI 总线的 A/D 数据采集卡常采用两种方式设计。

（1）传统方式

采用高性能 FPGA 或者 CPLD，按照 PCI 总线规范中的时序要求自行制定接口协议，产品定型后可以采用定制专用芯片批量生产。这种方式的优点是可大批量生产，成本低廉，功能灵活，可以按照设计进行优化。缺点是研发周期长，定型后更改设计难。

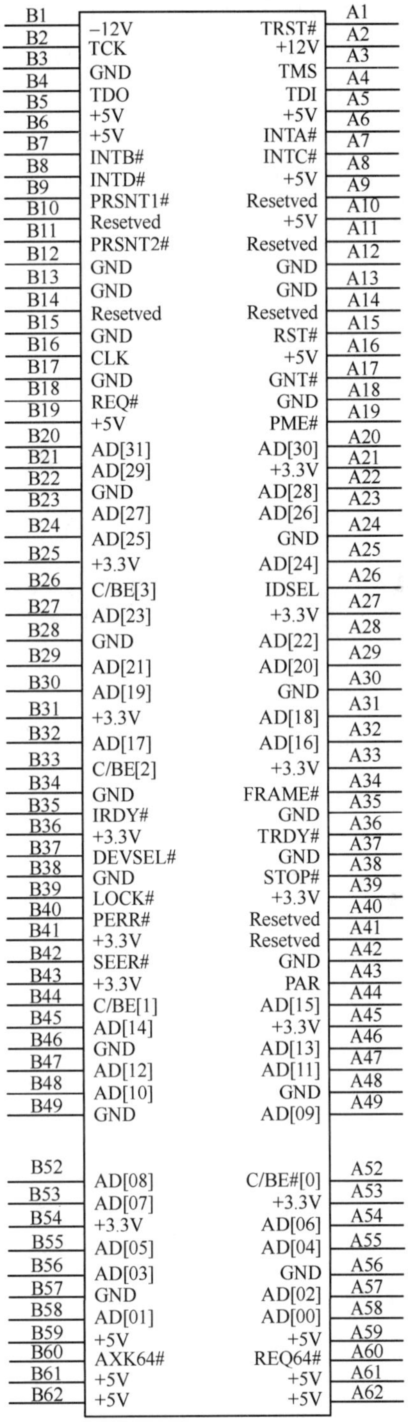

B		A
B1	−12V / TRST#	A1
B2	TCK / +12V	A2
B3	GND / TMS	A3
B4	TDO / TDI	A4
B5	+5V / +5V	A5
B6	+5V / INTA#	A6
B7	INTB# / INTC#	A7
B8	INTD# / +5V	A8
B9	PRSNT1# / Resetved	A9
B10	Resetved / +5V	A10
B11	PRSNT2# / Resetved	A11
B12	GND / GND	A12
B13	GND / GND	A13
B14	Resetved / Resetved	A14
B15	GND / RST#	A15
B16	CLK / +5V	A16
B17	GND / GNT#	A17
B18	REQ# / GND	A18
B19	+5V / PME#	A19
B20	AD[31] / AD[30]	A20
B21	AD[29] / +3.3V	A21
B22	GND / AD[28]	A22
B23	AD[27] / AD[26]	A23
B24	AD[25] / GND	A24
B25	+3.3V / AD[24]	A25
B26	C/BE[3] / IDSEL	A26
B27	AD[23] / +3.3V	A27
B28	GND / AD[22]	A28
B29	AD[21] / AD[20]	A29
B30	AD[19] / GND	A30
B31	+3.3V / AD[18]	A31
B32	AD[17] / AD[16]	A32
B33	C/BE[2] / +3.3V	A33
B34	GND / FRAME#	A34
B35	IRDY# / GND	A35
B36	+3.3V / TRDY#	A36
B37	DEVSEL# / GND	A37
B38	GND / STOP#	A38
B39	LOCK# / +3.3V	A39
B40	PERR# / Resetved	A40
B41	+3.3V / Resetved	A41
B42	SEER# / GND	A42
B43	+3.3V / PAR	A43
B44	C/BE[1] / AD[15]	A44
B45	AD[14] / +3.3V	A45
B46	GND / AD[13]	A46
B47	AD[12] / AD[11]	A47
B48	AD[10] / GND	A48
B49	GND / AD[09]	A49
B52	AD[08] / C/BE#[0]	A52
B53	AD[07] / +3.3V	A53
B54	+3.3V / AD[06]	A54
B55	AD[05] / AD[04]	A55
B56	AD[03] / GND	A56
B57	GND / AD[02]	A57
B58	AD[01] / AD[00]	A58
B59	+5V / +5V	A59
B60	AXK64# / REQ64#	A60
B61	+5V / +5V	A61
B62	+5V / +5V	A62

图 7-22　5V 32 位 PCI 总线连接器引脚定义

（2）采用 PCI 总线接口芯片

很多厂家将不同功能的 PCI 总线接口规范固化形成特定的芯片提供给用户，大大缩短用户的开发周期。例如，PCI9052 是一种常用的 PCI 总线接口芯片。

PCI9052 是美国 PLX 公司生产的 PCI 接口芯片，它完全兼容 PCI 2.1 规范，提供高速局部总线接口和 PCI 总线接口，支持中断操作和直接目标传输，最高可以提供 132MB/s 的传输数率。其结构图如图 7-23 所示。

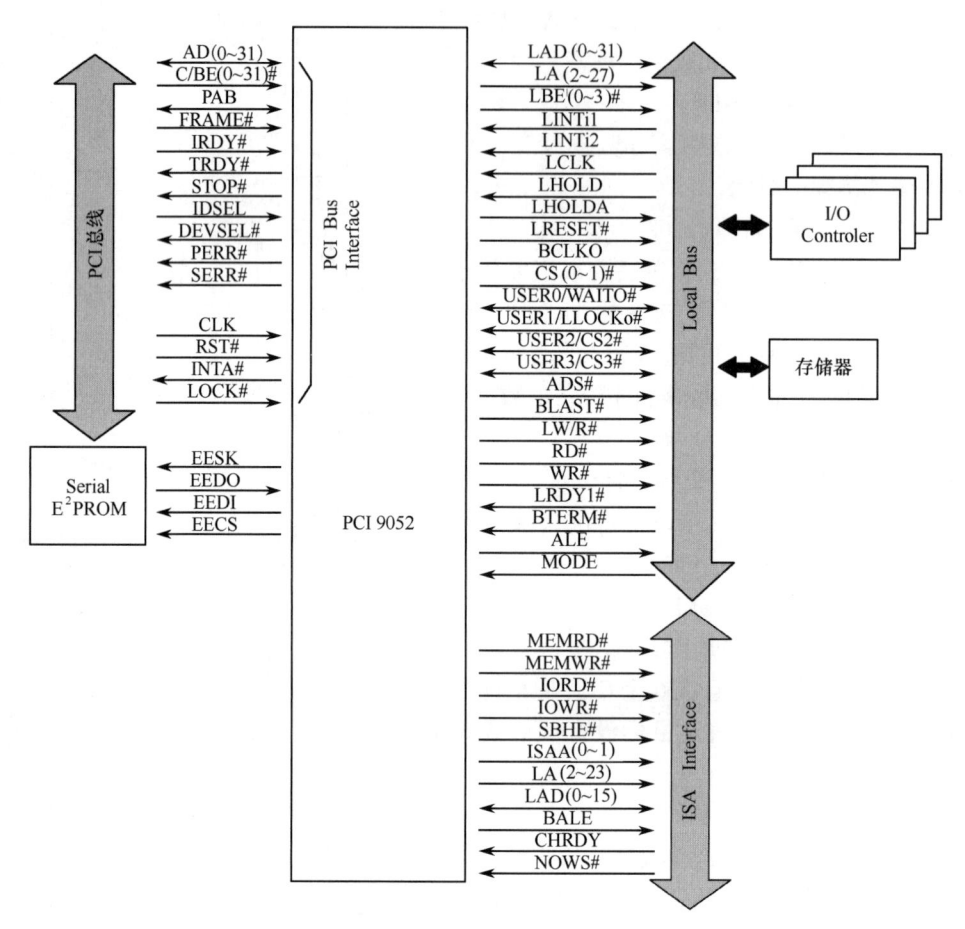

图 7-23 PCI9052 的结构图

PCI9052 的接口包括 4 组信号：PCI 总线接口信号组、局部总线接口信号组、EPROM 接口信号组、ISA 模式信号组。ISA 模式是 PCI9052 的一种特殊模式，它允许将现有的 ISA 接口数据采集卡方便地进行移植，成为 PCI 接口卡。

采用 AD 公司高性能 AD1672 作为 A/D 转换器，其最高采样频率可达 3MHz。PCI 接口芯片采用 PCI9052。同时用一片大容量 CPLD 作为局部总线和时序产生电路。板上还装有一组 SRAM 存储器，可以完成线阵 CCD 的高速实时数据采集。该数据采集卡能自适应于像元数目为 128~10550 像元的多种线阵 CCD 输出信号的数据采集。

PCI 总线数据采集卡原理框图如图 7-24 所示。

PCI 总线数据采集卡的核心部件为 PCI9052（PCI 总线控制器）。它由程序控制器 E^2PROM 与局部时钟控制，进行软硬件信息交流，完成计算机软件对数据采集卡的控制与操作。线阵 CCD 在驱动器的驱动下输出光强分布信号与行同步信号，同步信号送读写、使能与读写有效发生器电路,分别控制 A/D 转换器,转换后的数据经缓冲器送存储器暂存;PCI9052 在程序控制器 E^2PROM、局部时钟控制发生器与 PCI 总线的地址线、数据线与控制线的支持下将所采集的数据存入内存。

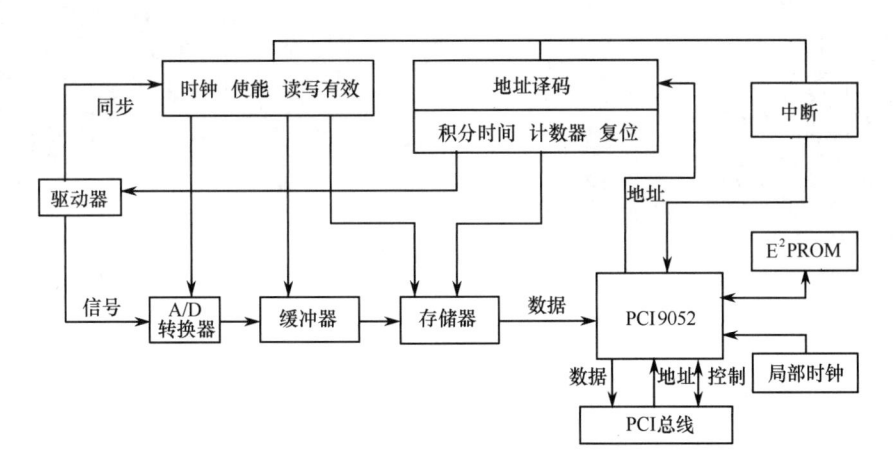

图 7-24　PCI 总线数据采集卡原理框图

5. 基于 PCI-E 总线的 A/D 数据采集卡

(1) PCI-E 总线简介

PCI-Express(简称 PCI-E)是最新的总线和接口标准,由英特尔提出,意思是它代表着下一代 I/O 接口标准。交由 PCI-SIG(PCI 特殊兴趣组织)认证发布后改名为"PCI-Express"。它采用了业内流行的点对点串行连接,与 PCI 及早期共享并行架构的其他总线接口相比,它具有数据传输速率高的特点,目前最高可达到 10GB/s 以上,而且还有相当大的发展潜力。PCI-E 的双单工连接能提供更高的传输速率与质量,其规格有 PCI-E 1X~PCI 16X,能满足现在和将来一定时间内出现的低速设备和高速设备的需求。能支持 PCI-Express 的主要是英特尔的 i915 和 i925 系列芯片组。当然要实现全面取代 PCI 和 AGP 也需要一个相当长的过程,就像当初 PCI 取代 ISA 一样要有个过渡的过程。

PCI-E 接口根据总线位宽有所差异,包括 X1、X4、X8 及 X16,而 X2 将用于内部接口而非插槽模式。

图 7-25 为计算机主板上的 PCI-E 插槽,左面较长的槽为 X16 的 PCI-E 插槽,右面为 X1 的 PCI-E 插槽。线阵 CCD 数据采集卡通常采用 X1 短槽。

(2) 基于 PCI-E 总线的 A/D 数据采集卡特点

基于 PCI-E 总线的 A/D 数据采集卡简称为 PCI-E 采集卡,是专门为中、高档速率工作的线阵 CCD 光电传感器设计的 A/D 数据采集产品。现已形成 8~16bit 分辨率的系列化产品,并且又发展成单路、双路、3 路和 4 路同步并行输入的线阵 CCD 的 A/D 数据采集卡。它们可以与各种型号的线阵 CCD 及其驱动器配合完成单路与多路线阵 CCD 的同步数据采集工作。

图 7-26 所示为能够扩展到 4 路线阵 CCD 的 8 位数据采集卡。

它有 3 个与外界相连接的接口,其中 J1 为与线阵 CCD 驱动器连接的输入输出接口,用来完成对驱动器的控制及将线阵 CCD 输出信号送入卡中,完成数据转换后再通过下方的 PCI-E 送入计算机内存。

J2 为设计调试接口,是设计者为调整系统工作而设置的观测端口。

图 7-25　计算机主板上的 PCI-E 插槽 　　　　图 7-26　能够扩展到 4 路线阵 CCD 的 8 位数据采集卡

J3 为辅助电源接口,一般情况下不用,当发现 PCI-E 所提供的电源不能支持系统工作时,可以将其直接与计算机电源连接,以扩展卡的供电能力。

(3) 工作原理简介

PCI-E 线阵 CCD 数据采集卡原理框图如图 7-27 所示,其左侧为与线阵 CCD 通信的接口,将线阵 CCD 的输出信号、像元同步信号和行同步控制信号送入采集卡,使采集卡内的 8~16bit A/D 转换器始终与线阵 CCD 保持同步。转换后产生的数据通过 FIFO 及 DMA,再经 PCI-E 总线管理器送入计算机内存。由软件发送的对线阵 CCD 驱动器积分时间与驱动频率的控制信息,以及对 A/D 数据采集系统的控制命令,也是通过 PCI-E 总线管理器送入采集卡的,这些信息通过"核心逻辑控制单元"分出信息性质,再分别送给"相机控制接口"及"AD 控制逻辑单元",分别完成各自的控制功能。

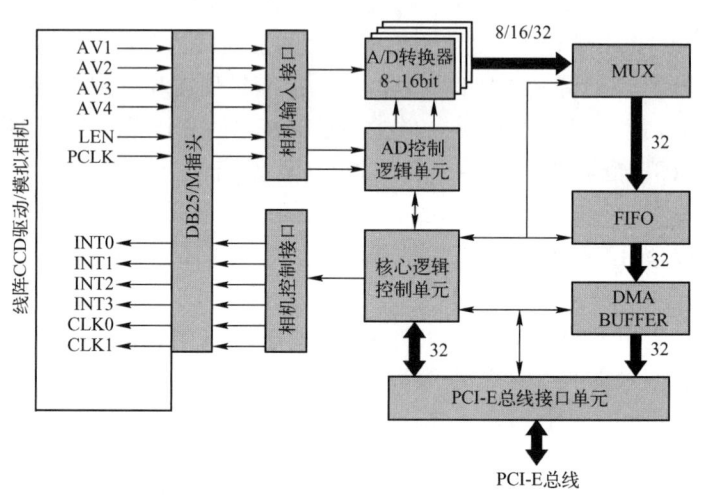

图 7-27　PCI-E 线阵 CCD 数据采集卡原理框图

图 7-27 中的 AV1~AV4 表示线阵 CCD 的输出信号;LEN 代表行同步脉冲信号;PCLK 为像元同步脉冲;INT0~INT3 为控制线阵 CCD 积分时间的 4 位二进制输出数据,能够产生 16 种组态,实现积分时间的 16 种设置;CLK0、CLK1 为驱动器驱动频率控制数据,同样,它可以控制线阵 CCD 在 4 种频率下工作。

(4) 常用线阵 CCD 数据采集卡

线阵 CCD 数据采集卡的种类很多,而且,随着计算机技术的飞速发展,其也在不断地更新换代。

市场上常用的有 USB 系列、PCI 系列与 PCI-E 系列等 3 类，它们的性能参数列于表 7-1 中。

表 7-1　常用线阵 CCD 数据采集卡的性能参数

采集卡型号	接口类型		最高采样速率	采样精度	适用线阵 CCD 类型		特点及应用
KX08USB-Ⅰ	USB	√	10MHz	8Bit	黑白	√	高速采集卡，卡上自带 32K 静态缓存，用于高精度尺寸测量与图像扫描
KX08USB-Ⅱ	USB	√	5MHz	8Bit	黑白	√	高速 8 位采集卡，卡上自带 32K 静态缓存，用于双路信号数据采集
KX08USB-Ⅲ	USB	√	5MHz	8Bit	彩色/黑白	√	高速 8 位，卡上自带 32K 静态缓存，适用于三维图像扫描、分析等应用系统
KX08USB-Ⅳ	USB	√	5MHz	8Bit	彩色/黑白	√	高速 8 位，卡上自带 32K 静态缓存，适用于三维图像扫描、分析等应用系统
KX08HPCI-Ⅰ	PCI	√	20MHz	8Bit	黑白	√	高速采集卡，卡上自带 32K 静态缓存，用于高精度尺寸测量与图像扫描
KX08HPCI-Ⅱ	PCI	√	10MHz	8Bit	黑白	√	高速 8 位采集卡，卡上自带 32K 静态缓存，用于双路信号数据采集
KX08HPCI-Ⅲ	PCI	√	5MHz	8Bit	彩色/黑白	√	高速 8 位，自带 32K 静态缓存，用于 CCD 三维图像扫描、分析等应用系统
KX08HPCI-Ⅳ	PCI	√	5MHz	8Bit	彩色/黑白	√	高速 8 位，卡上自带 32K 静态缓存，适用于三维图像扫描、分析等应用系统
KX12HPCI-Ⅰ	PCI	√	10MHz	12Bit	黑白	√	高精度数据采集，用于高精度测量与光谱分析
KX12HPCI-Ⅱ	PCI	√	5MHz	12Bit	黑白	√	用于双路高精度数据采集系统
KX16HPCI-Ⅰ	PCI	√	0.125MHz	16Bit	黑白	√	用于光谱测量与光度测量与分析
KX08PCIE-Ⅰ	PCI-E	√	25MHz	8Bit	黑白	√	用于高精度尺寸测量与图像扫描
KX08PCIE-Ⅱ	PCI-E	√	25MHz	8Bit	黑白	√	用于双路高精度数据采集系统
KX08PCIE-Ⅲ	PCI-E	√	25MHz	8Bit	彩色/黑白	√	用于 3CCD 三维测量和彩色图像扫描、分析等应用系统
KX08PCIE-Ⅳ	PCI-E	√	25MHz	8Bit	彩色/黑白	√	用于三维测量和彩色图像扫描、分析等应用系统
KX12PCIE-Ⅰ	PCI-E	√	10MHz	12Bit	黑白	√	用于单、双路线阵 CCD 的高精度、高速率的数据采集系统
KX12PCIE-Ⅱ	PCI-E	√	10MHz	12Bit	黑白	√	
KX16PCIE-Ⅰ	PCI-E	√	10MHz	16Bit	黑白	√	
KX16PCIE-Ⅱ	PCI-E	√	10MHz	16Bit	黑白	√	

注：1. 上述采集卡中相同型号的不同接口类型的产品有些技术指标不尽相同，以产品说明书为准。
　　2. 能够适应彩色线阵 CCD 数据采集的采集卡均为 3 路并行采集方式。

7.4　面阵 CCD 数据采集与计算机接口

面阵 CCD 的输出信号一般是具有行、场同步的全电视信号，又称为视频信号。视频信号由于其结构的差异，形成了多种电视制式，如 PAL、NTSC、SECAM，以及非标准制式等。它的数据采集与计算机接口方式比较复杂，种类也很多，并且随着计算机技术的发展，功能各异的面阵 CCD 数据采集计算机接口卡（简称图像卡）不断地涌现。但各种图像卡的基本原理相差不多。这里首先讨论图像卡的基本工作原理，然后列举一些常用图像卡的基本功能和特性。

7.4.1 图像卡的基本工作原理

图像卡是以帧存储器为核心的系统,其原理框图如图 7-28 所示。

图像运算处理设备视处理图像的方法不同而采用不同的计算机。有的场合要求有更高的处理速度,如导弹制导系统常采用并行采集图像处理器 TMS320C25。在字幕、电视图文制作等场合要求加强图形功能,采用图形芯片 TMS34010。

图像输入设备(或称图像数字化设备)的主要任务是将模拟的图像信息转换为运算处理所需要的数字信号。其中包含高速采样与 A/D 转换等环节。图像输入设备种类繁多,实时图像处理系统常采用 CCD 摄像机。

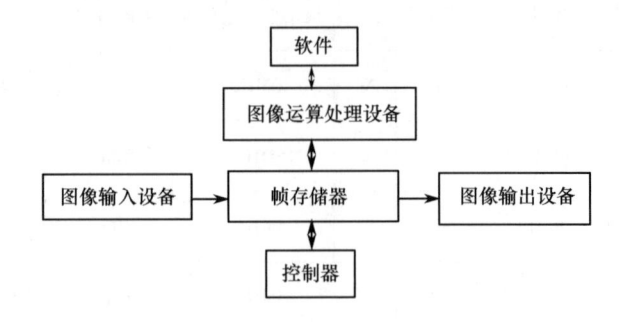

图 7-28 图像卡原理框图

7.4.2 图像卡的基本结构

图 7-29 所示为图像卡硬件原理框图。图中的信号源一般为面阵 CCD 摄像机输出的视频信号,也可以为录像机输出的视频信号。该信号进入图像卡后分为两路。一路经同步分离器分出行、场同步信号,送给鉴相器,使之与卡内的时序发生器产生的行、场同步信号保持同相位关系,并通过控制电路使卡上的各单元按视频信号的行、场电视制式的要求同步工作。另一路视频信号经过预处理电路,将视频的灰度信号由峰-峰值为 1 的标准电视信号放大到 A/D 转换器所需要的幅度,并调整好白电平和对比度。预处理电路输出的信号送 A/D 转换器转换成数字信号。时序控制器将数字信号存于帧存储器。同时,卡上设置了为模拟监视器提供的全电视信号输出单元,它由查找表、D/A 转换器和同步合成电路构成。查找表在计算机接口电路的控制下,将 A/D 转换器输出的数字图像中相同灰度值的地址放到指定的空间。这些数据经 D/A 转换器转换成模拟电压值,使 D/A 转换器的输出在查找表中指定行列点的灰度,便可以快速地还原图像于监视器上。在软件的作用下,图像卡可以方便地对数字图像进行存储、检测和加减等各种运算处理。下面将对图像卡的主要部分进行讨论。

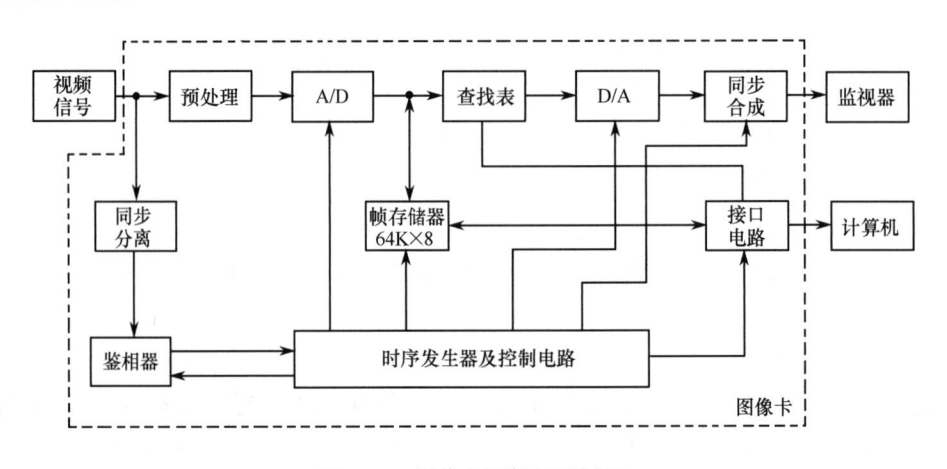

图 7-29 图像卡硬件原理框图

1. 视频信号预处理电路

视频信号预处理电路具有视频信号放大、对比度和亮度调节、输出幅度同步钳位等多种功能。如图7-30所示，视频信号经过两级视频放大(由9013管构成的前置放大器和由LM318构成的反相放大器)后送到A/D转换电路。图中VD_1用于抑制场同步脉冲信号,使场同步脉冲信号中低于0电位以下的部分限制在0电位。VD_2用于限制视频输出信号的输出幅度不能高于它的阴极电位(+5V);高于+5V后,VD_2导通,使得输出信号的幅度在0~5V之间,满足A/D转换的要求。RP_1的动端接由LM318构成的运算放大器的反相输入端,该端同时还通过6.2kΩ的电阻接到前置放大器的输出端。这样,运算放大器的输入信号为视频信号与直流偏置信号之和。因此,调整RP_1,改变直流偏置电位,即调整了输出信号的亮度阈值(白电平)。RP_2用作放大器放大倍率的调整元件,RP_2的阻值增大,放大器的放大倍率提高,相应的对比度提高。适当调整RP_2可以获得最佳的图像效果。

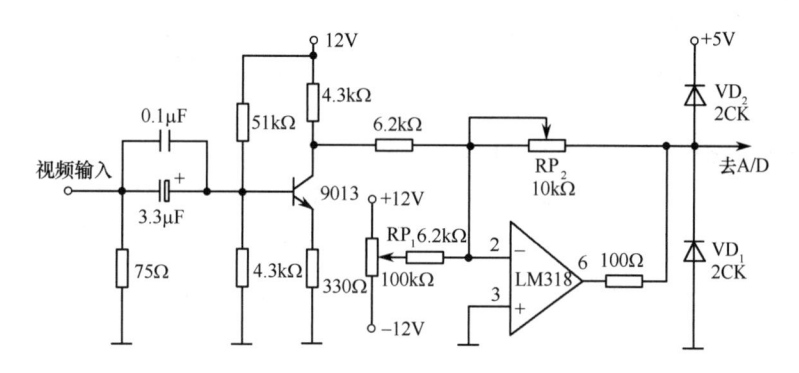

图7-30 视频信号的预处理电路

2. A/D转换电路

A/D转换由高速视频A/D芯片CA3318CE完成。高速视频A/D转换电路如图7-31所示。图中CA3318CE的最高转换速率为15MHz。当要求图像卡在行正程期间(52μs)完成对至少512个点进行A/D数据采集时,A/D转换器的转换速率必须大于10MHz。图中的CLK为CA3318CE所需要的双脉冲,它完成A/D转换器的启动和转换完成的标志功能。被转换的视频信号由U_{in}输入到A/D转换器,数字信号由D_0~D_7端输出。

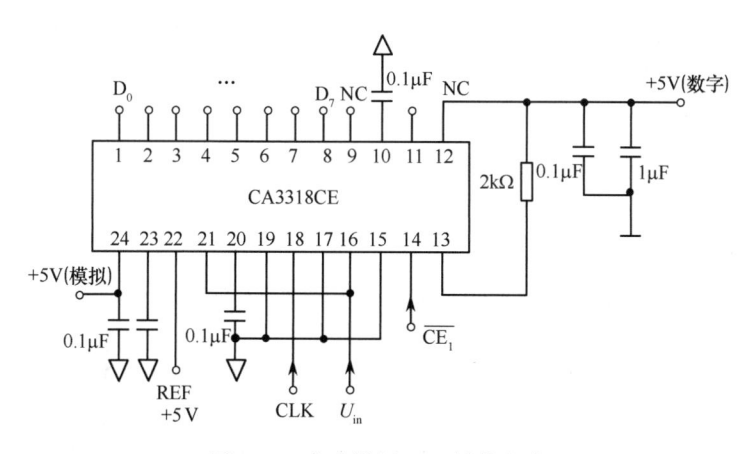

图7-31 高速视频A/D转换电路

3. 帧存储器

为了实现实时采集图像,系统中设置有帧存储器。帧存储器由两片 SRAM62256-10 构成。SRAM62256-10 的存储容量为 32K×8b,存取速度为 100ns。帧存储器的 16 条地址线接四片 2 选 1 数据选择器(74LS157)的输出端,选择器的输入端分别接微机的低 16 位地址线和图像系统中时序发生器所产生的地址信号输出端。究竟哪类地址信号有效,由数据选择器的选择端决定。当微机的地址信号有效时,可访问帧存储器。当采集系统的地址信号有效时,在软件控制下可实时地将采集的数据存入帧存储器或从帧存储器取出,连续显示帧存储器存储的图像。

4. 输出查找表及 D/A 转换器

输出查找表是一片高速 SRAM。对于 256 灰度级的图像数据,SRAM 的容量为 256b 即能够满足需要。为了使用方便,该系统选用了 2K×8b 的 SRAM6116-12,它在电路中的接法如图 7-32 所示。由图可见,输出查找表的地址线($A_0 \sim A_7$)接帧存储器的数据线和计算机的地址线,而其数据线连接到 D/A 转换器与计算机的数据总线上。当 $\overline{WE}$ 有效时,将计算机发来的数据写入查找表,以便修改查找表的内容。当 $\overline{WE}$ 无效时,帧存储器传送来的数据(取值范围 0~255)选中查找表中的一个对应存储单元。该存储单元预先由微机写入了相应的图像变换所需要的数据,并经查找表的数据线输出,经D/A 转换器送至监视器,显示灰度变换后的图像。

DAC0800D 为 8 位 D/A 转换器,由它组成的 D/A 转换电路如图 7-33 所示。其中 5~12 脚接至 SRAM6116-12 的数据输出总线,2 脚为模拟信号输出端(视频信号 U_o),其输出信号幅度与 U_{CC} 和 R_1, R_2 有关。若 $U_{CC} = 5V, R_1 = 1k\Omega, R_2 = 5k\Omega$,则 $U_o = U_{CC} \dfrac{R_1}{R_2} = 1 V$。改变 R_1 与 R_2 的比值即可以改变模拟输出信号的幅度。

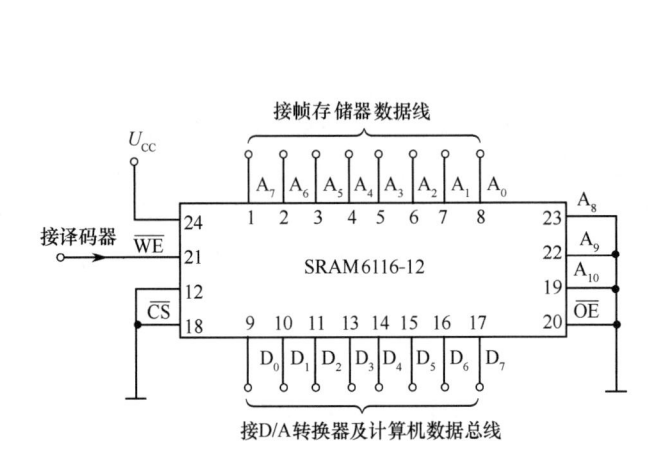

图 7-32 输出查找表电路接法

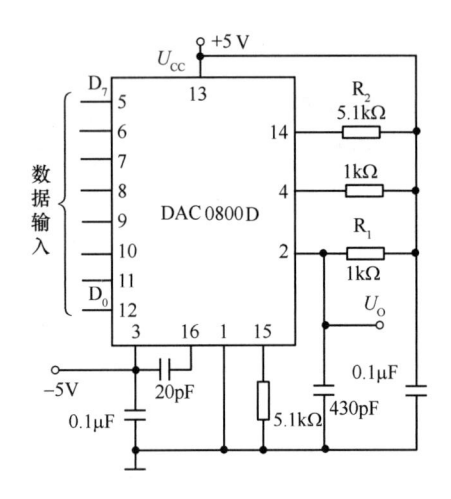

图 7-33 D/A 转换电路

5. 时序发生器与控制电路

时序发生器用于产生图像采集与显示所需要的帧存储器地址信号,以及行、场同步信号,以便与 D/A 转换器输出的视频信号一起合成为视频信号。

时序发生器电路可由小规模集成电路构成,但电路较复杂。本系统选用 CRT 控制器 MC6845 作为时序发生器。在时钟信号作用下,MC6845 能产生刷新地址信号、列选信号、视频定时信号及显示使能信号。将刷新地址信号和列选信号适当组合,可用作帧存储器地址信号及片选信号。

控制电路的核心器件是一片可编程逻辑阵列 PAL16L8,它比通常的中小规模集成电路有更高的集成度,引脚功能可由用户定义,用于实现各种组合逻辑,具有线路简单、性能价格比高、保密性好等优点。

6. 同步锁相电路

同步锁相电路如图 7-34 所示。若视频信号由具有外同步输入的 CCD 摄像机提供,则可用图像显示控制器 CRTC(这里用作图像卡分帧电路)产生的同步信号来同步摄像机,完成图像采集。对于没有外同步输入的摄像机,需要同步锁相电路,使视频信号经同步分离后产生的行、场同步信号与图像卡分帧电路 CRTC 输出的行、场同步信号锁相,保持二者的同步关系。同时,同步锁相电路还要产生与行同步保持固定相位的同步脉冲,用于 A/D 转换器、D/A 转换器、时序发生器和同步控制器等部件的同步控制。图中 MC4044 为由鉴频/鉴相器件组成的同步锁相电路,它由比相器、电荷泵和放大器 A(达林顿三极管)三部分构成;MC4024 为压控振荡器;R_1,R_2,R_3 和电容 C 构成低通滤波器;f_R 是视频信号经同步分离电路得到的行同步脉冲;f_V 是 CRTC 产生的行同步脉冲。若 f_R 超前 f_V,则 MC4044 的第 8 脚输出的控制电压增高,压控振荡器的振荡频率提高,从而使 CRTC 的 f_V 提高。反之,若 f_R 滞后于 f_V,则 MC4044 的第 8 脚输出的控制电压降低,压控振荡器的振荡频率也降低,使 CRTC 的 f_V 降低。这样的调节过程使 f_R 与 f_V 保持相位同步,以及同步脉冲和 f_R 保持相位同步。当行频锁定后,可通过调整 MC6845 中寄存器的参数,实现场扫描的同步。

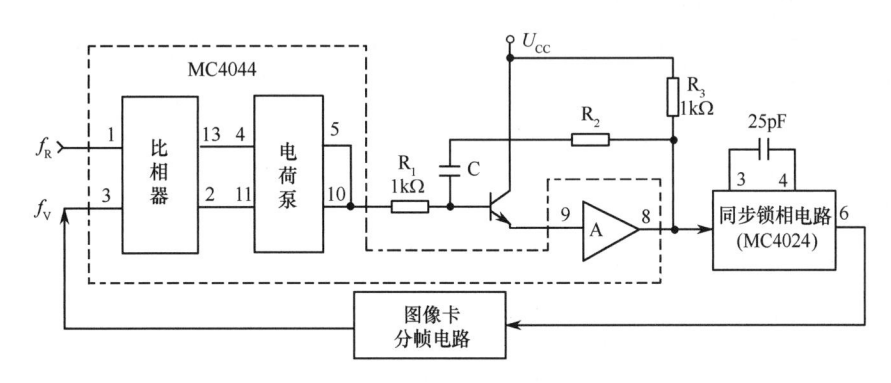

图 7-34 同步锁相电路

7.4.3 典型图像数据采集卡

前面介绍了图像卡的基本结构和主要功能块的工作原理,这种结构是基于计算机的 AT 总线而设计的。随着计算机 PCI 总线的出现和完善,图像卡的结构可大大简化。而且由于 PCI 总线的高速度,使 A/D 转换以后的数字视频信号只需经过一个简单的缓存器即可直接存到计算机内存,供计算机进行图像处理;也可将采集到内存的图像信号传送到计算机显示卡显示;甚至可将 A/D 转换器输出的数字视频信号经 PCI 总线直接送到显示卡,在计算机终端上实时显示活动图像。基于 PCI 总线的图像采集系统如图 7-35 所示。

图中的缓存器(数据锁存器)代替了图 7-28 中的帧存储器,这个缓存器是一片容量小、控制简单的先进先出(FIFO)存储器,起到图像卡向 PCI 总线传送视频数据时的速度匹配作用。将图像卡插在计算机的 PCI 插槽内,与计算机内存、CPU、显示卡等形成高速数据传送。

下面介绍两款典型的黑白和彩色图像采集卡的性能及使用,该产品是由北京嘉恒中自图像技术有限公司生产的基于 PCI 总线的 OK 系列图像卡。

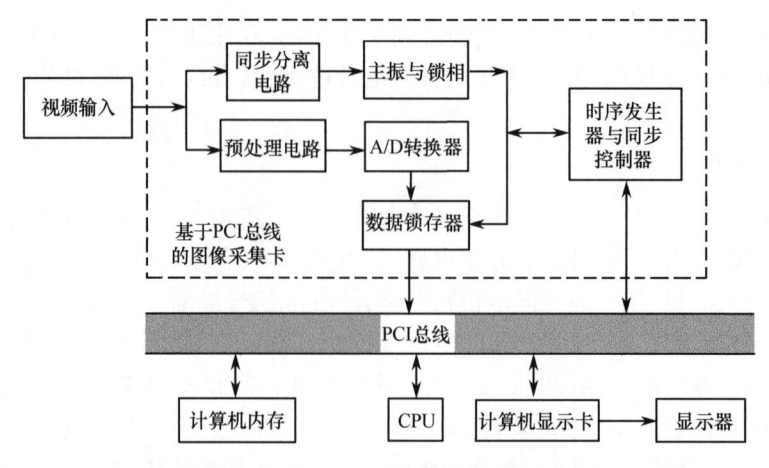

图 7-35 基于 PCI 总线的图像采集系统

OK 系列图像卡的基本性能和特点为：

① 基于 PCI 总线的数据采集卡，可适应于各种规格的 Pentium 主机系统。

② 由于高速 PCI 总线可以实现直接采集图像到 VGA 显存或主机系统内存，而不必像传统 AT 总线的采集卡那样自带帧存储器。这不仅可以将图像直接采集到 VGA，实现单屏工作方式，而且可以利用 PC 内存的可扩展性，实现所需数量的序列图像逐帧连续采集，进行序列图像处理分析。此外，由于图像可直接采集到主机内存，图像处理可直接在内存中进行，因此图像处理的速度随 CPU 速度的不断提高而得到提高，使得对主机内存图像进行并行实时处理成为可能。

③ 支持即插即用标准，寄存器可以进行任意地址的映射。

④ 驱动软件支持 Windows 95/98，Windows ME，Windows NT4，Windows 2000，Windows XP。

⑤ 所有 OK 系列图像卡使用统一的安装盘，适应任一操作系统，同时采用了统一的用户开发接口标准，所以用户开发的程序不必做任何改动就可在任一操作系统上的任一 OK 系列图像卡上运行，不必过多地顾及图像卡和操作系统的兼容性。

⑥ 驱动软件支持一机多卡(同种和不同种均可)同时操作，逐帧并行处理。即使是同型号的多块卡，它们的参数设置，如对比度、亮度等，也是完全独立的。

⑦ 非标准视频信号的图像卡具有自动检测视频信号各项参数的能力，如测试行频、场频、帧频、逐行或隔行等参数，并能用软件调节这些参数。

1. OK-C30 彩色与黑白兼容图像卡

OK-C30 是基于 PCI 总线的图像卡，既能采集彩色图像又能采集黑白图像，适用于图像处理、工业监控和多媒体的压缩、处理等应用领域。

(1) 主要功能与特点

① 实时采集彩色和黑白图像。

② 视频输入可为标准 PAL、NTSC 或 SECAM 制式信号。

③ 具有 6 路复合视频输入选择或 3 路 Y/C 输入选择。

④ 对于亮度、对比度、色度、饱和度等参数可以通过软件进行调整。

⑤ 具有图形位屏蔽功能，可以适当开窗进行采集。

⑥ 由硬件完成输入图像的比例缩小。

⑦ 具有硬件镜像反转功能。

⑧ 支持 RGB32，RGB24，RGB16，RGB15，RGB8，YUV16，YUV12，YUV9，黑白图像 GRAY8 图像格式。

⑨ 具有一路辅助监视的输出信号。
（2）主要技术指标
① 图像采集与显示的最大分辨率为 768×576。
② 视频 A/D 转换器为 9 位。
③ 能够采集单场、单帧、间隔几帧及连续相邻几帧的图像,精确选择到场。

2. OK-M20H 高分辨率黑白图像卡

OK-M20H 是基于 PCI 总线的可采集标准和非标准逐行与隔行视频信号,以及信号与同步分离的信号源(如 VGA 等)的 8 位高速图像卡,适用于各种标准与非标准逐行、隔行的 CCD 摄像机、X 光机、CT 及核磁等医疗设备。

1）主要功能与特点

① 高速 8 位 A/D 转换器,采样主频率在 4~65MHz 范围自动调节,具有细调功能,保证在不同的行频和帧频下获得方形或任意比例的矩形采样点阵。

② 输入的视频信号电压幅度可适应 0.2~3V 峰−峰值,0 点调整可适应±1.5V 的变化范围。具有足够宽的 A/D 转换前亮度与对比度的可调范围。软件可调。

③ 输入行频为 7.5~64KHz 的标准与非标准视频信号及信号与同步分离的视频源(如 VGA 等),具有自动检测、自动适应或软件调整行频、场频、帧频、隔行或逐行等视频特性的能力。

④ 具有 4 路视频输入软件切换选择的功能。

⑤ 能采集单场、单帧、间隔几帧和连续帧图像,精确到每一场。

⑥ 传输速度最高可达 132Mb/s。在标准视频源时,采集图像总线占用时间与 CPU 和其他资源可使用总线时间之比为 1/8 的分享总线技术,适用于图像实时处理。

⑦ 采集点阵从 480×480 到 2048×1020 可调,具有 4×4 到 2048×1020 和 1280×1020 的开窗(可视窗口)功能。

2）主要技术指标

① 采集图像的总线传输速度可达 132Mb/s。

② 可支持 8 位、24 位及 32 位图像采集。Windows 菜单下,图像无失真实时显示。

③ 图像的点阵抖动(Pixel Jitter)不大于 3ns。

3）系统要求

OK 系列 PCI 图像卡用于带有 PCI 总线的 PC 上,所用的 PC 应满足下列要求：

① 计算机主机选用 586 或高于 586 性能的机器。

② 主机板至少带有一个符合 PCI2.1 标准的 PCI 插槽。

③ 内存应在 32MB 以上;硬盘应有 20MB 以上的剩余空间。

④ 正确预装 Windows 95/98/ME 或 Windows NT4/2K/XP 操作系统。

⑤ 正确安装了显示卡驱动程序;确保系统没有被病毒感染。

4）硬件安装

关上 PC 电源,打开机箱盖,将 OK 图像卡插入 PCI 槽中,并确保插正插牢。用图像卡提供的连接线将摄像机与图像卡连接起来。

连接无误后,盖上机箱盖,然后就可以打开 PC 的电源,启动 Windows 操作系统。

5）程序安装

① 设备驱动安装

现以 Windows 95/98/ME 为例。首次安装图像卡时,系统启动时会提示："发现新的硬件设备(Multimedia Device),请把安装(Setup)盘插入 A 驱动器"。按系统提示即可进行系统的新设备信息登记和驱动程序安装。

② 演示程序安装

把安装(Setup)盘插入 A 驱动器,然后运行标准安装程序 Setup,按程序提示即可容易地安装好开发库和驱动程序及演示程序。安装完毕后,安装程序会在系统桌面以及 Program(程序)中自动生成"Ok Image Products"文件夹,文件夹里有"Ok Demo"演示程序,用户可以通过该演示程序进行图像卡的一些常规操作,以测试图像卡工作是否正常。文件夹里还有"UnInstall Ok Devices",用来撤除图像卡驱动系统;以及"Ok User Guider"用户指南和"Ok Device Manager"OK 系列图像设备管理器。

驱动程序默认设置序列图像帧缓存大小为 4096KB(4MB)。以后如需改变,可以通过"Ok Device Manager"中的"缓存分配"设置所需序列图像缓存的大小,重启系统后,使新设置生效。

对于 VGA 的模式设置,一般来说,如果采集彩色信号,最好设置成 24 或 32 位色模式;如果采集黑白信号,则设置成 8 位模式,或 24 位色模式。

6) 图像卡的测试

软件安装成功以及 VGA 模式设置好后,首先可通过双击文件夹"Ok Image Products"中的"Ok Device Manager"来检查内存是否申请到。然后再通过双击文件夹"Ok Image Products"中的"Ok Demo"演示程序,测试图像卡及驱动程序是否正常工作。

启动演示程序后按以下步骤逐步判断图像卡和主机的匹配是否有问题。在以下各步只要一旦出现正常的图像,就可认为安装已经成功了。这里所指的"正常"图像是指虽然它的位置、大小等尚不满意,但已有了无扭曲的图像。

① 在"选项"中单击"选用图像卡"中所安装的图像卡。
② 单击"实时显示",观察是否出现正常图像。
③ 如果发生死机,可能存在 VGA 的冲突问题。
④ 在"选项"中单击"经缓存实时显示",观察是否出现正常图像。
⑤ 如果还发生死机,可更换一下 PCI 插槽,再做以上测试。
⑥ 若更换 PCI 插槽后仍无法正常工作,则需安装其他 PCI 传输兼容性好的主板。

图像的大小、位置不正常多半会出现在"使用了非标准图像卡并连接非标准视频信号"的时候。此时可单击"DEMO"菜单中的"设置参数",选取"有效区 $X(Y)$ 偏移"、"采集目标宽(高)度"、"源窗左(右)边 X 坐标"等,以调节图像采集的位置、采集的分辨率和大小。

在演示程序中已提供了各种常用的功能,并有在线帮助。实现这些功能的源程序在安装时已复制到用户机器里。

7) OK 系列图像卡编程

(1) 常用函数

OK 系列图像卡的函数库非常丰富、完备,这里只介绍一些最常用的基本函数。

① 打开与关闭

okOpenBoard:打开指定图像卡,返回其句柄,并以之前设置的参数进行初始化。所有对卡操作与控制的函数都要使用该句柄。

okCloseBoard:关闭指定已打开的图像卡,并存盘当前已设置的参数到初始化文件,然后释放该句柄所用资源。

② 系统信息

okGetBufferSize:获得为本卡使用的缓存大小及首幅的线性地址,并返回在当前大小设置下,缓存可存放图像的幅数。

okGetBufferAddr：获得缓存中指定帧的线性地址。用户可直接使用该地址进行图像处理。

③ 设置采集参数

okSetTargetRect：设置或获得视频源与目标体(如缓存、屏幕等)的窗口大小。

okSetVideoParam：设置并获得视频输入信号的参数选择(如源路、对比度、亮度等)。

okSetCaptureParam：设置并获得采集控制的参数选择(如采集间隔、格式、方式等)。

④ 视频采集

okCaptureTo：启动采集视频输入到指定的目标体(如缓存、屏幕、帧存等)，并立即返回。

okCaptureByBuffer：启动间接采集视频输入到屏幕、用户内存或文件，并立即返回。

okGetCaptureStatus：查询当前采集是否结束，或正在采集的帧号，或等待采集结束。

okStopCapture：停止当前的采集过程。

okSetSeqCallback：设置或清除序列采集时的三个回调函数，即 FARPROC BeginProc, FARPROC SeqProgress, FARPROC EndProc；

⑤ 数据传送

okSetConverParam：设置并获得某传输设置项的参数。

okTransferRect：从源目标体快速传送窗口数据到目的目标体，等传送完成后返回。

okConvertRect：从源目标体匹配地(进行位转换)传送窗口数据到目的目标体，等传送完成后返回。

okReadRect：从源目标体指定帧位置，读窗口图像数据到用户分配的内存区。

okWriteRect：把用户内存区的图像数据写到目的目标体的指定帧位置的当前窗口。

⑥ 文件读写

okSaveImageFile：从源目标体存窗口图像为各种格式的图像文件到硬盘，存盘完成后返回。

okLoadImageFile：把各种文件格式的图像文件装入到目标体窗口，装入完成后返回。

⑦ 信号参数

okGetSignalParam：获得指定信号(如场头、外触发等)的当前状态参数。

okWaitSignalEvent：等待指定事件(如外触发等)的到来，然后返回。

⑧ 实用对话框

okOpenSetParaamDlg：打开设置各视频输入和采集控制参数的模式对话框，通过本函数所打开的对话框，可以调节改变卡的各种设置。

okOpenReplayDlg：打开可用来控制显示序列图像的无模式对话框。可以控制显示某一帧图像或连续显示序列图像。

(2) 编程须知

OK 系列图像卡开发库的驱动程序为标准 32 位动态库，可为各种程序语言如 C，C++，Delphi，Basic，Fortran 等调用。通过安装盘安装以后，所有驱动程序自动安装到了系统目录，开发库和演示源程序及 Visual C 编译环境(Project)也都自动安装到了用户指定的目录。提供的基本演示源程序为 C 程序，编译环境为 Visual C 5.0。

用 C 语言调用动态库 OKAPI32.DLL 中库函数的链接方法有两种：一种是静态链接，即直接链接输入库 OKAPI32.LIB；另一种是动态链接，可以通过加入 OK 系列所提供的 DLLENTRY.C 源程序来实现。注意，对于非 Visual C 的其他各类 C 编译系统目前则只能用第二种方法。

下面为一个用 C 编程的基本框架示例，详细请参考提供的演示程序源程序。

```
BOOL BasicProc(HWND hWnd)
{
    long lIndex,num;
```

```
long lRGBForm;
RECT rcVideo,rcBuffer;
HANDLE hBoard;

lIndex=-1;
//open specified board
hBoard=okOpenBoard(&lIndex);
if(hBoard) { //if success
Sleep(500); //waiting while for initializing

//-----set basical parameter

//this exam. select VIDEO 1 (if S-VIDEO 1 than 0x100)
okSetVideoParam(hBoard,VIDEO_SOURCECHAN, 0x0);

//get current vga mode
lRGBForm=LOWORD(okSetCaptureParam\
                    (hBoard, CAPTURE_SCRRGBFORMAT, -1));
//set video source format to same as current vga
okSetVideoParam(hBoard,VIDEO_RGBFORMAT, \
                                        lRGBForm);
//set target buffer format to same as current vga
okSetCaptureParam(hBoard,\
                    CAPTURE_BUFRGBFORMAT, lRGBForm);

//set video source rect as PAL
rcVideo.left=rcVideo.top=0;
rcVideo.right=768;
rcVideo.bottom=576;
okSetTargetRect(hBoard,VIDEO,&rcVideo);

//-----1 capture to SCREEN (alive on VGA)
//set target(here is VAG) rect
GetClientRect(hWnd,&rcScreen);
    MapWindowPoints(hWnd,HWND_DESKTOP,\
                        (LPPOINT)&rcScreen,2);
okSetTargetRect(hBoard, SCREEN, &rcScreen );

    //or okSetToWndRect(hBoard,hWnd);
if( okCaptureToScreen(hBoard) <0)
    MessageBox(NULL,"Can't directly capture \
                        on current VGA mode !","Error",MB_OK);
        //or okCaptureTo(hBoard,SCREEN,0,0);
    Sleep(1000); //just waiting a while for aliving
    okStopCapture(hBoard);

    //-----2 capture to BUFFER
    rcBuffer.left=rcBuffer.top=0;
    rcBuffer.right=768;
```

```
            rcBuffer.bottom=576;
                //set target(here is buffer) rect
                okSetTargetRect(hBoard, BUFFER, &rcBuffer);

                //set to not waiting end, return immediately
                okSetCaptureParam(hBoard, \
CAPTURE_SEQCAPWAIT, 0);
                num=okGetBufferSize(hBoard,NULL,NULL);//
                //you can here set your callback functions if necessary
                //okSetSeqCallback(hBoard,BeginCapture,BackDisplay, \
                EndCapture);
                okCaptureTo(hBoard,BUFFER,0,num);//
                                                sequence capture to frame buffer

                //way 1.
                //while( okGetCaptureStatus(hBoard,0) ) {
                //SleepEx(5,TRUE); //best do sleep when loop waitting
                //}
                //way 2.
                okGetCaptureStatus(hBoard,1);

                //close specified board
                okCloseBoard(hBoard);
                return TRUE;
            }

        return FALSE;
    }
```

为了使读者对各种不同功能与特点的图像卡有比较全面的了解,以便更好地选用不同类型的图像卡,OK 系列图像卡的性能参数如表 7-2 所示。

表 7-2 OK 系列图像卡性能参数

名 称	主要性能	输入视频 黑/白	输入视频 彩色	型 号	特 点	用 途
黑白图像卡	采集标准视频 768×576×8	√		OK-M10M OK-M80		通用*
				OK-M80K	实时递归滤波去噪	医院及需去噪的高清晰特殊领域
高分辨率、高比特黑白图像卡	采集标准/非标准逐/隔行视频	√		OK-M20H		各种需要非标准摄像的领域,特别是医疗设备,如 X 光机、CT、核磁等
				OK-M40	带回显	
				OK-M60	实时减影(DSA)带回显	
				OK-M70	真正 10 位采集	
				OK-M30		

续表

名称	主要性能	输入视频 黑/白	输入视频 彩色	型号	特点	用途
彩色（黑白）图像卡	采集标准彩色（黑白）视频信号 768×576×8×3		√	OK-C21		通用*
		√	√	OK-C80		
		√	√	OK-C80M	与 Meteor 兼容	
		√	√	OK-C33	硬件缩小，镜像采集	
		√	√	OK-C30S	奇偶场滤波	用于去除活动图像引起的锯齿失真，如交通车牌识别、医疗设备、运动分析
多路黑白/彩色图像卡	同时采集、同屏显示四路不同步输入的视频信号	√	√	OK-MC20	四幅图像整体分辨率为 768×576	监控领域如银行、高速公路收费、车牌识别、十字路口红灯违章车辆识别等
				OK-MC30	每路最大分辨率为 768×576	
RGB 分量图像卡	采集 RGB 分量输入视频信号	RGB 分量		OK-RGB10	768×576×8×3	立体视觉，医疗设备如 B 超
				OK-RGB20	中高分辨率，主频 5～50MHz	高精度、高分辨率的图像处理，如医疗设备（ECT、标准/非标准彩超）
				OK-RGB30	高分辨率，主频 5～120MHz	高精度、高分辨率的图像处理，如医疗设备（ECT、高线 CT）、监控、多媒体教学、视频会议等

注：1. 通用*是指采集标准视频信号并能在各个领域、各个行业使用的图像卡。例如，科研、教学、国防、农业、医疗、文娱、体育，以及工业、金融和交通检测或监控等。

2. √表示图像卡所具有的功能。

3. USB 图像采集器

随着 USB 数据传输速率的不断提升，通过 USB 接口总线实现图像信息采集的设备被称为 USB 图像采集器。其原理图 7-36 所示。将 USB 图像采集器封装在一个小盒内，外接视频输入接口与 USB 总线接口，便能够实现将视频图像信号转换成数字信号送入计算机，完成图像数据采集工作。例如，图 7-37 所示的 T300 型单通道 USB3.0 图像采集器，前端面上安装有视频接入端口（Q9 接口）和接图像显示器的接口，后端面上安装有 USB 通信接口与指示灯。它的详细功能与技术参数可扫描二维码 7-1。其体积很小，因此很多图像传感器已经将 USB 通信接口安装在传感器内，构成"具有 USB 数据采集功能"的数字图像传感器。

4. 具有 Wi-Fi 功能的图像采集器

Wi-Fi 是 Wireless Fidelity（无线保真）的英文缩写，是一种可以将 PC、手机或平板电脑等终端在数十米范围内以无线的方式相互连接起来的技术。它用于 2.4G UHF 或 5G SHF ISM 射频频段，遵循 IEEE802.11 系列协议，具有覆盖面积大、网络建设成本低廉、传输速率快、可靠性高等优点，是目前最主流的无线局域网技术。

图像传感器技术与 Wi-Fi 技术结合，构建具有 Wi-Fi 功能的图像采集器，可以实现较远距离的图像信息采集与控制，图像通过 Wi-Fi 连入互联网进行传输，其应用更加灵活、便利。目前，在无人驾驶汽车、无人机、智能机器人的视觉导航部分均得到了广泛应用。

具有 Wi-Fi 功能的图像采集器一般以单片机作为控制核心，通过串口连接摄像机，进行图像采集，在单片机内进行图像处理，处理后的图像，通过串口与 Wi-Fi 模块通信，实现图像的无线发送。目前，有两类方案可以实现以上系统功能。一类是用户自己设计硬件电路并编写底层程序，实现图像采集与 Wi-Fi 传输图像;另外一类是采用包括操作系统的嵌入式系统,通过编写上层软件,实现预定功能。

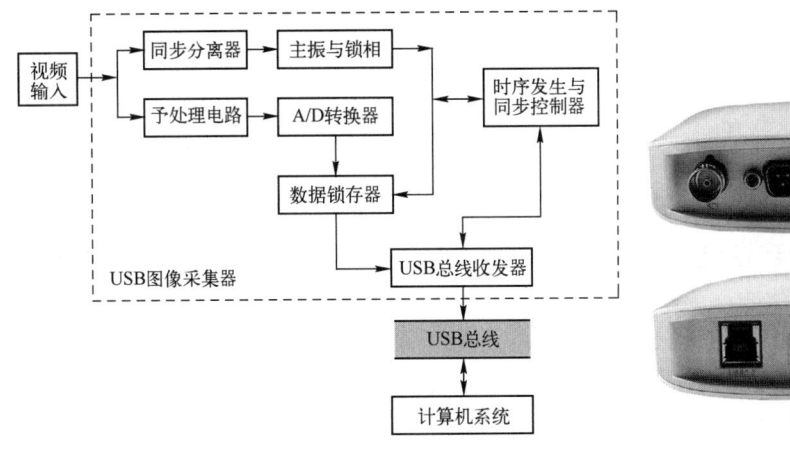

图 7-36　USB 图像采集器原理图

图 7-37　T300 型单通道 USB3.0 图像采集器

二维码 7-1

2013 年汪竞[40]设计了 AOTF 光谱成像仪的图像传输系统,该系统采用一款带 ARM Cortex m3 核的 FPGA 作为主控芯片,无线模块使用 Marvell 公司的 88W8686,并在此基础上完成硬件的设计。最后利用 LWIP 的 API 构建了一个小型的服务器,它能响应相应客户端的数据请求,并能以无线的方式通过 AD HOC 网络将图像发送到客户端。

近几年,树莓派(Raspberry Pi)技术快速发展,成为搭建入门级具有 Wi-Fi 功能图像采集系统的一个好的选择。树莓派是一个廉价的、只有手掌大小的完全可编程的计算机,目前最新型号为树莓派 3B+,其实物图如图 7-38 所示。其基本参数请扫描二维码 7-2。

图 7-38　3B+型树霉派板实物图

二维码 7-2

与常见的 51 单片机和 STM32 等嵌入式微控制器相比,树莓派不仅可以完成对 IO 引脚直接控制,还能运行 Linux、Windows10 等操作系统,可以方便快捷地完成对摄像头的安装驱动和 Wi-Fi 功能的配置。此外,树莓派支持 Python 语言,可通过 GPIO 口直接对所连接硬件进行控制,如结合 OpenCV 可实现很多图像处理与运动控制功能(应用案例可参见 http://shumeipai.nxez.com/)。

目前已有多款具有 Wi-Fi 功能的数码照相机产品(通过网络可以查到),也有多款 Wi-Fi 摄像机用于道路与场所的监控。

7.5 本章小结

将 CCD 输出的视频信号转换成数字信号并送入计算机完成信息采集工作是本章的核心。其基本流程如下：

(1) CCD 视频信号的二值化处理

① 二值化处理方法。有"固定阈值法"与"浮动阈值法"两种方法，主要差异在于"阈值"，阈值设定后不再变化的处理方法为"固定阈值法"，而阈值可以根据被测背景或环境光照强度而变化的处理方法称为"浮动阈值法"。浮动阈值法较固定阈值法能在背景光不稳定条件下获得较为满意的测量结果，但是具有一定的复杂性。

② 二值化数据采集与计算机接口。介绍了两种二值化数据采集与计算机接口方法。

针对外形尺寸测量的硬件二值化数据采集法基于主计数器的方法。该方法简单，但是无法获取被测件的位置信息。

边沿送数法二值化数据采集接口电路采用"锁存计数器"与计算机总线直接完成数据传输，简单易行，并能够获取被测尺寸与被测物体位置信息。

(2) CCD 视频信号的量化处理

CCD 视频信号是有规则的 1 维时序信号，它的量化处理需要在相关时序脉冲控制下进行，且必须利用采样/保持电路和 A/D 转换器才能完成。而采样/保持电路经常用于 A/D 转换器中，因此掌握各种 A/D 转换器的工作特性显得非常重要。

(3) 线阵 CCD 输出信号的数据采集与计算机接口

包括以下 5 个方面的内容。

① 数据采集与计算机接口原理。建立在 PC 总线接口方式下的数据采集与计算机接口易于理解，还能引出数据采集系统所需要的基本单元，也容易描述各单元所起的作用。

② 典型 PC 总线线阵 CCD 输出信号数据采集卡。选用 16 位 A/D 转换器采集线阵 CCD 的数据具有代表性，对数据采集系统工作原理的分析具有示范效应。线阵 CCD 数据采集卡与操控 A/D 转换器的脉冲及时序密切相关，数据的存储与传输是设计关键。

③ PCI 总线连接器。PCI 总线是通过 PCI 总线连接器实现外电路与计算机沟通的，是学习 PCI 总线接口之前必备的预备知识。

④ 基于 PCI 总线的 A/D 数据采集卡。介绍一种基于 PCI9052 接口芯片的典型 A/D 数据采集卡，当然，随着技术的发展，更先进的 PCI 总线接口芯片不断涌现，基于其他 PCI 总线芯片的采集卡也会进入市场。

⑤ 基于 PCI-E 总线的 A/D 数据采集卡。PCI-E 总线的数据传输率早已超过 10GB/s。

(4) 面阵 CCD 数据采集与计算机接口

应掌握以下 3 个方面的内容。

① 图像卡的基本工作原理。

② 图像卡的基本结构。基本结构与计算机接口特性密不可分，首先应确定与计算机接口的类型。本章以容易理解的 PC 总线接口给出了具体结构。随着计算机接口速度和容量的提升，一些部件已被淘汰，需要认真考虑。

③ 典型图像卡。图像卡经历了基于 PC、PCI 及 PCI-E 总线的板卡式（与计算机插接）发展阶段，目前已发展到通过 USB 总线串行数据通信和 Wi-Fi 无线局域网数据通信阶段，使得图像传感器的应用功能更强，应用范围更宽。

思考题与习题 7

7.1 CCD 视频信号的二值化处理常用在哪些方面？一般有几种二值化处理方法？各有哪些特点？

7.2 试用逻辑方框图与波形图说明边沿送数法的二值化数据采集计算机接口系统的工作原理。若采用 51 单片机接收 TCD1209D 二值化数据，应该如何连接数据线与读数控制线？

7.3 在 PC 总线接口方式中常用地址总线与读写操作来完成软硬件的控制。试以 ADC700 为例叙述 16 位 A/D 数据采集计算机接口电路的原理。

7.4 在线阵 CCD 的 A/D 数据采集中为什么要用 F_C 和 SP 作同步信号？其中 F_C 的作用是什么？SP 在 A/D 数据采集计算机接口电路中的作用如何？

7.5 如何对多个同步驱动的线阵 CCD 进行 A/D 数据采集？试举出采用多个线阵 CCD 实现同步数据采集的应用实例。

7.6 已知 RL2048DKQ($26\mu m \times 13\mu m$) 在 $250 \sim 350 nm$ 波段的光照灵敏度为 $4.5V/(\mu J/cm^{-2})$，今用 RL2048DKQ 作为光电探测器，采用 16 位的 A/D 数据采集卡(ADC700)对被测光谱进行探测，探测到一条谱线的幅度为 12 500，谱线的中心位置在 1042 像元上，设 RL2048DK 的积分时间为 0.2s，测谱仪已被 2 条已知谱线标定，一条谱线为 260nm，谱线中心位置在 450 像元，另一条谱线为 340nm，谱线中心位置在 1 550 像元上。试计算该光谱的辐出度与光谱辐能量为多少？

7.7 已知 AD12-5K 线阵 CCD 的 A/D 数据采集卡采用 12 位的 ADC1674，它的输入电压范围为 $0 \sim 10V$，今测得 3 个像元点的值分别为 4093,2121,512，并已知线阵 CCD 的光照灵敏度为 $47V/(lx \cdot s)$，试计算这 3 个点的曝光量分别为多少？

7.8 已知 AD12-5K 线阵 CCD 的 A/D 数据采集卡采用 12 位的 A/D 转换器，它的输入电压范围为 $0 \sim 10V$，若无辐射作用下的输出数值为 126，采集到的 3 条谱线峰值幅度分别为 4072,2152,286，所用线阵 CCD 的光照灵敏度为 $45V/(lx \cdot s)$，试计算这 3 条谱线的曝光量分别为多少？

7.9 已知 TCD1209D 的驱动频率(f_{RS})为 5MHz，若对其输出信号进行 16 位的 A/D 数据采集，并要求采集过程中不能漏掉任何一个像元的信号。试问所用的 A/D 转换器的最低工作频率为多少？最长的转换时间为多少？试画出数据采集系统原理方框图。

7.10 已知 TCD1209D 的驱动频率为 20MHz，需要对它进行 8 位 A/D 数据采集，并要求采集过程中不能漏掉任何一个像元的信号。试问所用的 A/D 转换器的最长转换时间为多少？若 A/D 转换后需要将数字信息暂时存在 8 位存储器中，问存储器的最低写脉冲时间应不低于多少？

7.11 PCI 总线图像卡主要由哪些单元构成？数据是通过哪些单元存入计算机内存的？又是由哪个单元提供图像显示的？

7.12 为什么要在图像卡中设置同步分离电路？它利用了行、场同步脉冲的哪些显著差异将二者分离开的？行、场脉冲分离的意义何在？

7.13 为什么 PCI 总线图像卡不用外加视频监视器就能观察所采集的图像？

7.14 试画出用 PCI 总线接口方式的线阵 CCD 二值化数据采集系统方框图，比较它与 PC 总线采集系统的差异。

7.15 能否采用 51 单片机完成对 TCD1209D 线阵 CCD 的 A/D 数据采集工作？试画出 A/D 数据采集系统原理方框图。

第8章 光学系统

光学系统在图像传感器应用技术中具有举足轻重的作用。只有将被研究对象通过光学系统以一定的放大倍率成像于图像传感器的像面,才能获得图像信息。将完成上述任务的系统称为光学成像系统。另外,通过各种照明光源,包括各种线、面形光源,使难于检测的被测对象突现出来便于测量或控制。

光学成像系统的主要作用是将被测对象(被测物体尺寸、颜色与光谱信息等)成像于图像传感器的像面,协助完成光学信息与电学信息的转换。该系统通常按被测物的位置与大小尺寸等成像的具体条件归类为摄影系统、显微系统、望远系统与投影系统等进行讨论。其主要参数为横向放大倍率、角放大倍率及各种像差等。

照明光源的内容比较丰富,对图像传感器应用技术课题的完成具有意义重大。本章也将用一定的篇幅进行讨论。

8.1 光学成像系统的基本计算公式

光学成像系统设计的第一步就是要根据设计要求确定系统原理方案并进行光学系统外形尺寸的计算,使被考察的物体在给定的共轭距离上成给定倍率的像,而所有这些计算都是根据理想光学系统的有关公式进行的。

8.1.1 理想光学系统的基本参数

所谓理想光学系统,就是能对任意宽空间内的点以任意宽的光束成完善像的光学系统,它具有"点对应点、直线对应直线、平面对应平面"的一一对应关系。物和像的这种对应关系称为共轭。表征理想光学系统的基本参数是基点和基面,即焦点、焦平面、主点、主平面、节点和节平面。

1. 焦点、焦平面

与光轴上无限远点相共轭的点称为焦点。焦点有物方焦点和像方焦点之分,分别用 F 及 F′ 来表示。过物方(像方)焦点垂直于光轴的平面,称为物方(像方)焦平面,如图8-1所示。

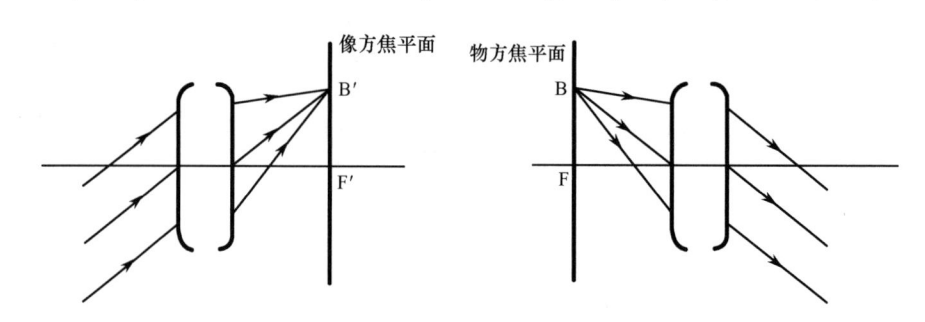

图 8-1 光学系统的焦点和焦平面

2. 主点、主平面

垂轴放大率(像高与物高之比)为+1 的一对共轭平面,称为主平面。主平面与光轴的交点称为主点,物方主点和像方主点分别用字母 H 及 H′ 表示。由主点到焦点的距离称为焦距。焦距有正负之分,当主点到焦点的方向与规定的光线传播方向(从左至右)一致时,其值为正,反之为负。如图 8-2 所示,物方焦距和像方焦距分别用 f 和 f' 表示,其中 f 为负。

由主平面定义可知:物方主平面上光线的入射高度与其共轭光线在像方主平面上的出射高度相等。

光学系统的物方焦距和像方焦距之间有下式的关系:

$$\frac{f'}{f} = -\frac{n'}{n} \tag{8-1}$$

式中,n' 为像方介质的折射率;n 为物方介质的折射率。当光学系统在同一介质中,即 $n'=n$ 时,则物方与像方焦距的绝对值相等,符号相反。

$$f' = -f \tag{8-2}$$

3. 节点、节平面

角放大率(一对共轭光线与光轴夹角正切之比)为 +1 的一对共轭平面,称为节平面。它们与光轴的交点称为节点,物方节点和像方节点分别用字母 J 及 J′ 表示,如图 8-3 所示。

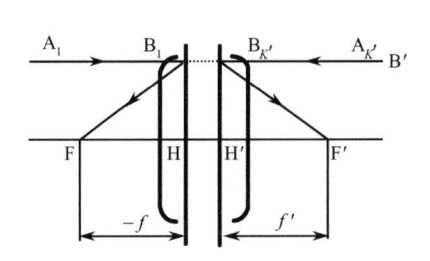

图 8-2 光学系统的主点和主平面

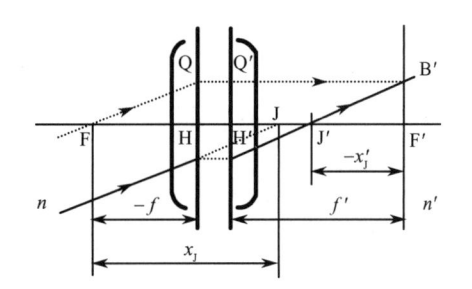

图 8-3 光学系统的节点和节平面

由节平面定义可知:经过节点的任何一对共轭光线互相平行。当光学系统在同一介质中时,系统的节平面与主平面重合。若光学系统物方折射率和像方折射率不等时,节平面与主平面不再重合,其位置关系由下式确定:

$$x_J = f', \quad x'_J = f \tag{8-3}$$

式中,x_J,x'_J 分别为从焦点 F,F′ 到节点 J,J′ 的距离。FJ 的方向与光线的传播方向一致,故 x_J 为正值;F′J′ 的方向与光线的传播方向相反,故 x'_J 为负值。

对理想光学系统而言,基点和基面的位置确定以后,系统的成像性质也就确定了。因此,利用理想光学系统基点和基面的性质,可通过作图法求物体在确定系统中的像。

8.1.2 理想光学系统的物像位置公式

当理想光学系统的焦点和主点的位置一定时,已知物体的位置和大小就可以求出像的位置和大小。确定物像位置的坐标系的选取不同,表示物像位置关系的公式形式就不同。常用的有两种形式:一种是以焦点为坐标原点的物像位置公式,称为牛顿公式;另一种是以主点为坐标原点的物像位置公式,称为高斯公式。物像位置的两种表示方法如图 8-4 所示。

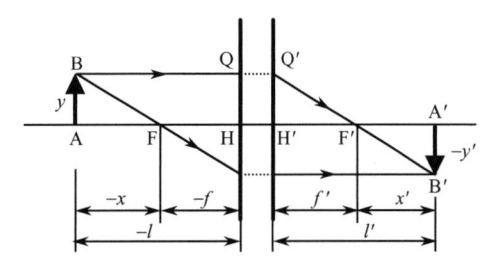

图 8-4 物像位置的两种表示方法

1. 牛顿公式

牛顿公式中,物和像的位置是相对于光学系统的焦点来确定的。如图 8-4 所示,设物 AB 经光学系统后成像于 A′B′,从物方焦点 F 到轴上物点 A 的距离 FA 即为焦物距,用符号 x 表示,其值为负;从像方焦点 F′ 到轴上像点 A′ 的距离 F′A′ 为焦像距,用符号 x' 表示,其值为正。物高用 y 表示,因其位于光轴之上,值为正;像高用 y' 表示,因其位于光轴之下,值为负。根据三角形相似关系,可推出牛顿公式为

$$xx' = ff' \tag{8-4}$$

该式表示以焦点为坐标原点的物像位置公式。

2. 高斯公式

在高斯公式中,物和像的位置是相对于光学系统的主点来确定的。如图 8-4 所示,从物方主点 H 到轴上物点 A 的距离 HA 为物距,用符号 l 表示,其值为负;从像方主点 H′ 到轴上像点 A′ 的距离 H′A′ 为像距,用符号 l' 表示,其值为正。显然 x, x' 与 l, l' 有如下关系

$$x = l - f, \quad x' = l' - f' \tag{8-5}$$

将式(8-5)代入式(8-4),整理后得高斯公式

$$\frac{f'}{l'} + \frac{f}{l} = 1 \tag{8-6}$$

在大多数情况下,光学系统位于同一介质(如空气)中,此时 $f' = -f$,上式可写成

$$\frac{1}{l'} - \frac{1}{l} = \frac{1}{f'} \tag{8-7}$$

该式表示以主点为坐标原点的物像位置公式。

8.1.3 理想光学系统的放大率

物体经理想光学系统成像后,不仅要知道像的位置,还要知道像的大小、正倒和虚实,这就引出了光学系统的放大率问题。光学系统有三种放大率,分别是:垂轴放大率 β、轴向放大率 α 和角放大率 γ。

1. 垂轴放大率 β

垂轴放大率 β 定义为像高与物高之比,即

$$\beta = y'/y \tag{8-8}$$

相对于牛顿公式表示形式的垂轴放大率为

$$\beta = -f/x = -x'/f' \tag{8-9}$$

相对于高斯公式表示形式的垂轴放大率为

$$\beta = \frac{nl'}{n'l} \tag{8-10}$$

当光学系统位于相同介质中时,因 $n = n'$,则式(8-10)可以写成

$$\beta = l'/l \tag{8-11}$$

可知,垂轴放大率取决于共轭面的位置。在同一对共轭面上,β 为常数,故像与物相似。

根据垂轴放大率的定义和式(8-10),可以确定物体的成像性质,即像的正倒、虚实、放大与缩小:

(1) 若 $\beta > 0$,即 y' 与 y 同号,表示成正像;反之,即 y' 与 y 异号,表示成倒像。

(2) 若 $\beta > 0$,对于折射系统($n/n' > 0$),l' 与 l 同号,物像位于系统的同侧,表示物像虚实相反;反

之,即 l' 与 l 异号,表示折射系统所成像的虚实与物相同。对于反射系统($n'=-n$),情况则有些不同,此时 l' 与 l 异号,物像位于系统的异侧,表示物像虚实相反;反之,即 l' 与 l 同号,表示反射系统所成像的虚实与物相同。

(3) 若 $|\beta|>1$,即 $|y'|>|y|$,成放大的像;反之,$|y'|<|y|$,成缩小的像。

2. 轴向放大率 α

轴向放大率 α 表示光轴上一对共轭点沿轴向移动量之间的关系,它定义为物点沿光轴做微小移动 dl 或 dx 时,所引起的像点移动量 dl' 或 dx' 与物点移动量的比,即

$$\alpha = \frac{dl'}{dl} = \frac{dx'}{dx} \tag{8-12}$$

其计算式为

$$\alpha = -\frac{x'}{x} = \frac{n'}{n}\beta^2 \tag{8-13}$$

当光学系统位于同一介质中时,上式可以写成

$$\alpha = \beta^2 \tag{8-14}$$

由式(8-14)可得如下结论:

(1) α 恒为非负值,对于折射成像系统,当物点沿轴向移动时,其像点沿光轴同向移动。

(2) 通常 α 与 β 不等(除 $\beta=1$ 情况外),空间物体成像时要变形,比如一个正方体成像后,将不再是一个正方体。

3. 角放大率 γ

过光轴上的一对共轭点,任取一对共轭光线 AM 和 A'M',如图 8-5 所示,它们与光轴的夹角 U 和 U' 的正切之比称为这一对共轭点的角放大率 γ,即

$$\gamma = \frac{\tan U'}{\tan U} \tag{8-15}$$

U 和 U' 分别称为物方孔径角和像方孔径角。因 U 角是从光轴以逆时针方向转向光线而形成的,所以其值为负;而 U' 角是从光轴以顺时针转向光线而形成的,所以其值为正。

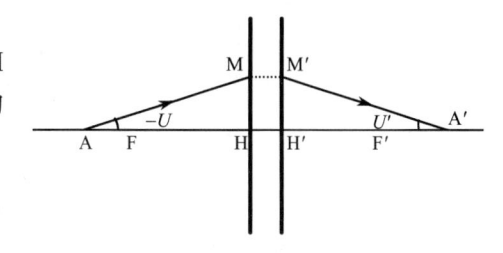

图 8-5 光学系统的角放大率

角放大率的计算式是

$$\gamma = \frac{n}{n'} \cdot \frac{1}{\beta} \tag{8-16}$$

当光学系统位于同一介质中时,上式可以写成

$$\gamma = 1/\beta \tag{8-17}$$

在确定的光学系统中,因为 β 只随物体位置而变化,所以 γ 也只随物像位置而变化。在同一对共轭点上,任一对共轭光线与光轴的夹角的正切值之比恒为常数。

由式(8-13)和式(8-16)可知,三种放大率之间的关系满足下式

$$\alpha\gamma = \beta \tag{8-18}$$

以上讨论了光学系统的成像和放大率公式,而光学系统是由一系列的光学元件组成的,因此下面一节将对组成光学系统的常用光学元件及其成像特性进行简单介绍。

8.2 光学元件的成像特性

光学系统的成像特性是通过选用光学元件及其不同组合而实现的。组成光学系统的光学元件

主要有两类:球面光学元件和平面光学元件。

球面光学元件包括球面透镜和球面反射镜。球面透镜是由两个折射球面或一个折射球面和一个平面所限定的透明体,球面反射镜则只包括一个反射球面,其共同特性是能够对任意位置的物体按设计倍率成像。

平面光学元件是指工作面均为平面的光学零件,包括平面反射镜、平行平板、反射棱镜和折射棱镜等。其作用是改变光路方向、使倒像转换为正像,或产生用于光谱分析的色散现象。下面分别讨论这些光学元件的成像特性,并给出计算公式。

8.2.1 球面光学元件的成像特性

1. 球面透镜

因为球面是最容易加工、最便于大量生产和检验的曲面,所以球面透镜已成为大多数光学系统中的基本成像元件。按照球面透镜对光线的作用可以分为两大类,对光线起会聚作用的称为会聚透镜,它的光焦度 $\Phi(\Phi=1/f')$ 为正值,又称为正透镜;对光线起发散作用的称为发散透镜,Φ 为负值,又称为负透镜。按照形状不同,透镜又可分为凸透镜和凹透镜两类,其中凸透镜包括双凸、平凸和月凸三种类型;凹透镜包括双凹、平凹和月凹三种类型,如图8-6所示。凸透镜不一定都是正透镜,凹透镜也不一定都是负透镜,透镜的正负不仅与形状有关,还与透镜的厚度有关。

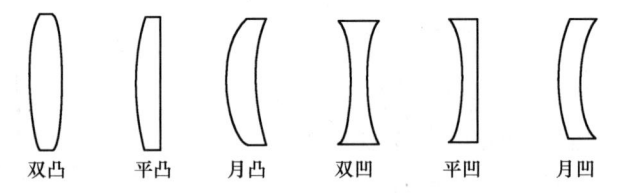

图 8-6 各种形状的透镜

在空气介质中,单个透镜的焦距为

$$f' = \frac{nr_1 r_2}{(n-1)[n(r_2-r_1)+(n-1)d]} \tag{8-19}$$

式中,n 为透镜的折射率;r_1,r_2 分别是透镜两个表面的曲率半径;d 为透镜的厚度。

有

$$\Phi = 1/f' = (n-1)(\rho_1-\rho_2) + \frac{(n-1)^2}{n}d\rho_1\rho_2 \tag{8-20}$$

式中,$\rho_1=1/r_1$,$\rho_2=1/r_2$。

当透镜的厚度与其焦距或曲率半径相比是一个很小的数值时,d 可略去不计。略去 d 的透镜称为薄透镜。当 $d=0$ 时,式(8-20)可以写成下面的薄透镜公式

$$\Phi = (n-1)(\rho_1-\rho_2) \tag{8-21}$$

对于单个薄透镜,两主面与球面顶点重合,其成像性质仅由焦距决定。当薄透镜的焦距一定时,可以利用 8.1 节所述公式计算像的位置和大小。

2. 球面反射镜

(1) 球面(反射)镜的物像位置公式为

$$\frac{1}{l'}+\frac{1}{l}=\frac{2}{r} \tag{8-22}$$

式中,l 为物距;l' 为像距;r 为球面反射镜的半径。通常球面镜可分为凸面镜($r>0$)和凹面镜($r<0$),其成像示意图如图8-7所示。

(a)凹面镜成像　　　　　　　(b)凸面镜成像

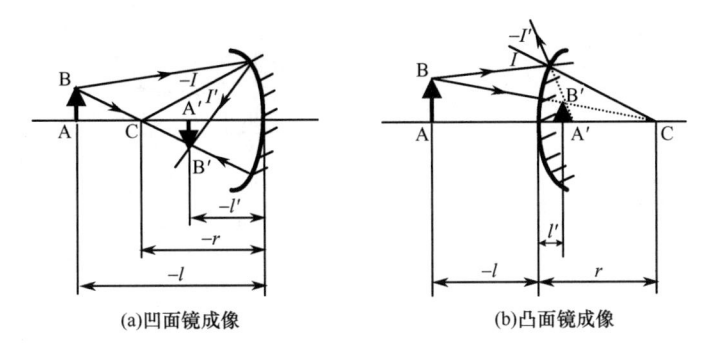

图 8-7　球面镜成像示意图

（2）球面镜的放大率公式为

$$\beta = -l'/l, \quad \alpha = -\beta^2, \quad \gamma = -1/\beta \tag{8-23}$$

当物体位于球心时,由式（8-22）和式（8-23）可知,$l' = l = r$,且 $\beta = \alpha = -1, \gamma = 1$,此时物体经球面镜反射后像也位于球心。$\gamma = 1$ 说明通过球心的光线经球面镜后,沿原路返回,故可将灯丝置于球心,用球面镜作为反光罩供照明之用。

（3）球面镜的焦距公式：由式（8-22）,当 $l = -\infty$ 时,可得球面镜的焦距为：

$$f' = r/2 \tag{8-24}$$

8.2.2　平面光学元件的成像特性

1. 平面反射镜

平面（反射）镜是唯一能够完善成像的光学元件。单个平面镜成像具有以下性质：
（1）像与物对称于平面镜,即像距与物距的值相等。
（2）像与物的大小相等,成"镜像"。即物空间的右手坐标系在像空间变为左手坐标系；当物平面按顺时针方向转动时,像平面则按逆时针方向转动。

若在光学系统中加入奇数个平面镜,则成"镜像"；若在光学系统中加入偶数个平面镜,则像与物完全一致。它们与共轴球面系统组合后,可改变光路方向,但不会改变像的大小和形状,也不影响像的清晰度。

平面镜还有一个重要的性质,即当入射光线方向不变,而平面镜转动 α 角时,反射光线转动 2α 角,如图 8-8 所示。

利用平面镜转动这个性质,可以测量微小角度和位移。如图 8-9 所示,刻有标尺的分划板位于准直物镜 L 的物方焦平面上,标尺零位点（设与物镜焦点 F 重合）发出的光束经透镜 L 后平行于光轴。若平面镜 M 与光轴垂直,则平行光经平面镜反射后沿原光路返回,重新会聚于 F 点。若平面镜 M 转动 θ 角,则平行光束经平面镜后与光轴成 2θ 角,反射回来的像点 F_1 与 F 点不重合。此时由分划板读得的偏移量 FF_1 就可以计算出平面镜的微小倾角 θ。它们之间的关系为

$$FF_1 = f'\tan 2\theta \approx 2f'\theta \tag{8-25}$$

式中,f' 为透镜 L 的焦距。

若平面镜的转动是由测杆的移动引起的,设测杆到支点的距离为 a,测杆移动量为 x,则

$$FF_1 = (2f'/a)x \tag{8-26}$$

利用式（8-25）可以测量微小角度,利用式（8-26）可以测量微小位移,这就是光学比较仪中的光学杠杆原理。

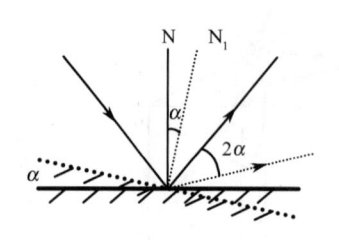

图 8-8 平面镜转动性质

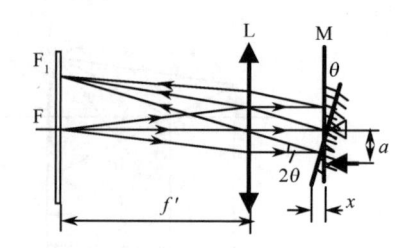

图 8-9 平面镜用于小角度或位移测量

2. 平行平板

所谓平行平板,是由两个相互平行的折射平面构成的光学元件,如分划板、微调平板等。物点 A 经平行平板成像在 A_2 点的情况如图 8-10 所示。

平行平板成像具有以下性质:

(1) 光线经平行平板折射后方向不变,在图 8-10 中,出射光线 EB 与入射光线 AD 互相平行,即 $U_2' = U_1$。

(2) 由角放大率公式可知,$\gamma = \dfrac{\tan U'}{\tan U} = 1$,$\beta = \dfrac{1}{\gamma} = 1$,$\alpha = \beta^2 = 1$,则平行平板不使物体放大或缩小。

(3) 光线经平行平板折射后虽然方向不变,但产生了位移,对近轴光而言,轴向位移量为

$$\Delta l' = d\left(1 - \frac{1}{n}\right) \tag{8-27}$$

式中,d 为平行平板的厚度;n 为平行平板的折射率;$\Delta l'$ 为像点在近轴区沿光轴移动的距离。

3. 反射棱镜

将一个或多个反射面磨制在同一块玻璃上的光学元件称为反射棱镜,在光学系统中主要用于转折光路、转像、倒像和扫描等。光学系统的光轴在棱镜中的部分称为棱镜的光轴;光线射入棱镜的面称为入射面;光线射出棱镜的面称为出射面。入射面、出射面和反射面都是棱镜的工作面。工作面的交线称为棱镜的棱;与各个棱垂直的截面为棱镜的主截面。讨论棱镜的问题,主要是研究棱镜主截面内的光线成像情况。

反射棱镜的种类繁多,形状各异,大体上可以分为以下四类。

(1) 简单棱镜

简单棱镜只有一个主截面,它所有的工作面都与主截面垂直。根据反射面数目不同,又分为一次反射棱镜、二次反射棱镜和三次反射棱镜。

图 8-11 所示为一次反射棱镜,它使物体成镜像,与单个平面镜对应。

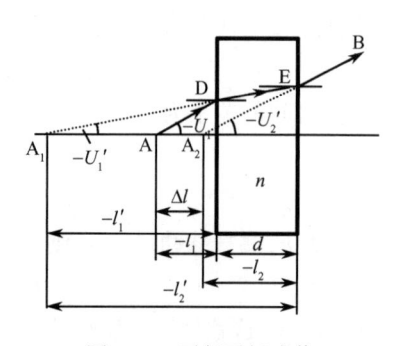

图 8-10 平行平板成像

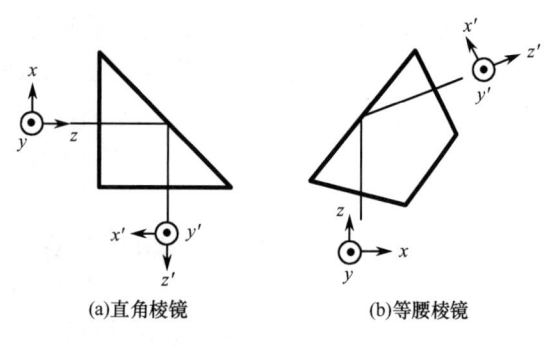

图 8-11 一次反射棱镜

(a) 直角棱镜 　　(b) 等腰棱镜

图 8-12 所示为二次反射棱镜。在这类反射棱镜中,光线经两个反射面依次反射后,反射光线相对于入射光线偏转的角度,是两个反射面间夹角的 2 倍。图中所示的二次反射棱镜反射面之间的夹角分别是 22.5°,30°,45°,90°,180°,则出射光线相对于入射光线偏转的角度是 45°,60°,90°,180°,360°。

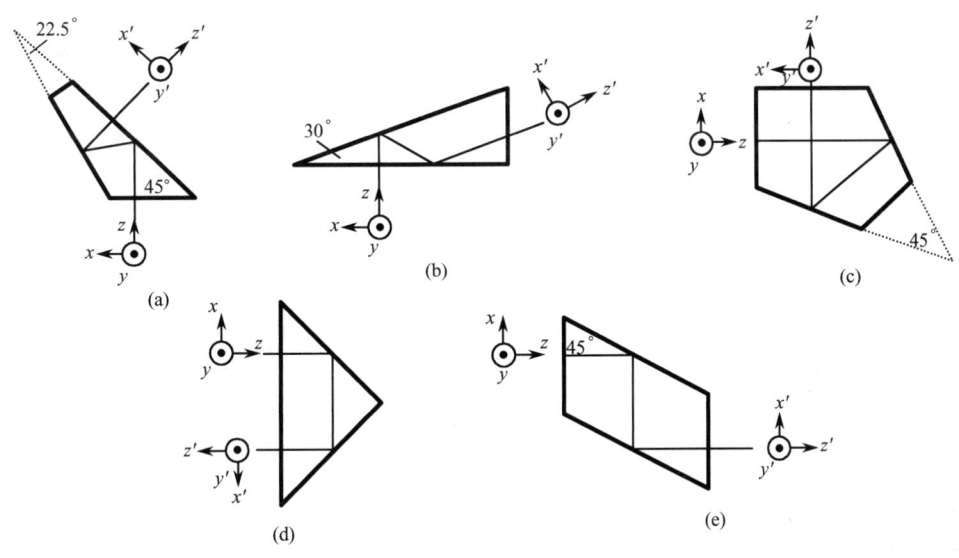

图 8-12 二次反射棱镜

图 8-13 所示为三次反射棱镜,也称为斯密特棱镜。它能够使入射光转折 45°,并使物成镜像。因为光线在棱镜中的光路很长,还可折叠光路,使仪器结构紧凑。

(2) 屋脊棱镜

屋脊棱镜是带有屋脊面的棱镜。棱镜中常用两个相互垂直的反射面来代替其中的某一个反射面,这两个相互垂直的反射面叫屋脊面。屋脊面的作用是在不改变光轴方向和主截面内成像方向

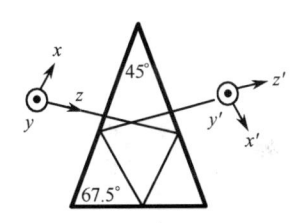

图 8-13 斯密特棱镜

的条件下,增加一次反射,使系统的总反射次数由奇数次变为偶数次,从而使像与物完全一致。常用的屋脊棱镜有直角屋脊棱镜、半五角屋脊棱镜、五角屋脊棱镜和斯密特屋脊棱镜等。图 8-14 所示为直角屋脊棱镜。

(3) 立方角锥棱镜

立方角锥棱镜是由立方体切下一个角而成的,如图 8-15 所示。其三个反射面相互垂直,底面为一个等边三角形。当光线以任意方向从底面入射时,经过三个直角面的依次反射,出射光线始终与入射光线平行。当立方角锥棱镜绕其顶点旋转时,出射光方向不变,仅产生一个位移。

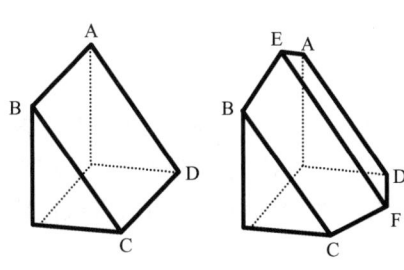

图 8-14 直角屋脊棱镜

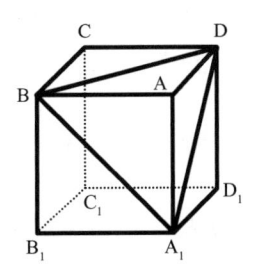

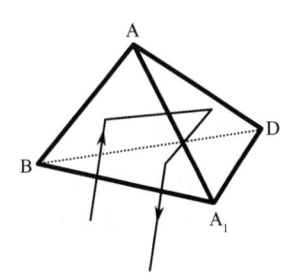

图 8-15 立方角锥棱镜

· 189 ·

(4) 复合棱镜

复合棱镜是由两个或两个以上的棱镜组合起来的,可实现一些特殊的用途。常用的复合棱镜包括:分光棱镜、分色棱镜和转像棱镜等。

图 8-16 所示为分光棱镜,它可将一束光分成强度相等的两束光,且这两束光在棱镜内的光程相等。

图 8-17 所示为分色棱镜,白光经过它后,可分解为红、绿、蓝三种色光。分色棱镜主要应用于彩色电视摄像机中。

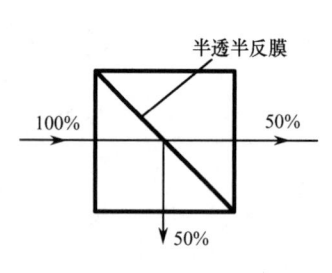

图 8-16 分光棱镜

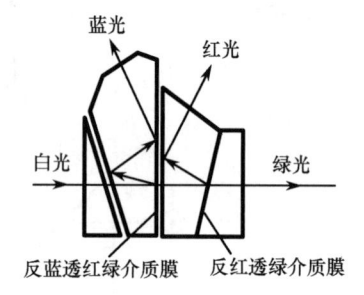

图 8-17 分色棱镜

图 8-18 所示为转像棱镜,其主要特点是出射光轴与入射光轴平行,实现完全倒像,并能在棱镜中折叠很长的光路,可用于望远系统中实现倒像。

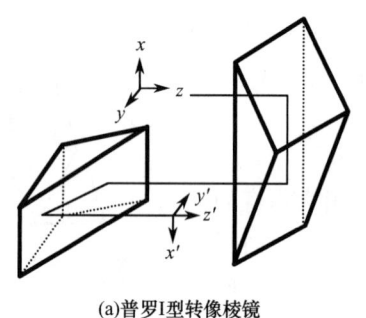

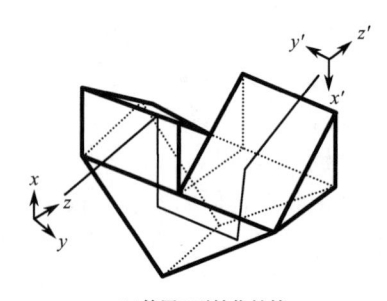

(a)普罗Ⅰ型转像棱镜 (b)普罗Ⅱ型转像棱镜

图 8-18 转像棱镜

实际光学系统中使用的平面镜和棱镜系统有时比较复杂,正确判断棱镜系统的成像方向对光学系统的设计至关重要。棱镜系统成像的判断原则归纳如下:

① 首先根据光线的折射与反射,确定沿光轴方向上像的坐标分量。

② 垂直于主截面的坐标分量方向应视屋脊面的个数确定,若有奇数个屋脊面,其像坐标分量与物坐标方向相反;若有偶数个屋脊面,其像坐标分量与物坐标方向一致。

③ 平行于主截面的坐标分量方向应视反射面的个数确定(1 个屋脊面相当于 2 个反射面),若有奇数个反射面,其像坐标分量与物坐标方向相反;若有偶数个反射面,其像坐标分量与物坐标方向一致。

上述原则只在同一光轴面内适用。对于光轴不在同一平面内的复合棱镜,要分别考虑各光轴面内的成像情况。实际上,光学系统常常是由透镜和棱镜共同组成的,因此还必须考虑系统中透镜对成像的影响。一般情况是,物镜成倒像,目镜成正像。整个光学系统的成像是由透镜成像特性和棱镜转像特性共同决定的。

在光学系统中用反射棱镜来代替平面镜成像的同时,相当于在光路中增加了一块平行平板玻璃。光路计算中,常用一个等效平行平板来取代光线在反射棱镜入射面和出射面间的光路,这种做法称为棱镜的展开。棱镜展开的具体方法是:在棱镜主截面内,按照反射面的顺序,以反射面与主截面的交线为轴,依次使主截面翻转180°,便可得到棱镜的等效平行平板。三种典型反射棱镜的展开过程如图8-19所示。

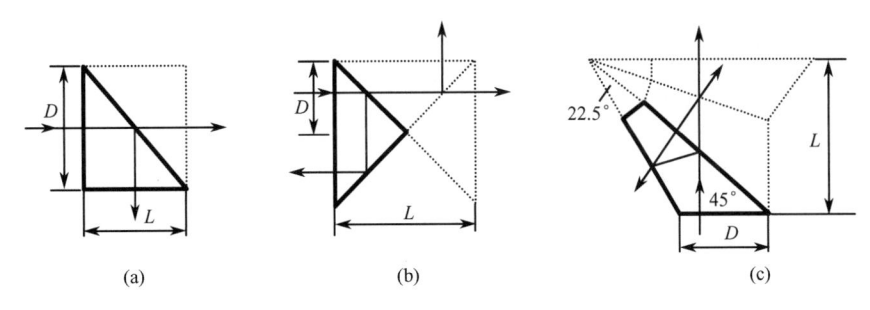

图8-19 三种典型反射棱镜的展开过程

对于各种棱镜,当入射面上入射光束的通光口径 D 确定以后,光线在棱镜中的光路长度,即等效平行平板的厚度 L 是一个常数。其数值可用 D 的 K 倍来表示

$$L = KD \tag{8-28}$$

式中,K 为棱镜的结构常数。各种棱镜的 K 值均可在光学仪器设计手册中查得。

4. 折射棱镜

折射棱镜是通过两个折射表面对光线的折射进行工作的,其在光学系统中的作用:一是用于偏折光束的方向,二是用于产生色散。两折射面的交线为折射棱,两折射面间的二面角 α 称为折射棱镜的折射角。同样,垂直于折射棱的平面称为主截面。

如图8-20所示,AB 为入射光线,DE 为 AB 经折射棱镜后的出射光线。光线 DE 相对于 AB 的偏向角为 δ。计算偏向角的公式为

$$\sin\frac{\alpha+\delta}{2} = \frac{n\sin\frac{\alpha}{2}\cos\frac{1}{2}(I_1'+I_2)}{\cos\frac{1}{2}(I_1+I_2')} \tag{8-29}$$

式中,α 为折射棱镜的折射角;n 为玻璃材料的折射率;I_1,I_1',I_2,I_2' 分别为光线在两个折射面的入射角和折射角。

由上式可知,光线经折射棱镜折射以后,所产生的偏向角 δ 是 I_1,α,n 的函数。对于给定的折射棱镜(α 和 n 为定值),采用单色光照明时,δ 仅随 I_1 变化。可以证明当入射光线和出射光线对称于折射棱镜,即满足 $I_1=-I_2',I_1'=-I_2$ 时,δ 有最小值,用 δ_m 表示。在最小偏向角情况下,式(8-29)可以写成

$$\sin\frac{\alpha+\delta_m}{2} = n\sin\frac{\alpha}{2} \tag{8-30}$$

此式具有较大的实用意义。常利用测量最小偏向角的方法来测量玻璃材料的折射率。

折射角 α 很小的折射棱镜称为光楔,如图8-21所示。由于 α 很小,可以把光楔近似地看作平行平板,并且以 α、δ 的弧度值代替相应的正弦值,代入式(8-29)得到

$$\delta = \alpha\left(\frac{n\cos I_1'}{\cos I_1}-1\right) \tag{8-31}$$

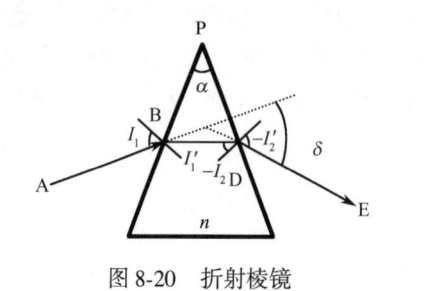

图 8-20 折射棱镜 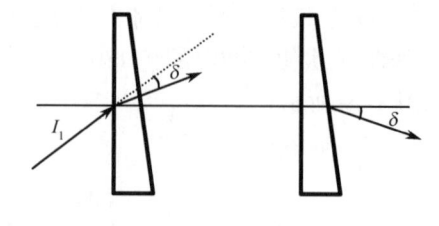　　　　　图 8-21 光楔

当 I_1,I_1' 很小时,其余弦值可用 1 来代替,可得

$$\delta = \alpha(n-1) \tag{8-32}$$

此式表明,当光线垂直或近似垂直入射到光楔上时,所产生的偏向角只与折射角 α 和折射率 n 有关。

光楔在小角度和微位移测量中有十分重要的应用。如图 8-22 所示,双光楔的折射角均为 α,相隔一微小间隙,当两光楔主截面平行同向放置(见图 8-22(a))时,所产生的偏向角最大,为两个光楔偏向角之和;当一个光楔绕光轴旋转 180°时(见图 8-22(b)),所产生的偏向角为 0;当两个光楔绕光轴相对旋转 ϕ 角时(见图 8-22(c)),两个光楔产生的总偏向角为

$$\delta = 2\alpha(n-1)\cos\phi \tag{8-33}$$

根据上式即可计算出 ϕ。

如图 8-23 所示的双光楔移动测微系统,当两个光楔沿轴相对移动 Δz 时,出射光线相对于入射光线在垂轴方向产生的位移为

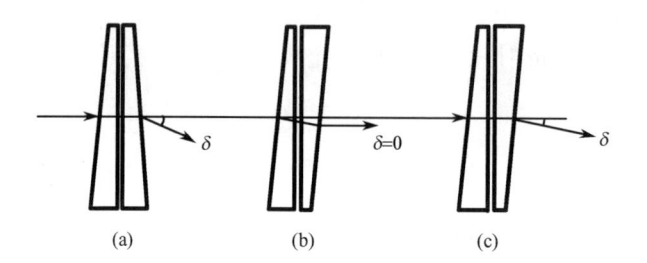

图 8-22 双光楔的旋转测微系统 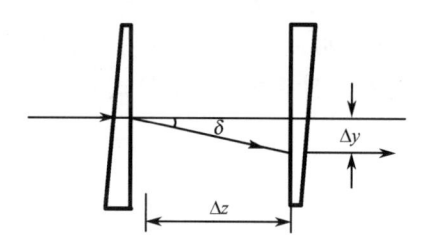　　　　　图 8-23 双光楔的移动测微系统

$$\Delta y = \Delta z \cdot \delta = \alpha(n-1)\Delta z \tag{8-34}$$

于是,可将微小的 Δy 转换为大的 Δz 进行测量。

8.3 光学成像系统中的光阑

实际光学系统与理想光学系统不同,其参与成像的光束宽度和成像范围都是受限的。由一点发出的能进入透镜或光学系统的光束,其立体角的大小是由透镜的通光口径决定的。因此,光学系统中的透镜和其他光学零件的镜框就是限制光束的光孔。除此以外,为了某些特殊需要和限定成像范围,还需要在光学系统中设置一些称之为光阑的光孔。多数情况下,光阑的通光孔径为圆形,其中心在光轴上,光孔平面垂直于光轴。

有几种不同性质的光阑。其中孔径光阑和视场光阑是任何光学系统都具有的两种主要光阑;有些系统中还有渐晕光阑和消杂光光阑。下面分别对各种光阑的性质和作用加以简单介绍。

8.3.1 光学系统的孔径光阑、入射光瞳和出射光瞳

限制轴上点成像光束立体角的光阑,称为孔径光阑或有效光阑。孔径光阑经它前面的光组在物空间所成的像称为入射光瞳,简称入瞳。在图 8-24 中,$P_1'P_2'$ 为入瞳。对一定位置的物体 AB,入瞳完全能够决定进入系统参与成像的最大光束孔径,并且是物面上各点发出的进入系统成像光束的公共入口。

孔径光阑经它后面的光组在像空间所成的像称为出射光瞳,简称出瞳。图 8-24 中,P_1P_2 为出瞳。出瞳是物面上各点发出的成像光束经光学系统后的公共出口。显然,入瞳和孔径光阑关于光阑前面光组共轭,出瞳和孔径光阑关于光阑后面光组共轭,入瞳和出瞳关于整个光学系统共轭。若孔径光阑位于系统的最前面,则它本身就是入瞳;若孔径光阑位于系统的最后面,则它本身就是出瞳。

轴上物点 A 对入瞳边缘的连线与光轴的夹角,是物方孔径角,用 $-U$ 来表示。轴上像点 A′ 对出瞳边缘的连线与光轴的夹角是像方孔径角,用 U' 来表示。当物(像)位于无限远时,物(像)方孔径角为 0。孔径光阑、入瞳、出瞳和孔径角的关系如图 8-24 所示。

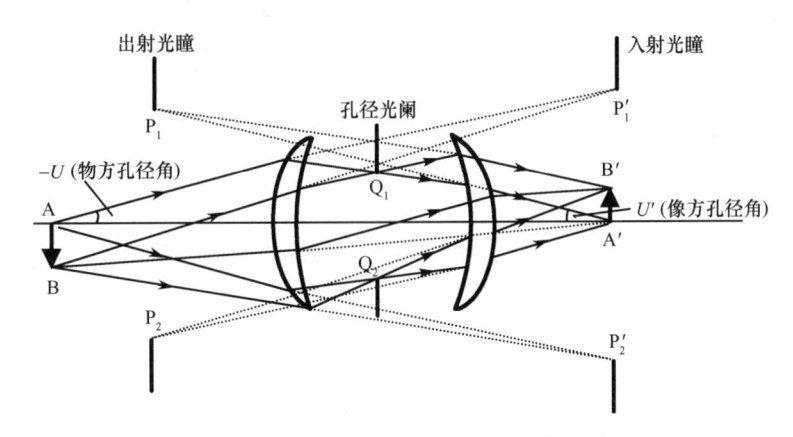

图 8-24 孔径光阑、入瞳、出瞳和孔径角的关系

合理地选择系统孔径光阑的位置可以改善轴外点的成像质量。如图 8-25 所示,当孔径光阑位于 1 处时,轴外点 B 参与成像的光束是 BM_1N_1;而光阑位于 2 处时,轴外点 B 参与成像的光束是 BM_2N_2,这样就可以把成像质量较差的那部分光拦掉,以提高轴外点的成像质量。

必须指出,当光阑的位置改变时,光阑的口径也要随之变化,以保证轴上点光束的孔径角不变。孔径光阑口径的大小将影响光学系统的分辨率、像面照度和成像质量。同时,若物体位置发生了变化,那么原来限制光束的孔径光阑也会失去作用,而被其他光孔所代替。判断光学系统中孔径光阑的方法是:将系统中所有的镜框和光孔在物空间对其前面的光组成像,由轴上物点向物空间的各个像的边缘连线,其连线与光轴夹角最小的那个"像"就是入瞳,与该"像"对应的实物镜框或光孔就是孔径光阑。

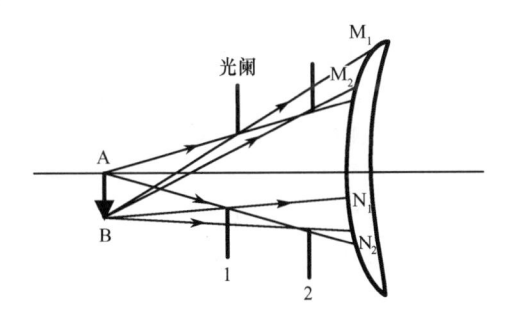

图 8-25 光阑位置的变化对轴外点成像光束的影响

8.3.2 光学系统的视场光阑、入射窗和出射窗

光学系统能够清晰成像的物空间范围,称为视场。光学系统的视场根据物所在的位置通常有

两种表示方法:当物位于有限距离时,常用物高表示视场,称为线视场;当物位于无限远时,视场用视场角表示。入瞳中心对物的边缘的张角,称为物方视场角,用 2ω 来表示;出瞳中心对像的边缘的张角称为像方视场角,用 $2\omega'$ 来表示。

在光学系统中,限制物平面上或物空间中成像范围的光阑称为视场光阑。视场光阑经它前面的光组在物空间所成的像称为入射窗,简称入窗;视场光阑经它后面的光组在像空间所成的像称为出射窗,简称出窗。因此,入窗和视场光阑关于光阑前面光组共轭;出窗和视场光阑关于光阑后面光组共轭;入窗和出窗关于整个光学系统共轭。若视场光阑位于系统的最前面,则它本身就是入窗;若视场光阑位于系统的最后面,则它本身就是出窗。

视场光阑、入窗、出窗和视场角的关系如图 8-26 所示。

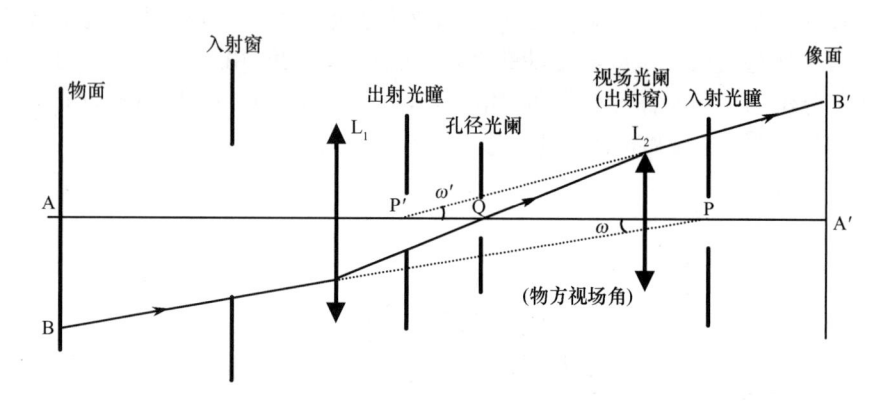

图 8-26 视场光阑、入窗、出窗和视场角的关系

光学系统中的视场光阑一般设置在像平面处或其共轭面上,根据光学系统的用途,其形状有圆形的,也有长方形的。

8.3.3 渐晕光阑

轴外点发出的充满入瞳的光束被光学系统中的其他光孔或框所遮拦,造成轴外点实际成像光束的宽度比轴上点窄,像面边缘比中心暗的现象被称为渐晕。

渐晕的程度用渐晕系数度量。轴外点成像光束与轴上点成像光束在光瞳面上的线度之比,称为渐晕系数,用 K 表示。渐晕系数的范围在 $0 \sim 1$ 之间。一般情况下,光学系统的渐晕系数在 0.5 以内是可以接受的。

光学系统中起渐晕作用的光阑即为渐晕光阑。光学系统中的渐晕光阑往往不止一个。若视场光阑本身起到渐晕作用,则它就是渐晕光阑。物面上的渐晕如图 8-27 所示。物面 AB_1 范围内的所有物点发出的充满入瞳的光束均能进入系统参与成像,故其渐晕系数为 1;B_2 点发出的充满入瞳的光束以主光线(即通过入瞳中心的光线)为界,上半部分能够进入入射窗参与成像,而下半部分则不能,故依定义知,该点的渐晕系数为 0.5;B_1、B_2 之间物点的渐晕系数

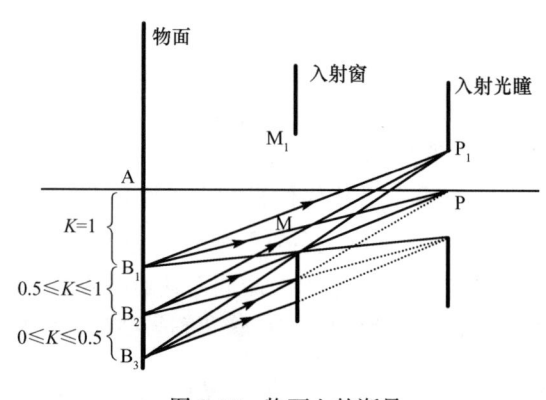

图 8-27 物面上的渐晕

则介于 0.5~1 之间;B_3 点发出的充满入瞳的光束,根本无法进入系统参与成像,其渐晕系数为 0;B_2、B_3 之间物点的渐晕系数则介于 0~0.5 之间。

8.3.4 消杂光光阑

光学系统中除有成像光束外,还会有非成像光束,即杂散光进入系统。杂散光主要是由非成像物点射入系统,或由折射面及镜筒内壁反射而产生的。另外,光学零件表面加工不良或内部杂质等引起的散射也会为系统带入杂散光。杂散光进入系统将在像面上产生一个杂光背景,降低图像的对比度,危害成像质量。

光学系统中限制杂散光的光阑称为消杂光光阑。在一些重要的光学系统中,如天文望远镜、长焦距平行光管镜筒中都设置此类光阑。对于一般的光学系统,通常将镜筒加工成螺纹形并涂以黑色无光漆或煮黑,以达到消杂光的目的。此外设计中尽量减小折射面、适当增大实际物镜孔径,以及提高光学零件质量等,都可在一定程度上起到消杂光的作用。

8.4 常用光电图像转换系统的成像特性

构成光电图像接收系统除了需要各种图像传感器(如:线、面阵 CCD,CMOS)外,还必须有光学成像系统,才能使被摄取的景物图像转移至图像传感器的像面,完成光电转换工作。根据被摄景物的大小、位置和传感器的参数,可将光学成像系统分为照相摄影系统、显微系统和望远系统。了解这些典型光学系统的成像特性和光学参数,才能更好地构成光电图像接收系统,满足光电图像数据采集与使用的要求。

8.4.1 摄影系统及其物镜的光学成像特性

1. 摄影系统的工作原理

摄影系统主要由摄影镜头、可变光阑和感光底片三部分组成。摄影镜头将位于无限远或准无限远的景物成像在感光底片上,可变光阑起到调节光能量以适应外界不同照明条件的作用。其系统结构如图 8-28 所示。

摄影系统中,可变光阑即为系统的孔径光阑,底片框为视场光阑。为保证轴外光束的像质,可变光阑的实际位置大致设在摄影物镜的某个空气间隔中。孔径光阑的形状一般为圆形,而视场光阑的形状为圆形或矩形等。

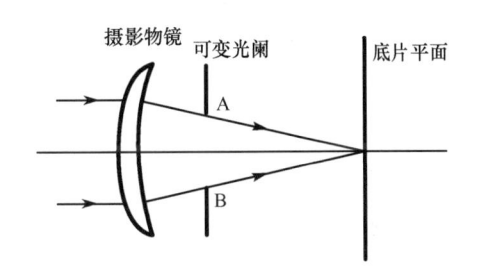

图 8-28 摄影系统结构

2. 摄影物镜的光学成像特性

摄影物镜的光学成像特性主要由三个参数决定,即焦距 f'、相对孔径 D/f' 和视场角 2ω。

(1) 焦距 f'

物镜的焦距 f' 决定了物体在接收器上成像的大小。用不同焦距的物镜对同一位置物体进行成像时,焦距越长,所得的像也越大。

当物体位于无限远时,由图 8-29 可知,f'、2ω 和像

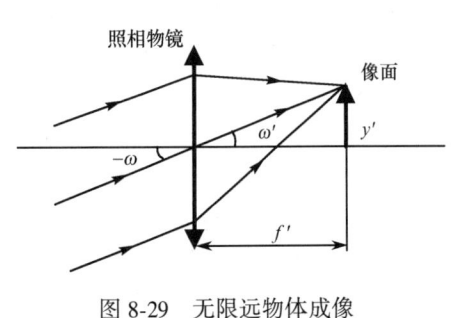

图 8-29 无限远物体成像

的大小 y' 之间的关系式为

$$y' = f'\tan\omega \tag{8-35}$$

当物体位于有限距离时,参照图 8-4,物像之间的关系由式(8-8)可得

$$y' = \beta y$$

式中,$\beta = -f/x = -x'/f'$ 为所对应共轭平面的垂轴放大率。

为满足各种成像要求,物镜焦距相差很大,短的只有几毫米,长的达数十米。变焦镜头,当其焦距改变时,可以获得不同放大倍率的像。

（2）相对孔径 D/f'

物镜入瞳的直径与其焦距之比称为物镜的相对孔径,用 D/f' 表示。相对孔径的大小决定了物镜的分辨率、像面照度和成像质量。

摄影物镜的分辨率用单位长度(1mm)内可以分辨出的线对数 N 表示,其公式为

$$N = \frac{D}{1.22\lambda f'} \tag{8-36}$$

式中,λ 为照明光的波长。当用白光照明时,取 $\lambda = 555$nm,代入上式得

$$N = 1475\frac{D}{f'} \text{（线对/毫米）} \tag{8-37}$$

由上式可知,摄影物镜的分辨率完全由相对孔径决定,相对孔径越大,镜头的分辨率就越高。实际上,在视场边缘,分辨率有所下降,再加上像差的影响,实际分辨率还会更低。此外,物镜的分辨率还与被摄物的对比度有关,同一物镜对不同对比度的目标(分辨率板)进行测试,其分辨率的值不同。

依据光度学理论,摄影系统视场中心的像面照度 E_0 可用下式表示

$$E_0 = \tau\pi L\sin^2 U' = \frac{1}{4}\tau\pi L\frac{D^2}{f'^2} \cdot \frac{\beta_p^2}{(\beta_p - \beta)^2} \tag{8-38}$$

式中,β_p 为光瞳的垂轴放大率;β 为物像的垂轴放大率;L 为物体的亮度;τ 为系统的透射率。

当物体位于无限远时,$\beta = 0$,则有

$$E_0 = \frac{1}{4}\tau\pi L\frac{D^2}{f'^2} \tag{8-39}$$

由此可见,像面照度与相对孔径的平方成正比,相对孔径越大,像面照度越大。

轴外像点的照度 E 与像方视场角 ω' 有关,即

$$E = E_0\cos^4\omega' \tag{8-40}$$

上式说明,大视场物镜视场边缘的照度急剧下降。

在摄影物镜的外镜筒上标示有与相对孔径对应的数值。该数值为相对孔径的倒数,俗称为光圈或光圈数 F。常用摄影物镜的光圈数如表 8-1 所示。

表 8-1 摄影物镜的光圈数

相对孔径 D/f'	1:1.4	1:2	1:2.8	1:4	1:5.6	1:8	1:11	1:16	1:22
光圈数 F	1.4	2	2.8	4	5.6	8	11	16	22

（3）视场角 2ω

物镜的视场角 2ω 决定了能在接收器上成良好像的空间范围。由式(8-35)可知,当 f' 一定时,2ω 越大,成的像 $2y'$ 也越大。当接收器尺寸($2y'$)一定时,f' 越长,2ω 越小。

决定摄影物镜特性的三个参数之间,有着相互制约的关系,这主要反映在像差的校正上。所谓像差,即光学系统成像时实际像与理想像之间的差异。当物镜的相对孔径和视场角一定时,像差与焦距成正比。但像差的容限并不因焦距的增大而放宽,所以必须减小相对孔径的值,以满足长焦距

的要求。另外,对于大相对孔径的物镜来说,同时要求大视场是难于实现的。实际上,常根据物镜的具体用途满足其主要的性能参数即可。

按照用途不同,摄影物镜可分为普通摄影物镜、大孔径摄影物镜、广角摄影物镜、远摄物镜和变焦距物镜,其主要特性参数如表 8-2 所示。

表 8-2 摄影物镜的主要特性参数

	普通摄影物镜	大孔径摄影物镜	广角摄影物镜	远摄物镜	变焦距物镜
f'	20~500mm	50mm	70.4mm	>3m	可变 5^x
D/f'	1:9~1:2.8	1:2	1:6.8	<1:6	1:24
2ω	64°	40°~60°	122°	<30°	40°
物镜常用结构	天塞(Tessar)	双高斯(Gauss)	反远距型	远摄型	

在光电图像系统中,为了充分利用物镜的分辨率,物镜的光谱特性应与使用条件密切配合。即要求物镜的最高分辨率光线应与照明波长、图像传感器的响应波长相匹配,并使物镜对该波长的光线的透过率尽可能高。

8.4.2 显微系统及其物镜的光学成像特性

1. 显微系统的工作原理

显微系统是用来观察近距离微小物体的光学系统。如图 8-30 所示,它由物镜和目镜组成。其特点是:物镜和目镜的焦距都很短,且光学间隔 Δ(物镜的像方焦点到目镜的物方焦点间的距离)较大。使用时,将物体 AB 置于物镜一倍焦距以外少许,经物镜后成一个放大的、倒立的实像 A'B',且位于目镜的物方焦面上或一倍焦距以内少许,经目镜成像在无限远或明视距离处,供人眼观察。在生物显微系统中,物镜框是系统的孔径光阑,设在一次实像面处的分划板是视场光阑,目镜往往是渐晕光阑,其大小影响轴外点成像的渐晕系数。而对于测量用显微系统,孔径光阑设在物镜的像方焦平面上,以形成物方远心光路,提高测量精度。

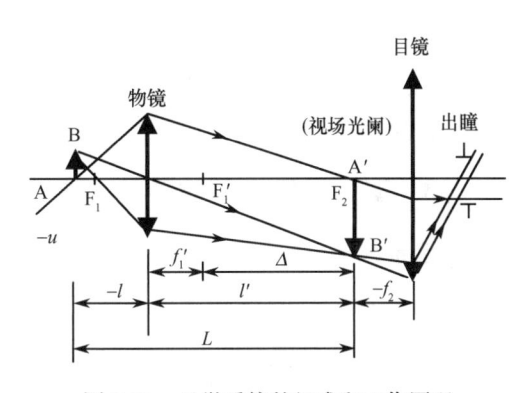

图 8-30 显微系统的组成和工作原理

若接收器不是人眼,而是光电成像器件(如面阵 CCD 或 CMOS),则可将它置于实像平面 A'B' 处。在显微系统中,影响系统成像特性的主要是显微物镜。

2. 显微物镜的光学成像特性

显微物镜最重要的光学参数是数值孔径和倍率,它影响系统的分辨率、像面照度和成像质量。数值孔径定义为显微物镜物方介质的折射率 n 和物方孔径角正弦之乘积,用符号 NA 来表示,即

$$\text{NA} = n\sin U \tag{8-41}$$

(1) **显微物镜的分辨率 δ**

显微物镜的分辨率是以它能够分辨开两点的最小距离 δ 来表示的,计算公式为

$$\delta = 0.61\lambda/\text{NA} \tag{8-42}$$

当被观察体本身不发光,需要其他照明光源时,随照明条件的不同,式(8-42)中的数字因子将有所变化。根据阿贝的研究,对物体进行斜入射照明时,最小分辨率为

$$\delta_{\min} = 0.5\lambda/\mathrm{NA} \tag{8-43}$$

由以上公式可见,对于一定波长的单色光,在像差校正良好的情况下,$\delta_{\min}$ 由 NA 决定。NA 越大,分辨率越高,能分辨更短距离的两个点。

当物方介质为空气时,物镜最大的 NA 值为 1,一般只有 0.9 左右。而在物体和物镜之间浸以高折射率液体(如 $n = 1.5 \sim 1.7$ 的油)时,NA 为 $1.5 \sim 1.6$。这种在物体和物镜之间浸以高折射率油的物镜称为浸液物镜。

(2) 显微物镜的放大率 β

在图像转换系统中,为了充分利用显微物镜的分辨率,使已被其分辨开的细节也能被光电成像器件分辨,要求其有足够大的放大率 β。设图像传感器的极限分辨率为 δ',在斜射照明的条件下,β 的大小应满足下式

$$\delta' = \frac{0.5\lambda}{\mathrm{NA}} \cdot \beta \quad \text{或} \quad \beta = \frac{2\mathrm{NA}}{\lambda} \cdot \delta' \tag{8-44}$$

由此可见,对于一定波长的光,当 δ' 确定后,β 仅取决于 NA。实际应用中,β 的取值通常比由式(8-44)计算出的 β 值要大。

β 的取值和 NA 应相互匹配。若 β 的取值过低,则已被显微物镜分辨开的细节不能被图像传感器分辨;但若 NA 太小,则 β 取值再高,也无法分辨物体的细节。

光电成像器件的尺寸大小 $2y'$ 决定了系统的成像范围。它与显微镜物方极限视场 $2y$ 的关系为

$$\beta = y'/y$$

显微物镜有折射式、反射式和折反式三类,但绝大部分实际应用的为折射式的。在折射式显微物镜中,应用最多的是消色差物镜,它是一种大孔径小视场的光学系统,一般只需要校正球差、正弦差和位置色差。

8.4.3 望远系统及其物镜的光学成像特性

1. 望远系统的工作原理

望远系统是用来观测远距离物体的光学系统。如图 8-31 所示,它由物镜和目镜组成。其特点是:物镜的焦距大于目镜的焦距,且光学间隔 $\Delta = 0$。从无限远物体 AB 发出的平行光线经望远物镜后,在像方焦平面上成一个实像 $A'B'$,它正好位于目镜的物方焦平面上,经目镜成像在无限远处,供人眼观察。该系统中,物镜框是孔径光阑,设在一次实像面处的分划板是视场光阑,目镜往往是渐晕光阑,其大小影响轴外点成像的渐晕系数。

若图像接收器不是人眼,而是光电器件(如面阵 CCD 及 CMOS),则可将它置于实像平面 $A'B'$ 处。

望远系统的视觉放大率 Γ 定义为:物体经过望远系统所成的像对人眼张角的正切 $\tan\omega'$,与人眼直接观察物体时物体对人眼张角的正切 $\tan\omega$ 之比,即

$$\Gamma = \frac{\tan\omega'}{\tan\omega} = \frac{f_1'}{f_2'} \tag{8-45}$$

式中,f_1' 和 f_2' 分别是物镜和目镜的焦距。

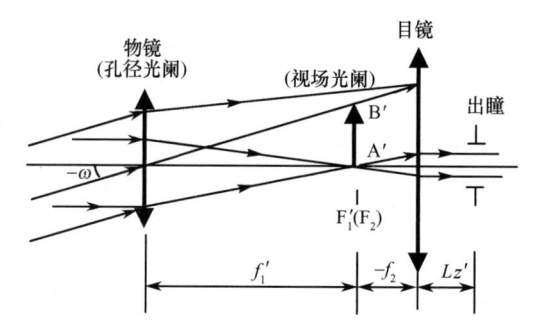

图 8-31 望远镜的组成和工作原理

2. 望远物镜的光学成像特性

望远物镜的光学参数由焦距 f'、相对孔径 D/f' 和视场角 2ω 来表示。这些参数决定了望远系

统的分辨率、像面照度、成像质量和结构尺寸。因此,根据使用要求,正确确定参数并合理选择望远物镜是十分重要的。

(1) 望远物镜的分辨率 ψ

望远物镜的分辨率用极限分辨角 ψ 来表示。把刚好能被分辨开的两点对望远物镜入瞳中心的张角称为极限分辨角。其公式为

$$\psi = 140''/D \tag{8-46}$$

式中,D 为望远系统入瞳的直径。

若图像传感器的极限分辨率为 δ',则 δ' 与 ψ 之间应满足下式

$$\delta' = \psi f' \tag{8-47}$$

式中,f' 为望远物镜的焦距。

式(8-47)表明,当 ψ 一定时,加大 f' 会引起系统结构尺寸的增大。

(2) 视场角 2ω

望远系统的视场用视场角表征,即用物体的边缘对入瞳中心的张角 2ω 来表示的。由图8-31,视场角可用下式来计算

$$\tan\omega = \frac{2y'}{2f'_1} \tag{8-48}$$

式中,f'_1 是望远物镜的焦距;$2y'$ 是图像传感器成像区尺寸的大小,它限制了望远系统物方视场角的大小。

望远物镜属于长焦距、中等孔径、小视场的系统,因此望远物镜只需校正轴上点像差。常用双胶合透镜作为望远物镜,其视场角一般不超过10°。其焦距与相对孔径的关系如表8-3所示。

表8-3 双胶合望远物镜焦距与相对孔径的关系

焦距 f'(mm)	50	100	150	200	300	500	1000
相对孔径 D/f'	1:3	1:3.5	1:4	1:5	1:6	1:8	1:10

8.5 面阵CCD摄像机光学镜头及参数

对于面阵CCD的不同应用,需要有各种各样的光学镜头。目前除了C和CS接口镜头,由于单板面阵CCD摄像机的大规模产业化,其所需的小型光学摄像镜头也越来越多样化。本节分别介绍上面两种类型的光学镜头及参数。为了学习和应用方便,我们将这两种类型分成几个系列(方式),分别如表8-4到表8-9所示,以供查阅和选择。表8-4所示为手动光圈定焦距方式的主要参数,同时给出了其与不同规格尺寸的面阵CCD摄像机相配合时所得到的视场角。

表8-4 手动光圈定焦距方式的面阵CCD摄像机镜头的主要参数

规格	接口方式	焦距 f' (mm)	光圈数 (F)	1″	(2/3)″	(1/2)″	(1/3)″	(1/4)″
				面阵CCD摄像机的视场角(水平) 单位为(°)				
(1/3)″	CS	2.3	F1.4-16 C				113.3	86.3
	CS	2.6	F1.6-11 C				98.7	74.9
	CS	4.0	F1.2				63.9	49.1
	CS	4.0	F1.2-16 C				63.9	49.1
	CS	8.0	F1.6-11 C				34.7	25.9
	CS	8.0	F1.6-16 C				34.7	25.9

续表

规格	接口方式	焦距f'（mm）	光圈数（F）	1″	(2/3)″	(1/2)″	(1/3)″	(1/4)″
				面阵CCD摄像机的视场角（水平） 单位为（°）				
(1/2)″	CS	2.6	F1.6-11 C			127.9	98.7	74.9
	CS	3.6	F1.6-16 C			99.2	7.2	55.4
	CS	4.5	F1.4-16 C			79.6	59.6	44.5
	CS	6.0	F1.4-16 C			58.3	44.4	33.5
	CS	12.0	F1.4-16 C			30.4	22.8	17.0

表8-5所示为自动光圈定焦距方式的主要参数，同时给出了其与不同规格尺寸的面阵CCD摄像机相配合时所得到的视场角。其驱动方式有两种，分别为直流（DC）驱动方式与面阵CCD视频驱动方式。

表8-5 自动光圈定焦距方式的面阵CCD摄像机镜头的主要参数

规格	接口方式	焦距f'（mm）	光圈数（F）	1″	(2/3)″	(1/2)″	(1/3)″	(1/4)″
				面阵CCD摄像机的视场角（水平） 单位为（°）				
直流驱动方式的(1/3)″镜头	CS	2.3	F1.4-360				113.3	86.3
	CS	2.6	F1.6-360				98.7	74.9
	CS	4.0	F1.2-360				63.9	49.1
	CS	8.0	F1.2-360				34.7	25.9
直流驱动方式的(1/2)″镜头	CS	2.6	F1.6-360			127.9	98.7	74.9
	CS	3.6	F1.6-360			99.2	7.2	55.4
	CS	4.5	F1.4-360			79.6	59.6	44.5
	CS	6.0	F1.4-360			58.3	44.4	33.5
	CS	12.0	F1.4-360			30.4	22.8	17.0
	CS	18.0	F1.4-125			19.9	14.8	11.1
	CS	36.0	F1.8-125			10.6	7.9	5.9
面阵CCD视频驱动方式的(1/3)″镜头	CS	2.3	F1.4-360				113.3	86.3
	CS	2.6	F1.6-360				98.7	74.9
	CS	4.0	F1.2-360				63.9	49.1
	CS	8.0	F1.2-360				34.7	25.9
面阵CCD视频驱动方式的(1/2)″镜头	CS	2.6	F1.6-360			127.9	98.7	74.9
	CS	3.6	F1.6-360			99.2	7.2	55.4
	CS	4.5	F1.4-360			79.6	59.6	44.5
	CS	6.0	F1.4-360			58.3	44.4	33.5
	CS	12.0	F1.4-360			30.4	22.8	17.0
	CS	18.0	F1.4-125			19.9	14.8	11.1
	CS	36.0	F1.8-125			10.6	7.9	5.9

表8-6所示为手动变焦距镜头的主要参数。手动变焦距镜头分为手动变焦距、变光圈镜头；手动变焦距、电动直流驱动变光圈镜头；手动变焦距、电动视频信号驱动变光圈镜头三种类型。在这三种类型中，又从镜头的接口方式上分为(1/3)″、(1/2)″和(2/3)″的C型接口与CS型接口。这些

镜头都可以接入(1/3)″、(1/4)″的面阵 CCD 摄像机。但是所得到的视场角是不同的。应用时一定要注意视场角的变化。

表 8-6 手动变焦距镜头的主要参数

规格	接口方式	焦距 f' (mm)	光圈数 (F)	1″	(2/3)″	(1/2)″	(1/3)″	(1/4)″
				面阵 CCD 摄像机的视场角(水平) 单位为(°)				
手动光圈镜头(1/3)″	CS	1.8~3.6	F1.6-C				144.2~79.4	109.5~59.6
	CS	2.8~6.0	F1.4-C				96.0~47.2	71.8~35.4
	CS	3.5~8.0	F1.4-C				77.6~35.4	57.6~26.6
	CS	10~25	F1.4-C				26.9~11.3	20.1~8.5
	CS	5~40	F1.6-C				53.6~6.5	40.2~5.3
	CS	5.7~34.2	F1.0-16 C				45.9~8.1	34.8~6.2
手动光圈镜头(1/2)″	CS	4.5~10	F1.2-16 C			85.3~37.7	62.1~28.2	44.0~21.1
	C	8.4~48	F1.5-C			44.6~8.0	33.5~6.1	25.2~4.6
手动光圈镜头(2/3)″	C	12.5~75	F1.2-16C		38.3~6.7	28.3~50	21.3~3.8	16.0~2.8
直流驱动光圈镜头(1/2)″	CS	1.8~3.6	F1.6-360				144.2~79.4	109.5~59.6
	CS	2.8~6.0	F1.6-360				96.0~47.2	71.8~35.4
	CS	3.5~8.0	F1.4-360				77.6~35.4	57.6~26.6
	CS	10~25	F1.4-360				26.9~11.3	20.1~8.5
	CS	5~40	F1.4-360				53.6~6.5	40.2~5.3
	CS	5.7~34.2	F1.0-360				45.9~8.1	34.8~6.2
直流驱动光圈镜头(1/2)″	CS	4.5~10	F1.5-125			85.3~37.7	62.1~28.2	44.0~21.1
	C	8~48	F1.2-560C			44.6~8.0	33.5~6.1	25.2~4.6
面阵 CCD 视频驱动光圈镜头(1/3)″	CS	1.8~3.6	F1.6-360				144.2~79.4	109.5~59.6
	CS	2.8~6.0	F1.6-360				96.0~47.2	71.8~35.4
	CS	3.5~8.0	F1.4-360				77.6~35.4	57.6~26.6
	CS	10~25	F1.4-360				26.9~11.3	20.1~8.5
	CS	5~40	F1.4-360				53.6~6.5	40.2~5.3
面阵 CCD 视频驱动光圈镜头(1/2)″	CS	4.5~10	F1.5-125			85.3~37.7	62.1~28.2	44.0~21.1

表 8-7 所示为电动变焦、变光圈镜头(又称电动自动调焦镜头)的主要参数。

表 8-7 电动自动调焦镜头的主要参数

规格	接口方式	焦距 f' (mm)	光圈数 (F)	1″	(2/3)″	(1/2)″	(1/3)″	(1/4)″
				面画 CCD 摄像机的视场角(水平) 单位为(°)				
电动自动调焦镜头(1/3)″	CS	5.7~32.4	F1.0-16 C				45.9~8.1	34.8~6.2
	CS	5.7~32.4	F1.0-16				45.9~8.1	34.8~6.2
	CS	6~60	F1.2-22 C				44.0~4.7	33.3~3.5
	CS	6~60	F1.2-560 C				44.0~4.7	33.3~3.5
	CS	6~60	F1.2-560				44.0~4.7	33.3~3.5
	CS	5.8~121.8	F1.2-22 C				44.8~2.3	33.8~1.8
	CS	5.5~187	F1.8-560				44.6~1.5	35.2~1.1

续表

规格	接口方式	焦距f'（mm）	光圈数（F）	1"	(2/3)"	(1/2)"	(1/3)"	(1/4)"
				面画CCD摄像机的视场角（水平） 单位为（°）				
电动自动调焦镜头(1/2)"	C	8~48	F1.2-16 C			44.6~8.0	33.5~6.1	25.2~4.6
	C	8~48	F1.2-560 C			44.6~8.0	33.5~6.1	25.2~4.6
	C	8~48	F1.2-560			44.6~8.0	33.5~6.1	25.2~4.6
	C	8~80	F1.2-560			44.0~4.7	33.3~3.5	25.0~2.6
	C	12~120	F1.8-560			29.4~3.1	22.2~2.3	16.7~1.7
	C	7.5~120	F1.6-22 C			46.6~3.2	35.3~2.4	26.6~1.8
	C	7.5~120	F1.6-560 C			46.6~3.2	35.3~2.4	26.6~1.8
	C	7.5~120	F1.6-560			46.6~3.2	35.3~2.4	26.6~1.8

表 8-8 所示为针孔型摄像镜头的主要参数。其特点是景深非常深，一般在使用时不用考虑调焦的问题。

表 8-8 针孔型摄像镜头的主要参数

接口方式	格式	焦距f'（mm）	光圈数（F）	1"	(2/3)"	(1/2)"	(1/3)"	(1/4)"
				面阵CCD摄像机的视场角（水平） 单位为（°）				
CS	(1/3)"	2.6	F2.5-35 C				83.2	67.5
	(1/2)"	4.0	F2.5-32 C			76.3	61.5	48.0
	(2/3)"	9.0	F3.5-22 C		53.5	39.6	30.0	22.5
	(1/3)"	2.6	F2.5-360				83.2	67.5
	(1/2)"	4.0	F2.5-360			76.3	61.5	48.0

还有一种摄像镜头称为非球面高速自动光圈镜头，这种镜头采用非球面光学系统设计，光圈采用自动控制，光圈调整范围大，并具有三种驱动方式，体积小，质量轻，是一种很有发展前途的摄像物镜。非球面高速自动光圈摄像机镜头的主要参数如表 8-9 所示。

表 8-9 非球面高速自动光圈镜头的主要参数

驱动方式	接口方式	格式	焦距f'（mm）	光圈数（F）	1"	(2/3)"	(1/2)"	(1/3)"	(1/4)"
					12.8×9.6	8.8×6.6	6.4×4.8	4.8×3.6	3.6×2.7
					面阵CCD摄像机的视场角（水平） 单位为（°）				
直流驱动	CS	(1/3)"	2.0	F1.0-360				122.6	95.7
	CS	(1/2)"	2.6	F1.0-360			122.8	97.1	75.0
	CS	(1/2)"	3.8	F0.8-360			89.2	68.6	52.1
	CS	(1/2)"	6.0	F0.8-360			56.7	43.4	32.9
	CS	(1/2)"	8.0	F0.8-360			44.9	34.0	25.6
	CS	(1/2)"	12.0	F0.8-360			31.2	23.6	17.7
视频驱动	CS	(1/3)"	2.0	F1.0-360				122.6	95.7
	CS	(1/2)"	2.6	F1.0-360			122.8	97.1	75.0
	CS	(1/2)"	3.8	F0.8-360			89.2	68.6	52.1
	CS	(1/2)"	6.0	F0.8-360			56.7	43.4	32.9
	CS	(1/2)"	8.0	F0.8-360			44.9	34.0	25.6
	CS	(1/2)"	12.0	F0.8-360			31.2	23.6	17.7

续表

驱动方式	接口方式	格式	焦距 f' (mm)	光圈数 (F)	1" 12.8×9.6	(2/3)" 8.8×6.6	(1/2)" 6.4×4.8	(1/3)" 4.8×3.6	(1/4)" 3.6×2.7
					面阵CCD摄像机的视场角(水平) 单位为(°)				
自动光圈镜头	C	(1/2)"	3.6	F1.6-360			92.6	71.7	54.7
	C	(1/2)"	6.0	F1.2-360			56.6	43.4	32.8
	C	(1/2)"	12.0	F1.2-360			29.5	22.1	16.6

单板式面阵CCD摄像机镜头的几何参数示意图如图8-32所示。

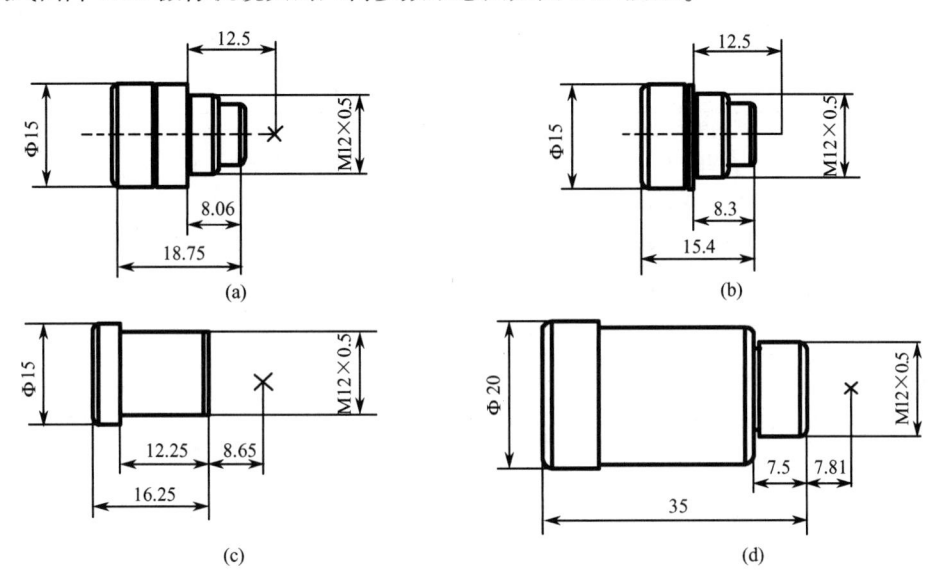

图8-32 单板式CCD摄像机镜头几何参数示意图

单板式面阵CCD摄像机镜头是小口径、固定焦距的简单光学镜头,通用接口为M12×0.5螺纹接口。镜头座固定在单板面阵CCD摄像机上,镜头出厂时被调到无穷远目标成清晰图像,需要时可借助镜头的螺纹旋进或旋出,达到对有限距离目标物的调焦。

几种单板式面阵CCD摄像机镜头的参数如表8-10所示。

表8-10 单板式面阵CCD摄像机镜头参数

型号		A	B	C	D
靶面格式		(1/3)",(1/2)"	(1/3)",(1/2)"	(1/3)",(1/2)"	(1/3)",(1/2)"
焦距		4.8	6	8	25
光圈		1.8	1.8	1.8	1.8
通光孔径	前片	Φ10	Φ10	Φ9	Φ16
	后片	Φ7	Φ7	Φ9	Φ16
视场角(对角线方向)		90°	67°	53°	18°
调焦距离		0.2m	0.2m	0.2m	0.4m
后截距(mm)		5.01	6.86	9.34	16.5
最大畸变		22%	15%	13%	3%
接口		M12×0.5	M12×0.5	M12×0.5	M12×0.5

8.6 线阵 CCD 常用的物镜

一般像元长度小于 10mm 的线阵 CCD 的成像物镜可选用以上所述的各种面阵 CCD 成像物镜。但是，大多数线阵 CCD 的像元长度都很长，上面的镜头视场满足不了线阵 CCD 的要求，应选用视场较大的成像物镜。单反照相机的摄影物镜在最佳像面位置上的有效视场大于 43mm，基本满足各种类型线阵 CCD 和一些特殊面阵 CCD 的摄像要求。但是，它们的连接方式(PK 口)常给使用线阵 CCD 摄像机的用户出了很大的难题。为此，本节介绍几种用于各种线阵 CCD 和成像面积较大的面阵 CCD 摄像机中的螺纹接口的镜头。表 8-11 所示为几种国产镜头的基本参数。表 8-12 所示为几种俄罗斯镜头的像质及参数。

表 8-11 几种国产镜头的基本参数

镜头	镜片结构	视场角(°)	光圈数(F)	最近物距(mm)	滤镜口径(mm)	尺寸(mm)	质量(g)	相当于135相机焦距(mm)
40mmF4	8~11	87.0	4	0.4	95	67.5×Φ98	650	23
50mmF3.5	8~10	76.0	3.5	0.5	77	61.7×Φ82	590	28
65mmF4	7~9	62.3	4	0.6	67	69.6×Φ82	665	35
80mmF2.8	5~6	50.7	2.8	0.8	67	52×Φ82	490	45
110mmF4 微距	4~6	40.0	4	0.66,1:4	67	79×Φ83	685	60
135mmF4	4~6	32.8	4	1.0	67	79×Φ83	755	76
1500mmF4	4~6	29.5	4	1.5	67	74×Φ83	750	85
1800mmF4.5	8~9	24.7	4.5	1.0	67	94×Φ83	865	100
2000mmF4.5	5~7	22.8	4.5	2.5	67	107×Φ83	870	110
2500mmF5.6	5~7	18.2	5.6	3.0	67	152.2×Φ83	1010	135
500mmF8	10~11	9.2	8		122	307.5×Φ139	3760	270
S500mmF8	6~7	9	8	8.5	95	255×Φ102	1890	270
1.4×倍率镜	5~5	主镜头1/1.4	曝光指数的2倍	与主镜头相同		29×Φ84	370	
2×倍率镜	6~7	主镜头1/2	曝光指数的4倍	与主镜头相同		64.4×Φ84	600	

表 8-12 几种俄罗斯镜头的像质与参数

20mm 焦距和平镜头的分辨率(50 倍焦距处)

光圈数	3.5	4	5.6	8	11	16
中心(线对/mm)	45	50	55	63	70	63
边缘(线对/mm)	22	25	28	28	30	35

58mm 焦距泽尼特镜头的分辨率(50 倍与 30 倍焦距处)

光圈数		2	2.4	2.8	3.4	4	4.8	5.6	6.7	8	9.5	11	13.5	16
50倍焦距处	中心	63	70	80	90	100	113	125	113	100	100	90	80	63
	边缘	25	35	40	45	55	63	70	70	70	63	55	50	45
30倍焦距处	中心	50	68	75	95	107	120	120	120	107	95	95	84	60
	边缘	24	27	33	38	42	54	60	68	68	68	60	54	45

85mm 焦距朱比特镜头的分辨率

光圈数	2	2.8	4	5.6	8	11	16
中心(线对/mm)	45	63	80	90	100	90	80
边缘(线对/mm)	22	45	63	80	90	80	55

135mm 焦距尤比杰镜头的分辨率(20倍焦距处)

光圈		3.5	4	5.6	8	11	16	22
泽尼特机身	中心	50	63	71	80	80	71	50
	边缘	32	36	40	56	56	56	36
理光机身	中心	56	71	80	80	80	63	50
	边缘	45	63	71	63	50	50	45

200mm 焦距朱比特镜头的分辨率(20倍焦距处)

光圈数	4	5.6	8	11	16	22
中心(线对/mm)	40	56	63	56	50	45
边缘(线对/mm)	28	32	40	45	40	40

500mm 焦距鲁米那尔镜头的分辨率(10倍焦距处)

光圈数 5.6	中心 25 线对/mm	边缘 20 线对/mm

8.7 照明光源系统

在图像传感器应用技术中照明光源系统承担着重要的作用。被测目标物需要照明,照明光源可以使被检测的信息突显出来便于检测,正确的照明光源能够使被测物的信息避免振动等外界因素的影响,因此照明光源对图像传感器应用技术具有十分重要的作用,本节将讨论一些重要的照明光源。

8.7.1 被测物的照明方式

对于被测物体尺寸测量系统的照明方式主要有三种方式,分别为临界照明、柯勒照明与远心照明。

(1) 临界照明

光源经过聚光镜后直接成像于物平面上的照明方法称为临界照明,如图 8-33 所示。此时,为使物镜的数值孔径得到充分的利用,聚光镜应具有与物镜相同的数值孔径。为使聚光镜的像方孔径角与不同数值孔径的物镜相匹配,在聚光镜的物方焦平面上或附近设置孔径光阑,以改变入射到物镜中去的成像光束的孔径角。此光阑经聚光镜后所成的像,即为出瞳,它应正好与物镜的入瞳重合。光源本身即为视场光阑,其大小决定了物面上被照明的范围,恰好满足照明系统出窗与成像系统入窗重合的关系。

临界照明方法的系统结构简单、光能利用率高,但当光源的亮度不均匀时,将会反映在物面上而影响成像质量和测量精度。

(2) 柯勒照明

把光源成像在物镜入瞳面上的照明方法,称为柯勒照明。如图 8-34 所示,光源发出的光不是直接入射到聚光镜上,而是先经过一个前置透镜(柯勒镜)成像在聚光镜前焦面上的可变光阑处,聚光镜再将此光源成像在物镜的入瞳面上。由于该光阑能够确定实际成像的光源面大小,因此它是照明系统的视场光阑。在柯勒镜后面紧靠透镜处设置另一个可变光阑,它被光源照明,具有均匀的亮度;此光阑被聚光镜成像在物面上,使物面得到均匀的照明。调节该光阑,可改变聚光镜的数值孔径,以便与不同的物镜相匹配,它是照明系统的孔径光阑。由此可见,在柯勒照明中,照明系统和后续成像系统满足"瞳对窗、窗对瞳"的关系。

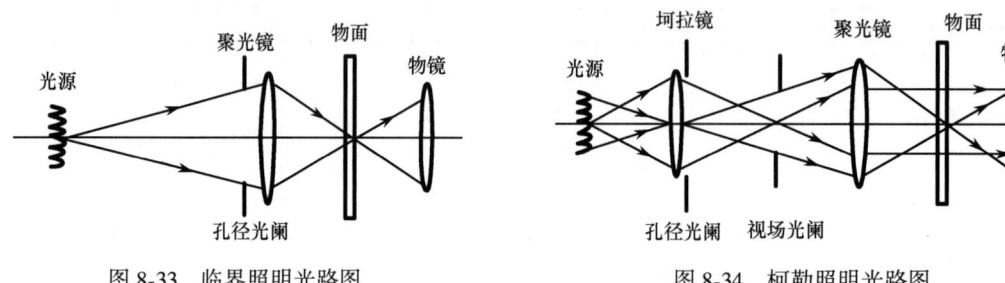

图 8-33 临界照明光路图

图 8-34 柯勒照明光路图

由于柯勒照明不直接成像在物面上,因此可以使物面获得均匀的照明,但其缺点是系统结构复杂,光能损失较大。在光学系统中,一般对成像质量和测量精度要求较高的系统,采用柯勒照明方式。

(3) 远心照明

在光电检测中,常常需对工件进行线性尺寸的测量。特别是在生产线上对工件进行动态测量时,为了提高测量精度,宜采用物方远心光路。

对物体(工件)的测量,是将物体按一定的倍率要求,经光学系统成像在图像传感器上。光信号转变成电信号后,经微机处理,自动显示测量结果。

在此类测量中,测量精度在很大程度上取决于像平面与图像传感器的接收面的重合程度。由于在动态测量过程中,工件常常沿光轴方向有所摆动,使像平面与接收面不能真正重合,因而产生测量误差。如图 8-35(a)所示,L 是测量物镜,物镜框是孔径光阑,当物体位于设计位置 AB 时,其像 $A'B'$ 正好位于接收面上,此时量出的像高为 y'。由于工件的摆动,物体位于非设计位置 A_1B_1,其像 $A_1'B_1'$ 就不再与接收面重合,此时测得的像高为 y_1'。显然 $y_1' \neq y'$,测量值有误差。解决此问题的办法是将孔径光阑移至物镜的像方焦平面上,如图 8-35(b)所示。

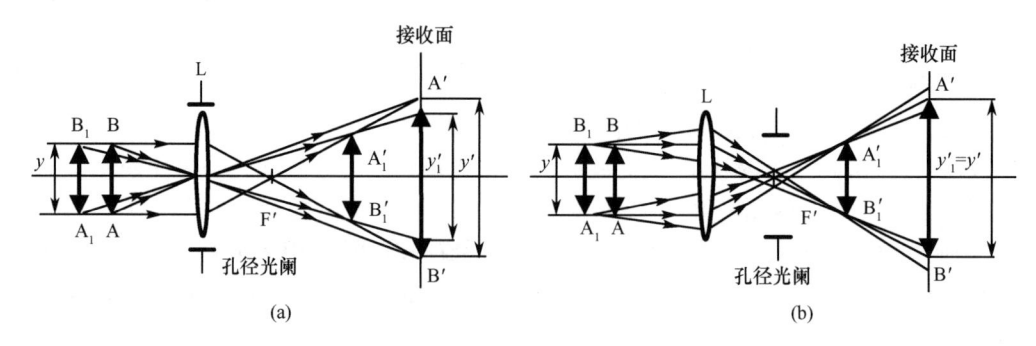

图 8-35 物方远心光路

由于孔径光阑与物镜的像方焦平面重合,所以无论物体位于 AB 位置还是 A_1B_1 位置,它们的主光线都是重合的。这样,尽管像 $A_1'B_1'$ 不与接收面重合,但在接收面上两个弥散斑的中心距离没变,仍等于 y',这就有效地避免了测量误差。

由于这个光路的特点是入瞳位于物方无限远处,轴外点主光线平行于光轴,因此把这样的光路称为"物方远心光路"。与此相对应,若将孔径光阑设置在物镜的物方焦平面上,则构成"像方远心光路"。这种系统中,像方主光线平行于光轴,并会聚于像方无限远处。

像方远心光路常用在各类测距光学系统中。其工作原理如图 8-36 所示,在物镜的物方焦点 F 处设置孔径光阑,即为系统的入瞳。物体 AB 上各点发出光束的主光线均通过光阑的中心 F 点,经物镜后其像方主光线必平行于光轴。如果物体 AB 的像平面 $A_1'B_1'$ 与接收面不重合,则在其上得到 A_1' 和 B_1' 的投影像(弥散斑),投影像的中心分别为 A' 和 B'。显然投影像 $A'B'$ 和实际像 $A_1'B_1'$ 的大小相等,即得到了无误差的像。当物、像的大小均为已知时,根据物镜的放大率即可求出物距的大小。

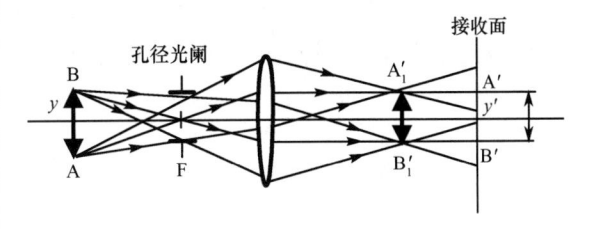

图 8-36 像方远心光路

8.7.2 照明系统设计的基本原则

照明系统主要由光源和聚光镜两部分组成,其作用是使目标物获得充分而均匀的照明。为此,设计中应考虑三个问题,即照明系统提供的光能量问题、光能量的利用率问题和能量在照明面上的分布问题。

照明系统提供的光能量与光源的发光强度、光源的尺寸和聚光镜的孔径角有关。当光源的发光强度一定时,光源的面积越大,聚光镜的孔径角越大,照明系统所提供的光能量越多。即照明系统提供的光能量是由它的拉赫不变量决定的。拉赫不变量的表达式为

$$J_1 = n_1 u_1 y_1 \tag{8-49}$$

式中,n_1 是物方介质折射率,y_1 为灯丝半高,u_1 为聚光镜的孔径角。

照明系统提供的光能量是否能够全部进入成像系统并被利用取决于两者之间的衔接。为满足良好的衔接关系,在光学计算中必须使照明系统的拉赫不变量 J_1 大于或等于光学成像系统的拉赫不变量 J_2,即

$$J_1 = n_1 u_1 y_1 \geqslant J_2 = n_2 u_2 y_2 \tag{8-50}$$

式中,n_2 是成像系统物方介质折射率,y_2 为物体半高,u_2 为成像系统的孔径角。

为了使像面照度分布均匀,且充分利用照明光能量,需要综合考虑照明系统和成像系统。照明系统的出射光束就是成像系统的成像光束,因此两者应满足光瞳衔接原则,即照明系统的出瞳和出窗必须与成像系统的入瞳和入窗重合(简称"瞳对瞳、窗对窗"关系),或照明系统的出瞳和出窗必须与成像系统的入窗和入瞳重合(简称"瞳对窗、窗对瞳"关系)。

8.7.3 图像传感器应用系统中光源和照度的匹配

1. 光源的选择

图像传感器应用系统大致可分为图像传感、图像分析和图像检测三种类型。不同的类型对照明光源的要求也不相同,应该根据具体的需要选用不同的照明光源。

摄像是为了真实地记录景物的结构、状态和色彩。根据色度学的基本常识,景物的颜色与照明光源的光谱功率分布有关。人们对景物的观察一般是在日光照明下形成的,所以,在摄像应用中,照明光源的发光光谱应尽量接近于日光,或尽量采用日光进行照明。由于氙灯发光的光谱功率分布接近于日光的光谱功率分布,故摄像时可采用大功率氙灯作照明光源。

当然,"白光 LED"的发展已为手机和便携式数码照相机提供了很好的补偿照明光源,同时也是理想的节能(绿色)光源。

图像检测系统一般有两种:一种是通过测量被检测物体的像来测量被检测物体的某些特征参数的;另一种是通过测量被检测物体的空间频谱分布来确定被检测物体的某些特征参数的。对于

前者,可选用白炽灯或卤钨灯(均可以用不同功率的 LED 灯替代)作为照明光源;而对于后者,应选用各种激光作为照明光源,因为激光具有单色性好、相干性好、光束准直精度高等特点。但是,一定要注意,激光的输出功率集中且很强,不要将激光束直接照射在图像传感器的像面上,以免过强的激光能量损坏图像传感器的像元;另外,激光的相干性好,容易产生干涉和衍射现象,所形成干涉和衍射条纹会被图像传感器所分辨,从而引入"干扰"。虽然可以利用激光的干涉或衍射效应来测量各种微小位移和尺寸,但是干涉和衍射条纹的"干扰"也会引入较大的测量误差,需要注意;激光的时间漂移与不稳定性也会对测量系统产生影响,在应用时必须加以克服。

图像传感器的光谱响应范围与所用光敏材料有关,硅器件的图像传感器的光谱响应范围为 $0.2 \sim 1.1 \mu m$,峰值响应波长通常为 $0.65 \mu m$,氦氖气体激光器的激光波长为 $0.6328 \mu m$,光谱响应灵敏度很接近其峰值响应波长的光谱响应灵敏度,与其他激光器相比,用相同功率氦氖激光器光束照明,可得到较大的输出信号。并且,此种激光器的制造技术比较成熟,且结构简单、使用方便、价格便宜,常被选作光源。尽管它还存在着时间漂移与受市电干扰的问题。

2. 照度匹配

线、面阵 CCD 与 CMOS 等图像传感器大部分为积分型的器件,它的输出信号电流不但与像面上的照度有关,也和两次采样的间隔时间 t,即积分时间有关。若以 I_o 代表它的输出电流,E_v 代表像面照度,t 为两次采样的间隔时间,则在正常工作范围内有

$$I_o = KE_v t = KQ_v \tag{8-51}$$

式中,K 为比例常数;$Q_v = E_v t$,称为曝光量,单位为 $lx \cdot s$。

对于既定元件,曝光量应限定在一定的范围之内,其上限饱和曝光量为 Q_{sat}。对于摄像和以光度测量为基础的应用系统,像面上任何像元的曝光量 Q_v 均应低于 Q_{sat},否则将产生画面亮度的失真(产生"开花"现象),带来较大的测量误差。

因为 $Q_v = E_v t$,所以可通过适当选择图像传感器像面照度 E_v 和两次采样间隔时间 t 来达到 $Q_v < Q_{sat}$。但是,t 一般由驱动器的转移脉冲周期 T_{SH} 确定,当采用石英晶体振荡器为主时钟设计驱动器时,T_{SH} 可视为常数。所以调节曝光量通常是通过调节像面照度实现的。要求任何点的像面照度均应满足

$$E_v \leq Q_{sat}/t \tag{8-52}$$

像面照度也不能太低。如果某些点的像面照度低于器件的灵敏阈,这些较暗部分像元将无法被测出,从而降低画面亮度的层次或引入测量误差。最好把像面最大照度 E_{max} 调至略低于 Q_{sat}/t,以充分利用器件的动态范围。

对于面阵 CCD 应用系统,面阵 CCD 像面照度就是经光学系统成像的像面照度,或者是经光学系统进行傅里叶变换后的谱面照度。

发光特性接近于余弦辐射体的物体经光学系统成像,其轴上像点的照度 E'_o 和轴外像点的照度 E' 可分别表示为

$$E'_o = \left(\frac{n'}{n}\right)^2 K \pi L \sin^2 U' \tag{8-53}$$

$$E' = E'_o \cos^4 \omega \tag{8-54}$$

式中,n' 和 n 分别为光学系统的像方和物方介质的折射率;K 为光学系统的透过率;L 为物体的亮度;U' 为像方孔径角;ω 为所考虑点对应的视场角。

对于观察或测量自然景物,由于景物的亮度不易改变,一般通过选择合适的 U' 来获取合适的像面照度。对于观察无限远景物,应采用合适的望远镜,这时 $\sin U' \approx \frac{D}{2f'}$,轴上点的像面照度为

$$E_o = \frac{K\pi L}{4}\left(\frac{D}{f'}\right)^2 \tag{8-55}$$

可见,这种情况下像面照度与相对孔径 D/f' 的平方成正比,主要靠选择望远镜的相对孔径来达到像面照度与图像传感器特性相匹配。

对于观测人工照明目标,则可通过合理选择照明光源的功率及照明系统的参数来调节被观测对象的亮度值 L,并配以合适的观测光学系统来保持所需的像面照度。

有些测量系统像面或谱面照度分布不均匀,最大和最小照度之差远超过图像传感器的响应范围,这时单靠调节照明和光学系统的参数不能达到目的。例如,调节光源或光学系统孔径角使像面照度最大值 $E_{max}<Q_{sat}/t$,则暗区照度过低无法检测;通过调节使暗区照度达到可测值,则发生 $E_{max}>Q_{sat}/t$ 的情况。为使在这种情况下能够完成测量,可采用滤光补偿法。这种方法适合于像面或谱面照度分布有一定规律、明暗差较大的情况。

滤光补偿法就是在图像传感器像面前放置一块透过率按一定规律分布的已知滤光镜,使高照度区的照度降下来,达到 $E_{max}<Q_{sat}/t$,而低照度区的照度不受影响或少受影响,这样就可使整个像面或谱面测量值均在可测范围之内。而各点的实际照度 $E(x,y)$ 可由实测照度 $E_m(x,y)$ 和滤光镜相应点的透过率 $\tau(x,y)$ 求得

$$E(x,y) = E_m(x,y)/\tau(x,y) \tag{8-56}$$

实际上,滤光镜的透过率不要求制作得很准确,准确值可在系统组装后通过实验分区域标定。

8.7.4 特种光源

特种光源指为完成各种特殊目的而设置的光源。例如,线光源、平行面光源等。

1. 线光源

线光源的产生方法有很多,常用的有以下两种。

(1) 激光线光源

在半导体激光器的前端安装柱面镜或如图 8-37 所示的菲涅耳衍射装置,可以使激光器发出一字线形的激光。图中调焦环的作用是调整它发出的线形激光在不同工作距离上聚集,形成很细的细光束,构成激光线光源。

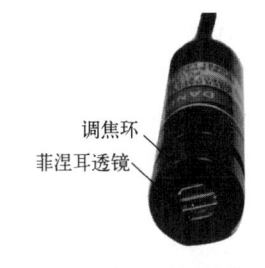

图 8-37 菲涅耳衍射装置

激光线光源在目标物处产生的一字线形激光亮线如图 8-38 所示。利用该线光源可以将不容易测量的几何形状突出出来,便于测量系统的设计。例如,可以将微小的凹凸(阶梯面)的几何图变换成"断线"。如图 8-39 所示,用激光线光源将样品陡直的微小阶梯突出呈现为分开的线段,这样就可以通过图像传感器测量线段的相对位置,再根据激光器与阶梯面之间存在的三角函数关系测量出几何尺寸。

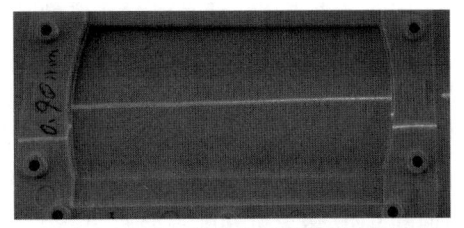

图 8-38 一字线形激光亮线　　图 8-39 阶梯面高度差被激光线光源突显

(2) 平凸柱面透镜线光源

利用平凸柱面透镜的成像特性,可以将离其距离远大于焦距的点光源成像为垂直于透镜母线

的一条亮直线。即平凸柱面透镜将点光源变换成线光源。可以将点光源的二维位置量转换为亮线位置量,完成点光源二维位置的测量。详细内容参见10.3节。

2. 平行面光源

在图8-40所示的远心照明光源光路图中,如果光阑P的孔径无限缩小,相当于只有焦点处的光经L_2发出,可获得平行光输出。当然,光阑P的孔径开得越小,输出光的平行性越好,但是光的能量(或照度)越低。利用平行面光源能够将被测物体的外形尺寸不失真地投射到图像传感器的像面,可以在能够消除背景杂光的条件(暗室)下完成不用成像物镜的尺寸测量系统的设计。

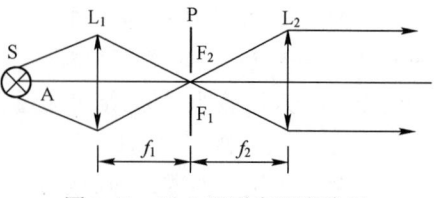

图8-40 远心照明光源光路图

8.8 本章小结

在图像传感器应用技术中,光学系统具有举足轻重的作用,光学系统主要包含光学成像系统和照明光源。

(1) 光学成像系统的基本计算公式

① 含光学系统的物方焦距和像方焦距之间的计算公式:$\frac{f'}{f}=-\frac{n'}{n}$和$f'=-f$。

② 节平面与主平面位置关系公式:$x_J=f'$,$x'_J=f$。

③ 牛顿公式:$xx'=ff'$。

④ 高斯公式:式(8-5)、式(8-6)、式(8-7)。

⑤ 理想光学系统的垂轴放大率β、轴向放大率α、角放大率γ的关系公式:$\alpha\gamma=\beta$。

(2) 光学元件的成像特性

① 球面光学元件的成像特性:含"球面透镜"与"球面反射镜"的成像特性与公式。

② 平面光学元件的成像特性:包括平面反射镜、平行平板、反射棱镜、折射棱镜等的成像特性与公式。

(3) 光学成像系统中的光阑

① 光学系统的孔径光阑、入射光阑和出射光阑。明确3种光阑及与之共轭的出瞳与入瞳概念。

② 视场光阑、入射窗和出射窗。光学系统的3个基本概念,在光路中它们之间存在确定的关系。

③ 渐晕光阑。渐晕光阑概念与渐晕现象。

④ 消杂光光阑。利用消杂光光阑能够提高光电系统的质量。

(4) 常用光电图像转换系统的成像特性

① 摄影系统及其物镜的光学成像特性:含物镜的焦距、相对孔径D/f'、视场角2ω。

② 显微系统及其物镜的光学成像特性:含显微物镜分辨率与显微物镜的放大率β计算公式。

③ 望远系统及其物镜的光学成像特性:含物镜的分辨率与视场角2ω。

(5) 面阵CCD摄像机光学镜头的类型及参数

与面阵CCD摄像机相配合的光学镜头有C接口、CS接口及微型针孔镜头等。与CMOS配合的镜头有PK口及其他特殊接口镜头。

(6) 线阵CCD常用的物镜

通常线阵CCD相机不像面阵CCD相机那样成熟,目前,只有一些开发厂商自行研制的线阵

CCD 相机产品,没有形成规范。因此它的常用物镜基本上没有形成统一型号。为方便研发新产品介绍了几款能够用于线阵 CCD 相机的国产及俄罗斯产镜头,如表 8-11 及表 8-12 所示。

(7) 照明光源

① 照明光源主要有:临界照明、柯拉照明与远心照明 3 种方式。

② 照明光源设计的基本原则,应依据照明方式来考虑。对于图像传感器应用系统中光源的频谱和光照度也必须进行合理的匹配才能获得理想的效果。

③ 照明光源的照度匹配主要涉及光谱匹配与光强度的匹配问题。

④ 特种光源主要包括线光源与平行面光源,它们在光电检测系统的设计中具有非常重要的意义。

思考题与习题 8

8.1 理想光学系统中,共有哪些共轭点和共轭面?它们各有何重要性质?

8.2 判断下面说法的正确性,并指出为什么?

(1) 物方焦点 F 和像方焦点 F' 是一对共轭点。

(2) 正透镜总是放大的,负透镜总是缩小的。

(3) 正透镜总是成实像,负透镜总是成虚像。

(4) 凸透镜都是正透镜,凹透镜都是负透镜。

(5) 光学系统中的孔径光阑也同时可以是视场光阑。

(6) 摄影师在拍摄远距离特写时需用长焦距镜头,而拍摄全景时需用短焦距镜头。

(7) 摄影物镜的光圈数 F 越大,其照度越大,分辨率越高。

(8) 显微物镜和望远物镜的视场角通常都很小,因此只需校正轴上点像差。

8.3 利用光学成像性质,作图求如图 8-41 所示物体 AB 的像。

8.4 一个焦距为 30cm 的透镜置于空气中,物体 AB 位于透镜前 50cm 处,求像的位置和垂轴放大率,并分析像的性质。

8.5 已知物像之间共轭距离为 625mm,$\beta=1/4$。现欲使 $\beta=4$,而共轭距离不变,问需要将透镜向物体移动的距离是多少?

8.6 某光学系统由一透镜和平面镜组成,如图 8-42 所示,物体 AB 距平面镜 600mm,经透镜和平面镜后,其像位于平面镜后 150mm 处,且像高为物高的一半,试分析透镜的位置和焦距。

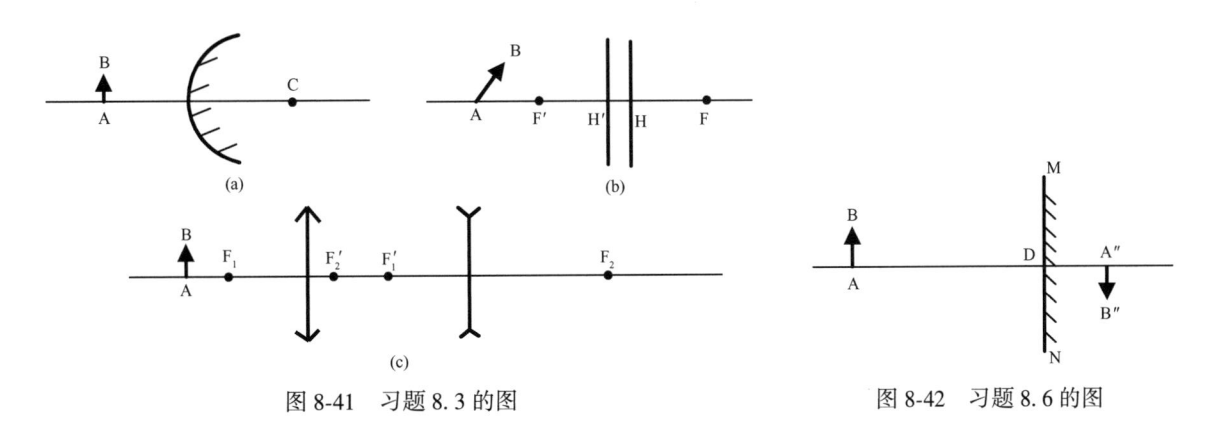

图 8-41 习题 8.3 的图

图 8-42 习题 8.6 的图

8.7 如图 8-43 所示,图(a)表示一个单光楔在物镜前移动;图(b)表示一个双光楔在物镜前相对转动;图(c)表示一块平行平板在物镜前转动。问无限远轴上的物点通过这三个系统后的像点位置有什么变化?

8.8 试判断如图 8-44 所示各棱镜或棱镜系统的成像情况,画出相应的输出坐标系。

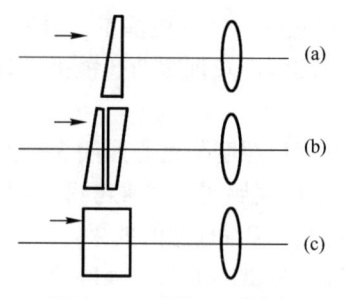

图 8-43 习题 8.7 的图

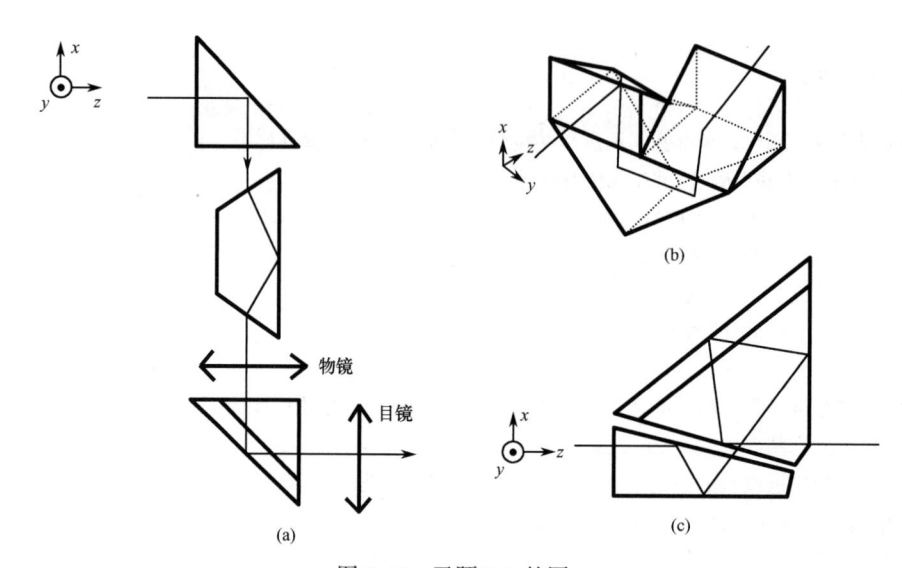

图 8-44 习题 8.8 的图

8.9 什么是孔径光阑、入瞳和出瞳？三者是什么关系？以生物显微镜为例画图表示孔径光阑、入瞳和出瞳，并在图中标出物方孔径角和像方孔径角。

8.10 设照相物镜的焦距为 75mm，底片尺寸为 $55\times55mm^2$，求该照相物镜的最大视场角等于多少？

8.11 一透镜焦距 $f'=30mm$，如在其前边放置一个 $\Gamma=6^x$ 的开普勒望远镜，求组合后系统的像方基点位置和焦距，并画出光路图。

8.12 试说明物方远心光路在动态测试中的应用及意义。

第9章 特种图像传感器

随着现代科学技术的发展,尤其是国防、公安刑侦、医疗影像和天文观测等领域对图像传感器的某些性能提出的要求越来越高,仅靠提高图像传感器自身的性能已经远远满足不了现代科学技术的需要。因此,人们将图像传感器与其他器件组合在一起,构成具有特殊功能的图像传感器件,统称为特种图像传感器。

特种图像传感器包括微光图像传感器、红外图像传感器、紫外图像传感器和X光图像传感器等。

9.1 微光图像传感器

微光图像感器是20世纪60年代初发展起来的微光夜视技术。微光夜视技术使人眼的夜间视觉能力得到了进一步提高,使人们能够在伸手不见五指的黑夜,通过夜视仪器看到远处的景物目标。目前世界各国已研制出多种微光图像传感器,并大量用于国防、公安、医疗影像和天文观测等各个部门。其中微光CCD是目前应用最广泛、最有前途的微光图像传感器。本节主要介绍微光图像传感器的基本工作原理、基本结构、特性和应用等。

9.1.1 微光图像传感器的发展概况

图像传感器产生于20世纪40年代,当时其光电灵敏度还很低,不能满足夜间视觉要求。后来人们利用电子增强技术,制成了级联式的像增强器,通过它可以观测照度低于0.1lx的景物。这种由像增强器构成的能够直接通过荧光屏观测微光景物图像的仪器称为直视夜视仪。直视夜视仪对提高部队夜间战斗力以及部队的快速反应能力等意义重大。但是,直视夜视仪的荧光屏只能够一两个人观看,并无法对图像进行技术处理,无法进行远距离传送,更无法保留图像。为了适应现代战争的需要,夜视仪器应能够实时地将图像传输到后方指挥系统,并能存储、保留图像。20世纪60年代初,将像增强器与真空电子束摄像管有机地组合在一起,研制出第一代微光图像传感器,又称为微光电视摄像管。微光电视摄像管与直视夜视仪相比具有如下特点:
① 便于利用图像处理技术,提高显示图像的品质;
② 可以实现图像的远距离传输或远距离遥控摄像;
③ 可与光电自动控制系统构成电视跟踪装置,直接用于武器制导、指挥射击等领域,并具有较强的抗干扰能力和快速反应能力;
④ 可供多人、多地点同时观察;
⑤ 可以录像并长期保存。

虽然微光电视摄像管在体积、质量、能耗、成本、使用维护等方面不如直视夜视仪,但由于上述5个方面的特点,使它越来越受到重视,并被广泛地用于国防、公安、医学影像和天文观测等方面。

微光电视摄像管在军事装备上被广泛地应用,促进了它的发展,不同级联方式、不同结构、不同观察距离的微光电视摄像系统不断出现。尤其是20世纪70年代以后,随着CCD摄像器件的不断完善和性能的不断提高,CCD摄像器件也被用作微光电视摄像管。由于CCD具有固体摄像器件的许多特点,使CCD微光电视摄像管成为最新和最具有前途的一类产品。

军事装备上所用的几种微光电视摄像系统如表 9-1 所示。这些产品可归纳为五种类型,每种类型的主要区别在于采用了不同的图像传感器。

表 9-1 几种微光电视摄像系统

型号	摄像器件	整机性能	应用场所	生产厂商
NV-100	40/25 增强器 +25mm SEC	物镜的焦距 $f=735$mm,光圈 F1.0~16.0 视场 18°(垂直)、24°(水平) 光谱范围 650~850nm 电源 28V, 3.5A, 尺寸 Φ203×838, 质量 35kg	直升机	美国光电公司
ASD 3000 系列	SIT	分辨率 650 电视线(水平) 电源 18~31V, 35~50W 体积 6250~8250mm^3, 质量 5~9kg	飞机夜间监视、侦察机和武器发射	美国无线电公司
UVR-700	三级 25mm ML8587 +光导管	观察距离 5000m(1/4 月下发现) 1500m(1/4 月下识别) 电源 28V, 3A 体积 460×590×510mm^3, 质量 15.4kg	飞机、直升机昼夜监视及投放武器	美国通用电气公司
V0084	SIT	物镜的焦距 $f=276$mm,光圈 F2.35 视场 2.66°×2°,电源 22~28V, 4.5A 自动灵敏度控制范围 $1×10^7$ 分辨率 440~490 电视线(中心), $S/N \geqslant 32$dB	火控系统夜视	英国马可尼公司
V3341/V3344	SIT	物镜的焦距 $f=276$mm,光圈 F2.35 视场 2.66°×2°, 典型灵敏度 $3.3×10^{-4}$lx 分辨率 500 电视线, $S/N \geqslant 32$dB	海军火控系统	英国马可尼公司
TMV562A	25mm SIT	物镜的焦距 $f=210$mm,视场 4°×5.5°,质量 20kg 照度范围 $1×10^{-4}$~$1×10^{-3}$(夜间) 10^2~10^3(白天加滤光镜) 电源 24V, 100W, 尺寸 700mm×340mm×240mm	坦克、装甲车	(法)汤姆逊
PZB200	1-EBS	物镜的有效直径 Φ200, 视场 4.5° 调焦范围 50~60 mm, 分辨率 600 电视线 最低照度 $1×10^{-4}$ lx 电源 24V, 40W, 质量 1.85kg	坦克、装甲车观察、瞄准	德国德律风根公司
P4361	25mm SIT	视频带宽 9MHz, 尺寸 Φ260×568 视场 3.05°(16mm 增强器)~4.77°(25mm 增强器) 电源 24V, 质量 23kg	昼夜监视	意大利
7411SIT	RCA4848/H	灵敏度 $8×10^{-5}$ lx,极限分辨率 750 电视线 视频带宽 15MHz(+3 dB), $S/N \geqslant 35$ dB 电源 12 V 或 28V, 直流 1A 尺寸 120mm×130mm×37mm, 质量 6kg	火控系统监视	丹麦 召根安德逊公司

第一类产品是由级联式像增强器耦合光导摄像管组成的微光电视摄像管。第二类产品是由微通道板像增强耦合光导摄像管组成的微光电视摄像管(MCPI-V),以及由第三代像增强耦合异质结摄像管组成的微光摄像管(TGI-HJC)。第三类产品是由像增强器耦合二次电子电导摄像管组成的微光摄像管(I-SEC)。第四类产品是由像增强器耦合电子轰击硅靶摄像管组成的微光摄像管(I-EBS,I-SIT,I-SEM)。第五类产品是由电子轰击 CCD 构成的微光摄像管(EB-CCD),或采用砷化镓(GaAs)半导体光电阴极材料构成的像增强器与 CCD 耦合构成的微光摄像管(I-CCD)。另外,还

有电子累积方式的微光 CCD 摄像管(TDI-CCD)。这一类微光摄像管是最有前途的。

目前,已有两种微光 CCD 摄像管,即增强型(I-CCD)和累积型(TDI-CCD)摄像管。它们的最低照度已达到 10^{-6}lx,分辨率优于 510TVL。例如,德国 SIM 安全与电子系统公司推出的 SIM-CCD 在 10^{-6}lx 下工作,具有很宽的动态范围,可以在 $10^{-5} \sim 10^{-8}$lx 照度范围内工作。该机由 CCD 和微通道板像增强器构成,分辨率高达 510 TVL。美国加利福尼亚州 Xybion 电子系统公司推出的 TDI-CCD 微光摄像机,采用砷化镓像增强器,可以工作在低于 10^{-6}lx 的照度下。德国 B&M 光谱公司研制的 CCD 微光摄像系统在 -75℃ ~ -150℃ 的低温下,微光特性可以高达 10^{-11}lx。

9.1.2 微光电视摄像系统

1. 对微光电视摄像系统的要求

在军事上,微光电视摄像系统一般都装备在装甲车、军舰、飞机和导弹等兵器上,使用条件都比较恶劣,这给其设计带来了一系列的特殊要求。又由于它的输出信号常利用广播电视系统传输,因此它在工作原理、制式、技术参数上又常常需要与广播电视系统兼容,从而给器件的选择和电路设计带来了许多方便,也更适用于现代战争。微光电视摄像系统本身就是光、机、电三位一体的产品,因此对它的要求,也要从这三个方面考虑。它毕竟是一个复杂的系统,要求达到的指标很多。下面简述几个较为重要的技术指标。

(1) 光照灵敏度

微光电视摄像系统的光照灵敏度是指在保证图像质量要求的前提下景物所需要的最低照度。其主要取决于摄像器件的光照灵敏度。除此之外,投射到摄像器件像面上的照度还受景物的光出射度、观察距离,以及光学系统的通光孔径、焦距等因素的影响。例如,用微光电视摄像系统摄取距离为 l 处的景物,当景物表面光出射度为 M_0、摄像物镜的透射比为 τ_0、相对孔径为 D/f 时,若不考虑大气对光的衰减,景物在摄像器件像面上的照度为

$$E_v = \frac{\pi}{4} \tau_0 \left(\frac{D}{f} \right)^2 M_0 \tag{9-1}$$

(2) 分辨率

分辨率是指显示的景物图像充满整个摄像器件的像面所呈现的电视线数。

分辨率分为水平分辨率与垂直分辨率。微光 CCD 摄像系统的水平分辨率不但与 CCD 的水平分辨率有关,而且与光电阴极面的水平分辨率有关。CCD 的水平分辨率可达到 500 TVL,而组合起来的微光 CCD 摄像系统的水平分辨率一般可以做到 400TVL 以上。

而垂直分辨率主要取决于一帧画面上所采用的扫描行数 N。微光 CCD 摄像系统的扫描行数常为有效像元的行数。

(3) 动态范围

动态范围指保证图像质量所需景物的最高照度和最低照度之比。对微光 CCD 摄像系统,要求具有全天候工作能力,既可以在夜间无星或月光下(景物照度 10^{-5}lx)使用,又可以在太阳光下(景物照度 10^{5}lx)工作,动态范围高达 10^{10}。要满足这样大的动态范围,不采用必要的自动调节系统,只靠改变光圈的办法是不行的。微光 CCD 摄像系统可以通过改变 CCD 的积分时间(具有5 000 倍的调节能力)和改变光圈面积的办法来实现。

(4) 灰度

把图像的亮度从最亮到最暗分成 10 个等级,称为灰度。由实践中得知,若灰度等级不劣于 6 级,图像层次已较清楚。微光 CCD 摄像系统中,CCD 的灰度比较高,常可以分成 256 个等级,但光电阴极和显示器的亮度等级低。

(5) 对比度

对比度指图像的最明处与最暗处亮度之差与最大亮度之比,以百分数表示(%)。

最大对比度是 100%,但只有在实验室条件下才能得到。实际观察条件下,一般只有 10%~30%。对比度高,图像效果很硬,过渡区太明显,图像的观看效果不好。对比度太低,图像灰蒙蒙的也不好。对比度在 30% 左右观看时,图像的效果最佳。

(6) 非线性失真

非线性失真是指景物经过微光电视摄像系统后所生成的图像产生的畸变,以非线性失真系数表示。一般规定,行非线性失真系数≤17%、场非线性失真系数≤12%时,即可使人眼觉察不到失真。对微光 CCD 摄像系统来说,这一要求很容易达到。

(7) 信噪比(S/N)

信噪比是指微光电视摄像系统输出的视频信号功率与噪声功率之比,常用分贝数表示。虽然最终人眼是在显示器上观看图像的,但根据系统噪声理论分析可知,微光电视摄像系统的信噪比主要取决于所采用的摄像器件,以及通道接口和通道电路前置级的噪声。从实践中得知,信噪比达到 30dB 以上时,所显示的图像较为满意。这对于一般广播电视和应用电视系统都是必须满足的要求。对于微光电视摄像系统,在微光条件下观察,往往很难达到要求的信噪比。为此,在设计时应尽量提高其信噪比。微光电视系统的信噪比与图像质量之间的关系参见表 9-2。

表 9-2 微光电视系统的信噪比与图像质量的关系

质量等级	信噪比(S/N)(dB)	对图像质量的影响
1	60	完全看不到噪声干扰
2	50	稍微能看到一点干扰
3	40	能看清噪声和干扰,但对图像清晰度几乎无影响
4	30	对图像有影响但不妨碍收看
5	20	对收看稍有妨碍
6	10	对收看有明显妨碍
7	0	妨碍严重,图像不能成形

2. 对光学成像物镜的要求

(1) 视场

视场指微光电视摄像系统所能摄取图像的空间范围。一般取决于成像物镜(也称摄影物镜)的视场角。通常要求它的观察范围为几度到十几度。

(2) 相对孔径(D/f')

相对孔径指摄影物镜的有效通光孔径 D 与焦距 f' 之比。在摄影物镜上所标的光圈数 F 为相对孔径的倒数。F 越小说明其相对孔径越大,镜头的分辨率越高。目前使用的微光摄影物镜的相对孔径为 $D/f'=1/7.7$。

(3) 分辨率与调制传递函数

摄影物镜的分辨率是指焦平面上 1mm 的范围内所能分辨的明暗线条数(lp/mm)。但这种表示是不严格的,因它包含了观察者的主观因素在内,所以近年来多采用比较严格的调制传递函数来表示镜头的分辨能力。

调制传递函数是指传递系统的输出调制度 $C'(n)$ 与输入调制度 $C(n)$ 之比,即

$$M(N)=C'(N)/C(N) \tag{9-2}$$

摄影物镜的调制度 C 定义为传递图像的最大亮度 L_{max} 和最小亮度 L_{min} 的差值与和值之比,即

$$C=\frac{L_{max}-L_{min}}{L_{max}+L_{min}} \tag{9-3}$$

一般摄影物镜的分辨率在中心区域为 $46\sim60$lp/mm,在边缘区域要下降一半。这种镜头对 1 英以下的像面(或光电阴极面有效直径)摄像管够用了;对 1 英以上的摄像管尚显不足。一个实际电视

镜头的调制传递函数曲线如图9-1所示。

(4) 透射比 τ_0

它是指通过微光电视系统的光学系统射出的光通量与入射光通量之比。一般要求 $\tau_0 \geq 70\%$。

(5) T 值

T 值是综合考虑 D/f 和 τ_0 指标的一个参数。理想情况下，$\tau_0 = 1$，定义 $T = f'/D$。一般要求 $T < 2.0$。

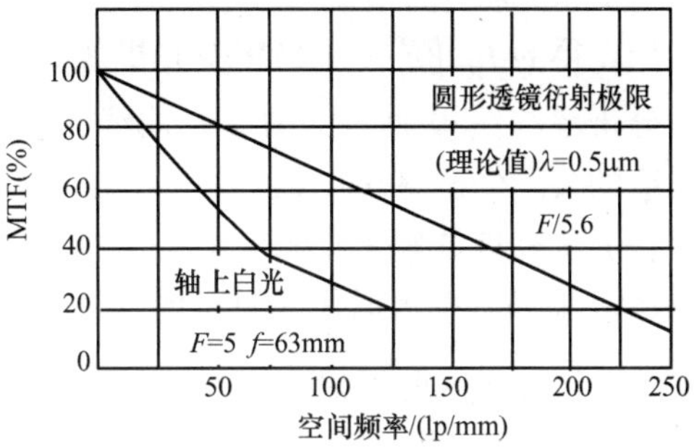

3. 对使用环境的要求

图 9-1 调制传递函数曲线

一般军事装备对使用环境的要求都很苛刻。设计时必须考虑仪器能够在高温、低温、震动、冲击和淋雨等五种环境下工作。在特殊情况下使用还要附加其他条件的要求。

4. 对电源的要求

微光摄像系统所用的电源，应尽量和其他装备所配备的电源一致，这样可使电源简化，也可以避免相互之间的干扰。

5. 对体积、质量和工作寿命等的要求

原则上要求尽量做到体积小、质量轻、工作寿命长。若用在航天、航空装备中，则要求更为严格。

9.1.3 微光电视摄像系统视距的估算

微光电视摄像系统的视距是一项重要的指标。目前的微光电视摄像系统都达不到与广播电视摄像系统所得图像具有同样的清晰度，主要是由于夜间照度低的问题。通常只能根据目标和背景辐射（或反射）的差别显示出目标的形状。当然在场景照度、对比度良好时也可以获得较好的成像质量，但在大多数情况下微光摄像是无法和电视摄像相比的。微光摄像能将目标和背景区别开来就可以达到目的。

微光电视摄像系统的视距是指在一定场景照度条件下，发现、识别和看清指定目标的距离。对于不同的观察等级规定了不同的视距条件。这可用电视行/目标尺寸来表示，即

发现目标：$n = 4 \sim 8$ 电视行/目标尺寸（一般取 $n = 4$）；

识别目标：$n = 10 \sim 16$ 电视行/目标尺寸（一般取 $n = 14$）；

看清目标：$n = 20 \sim 24$ 电视行/目标尺寸（一般取 $n = 22$）。

视距既受外部条件的制约，也受到系统本身性能的限制。外部条件包括场景照度、目标反射率 ρ（或反射比）、对比度、大气透过率 τ 及目标尺寸等；而系统本身的性能，包括系统光学性能、微光摄像器件的性能、电子线路的质量等。此外还与观察者的经验有关。上述这些因素中有些还随季节、气候、海拔高度的不同而异。因此这里所指的视距只能估算。也就是在某些特定条件下进行视距的初步估算，为该仪器的总体设计提出一个参考数据，为合理地设计微光电视摄像系统提供必要的论证数据。视距估算步骤可归纳如下。

(1) 场景照度 E

根据场景照度的有关参数，通过以下公式可以计算出在该观察条件下的微光图像传感器像面上的照度 E_C：

$$E_C = \frac{1}{4} \frac{1}{T^2} \tau \rho C^2 E \tag{9-4}$$

（2）微光摄像器件的极限分辨率 N

用获得的 E_C 值，按所采用微光摄像器件的分辨率与阴极面照度的关系曲线，查出对应的极限分辨率 N 的值。

（3）微光摄像器件的视距 S

将 N 值和有关数据代入距离计算公式 $S=\dfrac{hf'N}{H'n}$ 中，即可求出视距 S 的值。不同气象条件下的视距估算数据如表 9-3 所示。

表 9-3 不同气象条件下的视距估算数据

天气条件	场景照度 E_0(lx)	阴极面照度 E_C $E_0 \approx 500E_C$(lx)	极限分辨率 N(TVL)	观察等级要求(TVL)	视距 S (m)
阴云夜空	2×10^{-4}	4×10^{-7}			
无月有云	5×10^{-4}	1×10^{-6}	25	4 10~16 20~24	发现 40 识别 15~24 看清 8~10
晴朗星光	1×10^{-3}	2×10^{-6}	60	4 10~16 20~24	发现 147 识别 36~58 看清 20~29
1/4 月	1×10^{-2}	2×10^{-5}	160	4 10~16 20~24	发现 392 识别 100~150 看清 65~80
半月	1×10^{-1}	2×10^{-4}	320	4 10~16 20~24	发现 784 识别 200~310 看清 130~160
满月	2×10^{-1}	4×10^{-4}	380	4 10~16 20~24	发现 930 识别 230~370 看清 150~190

9.1.4 微光 CCD 摄像器件

在讨论夜间观察系统的时候，最重要的就是器件的微光性能。大家知道，晴天满月的夜间照度相当于 2×10^{-1} lx，有云无月的夜间相当于 10^{-4} lx。图 9-2 所示为夜间照度的累积概率。如果要求微光电视摄像系统至少在夜间 80% 的时间内工作，那么系统的照度阈值就要达到 5×10^{-4} lx。这个照度大致只能使摄像器件每帧的每个像元面积内产生 10~30 个电子。当然，在预测系统的性能时，还必须考虑视觉和微光系统受到大气传输和散射的影响。这里主要讨论微光电视摄像系统的心脏——几种常用的微光摄像器件的结构、组成、性能等。

1. 电子轰击硅靶摄像管

电子轰击硅靶摄像管实际是像增强器与硅靶摄像管的结合，又称 SIT 管，结构示意图如图 9-3 所示。当前端像增强器的光电阴极受到光照射时，光电阴极将产生光电子。产生光电子的多少与投射光的强度成比例，在光电阴极上实现了光电转换，将一幅目标的光学图像转换成一幅电荷图像。光电阴极附近的电荷图像受到电子透镜电场的聚焦和加速，通常加速电压为 10~12kV。硅靶将使电荷图像得到放大，因此 SIT 管又称为电子轰击硅靶像增强管。

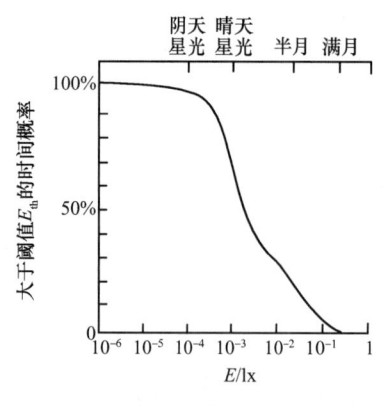

图 9-2 夜间照度的累积概率

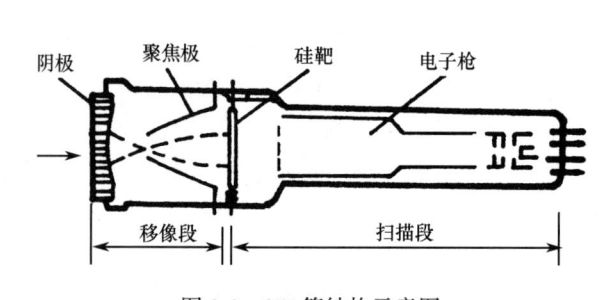

图 9-3 SIT 管结构示意图

SIT 管的增益取决于两个部分。一是移像段的阴极灵敏度，通常为在阴极面上制作的 S-25 多碱金属光电阴极。其灵敏度很高，一般可高达 500~600μA/lm，且与夜间光谱较为匹配，具有较高的光电转换效率。也可采用缩小倍率(选用40/25移像段)的办法来提高SIT管的增益。由于阴极面的增大,当然也就增大了系统视场。二是提高硅靶的电子增益,这正是SIT管的靶片与硅靶视像管的靶片略有不同的原因。如果两个方面都能改善,SIT管获得数千倍的增益是可行的。因此SIT管可以实现在10^{-3}lx以下的低照度摄像。

SIT管的分辨率取决于所用硅靶的像元数(通常移像段可达40lp/mm以上)。国外最高水平硅靶管可达到700电视线,国内一般在450~500线之间。

值得一提的是,硅靶过载荷能力差,所以在一定程度上由于局部过载荷会影响整个观察效果。使用时还要注意防止局部长期过载荷,影响管子寿命,防止剧烈震动损坏靶片。正确使用可以使管子的寿命长达数千小时以上。

2. 一体化微光CCD摄像器件

CCD技术的发展,使得用CCD代替过去常用的硅靶,研制一体化摄像器件已经成为科学家们关心的问题。使用CCD作微光成像系统基本上有三种激发方式,即光子激发方式、电子激发方式和混合激发方式。

(1) 光子激发方式

光子激发就是由景物反射的夜间自然辐射光子来激发CCD,使CCD的各像元按照光的强弱产生相应的信号电荷包;信号电荷包通过驱动、传输和放大后,送到显示装置上,再变成与景物相应的光学图像。虽然硅的光谱响应跟夜间无光的光谱响应比较吻合,而且量子产额也比较高,但是在夜间极微弱的光照下,每个信号电荷包只有几十个电子。要探测这样弱的信号,器件本身的噪声必须很低,否则无法成像。因此,一般的CCD在室温下无法由光子直接激发,必须制造出高性能的CCD或加以冷却才行。采用埋沟器件并冷却到$-20 \sim -40$℃,可使CCD本身的暗电流噪声降低到每帧每像元几个电子。对于这样弱的信号,除器件本身的噪声必须很低外,还需要采用专门的低噪声放大技术。也就是说,信号在采集放大过程中电路本身带来的噪声必须很小。目前弱信号放大技术亦有很大的发展,一般来说,前置放大器的均方根噪声大致与输出端和接地端之间的总电容成正比。光导摄像管与前置放大器组合时,杂散电容C_s=25pF,而片上选通电荷积分放大器的杂散电容则约为0.25pF,为真空摄像管的1%。因此,CCD的信噪比是一般真空摄像管的10倍左右。如果采用浮置栅放大器,信噪比还可以提高。已经证明,用浮置栅放大器可使杂散电容低至0.3pF。因为浮置栅放大器能够无损失地读出信号,所以很弱的信号也可以通过一连串的浮置栅放大器加以放大。这种放大器叫分配浮置栅放大器,记做DFGA。在这种放大器中,信号的放大跟浮置栅的级数M成正比,而噪声的增加则与M^2成正比。现在国外已经研制出了12级的DFGA,并且已经证实,其噪声等效电荷低于20电子/(像元·帧)。因此,CCD采用DFGA时,灵敏度比一般的光导摄像管高100倍。

由此可见,只要能研制出高性能CCD并采用制冷技术,同时在弱信号提取方面采用新的DFGA技术,那么用光子激发方式工作的CCD进行微光成像基本上是可能的。

美国仙童公司W. Steffe等人于1975年报道了一种用光子激发方式工作的、微光性能良好的面阵CCD。该器件为190行,每行244个单元。这种器件是埋沟道的,采用了无间隙硅栅工艺,正面照明,使用了隔列传输系统。该器件还包括一个浮置栅输出放大器,一个分配浮置栅输出放大器,两个电输入端和一个行间防"开花"装置。并对这种器件的微光性能做了测试。在测试过程中,根据测量寄存器对接近饱和电荷(3×10^5电子/像元)像的输出电流来校准。为了降低像的强度,采用了中性密度滤光镜和透镜可变光阑。用DFGA输出,在室温和冷却状态下都做了测量。测量结果表明,在0℃以下,用25个电子的光强电荷包看到了半奈奎斯特频率线条图案像。也就是说,这种器件在每帧像元产生25个信号电子的微光照射下,能提供有用的像。并且认为这种器件有可能进行大批量生产。到 20 世纪 90 年代初期,在常温下 CCD 摄像机已经可以在 10^{-2} lx 照度下进行正常摄像。

(2) 电子激发方式

光子激发方式虽然可以进行微光成像,但对器件的性能要求很高,因而制造困难。到目前为止,有人根据分析和实验认为:在相当于星光的条件下(景物照度为 $10^{-3} \sim 10^{-4}$ lx)进行摄像,最好在 CCD 阵列前面有附加增益。也就是说最好采用电子激发方式,就好像用 CCD 取代变像管中的荧光屏一样。夜间景物的微光图像聚焦在光电阴极上,光电阴极根据光线的强弱产生相应的电子图像,电子图像通过几千伏的加速电压加速,轰击到薄型的 CCD 上,使 CCD 的各像元产生强弱不同的信号电荷包。因为在硅中,每 3.5eV 的入射电子能量就能产生一个电子空穴对,所以用几千伏的加速电压可使电子增益达数千倍。有了这个增益,前置放大器的噪声即使是几百个电子也可以做到"光子极限"。不过,光电阴极的量子效率比较低,会部分抵消这个优点。例如,光电阴极的典型响应大约为 6mA/W(2856K 钨丝灯)。而硅的响应则可能达 90mA/W 以上,即使在效率较低的隔列转移系统中,也能达到 30mA/W。

此外,电子轰击还有一些优点:能在室温下工作,光谱灵敏度取决于光电阴极,在整个光谱区有良好的调制传递特性等。其缺点是要把 CCD 装在真空管内,在工艺上和操作上都比较麻烦,且失去了固体成像器件牢固可靠的优点。

图 9-4 所示为以电子激发方式工作的两种方案:图(a)为倒像式电子轰击 CCD;图(b)为近贴式电子轰击 CCD。

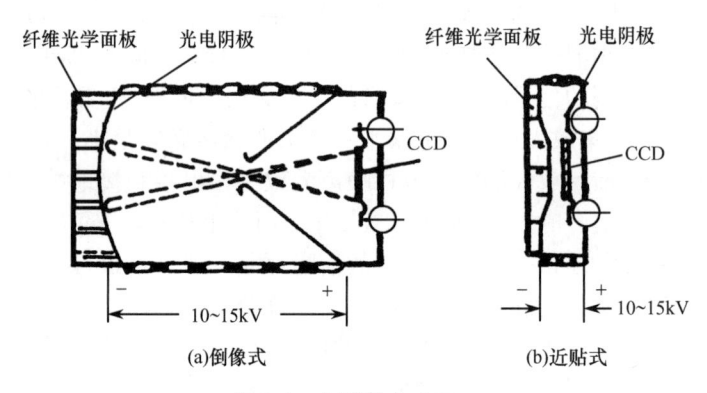

图 9-4 电子轰击 CCD

美国 Eectronic Vision 公司于 1975 年利用半透明光电阴极和仙童公司的 CCD 201 器件研制出了第一个倒像式电子轰击 CCD,并在马里兰大学做了实验。其工作原理是:光子落在半透明光电阴极(S-20)上,由光电阴极转换成光电子。这些光电子被加速到 15keV 后,聚焦在 CCD 201 器件的正面上,在像元上产生光电荷,并传输到与像元同时工作的片上前置放大器的输出寄存器中。也就是说,像元在积分期间,输出寄存器就把电荷传到前置放大器上。因此,在积分期间既可发生"扫描"或传输,又可积累电荷。列阵 90% 以上时间是积分时间。输出寄存器由沉积在 CCD 上的铝层保护着,铝层厚度大约为 1μm。选择加速电压时,不能让轰击电子直达有效硅面,造成输出寄存器内产生电离或"噪声"。

这种像增强 CCD(ICCD)在封装后,光电阴极良好,并且在烘烤过程中能正常工作,对视频噪声、电子增益透入输出寄存器的情况和对 CCD 的损坏等都进行了测量,结果良好,可作为微光使用的像增强列阵。但由于漏气和随机噪声过大,故该器件没有满足预先要求可靠地分辨单个光电子的性能标准,不过测试结果一般是跟预定值相符合的。这表明,该器件分辨出单个光电子将是可能的。甚至在加大电压的情况下,该器件也没有出现传输噪声。

比较光子激发 CCD 和电子激发 CCD 的性能是相当困难的,但有人曾假定两者的像元面积为 $6.45×10^{-4}mm^2$,积分时间为 1/30s,光子激发 CCD 的灵敏度 $S=30mA/W$,噪声电平 $N_2=10$ 电子/(像元·帧),而电子激发 CCD 的灵敏度 $S=6mA/W$,$N_2=0$。在这种情况下,当辐射照度高于 $6.2×10^{-6}W/m^2$ 时,光子激发 CCD 在各种对比度下都有较高的信噪比。当辐射照度等级低于 $6.2×10^{-6}W/m^2$ 时,电子激发 CCD 的信噪比要优于光子激发 CCD。不过这个优点也只是在对比度为 1 时才比较重要。

由此可见,在较高的光照度下,光子激发 CCD 并不亚于同样大小的电子激发 CCD,不过前置放大器的噪声电平不得高出 10 个电子。然而,采用倒像式电子轰击 CCD 可使像面缩小,因而可把较大的光电阴极与 CCD 阵列结合在一起,可使灵敏度得到提高。

光子激发 CCD 与电子激发 CCD 一直处在实验研究之中,而电子增强、光子激发 CCD 的混合方式却获得了高速的发展,达到了实际应用的阶段。

3. 像增强器与 CCD 的耦合

像增强器与 CCD 耦合的微光摄像机得到了较为广泛的实际应用,取得了令人满意的结果。微光摄像机所用的像增强器可以是级联管或微通道板管,倒像式或近贴式,静电聚焦或电磁聚焦。同像增强管耦合的摄像器件可以是光电导摄像管,也可以是 CCD 这类固体摄像器件。硫化锑摄像管的耦合系数约为 0.45,而氧化铅摄像管约为 0.5。CCD 的峰值响应波长也可与普通像增强管荧光屏的发射光谱良好匹配。各种探测系统中 CCD 正在取代各类摄像管。

这些像增强管的增益可达 $10^4 \sim 10^5$,所以与之耦合的摄像器件都可在微光下工作。但是,高的增益同时伴随着新的附加噪声(如在视像管中的第一级初级电子的反射,荧光屏粒度和发光效率的差异,光学纤维束的不均匀性等;在微通道板管中的电子入射角的不同,微通道板管径的偏差,发射材料的不均匀,电子的散射等),因而使输出信噪比劣化。同时因为光子和电子多次转换和处理,使清晰度也下降不少。由于这些原因,就不能追求像增强管有过高的增益。相反,在不是极微弱照度时,采用增益低一些的像增强管进行耦合,反而会得到更好的观察效果。

现在已被广泛采用的像增强器是光学纤维面板耦合的级联像增强器和微通道板像增强器。它们的结构示意图如图 9-5 和图 9-6 所示。

图 9-5 所示为第一代像增强器。它的前端为面板块,上面制作了一层多碱金属光电阴极 S-25,响应波长为 $0.4\sim0.9\mu m$,峰值波长为 $0.6\sim0.7\mu m$。后端亦为面板块,上面制作的是 P-20 荧光屏,也就是银激活的硫化锌镉(Cd-Zn-S,Ag),发光光谱峰值波长为 550nm。两端与管子中间电极形成一电子光学成像系统。当目标图像经过光学物镜成像在光电阴极面上时,在光电阴极表面将产生与投射光强成比例的光电子,在光电阴极上完成了光电转换,阴极的灵敏度越高,产生的光电子越多。转换出的一幅电荷图像受电子透镜形成的电场聚焦和加速(通常为 15kV),以很高的速

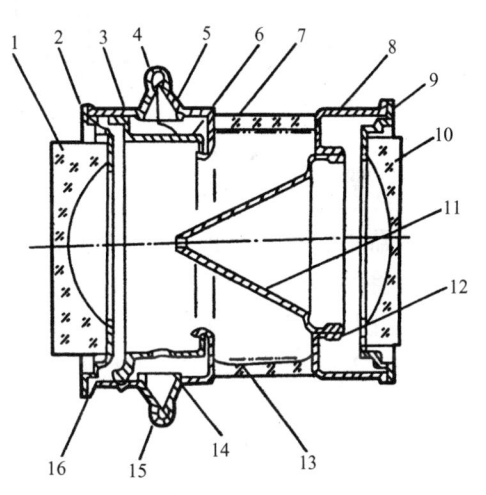

图 9-5 级联像增强器(单级)结构示意图
1.阴极面板;2.阴极面板盘;3.阴极外筒;4.吸气剂;
5.铜支管;6.阴极内筒;7.腰玻璃筒;8.阳极筒;
9.荧光屏面板盘;10.荧光屏面板;11.锥电极;12.卡环;
13.半导体涂层(Cr_2O_3);14.钎焊;15.冷焊;16.氩弧焊

度轰击荧光屏,于是通过荧光屏又将电荷图像转换成一幅可见的光学图像。不过这是一幅增强了的光学图像,增益可达 50~80 倍。如果将三个增强器级联起来,如图 9-6 所示,第一阴极面输入的微弱图像将获得连续三次增强,使末端输出图像获得数万倍的增益。若将末级输出用高灵敏度的 CCD 摄像机来接收,就组成了另一种高灵敏度、低噪声微光 CCD 摄像机。图 9-7 所示即为这种器件的结构示意图。

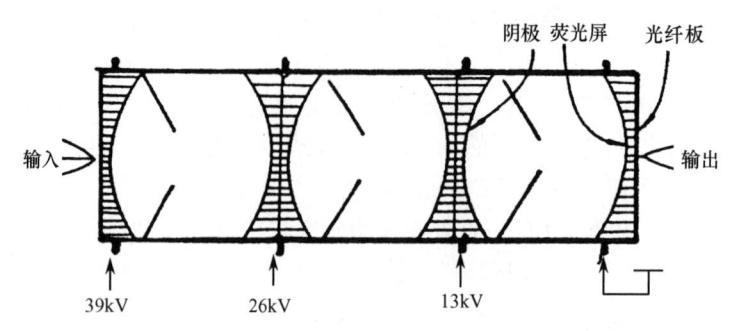

图 9-6　三级级联式微通道板像增强器结构示意图

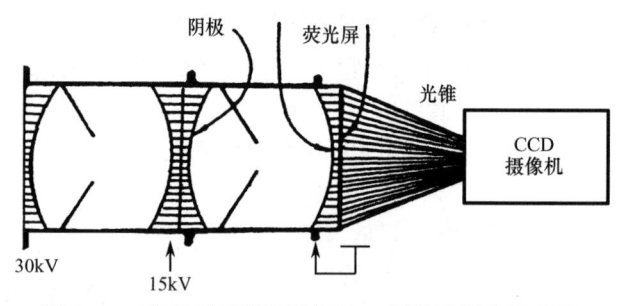

图 9-7　二级像增强用光锥与 CCD 摄像机耦合示意图

图 9-8 及图 9-9 所示为两种不同类型的第二代像增强器。倒像式像增强器的主要特点是,在第一代增强器中引入了一个微通道电子倍增器,使得管子增益大大提高,一个单管就能得到万倍以上的增益。将图 9-8 所示像增强器的移像段静电聚焦改为全近贴聚焦,这就是人们常说的双近贴式二代管,如图 9-9 所示。采用双近贴结构会损失部分增益,但体积会进一步缩小。它同样可以获得数千倍的增益。有关像增强器的性能参数请参见表 9-4 及表 9-5。

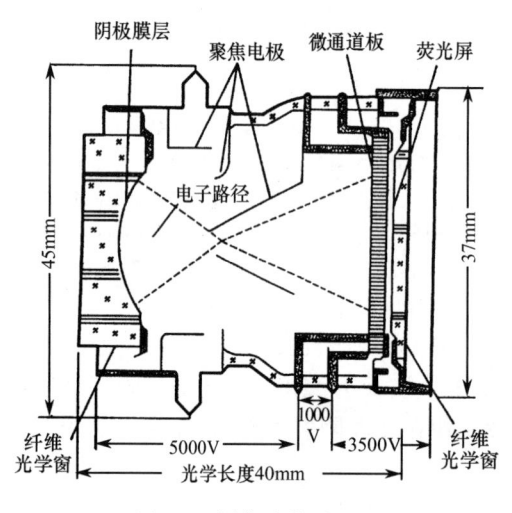

图 9-8　倒像式像增强器　　　　　图 9-9　近贴式像增强器

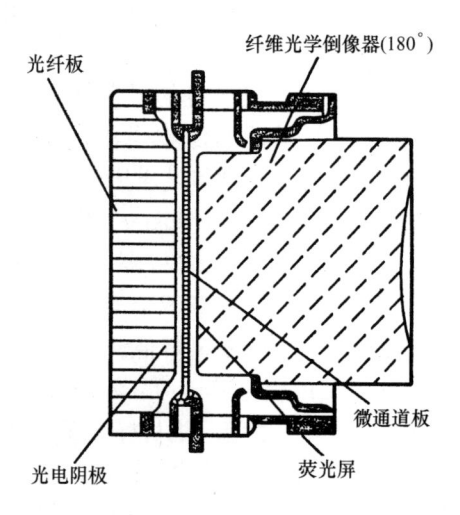

表 9-4　三级级联式像增强器的性能参数

参数\厂家型号	荷兰 OLD DELET 公司 3×18/18FP (XX1340)	荷兰 OLD DELET 公司 3×25/25FP (XX1149)	英国 Mullard 公司 3×25/25FP (XX1060)	英国 Mullard 公司 8586	英国 Philip 公司 3×23/25FP (XX1060/01)
输入/输出直径比	18/18	25/25	25/25		23/25
亮度增益	12 700(min)	16 000(min)	35 000(min)	35 000(min)	50 000(min)
电源电压	2.65V	2.75V			
工作电压			36 000V	45 000V	
外形尺寸(直径×长度)	53×147	70×195			70×195
质量	455g	900g	880g		880g
输入光电阴极	S-25	S-25			
灵敏度 积分	225μA/lm		175μA/lm	175μA/lm	220μA/lm
灵敏度 $\lambda=800\text{nm}$	15mA/W		10mA/W	6~30mA/W	15mA/W
灵敏度 $\lambda=850\text{nm}$			3mA/W	1~25mA/W	6mA/W
输出屏的余辉	P20(中/短)	P20(中/短)			
分辨率 轴上	34lp/mm	45lp/mm	25~23lp/mm (中心—边缘)	25~23lp/mm (中心—边缘)	28lp/mm
分辨率 轴外 $r\neq0$	28lp/mm(r=7)	28lp/mm(r=7)			
MTF 2.5lp/mm			80%	90%	84%
MTF 7.5lp/mm	65%	60%	50%	50%	60%
MTF 14lp/mm	35%	20%	10%	10%	25%
畸变	40%	25%(r=10)			
EBI	0.2μlx	0.2μlx	0.2μlx	0.2μlx	

表 9-5　微通道板像增强器的性能参数

项目\厂家型号	英国 Mullard 公司 二代倒像放大 XX1380	英国 Mullard 公司 二代倒像放大 XX1383	美国 VARO 公司 二代倒像放大 6700-1	英国 Philip 公司 18mm 薄片通道像增强器 XX1410
输入/输出直径比	20/30	20/30	20/30	18/18
亮度增益	3 000~25 000可调	6 000~8 000可调	10 000(最小可调)	7 500~15 000
电源电压	2.6V/40mA(最大)	2.2~3.4V(2.6V)		
外形尺寸(直径×长度)	62×80	62×80	长约80	43×30
质量	350g(最大)	350g(最大)		100g
输入光电阴极	S-25	S-25	S20DR	
灵敏度 积分	25μA/lm(最低)	25μA/lm(最低)	25μA/lm(最低)	240μA/lm
灵敏度 $\lambda=800\text{nm}$	15mA/W(最低)	20mA/W	15mA/W	20mA/W
灵敏度 $\lambda=850\text{nm}$	11mA/W(最低)	15mA/W(最低)	10mA/W	15mA/W
输出屏	P20	P20	P20	
余辉	中/中长	中/中长		
分辨率 轴上	45lp/mm(最低)	44lp/mm(最低)	40lp/mm	25lp/mm
分辨率 轴外 $r\neq0$	45lp/mm(r=8)(最低)	40lp/mm(r=8)(最低)	40lp/mm	
MTF 2.5lp/mm	95%(最低)	92%(最低)	905	86%
MTF 7.5lp/mm	80%(最低)	75%(最低)	60%	58%
MTF 15lp/mm	50%(最低)	45%(最低)		20%
极限放大率 最小值	1.46	1.46		
极限放大率 名义值	1.5	1.5	1.5	1
极限放大率 最大值	1.54	1.54		

与第一代像增强器(微光管)相比,第二代像增强器有以下一些优点:

① 体积小,质量轻,整管总长度约为第一代微光管的 1/3(二代倒像管)或 1/6(双近贴管),质量约为其 1/2 或 1/10;② 调制传递函数好;③ 防强光,依靠微通道板电流的饱和效应,能实现自动防强光;④ 能通过控制微通道板的外加电压来自动调节像增强器的亮度增益,控制范围可达 3 个数量级以上,从而使荧光屏的输出亮度维持在某一合适的值,以利于人眼观察;⑤ 减小了荧光屏的光反馈。

当然,第二代像增强器仍然存在着一些缺点:① 噪声大。这是由于在像增强器中加入了微通道板(MCP),因而附加了 MCP 的噪声(噪声因子比第一代大 2~3 倍)。因此,在低照度下(10^{-3} lx 以下),第一代的性能优于第二代。② 工艺难度较大,成品率低。

基于两者的各自特点,一般说来,大型、远距离的微光摄像器件采用第一代微光管,而小型、近距离的微光摄像器件则采用第二代微光管。

由于双近贴管具有很小的体积,第一代管具有很低的噪声。国外的微光摄像器件中派生出了一种第一代加第二代并与 CCD 耦合的新品种。用这种器件制作的微光摄像机,具有极高的灵敏度、较低的噪声和适中的体积,可以实现 10^{-6} lx 照度下的摄像。

目前,负电子亲和势(NEA)光电阴极像增强器——第三代像增强器的发展受到重视。其主要原因是负电子亲和势光电阴极的灵敏度很高,反射式 NEA 阴极的积分灵敏度高达 2000μA/lm,透射式 NEA 阴极的积分灵敏度可达 900μA/lm,甚至更高。而且这种阴极的光谱响应的长波限向近红外延伸到 1.06μm(有的可达 1.58μm),因而它与夜间天空的光谱匹配比多碱金属阴极要好得多。

图 9-10 所示是夜间天空、S-25 及 GaAs 阴极的光谱响应曲线。由图可见,GaAs 阴极与 S-25 阴极相比,不仅积分灵敏度很高,而且与夜间天空的光谱匹配也好得多。NEA 阴极的这些特点,使得第三代像增强器既可用于微光夜视系统,又可用于主动红外夜视系统。国际电报电话(ITT)公司于 1979 年做出了带微通道板的 NEA 阴极像增强器,即第三代像增强器。但由于目前只能在平面上生长 GaAs 单晶,不能在光纤板上制作球面阴极,所以只好做成带 MCP 的双近贴 NEA 像增强器,而不能做成带 MCP 的倒像式 NEA 像增强器。从表面上看,第三代像增强器与第二代不同点仅在于用 GaAs 阴极代替了 S-25 阴极。实际上,二者的差别甚远。鉴于 GaAs 阴极制作的需要,使得第二代和第三代在工艺上已没有相似之处。GaAs 阴极要用外延生长等一系列复杂工艺才能完成,制作时需要 10^{-9} Pa 以上的超高真空条件,较之 S-25 阴极的工艺需要高出三个数量级以上。尽管 NEA 阴极像增强器应用于夜视系统中,会使仪器的视距得到较大的提高(提高 50% 左右),观察效果也会有明显的改善,但 NEA 阴极的制造工艺难度大、成本高。用第三代像增强器与 CCD 耦合制作的微光 CCD 样机已经问世,该系统在体积、功耗和性能上均有进一步的提高。随着第三代管子工艺的成熟及耦合技术的发展,一种超小型微光 CCD 摄像机将会在军事、公安、科学研究等方面一展风姿。

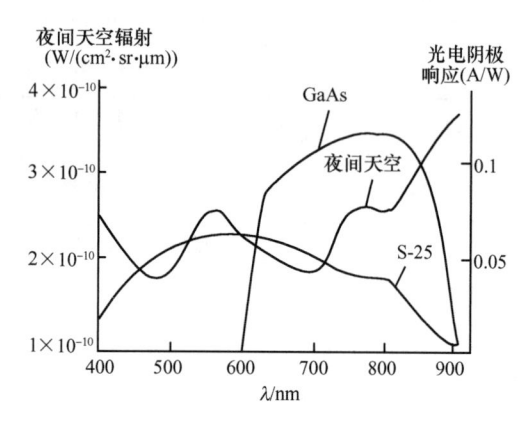

图 9-10 夜间天空、S-25 及 GaAs 阴极的光谱响应曲线

表9-6列出各种形式的微光电视摄像系统的照度范围,供广大读者选用时参考。

4. 多帧积累型微光 CCD

现代通用的 CCD 电视摄像机,归纳起来主要有四种噪声:(1) 信号中的散粒噪声;(2) 放大器的噪声;(3) 暗电流的散粒噪声;(4) 暗电流的不均匀性引起的固有噪声(FPN)。

其中前三种均为随机噪声,而 FPN 远小于随机噪声。通过对 CCD 进行冷却,可以有效地抑制 FPN,同时对随机噪声也有一定的抑制作用。但是,抑制随机噪声最直接、最简单也最有效的方法是信号积分法。对于图像来说,就是用图像信号进行多帧累积的方法。

设进行 m 帧图像累积,则每个像元的电压值按功率关系相加的一般表达式为

$$P = \left[\sum_{i=1}^{m} U\right]^2 = \sum_{i=1}^{m} U_i^2 + 2\sum_{i=1}^{m} C_{ij} U_i U_j$$
$$1 < i < j < m; \quad i = 1, 2, \cdots, m \tag{9-5}$$

其中,C_{ij} 为各电压之间的相关系数,$0 < C_{ij} < 1$。由于信号中的随机噪声 U_n 是

表9-6　各种微光电视摄像系统的照度范围

环境照度(lx) 摄像实体	晴天 10^5	10^4	阴天 10^3	乌云 10^2	晨昏 10	满月 1	1/4月 10^{-1}	清莹星光 10^{-2}	10^{-3}	阴云夜空 10^{-4}
Vidicon	—	—	—	—	—					
CCD	—	—	—	—	—					
Chalnicon	—	—	—	—	—	—				
Newvicon	—	—	—	—	—	—				
Si Vidicon	—	—	—	—	—	—				
IV	—	—	—	—	—	—	—			
SEC	—	—	—	—	—	—	—			
I²V	—	—	—	—	—	—	—	—		
ISEC	—	—	—	—	—	—	—	—		
SIT	—	—	—	—	—	—	—	—		
EBCCD	—	—	—	—	—	—	—	—	—	
Is	—	—	—	—	—	—	—	—	—	
I²SEC	—	—	—	—	—	—	—	—	—	
I³CCD MCPCCD	—	—	—	—	—	—	—	—	—	—
IIS	—	—	—	—	—	—	—	—	—	—
ISIT	—	—	—	—	—	—	—	—	—	—
IMCPCCD	—	—	—	—	—	—	—	—	—	—

不相关的,服从泊松分布,因此 $C_{ij} = 0$。m 帧图像积累以后,每个像元的噪声功率为

$$N = \left[\sum_{i=1}^{m} U_m\right]^2 = \sum_{i=1}^{m} U_{ni}^2 \tag{9-6}$$

对于图像信号来说,假设摄像扫描系统在空间的扫描位置不变,则有如下两种情况:

(1) 目标图像是静止的

各帧图像在同一空间位置的信号是相同的,设为 U_s,各帧信号之间的相关系数 $C_{ij} = 1$,m 帧图像累积后的信号功率为

$$S = \left[\sum_{i=1}^{m} U_{si}\right]^2 = [mU_s]^2 = m^2 U_s^2 \tag{9-7}$$

而信噪比则为
$$\text{SNR} = S/N = m^2 U_s^2 / mU_n^2 = mU_s^2 / U_n^2 \tag{9-8}$$

假设没有累积的任意一帧图像的信噪比为 SNR_0,则有 $\text{SNR}_0 = U_s^2 / U_n^2$,因此

$$\text{SNR} = m\text{SNR}_0 \tag{9-9}$$

由式(9-9)可知,静止图像 m 帧累积以后,信噪比可以提高至 m 倍。

(2) 目标图像是运动的

此时 C_{ij} 在 0~1 之间取值。由式(9-5)可知,累积后的信号值将小于静止目标的累积值,累积后的信噪比提高也将小于式(9-8)和式(9-9)给出的值。对于缓慢移动和远距离移动的目标来说,相邻像元之间也存在一定的相关性。多帧累积以后,信噪比的提高也有明显的效果。

MTV 2821CB 型面阵 CCD 摄像机具有这种多帧累积的功能。通过适当设计外围驱动电路,使其可以累积 16 帧或 32 帧图像信号。在这种情况下其微光特性是非常可观的,它的最低工作照度可以向下延伸到 10^{-6}lx。而且它的信噪比和分辨率往往高于 EB 型或级联型 CCD。但它的响应速度低,限制了它的应用范围。

9.2 红外 CCD

在面阵 CCD 和红外探测器阵列技术基础上发展起来的新一代固体红外摄像阵列(IR CCD)的目标主要是军事应用,如夜视、跟踪、制导、红外侦察和预警等。它是现代防御技术的关键性高技术之一。美国在 1986 年曾投资 8000 万美元加快这项技术的发展。在海湾战争与伊拉克战争中,美军已经使用了微光及红外 CCD 摄像机装备部队,并发挥了巨大的夜间战斗力。

目前,IRCCD 主要集中于以 InSb、$Hg_{1-x}Cd_xTe$ 为代表的本征窄带半导体材料,以 PtSi 为代表的硅化物和以 Si∶Ga、Si∶Bi、Si∶As 为代表的非本征硅材料,尤其以 InSb、$Hg_{1-x}Cd_xTe$ 和 Pt∶Si 器件的发展最引人注目。美国休斯、GEC、洛克威尔、得克萨斯仪器公司和空军空间技术中心都已做出了 InSb、HgCdTe 的短波、中波和长波红外图像传感器件。格式为 128×128 像元的混合式焦平面阵列的响应波长为 1~3μm,工作温度为 120~195K,平均比探测率 $D^* = 1.3 \times 10^{12} cmHz^{\frac{1}{2}}W^{-1}$。波长为 3~5μm、工作温度为 77K 的器件,平均比探测率 $D^* > 10^{11} cmHz^{\frac{1}{2}}W^{-1}$。尽管红外 CCD 探测器需要工作在温度低于几到几十 K(热力学温度)的低温情况下,但它在天文观测和低背景军事应用等方面都起着极为重要的作用。

红外电视摄像系统常分为主动红外电视摄像系统与被动红外电视摄像系统两种。

9.2.1 主动红外电视摄像系统

主动红外电视摄像系统如图 9-11 所示。

当红外光源照射目标时,目标反射的红外光为摄像机所摄取,并将不可见的近红外光转换为可见光,在屏幕上显示出来,实现红外摄像的目的。主动红外摄像机的两大关键部分是红外光源与红外摄像器件。

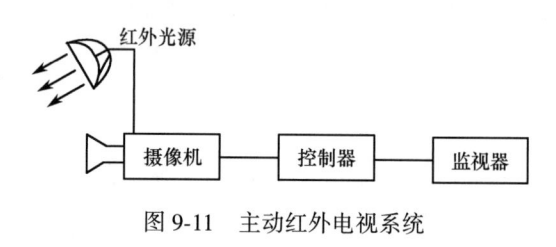

图 9-11 主动红外电视系统

1. 红外光源

红外光源是红外摄像的关键之一。红外光源输出的波长及能量关系到红外摄像质量的好坏和作用距离的远近。目前常用的红外光源有两种。一种是白炽灯用红外滤光的办法产生红外光源,这种光源的缺点是利用效率低,且有红光暴露的问题,尤其是大功率光源或近距离观察时更为明显,因而用得不是很多。另一种是使用半导体砷化镓光源或半导体激光器,其峰值波长为 0.93μm 或 0.86μm 左右,带宽约±2 000nm,单个发光元最大输出约 500mW。这种光源体积小、质量轻、电源简单、效率高,可以实现中距离(100m 内)的红外照明。对于近距离(20m 以内)的照明,也有用小功率 GaAs 发光二极管阵列制作的。为了降低功耗而又不影响观察效果,在一些系统中对发光二极管用脉冲进行了调制,这种光源就更为理想,它不仅降低了平均功耗,也在一定程度上解决了散热问题。近几年来国外用半导体激光器制作的红外光源,实现了上百米的夜间摄像,效果也比较理想。

2. 红外摄像器件

要实现红外摄像,必须选用对红外敏感的摄像器件,如对近红外敏感的有硅靶摄像管、CCD 摄像器件、PbO-PbS 复合靶近红外摄像管等。PbO-PbS 的灵敏度低、惯性大、抗灼伤能力差,用得较少。硅靶摄像管与 CCD 均是用硅材料制作的,两者的性能接近。但由于 CCD 较之硅靶管体积小、质量轻、功耗低、寿命长,以及其他一些优点,所以在绝大多数领域内已取代硅靶管。

3. 红外变像管

红外变像管是一种把不可见的红外图像转换成可见光图像的光电成像器件。它同时具有像增强的作用。在需要观察更远距离的地方,利用红外变像管和 CCD 的耦合进行远距离的摄像,可以获得更为良好的效果。红外变像管的结构如图 9-12 所示。与前述的单级像增强器的不同之处在于红外变像管的阴极为 Cs-O-Ag 阴极,工作波长为 $0.6 \sim 0.9 \mu m$,峰值波长为 $0.8 \mu m$ 左右。红外变像管性能参数见表 9-7。

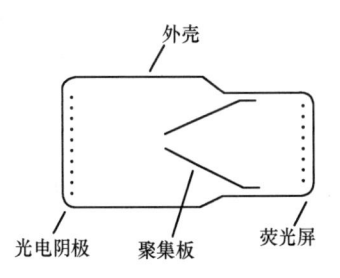

图 9-12 红外变像管的结构

由于不受环境照明条件的限制,即使在漆黑的夜晚和中近距离,主动式红外电视摄像系统也可以获得清晰的图像。用面阵红外光源可以实现大范围的监视。加之近红外摄像机体积小、成本低,因此主动式红外电视摄像系统有着广泛的用途。诸如银行、仓库、港口、哨所等要害部位的夜间监视,军事、公安部门的昼夜监视、侦察,胶片生产过程、冲印过程的质量检测,生物夜间习性的研究,人体某些部位的病变检查(例如乳腺癌的早期检查)等,都收到了十分良好的效果。

表 9-7 红外变像管性能参数

管型	代 号	π1	BH-1	BH-2
	类别	单级管	单级管	串联管
光电阴极	阴极类型	Si(Ag-O-Cs)	S_1	S_1
	有效直径	25mm	16mm	14mm
	红外线灵敏度	$\geq 5\mu A$	$\geq 5\mu A$	$\geq 5\mu A$
	中心放大率	0.62	1	1.2
	中心分光率	$\geq 25lp/mm$	$\geq 28lp/mm$	$\geq 17lp/mm$
荧光屏	发光光谱	黄绿色	黄绿色	黄绿色
	有效直径	27mm	16mm	16.8mm
	工作电压	18kV	15kV	2×15kV
	总长	74.5mm	75.6mm	150mm

9.2.2 被动红外电视摄像系统

被动红外电视摄像系统不需要红外照明,是依靠目标本身发出的红外辐射实现摄像的系统。大家熟知的有光机扫描热摄像机和热释电摄像机两种。由于光机扫描热摄像机结构复杂,需要低温制冷(77K),成本过高,所以应用受到很大限制,国内还处在研制阶段。热释电摄像机不需要低温制冷,可对 $3 \sim 5\mu m$ 和 $8 \sim 14\mu m$ 光谱范围的热目标进行成像,但分辨率不高,成像不够清晰,所以应用受到限制。热像仪及热释电红外摄像机将在 9.4 节讲述。在此仅介绍 CCD 红外摄像系统。

前面已经讲过,在现代高性能热成像系统中大都采用半导体材料。例如,HgCdTc 或 InSb 探测器,这类光电导探测器一般要冷却到液氮温度(77K),探测器可以是线阵的或小型面阵的(大约为100 单元),利用马达驱动的反射镜对目标图像进行扫描,扫描方式有并行扫描、串行扫描或串并行混合扫描。红外摄像系统使用 CCD 以后,会有以下几方面的优势:

① 可以利用集成电路工艺将其成本降低;
② 可以不用或少用机械扫描机构,并简化探测器的封装,因而使系统的体积减小,质量减轻;
③ 可以使用较多的探测器,改进探测器的性能,减小光学系统的尺寸。

目前波长在 $1\mu m$ 以内的近红外 CCD 摄像机已经被广泛应用于夜间监控系统、红外望远系统和森林火灾报警系统中。下面以红外望远系统为例讨论红外 CCD 摄像系统的应用。

1. 望远红外 CCD 摄像机

(1) 近红外波段能提高能见度

在远距离摄像中,能见度的高低关系着能看清物体的距离,而能见度的高低又取决于物体细节的对比度。

通常可见光成像的情况是物体本身不发光,它是靠反射太阳光来成像的。当天空中有霾和薄雾时,日光在穿过大气的过程中受到漂浮在空气中微小水蒸气颗粒和尘埃的散射。散射不但使沿指定方向传播的光强度减弱,而且被散射的部分光将使环境亮度增强,其效应就等于被摄物体和摄像机之间多了一层"亮纱帐",从而大大降低了物体的对比度。例如,设天空的亮度为 4000 lx,房屋亮度为 2000 lx,树木亮度为 1000 lx,树木暗处亮度为 500 lx,更暗的部分亮度为 250 lx,在天空中没有霾、烟雾的情况下,最暗部分与其余部分的亮度比为

$$16:1, 8:1, 4:1, 2:1$$

如果由于霾、烟雾的影响,亮度普遍增强了 1000 lx,则上述的比值规律变为

$$4:1, 2.4:1, 1.6:1, 1.2:1$$

这说明由于霾、烟雾的散射引起的附加亮度实际上降低了亮度的对比度,使得一部分景物的层次被压缩,甚至完全损失。但是用红外线就好得多,这是因为:

① 实验和理论都证明,波长越短的光散射越强。也就是说,散射主要发生在可见光部分,红外光受霾、烟雾的散射比可见光要小,对比度的降低也比可见光小。

② 天然物体的红外吸收和反射特性可以提高物体的对比度。例如,绿色植物的红外反射率为 60%~70%,而混凝土、石棉、水泥的红外反射率仅为 35%~40%。

③ 景物细节对红外线有较大的反射率,使得物体亮度和大气亮度之比较大,有利于提高对比度。

综上所述,对于远距离摄像,我们选择近红外波长进行红外摄像。

(2) 红外 CCD 摄像机原理

红外线与可见光一样,具有能够被物体反射、折射和吸收的特性。根据光学定律,不同物体对不同波长红外光的反射和吸收各不相同,因此用红外光也能获得被观测物体的清晰图像。红外摄像是红外技术和摄像技术巧妙结合的产物,在光电转换之前的部分属于红外技术,光电转换之后的部分便是摄像技术。红外 CCD 摄像机原理方框图如图 9-13 所示。

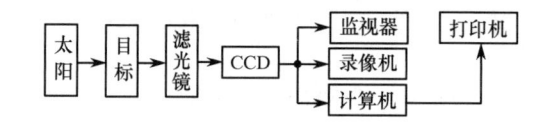

图 9-13 红外 CCD 摄像机原理方框图

太阳照射到目标上,反射回来的射线经滤光镜把可见光和不需要的红外线滤掉,剩下有用的红外线,经红外光学镜头聚焦,成像在摄像机的 CCD 像面上。将红外图像信号转变为电视信号送给监视器,便可看到目标物的图像。需要时,可对视频信号进行录像和计算机数字图像处理。

(3) 主要部分设计考虑

① 不是任何光学镜头都可以用于望远红外 CCD 摄像机光学系统的,只有在红外工作波长范围内,长焦距、相对孔径大、光学传递函数高、成像质量好的光学镜头才能满足从清晨到傍晚都能正常工作的要求。镜头的焦距必须可以电动和手动变化。由于天空的照度变化很大,镜头必须采用自动光圈,随时调整光圈的大小,以保证 CCD 像面上的光照度在 CCD 的线性范围内。

② 因为辐能在大气中的散射系数与工作波长的四次方成反比,所以从降低散射的角度来看,在成像器件光谱响应波长范围内,选用的工作波长越长越好。工作波长的选择将受到成像器件积

分灵敏度的限制,因此设计滤光镜时,要从总体上考虑,并通过实验给出最后方案。

(4) 摄像器件的分析

① 最初的电视摄像、电视制导、电视跟踪均采用硫化锑摄像管,原因是分辨率高,1英寸的摄像管的分辨率可高达1000TVL,而且成本低。但是,它的暗电流大(最大20nA),惯性大,三场后还有20%以上的图像滞留;它的抗烧伤能力也很差,灵敏度也低($0.2\mu A/lx$)。它的光谱响应范围仅为400~600nm,红外部分基本不响应,因而早已被淘汰。

② 硅靶摄像管的光谱响应范围宽,可扩展到$1.1\mu m$,灵敏度也较高($0.5\mu A/lx$),抗烧伤能力也比硫化锑摄像管强,可经受$10^3 lx$的短时照射。因此,有些电视制导和电视跟踪系统利用其红外响应特性来提高设备在同等气象条件下的探测距离,并取得了明显的效果。但是,它存在着下列缺点:a. 受二极管数量的限制,分辨率不够高,1英寸摄像管的分辨率仅为700 TVL;b. 由于材料和工艺的原因,容易产生疵点;c. 二极管有效面积不超过总面积的20%,信号容量不大,动态范围较窄(仅为50),因而在强光下容易产生晕光(开花);d. 惯性不小,三场后还有8%,对跟踪高速目标不利;e. 工艺复杂,以致成本较高。

③ 随着大规模集成电路的发展,用硅材料做敏感面的固体成像器件——CCD摄像机先后问世。这种由硅材料制成的固体图像传感器不但具有硅靶管的一切优点,克服了硅靶管的缺点,而且它寿命长、稳定度高、可靠性高、体积小、质量轻、耗电小……这些都是电真空摄像器件无法比拟的。它的抗电磁场干扰能力强、动态范围宽、抗晕光能力强、一致性好等优点使之更适宜军事应用。

值得注意的是,并非市场上能买到的任何CCD都能满足红外摄像的要求。只有那些分辨率高、灵敏度高的CCD才能做成远距离红外CCD摄像机。因为不同的产品型号和不同的生产厂家常采用大同小异的工艺,使像面具有不同的光谱特性。只有红外响应好的高分辨率CCD才能做成近红外CCD远距离摄像机。

(5) 结果与讨论

望远红外CCD摄像机的技术指标为:

像 元　　753×581

分辨率　　600TVL

灵敏度　　0.1lx

信噪比　　54dB

灰 度　　≥8级

照 度　　100 ~ 10 000lx

供电方式　　AC 220V,50Hz;DC 12V

功 率　　<5W

事物总是一分为二的。它最主要的缺点是同其他类型的红外光学仪器一样,作用距离受气象条件的影响很大。当雾的浓度变高时,红外线的"能见度"也变得很差,和可见光一样不能取得满意的效果,甚至失去作用。

然而,与可见光相比,它的作用距离和清晰度的提高仍然是人们梦寐以求的。在军事上敌我双方都非常关心对方的战车、舰船、飞机、人员的配备和运动状况,以便于战场侦察和指挥,电视制导和跟踪。特别是雷达面临着综合性的电子干扰、隐身飞机、低空与超低空突防和反辐射导弹等四大威胁的今天,望远红外CCD电视摄像系统对于海、陆、空三军的远距离低空观察都有着广泛的应用前景。在航空航天摄像等方面,因为它具有穿透大气层烟尘和薄雾的能力,特别适合于斜倾摄像。它能使画面清晰,一般可分辨出机场、公路、铁路和河流。在天文学上可用于研究天体。这不仅因为红外线能穿透地球表面混浊的大气层,而且还因为宇宙空间存在无数发射红外线的星体。在气象学中,为获得高反差的云景实时图像,判断云的形成过程,在能见度较差的情况下,也应使用红外CCD摄像机。这种应用下的光学系统焦距肯定要长很多。当然,为拍摄大面积云的形成,往往需用短焦距广角镜头。

2. 中红外 CCD 摄像系统

美国仙童公司的 Weston CCD 图像分公司推出一种 IR CCD 摄像系统——CCD 6000。该系统以 PtSi 肖特基势垒为技术基础,引入了用于定时和视频信号处理的 RS—170 A 标准,使其在许多需要实时高分辨率分析显示 $1\sim5.5\mu m$ 光谱范围的红外摄像领域中获得了广泛的应用。它在激光束分析、遥感、监视、目标跟踪、医疗及非接触式温度控制方面具有优越性。

9.3 X 光 CCD

X 光用于医疗影像分析和工业探视已经有多年。为了减小 X 光对人体的危害,多年来人们不断地探索和研究。最有效的方法有 3 种:①减小 X 光照射的剂量,在低剂量 X 光的照射下,采用对穿透后的 X 光进行图像增强的办法获得与高剂量照射同样的效果。②利用图像传感器将现场图像传送到安全区进行观测。利用图像传感器将图像转移的方法,既可以使医务人员离开现场,又可以通过计算机进行图像计算、处理、存储和传输。③上述 2 种方法的结合,是最理想的方法。用 CCD 的特性和 X 光像增强器就可以完成上述 2 种方法的有机结合。

9.3.1 X 光像增强器

X 光像增强器也是一种光电成像器件。它由 3 个基本部分组成:①光电阴极;②电子透镜;③荧光屏。X 光像增强器示意图如图 9-14 所示。X 光像增强器的阴极结构如图 9-15 所示。输入窗采用高透过率、低散射轻金属(铝或钛)制成。铝层里面是一层荧光层,采用 P20 荧光粉制作。荧光层里面是一层透明隔离层,在隔离层的内表面,制作的是锑铯光电阴极。X 光像增强器的工作过程可以这样描述:当 X 光穿透物体投射到像增强器阴极表面上时,首先 X 射线在荧光层里转换成可见光信号,发光的强度与入射的 X 射线强弱相对应;紧接着光信号激发里层的光电阴极并将其转换成电信号,于是一幅穿透物体的 X 射线图像就变成了一幅强度与之对应的电荷图像。电荷图像在电子透镜系统中聚焦、加速,以很高的速度轰击荧光屏。在荧光屏上电子图像又变成了一幅可见光图像,这幅图像是经过增强的图像。除了加速电子使图像得以增强,依靠电子透镜系统缩小成像倍率,亮度同样得到增强,增益可以达到 100 倍左右。

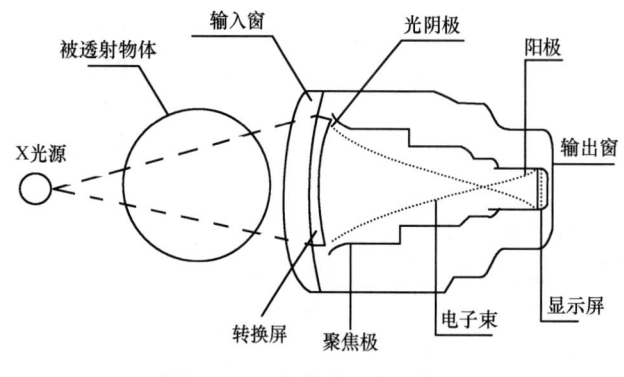

图 9-14 X 光像增强器示意图

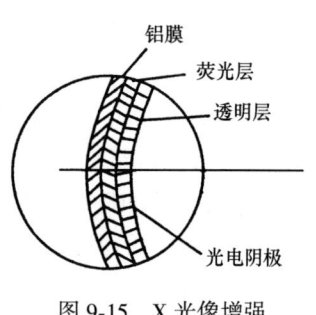

图 9-15 X 光像增强器阴极结构

目前这类器件的尺寸为 6~12 英寸,已经形成系列。X 光像增强器的典型参数如表 9-8 所示。

表 9-8　X 光像增强器的典型参数

型号		输入直径（mm）	输出直径（mm）	量子检测效率（%）	转换系数	分辨率（lp/mm）	对比度（CR:1）	应用范围
15XZ74A		150	14	60	150	44	15	X 线透视、摄影与特殊过程
15XZ74B		150	14	60	150	44	22	数字 X 射线摄影及其他应用
23XZ4A	N	215	20	60	150	42	15	X 线透视、摄影与特殊过程
	MAG1	160	20			50		
	MAG2	120	20			60		
23XZ4B	N	215	20	60	150	42	22	X 线透视、摄影及其他应用
	MAG1	160	20			50		
	MAG2	120	20			60		
30XZ1	N	300	25	60	150	34	20	X 线透视、摄影及其他应用
	MAG1	226	25			40		
	MAG2	175	25			46		

东芝公司研究和开发 X 射线像增强器较早。其推出的"超高像增强器"采用对 X 射线散射极低的薄铝金属窗,实现了高对比度。同时,使用高变换效率的输入荧光屏,X 射线的吸收率也由原来的 50% 提高到 70%。MTF 特性也因选用散射光吸收输入面而得到明显增强。总之,在大尺寸 X 光像增强器技术方面,东芝处在世界领先地位。

带通道电子倍增器的 X 光像增强器是近几年发展起来的新器件,结构如图 9-16 所示。此类 X 光像增强器用碘化铯阴极直接将 X 射线转换成电荷图像,并采用近贴聚焦、微通道板进行电子倍增。最后由输出屏完成电光转换,显示被穿透物体的内部结构图像。它采用碘化铯阴极,将原来的两次转换(X 射线—可见光—光电子)变成了一次转换,简化了结构,降低了成本。微通道板的引入,大大减小了器件的体积,提高了器件的增益,从而减弱了所需输入 X 射线的强度。当然微通道板面积不能做得很大,有效视场也受到限制。目前市场出售的 50mm 的器件已商品化,与之相应的直视仪器和电视系统均已在市面上出售。100mm 的器件也已有了样品。50mm X 光像增强器的主要性能参数如表 9-9 所示。

纵观上述两类 X 光像增强器的特点不难看出:其具有阴极面大(视场大)、增益高的特点。由于采用阴极结构,其分辨率较低、工艺复杂、制作成本高,因而不利于推广与普及。带通道电子倍增器的 X 光像增强器阴极面积小,视场小,探视的范围小;

表 9-9　50mm X 光像增强器的主要性能参数

荧光屏亮度	≥15cd/m^2(40kV,80μA)
分辨率	≥4lp/mm
寿命	>1000h

需要大面积微通道板(50mm 或 100 mm 的器件),造成制作难度大,成本高;而且面积大还带来纤维丝径粗、分辨率下降等,所以应用范围受到限制。

能否将 X 光像增强器的大面积阴极与带通道电子倍增器的 X 光像增强器的简单阴极结构、通道板的高电子增益结合起来,构成一种新的 X 光像增强器呢?我们认为是可行的。图 9-17 所示为新一代 X 光像增强器结构。

不难理解,新一代像增强器具有以下显著特点:
① 阴极面积大,可以探测显示更大的目标范围;

图 9-16 带通道电子倍增器的 X 光像增强器结构

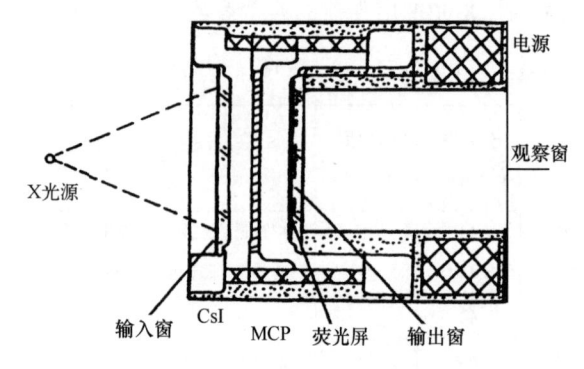

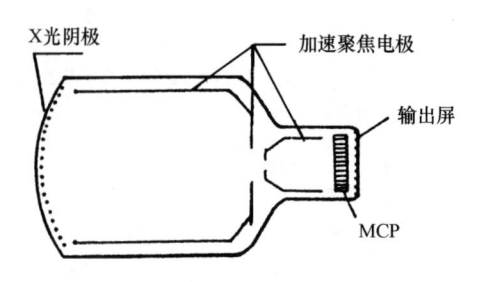

图 9-17 新一代 X 光像增强器结构

② 阴极结构简单(可采用单层 CsI 阴极),制作容易,有利于降低成本;

③ 具有高的增益,它集电子光学系统倍率缩小和通道电子倍增器于一体,增益可比以往任何一种管子更高,可使 X 光的照射剂量进一步减小,或者同等剂量下穿透更厚的目标;

④ 阴极结构简单,通道尺寸小,有利于进一步提高整管分辨率,从而提高透视目标图像的清晰度,可望在工业探伤、医疗中获得更广泛的应用;

⑤ 管子工艺性好,有较高的成品率,可以大大降低成本。阴极和管壳可以分别制作,无污染,成品率较高,即使某一部分质量不符合要求,也较容易回收或更换。

总之,这种新的带有通道缩小倍率的 X 光像增强器有较为理想的性能、较低的价格,在医疗仪器,以及工业探伤应用领域都具有较为美好的市场前景。

9.3.2 医用 X 光电视摄像系统

目前 X 光像增强器主要用在医用 X 光机上。图 9-18 所示为一款实用的医用 X 光电视摄像系统原理框图。

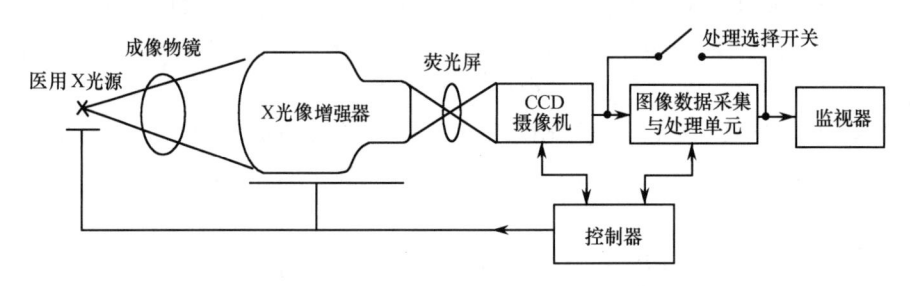

图 9-18 医用 X 光电视摄像系统原理框图

该系统包括 6 大部分:①医用 X 光源;②成像物镜;③X 光像增强器;④CCD 摄像机;⑤图像采集与处理单元;⑥监视器。当医用 X 射线穿透人体时,将人体需要透视部位的内部结构图像经成像物镜投射到 X 光像增强器的阴极面上,将 X 光图像转换成电子密度图像,经聚焦、加速,以很高的速度轰击荧光屏,在荧光屏上获得一幅被增强的可见光图像。可见光图像被 CCD 摄像机摄取,再由图像数据与处理单元对所摄的图像进行相应的处理,在控制器的协助下叠加上时、日等信号,便能清晰地在监视器的荧屏上显示出被 X 光穿透部分人体的图像,同时也能看到透视的时日。如果需要记录,也可以配备一台录像机或将数字图像直接送计算机,由计算机完成数字图像的存储、传输与显示。

这里需要指出,X 光像增强器可以大大增强穿透人体的 X 射线的效果,并把它由不可见的 X

射线变成可见光图像。因此和原来的 X 光机相比,在满足获得清晰图像的条件下,可以大大减小 X 光的投射剂量(即降低 X 光机的高压和电流),从而大大减小了 X 光对人体的危害。用摄像机摄取输出的图像,既可以起到让操作人员远离现场,免受危害,把透视人员从暗室中解放出来(X 光电视摄像不需要暗室),还可以将小小的输出屏幕像放大,在显示终端(常用 14 英寸或屏幕更大的监视器)显示出来。可以让更多的人同时观察到透视的结果,便于病例讨论和参观实习。引入图像处理的目的是将输出的视频信号按人们的愿望进行一些处理,其中包括如灰度、对比度调节、降低噪声、边缘增强等,目的是使输出图像更加清晰。由于 CCD 摄像机具有体积小、功耗低、寿命长、可靠性高、稳定度高、成本低等特点,使 X 光电视摄像系统的应用市场越发广泛,前景美好。

9.3.3 工业用 X 光光电检测系统

工业用 X 光光电检测系统是一种非常好的非接触无损检测手段。它主要用于工业探伤。例如,检测零部件的焊接质量,飞机零件、部件的质量,锅炉等高压容器的质量,多芯电缆线的断线等。通常对这类产品的检查是采用高压(几千伏)下产生的硬 X 射线穿透零部件进行拍片观察的。这种几万伏电压产生的 X 光线辐射很强,对人体会有很大的伤害,拍片时必须远离现场,或增加隔离辐射的机构。这使得每拍照一次就要装一次片,开一次机,离开一次,再取一次片。如此开机、关机、开门、关门,来来回回,进进出出,不仅费时、费力,程序要求严谨,而且不能及时看到检测结果,更不能进行实时的调控、筛选,必须等到一批片子拍完后,经冲洗才能看到所拍摄的结果。而且,这么多的环节中,有一个环节出现故障或有疏忽,都会带来前功尽弃的后果。这种拍片方法必然要消耗大量的感光胶片和冲洗剂。国内有的厂家仅此项检查一年就要消耗上万元的胶片和冲洗剂,而且造成对环境的污染。

采用工业用 X 光光电检测系统进行无损探伤检测,改变了过去的检测工艺,使产品的损探和检测实现自动化和流水化作业,安全、迅速、节约原材料,并且不会对环境造成污染。

该系统目前已经被许多生产厂家所采用,其种类也在不断增多。图 9-19 所示为某产品生产线上的 X 光光电检测系统原理框图。图中 X 光源所发出的低剂量的 X 光穿透被测件,投射到 X 光像增强器的光阴极面上,将 X 光图像转换成电子密度图像,在内部电场的作用下加速并成像在荧光屏上,萤光屏将电子图像转换成可见光图像。可见光图像经物镜再次成像。在物镜的像平面上装有 CCD,该 CCD 可为线阵 CCD,亦可为面阵 CCD,要视被测件的性质和检测的目的而定。例如,要检测多芯导线中是否有断线,并标记断线的位置,则可选用线阵 CCD,并使像元排列方向与线径垂直。这样,电缆线通过被测视场时,线阵 CCD 能检测出电缆的每个截面内部导线的状况。但是若要检测某个工件,则可以选用面阵 CCD,它可以摄得整个工件的图像。采用线阵 CCD 时,A/D 采集卡为线阵 CCD 的 A/D 数据采集卡,它将通过视场截面的灰度转换成数字信号,存于计算机内存,并通过计算机软件判断是否有断点(两行采集图像的不连续点);若有,则停机做标记。若采用面阵 CCD,则图 9-19 中的 A/D 数据采集系统为图像卡,图像卡将工件的灰度图像转化为数字图像,存于计算机内存,并由计算机软件分析、检测图像合格与否,以实现生产、检测、分类的自动化。在 X 光光电检测系统中,图像的分辨率受 X 光像增强器、物镜和 CCD 分辨率的影响。成像物镜的分辨率可以做得很高,它不是影响分辨率的

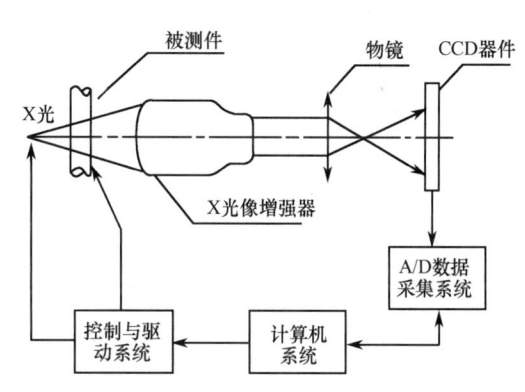

图 9-19 X 光光电检测系统原理框图

主要因素。目前已有许多高分辨率的线阵和面阵 CCD，所以它也不是影响分辨率的主要因素。现在高分辨率的 X 光像增强器是影响 X 光光电检测系统分辨率的主要因素。随着科学技术的发展，高分辨率的 X 光像增强器必然会在不久的将来研制成功，以满足生产、科研领域的需要。X 光光电检测系统的应用将会更加广泛。

9.4 热成像技术

利用物体发出的红外热辐射形成可见图像的方法称为热成像技术。热成像的方法有很多，例如红外夜视仪就是一种典型的热成像仪器，而且应用非常广泛。

9.4.1 点扫描式热释电热像仪

点扫描式热释电热像仪为采用点扫描方式成像的图像传感器。它常采用震镜对被测景物进行扫描。在这种热像仪中，为了提高探测灵敏度，常采用对接收器件进行制冷的方法，使探测器件工作在很低的温度下。例如，wp-95 型红外热像仪的工作温度为液氮制冷温度 77K，在这样低的温度下，它对温度的响应非常灵敏，可以检测 0.08℃ 的温度变化。

wp-95 型红外热像仪采用碲镉汞（HgCdTe）热释电器件作为热电传感器，采用单点扫描方式，扫描一帧图像的时间为 5s，不能直接用监视器观测，只能将其采集到计算机，用显示器观测。一幅图像的分辨率为 256×256，图像灰度分辨率为 8bits（256 灰度阶）。其探测距离为 0.3m 至无限远距离。视角范围大于 12°，空间角分辨率为 1.5mrad。它常被用于医疗及教育、科研等领域。

9.4.2 热释电摄像管的结构

热释电摄像管的结构如图 9-20 所示。将被摄景物的热辐射经锗成像物镜成像到由 TGS 热释电晶体排列成的热释电靶面（简称靶面）上，在靶面上得到热释电荷密度图像。该热释电荷密度图像在扫描电子枪的作用下，按着一定的扫描规则（电视扫描制式）扫描靶面，在靶面的输出端（负载电阻 R_L 上）将产生视频信号输出，再经过前置放大器进行阻抗变换与信号放大，从而产生标准的视频信号输出。

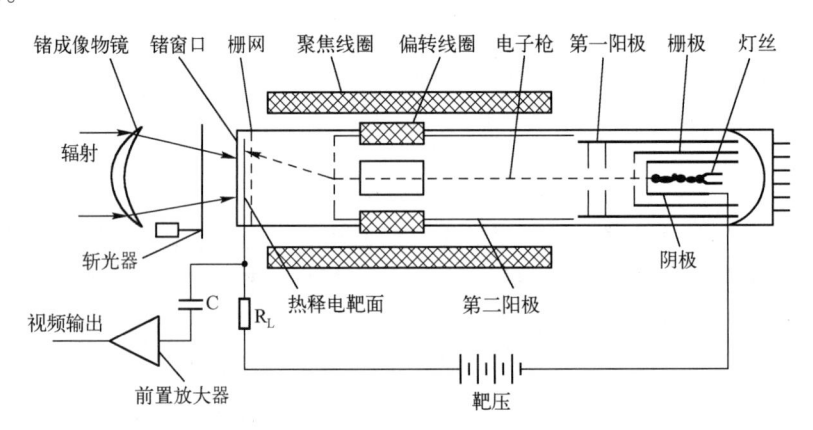

图 9-20 TGS 热释电摄像管的结构

锗成像物镜用锗玻璃，摄像管的前端面也用锗玻璃窗。因为锗玻璃的红外透射率高，而可见波段的光辐射几乎无法通过锗玻璃窗。这样，既能阻断可见光对红外热辐射图像的影响，又能最大可能地减少热辐射能量的损失。摄像管前端的栅网是为了消除电子束二次发射电子云的影响而设置的。

摄像管的阴极在灯丝加热的情况下发射出电子束。电子束在聚焦线圈产生的磁场作用下会聚成很细的电子束,该电子束在水平和垂直两个方向偏转线圈的作用下扫描靶面。每当电子束扫到靶面上的热释电器件时,电子束所带的负电子就将热释电器件的面电荷释放掉,并在负载电阻 R_L 上产生电压降,即产生时序电压信号。它将在偏转线圈作用下扫描整个靶面,形成视频信号。

图 9-20 中的斩光器为由微型电机带动的调制盘,使经过锗成像物镜成像到热释电探测器的图像被调制成交变的辐射图像(否则热释电器件的灵敏度为零)。调制盘的调制频率必须和电子扫描的频率同步,既保证热释电器件工作在一定的调制频率下,又确保输出图像不受调制光的影响。否则,还原出的图像将夹带着斩光器遮挡图像的信号。

TGS 热释电摄像管是对远红外图像成像的,所以它的前端采用透红外的锗透镜成像,热释电摄像管的前窗也采用锗窗。锗窗透红外而不透可见光,是比较理想的红外窗口。

目前,红外热像管的分辨率可以达到 300TVL(电视线),虽然不能与可见光图像传感器相比,但对于红外探测已经足够。它的温度分辨率达到 0.06℃,可用于医疗诊断、森林火灾探测、警戒监视、工业热像探测与空间技术领域。

9.4.3 典型热像仪

(1) IR220

IR220 为采用红外热释电热像管在常温下工作的红外热像仪。它设计紧凑,极易操作,是理想的在线式测温分析系统。它可与 50m 外的计算机连接,操作者可得到任意点温度的实时热分布图像。

IR220 外形图如图 9-21 所示,它的输出信号由 RS232 串口输出,也可用 RS422 接口输出,视频输出可选用 PAL 或 NTSC 制式。

IR220 的主要技术参数如下:

光谱响应范围:8~14μm;
温度分辨率:0.06℃;
测温灵敏度:±1℃,±1%;
温度响应范围:-10℃~400℃;
视场范围:18°×16°;
测量工作距离:50mm 至正无穷远;
空间分辨率:1.2mrad;
环境温度的补偿:手动/自动方式;
接口方式:RS422 与 RS232 接口;
视频输出:PAL/NTSC 制式;
工作温度:-10℃~+50℃;
存储温度:-40℃~+60℃;
机身外形尺寸:340mm×160mm×128mm;
机身质量:2kg(带电池)。

图 9-21 IR220 外形图

(2) IR210

IR210 为采用 320×240 像元非制冷焦平面的高清晰度夜间红外监视探测仪,使用者可清楚地探测到处于完全黑暗环境下的物体。除去特殊的防雨设计,小巧的 IR210 还能融入使用者户外 CCTV 安保系统,在毫无可见光的情况下也能探测到黑暗中的入侵者。

IR210 外形图如图 9-22 所示,它既有模拟视频输出,也有串行数字输出端口(RS232/RS485);它具有电子变倍功能;既具有手动亮度调整功能,也具有自动亮度调整功能;它可以更换其他镜头,以便适应不同的探测要求。

IR210 的主要技术参数如下:

像元尺寸:$45\mu m \times 45\mu m$;

光谱响应范围:$8 \sim 14\mu m$;

灵敏度:0.08℃;

开机预热时间:≤30s;

视频输出:PAL 制式;

接口方式:RS232/RS485;

外形尺寸:120mm×60mm×60mm;

工作温度:$-20℃ \sim +50℃$;

存储温度:$-40℃ \sim +60℃$;

工作电压:DC 9V;

功率损耗:3.5W;

质量:0.22kg;

电子变倍率:2 倍,4 倍,8 倍;

外壳:为全密封防淋雨的铝壳。

图 9-22 IR210 外形图

9.5 本章小结

在特种环境下需要应用特种图像传感器,特种图像传感器包括:

(1) 微光图像传感器

① 微光图像传感器发展概况

微光图像传感器自 20 世纪 60 年代引入像增强器后有了较大的发展,已经能够观察 0.1lx 的景物图像。进入 20 世纪 70 年代后,利用级联式像增强器与 CCD 耦合技术,可使微光 CCD 摄像机能够观测到约 10^{-5}lx 的景物图像。

② 微光电视摄像系统

主要是对微光电视摄像系统中的各个部件提出具体要求。

③ 微光电视摄像系统观察距离的估算

景物照度、极限分辨率与视距是微光电视摄像系统的重要性能参数。

④ 微光 CCD 摄像器件

通过光锥将像增强器与 CCD 进行耦合获得比较理想的微光图像传感器,实现 10^{-6} lx 景物照度下的理想观察效果。

通过多帧累积的技术也可以获得理想的微光景物图像,但是,响应时间将增加,可用于对缓慢变化景物的观察,不能用于高速变化的图像。

(2) 红外 CCD

① 主动红外电视摄像机:包括红外光源、红外摄像器件与红外变像管三部分。

② 被动红外电视摄像机:分为近红外与中红外被动式摄像机,中红外摄像机的关键技术在于采用对中红外响应的光敏材料制成 CCD。

(3) X 光 CCD

① X 光像增强器：X 光入射到 P20 荧光粉靶后激发出电子图像,它在电子透镜作用下成像于荧光显示屏,得到可见图像,中间可插入微通道像增强器,可以获得更高的灵敏度。

② 医用 X 光电视摄像系统：系统中加入了如图 9-18 所示的 CCD 摄像机、图像采集与处理系统,可以使操作者远离 X 光机而在电脑上获取图像,而且,由于系统中包含了图像增强器,使获取 X 光图像所需的剂量减少到原来的 1/50。目前已经普遍用于各个医院与体检部门。

③ 工业用 X 光光电检测系统：如图 9-19 所示,最终也是用 CCD 完成图像输出,同样也是既减少了 X 光剂量,同时也为图像数字处理打好基础,对图像的存储、传输与远距离自动化操作带来便利。

(4) 热成像技术

① 点扫描热释电热像仪：用热释电传感器扫描成像的方法完成的"点扫描热释电热像仪",是最早的热像仪。

② 热释电摄像管的基本结构：如图 9-20 所示的 TGS 热释电摄像管属于真空热像管,可响应中红外成像。

③ 典型热像仪：介绍了两款典型的红外热像仪,注意其前端需要配锗晶体的红外响应成像物镜。

思考题与习题 9

9.1 可采用哪几种方法获得微光条件下的图像？有几种增强图像亮度的方法？

9.2 你能说出微光电视摄像视距的观测条件吗？

9.3 何谓主动红外摄像系统与被动红外摄像系统？你能列举出几种红外光源吗？

9.4 为什么被动式红外摄像机要比普通的可见光电视摄像机的视距远？而且抗霾和烟雾散射的能力强？

9.5 X 光射线能量很强但为什么不能引起 CCD 的响应？X 光像增强器的主要功能是什么？怎样与面阵 CCD 匹配构成 X 光图像传感器？

9.6 试分析如图 9-19 所示的 X 光光电检测系统的基本工作原理,说明 CCD 成像物镜在系统中的主要功能和设计要求。

第10章 图像传感器的典型应用实例

图像传感器的应用范围很广,应用方法也很多。为了帮助读者深入学习和掌握图像传感器技术,本章介绍一些图像传感器的典型应用实例,其中包括图像传感器对物体外形尺寸的测量,物体振动、位置、位移的测量,光学图形、图像的测量,光学镜头传递函数的测量,以及光谱、色谱的探测与分析等领域的典型应用系统的设计实例等。

本章所举的实例具有一定的代表性,并非最佳方案,读者在学习时一定要注意"时效性",要用发展的观点看待这些实例,实例中所用到的器件及数据处理方法都尊重当时的实况,具有时代的特点。随着科技发展与工艺水平的提高,高性能的器件不断涌现,新的数据处理模式不断出现,典型应用实例仅起到"抛砖引玉"的作用,不能限于模仿。

10.1 图像传感器用于一维尺寸的测量[1]

图像传感器用于尺寸测量的技术是非常有效的非接触检测技术,被广泛地应用于各种加工件的在线检测和高精度、高速度的检测技术领域。由于线阵CCD具有分辨率高、灵敏度高、像元位置信息强、结构紧凑及自扫描等特性,因而,由线阵CCD、光学成像系统、计算机数据采集和处理系统构成的一维尺寸测量仪器,具有测量精度高、速度快、应用方便灵活等特点,是现有机械式、光学式、电磁式测量仪器所无法比拟的。这种测量方法往往无须配置复杂的机械运动机构,减少了产生误差的来源,使测量更准确、更方便。

本节以典型玻璃管的外径、壁厚尺寸测量控制仪器为例,讨论利用线阵CCD进行物体尺寸的非接触、高速测量中的一些关键技术。

10.1.1 玻璃管外径尺寸测量控制仪器的技术要求

以线阵CCD为核心的玻璃管外径尺寸测量控制仪器用于控制玻璃管生产线,对玻璃管外圆直径及玻璃管壁厚尺寸进行实时监测,并根据测量结果对玻璃管生产过程进行控制,以提高产品合格率。该仪器的主要技术指标有:

(1) 被测的玻璃管外径尺寸分为20mm和28mm两种,仪器的测量范围应大于28mm。
(2) 仪器测量精度的要求分别为外径(20±0.3)mm,(28±0.4)mm;壁厚(1.2±0.05)mm,(2±0.07)mm。
(3) 仪器显示内容分别为实测玻璃管的外径、玻璃管的壁厚、上下偏差及超差报警。
(4) 仪器执行的过程控制为玻璃管拉制速度、吹气量及玻璃管产品质量的筛选等。

10.1.2 仪器的工作原理

该仪器的原理方框图如图10-1所示。图中稳压稳流调光电源为远心照明系统提供稳定的照明光源,被照明的玻璃管经成像物镜成像在线阵CCD的像面上。由于透射率和光在不同形状介质中的折射率不同,使得通过玻璃管的像在上下边缘处形成两条暗带,中间部分的透射光相对较强,形成亮带,两条暗带的最外边的边界距离为玻璃管外径所成的像,中间亮带的宽度反映了玻璃管内径像的大小,而暗带宽则是玻璃管的管壁所成的像。线阵CCD在驱动脉冲的作用下完成光电转换,其输出信号波形如图 10-2 所示。

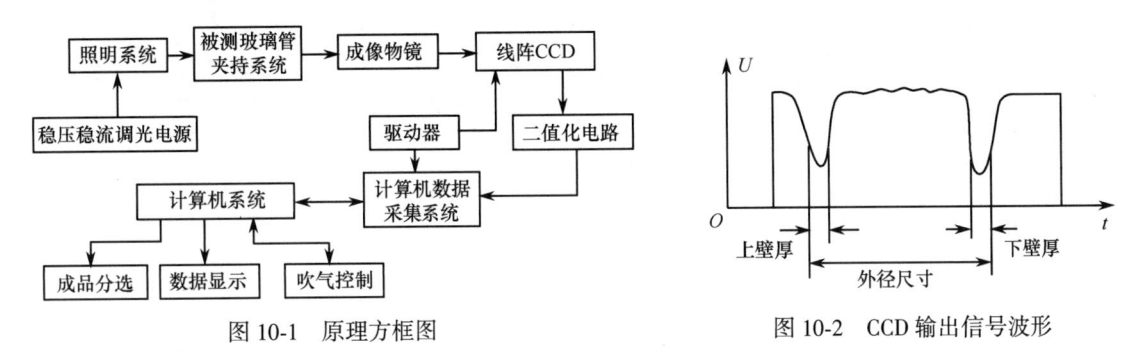

图 10-1 原理方框图

图 10-2 CCD 输出信号波形

线阵 CCD 的输出信号经过二值化电路进行处理,分出外径和壁厚信号,经长线传输到计算机数据采集系统,并在计算机软件的作用下计算出玻璃管外径和壁厚,再将计算值与公差值进行比较,得到偏差量。这时,一方面保存所测得的偏差量,另一方面根据偏差的情况给出调整玻璃管的拉制速度和吹气量等参数的调节信号,同时给出成品分选信号,选出超差的玻璃管和合格的玻璃管。

10.1.3 线阵 CCD 的选择

一般说来,测量范围和测量精度是选择线阵 CCD 的主要依据。由前所述,系统采用同一只线阵 CCD 对玻璃管外径和壁厚同时进行测量,最大外径为 28mm±0.4mm,壁厚的测量精度要求较高,为±0.05mm,因而,系统的测量范围应大于 28.4mm,相对测量精度应高于 1.756‰。选择像元数超过 1000 像元的线阵 CCD 即可以满足测量系统精度的要求。考虑到系统应具有更大的测量视场,在扩大视场的情况下也应保证测量精度的要求。为此,系统选用具有 2160 个有效像元,相对测量精度高于 0.5‰的 TCD1206SUP 型线阵 CCD 作为光电探测元件。它的像元尺寸为 0.014mm×0.014mm,像元中心距为 0.014 mm,成像区的总长度为 30.24mm,满足测量系统对视场与测量精度的要求。该器件的工作原理与主要技术指标参见 3.2 节。

它的工作脉冲及输出信号的波形如图 3-9 所示。在 1MHz 的驱动脉冲作用下,外径和壁厚的信号在 3ms 时间内即可输出,满足测量仪器对测量速度的要求。TCD1206SUP 驱动器输出信号的暗电平可控制在 1.0V 左右,高电平可接近 10V,相差较大。当光学系统调整得比较好时,图像边缘的信号较陡,测量误差较小。

可以针对所选定的线阵 CCD 对光学系统提出具体的要求,如视场、横向放大倍率、分辨率等。对于本系统,现已选定 TCD1206SUP 为检测器件,则要求光学系统的像方视场应大于 30.24mm,使 TCD1206SUP 的所有像元都在像方视场内。成像物镜的分辨率不低于 $\frac{1}{14} \times 1000 \approx 71 \mathrm{lp/mm}$。根据这些要求进行光学系统设计。

10.1.4 光学系统设计

光学系统的作用是将被测玻璃管成像在 CCD 像面上。由于被测目标物为拉制过程中的玻璃管,为了消除拉制温度及背景光的影响,系统中加有带通滤波器(滤光片),只允许照明系统的光谱能量通过光学成像系统。可见光学系统由成像系统和照明系统两部分组成,其光路图如图 10-3 所示。

1. 照明系统

测量系统能否将玻璃管的被测信息(直径、壁厚等)真实地突显出来与采用的照明光源关系很

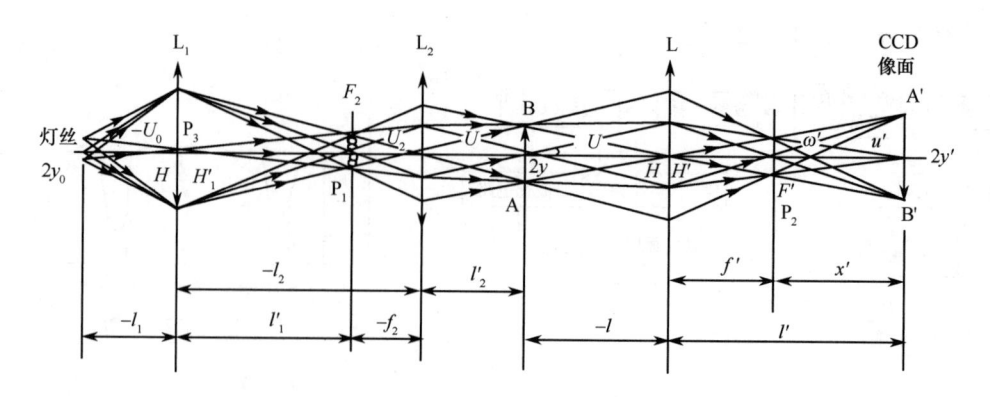

图 10-3 光学系统光路图

大,为此照明系统采用了物方远心光路,使线阵 CCD 获得如图 10-2 所示的输出信号波形。柯拉照明属于远心照明方式。在图 10-3 中被测物 AB 左边部分为柯拉照明光源,它由灯丝、透镜 L_1、L_2 和光阑 P_1、P_3 组成。它们满足以下成像关系:灯丝经 L_1 成像于 L_2 的物方焦平面 F_2 处,再经 L_2 成像于无限远且与成像系统的入瞳重合。被灯丝照亮的 L_1(或 P_3)经 L_2 成像于物平面 AB 处。设被照明的物体直径为 $2y$,物镜 L 的物方孔径角为 U,灯丝长度为 $2y_0$,则根据以上成像关系,照明系统的外形尺寸可根据图 10-3 计算得出。

(1) L_2 的口径 D_{L_2}

为确保玻璃管位置的变化不影响测量数量,要求 L_2 的口径要足够大,由图 10-3 可知

$$D_{L_2} = 2(y + l'_2 U) \tag{10-1}$$

式中,l'_2 为物面到 L_2 的距离。此式说明 L_2 的口径与物镜 L 的数值孔径(或者说物方孔径角 U)、被照明物体直径 $2y$ 及 l'_2 有关,从而可选择 L_2。

(2) P_1 的口径 D_1

根据系统应满足拉赫不变量的要求及物镜 L 的物方孔径角 U,有

$$J_j = n_2 U_2 \frac{D_1}{2} = nUy = J_w \tag{10-2}$$

式中,J_j 为 L_2 的拉赫不变量,J_w 为 L 的拉赫不变量,$n_2 = n = 1$。由图 10-3 可知 $U_2 = y/f'_2$,代入上式可得

$$D_1 = 2f'_2 U \tag{10-3}$$

(3) P_3 的位置和大小

紧靠 L_1 的光阑 P_3 与物面 AB 是 L_2 的一对共轭面。由式 $\frac{1}{l'_2} - \frac{1}{l_2} = \frac{1}{f'_2}$,可得

$$l_2 = \frac{l'_2 f'_2}{f'_2 - l'_2}$$

式中,l_2 即为 P_3 到 L_2 的距离。P_3 的口径大小,可由放大率公式求得,即

$$\beta_2 = \frac{l'_2}{l_2} = \frac{2y}{D_3}$$

所以

$$D_3 = 2y/\beta_2 \tag{10-4}$$

(4) L_1 的计算

L_1 的作用是将灯丝成一放大实像于 P_1 处。因此可由

$$\begin{cases} \beta = \dfrac{l'}{l} = \dfrac{D_1}{2y_0} \\ l' - l = L \text{ (由结构尺寸决定)} \\ \dfrac{1}{l'} - \dfrac{1}{l} = \dfrac{1}{f'} \end{cases}$$

求解出 L_1 的焦距 f' 和物、像距 l_1、l'_1。

L_1 口径的确定应满足系统拉赫不变量的要求,即 $J_0 = n_0 U_0 y_0 \geq nUy = J_w$。因此 L_1 的孔径角为

$$U_0 \geq \dfrac{y}{y_0} U \tag{10-5}$$

故 L_1 的口径为
$$D_{L_1} \geq 2l_1 \tan U_0 \tag{10-6}$$

由以上公式可以算出该系统的参数。于是,L_2 选为:$f'_2 = 130\text{mm}$、$D/f' = 1/f$ 的物镜;光源为 12V、100W 的白炽钨丝灯;灯丝尺寸为 4mm×3mm(现在可以采用 1W LED 光源代替)。

2. 光学成像系统

由图 10-3 可见,光学成像系统由物镜 L、光阑 P_2 和线阵 CCD 组成。P_2 设在 L 的像方焦平面 F' 处。P_2 为系统的孔径光阑,形成了物方远心光路,以控制轴外物点主光线的方向,使 AB 在线阵 CCD 像面的像点位置不变。从而消除玻璃管在拉制过程中的摆动对测量精度的影响。

影响该系统成像特性的主要部分是物镜 L。因此,如何根据使用要求确定 L 的光学参数,从而合理地设计或选择物镜是非常重要的。设被测物体(玻璃管)的直径为 $2y$、线阵 CCD 像元的宽度为 δ'、像元数为 N、物像之间共轭距为 L,则成像系统的光学参数可由以下公式求出。

(1)系统放大率 β

系统放大率 β 由下式计算

$$\beta = \dfrac{2y'}{2y} \tag{10-7}$$

式中,$2y' = N \cdot \delta'$,为玻璃管在 CCD 像面上所成像的尺寸。

(2)物镜的相对孔径 D/f'(或数值孔径 NA)

物镜的相对孔径是由物镜的分辨率 δ 和线阵 CCD 所需光照度的大小决定的。δ 与线阵 CCD 的分辨率 δ' 有关。它们之间的关系为

$$\delta = \delta'/\beta$$

由 δ 可确定物镜的数值孔径为

$$\text{NA} = 0.5\lambda/\delta \tag{10-8}$$

并由式 $\text{NA} = n\sin U$ 和 $n\delta\sin U = n'\delta'\sin U'$ 分别求出物方孔径角 U 和像方孔径角 U'。式中,n 和 n' 分别表示物方、像方介质的折射率。

(3)确定物镜的焦距 f'

由
$$\begin{cases} \beta = l'/l \\ l' - l = L \\ \dfrac{1}{l'} - \dfrac{1}{l} = \dfrac{1}{f'} \end{cases}$$

可求出物镜的焦距 f' 和成像系统的 l 和 l' 的值。

(4)视场角 2ω

$$\tan\omega = y'/x'$$

式中,$x' = l' - f'$,为线阵 CCD 像面到物镜像方焦点 F' 的距离。

(5) 光阑 P_2 的直径 D_2

$$D_2 = 2 \cdot x' \cdot \tan U = 2(l' - f')\tan U \tag{10-9}$$

(6) 物镜通光口径 D_L

$$D_L = 2(y + lU) \tag{10-10}$$

根据以上计算,本系统选用 $f'=130\text{mm}$, $D/f'=\dfrac{1}{2}$, $2\omega=20°$ 的物镜,系统放大率 $\beta=1^×$(×表示放大倍率)。

10.1.5 外径、壁厚的检测电路

玻璃管外径和壁厚的信息已经被如图 10-1 所示的光学系统成像到线阵 CCD 的像面上,并且线阵 CCD 输出如图 10-2 所示载有玻璃管外径和壁厚信息的视频信号。如何将玻璃管外径和壁厚的值提取出来是检测电路的主要任务。这里采用二值化提取方法,并采用边沿触发计数的接口电路。

1. 二值化电路

线阵 CCD 输出的视频信号中已经含有直径信息和壁厚信息,但是必须首先将这些信息二值化,才能将这些信息以数字方式提取出来,从而得到玻璃管的外径值和壁厚值。在考虑二值化电路设计时,为了确保测量精度和提高系统的稳定性,一方面采用精密稳流电源为照明系统的光源提供电源,以确保光源的稳定性。另一方面采用浮动阈值二值化处理方法,对线阵 CCD 像面的光强进行采样,以便消除背景光的不稳定带来的影响,使系统的测量精度和稳定性得到进一步的提高。浮动阈值二值化电路的原理框图如图 10-4 所示。图中用 2 个单稳态触发器产生采样脉冲,采样脉冲所采得的信号为线阵 CCD 在玻璃管以外视场的输出信号,该信号位于玻璃管信号到来之前,恰好反映了照明光学系统的光强与背景光的强弱变化。将其采样后,经保持电路保持到行周期的结束。因此,采样/保持器所采得的信号随背景照度的变化而上下浮动,从中分得一部分电压,作为二值化的阈值电平。进行二值化处理后,便得到稳定的二值化输出信号。

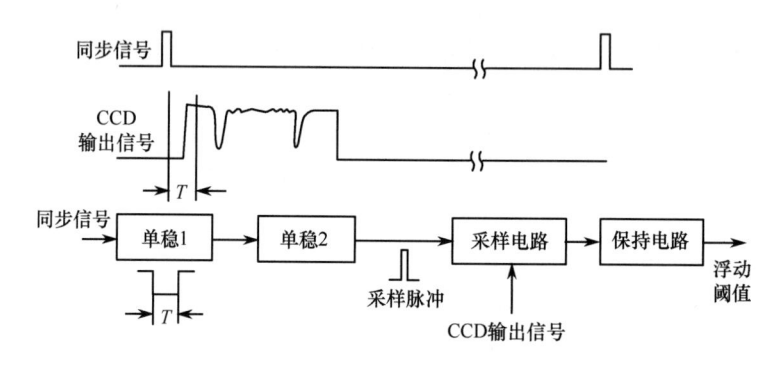

图 10-4 浮动阈值二值化电路的原理框图

2. 检测电路

图 10-5 所示为玻璃管外径和壁厚检测电路原理图,图 10-6 所示为其工作波形。

图 10-5 中的计数器由行同步脉冲 F_c 复位,像元同步脉冲 SP 为计数器的输入脉冲信号,计数器任意时刻所计得的值表征了那一时刻线阵 CCD 输出的像元位置数。F_c 的上升沿为第一个有效像元刚刚到来的时刻,它的下降沿是本行转移结束,因此可以用 F_c 做行同步脉冲。当线阵 CCD 输出的视频信号被浮动阈值二值化处理电路二值化后,输出信号 A 的波形如图 10-6 中所示,经反相器反相后为 $\overline{A}$。将 $\overline{A} \cdot F_c$ 记为 B,再用 B 的下降沿去触发一个触发器,得到如图 10-6 中 C 所示的波形。用 B 的上升沿去触发 D 端和清 0 端都接于 F_c 的 D 触发器。该触发器 Q 端的输出波形如

图 10-6 中 D_1 所示;用 $A \cdot C$ 的上升沿触发另一个 D 与清 0 端均接 F_c 的 D 触发端,该触发器的输出波形如图 10-6 中的 D_2 所示;用 $C \cdot B$ 触发 D 与清 0 端均接 F_c 的第三个 D 触发器,输出如图 10-6 中 D_3 所示波形;用 C 的上升沿触发 D 与清 0 端均接 F_c 的第四个 D 触发器,输出如图 10-6 D_4 所示波形。可见 $D_1 \sim D_4$ 的上升沿分别对应于波形 B 的 4 个边沿。将 $D_1 \sim D_4$ 分别接到 4 个锁存器的锁存端,其数据输入端均接在计数器的数据输出端上,则 4 个锁存器将分别锁存了 $N_1 \sim N_4$ 的值。显然,玻璃管外径的值为

$$D = (N_4 - N_1) L_0 / \beta \tag{10-11}$$

式中,L_0 为线阵 CCD 的像元中心距;β 为光学系统放大倍率。

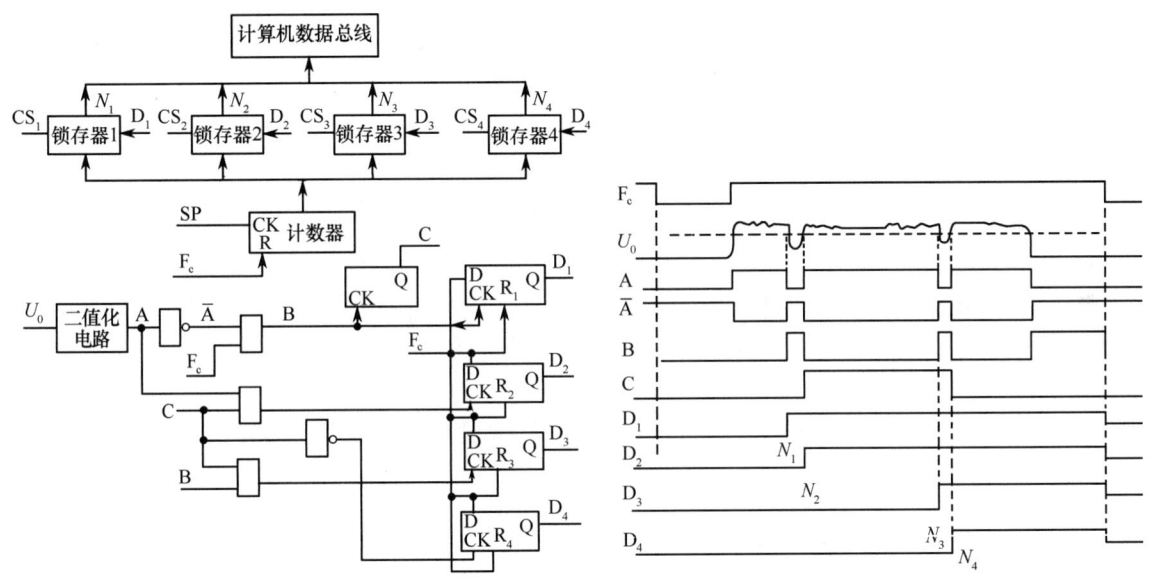

图 10-5 玻璃管外径和壁厚检测电路原理图　　图 10-6 外径和壁厚检测电路工作波形

由上式可推出玻璃管的壁厚

$$W = \frac{1}{2} \left[\frac{(N_2 - N_1) L_0}{\beta} + \frac{(N_4 - N_3) L_0}{\beta} \right] \tag{10-12}$$

在 F_c 处于低电平期间(在 1MHz 数据率的情况下为 64μs),计算机将 $N_1 \sim N_4$ 存于内存,并在检测电路获得新 $N_1 \sim N_4$ 值的时候,计算机计算出上一行所测得的外径值与壁厚值,并分别判断出所测得值是否超差,超上差还是超下差,以发出控制命令。

10.1.6 微机数据采集接口

将上述二值化电路处理系统和信号检测电路做在具有 PC(或 PCI)总线接口的数据采集接口卡上,并插入计算机总线插槽,将锁存器的数据输出端并接在数据总线上。当 F_c 为低电平时,通过地址总线发出读数命令,地址译码器分别选中 4 个锁存器,将 $N_1 \sim N_4$ 的值分别读到计算机内存。这种数据采集的方法结构简单、速度快,可以对玻璃管的检测和控制进行实时处理。在 1MHz 驱动频率下,检测、数据采集和计算的整个时间不超过 2.5ms。

10.1.7 系统的长线传输

本测量系统的线阵 CCD 及其驱动电路安装在生产线的尾端,距离计算机控制室约 25m。因此,信号的传送必须经过长线。采用光电耦合器两次隔离的方法可以消除长线传输带来的噪声,也

解决了长线传输的阻抗匹配问题,从而大大提高了系统的稳定性,对系统也起到一定的保护作用。长线传输系统的结构如图 10-7 所示。线阵 CCD 输出的视频信号、驱动器产生的同步信号 F_c 和像元同步信号 SP 等都需要长线传输,在长线传输过程中会产生一定的延迟,这种延迟会带来波形失真。但是由于这三者的传输距离相差很小,延迟也相差不多,对于测量影响不大。即便有影响也完全可以通过计算机处理软件将其修正。

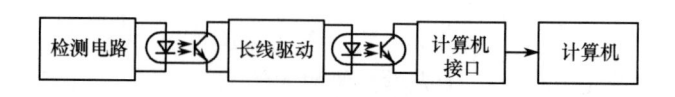

图 10-7 长线传输系统结构

当然,网络技术发展到今天的程度,完全可以利用 Wi-Fi 完成设备的控制与数据传送,不必再受长线传输的困扰。

10.2 线阵 CCD 的拼接技术在尺寸测量系统中的应用[28]

采用单片线阵 CCD 作为光电接收器的光学成像尺寸测量法,被国内外广泛应用。其测量精度及测量范围受到 CCD 像元大小及像元数目的限制。因此有必要把两片乃至多片 CCD 拼接起来,用于测量仪器中。

线阵 CCD 的拼接方法有很多。例如,机械拼接法、光学拼接法和片芯拼接法等。下面介绍机械拼接法与光学拼接法。

10.2.1 线阵 CCD 的机械拼接技术在尺寸测量中的应用

1. 机械拼接

在测量显微镜下,将市场上的单体线阵 CCD 的首尾拼接在一起,叫作线阵 CCD 的机械拼接法。这种方法工艺简单,容易实现。但是,由于线阵 CCD 的两端各有若干个虚设单元,所以有效像元数比实际像元数要少。而且,商品化的线阵 CCD 除虚设单元外,还有其他电路、引线和封装结构,使得机械拼接法不可能使两个线阵 CCD 有效像元的首尾完全搭接成一条直线,总是分开一定的距离。尽管机械拼接法有这方面的不足,但它在大尺寸、高精度物体外径的自动测量中仍具有重要的意义,并被广泛应用。

要将两个线阵 CCD 的像元阵列拼接在同一平面内的同一条直线上是很不容易的事情,需要四维的调整机构,在工具显微镜下,在一定的公差范围内完成。图 10-8 所示为机械拼接法的误差示意图。从图中可以看出,两线阵 CCD 的不共面形成的 Δy 误差,将引起两个线阵 CCD 像面接收图像的清晰度和横向放大倍率 A 的误差;两个线阵 CCD 在两个方向上的偏夹角 α 与 γ 将引起投影误差。Δx 偏差将引起直径测量的不一致性。所以,对这些偏差都要调整。

图 10-8 机械拼接法误差示意图

2. 机械拼接实例

例如,圆柱体直径测径仪,要求测量范围为 2~22mm,测量精度为 ±2μm。显然,若只采用单个线阵 CCD 很难实现在这样宽测量范围情况下测量精度这么高的要求。为此,必须采用像元数很多的线阵 CCD 作为光电探测器,并采用复杂的细分技术,将精度提高到满足仪器要求的程度。本例选用机械拼接的方法进行高精度大范围的精密尺寸测量。

在万能工具显微镜的配合下,将两个线阵 CCD(TCD 1500C)进行机械拼接,使拼接的精度达到 $\Delta x \leqslant 10\mu m, \Delta y \leqslant 10\mu m, \alpha \leqslant 0.03°, \gamma \leqslant 0.3°$。

TCD 1500C 的像元尺寸为 $7\mu m \times 7\mu m$,像元中心距为 $7\mu m$,有效像元数为 5340,像元总长为 37.38mm。将两个 TCD 1500C 首末像元分开距离为 27.015mm,拼接成一个传感器,该传感器的成像区总长度为 101.775mm,像元中心距仍为 $7\mu m$。

若将被测物放大 3.5 倍成像于该传感器上,并使其分三段测量范围成像在拼接起来的传感器上,如图 10-9 所示,就会满足测量范围和测量精度的要求。图 10-9(a)所示为 2~10mm 直径的被测物体成像在线阵 CCD2 上,这时只用一个线阵 CCD 就可以满足测量要求;当被测直径为 10~16mm 时,可使被测直径的像落在如图 10-9(b)所示的位置上,使被测直径的像能跨越两个线阵 CCD 的间隔;当被测直径为 16~22mm 时,使被测直径的像落在如图 10-9(c)所示的位置上,这样就能避免由两个线阵 CCD 拼接处的盲区造成的测量误差,影响测量仪器的工作。三个测量段的实现靠三种不同的被测件的夹持器具实现。

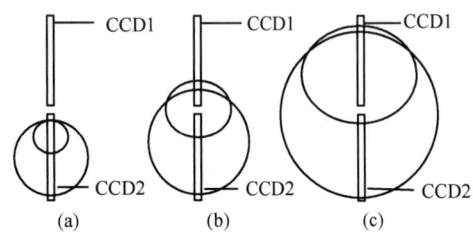

图 10-9 三段成像测量区域

3. 机械拼接的计算公式

被测件分三段成像时,尺寸的计算公式分为两种情况。第一种情况下,两个线阵 CCD 只用其中一个,计算公式为

$$d = (N_2 - N_1)L_0/\beta \tag{10-13}$$

式中,d 为被测直径;L_0 为线阵 CCD 像元的中心距;β 为光学成像系统的横向放大倍率;N_2 与 N_1 为被测件在线阵 CCD 像面上所成图像两个边界单元的数值。

第二种情况为被测直径的图像分别落在两个线阵 CCD 上。在这种情况下,计算公式为

$$d = [L_0(N_1 + N_2) + L]/\beta \tag{10-14}$$

式中,N_1 和 N_2 分别为被测件的像遮挡每个线阵 CCD 的像元数;L 为两个拼接线阵 CCD 末像元与首像元的间距。

被测直径的像处在传感器上的位置情况可以根据两个线阵 CCD 输出的信号判断。第一种情况下,线阵 CCD1 将没有任何边界现象。而第二种情况下,两个线阵 CCD 的输出信号均有一个边界现象发生。需判断出是哪种情况,采用哪个公式进行计算。若图像出现这两种以外的情况,应该适当地调整被测直径的夹持器具,使之调整到上述两种情况。

4. 机械拼接概念的扩展

在一些尺寸较大,但尺寸变化并不太大的情况下,可以采用将两个线阵 CCD 分别置于被测物的两个测量边,即用两个已知距离的线阵 CCD 测量被测物体两个边缘图像位置的尺寸,再计算被测物直径的方法。这样,由于两个线阵 CCD 可以分开更大的距离,也可以采用两套独立的线阵 CCD 成像测量系统,以扩大测量范围,提高测量精度。这时两个线阵 CCD 位置的调整要求有所变化,对图 10-8 中的 Δx 与 Δy 的要求可以放宽,而 α 和 γ 仍会对测量结果产生误差。此时的计算公式变为

$$d = L_0 N_1/\beta_1 + L_0 N_2/\beta_2 + L \tag{10-15}$$

式中，N_1，N_2 分别是被测物体的像在线阵 CCD1 和线阵 CCD2 上所遮挡的像元数；β_1，β_2 分别为线阵 CCD1 和线阵 CCD2 的光学成像物镜的横向放大倍率；L 为两个线阵 CCD 的间隔距离。

这种用两个线阵 CCD 分离开来的机械拼接测量方法，被广泛地应用于钢板、钢带宽度测量领域。

10.2.2 线阵 CCD 的光学拼接

光学拼接与机械拼接的方法不同，两个拼接的 CCD 在位置上可以分开得很远，这样就可以使相邻 CCD 的有效像元完全搭接，没有间隙。

这种拼接法比机械拼接法的应用范围更广，它不限于只测量被测物的边缘或位置问题，它还能够用于扩大扫描仪的扫描范围，以及扫描精度的提高。

1. 光学拼接原理

线阵 CCD 的光学焦平面拼接采用分光棱镜把光学成像物镜所成的光学图像均匀地分成两路，形成两个成像效果相同的焦平面（如图 10-10 所示的焦平面 1 和焦平面 2）图像。在每个焦平面所对应的不同半视场的位置上各放置一个线阵 CCD，并使两个器件的头尾有效像元"零距离"搭接，组成如图 10-10 所示的结构。这样，成像物镜的像方线视场由搭接起来的两个线阵 CCD 的有效像元所充满，从而实现光学图像的焦平面拼接。

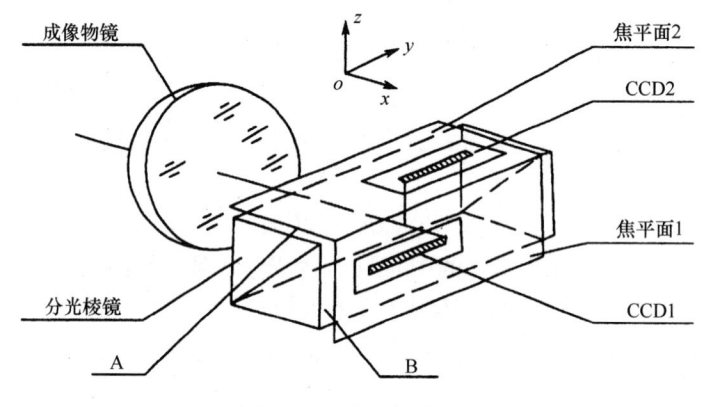

图 10-10　光学拼接原理

由于采用棱镜进行分光的方法，线阵 CCD 在像方光学焦平面处拼接，不仅可以根据需要使任意线阵 CCD 在始、末像元位置处搭接，而且拼接后所有像元上的光照度都是均匀的，不会产生渐晕现象。

2. 光学拼接的技术要求

光学拼接的技术要求主要是对两个线阵 CCD 相对位置的要求。取 1 个线阵 CCD 为基准，这个基准线阵 CCD 对分光棱镜有一定的平行性要求。例如，以线阵 CCD1 为基准，线阵 CCD2 相对于线阵 CCD1 的位置要求有三点：

（1）搭接要求

线阵 CCD2 的第一个有效像元与线阵 CCD1 的最末一个有效像元在 x 方向的距离必须等于所用线阵 CCD 像元的间距，否则将引入如图 10-11 所示的拼接误差 Δx。

（2）直线性要求

线阵 CCD2 的所有像元必须与线阵 CCD1 的像元在同一直线上，若有偏差将引入如图 10-11 所示的倾斜偏差 Δz。

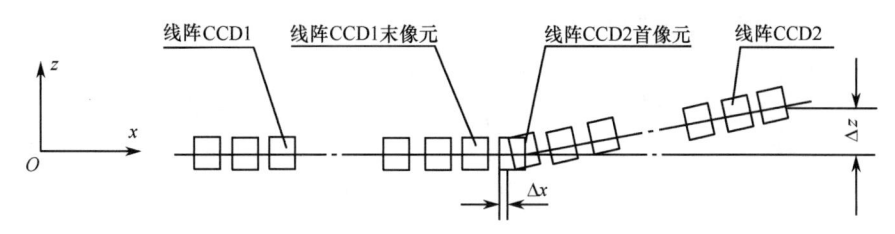

图 10-11 光学拼接的拼接误差与倾斜偏差

(3) 共面性要求

从棱镜前方看,两个线阵 CCD 必须在同一平面上,以保证它们都在光学系统的焦面上。不共面将引起不共面误差 Δy(垂直于图 10-11 所示的平面)。

当然,线阵 CCD 拼接部件除满足上述拼接要求外,还必须满足测量环境的要求,如对环境温度的要求,冲击与震动的要求等。

3. 光学拼接的机械结构

线阵 CCD 的焦平面光学拼接,采用立方棱镜分光和机械微调线阵 CCD 的技术方案。在具体设计时,必须充分考虑以下几个方面。

(1) 分光棱镜

如前所述,分光棱镜是实现拼接的关键部件。因此,对分光棱镜的光学材料、角度误差、透射和反射光波段、分光的比例均有一定的要求。尤其是,分光棱镜的透射光和反射光光程应尽可能相同,以确保两个线阵 CCD 的共面性。

(2) 微调机械

拼接时,采用以线阵 CCD1 作为基准,调整线阵 CCD2 的方法,以达到拼接所需的搭接、直线性、共面性等技术要求。

线阵 CCD1 本身相对于分光棱镜的位置应有一定要求,主要是它到棱镜的距离及与棱镜的平行性要求等。

线阵 CCD2 的调整要有 5 个自由度。如果这 5 个自由度全部用微调机构实现,装调固然方便,但结构将十分复杂,随之而来的是结构稳定性差,不容易满足工作环境的要求。为此,采用修研及微调机构相结合的措施,满足了微米量级调整灵敏度的要求,同时又有较高的稳定性。

(3) 防冲击与震动

线阵 CCD 拼接部件要在室外恶劣的环境条件下使用,故必须具有防冲击与震动的能力。一种常用的方法是减震,使部件本身的自振频率很低,这就需要加入一个刚度很低的弹性环节。其结果是使部件的位置精度大大降低,这显然是不合适的。

实际采用的办法是尽可能提高部件本身的刚度,让部件的自振频率远高于外界可能的震动源的频率。在所设计的线阵 CCD 拼接部件中,刚度较差的环节是线阵 CCD 和分光棱镜的压紧弹簧。弹簧弹力不足,会使部件刚度差,自振频率低;弹簧弹力太大,又会压坏线阵 CCD 与分光棱镜。所以合理的设计、精巧的装调乃是成功的关键。

(4) 克服温度变化的影响

室外使用的线阵 CCD 拼接部件的工作温度为 $-40℃ \sim +50℃$。线阵 CCD 拼接部件中的三个主要零件(线阵 CCD、分光棱镜和金属框架)的线膨胀系数有较大的差别。在设计中应注意下面的问题:这三个零件应有自由伸缩的余地,以便分光棱镜与线阵 CCD 固定后,在温度变化时不会产生较大的应力,从而保证分光棱镜的光学成像质量,也不使线阵 CCD 的封装被破坏。但自由伸缩量又不能太大,以保证原来调整好的线阵 CCD 的拼接精度。

10.3 线阵 CCD 用于二维位置的测量[21]

本节介绍一种利用两个线阵 CCD 对物面上点的位置进行高精度二维测量的方法。

10.3.1 高精度二维位置测量系统

利用两个线阵 CCD 和球面镜与柱面镜组合成像的光学系统能够实现对物面上点的平面坐标位置进行二维测量。

1. 球面镜与柱面镜组合成像特性

在介绍高精度二维位置测量系统之前,先介绍球面镜与柱面镜组合成像的特性,这是构成线阵 CCD 光学成像系统的基础。如图 10-12 所示,球面镜焦距为 f_1,柱面镜焦距为 f_2,它们共轴且两者间的距离 l 分别小于 f_1 和 f_2。图 10-12 中,O 点是球面镜的焦点;平面 xOy 是球面镜的焦平面;M 是焦平面上的一点。M 点发出的光线通过球面镜后为一束平行光,平行光经柱面镜会聚成一条直线,这样,M 点通过球面镜与柱面镜成像为一条直线 a,直线 a 位于柱面镜的焦平面上且与柱面镜的圆柱轴线方向平行。同理,过 M 点平行于 y 轴的直线上的任意一点成的像都在直线 a 上。这样,a 到 z 轴的距离对应于 M 点的 x 轴坐标。设 a 到 z 轴的距离为 b,由透镜成像公式得出

$$\frac{b}{f_2} = \frac{OM}{f_1} \tag{10-16}$$

若取 $f_1 = f_2$,则 $b = OM$。

2. 二维位置测量光学系统

如图 10-13 所示,该光学系统由一组光学仪器组成,主球面镜、球面镜及分光棱镜共轴,分光棱镜分出两条相互垂直的光路,在两条光路轴上分别加上柱面镜,柱面镜的圆柱轴线方向相互垂直。这样,分光棱镜的引入构成了两组球面镜与柱面镜的组合,它们分别测定 x 轴和 y 轴方向的位置。为方便设计,选取具有相同焦距 f_1 的球面镜和柱面镜。

图 10-13 中,主球面镜的焦距为 f,M 为平面 xOy 上任意一点,坐标为 (x,y),物距为 d_0。M 点通过主球面镜成像于 n 点。n 点在平面 $x_1O_1y_1$ 上,像距为 d_1。n 点的坐标 (x', y') 由下面公式得出

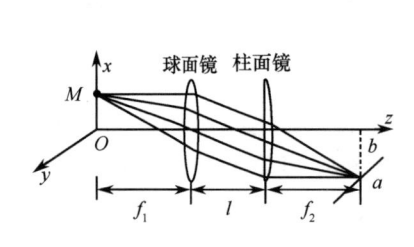

图 10-12 球面镜与柱面镜组合成像

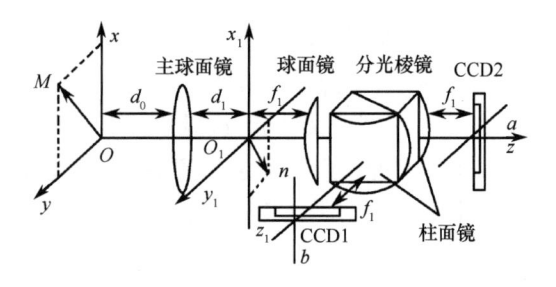

图 10-13 二维位置测量光学系统

$$\frac{1}{d_1} - \frac{1}{d_0} = \frac{1}{f'} \tag{10-17}$$

$$\frac{d_0}{d_1} = \frac{x_0}{x'} = \frac{y_0}{y'} \tag{10-18}$$

主球面镜与球面镜之间的距离为 d_1+f_1，这样像点 n 位于球面镜的焦平面上。由此可知，n 点通过球面镜、分光棱镜和两个柱面镜成像为两条直线 a 和 b。直线 a 位于柱面镜的焦平面上且与 z 轴的距离为 x_1，直线 b 位于柱面镜的焦平面上且与 z_1 轴的距离为 y_1。分别在柱面镜的焦平面上过 z 和 z_1 轴与柱面镜圆柱轴线方向垂直放置线阵 CCD1。这样，直线 a 和 b 分别与线阵 CCD2 垂直且相交，线阵 CCD2 测出直线 a 的位置 x_1，而线阵 CCD1 测出直线 b 的位置 y_1，通过式（10-18）可以求出 M 点的坐标 (x,y)。

3. 高精度二维位置测量系统[21]

高精度二维位置测量系统原理图如图 10-14 所示。

设计任务是：M 点为一点光源，它在靶面上做随机运动，靶面范围是边长为 1m 的正方形。要求精确测量 M 点的位置，测量距离为 3m，测量精度为 0.1mm。

参数选取：为满足测量精度的要求，线阵 CCD 的像元数应大于 10 000（靶面尺寸/测量精度）。选取英国 EV 公司的 12 288 像元的线阵 CCD，成像区总长为 98.3mm，工作视场边长为 1100mm（大于靶面尺寸）。通过下面一组公式可以确定主球面镜的焦距 f'、放大倍数 β_0

$$\frac{1}{f'} = \frac{1}{d_1} - \frac{1}{d_0} \quad (10-19)$$

$$\beta_0 = \frac{d_0}{d_1} = \frac{Y}{l} \quad (10-20)$$

将 $d_0 = 3000$mm 代入上式，求得焦距 $f' = 294.1$mm，像距 $d_1 = 268.1$mm。确定焦距后，还要确定镜头的孔径。孔径越大，收集的光能量越高，视场的照度也就越强。线阵 CCD 像面的照度为

$$E = \frac{\pi}{4}\left(\frac{D}{f}\right)^2 \gamma L \quad (10-21)$$

式中，γ 为透过率，L 为物面亮度（物为被激光照亮的光斑，亮度很高）。取 $\gamma = 1$，$E/L = 0.008$，则 $D = 29$mm。

选取相同焦距的球面镜和两个柱面镜。由图 10-14 可知，这样的球面镜-柱面镜组不改变像的大小。取焦距 $f'_1 = 150$mm，由式（10-19）、式（10-21）可以求出主球面镜与球面镜之间的距离为：$d_1 + f'_1 = 418.1$mm。加入分光棱镜，组成如图 10-13 所示的光学系统。线阵 CCD 放置在柱面镜的焦平面上过光轴，并分别与柱面镜的圆柱轴线方向垂直。

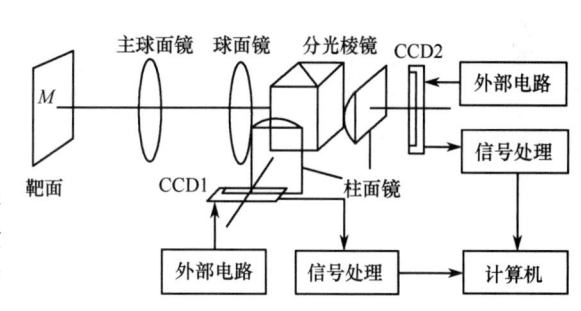

图 10-14 高精度二维位置测量系统原理图

整个测量系统的数据采集电路原理方框图如图 10-15 所示。在外部驱动电路的驱动下，线阵 CCD 输出的信号经过视频处理电路进行予处理后，送 A/D 转换器，再通过计算机总线接口送入计算机内存，在软件的支持下计算出 M 点的坐标 (x,y)。

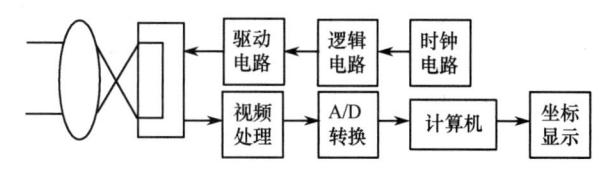

图 10-15 数据采集电路原理方框图

图 10-15 中的光学系统由主球面镜、球面镜、分光棱镜和柱面镜等光学器件构成。

10.3.2 光学系统误差分析

用线阵 CCD 实现高精度二维位置测量时，光学系统的像差对测量精度影响很大。在处理测量结果时应该考虑到像差的影响，并适当地对测量数据进行修正。

系统的成像光路展开图如图 10-16 所示。棱镜应按光路展开为平面平行平板。它不产生任何单色像差。而柱面镜只是在垂直于柱面镜的轴线方向产生像差。

通过细致地设计主球面镜与球面镜,使该光学成像系统的像差很小,从而保证了系统具有很高的测量精度。在 3000mm 远处,在 1000mm×1000mm 的测量范围内,测量精度可达到 0.1mm,即系统具有 1/10000 的分辨率。从而用两个线阵 CCD 实现了二维高精度位置测量。

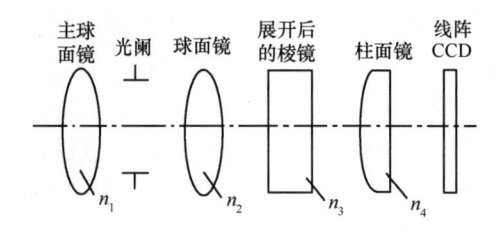

图 10-16 系统的成像光路展开图

10.4 CCD 在 BGA 引脚三维尺寸测量中的应用

20 世纪 70 年代初,荷兰飞利浦公司推出一种新的安装技术——SMT(Surface Mount Thechnology),即表面安装技术。其原理是将元器件与焊膏贴在印制板上(不通过穿孔),再经焊接将元器件固定在印制板上。

球栅阵列(Ball Grid Array,BGA)芯片是一种典型的采用 SMT 的集成电路芯片,其引脚均匀地分布在芯片的底面。这样,在芯片体积不变的情况下可大幅度地增加引脚的数量,BGA 实物图如图 10-17 所示。在安装时要求引脚具有很高的位置精度。如果引脚三维尺寸误差较大,特别是在高度方向,将造成引脚顶点不共面;安装时个别引脚和线路板接触不良,会导致漏接、虚接。美国 RVSI(Robotic Vision System,Inc.)公司针对 BGA 引脚三维尺寸测量,生产出一种基于单光束三角成像法的单点离线测量设备。摩托罗拉公司也在使用该设备。这种设备每次只能测量一个引脚,测量速度慢,无法实现在线测量。

图 10-17 BGA 实物图

另外整套测量系统还要有精度很高的机械定位装置,对成百个引脚的 BGA 芯片,测量需大量时间。应用激光线结构光传感器,结合光学图像的拆分、合成技术,通过对分立点图像的实时处理和分析,一次可测得 BGA 芯片一排引脚的三维尺寸。通过步进电机驱动工作台做单向运动,让芯片每排引脚依次通过测量系统,完成对整块芯片引脚三维尺寸的在线测量。

10.4.1 测量原理

图 10-18 所示为 BGA 引脚三维在线测量系统原理图。半导体激光器 LD 发出的光经光束准直和单向扩束器后形成激光线光源,照射到 BGA 芯片的引脚上。被照亮的一排 BGA 芯片引脚经两套由成像物镜和 CCD 摄像机组成的摄像系统采集,互成一定角度的图像。将这两幅图像经图像采集卡采集到计算机内存进行图像运算。利用摄像机透视变换模型,以及坐标变换关系,计算出芯片引线顶点的高度方向和纵向的二维尺寸。将芯片所在的工作台用步进电机带动做单向运动,实现扫描测量;同时,根据步进电机的驱

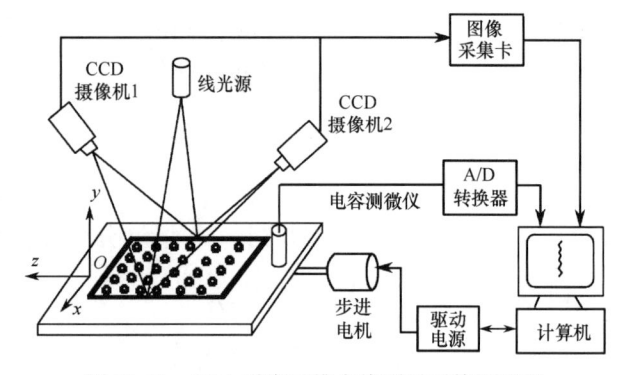

图 10-18 BGA 引脚三维在线测量系统原理图

动脉冲数,获得引线顶点的横向尺寸,从而实现三维尺寸的测量。另外,工作台导轨的直线度误差,以及由于电机的振动而引起的工作台跳动都会造成测量误差,尤其是在引线的高度方向。为此,引入电容测微仪,实时监测工作台的位置变动,有效地进行动态误差补偿。

10.4.2 数学模型

根据以上测量方案,建立测量系统的坐标示意图如图10-19所示。在光平面内建立光平面坐标系 O_1-$x_1y_1z_1$:沿垂直于光平面的方向建立 z_1 轴,则在光平面内 $z_1=0$;沿垂直于待测芯片表面的方向建立 y_1 轴;再按右手法则确定坐标系的 x_1 轴。由于光平面垂直于被测芯片表面,则光平面坐标系的坐标值可以直接反映出芯片引脚的位置信息。

设光平面与芯片引脚相交形成的圆弧线上的任一点在传感器光平面坐标系 O_1-$x_1y_1z_1$ 中的坐标为 $(x_1,y_1,0)$,在右摄像机坐标系 O_r-$x_ry_rz_r$ 中的坐标为 (x_r,y_r,z_r),在右像平面上对应的理想像点的坐标为 (x_i,y_i),实际像点为 (x_d,y_d),实际像点对应于计算机图像坐标系(即帧存体坐标系中对应的像元位置)U-V 中的坐标为 (U,V)。设主点 O 在帧存体坐标系中的坐标为 (U_0,V_0)。在 CCD 摄像机的像平面中,像元在 x_i 方向(水平方向)相邻像元中心距离为 δ_u;在 y_i 方向(垂直方向)相邻像元中心距离为 δ_v。在帧存体坐标系中,沿 V 轴方向(垂直方向)相邻像元数所代表的距离与 CCD 像平面中 y_i 轴方向相邻像元之间的中心距离 δ_v 相等。而在水平方向上则与 CCD 驱动频率和图像采集卡的采集频率有关。为此,引入不确定因子 s_x,且 $\delta'_u = s_x^{-1} \cdot \delta_u$。

根据透视变换理论,以及摄像机坐标系、光平面坐标系和帧存体坐标系之间的转换关系,可以获得光平面内待测芯片引脚上任一点 $(x_1,y_1,0)$ 与帧存体坐标系中的像元位置 (U,V) 之间的关系

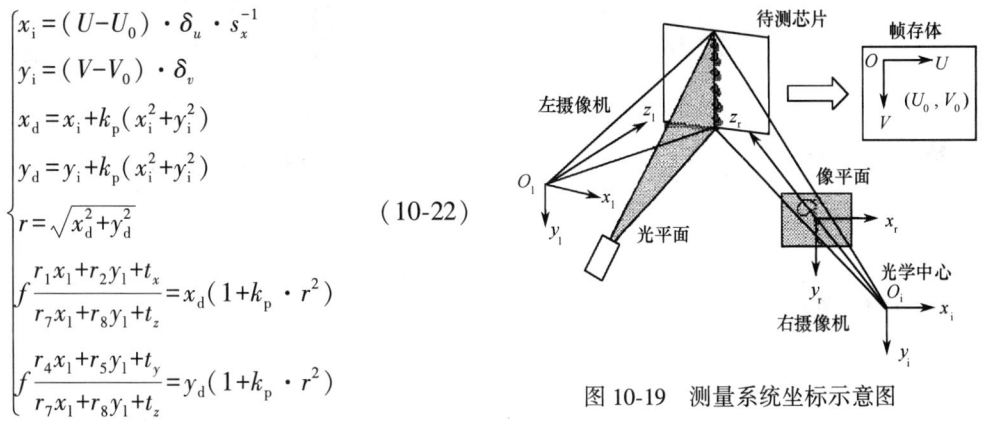

$$\begin{cases} x_i = (U-U_0) \cdot \delta_u \cdot s_x^{-1} \\ y_i = (V-V_0) \cdot \delta_v \\ x_d = x_i + k_p(x_i^2 + y_i^2) \\ y_d = y_i + k_p(x_i^2 + y_i^2) \\ r = \sqrt{x_d^2 + y_d^2} \\ f\dfrac{r_1 x_1 + r_2 y_1 + t_x}{r_7 x_1 + r_8 y_1 + t_z} = x_d(1 + k_p \cdot r^2) \\ f\dfrac{r_4 x_1 + r_5 y_1 + t_y}{r_7 x_1 + r_8 y_1 + t_z} = y_d(1 + k_p \cdot r^2) \end{cases} \quad (10\text{-}22)$$

图 10-19 测量系统坐标示意图

式(10-22)为测量系统的数学模型。其中,$(r_1,r_4,r_7)^T$、$(r_2,r_5,r_8)^T$、$(t_x,t_y,t_z)^T$ 分别为光平面坐标系 O_1-$x_1y_1z_1$ 的 x_1 轴、y_1 轴在右摄像机坐标系 O_r-$x_ry_rz_r$ 中的方向矢量及平移矢量;k_p 为摄像机镜头的畸变系数。

10.4.3 系统的标定

由式(10-22)可知,该测量系统中,需要确定的参数有系统内部参数:$k_p,s_x,\delta_u,\delta_v,U_0,V_0,f$,以及外部参数:$r_1,r_4,r_7,r_2,r_5,r_8,t_x,t_y,t_z$。

对于内部参数,应用 Tsai 的 RAC(Radial Alignment Constraint)方法求解。图 10-20 所示为标定使用的圆盘靶标。

对于外部参数,采用如图 10-21 所示的靶标,其上设置两个互相垂直的基准面。各棱相对于两个基准面的位置关系精确已知。光平面垂直投射到靶标上,与其相切,如图 10-22 所示。在光面内建立光平面坐标系 O_1-$x_1y_1z_1$,其中,x_1 轴和 y_1 轴分别平行于两个基准面。在光平面内的靶标的各棱

上取点 $p_i(x_i,y_i)$，则各点在光平面内的坐标是精确已知的，且 $z_1=0$。将各已知点 $p_i(x_i,y_i)$ 代入式（10-22），并由正交约束条件

$$\begin{cases} r_1^2+r_4^2+r_7^2=1 \\ r_2^2+r_5^2+r_8^2=1 \\ r_1r_2+r_4r_5+r_7r_8=0 \end{cases} \quad (10\text{-}23)$$

得

$$\begin{cases} r_7 \cdot x_1[k] \cdot x_i[k]+r_4 \cdot y_1[k] \cdot x_i[k]+t_z \cdot x_i[k]- \\ \quad f \cdot r_1 \cdot x_1[k]-f \cdot r_2 \cdot y_1[k]-f \cdot t_x=0 \\ r_7 \cdot x_1[k] \cdot y_i[k]+r_4 \cdot y_1[k] \cdot y_i[k]+t_z \cdot y_i[k]- \\ \quad f \cdot r_4 \cdot x_1[k]-f \cdot r_5 \cdot y_1[k]-f \cdot t_y=0 \\ r_1^2+r_4^2+r_7^2=1 \\ r_2^2+r_5^2+r_8^2=1 \\ r_1r_2+r_4r_5+r_7r_8=0 \end{cases} \quad (10\text{-}24)$$

图 10-20 圆盘靶标

其中，$k=1,2,3,\cdots,n;n\geq 3$。用最小二乘法求解上述非线性方程组，即可得外部参数。

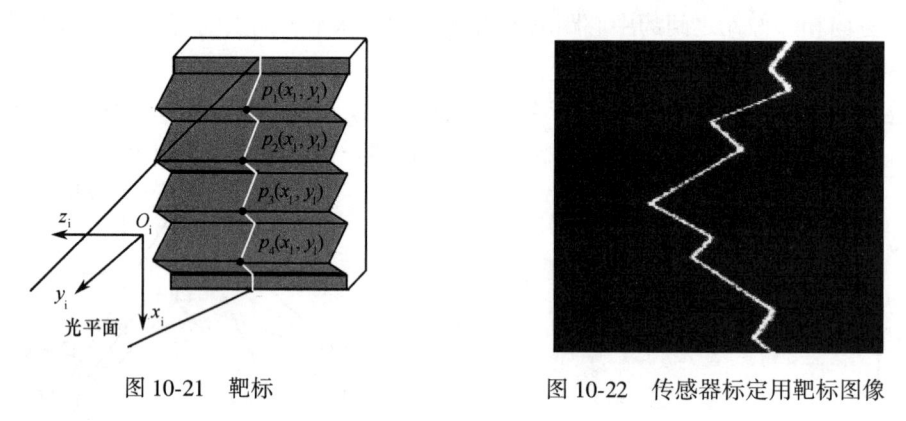

图 10-21 靶标

图 10-22 传感器标定用靶标图像

10.4.4 BGA 芯片测量实验

以 BGA 芯片为对象，利用本测量系统对其进行三维扫描测量。如图 10-17 所示，BGA 芯片的引脚数为 20×20 的周边球形阵列，其引脚间距的公称尺寸为 1.27mm，引脚高度的公称尺寸约为 0.762mm，球形引脚直径公称尺寸约为 0.635mm。

在实验设备中，CCD 采用 MINTRON 公司的 MS-368P，其像面面积为 $4.9\times3.7\text{mm}^2$，像元数为 500(H)×582(V)。摄像机镜头的相对孔径为 $D/f'=1.8$，焦距 $f'=50\text{mm}$。

光源采用美国 Edmund 科技公司带有线结构光投射头的半导体激光器（型号为 SNF-XXX-635-3），其焦距可调，波长为 635nm，线形激光的扩展角为 45°，输出功率为 3mW。

实验中，工作台沿 z_1 方向移动（见图 10-18），对芯片进行扫描测量。获得各引脚顶点的三维坐标值后，按照共面性评定方法，可求出该被测芯片的共面性。同时，还可求出各引脚顶点的高度值和间距值，以及球形引脚的直径等引脚参数。表 10-1 给出了某一排引脚的测量数据。

线形激光扫描法应用于 SMIC 引脚三维尺寸的测量，在理论上和实验上都得到了满意的结果，为实现在线测量提供了方法和理论依据，具有广阔的应用前景。

表 10-1 某一排引脚的测量数据

引脚编号	坐标值			高度	直径	引脚编号	坐标值			高度	直径
	x	y	z				x	y	z		
1,1	8.001	2.230	0.2605	0.759	0.632	1,11	20.729	2.202	0.2605	0.729	0.621
1,2	9.273	2.228	0.3126	0.757	0.630	1,12	22.015	2.237	0.2605	0.766	0.639
1,3	10.546	2.237	0.3126	0.766	0.639	1,13	23.275	2.228	0.3126	0.757	0.630
1,4	11.817	2.241	0.3126	0.770	0.638	1,14	24.571	2.230	0.2605	0.759	0.632
1,5	13.095	2.237	0.2605	0.766	0.639	1,15	25.839	2.241	0.2605	0.770	0.638
1,6	14.349	2.230	0.2605	0.759	0.632	1,16	27.099	2.237	0.3126	0.766	0.639
1,7	15.638	2.237	0.3126	0.766	0.639	1,17	28.384	2.237	0.3126	0.766	0.639
1,8	16.907	2.230	0.2605	0.759	0.632	1,18	29.652	2.202	0.3126	0.729	0.621
1,9	18.169	2.228	0.3126	0.757	0.630	1,19	30.925	2.230	0.2605	0.759	0.632
1,10	19.469	2.230	0.3126	0.759	0.632	1,20	32.202	2.202	0.2605	0.729	0.621

10.5 线阵 CCD 用于平板位置的检测

利用准直光源(准直的激光或白光光源)和具有成像物镜的线阵 CCD,就可以构成测量平板物体在垂直方向上的位置或位移的测量装置。这种装置结构简单,没有运动部件,测量精度高,与计算机接口可实现多种功能,因而被广泛地应用于板材的在线测量技术中。

10.5.1 平板位置检测的基本原理[21]

平板位置检测原理图如图 10-23 所示。由半导体激光器 1 发出的激光束经聚光镜 2 入射到被测面 3 上,设入射光线与被测面法线的夹角 α 为 45°,成像物镜 4 的光轴与被测物表面法线的夹角也为 45°,即线阵 CCD5 的像平面平行于入射光线。

设成像物镜的焦距为 f,物距为 l,被测物的底面或初始位置为 z_0,像距为 l',初始光点在线阵 CCD 上的像点位置为 x_0(为了获得对称的最大检测范围,x_0 取在线阵 CCD 的中心)。当物体表面在垂直方向上的位置发生变化时,光点的位置将产生位移,光点的像在线阵 CCD 像面上的位移为 Δx。根据物像关系可以求出平板位置的变化

$$\Delta z = \frac{(N-N_0)l_0}{\beta}\cos\alpha \qquad (10-25)$$

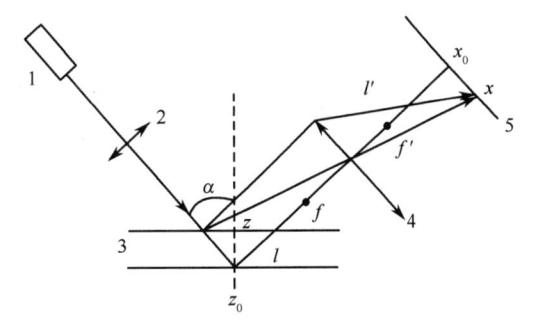

图 10-23 平板位置检测原理图

式中,N_0 为校准时像点中心在线阵 CCD 像面上的像元值,即光点像初始位置值 x_0(最佳位置设置在线阵 CCD 像元阵列中心);N 为像点移动后的位置值;l_0 为像元中心距;β 为光学系统的横向放大倍率;α 为入射光线与被测面法线的夹角(入射角)。

10.5.2 平板位置检测系统

平板位置检测系统原理框图如图 10-24 所示。强度可调的半导体激光器(激光光源)发出一束激光,经准直光学系统成为一束准直光,入射到被测平面物体的表面上,产生一个光斑;光斑经成像物镜

成像在线阵 CCD 像面上。载有光斑信息的视频信号经 A/D 转换器送入计算机系统。计算机将从内存的数据中分析并计算出被测平面上的光强分布,送给激光驱动器,对半导体激光器的光强进行调整,以便保证计算机能更精确地从内存数据中分析、计算出光斑中心在线阵 CCD 像面上的位置。当工作台沿垂直方向运动时,通过计算光斑中心在线阵 CCD 像面上的位置,再根据式(10-25)计算出平板物体的位置或工作台的位移。因此该装置也能计算出物体厚度的变化,实现对平板物体厚度变化量的测量。如果测量结果超出预先规定好的厚度值(超差),可以声光报警方式发出警报。

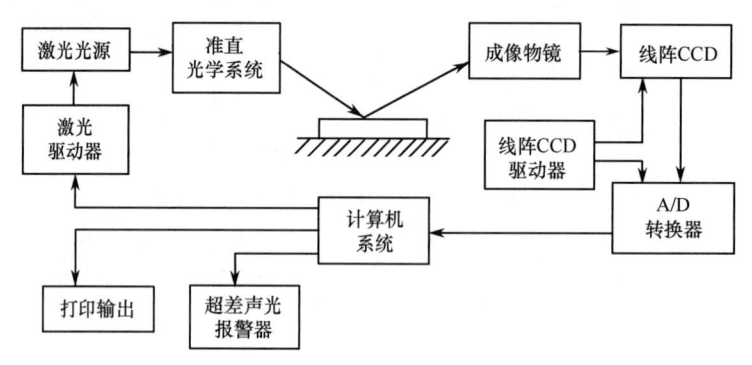

图 10-24 平板位置检测系统原理框图

如果被测物面为液面,则可以用此方法测量液面高度的变化量,由此可以进一步对容器内溶液的容量进行测量、控制。

10.5.3 测量范围与测量精度

(1) 测量范围

由图 10-23 可以看出,平板位置测量系统相当于倾斜放置的物体尺寸测量系统。根据式(10-25),当选用 TCD1206SUP 时,像元数为 2160,基准点取为 1080 像元,即 N 的最大值为 2160,$N_0=1080$,像元中心距为 14μm,$\alpha=45°$时,测量范围应为 $\Delta z=\pm\dfrac{10.69}{\beta}(\mathrm{mm})$,测量范围与光学系统的横向放大倍率 β 成反比。又由于 β 为像距与物距之比,即 $\beta=l'/l$,所以适当地调整物、像距,可以得到较为满意的测量范围。当然,测量范围与所选用的线阵 CCD 的像元数和中心距有关。为此,选用更长的像元阵列器件,不但能获得更大的测量范围,也可以提高测量的相对精度。

由式(10-25)与图 10-23 可以看出,减小 α 可以扩大测量系统的测量范围,但是测量精度将有所降低。

(2) 测量精度

① 弥散斑中心位置引起的误差

激光束经准直透镜准直后,入射到被测物体表面,经成像物镜成像在线阵 CCD 的像面上,但由于激光束的斜射,所以所成的光斑必然为椭圆斑(弥散斑)。椭圆斑成像在像面上,输出如图 10-25 所示的视频信号。若光的强度较强,则使线阵 CCD 出现饱和现象,输出的视频信号如图中虚线所示,这将引起像元中心位置的偏移,直接引起测量误差。而且线阵 CCD 的饱和电荷的溢出是单方向的,溢出引起像元中心的偏移程度与饱和深度有关。要克服中心偏移的问题,就必须使线阵 CCD 不能进入饱和区。在不饱和的情况下,精确判断像的中心位置,是提高测量精度的关键。可以通过引入细分技术使像的

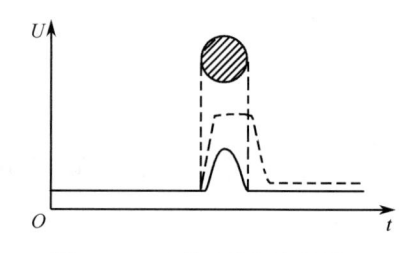

图 10-25 弥散斑的视频信号

中心位置判断精度提高到几分之一像元。但是,必须保证光源的稳定和成像光学系统的分辨率,否则是不可靠的。一般情况下,一个像元的分辨精度是不难实现的。

判断像的中心位置的方法很多,可以将视频信号经二值化处理,并获得前沿 N_1 和后沿 N_2 的值,则中心位置为 $N=\frac{1}{2}(N_1+N_2)$。也可以通过 A/D 数据采集后用一维找重心的方式找到中心位置。这样找到的中心位置,因弥散斑所引起的误差,可以通过标定的方法进行补偿。

② 光学系统放大倍率的误差

光学系统的放大倍率与像距和物距有关。系统装调直接引起物距和像距的变化。将物距和像距调到所设计的 β 值往往是很困难的。因此,可以将其调到接近于设计值,然后利用 $\beta=Y'/Y$,即像高与物高之比作为实测 β 值,进行计算。

③ 入射角 α 引起的测量误差

将式(10-25)对 α 求微分,得到

$$|d(\Delta z)|=\frac{(N-N_0)l_0}{\beta}\sin\alpha d\alpha \tag{10-26}$$

由式(10-26)可见,α 的大小会影响测量精度,α 的变化会影响测量系统的稳定度。当 $d\alpha$ 不大时,所引入的误差是可以接受的。作为测量仪器,牢固的支撑对测量数据的稳定是非常重要的。因此,仪器装调好后一定要锁定,确保入射角不会发生太大的变化。

10.6 利用线阵 CCD 非接触测量材料变形量[20]

一般的材料试验机常用接触式的刀口引伸计来测量材料在拉伸过程中的变形量。在材料的拉伸过程中,由于刀口与被测件之间的摩擦会产生相对运动,必然产生测量误差。例如,在测量金属材料时,常因为在测量过程中刀口的磨损而影响测量精度,特别是当材料断裂时所产生的震动和冲击会使刀口报废。在用接触式引伸计测量材料变形量时,必须在材料断裂之前将引伸计卸下来,以免损坏刀口引伸计。故无法对材料拉伸的全程进行测量。利用线阵 CCD 测量变形量,其优点在于非接触、无磨损、不引入测量的附加误差,测量精度高,能够测量材料拉伸变形的全过程,特别是能够测量材料在断裂前后的应力应变曲线,从而能够测得材料的各种极限特性参数。

10.6.1 材料变形量的测量原理

用线阵 CCD 非接触测量材料变形量的原理图如图 10-26 所示。图中光源发出的均匀光线将标有标距的被测材料照明,被测材料上的标距信号通过成像物镜成像在线阵 CCD 的像面上,当材料被拉伸变形时线阵 CCD 像面上的标距像也在变化,线阵 CCD 将标距像信号转变成电信号,并通过处理电路提取出标距像的间距变化量,再根据成像物镜的物像关系,就可以计算出被测物的变形量。

(1) 信号的提取

在该系统中被测材料(试件)同时受到 X(横向)和 Y(纵向)两个方向的拉力,产生两个方向的变形。因此,系统采用两个拉力传感器,分别测量两个方向的拉力。采用两个线阵 CCD 摄像头,同时进行两个方向上的变形量的测量。首先在被测材料的两侧分别画出 X 方向和 Y 方向的双条标距标记,如图 10-27 所示。由于被测材料为黑色橡胶,故采用白色的平行条作为标距标记,拉伸时这两个白色标记均随着被测材料的不断变形而被拉开。在被测材料的两侧分别安装两个同步驱动的线阵 CCD 摄像头,它们分别摄取 X 方向和 Y 方向白色标距信号,并将其输出的载有白色标距宽度信息的视频信号送入具有细分功能的二值化数据采集卡。二值化数据采集卡将所采集的两白条

间距的宽度数据送入计算机内存,从而获得被测材料在两个方向上的变形量。

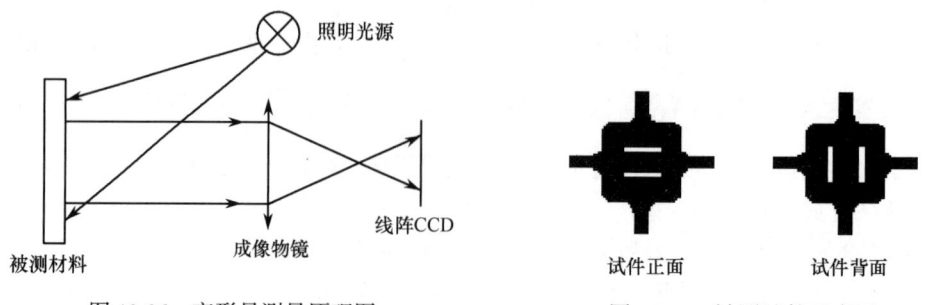

图 10-26 变形量测量原理图

图 10-27 被测试件示意图

(2) 材料拉力-变形量的测量

材料拉力-变形量的测量(应变测量)原理方框图如图 10-28 所示。材料拉伸过程中,被测材料在 X、Y 两个方向上均加载荷,产生变形,载荷量用压力传感器输出的电压量表示,通过 12 位 A/D 采集卡送入计算机;而变形量的测量是将被测材料上的标距信号通过成像物镜成像在线阵 CCD 的像面上,从而形成如图 10-29 所示的二值化输出波形 U_0(U_0 信号的中心距即为标距像的间距)。通过处理电路产生标距的边沿数字信号并送入计算机,计算出各个标距信号中心距的值,在 X 方向上的两个标记中心的差为 X 方向上的变形量。同理也可获得 Y 方向上的变形量。再经计算机软件处理便可以获得被测材料的应力与变形量的关系曲线。

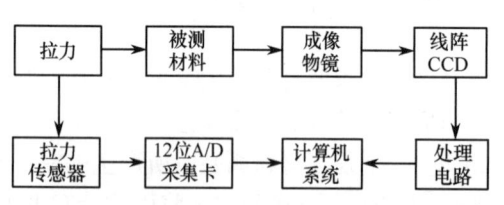

图 10-28 材料拉力-变形量的测量原理方框图

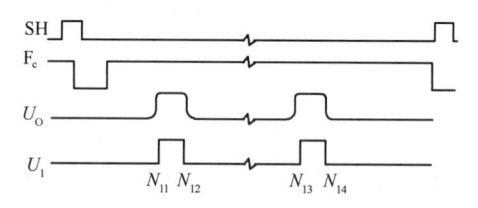

图 10-29 二值化输出波形

(3) 二值化数据采集

应力应变测量的二值化数据采集系统在 X 方向与 Y 方向上的测量原理相同。现以 X 方向为例来说明 X 方向变形量的测量原理。在如图 10-29 所示的二值化输出波形中,SH 为线阵 CCD 的转移脉冲;F_c 为行同步脉冲,它的上升沿恰与线阵 CCD 输出的第一个有效像元信号同步;U_0 为线阵 CCD 的视频输出信号,U_0 经过二值化处理后,输出方波脉冲信号 U_1。U_1 的上升沿与下降沿分别为线阵 CCD 像面上标距像的两个边沿,即 N_{11} 与 N_{13} 为像的黑白边沿,而 N_{12} 与 N_{14} 为像的白黑边沿。利用二值化数据采集电路,将 N_{11},N_{12},N_{13},N_{14} 采集并存入计算机内存。在计算软件的支持下计算出 X 方向上两个标距间的中心距为

$$L=\frac{(N_{14}+N_{13}-N_{11}-N_{12})L_0}{2\beta} \quad (10\text{-}27)$$

式中,L_0 为线阵 CCD 像元的尺寸,β 为光学系统的横向放大倍率。

系统的测量范围也可由式(10-27)得到。由图 10-29 可以看出,N_{11} 的最小值应大于 2,而 N_{14} 应小于线阵 CCD 有效像元的最大值,再考虑两条标距线的宽度和 β,就可以确定测量范围。拉力传感器感受拉力的变化,经 12 位 A/D 数据采集、量化后,送入计算机内存,再经过计算机处理,得到如图 10-30 所示的应力应变曲线。可以看出,随着拉力的增大,两个方向的变形量逐渐增大,当拉力增大到一定程度时,变形量达到最大值。拉力再增大,曲线突然返回,出现拐点,此时材料已被拉

断,拉力被释放。因而采用该系统能够测量出材料所能承受的最大拉力和材料临近拉断时的应力应变关系。

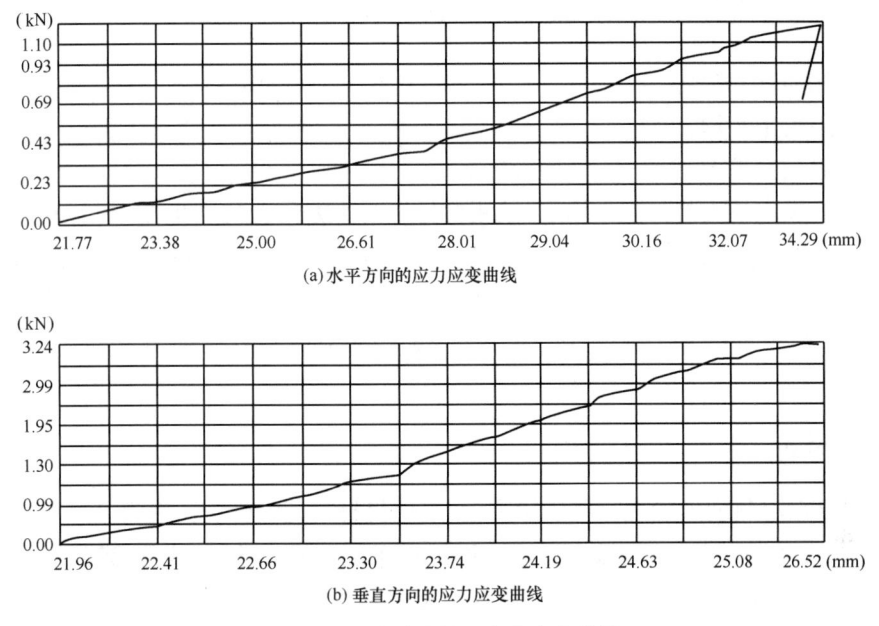

图 10-30 被测材料的应力应变曲线

由图 10-30 可以看出,水平方向上发生断裂时的变形量接近于 34.5mm,拉力接近于 1.2kN;而垂直方向上发生断裂时的变形量接近于 26.8mm,拉力却大于 3.2kN。这是因为被测件在垂直方向上有加强线,而水平方向上没有。

10.6.2 测量范围与测量精度

该测量系统采用 TCD1500C 线阵 CCD,它具有 5340 个像元,像元的尺寸为 $7\mu m \times 7\mu m$,像元中心距亦为 $7\mu m$。因此,在不考虑细分的情况下,其绝对测量精度为 $(7/\beta)\mu m$。采用二细分,测量系统的分辨率可达到 $(7/2\beta)\mu m$,测量范围可达到 $(37.38/\beta)mm$,其中 β 为光学系统的横向放大倍率。$\beta = 0.35$,其分辨率可达到 $10\mu m$,测量范围超过 100mm。测量精度也会受到以下一些因素的影响。

(1) 光照强度变化的影响

当光照强度发生变化时,线阵 CCD 的输出信号 U_0 的幅度将发生上下浮动,固定阈值二值化处理电路的输出脉冲 U_1 的宽度将发生变化。当光照增强时,U_1 的脉冲宽度将变宽,但只要线阵 CCD 不工作在饱和状态,U_1 的变宽不会影响中心位置的测量。如果线阵 CCD 处于饱和工作状态,因为饱和溢出具有方向性,会使中心位置的测量产生偏移。

(2) 光学系统畸变的影响

在测量前,在黑色橡胶上做出白色的标记。测量开始时,标记通过光学系统的中心成像。随着被测材料的不断拉伸,白色标记越来越远离视场中心。若光学成像系统存在畸变,它在不同视场有着不同的放大倍率,随着视场的变化放大倍率也在变化,这必将影响测量的精度。解决的方法是,可以通过现场多次标定来动态地确定光学系统的 β 值,以修正测量结果;或者采用畸变尽可能小的光学成像系统。

10.6.3 现场测试结果

试验材料:黑色纵向加线橡胶;
试样数量:10;
试样尺寸:30mm×20mm;
试样几何形状:十字形;
加载速率:纵向速率10cm/s,横向速率50cm/s。

在横向拉力、纵向拉力的共同作用下,被测材料在两个方向上均产生变形,其变形量分别由两个方向的线阵CCD非接触测量并采集到计算机,获得如图10-30所示的曲线。可以看出,当水平拉力≥1.112kN时,材料将发生断裂。材料一旦断裂,拉力立即减小(由1.112kN变为0.732kN),变形量增大到33.733mm。同时垂直方向的拉力>3.223kN时,也发生断裂,拉力由3.223kN突变为0.029kN。

10.6.4 讨论

用线阵CCD对材料变形量进行非接触测量,是现代材料试验机的发展趋势。它必将取代现有的刀口式电阻应变器的引伸计,而被广泛地应用于材料试验机。然而,线阵CCD所构成的变形测量仪的测量范围与测量精度的矛盾是这项技术的关键。在要求高精度和大范围测量的情况下,应采用线阵CCD的拼接技术,合理地设计光学测量系统。也可以制成测量范围为80mm,测量精度高达1μm的拉伸变形量测量系统。

10.7 利用线阵CCD非接触测量物体的振动[20]

振动测量与试验一直是工程技术领域非常重视的课题,对于航空航天、动力机械、交通运输、军械兵器、能源、土木建筑、电子、环境保护等领域尤为重要。振动直接影响机器(或结构)运行的稳定性、安全性和人体感觉的舒适性;直接影响生产的有效性和精确性。例如,对于中距离的交通运输工具来说,随着我国国民经济的发展和火车运行速度的提高,对铁路提出了新的更高要求。铁轨受到机车的激励会产生受迫振动,当振动量级过大时会使铁轨产生裂纹、疲劳、断裂、接触面磨损、紧固件松动,从而提前报废,严重时甚至会造成车毁人亡的惨痛事故。在机车行车过程中对铁轨的振动状况进行现场在线检测已成为铁路部门的重要课题。现有的铁轨振动测量常采用电阻应变片进行接触式测量。这种测量方法精度低、误差大,且测试手段烦琐。

本节介绍采用线阵CCD对铁轨的振动进行非接触测量的方法,该方法也适用于桥梁等构件振动的非接触测量。将光学、电子学、线阵CCD与微机数据处理技术相结合,克服了接触式测量方法的缺点,能同时测量任意五点的振动,具有造价低、灵敏度高、安全性好等优点。

10.7.1 振动测量原理

图10-31所示为采用线阵CCD进行铁轨振动测量的原理图。将贴在铁轨外侧的黑底白条图案(合作目标)经光学成像物镜成像到线阵CCD的像面上。

SH为线阵CCD的转移脉冲,该脉冲常用作行同步信号,完成线阵CCD与计数器的同步控制。在SH作用下,线阵CCD输出如图10-32所示的信号U_0。U_0经二值化电路处理后得到二值化方波脉冲输出,脉冲的前沿对应于黑白边N_1,而后沿对应于白黑边N_2。白条中心$N(t)$为

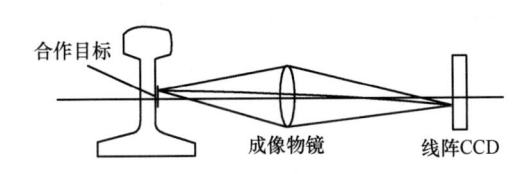

图 10-31 铁轨振动测量原理图

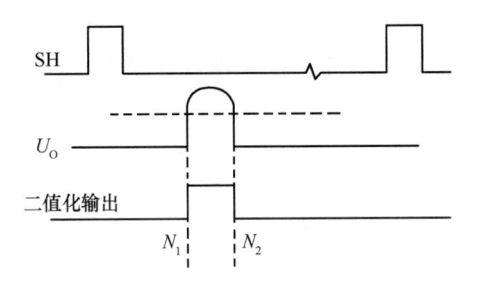

图 10-32 铁轨振动测量波形图

$$N(t) = \frac{N_1 + N_2}{2} \tag{10-28}$$

设铁轨在没有受到机车冲击时的初始($t=0$ 时)位置为 $N(t)=N_0$,当铁轨受激振动时($t \geq 0$),铁轨上的白条图像在线阵 CCD 的像元阵列上做上、下振动。当线阵 CCD 的积分时间远小于铁轨振动周期时,线阵 CCD 不断地输出白条像在 CCD 像面上不同位置的视频信号 U_0。将 U_0 经二值化处理电路得到每个积分时间的二值化方波信号,并经二值化数据采集电路得到该积分时间的铁轨位置 $N(t)$。$N(t)$ 与铁轨的时间位移量 $S(t)$ 的关系为

$$S(t) = (N(t) - N_0) l / \beta \tag{10-29}$$

式中,l 为线阵 CCD 两相邻像元的中心距;β 为光学成像系统的横向放大倍率。

β 可以通过已知的白条宽度 W 随时进行标定

$$\beta = l(N_2 - N_1)/W \tag{10-30}$$

将式(10-28)与式(10-30)代入式(10-29),得到

$$S(t) = \frac{[N_1 - N_1(0)] + [N_2 - N_2(0)]}{2(N_2 - N_1)} W \tag{10-31}$$

连续采集一段时间,得到一系列 $S(t)$ 的值,将这些值按时间段(CCD 的积分时间)展开,便得到铁轨振动波形图。

10.7.2 振动测量的硬件电路

振动测量的硬件电路原理方框图如图 10-33 所示。载有黑底白条信息的视频信号 U_0 经二值化处理,输出如图 10-32 所示的方波脉冲。将此方波脉冲分两路送出,一路直接送至锁存器 1 的锁存输入端,另一路经反相器送至锁存器 2 的锁存输入端。锁存器 1 和锁存器 2 的数据输出端并联到计算机的数据总线端口上。由于锁存器的锁存控制是上升沿有效的,所以锁存器 1 锁存的是二值化方波脉冲的前沿 N_1 的值,而锁存器 2 锁存的是二值化方波脉冲的后沿 N_2 的值。计算机通过软件将两个锁存器所锁存的值分时送入内存,便得到了 N_1 的值和 N_2 的值。这两个锁存器的数据均来自于计数器,而计数器的输入脉冲为驱动器输出的像元采样脉冲 SP,计数器任意时刻的输出

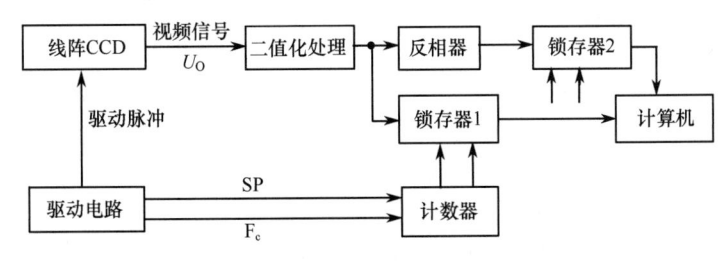

图 10-33 振动测量的硬件电路原理方框图

数值等于该时刻线阵 CCD 输出的像元位置数。计数器的复位由驱动器的行同步控制脉冲 F_c 完成。这样,在一个行周期中计数器所计得的最大数值 N_{max} 应小于等于 CCD 有效像元数。在一个行周期中的任一时刻所计的值为 N_i,只要 N_i 小于有效像元数 2160, N_i 的值就代表了目标像的边界(U_0 的变化边沿)在这一时刻处于第 N_i 像元的位置上。

10.7.3 软件设计

本软件的主要功能是把存储在锁存器中的位置信息实时地送入内存进行处理,并为用户提供良好的人/机对话界面。因此,程序采用图形菜单界面,具有标定、数据采集、数据显示、打印等功能。同时,由于程序运行的实时性要求,必须保证读写端口的操作与保存数据的周期不大于线阵 CCD 行扫描周期,所以在内存中开辟了一个大的数据区,将读出的数据保存在内存中,在程序运行完成后再写入硬盘保存。由于只考虑列车通过的时间段与线阵 CCD 工作频率等参数,所以选用 2MB 的内存空间就能够满足要求。下面简要介绍软件运行过程。数据采集的主程序流程图如图 10-34 所示。

程序设置的屏幕显示方式为图形方式,显示主操作界面,根据用户要求选择调用相应的模块。当进行数据采集时,程序先对硬件电路进行初始化,硬件电路便在驱动器同步脉冲的控制下进行二值化数据采集工作。当一行数据采集完成后,计数器的输出端口处于高电平。查询软件通过读数端口查询计数器是否计满 2048。如条件不满足,则继续查询;如条件满足,说明线阵 CCD 的一个积分周期已经结束,计算机执行读数据总线(DB)端口的操作,便把锁存器中的数据读入计算机内存。而硬件逻辑电路将在行同步脉冲 F_c 的作用下复位,计数器、锁存器等逻辑电路又开始下一个积分周期的数据采集。计算机读数操作是在线阵 CCD 有效像元信号输出完成到下一行数据采集开始之前完成的。这样,既不耽误信号的数据采集工作,又可以在线阵 CCD 输出信号的同时,计算机进行数据处理与运算,将上一周期中被测物体的中心位置计算出来。计算机完成读数据端口操作与计算操作后,返回到查询状态,进行下一周期的采集与计算工作。C 语言程序如下:

```
re2:
    t = inportb(0x357);
    if(t <= 127) goto re2;
    for(i = 0; i < 5; i++)
    {
        data[i] = inportb(0x340+i*4);
        yy[i] = inporrtb(0x341+i*4);
        yy[i] = (yy[i]&0x0007);
        data[i] = yy[i]*256+data[i];
    }
```

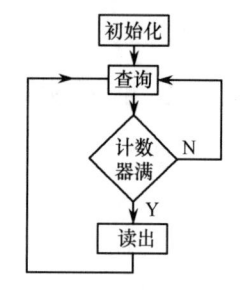

图 10-34 主程序流程图

10.7.4 振动台测试结果

为了标定和检验铁轨振动的测量仪器,将黑底白条标志贴在标准的液压振动台上,它可以产生已知振幅和频率的正弦波振动。

图 10-35 所示为用铁轨振动测量仪测试所得到的振动波形。经数据分析,该仪器的振幅测量范围为 0.1~200mm,测量精度优于 0.1mm。

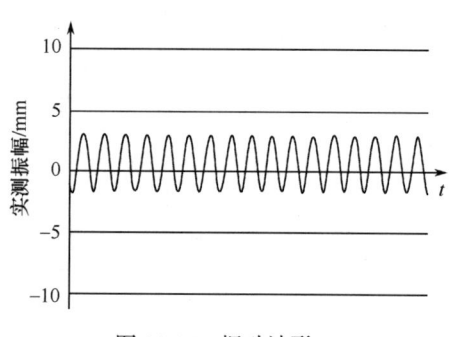

图 10-35 振动波形

测试表明,该仪器具有测量速度快、测量精度高、抗干扰能力强、性能稳定可靠,以及对被测物体没有机械、电、磁等扰动,可适应于多种现场振动检测的需要,是一种值得推广的非接触测量振动的方法。

振动频率的测试,受到线阵 CCD 积分时间的影响。在测量较高振动频率的情况下,应尽量选择更高速度的线阵 CCD,或者选用像元数较少的线阵 CCD,以便缩短每次测量的时间段,获得更高分辨率的振动波形。

10.8 线阵 CCD 用于高精度细丝直径的测量

在现代工业生产中,存在着大量细丝直径的测量问题。由于测微仪等接触测量会引起被测细丝产生形变,工业生产上常用电阻法和称重法测量。这类方法测量精度低,而且只能测量某一段细丝的平均直径。涡流法虽然也是一种非接触测量方法,但它受环境的影响比较严重。更不能测量被测细丝的不圆度和不均匀性。近年来由于激光技术的应用,出现了激光扫描测量法和投影放大法,虽然也实现了非接触测量,但测量精度不高。利用线阵 CCD 测量激光对细丝的衍射条纹,经过低通滤波处理、高速 A/D 数据采集后,送入计算机,通过软件计算获得细丝直径的值,是理想的非接触测量细丝直径的方法。

10.8.1 测量原理

图 10-36 所示为细丝激光衍射测量系统原理图。氦氖激光器射出的激光束入射到被测细丝上,在距细丝一定距离处产生如图 10-36 中所示的衍射条纹。线阵 CCD 接收衍射条纹,产生与之相应的输出信号(如图 10-37 所示),经滤波放大,再经过 A/D 转换成数字量,送入计算机进行计算和处理。

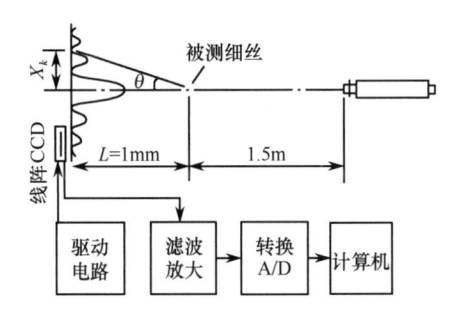

图 10-36 细丝激光衍射测量系统原理图

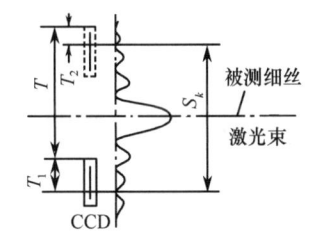

图 10-37 细丝衍射输出信号

根据远场夫朗禾费(Fraunhofer)衍射公式可得

$$d = k\lambda/\sin\theta = k\lambda\sqrt{1+(L/X_k)^2} \quad (10\text{-}32)$$

式中,d 为被测细丝直径;k 为暗条纹的级数;λ 为激光波长(632.8nm);L 为被测细丝到线阵 CCD 的距离;X_k 为第 k 级暗条纹到中央亮条纹中心的距离;θ 为被测细丝衍射的第 k 级暗条纹连线与光线主轴的夹角。

当 θ 很小时,由于 $\sin\theta = \tan\theta = X_k/L$,则 $d = k\lambda L/X_k$。全微分可以找到各个误差源:

$$\Delta d = \frac{kL}{X_k}\Delta\lambda + \frac{k\lambda}{X_k}\Delta L + \frac{L\lambda}{X_k^2}\Delta X_k \quad (10\text{-}33)$$

由于 $\Delta\lambda$ 的检测精度较高,第一项可以忽略,所以用激光衍射方法测量细丝的精度在于提高 L 和 X_k 的测量精度。采用空间分辨率较高的线阵 CCD 测量 X_k 的值,是细丝测量的关键。

10.8.2 测量系统

测量系统采用线阵 CCD(TCD1206SUP),其像元尺寸为 $14\mu m \times 14\mu m$,中心距为 $14\mu m$,像元阵列总长为 30.24mm。它将呈于其上的光强空间分布转变为时序电压信号输出,经滤波、放大及 A/D 转换,成为 12 位的数字信号,送入计算机进行处理。

由于线阵 CCD 的有效长度不足以将衍射条纹覆盖,而将线阵 CCD 安装在阿贝比长仪的工作台上,通过移动工作台移动,获得如图 10-37 所示的第 k 条暗纹的间距 S_k,即

$$S_k = 2X_k = T + T_1 - T_2 = T + (N_{1k} - N_{2k})l_0 \tag{10-34}$$

式中,T 为阿贝比长仪工作台移动的距离;N_{1k} 与 N_{2k} 分别为两次读得的左右第 k 条暗纹在线阵 CCD 上的位置,l_0 为像元间距。

L 则由一根经测长机标定后的端棒测量。注意,计算时应考虑线阵 CCD 表面保护玻璃,以及玻璃至像面的空气层厚度。最后将 L 与 X_k 代入式(10-32),便可以测得细丝的直径 d。

10.8.3 数据处理系统

在通常情况下,用固定阈值法对线阵 CCD 输出的视频信号进行二值化处理,得到与衍射波形对应的方波脉冲,用计脉冲数的方法确定暗纹的位置。由于衍射光强函数相对于暗条纹的不对称性,使读数产生误差。降低阈值电平虽然可以减小这一误差,但这样又使线阵 CCD 的输出噪声引起的误差变大。用多次平均的方法可以得到改善。实验证明,平均次数达到 10~20 后,改善就非常有限了。另外,光强等因素的变化使相对阈值电平变化,杂散光、灰尘及线阵 CCD 像元的不均匀性等都会使衍射图样失真,这些都不利于细丝的高精度测量。为此,本系统采用一个多项式,以最小二乘条件对平均后的衍射图样进行拟合处理,求出拟合曲线的最暗点坐标,确定 X_k 的值。由于线阵 CCD 的有效像元长为 30.24mm,通常一次可以接收数个暗纹,即 X_k 中的 $k=2\sim7$。根据设定的细丝直径 d,所得到的理论计算值 X'_k 与实测值 x_k 相比较,再按最小二乘条件便可以得到 d。该方法有以下几个优点:

(1) 没有阈值电平法的对称性假设引入的误差;
(2) 阈值电平法的最高分辨率受线阵 CCD 像元中心距的限制,而该方法不受此限制;
(3) 一次参与运算的像元数有 400~1000 个,充分利用了线阵 CCD 的大量数据信息,使得诸如噪声、杂散光、灰尘等因素引起的误差大为减小。

10.8.4 测量系统的误差分析

(1) 光学原理误差

因为本系统只是近似满足夫朗禾费衍射,因此有必要讨论此项误差。用瑞利-索默菲衍射公式在照明光束远大于细丝直径的假设下,得到的衍射光强为

$$I = \left[\int_{-\frac{d}{2}}^{\frac{d}{2}} \frac{1}{r^2} \cos\frac{2\pi}{\lambda}\left(\sqrt{(X_0-X_1)^2-L^2}-L\right)dx_1\right]^2 + \left[\int_{-\frac{d}{2}}^{\frac{d}{2}} \frac{1}{r^2}\sin\frac{2\pi}{\lambda}\left(\sqrt{(X_0-X_1)^2-L^2}-L\right)dx_1\right]^2 \tag{10-35}$$

式中,d 为细丝直径,L 为细丝到屏的距离;λ 为光波波长;X_0 为接收屏上的横坐标;X_1 为细丝的横坐标。

由式(10-34)经数值计算求得 X'_k 的值($k=0,1,2,\cdots$)。而对夫朗禾费衍射,有

$$X_k = k\frac{\lambda}{d}\frac{L}{\sqrt{1-\left(k\dfrac{\lambda}{d}\right)^2}} \tag{10-36}$$

将 X'_k 与 X_k 加以比较,可以得到式(10-36)的近似程度。计算结果表明,当 $L \geqslant 0.5\text{m}, d = 20 \sim 200\mu\text{m}$ 时,式(10-36)与式(10-35)的差异均在 10^{-5} 以下。

(2) 系统误差

系统误差主要包括被测细丝到线阵 CCD 的距离 L 的测量误差、线阵 CCD 像元的几何位置误差、系统内各器件的几何位置误差、A/D 及数据处理的误差和阿贝比长仪的测量误差等。其值为

$$\sigma = 2.3 \times d \times 10^{-4} (\mu\text{m})$$

式中,d 为被测细丝的直径。

(3) 偶然误差

影响该误差的主要因素包括线阵 CCD 噪声、空气扰动、灰尘散射及电源、光强等。实验表明,其中线阵 CCD 噪声影响最大,而且随温度的降低而减小。

(4) 偏振光的影响

实验表明,当用无偏振激光测量时,对于不同材料的细丝将会有 $0.1 \sim 0.4\mu\text{m}$ 的偏差,因而本系统采用偏振激光测量。

(5) 线阵 CCD 像元灵敏度不均匀误差

此项应属系统误差。实测时使暗条纹落在线阵 CCD 的不同位置上,进行多次测量,因而可以把它当作偶然误差处理。由于采用曲线拟合法,所以此项误差影响不大。当然,如有条件也可以事先测出像元灵敏度的差异,再进行适当的修正。

图 10-38 所示为 $\sigma\text{-}T$ 曲线。图 10-39 为 $\sigma\text{-}d$ 曲线。

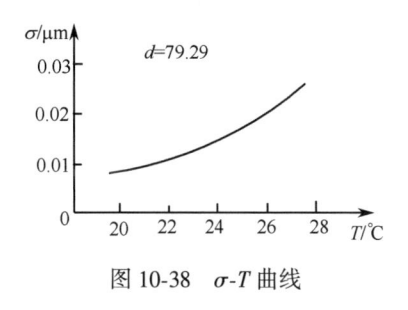

图 10-38　$\sigma\text{-}T$ 曲线

图 10-39　$\sigma\text{-}d$ 曲线

10.8.5　讨论

(1) 由误差分析可知,本系统提供了一种高精度测定细丝直径的方法。

(2) 由于曲线拟合法充分利用了线阵 CCD 信息量大的特点,减小了器件噪声和灵敏度差异的影响,所以有效地提高了测量精度。

(3) 误差分析表明,当细丝直径较粗时,系统误差占主要部分;当细丝直径较细时,线阵 CCD 的噪声和像元的灵敏度差异是误差的主要原因。

(4) 无偏振激光将给细丝带来约 $0.1 \sim 0.4\mu\text{m}$ 的误差,这在高精度测量较细的细丝直径时往往不能忽略。

(5) 本系统需要高速 A/D 转换器与之相配合。计算机的工作量也比较大。

10.9 用线阵CCD自动测量透镜的曲率半径[24]

在透镜生产过程中,对透镜曲率的测量通常借助于牛顿环,用读数显微镜进行测量。这种方法效率低,费时费力,且测量时人为因素影响较大,测量结果不稳定。为了克服人为因素的影响,并提高工作效率和测量精度,设计了能自动测量透镜曲率半径的系统。该系统用线阵CCD代替读数显微镜,并利用计算机技术自动处理测量数据,从根本上克服了用读数显微镜测量的缺陷,实现了透镜曲率半径测量过程的自动化和快速化。

10.9.1 测量原理和系统组成

1. 测量原理

利用光的干涉现象进行光学精密测量是一项十分成熟的技术。在图10-40所示的牛顿环干涉示意图中,r_k、r_{k+1}和r_{k+2}分别表示第k级、$k+1$级和$k+2$级干涉条纹的半径,只需测出这三级相邻的明条纹之间的距离d_1和d_2,即可测出透镜的曲率半径R。根据干涉原理可知

$$r_{k+1}^2 - r_k^2 = (2r_{k+1} - d_1)d_1 = R\lambda \tag{10-37}$$

$$r_{k+2}^2 - r_{k+1}^2 = (2r_{k+1} + d_2)d_2 = R\lambda \tag{10-38}$$

在式(10-37)和式(10-38)中,R为待测透镜的曲率半径,λ为入射光的波长。由式(10-37)和式(10-38)得

$$R = \frac{d_1 d_2 (d_1 + d_2)}{\lambda (d_1 - d_2)} \tag{10-39}$$

上式即为测量透镜曲率半径的基本计算公式。

在该系统中即使不能保证线阵CCD的位置准确定位在牛顿环的直径上,也不会对测量结果产生任何影响。如图10-41所示,若线阵CCD测出的仅是某一弦上的相邻三级明条纹之间的距离d_{11}和d_{22},显然$d_{11}>d_1$,$d_{22}>d_2$。由图中的三角关系得

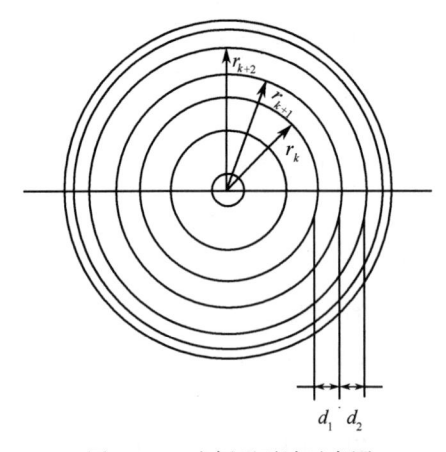

图10-40 牛顿环干涉示意图

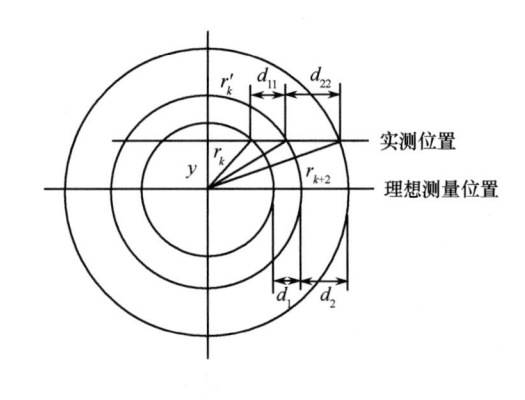

图10-41 测量位置偏差示意图

$$r_k^2 = y^2 + (r_k')^2 \tag{10-40}$$

$$r_{k+1}^2 = y^2 + (r_{k+1}')^2 \tag{10-41}$$

由式(10-37)、式(10-38)、式(10-40)及式(10-41)得

$$R = \frac{d_{11}d_{22}(d_{11}+d_{22})}{\lambda(d_{11}-d_{22})} \tag{10-42}$$

此结果与式(10-39)相同,因此测量结果不会受到任何影响。

2. 系统组成

透镜曲率半径自动检测系统的基本组成方框图如图 10-42 所示。在被测透镜的焦平面上,用一个高分辨率的线阵 CCD 代替传统方法所用的读数显微镜,对等厚干涉牛顿环进行测量。系统采用 TCD1206SUP 线阵 CCD,它的光谱响应范围一般在 0.4~1.1μm 之间,属于可见光到近红外光谱区域,它具有 2160 个有效像元,其输出信号的空间分布与光强的空间分布成正比。

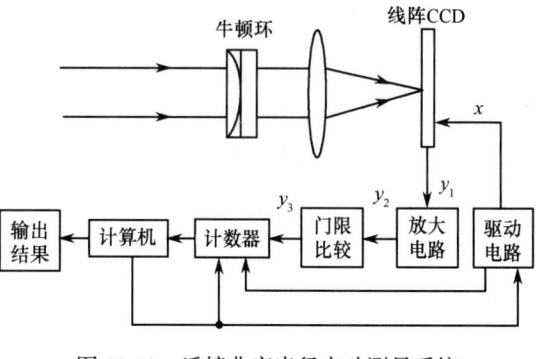

图 10-42 透镜曲率半径自动测量系统基本组成方框图

设线阵 CCD 的驱动脉冲频率为 ν,输出信号的时钟频率应为 2ν,线阵 CCD 的像元尺寸为 l_0。从线阵 CCD 输出的信号为 y_1,经放大滤波后变为 y_2,再经比较器进行二值化处理后得到的矩形脉冲信号为 y_3。各输出信号波形图如图 10-43 所示,图中 l_1,l_2 为干涉环的宽度;L 为相邻两干涉环的距离,输出脉冲幅度为 TTL 电平。如果计数器的计数时钟频率为 f,在 y_3 为低电平期间计数器计得的值为 i,则有

$$l = \left(\frac{1}{f} \cdot \frac{i}{\frac{1}{2\nu}}\right) l_0 \tag{10-43}$$

在 y_3 为高电平期间计数器计得的值为 j,则有

$$L = \left(\frac{1}{f} \cdot \frac{j}{\frac{1}{2\nu}}\right) l_0 \tag{10-44}$$

设两干涉明条纹的中心距为 d,即

$$d = L + \frac{1}{2}(l_1 + l_2) \tag{10-45}$$

图 10-43 输出信号波形

再利用式(10-42)即可计算出待测透镜的曲率半径或曲率。

10.9.2 测量系统的硬件与软件

测量系统的硬件电路如图 10-44 所示。其驱动电路由晶体振荡器、分频器和逻辑电路等组成,产生线阵 CCD 所需要的驱动时钟脉冲和 12V 电源等直流偏置电平,同时为可编程定时器芯片 8253 提供所需要的时钟。也可利用 8253 的分频功能来产生转移脉冲 SH,驱动脉冲 CR_1、CR_2,复位脉冲 RS。y_3 提供给 8253 芯片,作为计数器 1 和计数器 2 的控制脉冲,使其工作在方式 0。在这种方式下,计数器对 CLK 输入信号进行减法计数,每个时钟周期计数器减 1。设定该方式后,计数器输出端 OUT 的电平变低,设置装入计数值时也使 OUT 的电平变低。当计数器的值减到 0,即计数结束时,OUT 的电平变高,该输出信号即作为中断请求信号使用。此计数过程受计数器门控信号 GATE 的控制。当 GATE 为高电平时,允许计数;为低电平则禁止计数。利用计数器可以分别测出 $l_1,l_2,l_3,\cdots$ 和 L_1,L_2 等。

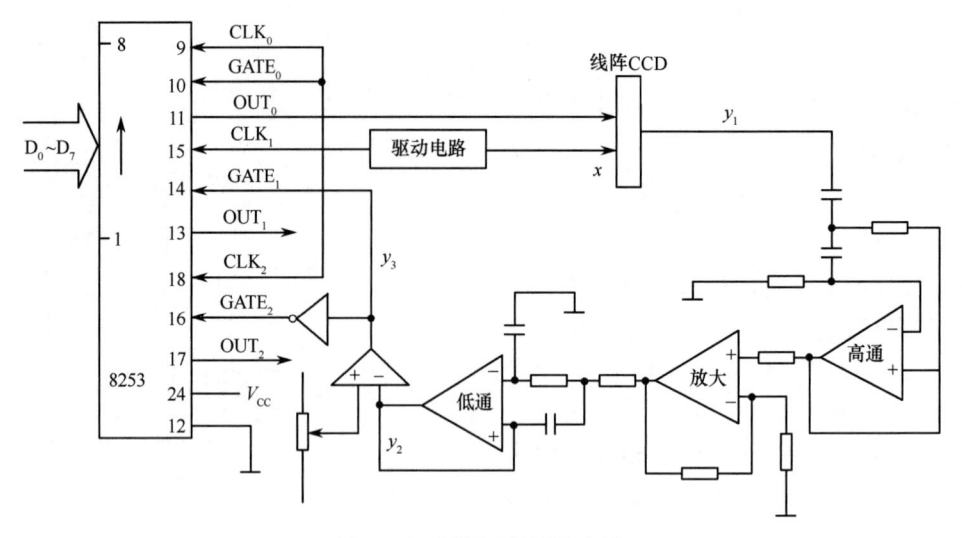

图 10-44 测量系统硬件电路

曲率半径测量软件流程图如图 10-45 所示。在微机控制时,采用外设接口地址的部分译码方式。8253 占用外设接口地址040H~05FH。在使用时,只要选择其中四个合适的地址,分别代表计数器和控制字存储器的地址,即可工作。采用 3-8 译码器(74LS138)对计算机发来的地址进行译码,得到各种操作与控制信号。

10.9.3 系统测量误差

在该系统中,透镜的曲率半径 R 是通过测量 l_1, l_2, l_3 和 L_1, L_2 后,利用式(10-42)和式(10-45)计算出来的。由误差传递理论可知,测量误差

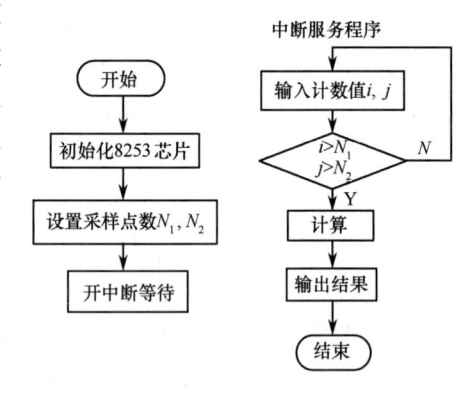

图 10-45 曲率半径测量软件流程图

$$\Delta R = f_1(l_1,l_2,l_3,L_1,L_2)\Delta l_1 + f_2(l_1,l_2,l_3,L_1,L_2)\Delta l_2 + f_3(l_1,l_2,l_3,L_1,L_2)\Delta l_3 + \\ f_4(l_1,l_2,l_3,L_1,L_2)\Delta L_1 + f_5(l_1,l_2,l_3,L_1,L_2)\Delta L_2 \quad (10\text{-}46)$$

系统采用线阵 CCD,像元尺寸为 0.014mm,即 $\Delta l_1 = \Delta l_2 = \Delta l_3 = \Delta L_1 = \Delta L_2 = 0.014$mm。共含有 2160 个像元,全长 30.24mm。照明光源采用 $\lambda = 632.8$nm 的 He-Ne 激光,经扩束并准直后,垂直照射在牛顿环上。根据上述条件,在实验室中对曲率半径为 1.5m 的平凸透镜进行了测量,测量结果为 $R = 1489.7$mm,$\Delta R = 15.438$mm。测量结果表明,系统的相对测量误差约为 1%。这比读数显微镜测量系统的相对误差(5%)提高了近 5 倍。

虽然在上述实验条件下,系统的测量精度有了一定程度的提高,但就精密测量而言,1% 左右的相对误差还是不能令人满意。从以上分析可知,该系统的测量精度主要取决于线阵 CCD 像元的尺寸。采用像元数更多、像元尺寸更小的线阵 CCD[例如,TCD1500C(5340 像元)或 TCD2901D(10550 像元)],可以使测量精度大幅度提高。提高线阵 CCD 前面的光学成像系统的分辨率和提高光学放大倍率都是提高该系统测量精度的重要因素。

10.10 成像物镜光学传递函数的检测

照相机物镜成像质量的检测常用星点法和鉴别率法。鉴别率是通过判别照相机所拍摄鉴别率

板的鉴别率,或目视观测照相机物镜的投影鉴别率,来确定照相机物镜的成像质量的。这种方法工作量大、易疲劳,难免受人为因素的影响。

用光学传递函数检测照相机物镜的成像质量是比较科学,多采用光电扫描的方法,即用凸轮控制矩形光栅扫描狭缝,检测不同空间频率的光学传递函数。这种方法受凸轮精度、机械震动和传动机构的空回等影响,使光学传递函数测量仪既复杂又笨重,而且精度低。采用具有自扫描特性的线阵 CCD,既可省去机械扫描机构,又可同时检测多视场不同位置的光学传递函数,大大节省了检测时间,提高了检测精度,保证了检测结果的客观性和可靠性。

10.10.1 检测原理

1. 余弦光栅

用于检测光学传递函数的余弦光栅的亮度分布为

$$I(x) = I_0 + I_a \cos 2\pi\gamma x \tag{10-47}$$

式中,γ 为空间频率,单位为"lp/mm"。

为了表示余弦光栅线条的明暗对比程度,定义对比度(也称调制度)

$$M = \frac{I_{max} - I_{min}}{I_{max} + I_{min}} \tag{10-48}$$

式中,$I_{max} = I_0 + I_a$;$I_{min} = I_0 - I_a$($I_0 \geq I_a$)。于是有

$$M = I_a / I_0 \tag{10-49}$$

将上式代入式(10-47)得 $I(x) = I_0(1 + M\cos 2\pi\gamma x)$ (10-50)

用余弦光栅作为物,经光学系统所成的像还是余弦光栅,仍可用式(10-50)表示,只是由于成像系统存在一定的放大倍率,使像的空间频率发生了变化。排除与空间频率 γ 的差异,只将实际成像与理想成像做比较。以 M_0 代表理想成像的调制度。

由于衍射和像差的存在,实际成像的调制度会降低。理想成像和实际成像的直流分量 I_0 都一样,如图 10-46 所示,图中实线代表理想成像的亮度分布,虚线代表实际成像的亮度分布。从图中可以看出,经实际成像后亮线条会变暗,暗线条会变亮。由于 $I'_a < I_a$,设实际成像的调制度为 M_1,由式(10-49)有

$$M_0 = I_a / I_0 \qquad M_1 = I'_a / I_0 \tag{10-51}$$

可见 $M_1 \leq M_0$。对于同一光学系统,M 是空间频率 γ 的函数,调制度的降低程度要用 M_1 与 M_0 做比较。因而定义某一频率的调制传递值

$$T(\gamma) = M_1(\gamma) / M_0(\gamma) \tag{10-52}$$

显然 T 也是 γ 的函数,所以 $T(\gamma)$ 称为调制传递函数。

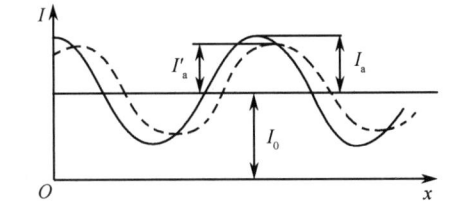

图 10-46 余弦光栅亮度分布

余弦光栅实际成像后,除了调制度下降,还可能产生相位的移动,这种现象叫相位传递。$\theta(\gamma)$ 又称为相位传递函数。

由图 10-46 看到,理想成像的亮度分布为

$$I(x) = I_0 [1 + M_0(\gamma)\cos 2\pi\gamma x] \tag{10-53}$$

实际成像的亮度分布为 $I'(x) = I_0 \{1 + M_1(\gamma)\cos[2\pi\gamma x - \theta(x)]\}$ (10-54)

这两个式子的区别在于 M_0 与 M_1 不同,并多了一个相位因子。这些变化综合起来可用复数表示

$$D(\gamma) = T(\gamma) e^{-i\theta(\gamma)} \tag{10-55}$$

$D(\gamma)$ 称为系统的光学传递函数。

2. 矩形光栅

余弦光栅的制作很困难,而矩形光栅的制作却很容易。如果用矩形光栅代替余弦光栅来测量照相机物镜的光学传递函数,可以根据傅里叶分析法,用电学滤波器滤除高次谐波,取出基波,避免了非余弦光栅存在的问题。

设有一个空间频率为 γ、振幅为 I_a 的矩形光栅,其光强分布为 $O_\gamma(x)$。假定 $O_\gamma(x)$ 是矩形光栅的理想成像,则展开成傅里叶级数为

$$O_\gamma(x) = I_a \left\{ 1 + \frac{4}{\pi} \left[\cos 2\pi\gamma x - \frac{1}{3}\cos 2\pi(3\gamma)x + \frac{1}{5}\cos 2\pi(5\gamma)x - \cdots \right] \right\} \tag{10-56}$$

根据线性关系特性,它的实际成像可表示为

$$O'_\gamma(x) = I_a \left\{ 1 + \frac{4}{\pi} D(\gamma)\cos 2\pi\gamma x - \frac{1}{3}D(3\gamma)\cos 2\pi(3\gamma)x + \frac{1}{5}D(5\gamma)\cos 2\pi(5\gamma)x - \cdots \right\} \tag{10-57}$$

式中,$D(\gamma) = T(\gamma)\theta(\gamma)$,为光学传递函数。

由于成像系统的低通滤波特性,随着频率升高,系统传递各次谐波成分的衰减增大,因而矩形光栅所成的像就不再是矩形光栅了。

如果用线阵 CCD 接收这两个像,采样的速率为 v,则 $x = vt$,记 $f = \gamma v$,那么线阵 CCD 输出的视频信号为

$$a_\gamma(t) = I_a \left\{ 1 + \frac{4}{\pi} \left[\cos 2\pi ft - \frac{1}{3}\cos 2\pi(3f)t + \cdots \right] \right\} \tag{10-58}$$

$$a'_\gamma(t) = I_a \left\{ 1 + \frac{4}{\pi} \left[D(\gamma)\cos 2\pi ft - \frac{1}{3}D(3\gamma)\cos 2\pi(3f)t + \cdots \right] \right\} \tag{10-59}$$

用低通滤波器滤除 $3f$ 以上的高次谐波,则式(10-59)为

$$a'(t) = I_a + \frac{4}{\pi} I_a D(\gamma)\cos 2\pi ft \tag{10-60}$$

由于只计算光学调制传递函数,因此假设实际成像没有相位移动。则式(10-60)可以写成

$$a'(t) = I_a + \frac{4}{\pi} I_a T(\gamma)\cos 2\pi ft = I_a + I'_a \cos 2\pi ft \tag{10-61}$$

式中,I'_a 为实际成像的光强分布的振幅(图 10-47)。由式(10-61)可以得出光学调制传递函数为

$$T(\gamma) = \frac{I'_a}{\frac{4}{\pi} I_a} \tag{10-62}$$

由图 10-47 所示的余弦曲线可得

$$I'_a = \frac{I_{max} - I_{min}}{2}, \quad I_a = \frac{I_{max} + I_{min}}{2}$$

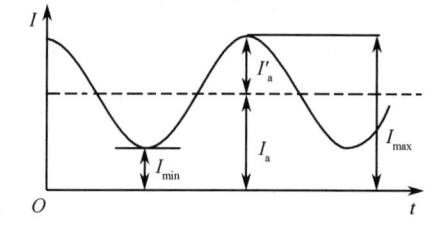

图 10-47 实际成像的光强分布

代入式(10-62)中可得

$$T(\gamma) = \frac{\pi}{4} \frac{I_{max} - I_{min}}{I_{max} + I_{min}} \tag{10-63}$$

可用近似 0 频光栅的光学调制传递函数对式(10-63)归一化。

近似 0 频的光学调制传递函数可以写成

$$T'(\gamma) = \frac{I'_{max} - I'_{min}}{I'_{max} + I'_{min}} \tag{10-64}$$

由式(10-64)对式(10-63)进行归一化,得

$$T(\gamma) = \frac{\pi}{4} \frac{I_{\max} - I_{\min}}{I_{\max} + I_{\min}} \cdot \frac{I'_{\max} - I'_{\min}}{I'_{\max} + I'_{\min}} \tag{10-65}$$

10.10.2 检测系统

光学传递函数检测系统的光路图如图 10-48 所示。光源发出的光经照明系统照亮放在被测相机像面(或胶片位置)的目标物,该目标物为以不同角度放置在不同视场的光栅,所形成的视场中光栅分布如图 10-49 所示。目标物经相机物镜成像到距离其主面 $30f$ 的投影屏上。投影屏上安置如图 10-50 所示的 8 个线阵 CCD,用于同时检测中心视场、0.7 视场的子午、弧矢六个方位的光学传递函数的值。当然,考虑到相机物镜是白光条件下使用的大视场光学系统,为使白炽灯光源更接近自然光,应修正像面光照度使其与视场角余弦的四次方成正比,并在目标物前设置相应的滤光片。

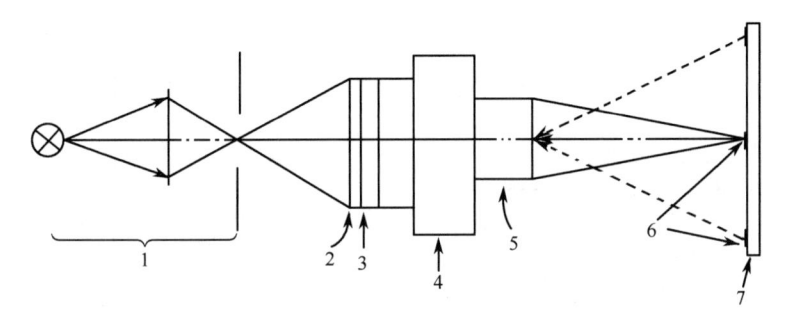

1.照明系统;2.滤光片;3.目标物;4.被测相机;5.相机物镜;6.CCD;7.投影屏
图 10-48 光学传递函数检测系统光路图

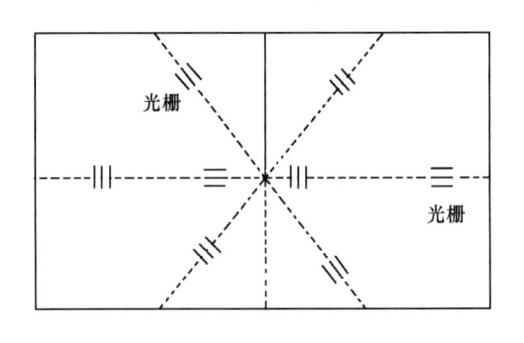

图 10-49 视场中光栅的分布 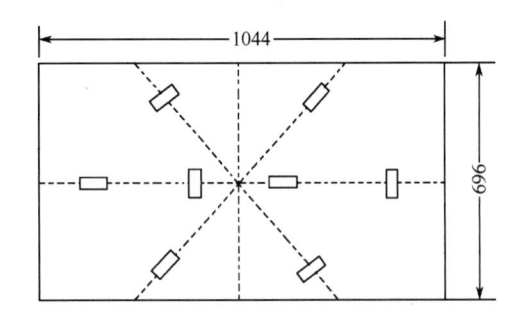   图 10-50 线阵 CCD 在像面上的分布

如图 10-51(a)所示的矩形光栅中含有各种空间频率的光信号,这些光信号经成像物镜投射到投影屏上,由于成像物镜对不同空间频率光信号的传递函数不同,因此衰减量也就不同。线阵 CCD 对应不同空间频率输出信号波形如图 10-51(b)所示,包含了被测物镜光学传递函数的信息。因此,将线阵 CCD 输出视频信号送入 A/D 转换器等检测电路,就可以计算出被测物镜的光学传递函数。

光学传递函数检测系统原理方框图如图 10-52 所示。将线阵 CCD TCD1501C 输出的视频信号(如图 10-51(b)所示)经三个并联的低通滤波器分三路输出,分别滤除 $(2n+1)f$,$2(2n+1)f$,$4(2n+1)f(n=1,2,\cdots)$ 的高次谐波,得到 $f,2f,4f$ 三种频率的基波信号。将其分时送入峰值检测器与谷值检测器,并经模拟开关送入 A/D 转换器转换成数字量,存入存储器;由计算程序分别算出所

对应的 I_{max} 及 I_{min}，便可获得 $T(\gamma)$，$T(2\gamma)$，$T(4\gamma)$ 三种频率的光学传递函数（$\gamma=15lp/mm$）。

(a) 矩形光栅

(b) CCD 输出视频信号波形

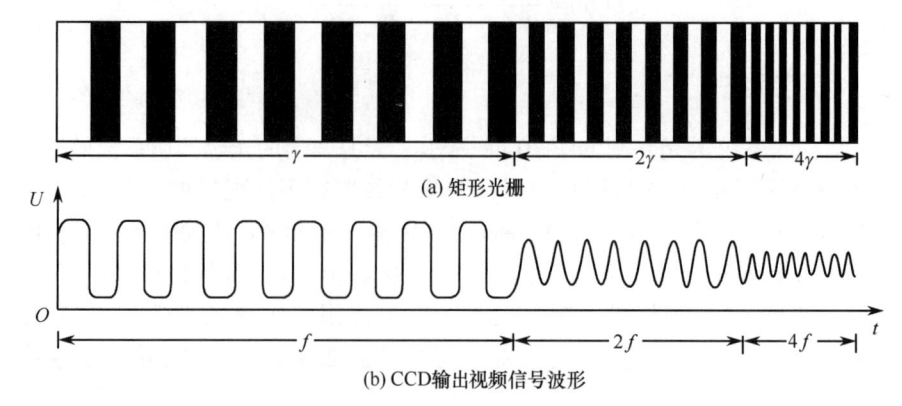

图 10-51 矩形光栅与线阵 CCD 输出视频信号波形

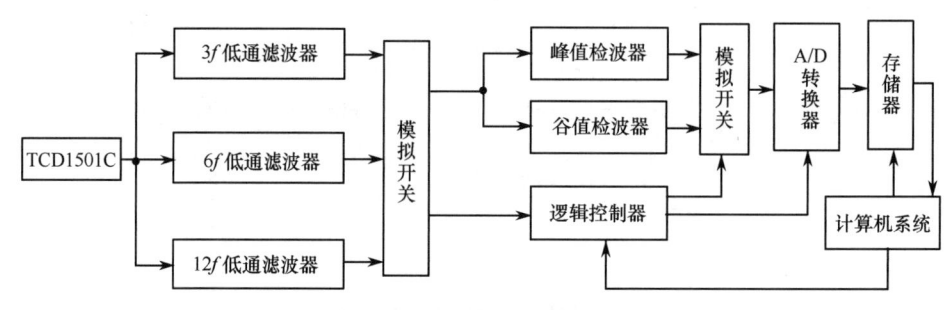

图 10-52 光学传递函数检测系统原理方框图

10.11 线阵 CCD 在光谱仪中的应用

线阵 CCD 具有卓越的光电响应量子效率，以及对光的频率响应范围宽、动态范围大等特性，使它成为光谱分析仪的理想探测器。它不但具有固体集成器件所具有的体积小、质量轻、抗震性能好、功耗低等一系列优点，还具有能够并行多通道（数千个光电探测通道）探测光谱的特点。它可以进行长时间的"积分"，其光电探测灵敏度可与传统的光电倍增管相比拟。并且，由于它具有能够同时探测多条谱线的功能而逐渐地取代光电倍增管在光谱探测领域独占鳌头的霸主地位，成为现代光谱探测领域具有很强生命力的光谱探测器件。

由于线阵 CCD 具有尺寸小、质量轻、功耗低，以及容易与计算机接口等特点，使得研制便携式光谱探测仪成为可能。目前市面上已经有各种不同功用的超小型掌上光谱仪。

目前许多 CCD 制造厂商都看到了光谱探测的广阔市场，生产出许多适用于光谱探测的线阵 CCD。几种常见的可用于光谱探测的线阵 CCD 如表 10-2 所示。

以上这些器件各有特点，如何更好地选择线阵 CCD，使安在 ICP-AES（电感耦合等离子体-原子发射光谱仪）中完成多光谱快速探测的任务，是本节要解决的重点问题。

10.11.1 ICP-AES 的基本原理

ICP-AES 的原理框图如图 10-53 所示。它由 ICP 光源、聚光透镜、1m 平面光栅分光光谱仪、线阵 CCD 光谱探测器等组成。ICP 光源通过高频高压的方式将

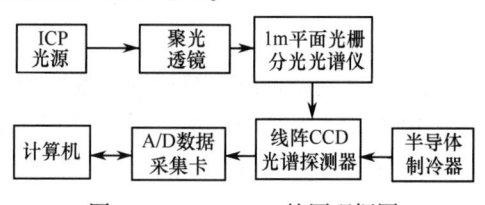

图 10-53 ICP-AES 的原理框图

含有被测元素的溶液激发,而发出稳定的等离子光,经聚光透镜会聚到光谱仪的入射狭缝,并经入射狭缝及光谱仪内部的凹面反射镜聚焦到分光光栅上,被分成各种谱线散射,散射的光谱再经凹面反射镜成像在线阵 CCD 的像面上。线阵 CCD 接收并将其产生的信号输出至 A/D 数据采集卡,转换成数字信号,计算机对所采集的信号进行处理,计算出光谱强度与光谱波长的分布,然后进行数据存储与显示等。

选择线阵 CCD 时,首先必须考虑其光谱响应范围是否能够涵盖光谱仪所要求的测量范围,然后考虑其灵敏度是否满足 ICP 光源中最弱光谱的需要,最后还应考虑其动态范围是否满足探测要求。另外各种线阵 CCD 的价格差异很大,因此,也应当考虑价格因素。表 10-3 为几种线阵 CCD 的主要特性对比,为选用光谱探测器提供参考。

表 10-2 几种常见的可用于光谱探测的线阵 CCD

型号	生产厂商	像元数	特点
TCD1200D	日本东芝公司	2160	灵敏度较高
TCD1206UD	日本东芝公司	2160	灵敏度较高
TCD1208AP	日本东芝公司	2160	灵敏度高
RL2048DKQ—011	美国 EG GR ETICON 公司	2048	石英玻璃窗
RL1024SBQ—011	美国 EG GR ETICON 公司	1024	光元面积大,光谱探测专用
S3901-512Q	日本滨松公司	512	光元面积大,光谱探测专用

表 10-3 几种线阵 CCD 的特性对比

型号	光谱响应范围(nm)	灵敏度	动态范围	单价(千元)
TCD1200D	250~1000	135[1]	1700	0.1~0.2
TCD1206UD	250~1000	135[1]	1700	0.1~0.2
TCD1208AP	300~1000	330[1]	750	0.1~0.2
RL2048DKQ—011	200~1000	2.7[2]	1300	3~4
RL1024SBQ—011	200~1000	$2.9 \times 10^{2[2]}$	31250	10~15
S3901-512Q	200~1000			8~9

注:(1)此灵敏度为在 2856K 标准钨丝灯下测得的典型值,单位为 $V/(lx \cdot s)$;(2)此灵敏度为 2870K 钨丝灯测得的典型值,单位为 $V/(\mu J \cdot cm^{-2})$。

1. 光谱响应范围

ICP-AES 是对各种样品进行元素组成分析的强有力手段。理想的 ICP-AES 应能检测的光谱范围为 197.3~769.9nm。大多数线阵 CCD 在可见光范围内具有良好的光谱特性,而在 200nm 的紫外区只有少数几种线阵 CCD 有较好的光谱特性;而在相同的光谱响应范围下,应选择较高分辨率的器件以减少谱线重叠。另外,某些器件由于采用石英窗口替代玻璃窗口,因而可以获得较好的紫外光谱特性。选用 TCD1200D,其光谱响应范围为 250~1000nm 基本符合 ICP-AES 的要求。

2. 灵敏度

在其他条件相同的情况下,线阵 CCD 的灵敏度决定了它检测微弱信号的能力。灵敏度越高,检测微弱信号的能力就越强。高灵敏度会使线阵 CCD 的暗电流相对增大,并且使干扰信号放大,反而会干扰测量。对定性分析来说,不要求灵敏度太高。在定量分析时,特别是在某些痕量分析时,要求采用较高灵敏度的线阵 CCD。在 ICP-AES 中常采取增长积分时间的方法来提高线阵 CCD 对微弱辐射的探测能力。随着积分时间的增长,线阵 CCD 的暗电流也增大,因此又要引入对线阵 CCD 的制冷技术,使长时间处于积分状态的线阵 CCD 在低温下工作,并使其对微弱辐射的探测能力变得很强。例如,当 TCD1200D 的工作温度为-35℃时,积分时间增长到 4.3s,可以探测 10^{-6}lx 的微弱辐射光谱。

3. 动态范围

动态范围的定义有两种。本书第 2 章中介绍了一种,还有一种常用的定义为:$D_R = U_{SAT}/U_{DARK}$,其中 U_{SAT} 是饱和输出电压,U_{DARK} 是暗信号电压,即对应于暗电流的输出电压。U_{DARK} 与积分时间及器件的工作温度有关,积分时间越短,U_{DARK} 越小,相应的动态范围越大;工作温度越低,U_{DARK} 越小,动态范围就越大。动态范围表征的是线阵 CCD 的一种综合性能。当同时检测包含强度差异很大的光谱信号时，较低的动态范围使得强度差较大的相邻光谱的探测变得困难，造成弱信号无法识别出来而强信号又可能出现饱和。

采用分段扫描的方式，在一小段谱区光谱的强弱变化不是太大的情况下，根据光谱的强弱适当调整积分时间，并配合对器件的制冷，可以获得更大的动态范围。

10.11.2 实验结果分析及结论

实验采用 TCD1200D。ICP 光源为石家庄电子技术研究所生产的 EH2.5-27-III-SDY2。色散系统为北京第二光学仪器厂生产的 WPG 型平面 1m 光栅摄谱仪，其光栅刻线为 1200 条/mm。

图 10-54 所示为 1.00mg/L 标准溶液的 Mn 经 ICP 光源激发所发射出的三条灵敏线光谱图，即 Mn 的灵敏线 257.610nm，259.360nm，260.552nm 波谱图。图 10-55 所示为 Mn 的工作曲线，曲线的横坐标为 Mn 的浓度，纵坐标为发光光谱的强度。三条曲线的直线性很好，因此，可以根据 Mn 的强度，求出 Mn 的相应浓度。分析的结果(相对偏差小于 8%)是令人满意的。

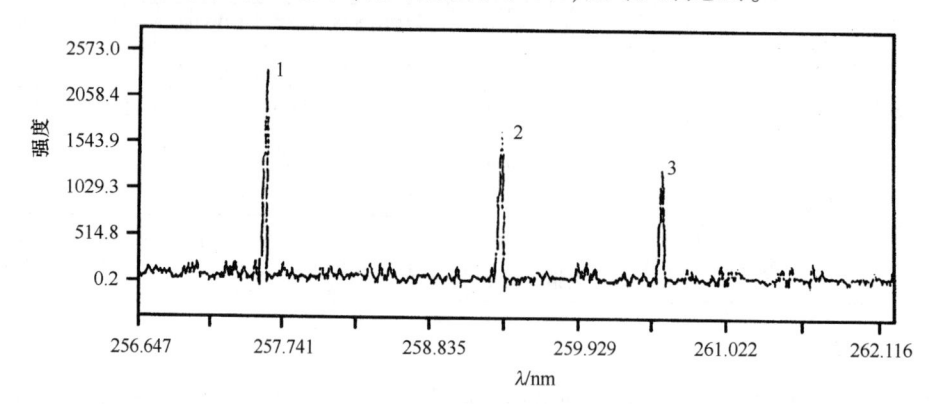

图 10-54　Mn 的光谱图

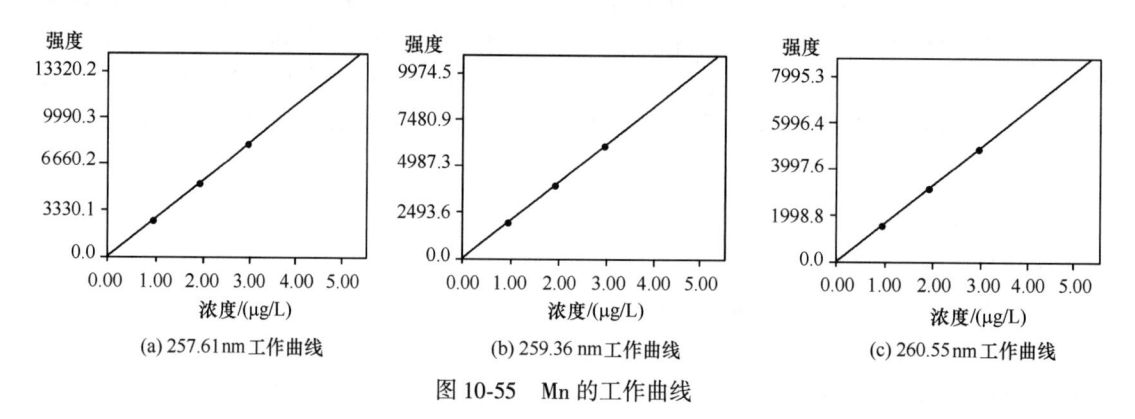

(a) 257.61nm 工作曲线

(b) 259.36nm 工作曲线

(c) 260.55nm 工作曲线

图 10-55　Mn 的工作曲线

通过对常见的 11 种金属元素光谱的探测，在 250～700mm 波段范围内对发光光谱进行测试分析后，得出以下结论。

1. 线阵 CCD 的工作温度对噪声的影响

线阵 CCD 光谱探测器所产生的噪声都与温度有关。为了降低暗电流及电子元件输出噪声等的影响，常采用对线阵 CCD 进行制冷控温的措施。实验中采用了三级半导体制冷技术，对线阵 CCD 进行制冷控温，使其温度降低到-35℃以下。常温和-35℃情况下，线阵 CCD 在不同积分时间下输出噪声的强度如图 10-56 所示。从图 10-56 中可以看出，常温下输出噪声的强度随积分时间的增长而增强。而在制冷情况下,制冷温度降低到 −35℃ 以下时,基本上看不出输出噪声的强度随积分时间的变化,一直维持在较低的噪声水平。因此,当探测微弱辐射光谱时,必须采用制冷控温技术降低线阵 CCD 的工作温度。

2. 检测限与积分时间的关系

在良好的分析条件下,元素的检测限可以得到改善。延长积分时间能增强弱辐射光谱的输出信号并降低光子的热噪声,是降低光谱仪的检测限(能检测更低的光谱辐射)的有效方法。图 10-57 所示是被测元素锰(Mn)、镁(Mg)、矾(V)、钙(Ca)元素的检测限与线阵 CCD 积分时间的关系。由图可以看出,随着积分时间从 0.1s 增加到 4.0s,能检测的光谱辐射量将大幅度下降。当积分时间由 0.1s 经 0.6s 增加到 4.0s 时,检测限急剧下降,检测限与积分时间的平方根成反比例关系。

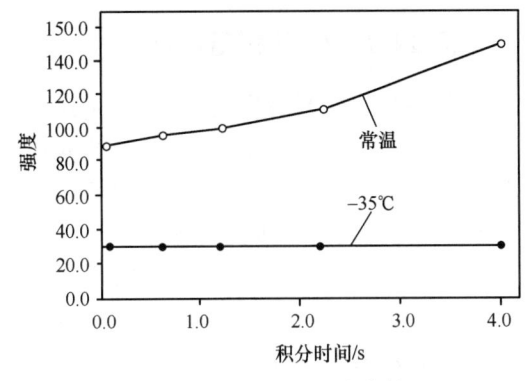

图 10-56 输出噪声的强度曲线

3. 线性动态范围

对于 TCD1200D,在单一积分时间下获得的线性动态范围一般只有两个数量级。如果将检测光谱波段分割成若干个谱段,分别检测,根据单个谱段光谱信号的特点,通过改变积分时间,可以扩展线性动态范围。图 10-58 所示是线性动态范围扩展后 Ca 的工作曲线。可见三种积分时间使元素的线性动态范围达到了 4 个数量级。如果把积分时间再缩短或延长,线性动态范围还能扩展。

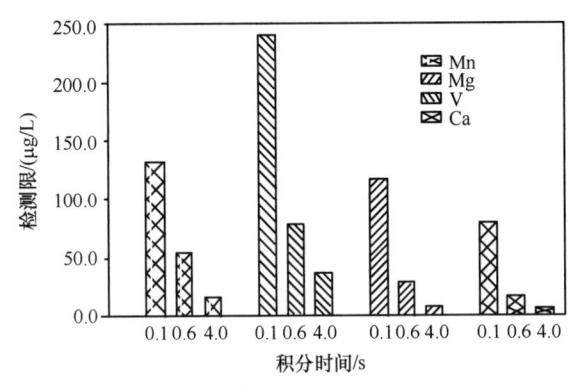

图 10-57 元素检测限与积分时间的关系

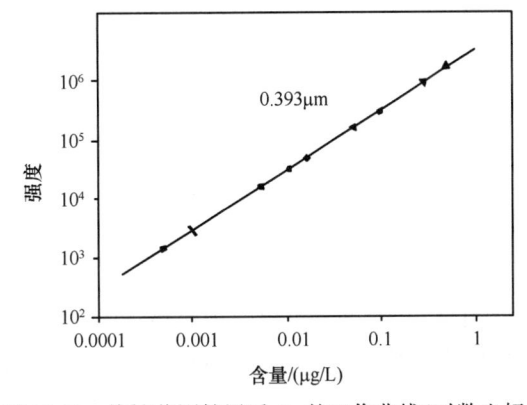

图 10-58 线性范围扩展后 Ca 的工作曲线(对数坐标)

综上所述,根据 ICP-AES 对光谱检测的特点及应用领域,选择合适的线阵 CCD,并采取适当的措施(制冷、扩展动态范围等),不仅可以获得较好的分析结果,还能大大提高 ICP-AES 的分析效率。这在我国目前的光谱分析中有广泛的应用前景。

10.12 用面阵 CCD 测量光学系统的像差

在光学测量技术中,哈特曼(二次截面)法是一种传统的几何像差的测量方法,该方法由德国科学家 Hartmann 于 1900 年提出而命名。该方法巧妙地模拟几何光学中光线追迹的方式,用照相的方法测得多种几何像差。过去的测量工作十分繁重,使它的应用受到限制。本节的测量系统采用面阵 CCD 及计算机图像处理技术,构成了新一代的光学系统像差测量仪器。下面讨论该测量系统的工作原理和设计思想。

10.12.1 像差测量原理

哈特曼的光学像差测量方法[15]是建立在几何光学原理基础上的。当光学系统的出瞳面上有波像差时,同心会聚光束就会偏离。在焦点附近做两个截面,并测出已知光线与这两个截面的交点坐标,就可以计算出该光学系统的 6 种几何像差。图 10-59 所示为哈特曼法测量球差的原理图。光源 1 通过滤光镜 2、聚光镜 3、照明小孔光阑 4。在平行光管(物镜)5 与被测物镜 7 之间放一个有若干个按米字形排列的小孔光阑 6,此光阑通常称为哈特曼光阑。这样,由物镜 5 出射的平行光通过哈特曼光阑后被分割成许多不同高度的细光束,射向被测物镜 7。如果被测物镜存在像差,则不同入射高度的细光束通过它后将相交于不同的位置。测得两截面 E_1 和 E_2 上所截得的米字形光斑各对应点的中心距 b_{n1} 和 b_{n2},按下式即可确定各不同入射高度的光线在像方空间上的焦点 F_n 的位置坐标为

$$S_n = \frac{b_{n1}}{b_{n1}+b_{n2}} \cdot d \quad (10\text{-}66)$$

式中,d 为 E_1 和 E_2 两个截面之间的距离。

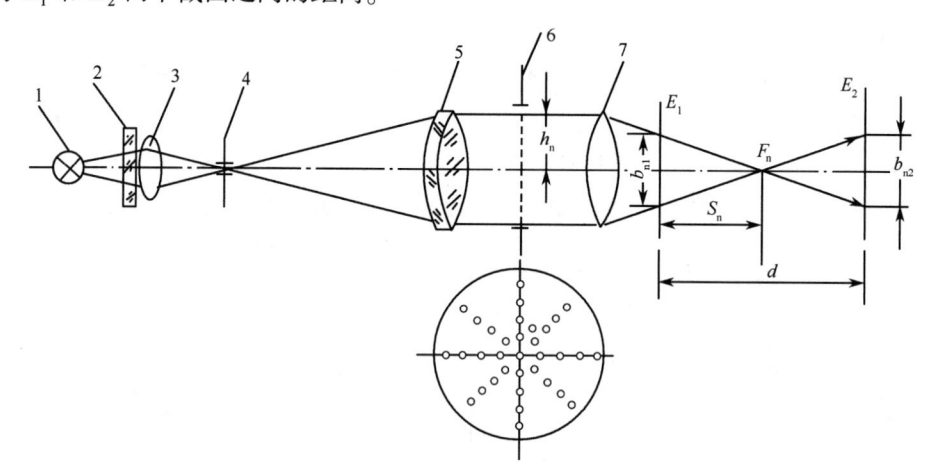

图 10-59 哈特曼法测量球差的原理图

当以 S_n 为横坐标,以入射高度 h_n 为纵坐标时,即可画出如图 10-60 所示的球差曲线。将该曲线延长与横坐标交于 F'_0,此点即为近轴的焦点。

用上述方法也可以测量物镜的色差曲线。如图 10-61 所示,F 与 C 谱线的球差曲线间的横坐标距离即为被测物镜的色差 $\Delta L'_{FC}$。

用类似的方法还可以测量几种轴外点的一些像差,如彗差等。

彗差测量原理如图 10-62 所示,经小孔光阑入射进入光学系统中的三条光线,由于系统存在有彗差而不能交于一点。若 B' 是子午光线的交点,它到主光线的垂直距离 $A'B'$ 即为子午彗差 K'_T,即

$$K'_T = -A'B' = a_1 - \frac{S_t(a_1+a_2)}{d} \quad (10\text{-}67)$$

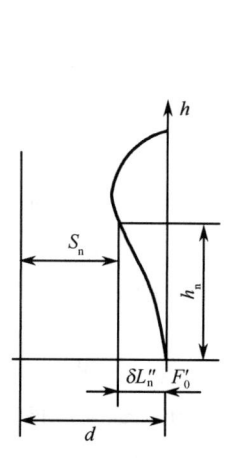

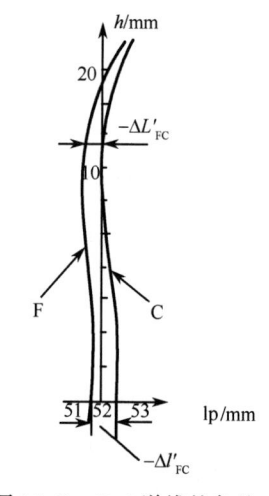

图 10-60 球差曲线　　图 10-61 F,C 谱线的色差

式中，S_t 为子午球差；a_1 和 a_2 是上光线与 E_1 和 E_2 截面的交点到主光线的距离。以 h 为纵坐标，以 K'_T 为横坐标，即可做出 ω 视场的子午彗差曲线，如图 10-63 所示。

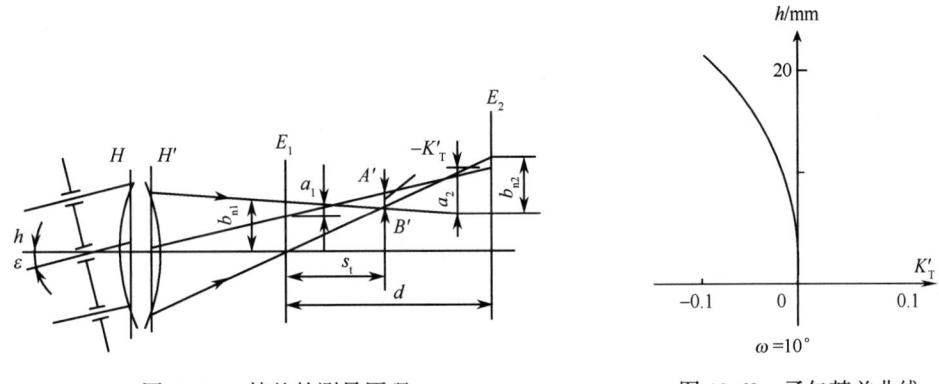

图 10-62　彗差的测量原理

图 10-63　子午彗差曲线

10.12.2　哈特曼光电测量系统

图 10-64 所示为哈特曼光电自动检测系统，它由图像测量和位移测量两部分组成。从测量原理可以看出，哈特曼法的主要测量任务是获得 E_1 和 E_2 截面上米字光斑的坐标及 E_1 与 E_2 间的距离。选用面阵 CCD 是该系统的主要特色，它充分显示了面阵 CCD 的高分辨率、高灵敏度、像元位置准确及自扫描的特点。利用面阵 CCD 不但可以完成照相测量方法的测光、曝光等操作，而且还能进行坐标变换等操作。

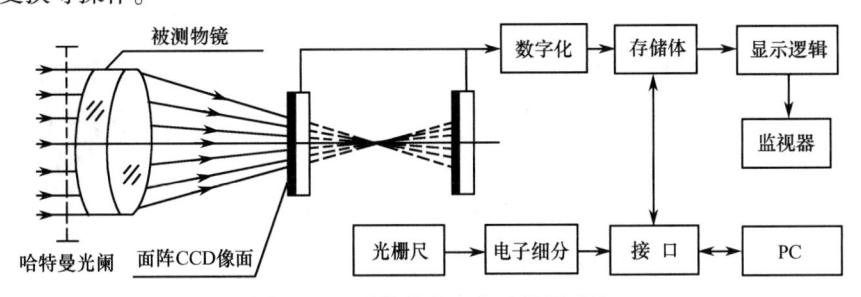

图 10-64　哈特曼光电自动检测系统

本系统选用的面阵 CCD 的主要技术参数：

像面尺寸　　1/2 英寸
像元数量　　795(H)×596(V)
最低照度　　0.03 lx(F1.4)
同步系统　　外部/内部
视频数据率　12MHz

面阵 CCD 输出的全电视视频信号经图像卡送到计算机内存，在计算机软件的作用下完成对图像信号的数字化处理，测出两截面 E_1 和 E_2 上所截得的米字形光斑各对应点的中心距 b_{n1} 和 b_{n2}，即可计算出对应点的球差 S_n；或在测量轴外点的彗差时，测出图 10-62 中 A' 与 B' 的位置，代入 a_1，a_2 的值，再根据式(10-67)计算彗差。

显然测量过程是动态的，必须有电机进行拖动，在运动中配合图像的采集与处理(判读)，才能完成各种参数的测量。

10.12.3 系统的测量方法

哈特曼光电测量系统是在GZJ-2型万能光具座上组装的,其主平行光管的焦距$f'=2000$mm,有效口径$D=165$mm。位移测量是由光电位移传感器完成的,它的测量范围为$10\sim 30$mm,测量精度为$\pm 20\mu$m。

该系统的测量方法如下:把面阵CCD置于光路中心,且垂直于光轴安装在精密导轨的支架上。光电位移传感器的滑动光栅尺与之相连。把像面移至E_1面,完成数据采集后再移至E_2面。同时读入位移量d,再采集第二幅米字形光斑图案。计算机按照一定的计算方法求得各光斑的空间坐标,并计算出像差的值。光电系统的控制与数据采集流程图如图10-65所示。

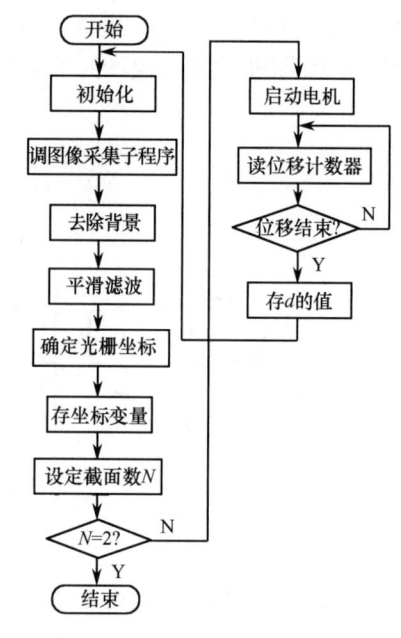

图10-65 光电系统的控制与数据采集流程图

10.12.4 米字形光斑坐标的测量

在哈特曼法测量中,通过面阵CCD对米字形光斑坐标进行测量是这项技术的关键,决定着系统的测量精度。一个光斑图案的中心坐标一般是该光斑的圆心。但是,计算机内存中的数据由于离散化,已不是规则排列,成为如图10-66所示的离散化数据的图样。它的中心坐标只能通过一定的计算方法求得。质心计算法是其中的一种。设某个光斑由n个像元组成,每个像元都对应确定的坐标(x_i,y_i)及灰度值$p(x_i,y_i)$,则该光斑的质心坐标为

$$\bar{x}=\sum_{i=1}^{n}x_ip(x_i,y_i)/\sum_{i=1}^{n}p(x_i,y_i) \quad (10-68)$$

x_i与y_i是计算机内存图像的质心坐标,通过一定的当量换算可折算成实际图像光斑的坐标。

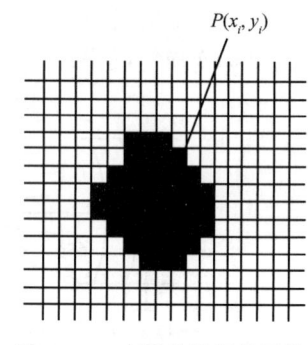

图10-66 离散化数据的图样

10.13 线阵CCD在扫描复印技术中的应用

静电复印机、图像扫描仪、传真机等都离不开光电图像扫描成像部件。这些部件采用线阵CCD作为光电传感器,可以获得高速度、高分辨率和高灰度阶的效果。同时,线阵CCD的输出信号很容易被转换成数字信号,送入计算机并实现多种功能。因此,现在中、高档扫描方式输入的仪器中基本上都采用线阵CCD作为光电传感器。尤其是近些年发展起来的由线阵CCD、光学系统和光源组合成为一体的固体图像扫描组件,称为接触式图像传感器(Contact Image Sensor, CIS),被广泛地应用于该领域。

10.13.1 线阵CCD用于彩色复印机

彩色复印机光电扫描系统常采用彩色线阵CCD。图10-67所示为由彩色线阵CCD构成的光电扫描成像系统的结构示意图。图中用了三个条形反射镜M_1,M_2,M_3,使成像物镜的物距加长而

不增大扫描成像系统的体积。图中的成像物镜将被扫描图像 A,B,C 三条线(垂直于纸面)的 R,G,B 三基色的光成像在彩色线阵 CCD 的三条彩色传感阵列 R′,G′,B′上,产生三基色的行图像信号。当扫描成像装置沿箭头所指的方向向左移动时,彩色线阵 CCD 将一行行地分色,输出三基色的图像信号,经 A/D 转换器转换成数字信号,并分别送入计算机内存,通过软件进行运算并转换成 C,M,Y,K 四色的彩色图像,送给复印输出系统。

三个条形反射镜的引入,虽然在不增大扫描成像系统的条件下加长了物距,但带来了调整上的难度,M_1 与 M_2 必须平行,M_2 的反射面又必须与 M_3 垂直。这三个条形反射镜的装调是非常困难的,它们之间一旦产生偏移,将影响成像质量。

用彩色线阵 CCD 做彩色复印机的光电扫描成像器件,所获得的色饱和度、色彩还原和分辨率都很好。它的分辨率取决于最大复印幅宽和所用彩色线阵 CCD 的像元数。例如,幅宽为 A4(210mm)的纸,选用 5000 像元的彩色线阵 CCD,可以获得 600 DPI 的分辨率;而同样的彩色线阵 CCD 在幅宽为 A3(297mm)时,其分辨率将降低到 400DPI。

10.13.2　接触式图像传感器(CIS)

CIS 是一种将光源(常为三基色 LED 阵列)、光学成像系统(常为柱状光纤透镜列阵)和线阵 CCD 等组装成固化为一体的图像传感器。图 10-68 所示为一种典型的彩色 CIS,对于幅宽为 A4 纸的扫描可获得 600DPI 的分辨率。由图 10-68 可以看出,它的光源由 R,G,B 三色 LED 列阵构成,这样可以分时点亮三色 LED 列,分时发出三色光,照明被扫描图样。每点亮一次 LED 列,线阵 CCD 在时序控制器的作用下输出一行单色信号。例如,点亮红 LED 列,线阵 CCD 输出一行红光图像;再点亮绿色 LED,线阵 CCD 便输出一行绿光图像……每点亮三次 LED,线阵 CCD 输出 R,G,B 三行单色图像信号,将每三行图像信号合成起来,便得到真彩色图像信号。适当地控制 R,G,B 三列发光管的亮度,可以弥补线阵 CCD 对 R,G,B 光谱响应的差异,提高图像的色彩还原能力。

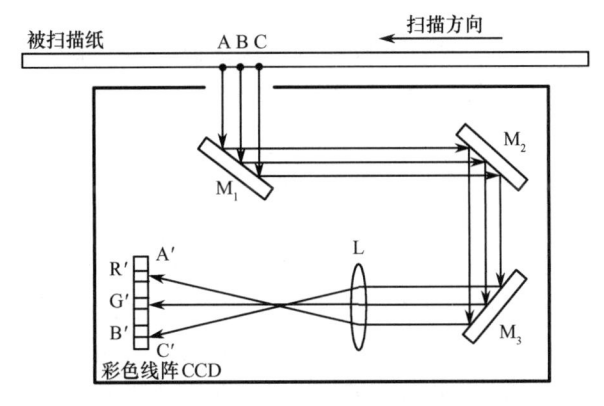

图 10-67　彩色线阵 CCD 光电扫描成像系统的结构示意图
图中 M_1,M_2,M_3 为条形反射镜,L 为成像物镜

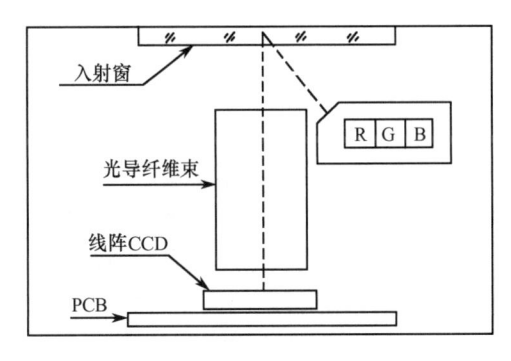

图 10-68　彩色 CIS

CIS 的图像传感是靠 LED 列阵或线阵 CCD 来完成的。它的光学成像系统实际上是装在线阵 CCD 前端且与像元一一对应的光导纤维束。每个光导纤维束的两端都具有聚光透镜,使紧贴近入射窗的图像清晰地成像在像面上。表 10-4 列出了几种典型的 CIS,其光电转换器件均为线阵 CCD,有效像元总长 216.4mm,刚刚大于 A4 图纸的宽度,所以一般通过对 A4 纸扫描来确定它的分辨率。

CIS 的特点是体积小、质量轻、使用方便。CIS 将光源、成像系统、线阵 CCD 光电扫描系统和 PCB 都装在一起,成为一体化的固态器件。尤其是它经常将线阵 CCD 的驱动电路、信号放大电路,以及 A/D 数据采集电路等装在 PCB 上,成为一个固体的功能器件。而且,它的尺寸很小。例如,CIPS218MC600B 为具有 5152 个有效像元的 CIS,它的外形尺寸(正面截面积)长 256mm、宽 20mm,很适于扫描图像的应用。

表 10-4 几种典型的 CIS

特性 型号	分辨率 (A4纸) (DPI)	有效像元	灵敏度 (V/(lx·s))	像元不均匀性(%)	动态范围	驱动频率 (MHz)	生产厂
TCD118AC	400	3528×1	40	10	67	1~10	东芝
TCD126C	400	4800×3	R1.8,G2.5,B1.5	20	100	1~10	东芝
IA3008	300	2 560			3	1.5	东芝
CIPS218M302B	300	2 576		40		1~10	东芝
CIPS218MC600B	600	5 152	20	20	1 000	1.25	东芝
GF6R216	600	5 184				2.0	三菱
5V651A4CP$_1$	600	5 184		40	12.5	1.5	SCAN VISION

CIS 为用户提供了极大的方便,它采用单电源(+5V)供电,单一时钟驱动,可以输出各种功能的信号(具有数字输出端口),因而得到了广泛应用。它的缺点是光导纤维透镜的焦距短,景深很浅,离开入射窗的图像变得模糊不清。

10.14 面阵 CCD 用于钢板尺寸的测量

在钢板生产过程中,尤其在冷轧钢板的剪切过程中,操作人员首先需要剔除钢板疵病较为严重部位,然后再对钢板的实际尺寸进行测量,规划出剪切的长度,并做出剪切标记。操作人员通过控制滚道,使标记与剪刀口对准后进行剪切。这种完全由人工测量与操控的方法裁剪出的钢板精度低,成材率不高,操控人员劳动强度大,难以满足当前对钢板质量控制和生产管理自动化的要求,制约了中厚度钢板质量的进一步提高。

目前,世界上先进的钢板生产企业已普遍采用在线自动测量技术来对钢板板材的长度、宽度进行测量与剪切。除了采用激光扫描、超声检测、射线测量等技术,近年来也正在利用面阵 CCD 进行钢板尺寸测量的研究和技术改造,使钢板的质量检测、尺寸检测与剪切控制实现自动化。

随着国外在钢板生产上测量与控制手段的提高,国际上对钢铁产品尺寸提出了更高的要求。例如,在中厚度钢板几何尺寸的控制方面,国际通用的 ISO9000 长度误差标准规定为 0~25mm。为此,我国逐步采用新的检测技术,使钢板尺寸测量达到国际通用标准要求,面阵 CCD 已被国内多家企业应用于钢板尺寸的测量。

10.14.1 测量原理与系统组成

1. 测量原理

根据钢板剪切过程和现场情况,在不改动原有设备的基础上,钢板尺寸测量系统应采用图像摄影测量与数字处理技术。可以采用多个面阵 CCD 摄取整块钢板的图像,并经高速图像卡将图像的质量与尺寸信息输入到计算机内存;通过计算机软件对钢板的图像进行预处理、边缘提取及钢板质量检测后,计算出钢板剔除缺陷后的长度和宽度;再进行几何尺寸的规划,控制剪切机构进行裁剪。

为测量钢板的长宽尺寸,首先应建立光学成像方程,以测量场的某一点为基准,在水平面上定义 x,y 坐标,以铅垂 x,y 平面的正上方为 z 轴,建立一个自由测量场。在像方分别以面阵CCD阵列的行、列方向定义 x,y 坐标,以投影中心点 s 为原点,过 s 点并垂直于面阵CCD阵列的上方为 z 轴。根据投影变换理论,物方任一点 $O(X,Y,Z)$ 和像方坐标系中的像点 $I(x,y,z)$ 的坐标变换关系可表示为

$$\begin{bmatrix} X \\ Y \\ Z \end{bmatrix} = \lambda \boldsymbol{M}_{3\times 3} \begin{bmatrix} x - x_0 \\ y - y_0 \\ -f \end{bmatrix} + \begin{bmatrix} X_s \\ Y_s \\ Z_s \end{bmatrix} \quad (10\text{-}69)$$

式中,λ 是比例因子;(x_0, y_0, f) 为面阵CCD的内方位元素;(X_s, Y_s, Z_s) 为投影中心 s 点在测量场内的坐标;$\boldsymbol{M}_{3\times 3}$ 是 3×3 的矩阵,又称旋转矩阵,是面阵CCD的空间方位函数。

若定义面阵CCD在空间的三个角元素分别为 $\psi, \omega, \varepsilon$,则

$$\boldsymbol{M}_{3\times 3} = \boldsymbol{M}_\psi \boldsymbol{M}_\omega \boldsymbol{M}_\varepsilon = \begin{bmatrix} \cos\psi & 0 & -\sin\psi \\ 0 & 1 & 0 \\ \sin\psi & 0 & \cos\psi \end{bmatrix} \begin{bmatrix} 1 & 0 & 0 \\ 0 & \cos\omega & -\sin\omega \\ 0 & \sin\omega & \cos\omega \end{bmatrix} \begin{bmatrix} \cos\varepsilon & -\sin\varepsilon & 0 \\ \sin\varepsilon & \cos\varepsilon & 0 \\ 0 & 0 & 1 \end{bmatrix} \quad (10\text{-}70)$$

式(10-69)可表示为

$$\begin{cases} x - x_0 = -f \dfrac{m_{11}(X - X_s) + m_{12}(Y - Y_s) + m_{13}(Z - Z_s)}{m_{31}(X - X_s) + m_{32}(Y - Y_s) + m_{33}(Z - Z_s)} \\ y - y_0 = -f \dfrac{m_{21}(X - X_s) + m_{22}(Y - Y_s) + m_{23}(Z - Z_s)}{m_{31}(X - X_s) + m_{32}(Y - Y_s) + m_{33}(Z - Z_s)} \end{cases} \quad (10\text{-}71)$$

因此,只要确定了面阵CCD的内方位元素 (x_0, y_0, f) 和传感器在测量场的空间姿态 $(X_s, Y_s, Z_s, \psi, \omega, \varepsilon)$,利用式(10-71),由图像上任一点的坐标就可算出测量场上对应点的空间坐标,进而实现对目标的测量。

2. 测量系统组成

整个测量系统主要由面阵CCD摄像机、图像采集及处理系统和数据终端等组成,如图10-69所示。面阵CCD摄像机安装在裁剪机前滚道的上方,其数量可根据测量范围与测量精度的要求确定。以裁剪机的剪刀口为基准线,确定每个面阵CCD摄像机的空间参数。每台面阵CCD摄像机的视频信号通过可编程的视频切换器传送到计算机PCI总线扩展插槽中的图像卡上。图像卡对钢板图像进行采样和数据处理,剔除钢板缺陷后得到其长度与宽度尺寸。在钢板运动中进行动态跟踪测量,实时显示规划尺寸距离剪刀口的距离,引导裁剪机进行裁剪,并把剪切时刻的尺寸送至钢板尺寸标定现场。

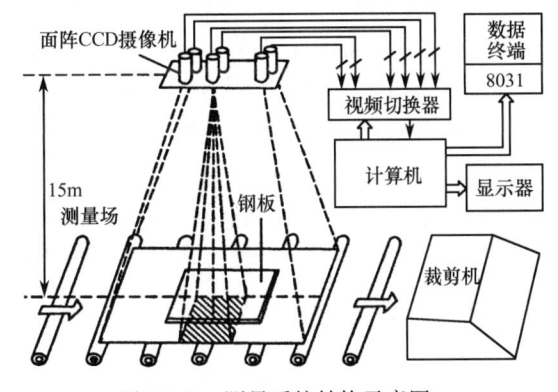

图10-69 测量系统结构示意图

采用像元数为795×596的面阵CCD,系统内的温度防护设备能确保面阵CCD在高温环境下正常运行。可编程的视频切换器在微机控制下根据需要可将任一路视频信号随时接入图像卡,由图像卡及系统软件完成对各路视频信号的数据采集与处理工作,为工业控制机提供控制与计算的数据。

系统的软件主要由以下五大部分组成。

(1) 系统状态检测维护软件

它主要完成系统各部分状态检测,系统异常时对故障进行定位。

(2) 面阵CCD摄像机空间定位软件

它通过设置人工标记点的办法确定面阵CCD摄像机的空间位置,并形成数据文件。

(3) 钢板尺寸测量软件

它完成钢板有效尺寸的获取、计算,并对钢板的测量尺寸进行规划。规划后对钢板进行动态测量,指导剪切,并把钢板实际尺寸送至数据终端。

(4) 钢板数据统计、分析及报表软件

它对所测量并剪切的钢板的实际剪切数量、检测时日、质量等级等进行统计、分析、存档和提供报表。

(5) 低位机系统控制软件

它负责数据终端的管理及与主机的数据通信。

10.14.2 测量系统误差分析

(1) 光学镜头畸变引起的测量误差

这种误差属系统误差,一般光学镜头畸变小于2%。根据畸变的对称性,把它折算到物方,即测量方向的误差为

$$\delta = R \cdot q \leqslant 1500mm \times 2\% = 30mm$$

式中,R为面阵CCD摄像机视场的半径,q为镜头的畸变量。显然,必须对这个误差进行修正,方法是测出所用各个镜头的畸变曲线,由计算机实时修正。修正后的精度可达1%,即0.30mm。

(2) 灰度分级带来的误差

该误差是指对比度分级所造成的目标点对准的误差。钢板灰度经8位A/D转换后,计算机进行数字图像处理,边缘提取精度可达到20%的分辨率。由于系统分辨率为$\Delta x = 5.85mm$,因此这项误差为1.17mm。

(3) 钢板热噪声带来的误差

由于面阵CCD光谱范围较宽,热辐射使图像边缘扩展,从而带来测量误差。在方案设计中增设了两个环节来消除它的影响:一是在摄像镜头前加装滤光镜;二是预先测出各滤光镜的光谱透过率曲线及光谱扩展造成的影像展宽量,然后由计算机对实测值进行实时修正。

(4) 环境等其他因素引入的误差

包括行车行走速度的不稳定、裁剪机剪切及其他震动等因素引入的测量误差。

以上这些误差均可通过在地面上布测精密空间控制网来减小或消除,同时也保证了多个面阵CCD摄像机之间相互关联的精密性和稳定性。剪切后的检测数据表明,该系统的测量误差小于5mm。

10.14.3 结论

工业现场环境一般较为恶劣,粉尘、噪声和电磁干扰较为严重,裁剪机的动作往往形成较大的电磁干扰。为了适应这种工作环境,测量系统必须配备具有防尘和减震功能的装置,并对面阵CCD摄像机等探测器进行制冷降温操作。采用适当的抗电磁干扰措施,以提高系统在工业现场环境工作的稳定性。最终保证系统测量的范围为15m×3m,测量精度优于5mm,动态跟踪速度为4m/s。

采用面阵CCD对中厚度钢板的尺寸进行非接触测量,是光学、图像测量及计算机技术在工业尺寸测量方面的成功应用,可以方便地移植到冶金、化工、机械加工及其他领域。

10.15 CCD 天文图像观测系统

1985 年云南天文台筹建了中国第一台 CCD 天文图像观测系统(简称云台一号系统);接着北京天文台为怀柔观测站的太阳磁场望远镜研制了 CCD 天文图像观测系统(简称北京天文台系统),而且均收到了良好的效果。面阵 CCD 具有量子效率高、几何失真小、噪声低及实时采集和处理的能力,使天文观测效率得到显著的提高,也使天文数据质量大为改善。利用这一技术成果,天文学家不但可以用同样口径的望远镜搜索和测量更多的暗星、星系及类星体,同时还可以用它进行光谱探测分析、天体空间测量、斑点干涉测量等。本节将简要介绍面阵 CCD 在天文观测系统中应用的特点和实例。

10.15.1 云台一号系统

云台一号系统的原理框图如图 10-70 所示。天文观测系统最重要的作用是对宇宙中的暗星进行观测。与一般面阵 CCD 的应用相比,它要求面阵 CCD 具有较长的积分时间。这在常温下是无法实现的,因为面阵 CCD 中的热噪声在几秒内足以把势阱填满。要想得到足够的光信号电荷,同时又要抑制热噪声,常采用对面阵 CCD 进行制冷降温的办法,使面阵 CCD 工作在很低的温度下,足以抑制热激发载流子的产生。系统采用装在杜瓦瓶里的液氮进行制冷,这种装置一般可使面阵 CCD 工作在 $-150℃$ 左右的深冷状态,在这种情况下,面阵 CCD 经过几个小时的积分,热激发载流子所产生的暗电荷仍填不满势阱的 1/10。图 10-71 所示为一个带有液氮冷却装置的杜瓦瓶面阵 CCD 光电探测器。

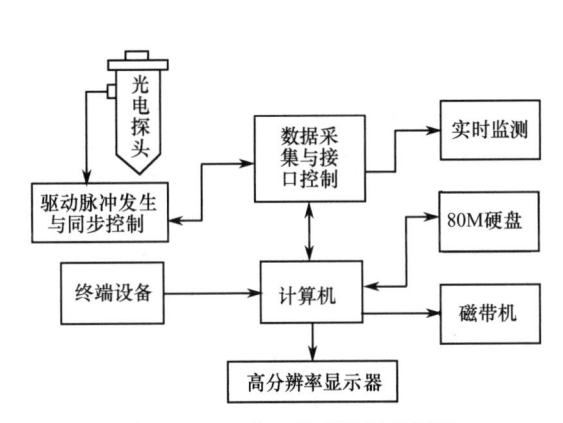

图 10-70 云台一号系统原理框图

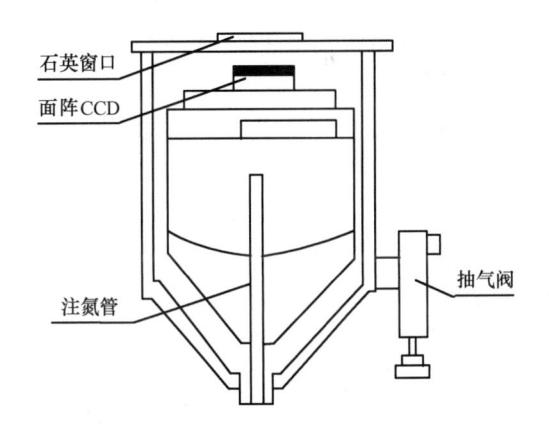

图 10-71 杜瓦瓶面阵 CCD 光电探测器

天文观测用的面阵 CCD 除了要求工作在深冷的低噪声状态,还要求它具有较高的灵敏度和较大的动态范围,以满足天文系统观测暗天体的需要。其面阵 CCD 的像面尺寸比普通面阵 CCD 略大一些。例如,云台一号系统选用的面阵 CCD 为 1 英寸的 RCASID53612(512×320),以满足长焦距天文望远镜的视场要求。它与云南天文台的 1m 口径望远物镜配合使用时,一个像元相当于 0.5″ 的视场,整片面阵 CCD 的视场约为 2.5×4 平方角分的天区。

由于其面阵 CCD 的工作方式具有特殊性,因此对驱动电路也做了相应的设计。如图 10-72 所示为云台一号系统电路原理框图。该电路的主要特点是逻辑控制信号具有可编程性,即积分时间、读出方式、输出信号增益及视频信号输出速率都由 FPGA 现场可编程逻辑器件来完成。

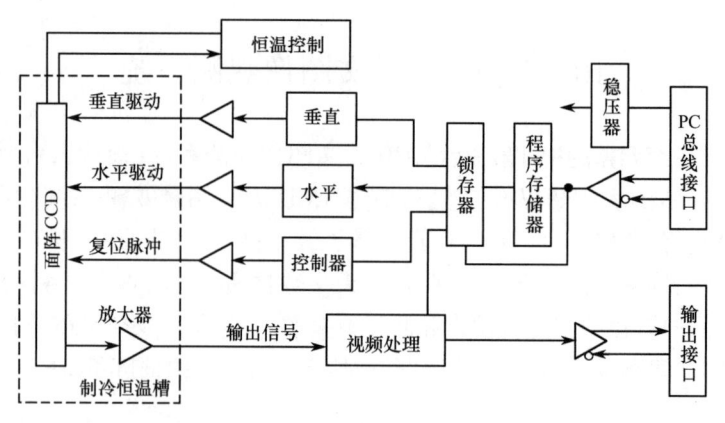

图 10-72 云台一号系统电路原理框图

当时采用 51 单片机完成数据采集系统的控制,采用 2 片 AM2901 构成数据采集电路,配 2 片 2911 时序信号发生器及现场可编程逻辑器件。该系统按照预置的逻辑关系和面阵 CCD 的工作方式把图像信号数字化后,采集到计算机内存。当选用不同工作方式的面阵 CCD 时,只需改写现场可编程逻辑器件和可编程 EPROM 器件即可。

云台一号系统在天光背景为 19 lm/rad 的情况下,积分时间为 300s,就可以清晰地拍摄到 21.5m 的暗星,拍摄速度比常用的感光乳胶胶片快 100 倍以上。

10.15.2 北京天文台系统

一般说来,暗背景上的暗天体(如暗星,星系,星云等)的摄像机中、大色散光谱观测应采用上述的单帧长时间积分的方式;而较亮的目标(如太阳光谱)及亮背景上小反差目标(如太阳磁场)则用帧叠加方式摄取天文图像,这种方式从原理上讲信噪比不如前者,但这种方式不需要冷却装置,设备简单,成本低。北京天文台在怀柔观测站的太阳磁场望远镜上配备了这种方式的 CCD 天文图像观测系统,该系统框图如图 10-73 所示,图像传感器选用普通的面阵 CCD 摄像机,在室温下工作,输出的视频信号经 OK-C30 图像卡送入计算机,进行数字图像处理。该图像卡为由高速 A/D 转换器与 PCI 总线控制器构成的实时图像采集处理系统。计算机通过软件调用这些多帧叠加的天文图像,然后根据一定的算法进行处理。当用 255 帧左旋偏振叠加图像与 255 帧右旋偏振图像相比较时,该系统可观测到 1/10 倍的太阳磁场和 10m/s 的视向速度场。

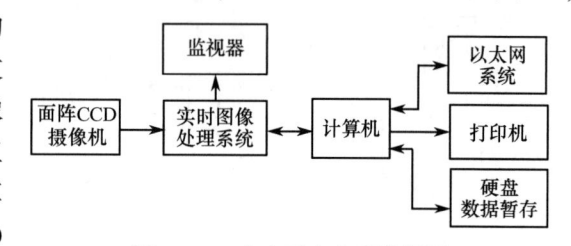

图 10-73 北京天文台系统框图

10.16 图像传感器用于光电显微分析仪

借助于高倍率的光学放大镜头或显微镜,人们可以观看到肉眼无法看到的一些细微结构,如细菌、细胞和微粒等微小物体的细微结构。一般的高倍率光学放大镜或显微镜只能一个人观看,不能使更多的人同时观看同一时刻的细微图像;而且,有些必须借助于显微镜观看。长时间借助于显微镜工作,容易造成操作人员视觉疲劳,视力减弱,也容易出现错判和误判。为了提高显微镜下观看目标的视觉感,人们研制出了各种双目体视显微镜。但是长时间观看显微镜图像也有损于操作人员的身心健康。另外,一般的光学显微镜没办法将图像送入计算机,进行数字化处理,以及进行图像的存储与重现。因此,将普通光学显微镜配装图像传感器,构成光电显微镜,已成为现实。

光电显微镜不但能够将只由一个人观看的图像通过监视器供更多的人共同观看,而且还能将图像信号通过图像采集卡送入计算机。进入计算机的图像可以完成图像信息的计算、存储、远距离传输,以及对原图像的编辑与处理。于是又可以将光电显微镜与计算机组成的系统称为光电显微分析仪。

10.16.1 光电显微镜的基本构成

普通光学显微镜基本上有三种类型:单目镜的生物显微镜与测量显微镜;双目体视显微镜;具有照相机接口的双目体视显微镜。这三种光学显微镜均可以配装图像传感器,构成光电显微镜。

(1) 单目镜光电显微镜

将单目镜光学显微镜改造为光电显微镜的方法是将目镜取下,将光电图像传感器装配在目镜筒上,只要光电图像传感器的成像物镜与光学显微镜的光学系统匹配,就可以构成理想的单目镜光电显微镜。

(2) 双目镜光电显微镜

对于具有 2 个目镜的双目体视显微镜,利用任意一个目镜筒来装配图像传感器便可构成双目光电显微镜。当然,图像传感器前要装配适当焦距的成像物镜。

(3) 具有照相机接口的双目光电显微镜

有些型号的双目体视显微镜为了能使被观察到的图像记录下来,常在其上设计出第 3 个光学通道,以便接入照相机进行拍摄。可以利用这个光学通道直接安装图像传感器,组装成双目光电显微镜。双目光电显微镜既能用人眼直接观测目标物图像,又能用图像传感器将所观测到的图像送入计算机,进行图像数字处理。因此,这是一种比较理想的双目光电显微镜。下面主要讨论光电显微镜构成的光电显微分析仪。

10.16.2 光电显微分析仪的基本工作原理

这里介绍一种典型的光电显微分析仪,该仪器具有自动调焦的功能。图 10-74 所示是该仪器的原理方框图,其工作原理如下。

由光源发出的光经聚光镜将刻有十字线的载物台均匀地照明。载物台位于准直物镜的焦平面上。因此,载物台上的十字线及目标物经析光镜 1 和物镜后,以平行光照射到被测目标的反射镜上;由反射镜反射的光线又经物镜和析光镜 1,向下经析光镜 2 后分成两路,一路送目镜,可用于目视观察;另一路经成像物镜成像在面阵 CCD 上。当观察者对所成图像满意时,在彩色显示屏上便得到所要求的清晰的图像。若不满意,操作者可键入信息,通过微机或发出指令信号去控制驱动装置,驱使载物台按操作者的意愿上下调焦或前、后、左、右移动,寻找所需要观测的目标物图像。此图像再由软件控制,采集到计算机,并经处理后再送到显示屏,即完成了图像的显示、识别和处理。本仪器也可配置照相机,以满足不同用户的要求。

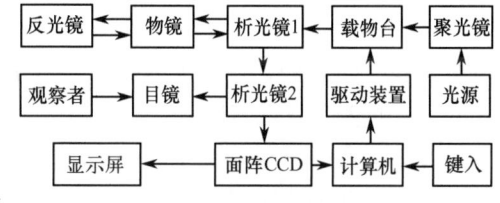

图 10-74 光电显微分析仪原理方框图

10.16.3 光电显微分析仪的设计

(1) 显微镜设计

显微镜采用消色差平场物镜,能有效地消除色差和场曲这两项系统中的光学畸变。物镜倍率设计为100倍,数值孔径为1.25。物镜的分辨率公式中,$\lambda = 550mm$(光源波长);$NA = 1.25$(数值孔径)。

物场采用直流稳流电源供电的20W卤钨灯做光源,卤钨灯属于白炽灯系列,它发出近似于标准C光源的连续光谱,经聚光镜后对待测物体(载波片)均匀照明。实验表明,该光源工作稳定、可靠,亮度可手动自由调节,使用非常方便。

(2) 图像传感器

采用MTV-7266PD彩色CCD摄像机为图像传感器,它具有体积小、图像质量高、灵敏度高、寿命长、微功耗和价格低等优点。实践表明,该图像传感器图像清晰,临床医务人员满意。其主要技术指标有:电源电压为+12V,电流小于200mA,像元数为752(H)×582(V),分辨率为470TVL。

(3) 控制器单元的设计

光电显微分析仪设计中,考虑到仪器应具有手动调焦与自动调焦的功能,并且具有左右移动和前后移动以搜索被测物图像的控制功能。为此,系统采用单片机为控制器单元,由它发出各种控制指令,由驱动电路驱动步进电机完成各种操作。调焦与搜索控制电路原理图如图10-75所示。图中单片机在操作人员的控制下发出操作控制脉冲,打开光电耦合器(TIL113),经隔离器(74LS04)将驱动脉冲送入脉冲分配器(LCB052),产生如图10-76所示的三相六拍驱动脉冲,驱动步进电机执行各种操作。在电机运动过程中图像卡在计算机软件的操作下实时对图像进行判断,当图像的清晰度达到要求时,发出命令,停止调焦操作,从而完成自动调焦工作。对观测目标图像的搜寻,必须在操作人员的控制下进行。操作人员控制仪器面板上的控制开关,边观测边操作。

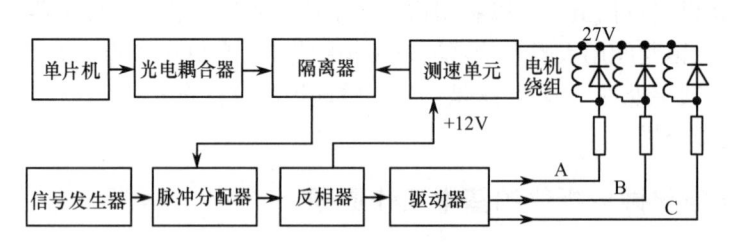

图 10-75 调焦与搜索控制电路原理图

仪器面板上设有正转、反转、自锁等开关,以及转速的调整旋钮,载物台的上下(手动调焦)、左右与前后都能在操作人员的控制下运动,使用方便。

光电显微分析仪采用OK-C30图像卡采集图像传感器输出的全电视视频信号。该图像卡的分辨率为768(H)×576(V),与MTV-7266PD彩色摄像机相匹配。

光电显微分析仪软件是在Visual C++语言环境下编写的,具有图像的存储、开窗、局部放大、判读信息存储数据库等功能。

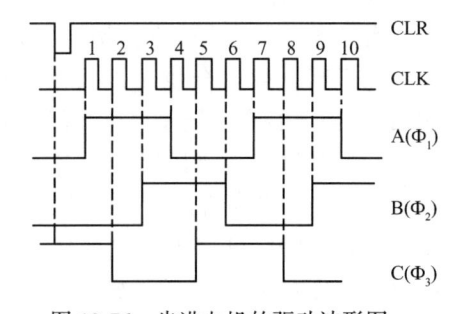

图 10-76 步进电机的驱动波形图

10.16.4 结论

光电显微分析仪已经被广泛应用在科学研究领域。例如,生物医学工程领域用来观察细胞组织、病毒,以及分析生物的遗传基因的变化;冶金工业中用金相光电显微镜分析金属材料金相结构;精密测量仪器中利用光电测量显微镜,可以测量亚微米物体的尺寸,也可以测量光纤连接器小孔及其端面的表面疵病。可见光电显微分析仪具有广泛的应用前景。

10.17 图像传感器在内窥镜摄像系统中的应用

根据不同的应用,可分为医学内窥镜、工业内窥镜与侦察内窥镜等多种内窥镜。内窥镜的基本类型有两种:一种是利用光导纤维将照明光和被测图像送到图像传感器,由图像传感器输出视频信号;另一种为电子内窥镜,它直接将超小型的CCD(或CMOS)插入到被测体内进行观测。本节着重讨论图像传感器在各种内窥镜摄像系统中的应用问题。

10.17.1 工业内窥镜电视摄像系统[35]

在工业质量控制、测试及维护中,正确地识别裂缝、应力、焊接整体性及腐蚀等缺陷是非常重要的。但是传统光纤内窥镜的光纤成像却常使检验人员难于判断是真正的瑕疵,还是图像不清造成的。而且直接用人眼通过光纤观察,劳动强度势必很大。因此,工业内窥镜电视摄像系统成为工业产品质量检验的关键。

一种新的成像技术——光电图像传感器,可以使难于直接观察的地方,通过电视荧光屏看到一个清晰的、色彩真实的放大图像。根据这个明亮而分辨率高的图像,检查人员能够快速而准确地进行检查工作。这就是CCD工业内窥镜电视摄像系统。

其利用电子成像的办法,不但可以提供比光纤更清晰及分辨率更高的图像,而且能在探测步骤及编制文件方面提供更大的灵活性。这种系统非常适用于检查焊接、涂装或密封,检查孔隙、阻塞或磨损,寻查零件的松动及震动。在过去,内表面的检查,只能进行成本昂贵的拆卸检查,而现在则可迅速地得到一个非常清晰的图像。此系统可为多位观察人员在电视荧光屏上提供悦目的大型图像,也可制成高质量的录像带及相应的图像文档文件。

1. 系统原理

其基本原理框图如图10-77所示。利用LED或导光光纤束对被观测区进行照明(照明窗),探头前部的成像物镜将被观测的物体成像在面阵CCD的像面上,通过面阵CCD将光学图像转换成全电视信号,由视频电缆输出。此信号经放大、滤波及时钟分频等电路,并经图像处理器把模拟视频信号变成数字信号,经数字处理,再送给监视器、录像机或计算机。换用不同的面阵CCD,可以得到高质量的彩色或黑白图像。由于曝光量是自动控制的,因此可使探测区获得最佳照明状态。另外,系统具有伽玛校正电路,它可以使图像的层次更为丰富,使图像黑暗部分的细节显示出来。

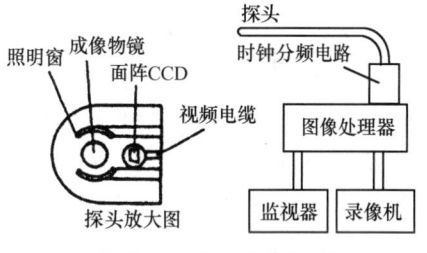

图10-77 基本原理框图

2. 系统结构

系统结构如图10-78所示。它包括一个面阵CCD的探头及传像光纤,一台冷光源及其图像调节器和用来显示图像的电视监视器(或计算机显示器),还可以配备录像机或硬盘录像机。系统中也可以用一只安装于探头前端的微小面阵CCD来代替传像光纤。探头结构如图10-77所示,照明窗与成像物镜几乎排在一个端面上。当探头插入被测工件的探测位置时,照明光照亮被测面,成像物镜将被测图像成像到面阵CCD的像面上,面阵CCD输出视频图像信

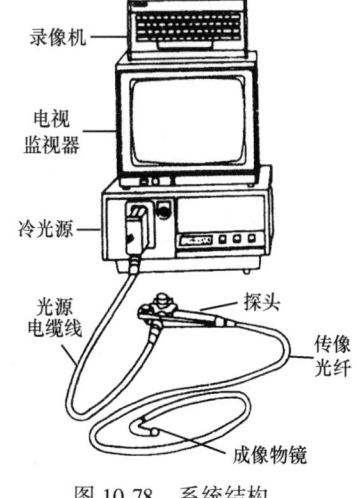

图10-78 系统结构

号,通过视频传输线将其传送给图像处理器(或经图像卡送入计算机)进行数字处理,并通过电视监视器(或计算机显示器)显示图像。可以用录像机或计算机硬盘记录图像。

该系统有如下特点。

(1) 分辨率高

其属于电子内窥镜摄像系统,分辨率远远高于光纤内窥镜摄像系统。因为后者的传像光纤束的密度(单位面积纤维个数)无法与微小面阵 CCD 像元的密度相比,而且传像光纤束还必须与面阵 CCD 在后面接像配合,因此必然使分辨率降低。

目前,其最高分辨率已经达到或超过 450TVL,完全满足观测的需要。

(2) 景深更大

所谓景深是指在像平面上获得清晰图像的空间深度。该系统比传统的光纤内窥镜摄像系统有更大的景深,可以节省移动探头及使探头调焦的时间。

(3) 不会发生光纤束被折断的情况

长期使用光纤内窥镜摄像系统,因弯曲及拐折,会使传像光纤折断,像元失灵而呈黑点,产生"黑白点混成灰色"效应,使图像区域出现空档,因而导致漏检重点检验部位的后果。

而该系统不用传像光纤,用视频电缆传送图像信息。视频电缆是经严格工业环境而设计的,工作寿命很长。

(4) 图像更容易观察

在电视监视器上观看放大图像,可以使检查结果更精确。因为在荧光屏上观看,总比目镜观看要清晰,且不易疲劳。

(5) 可多人同时观看

在检查过程中,可以多人同时观看监视器。此外,还可以传送到远方观看。可将图像录入磁带,以便事后讨论、存档及进一步研究,当然也可以借助计算机进行瑕疵判断或图像测量、传输与远程会诊等。

(6) 可做真实的彩色检查

在识别腐蚀、焊接区域烧穿及化学分析缺陷时,准确的彩色再现往往是很重要的。光纤内窥镜有断丝、图像恶化等缺点,影响对被观测部位彩色图像的真实再现;而该系统没有传像光纤,不存在光纤老化问题,彩色再现逼真。

(7) 方便而高质量的文件编制

该系统以视频信号输出,可以采用多种方式记录图像信息,尤其是可以用计算机记录,很容易编制成各种格式的文件,供保存或使用。

3. 系统应用

由于该系统能提供精确的图像,而且操作方便,使用灵活,因而非常适用于质量控制、常规维护工作及遥控目测检验等领域。在航空航天方面,用来检查主火箭引擎,检查飞行引擎的防热罩及其工作状态,监视固体火箭燃料的加工操作过程等。在发电设备方面,用于核发电站中热交换管道的检查,锅炉管及蒸气发动机内部工作状况的检查,水利发电涡轮机内部变换器的检查,蒸气涡轮机电枢及转子的检查等。

在质量控制方面,用来对不锈钢桶的焊缝、船用锅炉内管、制药管道焊接整体、飞机零部件、飞机结构中异物、内燃机及内部部件的检查,以及对水下管道系统的检查等。

10.17.2 医用电子内窥镜摄像系统

图像传感器在医用电子内窥镜摄像系统中的应用非常广泛。例如,观察人体各部位组织图像的状况对于诊断病情是非常有利的。由于人体的许多部位都需要观察,而不同部位的情况又各不相同,因此与之相应的医用电子内镜摄像系统的种类也很多。例如,医用电子胃镜、肠镜、肛门内窥镜、耳鼻内窥镜、阴道内窥镜等。它们都配备了图像传感器,构成了各种医用电子内窥镜摄像系统。

医用电子内窥镜摄像系统与工业电子内窥镜摄像系统相比,原理是相同的,基本结构也相同,都由光源、成像物镜与 CCD、CMOS 等构成。但是,医用电子内窥镜的可消毒性,可采样"活组织"的工具,以及通水、通气等功能都是需要考虑的。

10.17.3 侦察内窥镜摄像系统

侦察内窥镜摄像系统是图像传感器的又一种应用,它在刑事侦察方面起着非常重要的作用。在刑事侦察常常要在十分狭小、黑暗或深洞中提取所需要的证据或线索,这就需要一些特殊的内窥镜摄像系统,我们称其为侦察内窥镜摄像系统。其种类很多,图 10-79 所示为一些具有代表性的侦察内窥镜摄像器材。图(a)为具有调焦功能的内窥镜探头;图(b)为三种不同直径的深孔侦察取样探头;图(c)为具有取样功能的侦察取样探头,这些探头的后面都接有图像采集处理单元与显示、存储和远距离传输系统等,构成了侦察内窥镜摄像系统。

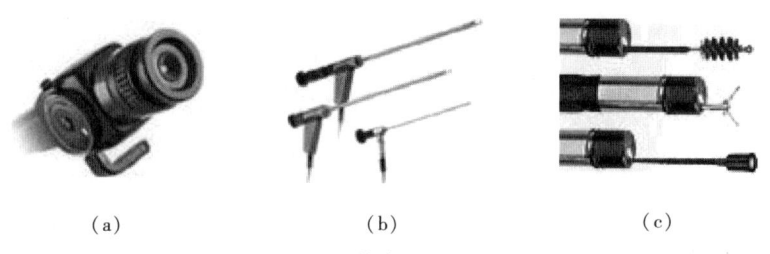

图 10-79 几种侦察内窥镜摄像器材

10.18 图像传感器用于数码照相机

图像传感器应用的最大市场是数码照相机和道路交通控制、安全防范等领域监控、监管系统的图像采集。

数码照相机与传统胶片照相机的最大区别在于图像的感光和存储介质的不同。因此单从外观上来看,两者并没有多大的区别。尤其是不带 LCD 液晶显示器的数码照相机,其外观与传统胶片照相机几乎是一样的。图 10-80 所示的是一款佳能数码照相机,它与传统胶片照相机在外形上看不出区别。但是透过外观和工作过程,大家会发现,两者的原理是完全不同的。

10.18.1 数码照相机的结构与工作原理

图 10-80 佳能数码照相机

1. 数码照相机结构

数码照相机的原理方框图如图 10-81 所示。其许多核心部件,如 CCD(或 CMOS)图像传感器、A/D 转换器、数字信号处理器、图像存储器、LCD 液晶显示器以及输出接口(图中未画出)等,是传统胶片照相机所没有的。

数码照相机的工作方式:拍摄景物时,通过镜头将光学图像成像在 CCD(或 CMOS)像面上。光学图像信息经 CCD(或 CMOS)转换为模拟电信号,然后经过 A/D 转换器转换为数字信号,再经过数字信号处理器处理后存到图像存储器中。最后,通过数字接口或视频接口输入计算机、电视机或打印机中。

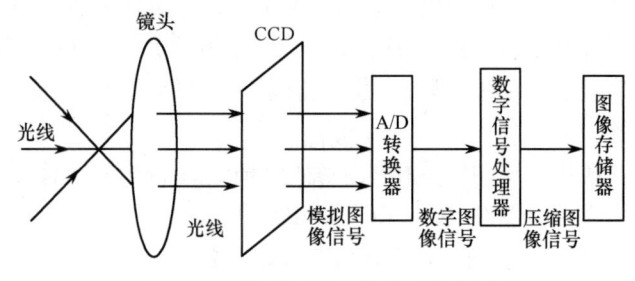

图 10-81 数码照相机的原理方框图

2. 数码照相机的光学系统

数码照相机光学系统的组成,从镜头前面看进去依次是:镜头保护玻璃、透镜部件、光学低通滤波器、红外截止滤光器、保护玻璃和面阵 CCD(或 CMOS)等。快门通常放在透镜组件中间或前面,并且多数与光圈合用。

数码照相机的曝光宽容度由图像传感器的暗电流、噪声和饱和电荷量决定,它比传统的光化学胶片的曝光宽容度要小,因此快门对曝光精度要求高。一般有两种快门:机械式快门和电子式快门。这里特别要说明的是透镜结构的终端,即面阵 CCD 或 CMOS 前的光学低通滤波器和红外截止滤光器。

光学低通滤波器是光学滤光器的一种,其作用是滤除空间频率的高频成分,而让低频成分通过,使图像平滑化。这样可以防止图像细节部分出现拟色效应(即图像最亮部分出现原来没有的颜色)。这部分有时称为伪彩色。伪彩色发生在将各色彩合成彩色图像阶段,因此在图像处理前要滤除高频成分。

光学低通滤波器采用石英晶体等光学材料,利用它的折射特性,截去高频部分,实现低通滤波。光学低通滤波器的引入会降低光学系统的分辨能力,所以有些机型并不采用。

红外截止滤光器大多采用镀层或外加滤色镜的形式,有些数码照相机透镜结构图中不标示该器件。之所以有红外截止滤光器,是由于面阵 CCD 对红外线比较敏感。特殊的红外截止滤光器会大大提高可见光的成像质量。

3. 数码照相机的成像技术

(1) 面阵 CCD 与 CMOS 影像传感技术

当代面阵 CCD 的典型技术水平是,在 $160mm^2$ 的硅片上采用 $4\sim5\ \mu m$ 的光刻技术制造。近年来,光刻的特征尺寸已经达到 $0.25\mu m$。但是面阵 CCD 最小面积是由收集光的要求和光学系统决定的,而不是由电路特性决定的。面阵 CCD 同当代 CMOS 技术并不兼容。面阵 CCD 生产过程复杂、产量低,导致成本较高。而 CMOS 可以大规模生产,价格要便宜得多。

(2) 数码照相机成像的质量

数码照相机与传统照相机相比,最大的区别在于其用半导体芯片取代了传统的感光胶卷,并实现了数字化的影像存储。成像芯片对数码照相机拍摄质量的影响,就像胶卷质量对传统照相机的拍摄质量的影响一样举足轻重。传统摄影选择胶卷有着很大的灵活性,发现某种牌号的胶卷质量不理想,可以另购其他牌号的;而成像芯片与数码照相机构成一个密不可分的整体,当你选定某种型号的数码照相机时,成像芯片随之确定而无法更换。因此,必须对数码照相机的成像芯片给予足够的关注,既要关注它的类型,又要关注它的分辨率、尺寸、像元尺寸和制作质量。

(3) 芯片的分辨率

芯片的分辨率是数码照相机最重要的性能指标,通常用像元数表示,意味着数码照相机将镜头

成在面阵 CCD 上面的像以多少个"点"加以记录。这已为越来越多的人所认识,只是还必须注意以下两方面的区别:

① 芯片分辨率与拍摄分辨率之间的区别。芯片分辨率是指芯片上所具有的像元数。拍摄分辨率是指拍摄时实际参与成像的像元数。由于数码照相机将芯片上的部分像元用于测光、自动调焦和自动调整白平衡等方面,使得拍摄分辨率总是小于芯片分辨率。选购数码照相机既要看芯片的分辨率,更要看它的拍摄分辨率。

② 拍摄分辨率与插值分辨率之间的区别。拍摄分辨率是拍摄时实际参与成像的像元数。插值分辨率是用软件插值的方法得到的等效分辨率,等效分辨率所对应的像元数比芯片实际参与成像的像元数更多,插值后的水平分辨率更高了,甚至成倍提高。但是,插值将导致影像反差的降低,使成像的锐度下降。因此要分清插值分辨率与拍摄分辨率是两个不同的概念。

未来数码照相机以 CMOS 为主导。由于面阵 CCD 与 CMOS 都有 40 余年的历史了,面阵 CCD 还占据着高端市场,但 CMOS 的发展很快。正如本书第 6 章所述,CMOS 的集成度高,应用更灵活,能耗小,可将图像传感器与图像数据采集系统集成于一块芯片上,形成具有强劲竞争力的产品。数码照相机的将来很可能以 CMOS 为主导产品。根据有关的估计,CMOS 图像数据采集系统只需面阵 CCD 系统 1% 的电能和 10% 的大小就可以达到与面阵 CCD 系统相同的图像质量。

目前,面阵 CCD 数码照相机仅在图像质量(色彩还原度)方面仍高于 CMOS 数码照相机,高质量的 CMOS 数码照相机已经充实到各个应用领域,占据数码照相机的很大市场。

4. A/D 转换器

A/D 转换器是数码照相机的一个重要部件。

目前的 A/D 转换器是一片集成电路。其主要特性是转换速度(采样频率)和量化精度(编码位数)。转换速度指转换中每秒的采样次数,量化精度指每次采样可以达到的离散的电平等级。量化精度决定了在 A/D 转换过程中的数据失真。一般的数码照相机中,A/D 转换器的量化精度为 8 位、12 位、16 位、24 位或 36 位等。编码位数越多,数据失真越小,还原出来的图像画质越好。一般中低档的数码照相机都采用 16 位或 24 位的 A/D 转换器,高档数码照相机多数都采用 36 位的 A/D 转换器。随着编码位数的增加,数据量也增大,因此购买和使用数码照相机时,应该根据实际需要选择具有一定转换速度和量化精度的产品。

5. 数字信号处理器

数字信号处理器简称 DSP(Digital Signal Processor),是数码照相机的核心部件之一,通常称其为数码照相机的心脏,因为 DSP 通过参数调整最终决定图像质量。DSP 可以将设计者独创的图像处理关键技术写于芯片内而无法被他人破译。DSP 数据处理工作量很大,一般都设计成专用的硬件。它的主要功能是通过一系列复杂的数学算法,对数字图像信号进行优化处理,包括白平衡、彩色平衡、伽玛校正与边缘校正,其效果将直接影响到数码照片的品质。

6. 液晶显示器

数码照相机将拍摄的图像用液晶显示器显示是它的一个优点。液晶显示器(LCD,Liquid Crystal Display)用于取景和查看已拍摄的图像,直观悦目,而且可将已存储的影像通过彩色 LCD 显示。有的还可以多幅同时显示,便于比较和鉴定影像的质量。一些高档数码照相机可使画面动态显示并播放声音,使数码照相机一机多用,成为多媒体相机。

目前数码照相机的取景系统有两种:一种是与传统的光学 LS 照相机相同的逆伽利略式光学取景器;另一种是从 CCD 或 CMOS 中直接提取图像信号,通过彩色 LCD 取景。前者如 Fuji Dx-5 等,后者如 Sony DSC-FI，Ricohr DC-300 等。也有两种同时采用的，如 Olympus D-3201 和 Yashica KC-600 等。

当前，数码照相机上使用的 LCD 可以分为以下三种类型，不管哪种类型，它们都采用低耗电结构。

(1) 背光型 LCD

背光型液晶自身是不发光的，因此背光型 LCD 要用背光从其后面照明。这里要说明的是，即使在室内 LCD 也可以得到最好的颜色和对比度。但外部光线很强时，靠背光很难得到满意的显示。

(2) 反射型 LCD

与背光型 LCD 相反，反射型 LCD 主动采入外部光线并把它用于液晶显示。反射型 LCD 在液晶的背后有一个反射外光的反射镜。

目前东芝公司的 PDR-5 等数码照相机采用了这种反射型 LCD。而 Sony 公司的 Cyber-shot F-55K 则采用了背光型和反射型相混合的混合型 LCD，明亮时把背光切断而只用反射型 LCD，这样可以削减电耗。反射型 LCD 的优点是外光越强，液晶显示的对比度越高，越易看清楚。

(3) 采光型 LCD

采光型 LCD 与反射型 LCD 相似，但它通过采光窗口采入外部光线。一般来说，采光型 LCD 比反射型 LCD 的颜色要好，对比度要高。在三洋公司的 DSC-Sxiz 等数码照相机上采用了采光型 LCD。

除了以上所介绍的 LCD，今后还可能出现自发光的视角和响应速度都更好的有机 EL 器件。有机 EL 器件由于彩色和寿命等问题未能很好地解决，因此至今还未见其产品。然而这些年来，由于复合发光材料取得了明显进步，有机 EL 器件很快就将成为显示器中的一种。

7. 数码照相机的图像数据压缩器

数码照相机的图像处理还包括数据压缩，其目的是节省存储空间。目前比较流行的压缩算法是 JPEG2000，其作用是把得到的图像数据转换成 JPEG 格式。具有压缩存储方式的数码照相机，在拍摄存储时可具有更大的灵活性。现在大多数数码照相机采用 JPEG 压缩，即静止图像压缩方式。这种压缩方式容易造成数据图像的损伤，特别是高比例的压缩将使解压缩恢复图像质量劣化。所以要保证图像的质量，就不宜一味地追求高比例的压缩存储方式。现在采用 MPEG 压缩方式的数码照相机已经问世，它可以存储活动的图像和声音，成为名符其实的多媒体视听照相机。为了降低单位画幅的存储费用，当前大多数的数码照相机采用压缩存储方式，其压缩比例可供选择。

数码照相机记录的图像文件本身虽然是在 JPEG 的基础上统一的，但是在文件结构的处理方面各公司都往往各行其是，没有统一。最近出台了 DCF 和 DPOF 规范，从而使数码照相机行业有章可循。

DCF 是决定图像文件系统的规范，而 DPOF 是决定打印信息处理的规范。两者都能保证对应机型之间的文件兼容性。200 万像元级的最新机型完全支持 DCF/DPOF。DCF 与 DPOF 虽然是不同规范，但是可以存在于同一媒体内。今后使用相同记录媒体的不同机型，通过数据传递就可以在自己的机器上看到对方机器上所拍摄的影像。此外，也可通过实验室或其他场合的打印设备输出，只需要通过数据传递就可以打印文件，不必写入文件，非常方便。

8. 数码照相机的影像存储媒体

数码照相机采用存储媒体取代传统照相机的胶片保存影像数据。初期的存储媒体采用磁性材料的软、硬盘，称为存储棒。它具有储容量小，阅读便利性差等缺陷。大规模集成电路的发展，促使存储体发展为卡片式的电子存储器，它容易被阅读，而且存储容量随着存储卡的发展在不断增加，图像还原功能也不断提升。

低档的数码照相机以内装存储器为主，其缺点是当内装存储器满后，必须暂时停止拍摄，要等到所存储的图像数据处理完之后，才能继续拍摄。对于存储卡型的数码照相机，只要有备用的存储卡,就可以像换胶卷一样,拍摄张数不受限制。SD/SDHC/SDXC 卡是使用最多的可移动式存储体,是可插拔的外存储设备。存储容量发展得非常快,一般都能满足专业摄影的需要。

近些年,无线通信也引进了数码照相机,Wi-Fi、蓝牙等无线通信接口已经是数码照相机产品必备的无线通信工具,USB、蓝牙通信接口也成为数码照相机的数字通信接口。

另外许多数码照相机还增设了语音输入和语音控制功能,无线遥控设备设有专用遥控器,使之完成多种拍摄与控制功能,实现多画幅连拍与音视频录入等功能。

10.18.2 典型数码照相机简介

近年来数码照相机发展很快,图像传感器像元数不断增加,像面不断增大,很多中档次的数码照相机像元数都进入到千万像元数量级,CMOS 图像传感器的像面已经增大到"全视场"(36mm×24mm),与胶片照相机的感光面积相同。而且附加功能也在不断增设,如连拍功能、自拍功能、自动调焦功能、防抖动功能、存储功能、无线通信功能等。已经模糊了数码照相机与数码摄像机的差异。本节将简介 3 种典型的数码照相机的基本功能与基本参数,目的是引导读者了解其发展变化。

1. 柯达的 AZ421

它采用 1/2.3 英寸面阵 CCD,最高分辨率为 4608×3456,总像元数为 1644 万,有效像元数高达 1615 万。成像物镜采用具有 42 倍的光学变焦功能及 4 倍数码变焦功能的机配镜头,等效焦距可在 24~1008mm 范围内调整。它还具有光学防抖动功能,帮助用户在使用较长焦距拍摄时能够获得更为清晰的影像,还能在拍摄短片时保证整个画面的清晰与稳定。

其外形图如图 10-82 所示,从前端的镜头标注上可以看到它具有 42 倍变焦功能和 24~1008mm 的变焦范围。能够完成近至 16mm,远至无限远景物的清晰拍摄。另外,其光圈数为 1:2.8~1:6.4。

该数码照相机具有机械电子快门,能够控制"曝光时间"在 30~1/2000s 内拍摄。

其背面主要是 3 英寸的 LCD 屏,方便用户在大显示屏上取景与观察拍摄效果,其后视图如图 10-83 所示。

图 10-82　AZ421 外形图　　　　图 10-83　AZ421 后视图

曝光模式有:程序自动曝光(P)、光圈优先(A)、快门优先(S)、手动曝光(M)等。

其后背设置了手动弹出闪光按键,能够实现自动、防红眼、慢速同步、防红眼+慢速同步等闪光模式的设置。闪光范围:在广角情况下为 0.5~7.5m,长焦情况下为 1.2~3.7m,均符合 ISO800 的要求。

2. 柯达的 AZ422

它也内置了 1/2.3 英寸的面阵 CCD,但是,它的像元总数高达 2048 万,有效像元数高达 2016 万。因此它能够拍摄出更为清晰的图片,它的最高分辨率为 5152×3864。

AZ422 是在 AZ421 基础上发展起来的,因此其功能也有所增强。它的机身内存为 8MB,还设置有支持 32GB 存储容量的 SD/SDHC 存储卡,增设了 USB2.0 接口,而其他的设置与功能与 AZ421

相同,不再赘述。

3. 佳能的 EOS

其外形图如图 10-84 所示,采用全画幅(35.9mm×23.9mm)的 CMOS,有效像元高达 3030 万。可配置 RF 卡口成像镜头,相关的佳能 RF 卡口镜头有 RF 24~105mm F4L IS USM,以及 RF 50mm F1.2L USM 等最新款式。

它的后视图如图 10-85 所示,既可以用光学取景器取景,又可以用可翻转的触摸 LCD 屏取景和观察拍摄效果,显示屏尺寸为 3.15 英寸,分辨率为 210 万像元。

图 10-84　EOS 外形图 　　　　图 10-85　EOS 后视图

其快门功能为:1/8000~30s,B 门。

其具有 SD/SDHC/SDXC 卡,兼容 UHS-II、UHS-I 存储卡。

另外,它具有 Wi-Fi 与蓝牙等无线通信功能。

4. 富士的 GFX 50R

其外形图如图 10-86 所示,为 2018 年上市的最新机型,采用 43.6mm×32.9mm 大小的 CMOS,像元总数高达 5140 万,有效像元数为 5000 万,为全视场照相机。它可以进行多种分辨率的图像拍摄,如(4:3)画幅 8256×6192、4000×3000 分辨率,(3:2)画幅 8256×5504、4000×2664 分辨率,(16:9)画幅 8256×4640、4000×2248 分辨率,(1:1)画幅 6192×6192、2992×2992 分辨率,(65:24)画幅 8256×3048、4000×1480 分辨率,(5:4)画幅 7744×6192、3744×3000 分辨率,(7:6)画幅 7232×6192、3504×3000 分辨率。

其镜头接口为富士 G 卡口,可配多种焦距的富士 G 卡口镜头。

并配备 3.2 英寸、分辨率为 236 像元的可倾斜(如图 10-87 所示)的 LCD 触摸屏,更方便用户完成对图像的编辑、存储和无线发送等功能。

图 10-86　GFX 50R 外形图 　　　　图 10-87　可倾斜的 LCD 触摸屏

还配备有 SD/SDHC/SDXC 存储卡,扩大数据存储能力。配备有 USB3.1 接口,2.5mm 插口可接遥控快门线,立体声迷你接口(麦克风),还具有蓝牙无线通信功能。具有规范的机械电子快门与闪光灯等。

10.19 图像传感器在激光测距中的应用

激光测距按测量原理可分为激光三角测距、多普勒测距、脉冲测距、相位测距等。其中,激光三角测距的关键部件就是图像传感器。基于激光三角测距的激光测距仪以其硬件要求低、测量精度基本能满足大多数用户的要求,而被广泛应用于工业及民用测距领域。

10.19.1 激光三角测距原理

1. 原理

激光三角测距的原理图如图10-88所示,它由激光器、接收透镜、图像传感器(线阵CCD或CMOS)等构成。

激光器发出的光入射到位于近处或远处的被测物上,产生反射光斑,经接收透镜成像于图像传感器上。设放置在距激光器出光面距离为 D_1 的被测物(近)或距离为 D_2 的被测物(远)上,它们所产生的反射光斑将在图像传感器像面的不同位置产生像斑。它们距图像传感器中心点的距离分别为 d_1 或 d_2。由图10-88可见,依据接收透镜的物像三角函数关系,可推导出被测物到激光器的距离。

$$D = \frac{f(L+d)}{d} \quad (10\text{-}72)$$

式中,f 为接收透镜的焦距,L 为发射激光器光轴与接收透镜主光轴的距离,d 为被测物在图像传感器上成像的位置偏移。

2. 分辨率

当被测物移动时,其反射到图像传感器上的像点(像斑)也会产生位移,其移动量为 $\Delta d = d_2 - d_1$,对应被测物的位移(分辨率)为

$$\Delta D = D_2 - D_1 = \frac{f(L+d_2)}{d_2} - \frac{f(L+d_1)}{d_1} \approx \frac{fL\Delta d}{d^2} \quad (10\text{-}73)$$

当 $d \ll L$,即 $d \approx fL/D$,有 $\Delta D \approx \frac{fL\Delta d}{(fL/D)^2} = \frac{\Delta d D^2}{fL}$。可见,随着 D 的增加,ΔD 将呈指数形式变差,即被测物距离越远测量的分辨率越差。因此,基于激光三角测距原理的激光测距仪不适合测量较远的距离。

为了提高测量的分辨率,可以采用子像元级别的方法确定光斑的中心位置。该方法利用光斑强度的分布特性,即光斑中心的亮度最高,向外逐渐减弱。通过拟合亮度分布模型,可以精确地计算出光斑的中心位置,从而提高测量的准确性。

3. 斜射式激光三角测距法

在图10-88中,激光器发出的光垂直入射到被测物的表面上,故称为直射式激光三角测距法。此时,被测物移动或表面变化导致入射光点沿入射光轴移动。接收透镜接收来自被测物反射光斑的光,并将其成像在传感器的像面上。但是,由于激光器光束与被测面垂直,因此只有一个准确的调焦位置,其余位置的像都处于不同程度的离焦状

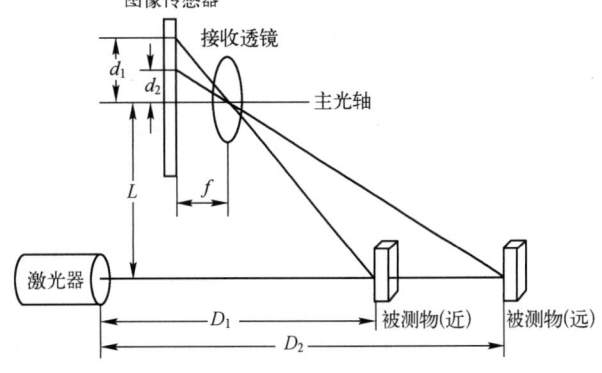

图10-88 激光三角测距原理图

态。离焦将引起像点的弥散,从而降低了系统的测量精度。

在实际应用中,也会遇到一些使用斜射式激光三角测距法的测距仪。在这种测距法的光路系统中,将发射光路光轴与被测面的法线方向成一定角度 α 入射到被测面上,同样用接收透镜接收被测面上的散射或反射光斑。斜射式激光三角测距原理图如图 10-89 所示。

与图 10-88 相比,激光光轴与接收透镜的主光轴平行,建立起 △AOB 与 △DBE 相似关系。入射光 AO 与基线 AB 的夹角为 α,AB 为激光器中心与图像传感器中心的距离,BF 为接收透镜的焦距 f。DE 为光斑在像元上偏离极限位置的位移量,记为 x。当系统的光路确定后,α、AB 与 f 均为已知参数。由图 10-89 中的几何关系可知 △AOB ∽ △DBE,则有边长关系:

$$\frac{AB}{DE} = \frac{OC}{BF} = \frac{AB}{x}, \quad AO = \frac{OC}{\sin\alpha}$$

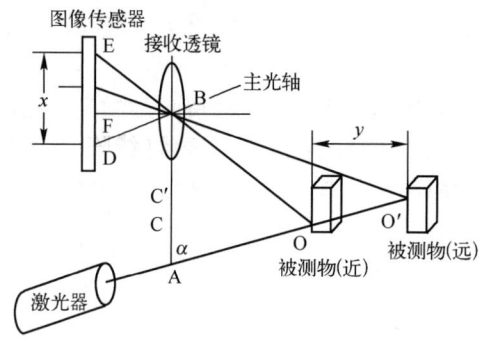

图 10-89 斜射式激光三角测距原理图

因此,$AO = \frac{AB \cdot f}{x \sin\alpha}$。

当测量系统确定后,$\frac{AB \cdot f}{x \sin\alpha}$ 为与系统有关的常数。可将图像传感器的一个轴与基线 AB 平行(假设为 y 轴),则由通过算法得到的激光光点像元坐标为 (P_x, P_y),可得到

$$x = l_0 P_x + \Delta l$$

其中 l_0 是图像传感器上单个像元的尺寸,Δl 是通过像元点计算的投影距离和实际投影距离的偏差量。当被测物体与基线 AB 产生相对位移时,x 变为 x',由以上条件可得被测物移动距离 y 为

$$y = AB \cdot f \frac{x - x'}{xx'} \tag{10-74}$$

两种测距法的比较:

斜射式可接收来自被测物的正反射光,适用于测量表面接近于镜面的被测物。直射式更适用于测量散射性能较好的被测物表面。

在被测物发生上下位移时,斜射式入射光光点会照射在物体沿光线方向或前或后不同的点上,因此无法直接知道被测物某点的位移情况,需要通过标定的方法得出位移量。

直射式的优点是光斑较小,光强集中,而且一般体积较小。斜射式的图像传感器分辨率高于直射式的,但它的测量范围较小,体积较大。

10.19.2 激光三角测距仪结构

激光三角测距仪主要由激光发射器、接收器、信号处理模块等组成。

激光发射器负责发出激光,除激光发射装置外通常还会有相关的光学元件,如窄带滤光片、折射镜、反射镜等。激光发射光源通常选择红光或蓝光,应根据具体测量场景和测量精度等因素进行选择。红光是最成熟的,也是最基础和通用的,它的波长通常为 650nm 左右,由于其波长相对较长,功率相对较大,所以适用于大多数应用场景,也是市面上最常见的,成本也相对最低。如果环境光比较亮,如户外环境光较强,普通的红光信号可能会被淹没,此时可考虑使用大功率的 800nm 左右的红外激光光源,并用窄带滤光片配合,可获得更好的效果。

蓝光虽然功率不如红光,但其波长较短,其折射率和反射率较高,更适合测量透明物体的宽度

尺寸，尤其是利用其在不同物质间反射角度的差异较大的特性。在测量透明物体的厚度方面，蓝光比红光更胜一筹。此外，在测量高温物体时，蓝光也有独特的优势。高温物体的光谱通常是红光至红外光谱较强，如果用红光测量，信号会被淹没，即便使用红外光测量效果也很难理想。此时使用蓝光配合适当的滤光片能得到比较理想的效果。

接收器主要由图像传感器（线阵 CCD 或 CMOS）和相关光学系统组成。感光度、动态范围、像元尺寸等均是图像传感器的关键指标。高感光度、大动态范围，是高速测量的基础，而更小的像元尺寸是高精度测量的必要条件。

接收器的光学系统的关键在于控制成像的畸变，提高测量精度。普通的光学系统很难兼顾近处与远处的被测物都能对焦，在测量时容易出现因离焦而降低测量精度的情况。如图 10-90 所示，图像传感器像面的光斑对近、中、远位置的成像离焦程度不同必然降低测量精度。

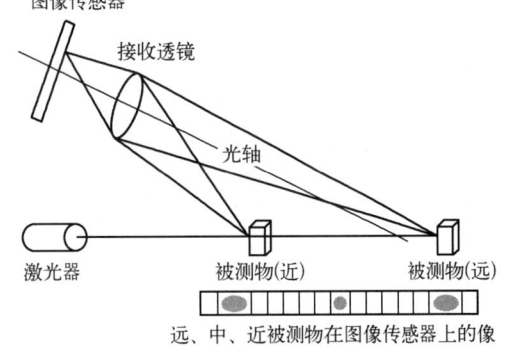

图 10-90 普通接收透镜对远、中、近被测物成像的离焦

用遵循萨姆定律的透镜替代普通的接收透镜，使被测物的反射光成像到图像传感器的像面，它能使近、远反射光都能形成大小一致的像斑，可以对被测物在近、中、远处均能对焦成像。遵循萨姆定律透镜所成像的效果如图 10-91 所示。

信号处理模块负责将图像传感器上的位置信息进行采样、计算，将其转换为测量到的距离信息，通过通信接口传递出去。信号处理模块中处理器的处理速度和接口能力是主要的考核指标。随着半导体、计算机软件及通信技术的发展，高性能的处理

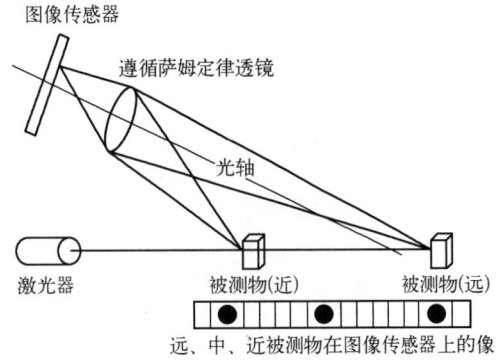

图 10-91 遵循萨姆定律透镜对远、中、近被测物成像的离焦

器、大容量存储器、复制的数据拟合算法、不同通信协议的接口都集成在单一的产品中。

激光三角测距仪的优点是技术难度小、成本低，并且在较近距离范围内（一般车间的工作面）测距时的测量精度还是挺高的，能提供小于毫米级的测量精度，适合生产线上对零部件的自动测量。但是，在距离较远时，其测量精度变差，而且抗环境光干扰能力也较差。

10.19.3 线阵激光测距仪

前面所介绍的激光测距是针对单个点进行的。如果将激光发射端由点光源换成线光源，将接收端的线阵图像传感器换成面阵图像传感器，则可以实现对线状多点的测距。线阵激光测距仪原理图如图 10-92 所示。

线阵激光测距仪的输出波形如图 10-93 所示。其中横坐标代表测量线的范围；而纵坐标则为测量到的距离。

10.19.4 激光测距仪的应用

现代化的流水线是其常见的应用场景。生产线上流动的工件为激光测距提供了丰富的应用场景。

1. 单点激光测距仪扫描柱状物表面立体特征纹

在该应用中，被测物为柱状物，且表面带有标志性凸凹纹理（见图 10-94），同一位置上不同的

凸凹纹理具有一定的生产意义，如型号或批次等。

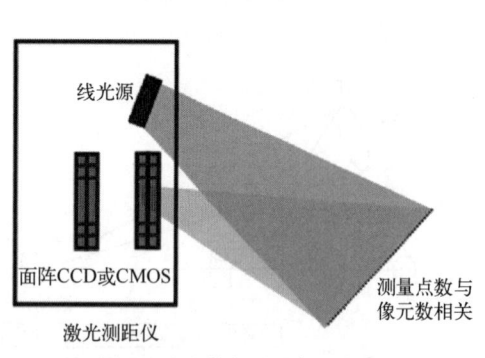

图 10-92　激光测距仪原理图

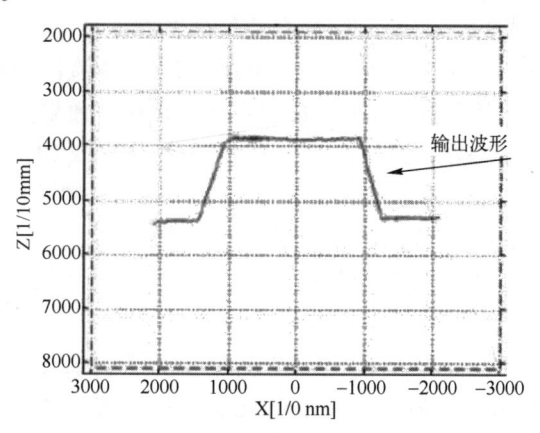

图 10-93　激光测距仪的输出波形

该应用的测量原理图如图 10-95 所示，单点激光测距仪固定放置在测量位上。机械马达带动被测物旋转一周，且每次旋转都触发单点激光测距仪测量一次，从而得到被测物在该位置的凹凸纹理曲线，如图 10-96 所示。再经过相关算法所获得的数据可作为下一道工序判断的依据或为下道工序提供操作指令。

图 10-94　带标志凹凸纹理的柱状物

图 10-95　柱状物表面信息测量原理图

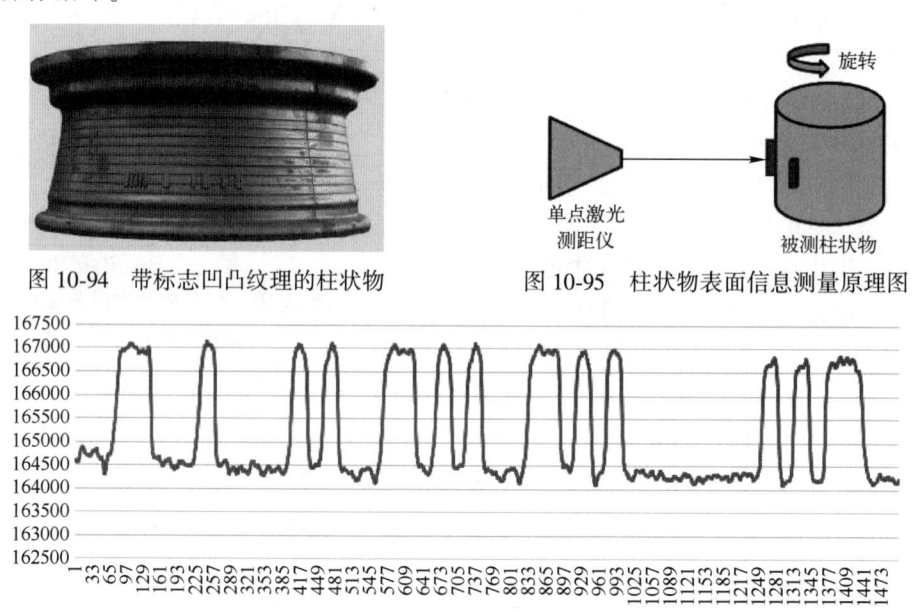

图 10-96　凹凸纹理曲线

2. 蓝色激光测距仪测量透明物体厚度

在该应用中，利用蓝色甚至紫外激光波长短、折射率大的特点，测量透明物体（如玻璃等）的厚度，其测量原理图如图 10-97 所示。

3. 线阵激光测距仪的三维视觉呈现

在该应用中，线阵激光测距仪放置在上方测量位上。被测物如图 10-98 所示，以固定速度在下方传送带上匀速通过。被测物到达限位器时，将触发线阵激光测距仪开始工作。随着被测物在传送带上的移动，线阵激光测距仪扫描出被测物轮廓的距离，计算出相关三维数据，合成的点云图如图 10-99 所示，形成被测物外形轮廓的三维信息，为下一步机械手的抓取工作程序提供数据依据。

图 10-97　透明体厚度测量原理图　　　　　图 10-98　被测物

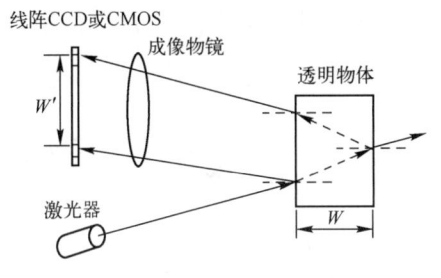

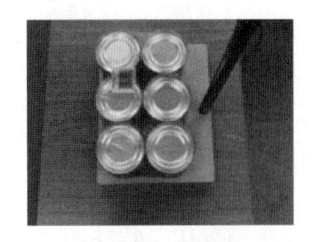

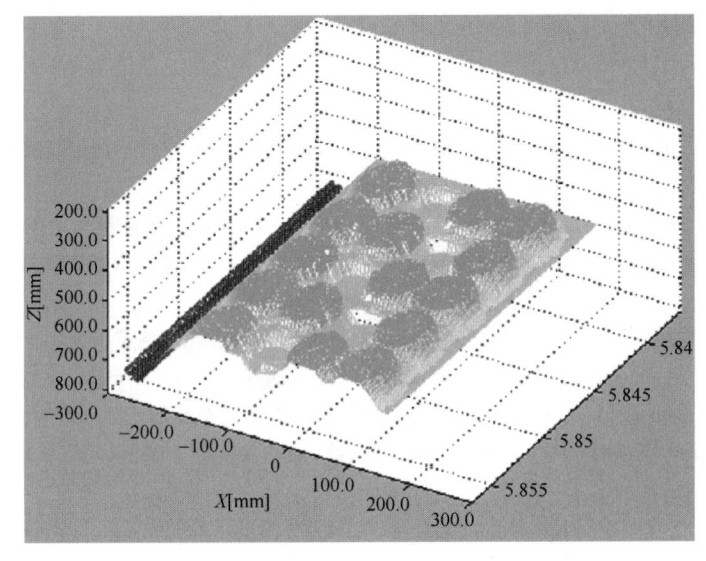

图 10-99　点云图

10.20　本 章 小 结

本章所介绍的 19 种典型应用可以进一步归类为：

（1）尺寸测量方面的应用。如 10.1 节、10.2 节、10.6 节、10.8 节及 10.14 节等，它们的共同特点是通过选用合适的线阵 CCD 和适当的拼接方式，可以解决测量范围与测量精度的矛盾，使尺寸测量得到满意的结果。

（2）物体位置的测量。如 10.3 节、10.4 节和 10.5 节都属于位置测量，位置测量比较复杂，需要特殊光源协助解决，所以要根据具体要求设计测量系统。

（3）物体振动的非接触测量。从测量的角度可以将其归到尺寸测量，但是它有特殊性，它除要求测量振幅外还要求测量振动频率，所以对线阵 CCD 的选择必须考虑频率响应，考虑测量时间段。

（4）透镜曲率半径的测量。该测量技术主要应用了"牛顿环"等倾干涉光学特性，即用 CCD 采集牛顿环的变化测量透镜的曲率半径。

（5）光学传递函数的测量。它涉及光学透镜质量检测的基本规范问题，在理解被测物镜各个视场定义与检测内容后才可以设计出合理的检测方案。

（6）光谱探测。它充分利用了 CCD 光电响应动态范围宽、线性范围广的特点，以及对 CCD 进行制冷降温处理后噪声与暗电流低的特点，能够完美地完成光谱探测任务。

(7) 光学系统像差的检测。它将面阵 CCD 应用到光学系统像差测量方面,借用哈特曼测球差的原理完成测量工作。

(8) 线阵 CCD 在扫描复印技术中的应用。

① 线阵 CCD 用于彩色复印机产品已经成熟,对于运动图像的图像采集是线阵 CCD 的独特优势。线阵 CCD 还被应用于大米色选与浮法玻璃表面瑕疵的在线检测等领域。

② 构成 CIS 是线阵 CCD 的一种典型应用。

(9) 图像传感器用于特殊图像采集。如 10.15 节用于天文观测,10.16 节用显微镜进行彩色图像分析,10.17 节用于各种内窥镜,10.18 节用于数码照相机等。

(10) 通过激光测距为生产线的下道工序提供指令。

思考题与习题 10

10.1 在物体外形尺寸测量系统中如何考虑测量范围和测量精度的要求?若选用线阵 CCD 作传感器,选择线阵 CCD 像元数和像元尺寸的依据是什么?

10.2 若要求测量 25mm 的圆柱体的直径,测量精度要求为 ±0.05mm。①选择合适的线阵 CCD;②对远心照明光学系统的出光口径提出要求;③对成像物镜的像方视场提出要求;④设定成像系统的横向放大倍率;⑤对成像物镜的分辨率提出要求。

10.3 在尺寸测量系统中采用均匀背景光照明被测物体能够满足系统的测量精度要求吗?为什么?

10.4 在尺寸测量系统的调试过程中,如果出现被测件所成的像与线阵 CCD 像元排列方向不垂直,且向左或向右倾斜同样角度而测得的直径尺寸相差较大,试分析这是由什么原因造成的?怎样解决?

10.5 若用 TCD1209D 作物体振动的非接触测量传感器,驱动频率为 10MHz,问它所能测量的最高振动频率为多少?

10.6 在用线阵 CCD 非接触测量物体振动的系统中,如何对测量系统的光学放大倍率进行标定?如何对测量系统的时间坐标进行标定?影响振动频率测量精度的主要因素是什么?影响振动幅度测量精度的主要因素又是什么?

10.7 当要求用线阵 CCD 测量某大桥的振动时,若估计大桥的振动频率在 20Hz 以下,振动幅度不会大于 50mm,在距离大桥 100m 处测量大桥桥体的振动,当选用焦距为 500mm 的镜头作为成像物镜时,该如何选择线阵 CCD?它的最低驱动频率为多少?

10.8 为什么要采用光学像平面拼接的方法测量较大宽度的物体外形尺寸?它与机械分离式拼接测量方法相比有哪些优点?又有哪些缺点?若测量 150mm 的精密大轴直径,精度要求为(150±0.01)mm,采用哪种拼接方式更合适?为什么?

10.9 试分析线阵 CCD 的机械拼接有几种方式?各有什么特点?

10.10 试分析点光源在离柱面镜 2 倍焦距远后点光源所成像具有什么特点?如何采用线阵 CCD 搭建出点光源二维位置坐标的测量系统?

10.11 在图 10-100 所示平面位置测量原理图中,如果光束入射角发生变化是否会对测量结果产生测量误差?怎样控制该误差?

10.12 如果被测的参数是阶梯面的高度差,该采用何种方法?光源如何改变?图像传感器又该如何改变?

10.13 细丝衍射测量系统中为什么不用线阵 CCD 测量 0 级与 1 级两亮条纹的间距,而要去测量 2 级与 3 级亮条纹的间距?

10.14 如何理解矩形光栅的频谱特性?

10.15 用线阵 CCD 探测发射光谱时,为什么要采用 16 位 A/D 转换器完成模数转换?若线阵 CCD 在所测波段的光谱灵敏度为 $0.8V/(\mu J cm^{-2})$,测出某光谱的幅度为

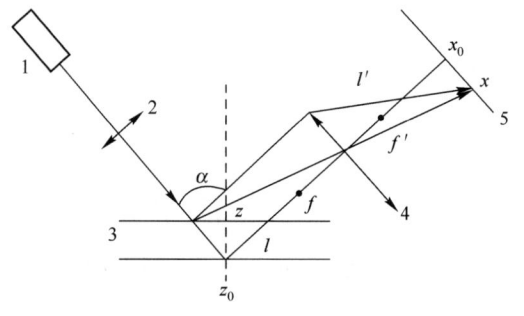

图 10-100 题 10.11 的图

4 280，CCD 输出放大器的饱和输出电压幅度为 10V，恰好与 16 位 A/D 转换器的满量程输入电压值相同，试问该光谱的辐出度为多少？

10.16 为什么要对光谱探测中所用的线阵 CCD 进行制冷控温？线阵 CCD 在低温下出现结霜现象或结冰现象时输出的光谱谱线将会如何？怎样消除线阵 CCD 的结霜或结冰现象？

10.17 已知 TCD1209D 的最高驱动频率为 20MHz，有效像元数为 2048，虚设单元数为 40，它的饱和曝光量为 0.06 lx·s，动态范围为 2000。用 TCD1209D 来检测目标物的振动，问：(1) 它所能测量的最高振动频率为多少（设一个振动周期至少要测 7 个点）？(2) 要使检测信号的输出高于半幅值，则像面的照度应不低于多少？

10.18 采用线阵 CCD 对生产线上运动的钢板进行宽度测量，已知钢板的宽度为 440~450mm，要求测量精度不低于±0.01mm。①画出测量系统的原理方框图；②选出所用线阵 CCD 的型号；③指出线阵 CCD 的拼接方式；④推导出钢板宽度的计算公式；⑤推算出测量系统的相对测量精度；⑥对光学成像系统的分辨率提出要求。

10.19 试利用网络工具搜索现代工业内窥镜与医用内窥镜的具体设备，说明它们的应用领域与特点。它们利用了怎样的图像传感器？

10.20 试利用网络工具搜索几款数码照相机，说明各自的特性、功能与所用的图像传感器，注意它们的存储体、通信接口方式、图像传感器的种类和光学系统的特点。

参 考 文 献

[1] 王庆有. CCD 应用技术. 天津:天津大学出版社,2000.
[2] 刘乐善. 微型计算机接口技术及应用. 第 3 版. 武汉:华中科技大学出版社,2011.
[3] 金篆芷,王明时. 现代传感技术. 北京:电子工业出版社,1995.
[4] 胡汉才. 单片机原理及接口技术. 北京:清华大学出版社,2010.
[5] 邾继贵,于之靖. 视觉测量原理与方法. 北京:机械工业出版社,2011.
[6] 王庆有. 光电技术. 第 4 版. 北京:电子工业出版社,2018.
[7] 张以谟. 应用光学. 第 4 版. 北京:电子工业出版社,2015.
[8] 张国雄. 测控电路. 北京:机械工业出版社,2011.
[9] 王先培. 测控总线与仪器通信技术. 北京:机械工业出版社,2007.
[10] 梁铨廷. 物理光学. 第 5 版. 北京:电子工业出版社,2018.
[11] 王庆有. 光电信息综合实验与设计教程. 北京:电子工业出版社,2010.
[12] 高岳,王霞,王吉晖,金伟其. 光电检测技术与系统. 北京:电子工业出版社,2009.
[13] 陈家璧,彭润玲. 激光原理及应用. 第 3 版. 北京:电子工业出版社,2013.
[14] 程德福,林君. 智能仪器. 第 2 版. 北京:机械工业出版社,2009.
[15] 王之江,顾培森. 实用光学技术手册. 北京:机械工业出版社,2007.
[16] 刘晨. 应用光学. 北京:机械工业出版社,2011.
[17] 雷玉堂,王庆有. 光电检测技术. 北京:中国计量出版社,1997.
[18] 卢春生. 光电探测技术及应用. 北京:机械工业出版社,1992.
[19] 吕联荣,姜道连. 电视原理及应用技术. 天津:天津大学出版社,2001.
[20] 王庆有,于涓汇. 利用线阵 CCD 非接触测量材料变形量的方法. 光电工程,2002;(4):20~23.
[21] 董文武. 一种使用线阵 CCD 实现高精度二维位置测量的方法. 光学技术,1998;(5):42~45.
[22] 李长贵. 线阵 CCD 用于实时动态测量研究. 光学技术,1999;(2):5~8.
[23] 何树荣. 用 CCD 细分光栅栅距的位移传感器. 光学技术,1999;(3):1~3.
[24] 黄宜军. 应用 CCD 的透镜曲率自动测量系统. 光学技术,1998;(2):28~30.
[25] 陈卫剑. CCD 在测量运动物体瞬时位置中的应用. 光学技术,1998;(4):49~50.
[26] 吕海宝. CCD 交汇测量系统优化设计的建模与仿真. 光学技术,1998;(6):10~13.
[27] 王庆有. 轨道振动的非接触测量. 光学技术,1998;(6):69~70.
[28] 王庆有. 采用 CCD 拼接术的外径测量研究. 光电工程,1997;(5):22~26.
[29] 沈为民. 线阵 CCD 应用于多目标测量时的图像拼接技术. 光电工程,1997;(5):63~66.
[30] Wang Qingyou. Study on vibration measurement with the use of CCD. SPIE,1998;3558:339~343.
[31] Li Kaiming. Study on measuring instan taneaus planar motion of rigid body with linear CCD. SPIE,1998;3558:344~347.
[32] 沈忙作. 线阵 CCD 图像传感器的焦平面拼接. 光电工程,1991;(4):149~154.
[33] 孙传东. 敏通摄像机在新型水下电视系统中的应用. 敏通科技,1997;(10):11~12.
[34] 孙东岩. 线阵 CCD 侦察系统. 光子学报,1993;(21):530~531.
[35] 张云熙. CCD 工业内窥镜电视. 敏通科技,1995;(7):26~27.

[36] 张国玉. 非接触光电尺寸测量仪研究. 敏通科技,1996;(9):34~36.
[37] 王庆有. 用一个线阵 CCD 检测刚体瞬态平面运动的研究. 天津大学学报,2000;(4):487~489.
[38] 王庆有. 高速运动物体的图像数据采集. 光电工程,2000;(3):51~53.
[39] 曾延安. CCD 在光谱分析系统中的应用研究. 光学技术,1998;(4):3~4.
[40] 汪竞. 基于 WI-FI 的无线图像传输系统的设计. 中国科学院大学,2013;(5).
[41] Gradl. D. A. 250 MHz CCD Driver,IEEE Jour. of Solid-State Circuits,1981;(16):100.
[42] Takemura. Y. and K. Ooi. New Frequency Interleaving CCD Color Television Camera. IEEE Trans. on Cons. Elec. ,1982;(4):618~623.
[43] Ulrich,Franz,Ma,John,Bieman,Len,Scanning moiré interferometry. SPIE,Three-Dimensional Imaging,Optical Metrology,and Inspection,Sep. 19-20 1999,USA:352~356.
[44] Kim,Pyunghyun,Rhee,Sehun. Three-dimensional inspection of ball grid array using laser vision system. IEEE Transactions on Electronics Packaging Manufacturing,Vol. 22,No. 2,1999:34~38.
[45] G. Smeyers and C. Truyens. A "dual shadow" Coplanarity Inspection System. Surface Mount Technology,Mar. 1993:45~49.
[46] Semiconductor Products Group. Applying scanning laser technology to BGA inspection. Surface Mount Technology Magazine vol. 9,No. 10,Oct 1995:893~898.

反侵权盗版声明

电子工业出版社依法对本作品享有专有出版权。任何未经权利人书面许可,复制、销售或通过信息网络传播本作品的行为;歪曲、篡改、剽窃本作品的行为,均违反《中华人民共和国著作权法》,其行为人应承担相应的民事责任和行政责任,构成犯罪的,将被依法追究刑事责任。

为了维护市场秩序,保护权利人的合法权益,本社将依法查处和打击侵权盗版的单位和个人。欢迎社会各界人士积极举报侵权盗版行为,本社将奖励举报有功人员,并保证举报人的信息不被泄露。

举报电话:(010)88254396;(010)88258888
传　　真:(010)88254397
E-mail:dbqq@phei.com.cn
通信地址:北京市海淀区万寿路173信箱
　　　　　电子工业出版社总编办公室
邮　　编:100036